中国国家标准汇编

441

GB 24508～24541

（2009年制定）

中国标准出版社　编

中国标准出版社

北京

图书在版编目（CIP）数据

中国国家标准汇编：2009 年制定．441：GB 24508～24541/中国标准出版社编．—北京：中国标准出版社，2010

ISBN 978-7-5066-6055-6

Ⅰ．①中… Ⅱ．①中… Ⅲ．①国家标准-汇编-中国-2009 Ⅳ．①T-652.1

中国版本图书馆 CIP 数据核字（2010）第 170628 号

中国标准出版社出版发行
北京复兴门外三里河北街 16 号
邮政编码：100045
网址 www.spc.net.cn
电话：68523946 68517548
中国标准出版社秦皇岛印刷厂印刷
各地新华书店经销

*

开本 880×1230 1/16 印张 38 字数 1 138 千字
2010 年 10 月第一版 2010 年 10 月第一次印刷

*

定价 220.00 元

ISBN 978-7-5066-6055-6

出 版 说 明

1.《中国国家标准汇编》是一部大型综合性国家标准全集。自1983年起，按国家标准顺序号以精装本、平装本两种装帧形式陆续分册汇编出版。它在一定程度上反映了我国建国以来标准化事业发展的基本情况和主要成就，是各级标准化管理机构，工矿企事业单位，农林牧副渔系统，科研、设计、教学等部门必不可少的工具书。

2.《中国国家标准汇编》收入我国每年正式发布的全部国家标准，分为"制定"卷和"修订"卷两种编辑版本。

"制定"卷收入上一年度我国发布的、新制定的国家标准，顺延前年度标准编号分成若干分册，封面和书脊上注明"20××年制定"字样及分册号，分册号一直连续。各分册中的标准是按照标准编号顺序连续排列的，如有标准顺序号缺号的，除特殊情况注明外，暂为空号。

"修订"卷收入上一年度我国发布的、修订的国家标准，视篇幅分设若干分册，但与"制定"卷分册号无关联，仅在封面和书脊上注明"20××年修订-1,-2,-3,……"字样。"修订"卷各分册中的标准，仍按标准编号顺序排列(但不连续)；如有遗漏的，均在当年最后一分册中补齐。需提请读者注意的是，个别非顺延前年度标准编号的新制定的国家标准没有收入在"制定"卷中，而是收入在"修订"卷中。

读者配套购买《中国国家标准汇编》"制定"卷和"修订"卷则可收齐上一年度我国制定和修订的全部国家标准。

3. 由于读者需求的变化，自1996年起，《中国国家标准汇编》仅出版精装本。

4. 2009年我国制修订国家标准共3 158项。本分册为"2009年制定"卷第441分册，收入国家标准GB 24508～24541的最新版本。

中国标准出版社

2010年8月

目　　录

ICS 79.080
B 70

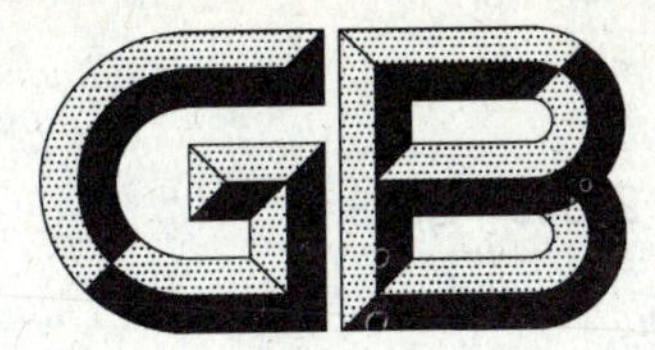

中华人民共和国国家标准

GB/T 24508—2009

木塑地板

Wood-plastic composite flooring

2009-10-30 发布　　2010-04-01 实施

中华人民共和国国家质量监督检验检疫总局
中国国家标准化管理委员会　发布

前　言

本标准由国家林业局提出。

本标准由全国人造板标准化技术委员会归口。

本标准负责起草单位：常州市格林思宝木业有限公司、国家工程复合材料产品质量监督检验中心。

本标准参加起草单位：无锡市中德塑料有限公司、南京聚锋新材料有限公司、上虞市自立工业新材料有限公司、圣象集团有限公司、苏州大卫木业有限公司、浙江贝亚克木业有限公司、山东邹平三立特木塑复合材料有限公司、四川升达林业产业股份有限公司、南京罗伦特地板制品有限公司、南京赛旺科技发展有限公司、江苏嘉景复合材料有限公司、江苏长力木塑科技有限公司、黄山华塑新材料科技有限公司、黄石高新兄弟模具有限公司、滁州扬子木业有限公司、贵州赤水市科技发展有限公司、上海汇丽地板制品有限公司。

本标准主要起草人：朱宇宏、孙和根、陈维丹、李大纲、吴正元、吕斌、顾文彪、庄德铭、陈家骐、苗景有、蒋卫、方勤良、梁磊、向中华、邵旭强、李哲、吴光荣、陈永祥、方玉林、刘志辉、雷响、杨军、黄晓峰、刘书渊、杨晓农、汪晓磊。

木 塑 地 板

1 范围

本标准规定了木塑地板的术语和定义、分类、要求、试验方法、检验规则及标志、包装、运输、贮存。

本标准适用于由木材等纤维材料同热塑性塑料分别制成加工单元，按一定比例混合后，经成型加工制成的地板。

2 规范性引用文件

下列文件中的条款通过本标准的引用而成为本标准的条款。凡是注日期的引用文件，其随后所有的修改单(不包括勘误的内容)或修订版均不适用于本标准，然而，鼓励根据本标准达成协议的各方研究是否可使用这些文件的最新版本。凡是不注日期的引用文件，其最新版本适用于本标准。

GB/T 2828.1—2003 计数抽样检验程序 第1部分：按接收质量限(AQL)检索的逐批检验抽样计划(ISO 2859-1:1999,IDT)

GB/T 4893.4—1985 家具表面漆膜附着力交叉切割测定法

GB/T 8814—2004 门、窗用未增塑聚氯乙烯(PVC-U)型材

GB/T 13942.1—1992 木材天然耐久性试验方法 木材天然耐腐性实验室试验方法

GB/T 15102—2006 浸渍胶膜纸饰面人造板

GB/T 16422.2—1999 塑料实验室光源暴露试验方法 第2部分：氙弧灯(ISO 4892-2:1994,IDT)

GB/T 17657—1999 人造板及饰面人造板理化性能试验方法

GB/T 18102—2007 浸渍纸层压木质地板

GB/T 18103—2000 实木复合地板

GB 18580 室内装饰装修材料 人造板及其制品中甲醛释放限量

GB 18584 室内装饰装修材料 木家具中有害物质限量

GB 18586 室内装饰装修材料 聚氯乙烯卷材地板中有害物质限量

3 术语和定义

下列术语和定义适用于本标准。

3.1

木塑地板 wood-plastic composite flooring

塑木地板

由木材等纤维材料同热塑性塑料分别制成加工单元，按一定比例混合后，经成型加工制成的地板。

3.2

素面木塑地板 wood-plastic composite flooring without coating

表面未经其他材料饰面的木塑地板。

3.3

涂饰木塑地板 coating wood-plastic composite flooring

表面经涂料涂饰处理的木塑地板。

3.4

贴面木塑地板 faced wood-plastic composite flooring

表面经浸渍胶膜纸等材料贴面处理的木塑地板。

3.5

打磨　sander-polishing

对木塑地板的表面进行磨毛或顺长度方向进行拉毛的处理。

3.6

压花　embossing

在木塑地板的表面压制木纹等装饰图案，起到装饰和防滑的作用。

3.7

颜色不匹配　color unmatching

某一图案的颜色与给定标样的颜色视觉上不相同。

3.8

针孔　pin holes

漆膜干燥过程中因收缩而产生的小孔。

3.9

皱皮　wrinkling

因漆膜收缩而造成的表面发皱现象。

3.10

漏漆　exposed undercoat

局部没有漆膜。

3.11

粒子　nib

漆膜表面粘附的颗粒状杂物。

3.12

分层　delamination

基材自身、覆盖层自身或覆盖层与基材之间的分离现象。

3.13

干花　frosting mark

产品表面存在的不透明白色花斑。

3.14

湿花　water mark

产品表面存在的雾状痕迹。

3.15

污斑　spots, dirt and similar surface defects

原纸中的尘埃、印刷时出现的油墨迹，以及加工过程中杂物等造成的装饰缺陷。

3.16

透底　pervious spots of impregnated paper

由于覆盖层遮盖力不够造成基材在板面上显现的缺陷。

3.17

龟裂　fissure

产品表面存在的不规则的裂纹。

3.18

纸张撕裂　tearing of impregnated paper

由于胶膜纸部分折断而造成产品表面断裂痕迹。

3.19

局部缺纸　bare substrate spots due to defective surface covering

由于胶膜纸破损造成基材显露的缺陷。

3.20

光泽不均　gloss unevenness

产品表面反光现象所呈现的差异。

3.21

痕纹　trace grain

因成型工艺缺陷造成的表面痕迹。

3.22

表面耐磨　abrasion resistance

产品表面抗磨损能力。

4　分类

4.1　按使用环境分：

a)　室外用木塑地板；

b)　室内用木塑地板。

4.2　按使用场所分：

a)　公共场所用木塑地板；

b)　非公共场所用木塑地板。

4.3　按基材结构分：

a)　实芯木塑地板；

b)　空芯木塑地板。

4.4　按发泡与否分：

a)　基材发泡木塑地板；

b)　基材不发泡木塑地板。

4.5　按表面处理状态分：

a)　素面木塑地板；

b)　涂饰木塑地板；

c)　贴面木塑地板。

5　要求

5.1　分等

根据产品的正面外观质量分为优等品和合格品。

5.2　外观质量

5.2.1　素面木塑地板正面外观质量

素面木塑地板正面外观质量要求应符合表1规定。

表1　素面木塑地板正面外观质量要求

缺陷名称	优等品	合格品
颜色不匹配	不明显	
板面凹凸	不允许	不明显
裂纹	不允许	

表 1（续）

缺陷名称	优等品	合格品
杂质	≤4 mm^2，每米长允许 1 个	≤4 mm^2，每米长允许 3 个
鼓包	不允许	
鼓泡	不允许	
痕纹	不允许	不明显
打磨不完整	不允许	
压花不清晰完整	不允许	
榫舌及边角缺损	不允许	
注：板面凹凸仅用于评判平面木塑地板。		

5.2.2 **涂饰木塑地板正面外观质量**

涂饰木塑地板正面外观质量要求应符合表 2 规定。

表 2 涂饰木塑地板正面外观质量要求

缺陷名称	优等品	合格品
颜色不匹配	不允许	不明显
光泽不均	不允许	总面积不超过板面的 3%
裂纹	不允许	
漆膜划痕	不允许	
漆膜鼓泡	不允许	
鼓包	不允许	
漏漆	不允许	
漆膜皱皮	不允许	总面积不超过板面的 5%
漆膜针孔	不允许	ϕ≤0.5 mm，每米长不超过 3 个
漆膜粒子	不允许	≤4 mm^2，每米长允许 2 个
榫舌及边角缺损	不允许	

5.2.3 **贴面木塑地板正面外观质量**

贴面木塑地板正面外观质量要求应符合表 3 规定。

表 3 贴面木塑地板正面外观质量要求

缺陷名称	优等品	合格品
干湿花	不允许	总面积不超过板面的 3%
表面划痕	不允许	
表面压痕	不允许	
透底	不允许	
光泽不均	不允许	总面积不超过板面的 3%
污斑	不允许	≤10 mm^2，每米长允许 1 个
鼓泡	不允许	
鼓包	不允许	

表 3(续)

缺陷名称	优等品	合格品
纸张撕裂	不允许	
局部缺纸	不允许	
表面龟裂	不允许	
分层	不允许	
榫舌及边角缺损	不允许	

5.2.4 木塑地板背面外观质量

地板背面应平滑,无明显的凹凸不平,无裂纹、无榫舌及边角缺损。允许有不影响使用的划痕、鼓泡、杂质、痕纹和色泽不均。

5.3 规格尺寸及偏差

5.3.1 木塑地板的幅面尺寸通常为(600~6 000)mm×(60~300)mm。

5.3.2 木塑地板的厚度为 8 mm~60 mm。

5.3.3 具有榫舌的木塑地板,其榫舌宽度应大于等于 3 mm。

5.3.4 经供需双方协商可以生产其他规格的木塑地板。

5.3.5 木塑地板的尺寸偏差应符合表 4 规定。

表 4 木塑地板尺寸偏差

项目	要求	
	室外用	室内用
厚度偏差	公称厚度 t_n 与平均厚度 t_a 之差绝对值小于等于 1.2 mm 厚度最大值 t_{max} 与最小值 t_{min} 之差小于等于 1.2 mm	公称厚度 t_n 与平均厚度 t_a 之差绝对值小于等于 0.8 mm 厚度最大值 t_{max} 与最小值 t_{min} 之差小于等于 0.8 mm
面层净长偏差	公称长度 L_n 与每个测量值 L_m 之差绝对值小于等于板长的 0.2%	公称长度 L_n 与每个测量值 L_m 之差绝对值小于等于板长的 0.1%
面层净宽偏差	公称宽度 W_n 与平均宽度 W_a 之差绝对值小于等于 1.2 mm 宽度最大值 W_{max} 与最小值 W_{min} 之差小于等于 0.8 mm	公称宽度 W_n 与平均宽度 W_a 之差绝对值小于等于 1.0 mm 宽度最大值 W_{max} 与最小值 W_{min} 之差小于等于 0.6 mm
直角度	$q_{max} \leqslant 0.5$ mm	
边缘直度	$s_{max} \leqslant 1.0$ mm/m	
扭曲度	$n_{max} \leqslant 1.5$ mm/m	$n_{max} \leqslant 1.2$ mm/m
翘曲度	长度方向 $f_l \leqslant 6.0$ mm/m	
拼装离缝	拼装离缝平均值 $O_a \leqslant 0.30$ mm;拼装离缝最大值 $O_{max} \leqslant 0.50$ mm	
拼装高度差	拼装高度差平均值 $h_a \leqslant 0.10$ mm;拼装高度差最大值 $h_{max} \leqslant 0.15$ mm	
注:无榫舌的木塑地板不要求拼装离缝和拼装高度差。		

5.4 空芯木塑地板每米长度重量

地板每米长度的重量应不小于每米长度标称重量的 95%。

5.5 理化性能

木塑地板的理化性能应符合表 5 规定。

<table>
<caption>表 5　木塑地板理化性能</caption>
<tr><th colspan="2" rowspan="2">检验项目</th><th rowspan="2">单位</th><th colspan="3">指　　标</th></tr>
<tr><th>素面木塑地板</th><th>涂饰木塑地板</th><th>浸渍纸饰面木塑地板</th></tr>
<tr><td colspan="2">弯曲破坏载荷</td><td>N</td><td>公共场所用大于等于2 500
非公共场所用大于等于1 800</td><td colspan="2">公共场所用大于等于2 200
非公共场所用大于等于1 500</td></tr>
<tr><td colspan="2">常温落球冲击</td><td>mm</td><td colspan="3">凹坑直径小于等于12</td></tr>
<tr><td colspan="2">密度</td><td>g/cm³</td><td colspan="3">≥0.85</td></tr>
<tr><td colspan="2">吸水率</td><td>—</td><td colspan="3">基材发泡小于等于10.0%
基材不发泡小于等于3.0%</td></tr>
<tr><td colspan="2">低温落锤冲击</td><td>—</td><td>−10 ℃无裂纹</td><td colspan="2">—</td></tr>
<tr><td colspan="2" rowspan="3">吸水尺寸变化率</td><td rowspan="3">—</td><td colspan="3">长度方向小于等于0.3%</td></tr>
<tr><td colspan="3">宽度方向小于等于0.4%</td></tr>
<tr><td colspan="3">厚度方向小于等于0.5%</td></tr>
<tr><td rowspan="2">加热后尺寸变化率</td><td>正面、背面</td><td rowspan="2">—</td><td>±1.0%</td><td colspan="2">±0.8%</td></tr>
<tr><td>两面尺寸变化率之差</td><td>≤0.5%</td><td colspan="2">≤0.4%</td></tr>
<tr><td rowspan="2">耐冷热循环</td><td>表面外观</td><td>—</td><td colspan="3">无龟裂、无鼓泡</td></tr>
<tr><td>尺寸变化</td><td>mm</td><td colspan="3">≤0.5</td></tr>
<tr><td colspan="2">抗冻融性</td><td>—</td><td colspan="3">弯曲破坏载荷保留率大于等于80%</td></tr>
<tr><td colspan="2">表面耐污染腐蚀</td><td>—</td><td>—</td><td colspan="2">无明显变化</td></tr>
<tr><td colspan="2">表面胶合强度</td><td>MPa</td><td colspan="2">—</td><td>平均值大于等于1.0
最小值大于等于0.8</td></tr>
<tr><td colspan="2">表面耐划痕</td><td>—</td><td>—</td><td>—</td><td>4.0 N表面装饰花纹未划破</td></tr>
<tr><td colspan="2">漆膜附着力</td><td>—</td><td>—</td><td>不低于2级</td><td>—</td></tr>
<tr><td colspan="2" rowspan="2">表面耐磨</td><td>g/100 r</td><td>≤0.15</td><td>≤0.15且漆膜未磨透</td><td>—</td></tr>
<tr><td>r</td><td>—</td><td>—</td><td>≥4 000</td></tr>
<tr><td colspan="2">抗滑值</td><td>—</td><td colspan="3">≥35</td></tr>
<tr><td colspan="2">蠕变恢复率</td><td>—</td><td>≥75%</td><td colspan="2">—</td></tr>
<tr><td colspan="2">耐真菌腐蚀</td><td>—</td><td colspan="3">重量损失率小于等于24%</td></tr>
<tr><td colspan="2">老化性能</td><td>—</td><td colspan="3">弯曲破坏载荷保留率大于等于80%</td></tr>
<tr><td colspan="2">耐光色牢度(灰度卡)</td><td>级</td><td colspan="3">≥4</td></tr>
<tr><td colspan="6">用于楼梯使用的木塑地板，弯曲破坏载荷应大于等于3 338 N。
注1：室内非高湿场所用木塑地板不要求抗冻融性和耐真菌腐蚀。
注2：非高湿场所用木塑地板不要求抗滑值。
注3：室内用木塑地板不要求老化性能。
注4：室外用木塑地板不要求耐光色牢度。</td></tr>
</table>

5.6　室内用木塑地板有害物质限量

室内用木塑地板的有害物质限量应符合表6规定。

表 6 室内用木塑地板有害物质限量

检验项目		单 位	限量值
甲醛释放量		mg/L	E_0 级小于等于 0.5 E_1 级小于等于 1.5
基材氯乙烯单体		mg/kg	≤5
基材重金属	可溶性铅	mg/m^2	≤20
	可溶性镉		≤20
涂饰层重金属	可溶性铅	mg/kg	≤90
	可溶性镉		≤75
	可溶性铬		≤60
	可溶性汞		≤60
挥发物		g/m^2	基材发泡小于等于 75 基材不发泡小于等于 40
注：基材氯乙烯单体仅用于评判用聚氯乙烯(PVC)塑料制成的木塑地板。			

6 试验方法

6.1 状态调节和试验环境

试样在温度(20±2)℃，相对湿度(50±5)%的环境下进行状态调节，调节时间不少于 40 h，并在此条件下进行试验。

6.2 外观质量

按 GB/T 15102—2006 中 6.1 规定进行。

6.3 规格尺寸及偏差

6.3.1 长度、宽度、厚度、直角度、边缘直度、翘曲度、拼装离缝和拼装高度差

按 GB/T 18102—2007 中 6.1 规定进行。

6.3.2 扭曲度

将地板翘角向上放置在水平试验台上，用塞尺量取翘角与平台之间的最大距离 h，精确至 0.01 mm。h 与地板实测长度 L 之比即为扭曲度 n_{max}，精确至 0.01 mm/m。测量位置为任意角，见图 1。

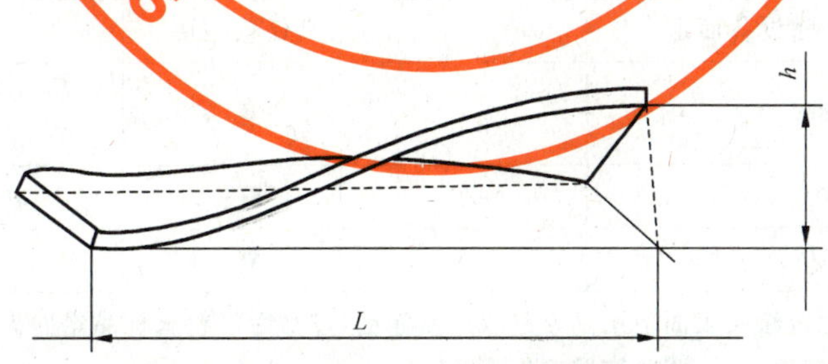

图 1 扭曲度(n_{max})测量图

6.4 空芯木塑地板每米长度重量

按 GB/T 8814—2004 中的 6.5 规定进行，从三块地板上各截取长度为(300±5)mm 的试件一个。

6.5 理化性能和有害物质限量

6.5.1 木塑地板理化性能和有害物质限量试件

见表 7。

表 7 木塑地板理化性能和有害物质限量试件

检验项目	试件尺寸/mm	试件数/块(片)	试件分布	备 注
弯曲破坏载荷	(14h+50.0)×板宽	3	三块试样	h——试件公称厚度； 板宽大于180 mm，取 180 mm。
常温落球冲击	300.0×180.0	3	三块试样	板宽小于 180 mm，取实际宽度。
密度	50.0×50.0	3	三块试样	厚度取试件实际壁厚。
吸水率	50.0×50.0	3	三块试样	厚度取试件实际壁厚。
低温落锤冲击	300.0×板宽	3	三块试样	板宽大于 180 mm，取 180 mm。
吸水尺寸变化率	100.0×板宽	3	三块试样	板宽大于 180 mm，取 180 mm。
加热后尺寸变化率	250.0×板宽	3	三块试样	板宽大于 180 mm，取 180 mm。
耐冷热循环	180.0×板宽	3	三块试样	沿长度方向取样； 板宽大于180 mm，取 180 mm。
抗冻融性	(14h+50.0)×板宽	6	三块试样	h——试件公称厚度； 板宽大于180 mm，取 180 mm； 每 3 块为一组。
表面耐污染腐蚀	50.0×50.0	11	任意一块	—
表面胶合强度	50.0×50.0	6	三块试样	—
表面耐划痕	100.0×100.0	3	三块试样	—
漆膜附着力	250.0×200.0	1	任意一块	—
表面耐磨	100.0×100.0	1	任意一块	—
抗滑值	1 000.0×板宽	1	任意一块	板宽大于 180 mm，取 180 mm。
蠕变恢复率	(14h+50.0)×板宽	3	三块试样	h——试件公称厚度； 板宽大于180 mm，取 180 mm。
耐真菌腐蚀	20.0×20.0×10.0	12	任意一块	试件壁厚小于 10 mm 时，取试件实际壁厚；试件壁厚大于等于 10 mm 时，用机械加工至 10 mm。
老化性能	(14h+50.0)×板宽	6	三块试样	h——试件公称厚度； 板宽大于180 mm，取 180 mm。 每 3 块为一组。
耐光色牢度	随设备而定	1	任意一块	—
甲醛释放量	300.0×150.0	1	任意一块	产品宽度小于 150 mm 时，可制取 450 cm^2 的试件。
基材重金属	10.0×10.0×2.0	20	任意一块	每 10 块为一组。
挥发物	100.0×100.0	3	任意一块	—
涂饰层重金属试样从地板涂层表面上用刮刀刮取适量涂层，过筛后的粉末样品量应大于 0.5 g。 试件的边角应平直，无崩边。长、宽允许偏差为±0.5 mm。 密度、吸水率、耐真菌腐蚀的试样应从地板上截取。 注：基材氯乙烯单体试样从基材中切取 0.3 g～0.5 g。				

6.5.2 弯曲破坏载荷

6.5.2.1 原理

确定试件承受弯曲载荷的能力。

6.5.2.2 **仪器和工具**

万能力学试验机,精度 1 N。

6.5.2.3 **试验步骤**

按 GB/T 17657—1999 中的 4.9.4 规定进行。压头为半径 R=(28.8±0.3)mm 的圆柱体,两支座跨距为试件公称厚度的 14 倍。加载速度 v 按式(1)计算。

$$v = 0.185 \times Z \times L^2 / d \qquad \cdots\cdots(1)$$

式中:

v——加载速度,单位为毫米每分钟(mm/min);

Z——外层纤维的应变速率,Z 值等于 0.01,单位为毫米每毫米分钟[mm/(mm·min)];

L——试验跨距,单位为毫米(mm);

d——试件厚度,单位为毫米(mm)。

6.5.2.4 **结果和表示**

记录每个试件的最大破坏载荷,精确至 1 N。

被测试样的弯曲破坏载荷为三个试件弯曲破坏载荷的平均值,精确至 1 N。

6.5.3 **常温落球冲击**

按 GB/T 18102—2007 中的 6.3.16 规定进行。

6.5.4 **密度**

6.5.4.1 按 GB/T 17657—1999 中的 4.2 规定进行,测试三个试件。

6.5.4.2 被测试样的密度为三个试件密度的算术平均值,精确至 0.01 g/cm³。

6.5.5 **吸水率**

6.5.5.1 按 GB/T 17657—1999 中的 4.6 规定进行,测试三个试件,浸泡时间(72±0.5)h。

6.5.5.2 被测试样的吸水率为三个试件吸水率的算术平均值,精确至 0.01%。

6.5.6 **低温落锤冲击**

6.5.6.1 **原理**

以规定高度和质量的落锤冲击试件,确定试件在低温状态抵抗冲击破坏的能力。

6.5.6.2 **仪器和工具**

落锤冲击机,落锤质量精度±1 g,落锤高度精度±1 mm,锤头半径(25±0.5)mm。

低温箱,精度±1 ℃。

6.5.6.3 **试验步骤**

将素面木塑地板试样在(−10±0.5)℃条件下放置 2 h,然后开始测试,在标准环境(23±2)℃下,试验应在 10 s 内完成。

试件支撑物及落锤位置见图 2。将试件正面向上放在支撑物上,使落锤冲击在试件正面的中心位置上,每个试件冲击 1 次。落锤质量为(800±5)g,落锤高度为(1 000±10)mm。观察试件有无破裂。

单位为毫米

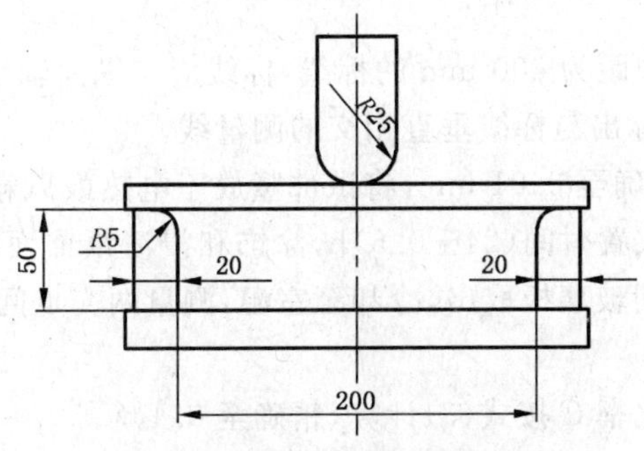

图 2 试件支撑物及落锤位置

6.5.6.4 结果和表示

记录地板破裂试件的个数。

6.5.7 吸水尺寸变化率

6.5.7.1 原理

确定试件吸水后尺寸增加量与吸水前尺寸之比。

6.5.7.2 仪器和工具

恒温水槽，温度调节范围：(20±1)℃。

千分尺，精度 0.01 mm。

游标卡尺，精度 0.02 mm。

6.5.7.3 试验步骤

试件在(20±2)℃、相对湿度(50±5)%条件下放至质量恒定。

画出试件平行于长度方向和宽度方向的中心线，标注试件厚度测量点，厚度测量点为四边中点，距边缘 10 mm 处。

测量试件长度方向、宽度方向中心线长度和厚度 t_{n1}。

将试件浸入 pH 值为 7±1，温度为(20±1)℃的恒温水槽中，试件垂直于水平面并保持水面高于试件上表面，试件下表面与水槽底部要有一定距离，试件之间要有一定间隙，使其可自由膨胀。浸泡24 h，完成浸泡后，取出试件，擦去表面附水，在原测量点测其长度方向和宽度方向的中心线长度并在原测量点测其厚度 t_{n2}。

6.5.7.4 结果和表示

每个试件的吸水尺寸变化率 T 按式(2)计算，精确至 0.01%。

$$T = [(t_{n2} - t_{n1})/t_{n1}] \times 100\% \quad \cdots\cdots(2)$$

式中：

T——吸水尺寸变化率，%；

t_{n2}——试件浸水后的尺寸，单位为毫米(mm)；

t_{n1}——试件浸水前的尺寸，单位为毫米(mm)。

单个试件厚度吸水尺寸变化率为四点厚度吸水尺寸变化率的平均值。

地板长度方向、宽度方向和厚度方向的吸水尺寸变化率分别为三块试件的吸水尺寸变化率的算术平均值，精确至 0.01%。

6.5.8 加热后尺寸变化率

6.5.8.1 原理

确定产品在不同温度条件下尺寸变化情况。

6.5.8.2 仪器和工具

电热鼓风箱，分度值为 1 ℃的温度计。

游标卡尺，精度 0.01 mm。

6.5.8.3 试验步骤

在试件正面和背面画两条间距为 200 mm 的标线，标线应与纵向轴线垂直，每一标线与试样一端的距离约为 25 mm。在标线中部标出与标线垂直相交的测量线。

测量两交点间的距离 c_0，精确至 0.01 mm，将试件竖放于电热鼓风箱内撒有滑石粉的玻璃上，素面木塑地板放置温度(62±1)℃，放置时间(24±0.5)h，涂饰和浸渍纸饰面木塑地板放置温度(52±1)℃，放置时间(24±0.5)h。然后连同玻璃板取出，冷却至室温，测量两交点间的距离 c_1，精确至 0.01 mm。

6.5.8.4 结果和表示

每个试件的加热后尺寸变化率 C 按式(3)计算，精确至 0.1%。

$$C = [(c_1 - c_0)/c_0] \times 100\% \quad \cdots\cdots(3)$$

式中：

C——试件的加热后尺寸变化率，%；

c_1——试件在试验后的尺寸，单位为毫米(mm)；

c_0——试件在试验前的尺寸，单位为毫米(mm)。

地板的加热后尺寸变化率为三个试件的加热后尺寸变化率的平均值，精确至0.1%。

计算每个试件两面尺寸变化率的差值ΔC，取三个试件中的最大值，精确至0.1%。

6.5.9 耐冷热循环

6.5.9.1 原理

确定试件抵抗温度反复变化的能力。

6.5.9.2 仪器和工具

空气对流干燥箱，恒温灵敏度±1 ℃，温度范围40 ℃～200 ℃。

低温箱，恒温灵敏度±1 ℃，温度可达－35 ℃。

游标卡尺，精度0.02 mm。

6.5.9.3 试验步骤

用脱脂纱布蘸少许乙醇将试件表面擦净晾干。在每个试件上画出平行于长度方向的中心线，并测量中心线长度L_1，精确至0.02 mm。

进行高低温反复3次的周期试验。如下所示：

$$(23\pm2)℃ \xrightarrow{1\ h} (-29\pm2)℃ \xrightarrow{6\ h} (23\pm2)℃ \xrightarrow{1\ h} (52\pm2)℃ \quad 16\ h$$

然后在(23±2)℃温度下放置6 h以上，于自然光线下目测试件外观，并测量中心线长度L_2，精确至0.02 mm。

6.5.9.4 结果和表示

6.5.9.4.1 记录试件表面是否有龟裂、鼓泡等情况。

6.5.9.4.2 每个试件的尺寸变化ΔL按式(4)计算，精确至0.02 mm。

$$\Delta L = L_2 - L_1 \quad \cdots\cdots(4)$$

式中：

ΔL——试件的尺寸变化，单位为毫米(mm)；

L_2——试件在试验后的尺寸，单位为毫米(mm)；

L_1——试件在试验前的尺寸，单位为毫米(mm)。

地板的尺寸变化为三个试件的尺寸变化的平均值，精确至0.02 mm。

6.5.10 抗冻融性

6.5.10.1 原理

确定试件抵抗湿冻变化的能力。

6.5.10.2 仪器和工具

冰冻装置，恒温灵敏度±1 ℃，温度可达－35 ℃。

万能力学试验机，精度1 N。

6.5.10.3 试验步骤

将试样浸于室温水中24 h(如果需要，使用重物将它们压住)，然后，把试件放在温度为(－29±1)℃的冰冻装置中24 h，受冻后，把试件放入室温环境中24 h，这个过程组成一个周期，循环三个周期后在室温放置1 h以上。

按6.5.2规定测量试件的弯曲破坏载荷。

6.5.10.4 结果和表示

记录试样最大破坏载荷，被测试样的弯曲破坏载荷为三个试件弯曲破坏载荷的算术平均值，精确至1 N。

试样的弯曲破坏载荷保留率按式(5)计算，精确至1%。

$$B=[1-(F_1-F_2)/F_1]\times 100\% \quad\cdots\cdots(5)$$

式中：

B——弯曲破坏载荷保留率，%；

F_1——试样在试验前的弯曲破坏载荷，单位为牛(N)；

F_2——试样在试验后的弯曲破坏载荷，单位为牛(N)。

6.5.11 表面耐污染腐蚀

按 GB/T 17657—1999 中的 4.37 规定进行。

6.5.12 表面胶合强度

6.5.12.1 按 GB/T 15102—2006 中的 6.3.8 规定进行，测试六个试件。

6.5.12.2 被测试样的表面胶合强度为六个试件表面胶合强度的算术平均值，精确至 0.01 MPa。

6.5.12.3 找出六个试件中表面胶合强度的最小值。

6.5.13 表面耐划痕

按 GB/T 18102—2007 中的 6.3.8 规定进行。

6.5.14 漆膜附着力

按 GB/T 4893.4—1985 规定进行。

6.5.15 表面耐磨

6.5.15.1 素面木塑地板和涂饰木塑地板按 GB/T 18103—2000 中的 6.3.6 规定进行。

6.5.15.2 浸渍纸饰面木塑地板按 GB/T 18102—2007 中的 6.3.11 规定进行。

6.5.16 抗滑值

6.5.16.1 原理

确定试件在表面透湿状态下的抗滑性能。

6.5.16.2 仪器

摆式摩擦系数测定仪，精度为2，见图3。

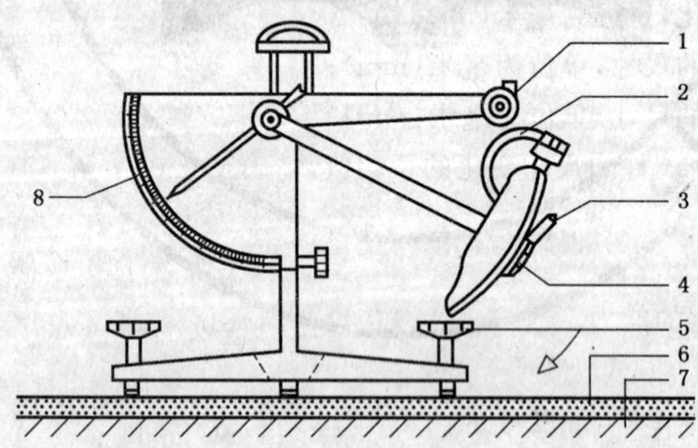

1——重物释放装置；
2——重物提升装置；
3——连接销；
4——橡胶滑动装置；
5——测试台支撑脚；
6——试件；
7——基础层；
8——刻度表(标尺)。

图3 摆式摩擦系数测定仪

6.5.16.3 试验步骤

调整测试台支撑脚5,使测试台各个方向都趋于水平。安装试件并在试件表面喷水,使之形成连续水膜。调整摆锤装置的高度,使得当用手将摆锤沿摆动弧线移动到最高点时摆锤下悬挂的物体离检测样本的距离为(125±1)mm。让摆锤做3次适应性摆动,但不记录读数。然后,让摆锤摆动一次,记录刻度表上显示出来的读数。重复这一步骤获取5个读数。

6.5.16.4 结果和表示

取5个读数的平均值,精确至1。

6.5.17 蠕变恢复率

6.5.17.1 原理

确定试件在负载24 h卸荷后恢复变形的能力。

6.5.17.2 仪器和工具

力学试验机,精度1 N。

百分表,精度0.01 mm。

6.5.17.3 试验步骤

采用三点式简支梁承载方式。将试件置于跨距L为14倍厚度的支承辊上,支承辊直径ϕ=(30±0.5)mm,压头为半径R=(28.8±0.3)mm的圆柱体。

测量试件加载前的中点挠度d_0;在中点施加(25%×破坏载荷)的负载,保持24 h测量中点挠度d_1;完全卸去负载,24 h后测量中点挠度d_2。测量精确至0.01 mm。

6.5.17.4 结果和表示

试件的蠕变恢复率按式(6)计算,精确至1%。

$$D=[(d_1-d_2)/(d_1-d_0)]\times 100\% \qquad \cdots\cdots(6)$$

式中:

D——蠕变恢复率,%;

d_1——试件在加载24 h时的中点挠度,单位为毫米(mm);

d_2——试件在卸载24 h时的中点挠度,单位为毫米(mm);

d_0——试件在加载前的中点挠度,单位为毫米(mm)。

试样蠕变恢复率为三个试件的蠕变恢复率的平均值,精确至1%。

6.5.18 耐真菌腐蚀

按GB/T 13942.1—1992规定进行。

6.5.19 老化性能

6.5.19.1 老化试验条件

按GB/T 16422.2—1999中A法的规定进行。黑板温度为(65±3)℃,相对湿度为(50±5)%,辐照度290 nm~800 nm,550 W/m^2。老化时间为2 000 h。

6.5.19.2 老化试验后弯曲破坏载荷保留率

按6.5.2规定测量试件的弯曲破坏载荷。

被测试样的弯曲破坏载荷为三个试件弯曲破坏载荷的算术平均值,精确至1 N。

按6.5.10.4计算试样的弯曲破坏载荷保留率,精确至1%。

6.5.20 耐光色牢度

6.5.20.1 试验方法

按GB/T 15102—2006中的6.3.19规定进行。

6.5.20.2 结果表示

耐光色牢度以大于、等于或小于灰度卡4级表示。

6.5.21 **甲醛释放量**

按 GB 18580 中的规定进行，测试时将试件四周、背面用不含甲醛的铝胶带密封。

6.5.22 **基材氯乙烯单体**

按 GB 18586 中的规定进行。

6.5.23 **基材重金属含量**

按 GB 18586 中的规定进行。

6.5.24 **涂饰层重金属含量**

按 GB 18584 中的规定进行。

6.5.25 **挥发物**

按 GB 18586 中的规定进行。

7 检验规则

7.1 检验分类

7.1.1 **出厂检验**

出厂检验以批量为单位，检验项目见表 8。

表 8 出厂检验项目

地板种类	项目名称
素面木塑地板	外观质量、规格尺寸及偏差、空芯木塑地板每米长度重量、弯曲破坏载荷、常温落球冲击、吸水尺寸变化率、甲醛释放量
涂饰木塑地板 贴面木塑地板	外观质量、规格尺寸及偏差、空芯木塑地板每米长度重量、弯曲破坏载荷、常温落球冲击、吸水尺寸变化率、表面耐磨、甲醛释放量

7.1.2 **型式检验**

型式检验项目为除耐真菌腐蚀和老化性能外的全部内容，耐真菌腐蚀和老化性能每三年检验一次。

有下列情况之一时，应进行型式检验：

a) 新产品投产或转产时；

b) 原辅材料及生产工艺发生较大改变，可能影响产品性能时；

c) 停产三个月以上，恢复生产时；

d) 正常生产时，每年检验不少于一次；

e) 质量监督机构提出型式检验要求时。

7.2 组批

同一班次、同一规格、同一类产品为一批。

7.3 抽样方法和判定规则

7.3.1 **总则**

木塑地板的产品质量检验应在同批产品中按规定抽取试样，并对所抽取的试样逐一检验，试样均按块计数。

7.3.2 **规格尺寸**

7.3.2.1 厚度偏差、面层净长偏差、面层净宽偏差、直角度、边缘直度、翘曲度、扭曲度采用 GB/T 2828.1—2003 中的正常检验二次抽样方案，检验水平为Ⅰ，接收质量限(AQL)6.5，以接收数计。检验样本 n_1，不合格品数 $d_1 \leqslant Ac_1$ 时接收，$d_1 \geqslant Re_1$ 时拒收，若 $Ac_1 < d_1 < Re_1$，检验样本 n_2，前后两个样本中不合格品数 $(d_1+d_2) \leqslant Ac_2$ 时接收，$(d_1+d_2) \geqslant Re_2$ 时拒收。抽样方案及判定原则见表 9。

表 9　规格尺寸抽样方案及判定原则

单位为块

批量范围 N	样本大小		第一判定数		第二判定数	
	$n_1=n_2$	$\sum n$	接收数 Ac_1	拒收数 Re_1	接收数 Ac_2	拒收数 Re_2
≤150	5	10	0	2	1	2
151～280	8	16	0	3	3	4
281～500	13	26	1	3	4	5
501～1 200	20	40	2	5	6	7

7.3.2.2　拼装离缝、拼装高度差的样本数为10块，从检验规格尺寸的同批产品中随机抽取，采用一次抽样方案，检验结果符合表4要求时接收，否则拒收。

7.3.3　外观质量

外观质量采用GB/T 2828.1—2003中的正常检验二次抽样方案，检验水平为Ⅱ，接收质量限(AQL)4.0，以接收数计。检验样本 n_1，不合格品数 $d_1 \leqslant Ac_1$ 时接收，$d_1 \geqslant Re_1$ 时拒收，若 $Ac_1 < d_1 < Re_1$，检验样本 n_2，前后两个样本中不合格品数 $(d_1+d_2) \leqslant Ac_2$ 时接收，$(d_1+d_2) \geqslant Re_2$ 时拒收。抽样方案及判定原则见表10。

表 10　外观质量抽样方案及判定原则

单位为块

批量范围 N	样本大小		第一判定数		第二判定数	
	$n_1=n_2$	$\sum n$	接收数 Ac_1	拒收数 Re_1	接收数 Ac_2	拒收数 Re_2
≤150	13	26	0	3	3	4
151～280	20	40	1	3	4	5
281～500	32	64	2	5	6	7
501～1 200	50	100	3	6	9	10

7.3.4　空芯木塑地板每米长度重量、理化性能和有害物质限量

在外观质量检验合格的样品中抽取足够的试样进行空芯木塑地板每米长度重量、理化性能和有害物质限量检验。初检样本检验结果有某项指标不合格时，允许进行复检一次，在同批产品中加倍抽取样品对不合格项进行复检。复检后全部合格判为合格；若有一项不合格，判为不合格。

7.4　综合判定

产品外观质量、规格尺寸、空芯木塑地板每米长度重量、理化性能和有害物质限量检验结果全部达到相应等级要求时判该批产品合格，否则判该批产品为不合格。

8　标志、包装、运输和贮存

8.1　标志

8.1.1　产品标记

产品入库前，应在产品适当的部位标记产品型号、商标、生产日期等。

8.1.2　包装标记

包装上应标记本标准代号、厂名、厂址、产品名称、生产日期、商标、规格型号、甲醛释放量标志、类别、等级、空芯木塑地板每米长度重量、数量及防抛摔标志等。

8.2　包装

产品出厂时应按产品类别、规格、等级分别包装。企业应根据产品特点提供详细的中文安装和使用说明书。包装要做到产品免受磕碰、划伤和污损。包装要求亦可由供需双方商定。

8.3 运输

产品在装卸和运输时,应避免重压,轻装轻卸,不应受到撞击和抛摔。

8.4 贮存

产品贮存过程中应平整堆放,远离热源,防止污损。应按类别、规格、等级分别堆放,每堆应有相应的标记。

ICS 79.080
B 70

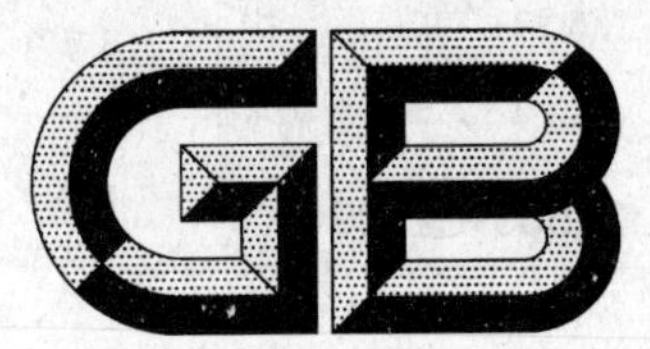

中华人民共和国国家标准

GB/T 24509—2009

阻燃木质复合地板

Composite wood floor of fire retardant

2009-10-30 发布　　　　2010-04-01 实施

中华人民共和国国家质量监督检验检疫总局
中国国家标准化管理委员会　发布

前言

本标准由国家林业局提出。

本标准由全国人造板标准化技术委员会归口。

本标准负责起草单位：常州格林思宝木业有限公司、中国林科院木材工业研究所、公安部四川消防研究所。

本标准参加起草单位：国家人造板及木竹制品质量监督检验中心、浙江升华云峰新材股份有限公司、新生活家木业制品（中山）有限公司、广东盈然木业有限公司、圣象集团有限公司、江苏肯帝亚木业有限公司、江苏东佳木业有限公司、宜兴狮王木业有限公司、南京罗伦特地板制品有限公司、滁州扬子木业有限公司、四川升达林业产业股份有限公司。

本标准主要起草人：孙和根、陈志林、赵成刚、傅峰、杨帆、刘书渊、朱建民、刘硕真、佘学彬、苗景有、郦海星、王坤明、孙惠文、邵旭强、雷响、向中华、潘海丽、刘红。

阻燃木质复合地板

1 范围

本标准规定了阻燃木质复合地板的术语和定义、分类、要求、检验方法、检验规则以及标志、包装、运输和贮存等。

本标准适用于以纤维板、刨花板、胶合板等为基材，以涂料或浸渍纸为饰面材料，通过阻燃处理，达到一定阻燃等级，具有阻燃功能的木质复合地板。

本标准不适用于塑料、橡胶、金属、无机非金属材料为基材的复合地板。

2 规范性引用文件

下列文件中的条款通过本标准的引用而成为本标准的条款。凡是注日期的引用文件，其随后所有的修改单（不包括勘误的内容）或修订版均不适用于本标准，然而鼓励根据本标准达成协议的各方研究是否可使用这些文件的最新版本。凡是不注日期的引用文件，其最新版本适用于本标准。

GB 8624 建筑材料及制品燃烧性能分级

GB/T 8626 建筑材料可燃性试验方法

GB/T 18102 浸渍纸层压木质地板

GB/T 18103 实木复合地板

GB/T 24507 浸渍纸层压板饰面多层实木复合地板

3 术语和定义

下列术语和定义适用于本标准。

3.1

阻燃 fire retardant

抑制、减缓或终止火焰传播。

3.2

阻燃木质复合地板 composite wood floor of fire retardant

以纤维板、刨花板、胶合板等为基材，以涂料或浸渍纸为饰面材料，通过阻燃处理，达到一定阻燃等级，具有阻燃功能的木质复合地板。

3.3

燃烧性能 burning behavior

材料在特定条件下的燃烧特性。

3.4

可燃性 combustibility

在规定的试验条件下，材料能够被引燃且能持续燃烧的特性。

3.5

产烟毒性 fire effluents hazard

材料燃烧时产生的烟气，通过呼吸或者部分感官接触对人或动物引起的危害程度。

3.6

铺地材料 flooring

铺设在建筑物地面表层的材料，包含表层、基材、夹层及其胶粘剂组成的材料。

3.7

材料产烟率 yield of smoke from material

材料在产烟过程中进入空间的质量相对于材料总质量的百分率。它是一种反映材料热分解或燃烧进行程度的参数。

4 分类

4.1 按木质地板种类分：

a) 阻燃浸渍纸层压木质地板；

b) 阻燃实木复合地板；

c) 阻燃浸渍纸层压板饰面多层实木复合地板；

d) 其他阻燃木质复合地板。

4.2 按燃烧性能分：

a) B_{fl}级；

b) C_{fl}级。

5 要求

5.1 通用技术要求

5.1.1 阻燃浸渍纸层压木质地板的规格尺寸及偏差按 GB/T 18102 执行。

5.1.2 阻燃浸渍纸层压木质地板的外观质量按 GB/T 18102 执行。

5.1.3 阻燃浸渍纸层压木质地板的理化性能指标按 GB/T 18102 执行。

5.1.4 阻燃实木复合地板的外观质量按 GB/T 18103 执行。

5.1.5 浸渍纸层压板饰面多层实木复合地板的外观质量按 GB/T 24507 执行。

5.1.6 阻燃实木复合地板的规格尺寸和偏差按 GB/T 18103 执行。

5.1.7 浸渍纸层压板饰面多层实木复合地板的规格尺寸和偏差按 GB/T 24507 执行。

5.1.8 阻燃实木复合地板的理化性能指标按 GB/T 18103 执行。

5.1.9 浸渍纸层压板饰面多层实木复合地板的理化性能指标按 GB/T 24507 执行。

5.2 燃烧性能等级

阻燃木质复合地板燃烧性能分级见表 1。

表 1 阻燃木质复合地板燃烧性能等级的划分

序　号	燃烧性能	产烟毒性	产烟量
1	B_{fl}	t1	s1
2	C_{fl}	t1	s1
注：B_{fl}、C_{fl}右下标 fl 表示铺地材料，t1 表示产烟毒性等级，s1 表示产烟量等级。			

5.3 可燃性要求

点火 15 s，观察 5 s，总计 20 s 的时间，要求火焰蔓延长度小于或等于 150 mm，并记录火焰蔓延的实际长度。例如：当某一厚度地板，点火 15 s，观察 5 s 后，火焰蔓延长度为 120 mm 时，达到了阻燃木质复合地板的 B_{fl}和 C_{fl}级的要求，且记录可燃性检验火焰蔓延长度为 120 mm，其他类似。

6 检验方法

6.1 规格尺寸检验

阻燃浸渍纸层压木质地板的规格尺寸检验按 GB/T 18102 进行；阻燃实木复合地板的规格尺寸检验按 GB/T 18103 进行；浸渍纸层压板饰面多层实木复合地板的规格尺寸检验按 GB/T 24507 进行。

6.2 外观质量检验

阻燃浸渍纸层压木质地板的外观质量检验按 GB/T 18102 进行；阻燃实木复合地板的外观质量检验按 GB/T 18103 进行；阻燃浸渍纸层压板饰面多层实木复合地板的外观质量检验按 GB/T 24507 进行。

6.3 理化性能检验

阻燃浸渍纸层压木质地板的理化性能检验按 GB/T 18102 进行；阻燃实木复合地板的理化性能检验按 GB/T 18103 进行；阻燃浸渍纸层压板饰面多层实木复合地板的理化性能检验按 GB/T 24507 进行。

6.4 燃烧性能检验

按 GB 8624 规定的方法进行。

6.5 阻燃木质复合地板可燃性检验方法

阻燃木质复合地板可燃性检验按照 GB/T 8626 规定的方法进行。

7 检验规则

7.1 检验类型

7.1.1 出厂检验

出厂检验包括以下项目：

a) 外观质量；

b) 规格尺寸；

c) 理化性能；

d) 可燃性。

7.1.2 型式检验

型式检验包括第 5 章全部项目。

有下列情况之一时，应进行型式检验：

a) 当原辅材料及生产工艺发生较大变动时；

b) 长期停产后恢复生产时；

c) 在正常生产时，燃烧性能每两年检验一次；

d) 国家质量监督机构或合同规定提出进行型式检验要求时。

7.2 抽样方案和判定规则

7.2.1 规格尺寸检验抽样和判定规则

阻燃浸渍纸层压木质地板的规格尺寸检验抽样和判定规则按 GB/T 18102 进行；阻燃实木复合地板的规格尺寸检验抽样和判定规则按照 GB/T 18103 进行；阻燃浸渍纸层压板饰面多层实木复合地板的规格尺寸检验抽样和判定规则按照 GB/T 24507 进行。

7.2.2 外观质量检验抽样和判定规则

阻燃浸渍纸层压木质地板的外观质量检验抽样和判定规则按 GB/T 18102 进行；阻燃实木复合地板的外观质量检验抽样和判定规则按照 GB/T 18103 进行；浸渍纸层压板饰面多层实木复合地板的外观质量检验抽样和判定规则按照 GB/T 24507 进行。

7.2.3 理化性能检验抽样和判定规则

阻燃浸渍纸层压木质地板的理化性能检验抽样和判定规则按 GB/T 18102 进行；阻燃实木复合地板的理化性能检验抽样和判定规则按 GB/T 18103 进行；阻燃浸渍纸层压板饰面多层实木复合地板的理化性能检验抽样和判定规则按 GB/T 24507 进行。

7.2.4 阻燃性能检验抽样和判定规则

7.2.4.1 组批原则

同一班次、同一规格、同一类产品为一批。

7.2.4.2 抽样

在一批产品中随机抽取三块。

7.2.4.3 不同厚度规格判定规则

相同原料和工艺生产的木质复合地板存在多个不同厚度规格时，应每一厚度分别判定级别。

7.3 综合判断

产品外观质量、规格尺寸、理化性能、燃烧性能检验结果全部达到相应等级要求，判定合格。

7.4 检验报告

出厂检验报告内容包括：被检验产品的类别、外观质量、规格尺寸、理化性能、阻燃等级、检验依据标准等全部细节。注明检验结果及其结论，且注明检验过程中出现的异常情况和有必要说明的问题。

8 标志、包装、运输和贮存

8.1 标志

8.1.1 产品标记

在产品适当的部位标记制造厂家名称、厂址、注册商标、产品名称、阻燃等级、标准号、规格、生产日期、检验员代号等。

8.1.2 包装标签

包装标签应标注生产厂家名称、地址、联系方式、出厂日期、注册商标、产品名称、阻燃等级、标准号、规格、数量以及防潮、防晒等标记。

8.2 包装

产品应按不同类型、规格、出厂检验等级和阻燃等级分别妥善包装。

8.3 运输和贮存

产品在运输和贮存过程中应平整堆放，注意防潮、防雨、防晒、防变形。

ICS 77.140.50
H 46

中华人民共和国国家标准

GB 24510—2009

低温压力容器用9%Ni钢板

9%Nickel steel plates for pressure vessels with specified low temperature properties

2009-10-30 发布　　2010-06-01 实施

中华人民共和国国家质量监督检验检疫总局
中国国家标准化管理委员会　发布

前言

本标准的4.2、5.6.2、5.7为推荐性的，其余技术内容为强制性的。

本标准的制定参照EN 10028-4:2003《耐压平板钢产品　第四部分：特定低温性能的Ni合金钢》标准、中国船级社CCS规范、ASME A553—2007《压力容器用淬火＋回火8-9％Ni合金钢规范》和JIS G 3127—2005《低温压力容器用镍钢板》标准中相关规定。

本标准的附录A为资料性附录。

本标准由中国钢铁工业协会提出。

本标准由全国钢标准化技术委员会(SAC/TC 183)归口。

本标准主要起草单位：鞍钢股份有限公司、冶金工业信息标准研究院、太原钢铁(集团)有限公司。

本标准主要起草人：刘徐源、朴志民、王晓虎、潘涛、郝瑞琴、刘东风、侯加平、郑英杰。

低温压力容器用9%Ni钢板

1 范围

本标准规定了低温压力容器用9%Ni钢板的订货内容、尺寸、外形、重量及允许偏差、技术要求、试验方法、检验规则、包装、标志和质量证明书等。

本标准适用于制造液化天然气(LNG)储罐、液化天然气(LNG)船舶等低温压力容器用厚度不大于50 mm的9%Ni钢板(以下简称钢板)。

2 规范性引用文件

下列文件中的条款通过本标准的引用而成为本标准的条款。凡是注日期的引用文件,其随后所有的修改单(不包括勘误的内容)或修订版均不适用于本标准,然而,鼓励根据本标准达成协议的各方研究是否可使用这些文件的最新版本。凡是不注日期的引用文件,其最新版本适用于本标准。

GB/T 222 钢的成品化学成分允许偏差

GB/T 223.5 钢铁 酸溶硅和全硅含量的测定 还原型硅钼酸盐分光光度法(GB/T 223.5—2008,ISO 4829-1:1986,ISO 4829-2:1988,MOD)

GB/T 223.9 钢铁及合金 铝含量的测定 铬天青S分光光度法

GB/T 223.12 钢铁及合金化学分析方法 碳酸钠分离-二苯碳酰二肼光度法测定铬量

GB/T 223.14 钢铁及合金化学分析方法 钽试剂萃取光度法测定钒含量

GB/T 223.16 钢铁及合金化学分析方法 变色酸光度法测定钛量

GB/T 223.19 钢铁及合金化学分析方法 新亚铜灵-三氯甲烷萃取光度法测定铜量

GB/T 223.23 钢铁及合金 镍含量的测定 丁二酮肟分光光度法

GB/T 223.26 钢铁及合金 钼含量的测定 硫氰酸盐分光光度法

GB/T 223.37 钢铁及合金化学分析方法 蒸馏分离-靛酚蓝光度法测定氮量

GB/T 223.40 钢铁及合金 铌含量的测定 氯磺酚S分光光度法

GB/T 223.62 钢铁及合金化学分析方法 乙酸丁酯萃取光度法测定磷量

GB/T 223.63 钢铁及合金化学分析方法 高碘酸钠(钾)光度法测定锰量

GB/T 223.67 钢铁及合金 硫含量的测定 次甲基蓝分光光度法(GB/T 223.67—2008,ISO 10701:1994,IDT)

GB/T 223.69 钢铁及合金 碳含量的测定 管式炉内燃烧后气体容量法

GB/T 228 金属材料 室温拉伸试验方法(GB/T 228—2002,eqv ISO 6892:1998)

GB/T 229 金属材料 夏比摆锤冲击试验方法(GB/T 229—2007,ISO 148-1:2006,MOD)

GB/T 247 钢板和钢带包装、标志及质量证明书的一般规定

GB/T 709—2006 热轧钢板和钢带的尺寸、外形、重量及允许偏差(ISO 7452:2002,ISO 16160:2000,NEQ)

GB/T 2975 钢及钢产品 力学性能试验取样位置及试样制备(GB/T 2975—1998,eqv ISO 377:1997)

GB/T 4336 碳素钢和中低合金钢 火花源原子发射光谱分析方法(常规法)

GB/T 17505 钢及钢产品交货一般技术要求(GB/T 17505—1998,eqv ISO 404:1992)

GB/T 20066 钢和铁 化学成分测定用试样的取样和制样方法(GB/T 20066—2006,ISO 14284:1996,IDT)

GB/T 20123 钢铁 总碳硫含量的测定 高频感应炉燃烧后红外吸收法(常规方法)(GB/T 20123—2006,ISO 15350:2000,IDT)

GB/T 20124 钢铁 氮含量的测定 惰性气体熔融热导法(常规方法)(GB/T 20124—2006,ISO 15351:1999,IDT)

JB/T 4730.3 承压设备无损检测 第3部分:超声检测

YB/T 081 冶金技术标准的数值修约与检测数值的判定原则

3 订货内容

订货时,用户应提供下列信息,并在合同中注明:

a) 本标准编号;

b) 牌号;

c) 尺寸;

d) 交货状态;

e) 重量;

f) 特殊要求。

4 尺寸、外形、重量及允许偏差

4.1 钢板的尺寸、外形、重量及允许偏差应符合 GB/T 709—2006 的规定。钢板厚度允许偏差符合 GB/T 709—2006 中B类偏差的规定。

4.2 经供需双方协商,并在合同中注明,需方可对钢板的厚度允许偏差另行规定。

5 技术要求

5.1 牌号和化学成分

5.1.1 钢的牌号和化学成分(熔炼分析)应符合表1的规定。

表1

牌号	化学成分[a,b](质量分数)/%									
	C	Si	Mn	P	S	Ni	Cr	Cu	V	Mo
				不大于						
9Ni490	≤0.10	≤0.35	0.30~0.80	0.015	0.010	8.50~10.0	≤0.25	≤0.35	≤0.05	≤0.10
9Ni590A				0.015	0.010				≤0.05	
9Ni590B				0.010	0.005				≤0.01	

[a] 当钢中含有 Al(Als≥0.015%)或其他固氮元素时,N≤0.012%,否则 N≤0.009%。

[b] (Cr+Mo+Cu)≤0.50%。

5.1.2 为改善钢的性能,可添加表1之外的其他微量合金元素。

5.1.3 钢板的成品化学成分允许偏差应符合 GB/T 222 的规定。

5.2 冶炼方法

钢由氧气转炉或电炉冶炼,并应进行炉外精炼。

5.3 交货状态

钢板的交货状态应符合表2的规定。

表 2

牌　　号	交货状态
9Ni490	两次正火＋回火(NNT)
9Ni590A[a]	淬火＋回火或两次淬火＋回火(QT、QLT)
9Ni590B[a]	
a 厚度不大于 15 mm 的钢板可采用两次正火＋回火(NNT)状态交货。	

5.4　力学性能

5.4.1　钢板的力学性能应符合表 3 的规定。

5.4.2　对厚度为 6 mm～<12 mm 的钢板取冲击试验试样时，可分别取 5 mm×10 mm×55 mm 和 7.5 mm×10 mm×55 mm 的试样，此时冲击功吸收能量应分别不小于规定值的 50%和 75%。厚度小于 6 mm 的钢板不做冲击试验。

5.4.3　钢板的冲击试验结果按一组 3 个试样的算术平均值进行计算，允许其中有 1 个试验值低于规定值，但不应低于规定值的 70%。

表 3

牌号	钢板厚度 t/mm	拉伸试验[a]			V 型冲击试验	
		屈服强度 R_{eH}/MPa	抗拉强度 R_m/MPa	断后伸长率 A/%	冲击吸收能量 KV_2/J	
					试验温度/℃	横向试样
9Ni490	$t \leqslant 30$	≥490	640～830	≥18	−196	≥40
	$30 < t \leqslant 50$	≥480				
9Ni590A	$t \leqslant 30$	≥590	680～820	≥18	−196	≥50
	$30 < t \leqslant 50$	≥575				
9Ni590B	$t \leqslant 30$	≥590	680～820	≥18	−196	≥80
	$30 < t \leqslant 50$	≥575				
a 当屈服不明显时，可测量 $R_{p0.2}$ 代替上屈服强度。						

5.5　表面质量

5.5.1　钢板表面不允许存在裂纹、气泡、结疤、折叠和夹杂等对使用有害的缺陷。钢板不应有分层。如有上述表面缺陷允许清理，清理深度从钢板实际尺寸算起，应不大于钢板厚度允许公差之半，并应保证清理处钢板的最小厚度，缺陷清理处应平滑无棱角。

5.5.2　其他缺陷允许存在，但其深度从钢板实际尺寸算起，应不超过钢板厚度允许公差之半，并应保证缺陷处钢板厚度不小于钢板允许最小厚度。

5.6　超声波检测

5.6.1　钢板应逐张进行超声波检测。

5.6.2　超声波检测方法及级别由供需双方商定。未注明时，应符合 JB/T 4730.3 中Ⅰ级的规定。

5.7　特殊要求

经供需双方协商，并在合同中注明，可对钢板提出其他特殊要求。

6　试验方法

每批钢板的检验项目、取样数量、取样方法和试验方法应符合表 4 的规定。

表 4

序号	检验项目	取样数量 个	取样部位及方法	试验方法
1	化学成分	1/每炉	GB/T 20066	GB/T 223、GB/T 4336、GB/T 20123、GB/T 20124
2	拉伸试验	1/批	GB/T 2975、7.3、7.4	GB/T 228
3	冲击试验	3/批	GB/T 2975、7.3、7.4	GB/T 229
4	超声波检测	逐张	—	JB/T 4730.3
5	尺寸、外形	逐张	—	GB/T 709—2006 及适合的量具
6	表面质量	逐张	—	目视及测量
注：当钢板长度不大于 15 000 mm 时，在钢板一端取样；钢板长度大于 15 000 mm 时，在钢板两端取样。				

7 检验规则

7.1 钢板的质量由供方质量技术监督部门进行检查和验收。

7.2 钢板应按批检查和验收，每张钢板为一批。

7.3 纵轧钢板的拉伸、冲击试样应取自钢板宽度的 1/4 处。横轧钢板的拉伸、冲击试样在钢板宽度的任意位置切取。

7.4 厚度大于 25 mm 钢板的拉伸、冲击试样的轴线应尽量靠近钢板厚度的 1/4 处，拉伸试样采用 GB/T 228 中 R4 号试样；厚度不大于 25 mm 钢板，拉伸试样取全厚试样 P10 号试样；冲击试样应靠近轧制表面 1 mm～2 mm 制取。

7.5 夏比(V 型缺口)低温冲击试验结果，不符合 5.4.3 规定时，应从同一张钢板(或同一样坯)上再取 3 个试样进行复验，前后两组 6 个试样的冲击平均值应不低于规定值，允许有 2 个试样小于规定值，但其中小于规定值 70％的试样只允许有 1 个。

7.6 其他检验项目的复验与判定按 GB/T 17505 的有关规定执行。

7.7 复验不合格的钢板，允许重新进行热处理，作为新的一批提交检验。

7.8 除非在合同或订单中另有规定，当需要评定试验结果是否符合规定值，所给出力学性能和化学成分试验结果应修约，其修约方法应按 YB/T 081 的规定进行。

8 包装、标志和质量证明书

钢板的包装、标志和质量证明书应符合 GB/T 247 的规定。

附 录 A
（资料性附录）
牌号对照表

本标准与国内外牌号对照见表 A.1。

表 A.1

<table>
<tr><th>标准号</th><th>本标准</th><th>EN 10028-4：2003</th><th>JIS G 3127—2005</th><th>CCS 规范 2007</th><th>ASME A553：2006</th><th>ASME A353：2004</th></tr>
<tr><td rowspan="3">牌号</td><td>9Ni490</td><td>X8Ni9
＋NT640</td><td>SL9N520</td><td>9Ni</td><td></td><td>A353</td></tr>
<tr><td>9Ni590A</td><td>X8Ni9
＋QT680</td><td rowspan="2">SL9N590</td><td rowspan="2"></td><td rowspan="2">A553 Ⅰ类</td><td rowspan="2"></td></tr>
<tr><td>9Ni590B</td><td>X7Ni9</td></tr>
</table>

ICS 77.140.50
H 46

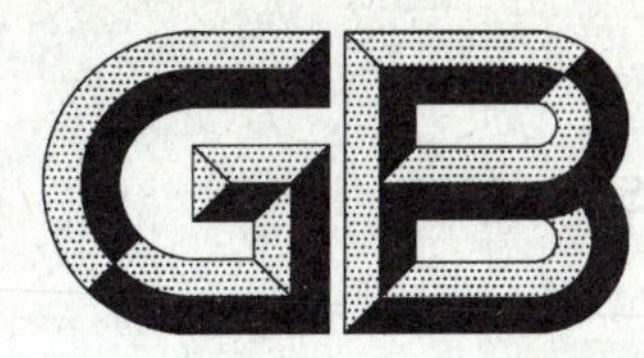

中华人民共和国国家标准

GB 24511—2009

承压设备用不锈钢钢板及钢带

Stainless steel plate, sheet and strip for pressure equipments

2009-10-30 发布 2010-06-01 实施

中华人民共和国国家质量监督检验检疫总局
中国国家标准化管理委员会
发布

前　言

本标准的表 2 脚注 a、5.1.3.2.1、6.4.1.1、6.5、6.7 为推荐性的，其余技术内容为强制性的。

本标准参考欧洲 EN 10028-7:2007《压力容器用钢的扁平产品　第七部分:不锈钢》制定。

本标准的附录 A 为规范性附录，附录 B 和附录 C 为资料性附录。

本标准由中国钢铁工业协会提出。

本标准由全国钢标准化技术委员会(SAC/TC 183)归口。

本标准主要起草单位:太原钢铁(集团)有限公司、冶金工业信息标准研究院、中国通用机械工程总公司。

本标准主要起草人:张东玲、王晓虎、秦晓钟、张建生、白晋钢、王培智、任永秀。

承压设备用不锈钢钢板及钢带

1 范围

本标准规定了承压设备用不锈钢钢板及钢带的分类和代号、尺寸、外形及允许偏差、技术要求、试验方法、检验规则、包装、标志及产品质量证明书等内容。

本标准适用于宽度不小于600 mm的承压设备用热轧、冷轧不锈钢钢板及钢带(含卷切钢板)。

2 规范性引用文件

下列文件中的条款通过本标准的引用而成为本标准的条款。凡是注日期的引用文件，其随后所有的修改单(不包括勘误的内容)或修订版均不适用于本标准，然而，鼓励根据本标准达成协议的各方研究是否可使用这些文件的最新版本。凡是不注日期的引用文件，其最新版本适用于本标准。

GB/T 222 钢的成品化学成分允许偏差

GB/T 223.5 钢铁 酸溶硅和全硅含量的测定 还原型硅钼酸盐分光光度法(GB/T 223.5—2008,ISO 4829-1:1986,ISO 4829-2:1988,MOD)

GB/T 223.9 钢铁及合金 铝含量的测定 铬天青S分光光度法

GB/T 223.11 钢铁及合金 铬含量的测定 可视滴定或电位滴定法(GB/T 223.11—2008,ISO 4937:1986,MOD)

GB/T 223.16 钢铁及合金化学分析方法 变色酸光度法测定钛量

GB/T 223.18 钢铁及合金化学分析方法 硫代硫酸钠分离-碘量法测定铜量

GB/T 223.19 钢铁及合金化学分析方法 新亚铜灵-三氯甲烷萃取光度法测定铜量

GB/T 223.23 钢铁及合金 镍含量的测定 丁二酮肟分光光度法

GB/T 223.25 钢铁及合金化学分析方法 丁二酮肟重量法测定镍量

GB/T 223.26 钢铁及合金 钼含量的测定 硫氰酸盐分光光度法

GB/T 223.28 钢铁及合金化学分析方法 α-安息香肟重量法测定钼量

GB/T 223.36 钢铁及合金化学分析方法 蒸馏分离-中和滴定法测定氮量

GB/T 223.40 钢铁及合金 铌含量的测定 氯磺酚S分光光度法

GB/T 223.58 钢铁及合金化学分析方法 亚砷酸钠-亚硝酸钠滴定法测定锰量

GB/T 223.59 钢铁及合金 磷含量的测定 铋磷钼蓝分光光度法和锑磷钼蓝分光光度法

GB/T 223.60 钢铁及合金化学分析方法 高氯酸脱水重量法测定硅含量

GB/T 223.62 钢铁及合金化学分析方法 乙酸丁酯萃取光度法测定磷量

GB/T 223.68 钢铁及合金化学分析方法 管式炉内燃烧后碘酸钾滴定法测定硫含量

GB/T 223.69 钢铁及合金 碳含量的测定 管式炉内燃烧后气体容量法

GB/T 228 金属材料 室温拉伸试验方法(GB/T 228—2002,eqv ISO 6892:1998)

GB/T 230.1 金属洛氏硬度试验 第1部分:试验方法(A、B、C、D、E、F、G、H、K、N、T标尺)(GB/T 230.1—2004,ISO 6508-1:1999,MOD)

GB/T 231.1 金属布氏硬度试验 第1部分:试验方法(GB/T 231.1—2002,eqv ISO 6506-1:1999)

GB/T 232 金属材料 弯曲试验方法(GB/T 232—1999,eqv ISO 7438:1985)

GB/T 247 钢板和钢带包装、标志及质量证明书的一般规定

GB/T 708 冷轧钢板和钢带的尺寸、外形、重量及允许偏差(GB/T 708—2006,ISO 16162:2000,

NEQ)

GB/T 709　热轧钢板和钢带的尺寸、外形、重量及允许偏差(GB/T 709—2006,ISO 7452:2002,ISO 16160:2000,NEQ)

GB/T 2975　钢及钢产品　力学性能试验取样位置及试样制备(GB/T 2975—1998,eqv ISO 377:1997)

GB/T 4334　金属和合金的腐蚀　不锈钢晶间腐蚀试验方法(GB/T 4334—2008,ISO 3651-1:1998,ISO 3651-2:1998,MOD)

GB/T 4340.1　金属维氏硬度试验　第1部分:试验方法(GB/T 4340.1—1999,eqv ISO 6507-1:1997)

GB/T 8170　数值修约规则与极限数值的表示和判定

GB/T 11170　不锈钢　多元素含量的测定　火花放电原子发射光谱法(常规法)

GB/T 17505　钢及钢产品交货一般技术要求(GB/T 17505—1998,eqv ISO 404:1992)

GB/T 20066　钢和铁　化学成分测定用试样的取样和制样方法(GB/T 20066—2006,ISO 14284:1996,IDT)

GB/T 20123　钢铁　总碳硫含量的测定　高频感应炉燃烧后红外吸收法(常规方法)(GB/T 20123—2006,ISO 15350:2000,IDT)

GB/T 20124　钢铁　氮含量的测定　惰性气体熔融热导法(常规方法)(GB/T 20124—2006,ISO 15351:1999,IDT)

GB/T 20878　不锈钢和耐热钢　牌号及化学成分

3　订货所需信息

订货时用户需提供以下信息:

a)　产品名称(或品名);

b)　牌号和代号;

c)　标准编号;

d)　尺寸及精度;

e)　重量或数量;

f)　表面加工类型;

g)　交货状态;

h)　其他特殊要求。

4　分类及代号

4.1　按边缘状态可分为:

切边	EC
不切边	EM

4.2　按尺寸精度可分为:

厚度普通精度	
厚度较高精度	PT

4.3　按轧制工艺可分为:

热轧厚钢板	P
热轧钢板及钢带	H
冷轧钢板及钢带	C

5 尺寸、外形、重量及允许偏差

5.1 尺寸及允许偏差

5.1.1 钢板和钢带的公称尺寸范围见表1，其具体规格执行GB/T 708、GB/T 709。

表1 公称尺寸范围

单位为毫米

产品类别	代号	公称厚度	公称宽度
热轧厚钢板	P	6.0～100	600～4 800
热轧钢板及钢带	H	2.0～14.0	600～2 100
冷轧钢板及钢带	C	1.5～8.0	600～2 100

5.1.2 厚度允许偏差

5.1.2.1 热轧厚钢板厚度允许偏差应符合表2规定。

表2 热轧厚钢板厚度允许偏差[a]

单位为毫米

公称厚度	公称宽度						
	≤1 000		>1 000～1 500		>1 500～2 500		>2 500
	普通精度	较高精度	普通精度	较高精度	普通精度	较高精度	
厚度负偏差为−0.30							
5.0～8.0	0.38	0.35	0.40	0.36	0.50	0.45	0.80
>8.0～15.0	0.45	0.42	0.48	0.44	0.60	0.55	
>15.0～25.0	0.50	0.45	0.53	0.48	0.65	0.60	1.00
>25.0～40.0	0.65	0.60	0.70	0.65	0.85	0.80	
>40.0～60.0	0.90	0.85	0.95	0.90	1.10	1.05	1.50
>60.0～80.0	0.90	0.85	0.95	0.90	1.40	1.35	

[a] >80～100的厚度允许偏差由供需双方协商。

5.1.2.2 热轧钢板及钢带厚度允许偏差应符合表3的规定。

表3 热轧钢板及钢带厚度允许偏差

单位为毫米

公称厚度	公称宽度							
	≤1 200		>1 200～1 500		>1 500～1 800		>1 800～2 100	
	普通精度	较高精度	普通精度	较高精度	普通精度	较高精度	普通精度	较高精度
2.0～2.5	+0.22 −0.22	+0.20 −0.20	+0.25 −0.25	+0.23 −0.23	+0.29 −0.29	+0.27 −0.27	—	—
>2.5～3.0	+0.25 −0.25	+0.23 −0.23	+0.28 −0.28	+0.26 −0.26	+0.31 −0.30	+0.28 −0.28	+0.33 −0.30	+0.31 −0.30
>3.0～4.0	+0.28 −0.28	+0.26 −0.26	+0.31 −0.30	+0.28 −0.28	+0.33 −0.30	+0.31 −0.30	+0.35 −0.30	+0.32 −0.30
>4.0～5.0	+0.31 −0.30	+0.28 −0.28	+0.33 −0.30	+0.30 −0.30	+0.36 −0.30	+0.33 −0.30	+0.38 −0.30	+0.35 −0.30

表 3（续） 单位为毫米

公称厚度	公称宽度							
	≤1200		>1200～1500		>1500～1800		>1800～2100	
	普通精度	较高精度	普通精度	较高精度	普通精度	较高精度	普通精度	较高精度
以下规格的厚度负偏差为－0.30								
>5.0～6.0	0.33	0.31	0.36	0.33	0.38	0.35	0.40	0.37
>6.0～8.0	0.38	0.35	0.39	0.36	0.40	0.37	0.46	0.43
>8.0～10.0	0.42	0.39	0.43	0.40	0.45	0.41	0.53	0.49
>10.0～14.0	0.45	0.42	0.47	0.44	0.49	0.45	0.57	0.53

5.1.2.3 冷轧钢板及钢带厚度允许偏差应符合表 4 的规定。

表 4 冷轧钢板及钢带厚度允许偏差 单位为毫米

公称厚度	厚度允许偏差		
	宽度≤1 000	1 000<宽度≤1 300	1 300<宽度≤2 100
1.5～2.00	±0.08	±0.09	±0.10
>2.00～2.50	±0.09	±0.10	±0.11
>2.50～3.00	±0.11	±0.12	±0.12
>3.00～4.00	±0.13	±0.14	±0.14
>4.0～5.00	±0.14	±0.15	±0.15
>5.00～6.50	±0.15	±0.16	±0.16
>6.50～8.00	±0.16	±0.17	±0.17

5.1.3 宽度允许偏差

5.1.3.1 热轧厚钢板应切边交货，其宽度允许偏差应符合表 5 的规定。

表 5 热轧厚钢板的宽度允许偏差 单位为毫米

公称厚度	公称宽度	宽度允许偏差
6～16	≤1 500	$^{+10}_{0}$
	>1 500	$^{+15}_{0}$
>16	≤2000	$^{+20}_{0}$
	>2 000～3 000	$^{+25}_{0}$
	>3 000	$^{+30}_{0}$

5.1.3.2 热轧卷切钢板应切边交货。切边的热轧钢带及卷切钢板的宽度允许偏差应符合表 6 规定。

5.1.3.2.1 不切边热轧钢带的宽度允许偏差由供需双方协商。

表 6 热轧钢板及钢带的宽度允许偏差 单位为毫米

公称宽度	宽度允许偏差
600～2 100	$^{+6}_{0}$

5.1.3.3 冷轧钢板及钢带应切边交货，其宽度允许偏差应符合表7的规定。

表7 切边冷轧钢带及卷切钢板的宽度允许偏差 单位为毫米

公称厚度	宽度允许偏差
1.50～2.50	$^{+2.0}_{0}$
>2.50～3.50	$^{+3.0}_{0}$
>3.50～8.00	$^{+4.0}_{0}$

5.1.4 长度允许偏差

热轧厚钢板、热轧卷切钢板、冷轧卷切钢板的长度允许偏差应符合表8的规定。

表8 热轧厚钢板、热轧卷切钢板、冷轧卷切钢板的长度允许偏差 单位为毫米

产品类别	公称长度	长度允许偏差
热轧厚钢板、热轧卷切钢板	2 000～12 000	$^{+0.005\times 公称长度}_{0}$
冷轧钢板	2 000～10 000	$^{+0.005\times 公称长度}_{0}$

5.2 外形

5.2.1 镰刀弯

热轧厚钢板、热轧钢带及卷切钢板的镰刀弯应符合表9的规定。

表9 热轧厚钢板、热轧钢带及卷切钢板、冷轧钢带及卷切钢板的镰刀弯 单位为毫米

产品类别	公称长度	边缘状态	测量长度	镰刀弯
热轧钢带	—	切边(纵剪)	任意5 000	≤15
		不切边	任意5 000	≤20
热轧厚钢板 热轧卷切钢板	<5 000	切边或不切边	实际长度(L)	≤L×0.3%
	≥5 000	切边(纵剪)	任意5 000	≤15
	≥5 000	不切边	任意5 000	≤20
冷轧钢带及 卷切钢板	≥2 000	切边(纵剪)	任意2 000	≤2
	≥2 000	不切边	任意2 000	≤L×0.3%

5.2.2 切斜度

5.2.2.1 热轧厚钢板、热轧卷切钢板的切斜度应不大于其公称宽度的1%。

5.2.2.2 冷轧钢板及钢带(含卷切钢板)的切斜度应不大于其公称宽度的0.5%。

5.2.3 不平度

5.2.3.1 热轧厚钢板的不平度应符合表10的规定。

表10 热轧厚钢板的不平度 单位为毫米

厚　度	不　平　度
6～100	≤15

5.2.3.2 热轧卷切钢板的不平度应符合表11的规定。

表11 热轧卷切钢板的不平度 单位为毫米

公称厚度	公称宽度	不平度
≤14.0	600～1 200	≤23
	>1 200～1 500	≤30
	>1 500	≤38

5.2.3.3 冷轧卷切钢板的不平度应符合表12的规定。

表12 冷轧卷切钢板的不平度

单位为毫米

公称长度	不平度	
	普通级	较高级
≤3 000	≤10	≤7
>3 000	≤12	≤8

5.2.4 **钢卷的外形**

钢卷应牢固成卷并尽量保持圆柱形和不卷边。

5.2.4.1 热轧切边钢卷的塔形应不大于30 mm。

5.2.4.2 冷轧切边钢卷的塔形应不大于20 mm。

5.3 **重量**

5.3.1 **钢板重量**

钢板按理论或实际重量交货。理论计重时，用钢板的公称尺寸进行计算，其计算厚度为钢板允许的最大厚度和最小厚度的算术平均值。钢板的密度见附录A。

5.3.2 **钢带重量**

钢带按实际重量交货。

5.3.3 **数值修约方法**

数值修约方法按GB/T 8170的规定。

5.4 **尺寸及外形测量**

5.4.1 **尺寸测量位置**

5.4.1.1 **厚度测量位置**

切边热轧钢带(包括热轧钢板)的厚度在距边部不小于25 mm处测量；不切边钢带(包括热连轧钢板)在距边部不小于40 mm处测量。切边热轧厚钢板在距边部(纵边和横边)不小于25 mm处测量。不切边热轧厚钢板的测量部位由供需双方协议。

切边冷轧钢板和钢带在距离剪切边不小于25 mm处测量；不切边冷轧钢板和钢带的厚度在距离轧制边不小于40 mm处测量。

不切头尾交货的热轧钢带，表列厚度偏差不适用于头尾不正常部分，其长度按下列公式计算：长度(m)＝90/公称厚度(mm)，但每卷总长度不得超过20 m。

5.4.1.2 **宽度测量位置**

垂直于轧制方向。不切边钢带头尾不正常部分除外。

5.4.2 **外形测量方法**

5.4.2.1 **镰刀弯**

测量方法见图1，钢带头尾不正常部分除外。

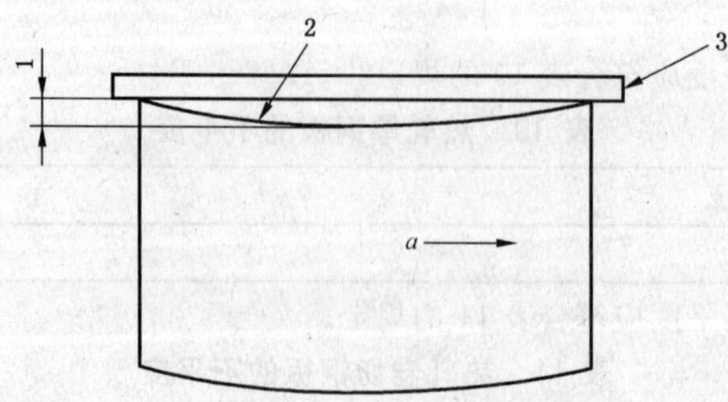

1——镰刀弯；
2——钢带边沿；
3——平直基准；
a——轧制方向。

图1 镰刀弯测量方法

5.4.2.2 切斜度

测量方法见图2。

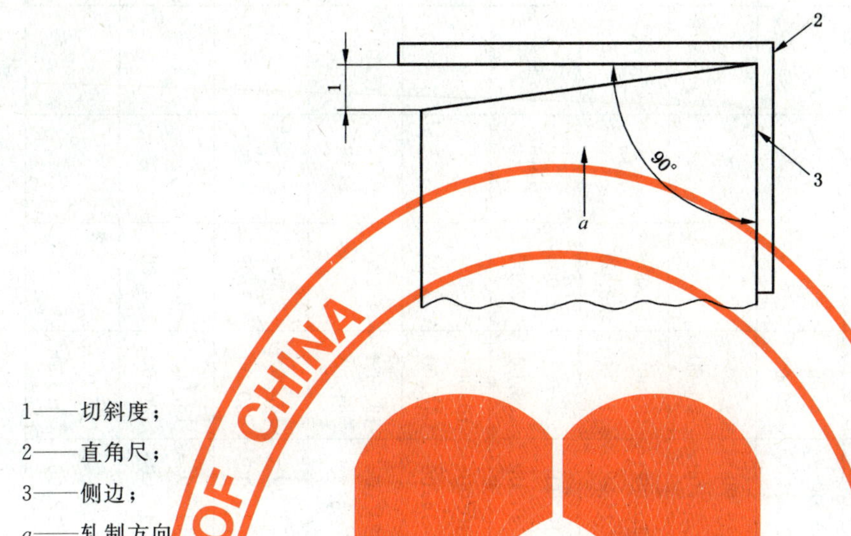

1——切斜度；

2——直角尺；

3——侧边；

a——轧制方向。

图2 切斜度测量方法

5.4.2.3 钢板不平度测量方法

将钢板在自重状态下平放于平台上，测量钢板任意方向的下表面与平台水平面的最大距离。

6 技术要求

6.1 制造方法

6.1.1 钢采用粗炼钢水加炉外精炼工艺冶炼。

6.1.2 连铸坯压缩比不小于3。

6.2 化学成分

6.2.1 钢的统一数字代号、牌号及化学成分(熔炼分析)应符合表13～表15的规定。表13～表15中所列成分除标明范围或最小值外，其余均为最大值。

6.2.2 钢板和钢带的成品化学成分允许偏差应符合GB/T 222的规定。

6.3 交货状态

钢板和钢带经冷轧或热轧后，应经热处理及酸洗或类似处理后的状态交货；热处理制度可参照附录表B.1～附录表B.3。

6.4 室温力学性能和工艺性能

经热处理的钢板和钢带的室温力学性能应符合6.4.1～6.4.3的规定。对于几种不同硬度的试验，可根据钢板和钢带的不同尺寸和状态按其中一种方法检验。

表 13 奥氏体型不锈钢的化学成分(熔炼分析)

GB/T 20878 中序号	统一数字代号	牌号	化学成分(质量分数)/%										
			C	Si	Mn	P	S	Ni	Cr	Mo	N	Cu	其他
17	S30408	06Cr19Ni10	0.08	0.75	2.00	0.035	0.020	8.00～10.50	18.00～20.00	—	0.10	—	—
18	S30403	022Cr19Ni10	0.030	0.75	2.00	0.035	0.020	8.00～12.00	18.00～20.00	—	—	—	—
19	S30409	07Cr19Ni10	0.04～0.10	0.75	2.00	0.035	0.020	8.00～10.50	18.00～20.00	—	—	—	—
35	S31008	06Cr25Ni20	0.04～0.08	1.50	2.00	0.035	0.020	19.00～22.00	24.00～26.00	—	—	—	—
38	S31608	06Cr17Ni12Mo2	0.08	0.75	2.00	0.035	0.020	10.00～14.00	16.00～18.00	2.00～3.00	0.10	—	—
39	S31603	022Cr17Ni12Mo2	0.030	0.75	2.00	0.035	0.020	10.00～14.00	16.00～18.00	2.00～3.00	0.10	—	—
41	S31668	06Cr17Ni12Mo2Ti	0.08	0.75	2.00	0.035	0.020	10.00～14.00	16.00～18.00	2.00～3.00	—	—	Ti≥5C
48	S39042	015Cr21Ni26Mo5Cu2	0.020	1.00	2.00	0.030	0.010	24.00～26.00	19.00～21.00	4.00～5.00	0.10	1.20～2.00	—
49	S31708	06Cr19Ni13Mo3	0.08	0.75	2.00	0.035	0.020	11.00～15.00	18.00～20.00	3.00～4.00	0.10	—	—
50	S31703	022Cr19Ni13Mo3	0.030	0.75	2.00	0.035	0.020	11.00～15.00	18.00～20.00	3.00～4.00	—	—	—
55	S32168	06Cr18Ni11Ti	0.08	0.75	2.00	0.035	0.020	9.00～12.00	17.0～19.00	—	—	—	Ti≥5C

注:表中有些牌号的化学成分与 GB/T 20878 相比有变化。

表 14　奥氏体-铁素体型不锈钢牌号及其化学成分(熔炼分析)

GB/T 20878 中序号	统一数字代号	牌号	化学成分(质量分数)/%										
			C	Si	Mn	P	S	Cr	Ni	Mo	Cu	N	其他
68	S21953	022Cr19Ni5Mo3Si2N	0.030	1.30～2.00	1.00～2.00	0.030	0.020	18.00～19.50	4.50～5.50	2.50～3.00	—	0.05～0.12	—
70	S22253	022Cr22Ni5Mo3N	0.030	1.00	2.00	0.030	0.020	21.00～23.00	4.50～6.50	2.50～3.50	—	0.08～0.20	—
71	S22053	022Cr23Ni5Mo3N	0.030	1.00	2.00	0.030	0.020	22.00～23.00	4.50～6.50	3.00～3.50	—	0.14～0.20	—

注：表中有些牌号的化学成分与 GB/T 20878 相比有变化。

表 15　铁素体型不锈钢的化学成分(熔炼分析)

GB/T 20878 中序号	统一数字代号	牌号	化学成分(质量分数)/%									
			C	Si	Mn	P	S	Cr	Ni	Mo	N	其他
78	S11348	06Cr13Al	0.08	1.00	1.00	0.035	0.020	11.50～14.50	0.60	—	—	Al:0.10～0.30
92	S11972	019Cr19Mo2NbTi	0.025	1.00	1.00	0.035	0.020	17.50～19.50	1.00	1.75～2.50	0.035	(Ti+Nb)[0.20+4(C+N)]～0.80
97	S11306	06Cr13	0.06	1.00	1.00	0.035	0.020	11.50～13.50	0.60	—	—	—

注:表中有些牌号的化学成分与 GB/T 20878 相比有变化。

6.4.1 经固溶处理的奥氏体型钢的室温力学性能应符合表16的规定。规定非比例延伸强度 $R_{P1.0}$，仅当需方要求并在合同中注明时才进行检验。

6.4.1.1 对于热轧厚钢板，当厚度超过表16规定的最大厚度时，经供需双方协商，可进行力学性能试验，试验数据仅供参考，不作为交货依据。

表16 经固溶处理的奥氏体型钢室温下的力学性能

GB/T 20878 中序号	统一数字代号	牌号	各类型产品的最大厚度/mm		规定非比例延伸强度 $R_{P0.2}$/MPa	规定非比例延伸强度 $R_{P1.0}$/MPa	抗拉强度 R_m/MPa	断后伸长率 A/%	硬度值 HBW	硬度值 HRB	硬度值 HV
					不小于				不大于		
17	S30408	06Cr19Ni10	C	8	205	250	520	40	201	92	210
			H	14							
			P	80							
18	S30403	022Cr19Ni10	C	8	180	230	490	40	201	92	210
			H	14							
			P	80							
19	S30409	07Cr19Ni10	C	8	205	250	520	40	201	92	210
			H	14							
			P	80							
35	S31008	06Cr25Ni20	C	8	205	240	520	40	217	95	220
			H	14							
			P	80							
38	S31608	06Cr17Ni12Mo2	C	8	205	260	520	40	217	95	220
			H	14							
			P	80							
39	S31603	022Cr17Ni12Mo2	C	8	180	260	490	40	217	95	220
			H	14							
			P	80							
41	S31668	06Cr17Ni12Mo2Ti	C	8	205	260	520	40	217	95	220
			H	14							
			P	80							
48	S39042	015Cr21Ni26Mo5Cu2	C	8	220	260	490	35	—	90	—
			H	14							
			P	80							
49	S31708	06Cr19Ni13Mo3	C	8	205	260	520	35	217	95	220
			H	14							
			P	80							

表 16（续）

GB/T 20878 中序号	统一数字代号	牌号	各类型产品的最大厚度/mm		规定非比例延伸强度 $R_{P0.2}$/MPa	规定非比例延伸强度 $R_{P1.0}$/MPa	抗拉强度 R_m/MPa	断后伸长率 A/%	硬度值 HBW	HRB	HV
					不小于				不大于		
50	S31703	022Cr19Ni13Mo3	C	8	205	260	520	40	217	95	220
			H	14							
			P	80							
55	S32168	06Cr18Ni11Ti	C	8	205	250	520	40	217	95	220
			H	14							
			P	80							

6.4.2　经固溶处理的奥氏体-铁素体型钢的室温力学性能应符合表 17 的规定。

6.4.3　经退火处理的铁素体型钢的室温力学性能和工艺性能应符合表 18 的规定。其中弯曲试验，仅当需方要求并在合同中注明时才进行检验。

表 17　经热处理的奥氏体-铁素体型钢的室温力学性能

GB/T 20878 序号	统一数字代号	牌号	各类型产品的最大厚度/mm		拉伸试验 规定非比例延伸强度 $R_{P0.2}$/MPa	抗拉强度 R_m/MPa	断后伸长率 A/%	硬度试验 HBW	HRC
					不小于			不大于	
68	S21953	022Cr19Ni5Mo3Si2N	C	8	440	630	25	290	31
			H	14					
			P	80					
70	S22253	022Cr22Ni5Mo3N	C	8	450	620	25	293	31
			H	14					
			P	80					
71	S22053	022Cr23Ni5Mo3N	C	8	450	620	25	293	31
			H	14					
			P	80					

表 18　经退火处理的铁素体型钢室温下的力学性能和工艺性能

GB/T 20878 序号	统一数字代号	牌号	各类型产品的最大厚度		拉伸试验			硬度试验			弯曲试验
					规定非比例延伸强度 $R_{P0.2}$/MPa	抗拉强度 R_m/MPa	断后伸长率 A/%	HBW	HRB	HV	180° $b=2a$
					不小于			不大于			
78	S11348	06Cr13Al	C	8	170	415	20	179	88	200	$d=2a$
			H	14							
			P	25							
92	S11972	019Cr19-Mo2NbTi	C	8	275	415	20	217	96	230	$d=2a$
97	S11306	06Cr13	C	8	205	415	20	183	89	200	$d=2a$
			H	14							
			P	25							

6.5　晶间腐蚀试验

经需方要求，奥氏体不锈钢应进行晶间腐蚀试验，试验方法和评定标准应在合同中注明。

6.6　表面加工及质量要求

6.6.1　钢板及钢带的表面加工类型

钢板及钢带的表面加工类型见表 19，需方应根据使用需求指定加工类型，并在合同中注明。

6.6.2　表面质量

6.6.2.1　热轧厚钢板和热轧钢带(含卷切钢板)的表面质量

钢板和钢带不允许存在有影响使用的缺陷。经酸洗后的钢板和钢带表面不允许有氧化皮及过酸洗。允许对钢板表面局部缺陷进行修磨清理，但应保证钢板的最小厚度。由于钢带一般没有除掉缺陷的机会，允许带有少量不正常的部分。

6.6.2.2　冷轧钢带及卷切钢板的表面质量

钢板不得有影响使用的缺陷。允许有个别深度小于厚度公差之半的轻微麻点、擦划伤、压痕、凹坑、辊印和色差等不影响使用的缺陷。允许局部修磨，但应保证钢板最小厚度。

钢带不得有影响使用的缺陷。但成卷交货的钢带由于一般没有除去缺陷的机会，允许有少量不正常的部分。对不经抛光的钢带，表面允许有个别深度小于厚度公差之半的轻微麻点、擦划伤、压痕、凹坑、辊印和色差。

钢带边缘应平整。切边钢带边缘不允许有深度大于宽度公差之半的切割不齐和大于钢带厚度公差的毛刺；不切边钢带不允许有大于宽度公差的裂边。

表 19　表面加工类型

类别	简称	加工类型	表面状态	备　注
热轧产品	1E	热轧、热处理、机械除氧化皮	无氧化皮	机械除氧化皮的方法(粗磨或喷丸)取决于产品种类，除另有规定外，由生产厂选择
	1D	热轧、热处理、酸洗	无氧化皮	适用于确保良好耐腐蚀性能的大多数钢的标准。是进一步加工产品常用的精加工。允许有研磨痕迹

表 19（续）

类别	简称	加工类型	表面状态	备注
冷轧产品	2D	冷轧、热处理、酸洗或除鳞	表面均匀、呈亚光状	冷轧后热处理、酸洗。亚光表面经酸洗或除鳞产生。可用毛面辊进行平整。毛面加工便于在深冲时将润滑剂保留在钢板表面。这种表面适用于加工深冲部件，但这些部件成型后还需进行抛光处理
	2B	冷轧、热处理、酸洗或除鳞、光亮加工	较2D表面光滑平直	在2D表面的基础上，对经热处理、除鳞后的钢板用抛光辊进行小压下量的平整。属最常用的表面加工

6.7 特殊要求

根据需方要求并经供需双方商定，可对钢的化学成分、力学性能、非金属夹杂物规定特殊技术要求，或补充规定耐腐蚀试验、无损检验等特殊检验项目，具体合格级别和试验方法应由供需双方协商确定，并在合同中注明。

7 试验方法

每批钢板或钢带的检验项目，取样数量、取样部位及试验方法应符合表20规定。

表 20 钢板或钢带检验项目，取样数量、取样部位及试验方法

序号	检验项目	取样数量/个	取样方法及部位	试验方法
1	化学成分	1/炉	GB/T 20066	GB/T 223、GB/T 11170、GB/T 20123及GB/T 20124
2	拉伸试验	1	GB/T 2975	GB/T 228
3	弯曲试验	1	GB/T 232	GB/T 232
4	硬度	1	任一张或卷	GB/T 230.1、GB/T 231.1、GB/T 4340.1
5	晶间腐蚀试验	2	双方协商	GB/T 4334
6	尺寸、外形	逐张或逐卷	—	按5.4
7	表面质量	逐张或逐卷	—	目视

8 检验规则

8.1 检查和验收

钢板和钢带的质量检验由供方质量监督部门负责。供方必须保证交货的钢材符合本标准的规定，需方有权按相应标准的规定进行检查和验收。

8.2 组批规则

钢板或钢带应成批提交验收，每批由统一数字代号（同一牌号）、同一炉号、同一厚度和同一热处理制度的钢板和钢带组成。每批钢板或钢带的重量应不超过40 t。

8.3 取样部位及取样数量

钢板或钢带的取样部位及取样数量应符合表20的规定。

8.4 复验和判定

检验项目的复验和判定，按照 GB/T 17505 的有关规定执行。

9 包装、标志和质量证明书

钢板和钢带的包装、标志和质量证明书应符合 GB/T 247 的规定。

附　录　A
（规范性附录）
不锈钢的密度值

表 A.1　不锈钢的密度值

GB/T 20878 序号	统一数字代号	牌号	密度/(kg/dm³)20 ℃
17	S30408	06Cr19Ni10	7.93
18	S30403	022Cr19Ni10	7.90
19	S30409	07Cr19Ni10	7.90
35	S31008	06Cr25Ni20	7.98
38	S31608	06Cr17Ni12Mo2	8.00
39	S31603	022Cr17Ni12Mo2	8.00
41	S31668	06Cr17Ni12Mo2Ti	7.90
48	S39042	015Cr21Ni26Mo5Cu2	8.00
49	S31708	06Cr19Ni13Mo3	8.00
50	S31703	022Cr19Ni13Mo3	7.98
55	S32168	06Cr18Ni11Ti	8.03
68	S21953	022Cr19Ni5Mo3Si2N	7.70
70	S22253	022Cr22Ni5Mo3N	7.80
71	S22053	022Cr23Ni5Mo3N	7.80
78	S11348	06Cr13Al	7.75
92	S11972	019Cr19Mo2NbTi	7.75
97	S11306	06Cr13	7.75

附 录 B
（资料性附录）
不锈钢的热处理制度

表 B.1 奥氏体型钢的热处理制度

GB/T 20878 序号	统一数字代号	牌号	热处理温度及冷却方式
17	S30408	06Cr19Ni10	≥1 040 ℃水冷或其他方式快冷
18	S30403	022Cr19Ni10	≥1 040 ℃水冷或其他方式快冷
19	S30409	07Cr19Ni10	≥1 095 ℃水冷或其他方式快冷
35	S31008	06Cr25Ni20	≥1 040 ℃水冷或其他方式快冷
38	S31608	06Cr17Ni12Mo2	≥1 040 ℃水冷或其他方式快冷
39	S31603	022Cr17Ni12Mo2	≥1 040 ℃水冷或其他方式快冷
41	S31668	06Cr17Ni12Mo2Ti	≥1 040 ℃水冷或其他方式快冷
48	S39042	015Cr21Ni26Mo5Cu2	≥1 040 ℃水冷或其他方式快冷
49	S31708	06Cr19Ni13Mo3	≥1 040 ℃水冷或其他方式快冷
50	S31703	022Cr19Ni13Mo3	≥1 040 ℃水冷或其他方式快冷
55	S32168	06Cr18Ni11Ti	≥1 040 ℃水冷或其他方式快冷

表 B.2 奥氏体-铁素体型钢的热处理制度

GB/T 20878 序号	统一数字代号	牌号	热处理温度冷却方式
68	S21953	022Cr19Ni5Mo3Si2N	950 ℃～1 050 ℃，水冷或其他方式快冷
70	S22253	022Cr22Ni5Mo3N	1 040 ℃～1 100 ℃，水冷或其他方式快冷
71	S22053	022Cr23Ni5Mo3N	1 040 ℃～1 100 ℃，水冷或其他方式快冷

表 B.3 铁素体型钢的热处理制度

GB/T 20878 序号	统一数字代号	牌号	退火处理温度及冷却方式
78	S11348	06Cr13Al	780 ℃～830 ℃，快冷或缓冷
92	S11972	019Cr19Mo2NbTi	800 ℃～1 050 ℃，快冷
97	S11306	06Cr13	罩式炉退火：约 760 ℃，缓冷 连续退火：800 ℃～900 ℃，缓冷

附　录　C
（资料性附录）
列入本标准的不锈钢牌号对照表

表 C.1　列入本标准的不锈钢牌号对照表

GB/T 20878—2007 中序号	中国统一数字代号	新国标 GB/T 20878—2007	旧国标 GB/T 3280—1992 GB/T 4237—1992	美国 ASTM A240/240M—08	日本 JIS G4304:2005 JIS G4305:2005	欧洲 EN 10028-7:2007
17	S30408	06Cr19Ni10	0Cr18Ni9	S30400,304	SUS304	X5CrNi18-10,1.4301
18	S30403	022Cr19Ni10	00C19Ni10	S30403,304L	SUS304L	X2CrNi19-11,1.4306
19	S30409	07Cr19Ni10	—	S30409,304H	SUH304H	X6CrNi18-10,1.4948
35	S31008	06Cr25Ni20	0Cr25Ni20	S31008,310S	SUS310S	X12CrNi23-12,1.4845
38	S31608	06Cr17Ni12Mo2	0Cr17Ni12Mo2	S31600,316	SUS316	X5CrNiMo17-12-2,1.4401
39	S31603	022Cr17Ni12Mo2	00Cr17Ni14Mo2	S31603,316L	SUS316L	X2CrNiMo17-12-2,1.4404
41	S31668	06Cr17Ni12Mo2Ti	0Cr18Ni12Mo2Ti	S31635,316Ti	SUS316Ti	X6CrNiMoTi17-12-2,1.4571
48	S39042	015Cr21Ni26Mo5Cu2	—	N08904,904L	—	X1NiCrMoCu25-20-5,1.4539
49	S31708	06Cr19Ni13Mo3	0Cr19Ni13Mo3	S31700,317	SUS317	—
50	S31703	022Cr19Ni13Mo3	00Cr19Ni13Mo3	S31703,317L	SUS317L	X2CrNiMo18-15-4,1.4438
55	S32168	06Cr18Ni11Ti	0Cr18Ni10Ti	S32100,321	SUS321	X6CrNiTi18-10,1.4541
68	S21953	022Cr19Ni5Mo3Si2N	00Cr18Ni5Mo3Si2	S31500	—	—
70	S22253	022Cr22Ni5Mo3N	—	S31803	SUS329J3L	X2CrNiMoN22-5-3,1.4462
71	S22053	022Cr23Ni5Mo3N	—	S32205,2205	—	—
78	S11348	06Cr13Al	0Cr13Al	S40500,405	SUS405	X6CrAl13,1.4002
92	S11972	019Cr19Mo2NbTi	00Cr18Mo2	S44400,444	(SUS444)	X2CrNiMoTi18-2,1.4521
97	S11306	06Cr13	0Cr13	S41008,410S	(SUS410S)	X6Cr13,1.4000

ICS 77.140.75
H 48

中华人民共和国国家标准

GB 24512.1—2009

核电站用无缝钢管
第1部分：碳素钢无缝钢管

Seamless steel tubes and pipes for nuclear power plant—
Part 1:Carbon steel seamless tubes and pipes

2009-10-30 发布　　　　2010-06-01 实施

中华人民共和国国家质量监督检验检疫总局
中国国家标准化管理委员会　发布

前　言

本部分的5.1.2、5.2.2、5.3.1.2、5.3.2.1、5.5、5.7、6.1.2、6.1.3、6.2.2.2、6.3.2、6.7、6.14.2、9.2为推荐性的，其余为强制性的。

GB 24512《核电站用无缝钢管》的预计结构及名称如下：

——第1部分：碳素钢无缝钢管；

——第2部分：合金钢无缝钢管；

——第3部分：不锈钢无缝钢管。

本部分为GB 24512《核电站用无缝钢管》的第1部分。本部分参照EN 10216-2:2002《压力用途的无缝钢管　交货技术条件　第2部分：规定高温性能的非合金钢和合金钢钢管》及《ASME锅炉及压力容器规范　第Ⅱ卷　A篇　铁基材料》2007版中的SA-106《高温用碳素钢无缝钢管规范》、SA-210M《锅炉和过热器用中碳钢无缝钢管规范》制定。

本部分的附录B、附录C为规范性附录，附录A为资料性附录。

本部分由中国钢铁工业协会提出。

本部分由全国钢标准化技术委员会(SAC/TC 183)归口。

本部分起草单位：攀钢集团成都钢铁有限责任公司、冶金工业信息标准研究院、苏州热工研究院有限公司、沈阳东管电力科技集团有限公司。

本部分主要起草人：李奇、成海涛、晏如、董莉、赵彦芬、郭元蓉、黄颖、薛飞、吴洪、刘刚、于洋。

核电站用无缝钢管
第1部分:碳素钢无缝钢管

1 范围

GB 24512的本部分规定了核电站用碳素钢无缝钢管的分类、代号、尺寸、外形、重量及允许偏差、技术要求、试验方法、检验规则、包装、标志和质量报告。

本部分适用于制造核电站1、2、3级和非核级设备承压部件用碳素钢(包括碳锰钢)无缝钢管。

2 规范性引用文件

下列文件中的条款通过GB 24512的本部分的引用而成为本部分的条款。凡是注日期的引用文件,其随后所有的修改单(不包括勘误的内容)或修订版均不适用于本部分,然而,鼓励根据本部分达成协议的各方研究是否可使用这些文件的最新版本。凡是不注日期的引用文件,其最新版本适用于本部分。

GB/T 222 钢的成品化学成分允许偏差

GB/T 223.5 钢铁 酸溶硅和全硅含量的测定 还原型硅钼酸盐分光光度法(GB/T 223.5—2008,ISO 4829-1:1986,ISO 4829-2:1988,MOD)

GB/T 223.9 钢铁及合金 铝含量的测定 铬天青S分光光度法

GB/T 223.11 钢铁及合金 铬含量的测定 可视滴定或电位滴定法(GB/T 223.11—2008,ISO 4937:1986,MOD)

GB/T 223.12 钢铁及合金化学分析方法 碳酸钠分离-二苯碳酰二肼光度法测定铬量

GB/T 223.14 钢铁及合金化学分析方法 钽试剂萃取光度法测定钒含量

GB/T 223.16 钢铁及合金化学分析方法 变色酸光度法测定钛量

GB/T 223.18 钢铁及合金化学分析方法 硫代硫酸钠分离-碘量法测定铜量

GB/T 223.23 钢铁及合金 镍含量的测定 丁二酮肟分光光度法

GB/T 223.26 钢铁及合金 钼含量的测定 硫氰酸盐分光光度法

GB/T 223.29 钢铁及合金 铅含量的测定 载体沉淀-二甲酚橙分光光度法

GB/T 223.31 钢铁及合金 砷含量的测定 蒸馏分离-钼蓝分光光度法(GB/T 223.31—2008,ISO 17058:2004,IDT)

GB/T 223.40 钢铁及合金 铌含量的测定 氯磺酚S分光光度法

GB/T 223.50 钢铁及合金化学分析方法 苯基荧光酮-溴化十六烷基三甲基胺直接光度法测定锡量

GB/T 223.53 钢铁及合金化学分析方法 火焰原子吸收分光光度法测定铜量(GB/T 223.53—1987,eqv ISO/DIS 4943:1986)

GB/T 223.54 钢铁及合金化学分析方法 火焰原子吸收分光光度法测定镍量(GB/T 223.54—1987,eqv ISO/DIS 4940:1986)

GB/T 223.58 钢铁及合金化学分析方法 亚砷酸钠-亚硝酸钠滴定法测定锰量

GB/T 223.59 钢铁及合金 磷含量的测定 铋磷钼蓝分光光度法和锑磷钼蓝分光光度法

GB/T 223.60 钢铁及合金化学分析方法 高氯酸脱水重量法测定硅含量

GB/T 223.62 钢铁及合金化学分析方法 乙酸丁酯萃取光度法测定磷量

GB/T 223.63 钢铁及合金化学分析方法 高碘酸钠(钾)光度法测定锰量

GB/T 223.64 钢铁及合金 锰含量的测定 火焰原子吸收光谱法(GB/T 223.64—2008, ISO 10700:1994,IDT)

GB/T 223.67 钢铁及合金 硫含量的测定 次甲基蓝分光光度法(GB/T 223.67—2008, ISO 10701:1994,IDT)

GB/T 223.68 钢铁及合金化学分析方法 管式炉内燃烧后碘酸钾滴定法测定硫含量

GB/T 223.69 钢铁及合金 碳含量的测定 管式炉内燃烧后气体容量法

GB/T 223.71 钢铁及合金化学分析方法 管式炉内燃烧后重量法测定碳含量

GB/T 223.72 钢铁及合金 硫含量的测定 重量法

GB/T 223.76 钢铁及合金化学分析方法 火焰原子吸收光谱法测定钒量

GB/T 223.78 钢铁及合金化学分析方法 姜黄素直接光度法测定硼含量(GB/T 223.78—2000, idt ISO 10153:1997)

GB/T 224 钢的脱碳层深度测定法(GB/T 224—2008,ISO 3887:2003,MOD)

GB/T 226 钢的低倍组织及缺陷酸蚀检验法(GB/T 226—1991,neq ISO 4969:1980)

GB/T 228 金属材料 室温拉伸试验方法(GB/T 228—2002,eqv ISO 6892:1998)

GB/T 229 金属材料 夏比摆锤冲击试验方法(GB/T 229—2007,ISO 148-1:2006,MOD)

GB/T 232 金属材料 弯曲试验方法(GB/T 232—1999,eqv ISO 7438:1985)

GB/T 241 金属管 液压试验方法

GB/T 242 金属管 扩口试验方法(GB/T 242—2007,ISO 8493:1998,IDT)

GB/T 246 金属管 压扁试验方法(GB/T 246—2007,ISO 8492:1998,IDT)

GB/T 1979 结构钢低倍组织缺陷评级图

GB/T 2102 钢管的验收、包装、标志和质量证明书

GB/T 2975 钢及钢产品 力学性能试验取样位置及试样制备(GB/T 2975—1998,eqv ISO 377:1997)

GB/T 4336 碳素钢和中低合金钢 火花源原子发射光谱分析方法(常规法)

GB/T 4338 金属材料高温拉伸试验方法(GB/T 4338—2006,ISO 783:1999,MOD)

GB/T 5777—2008 无缝钢管超声波探伤检验方法(ISO 9303:1989,Seamless and welded (except submerged arc-welded) steel tubes for pressure purposes-full peripheral ultrasonic testing for the detection of longitudinal imperfections,MOD)

GB/T 6394 金属平均晶粒度测定法(GB/T 6394—2002,ASTM E 112:1996,MOD)

GB/T 7735 钢管涡流探伤检验方法(GB/T 7735—2004,ISO 9304:1989,MOD)

GB/T 10561 钢中非金属夹杂物含量的测定 标准评级图显微检验法(GB/T 10561—2005, ISO 4967:1998,IDT)

GB/T 12606 钢管漏磁探伤方法(GB/T 12606—1999,eqv ISO 9402:1989;ISO 9598:1989)

GB/T 13298 金属显微组织检验方法

GB/T 15822(所有部分) 无损检测 磁粉检测

GB/T 17395 无缝钢管尺寸、外形、重量及允许偏差(GB/T 17395—2008,ISO 4200:1991、ISO 5252:1991、ISO 1127:1992,NEQ)

GB/T 17505 钢及钢产品交货一般技术要求(GB/T 17505—1998,eqv ISO 404:1992)

GB/T 20066　钢和铁　化学成分测定用试样的取样和制样方法(GB/T 20066—2006,ISO 14284:1996,IDT)

GB/T 20123　钢铁　总碳硫含量的测定　高频感应炉燃烧后红外吸收法(常规方法)(GB/T 20123—2006,ISO 15350:2000,IDT)

GB/T 20125　低合金钢　多元素的测定　电感耦合等离子体发射光谱法

GB/T 20490　承压无缝和焊接(埋弧焊除外)钢管分层的超声检测(GB/T 20490—2006,ISO 10124:1994,MOD)

JB/T 4730.5　承压设备无损检测　第5部分:渗透检测

YB/T 4149　连铸圆管坯

YB/T 5137　高压用热轧和锻制无缝钢管圆管坯

3 分类及代号

3.1 本部分的无缝钢管按产品制造方式分为两类,其类别和代号如下:

a) 热轧(挤、顶、锻、扩)钢管,代号为 W-H;

b) 冷拔(轧)钢管,代号为 W-C。

3.2 本部分的无缝钢管按尺寸精度分为两类,其类别和代号如下:

a) 普通级精度,代号为 PA;

b) 高级精度,代号为 PC。

3.3 下列代号适用于本部分:

D　外径(如未特别指明公称外径或计算外径,即为公称外径或计算外径)

S　壁厚(如未特别指明公称壁厚或最小壁厚,即为公称壁厚或最小壁厚)

S_{min}　最小壁厚

d　公称内径

3.4 钢的牌号由代表核电用途的汉语拼音首位大写字母(HD)和室温条件下、规定最小下屈服强度或塑性延伸强度值组成,控 Cr 含量的钢还应在其后加上化学元素符号 Cr。

例如:HD245、HD245Cr

其中:

HD——"核电"汉语拼音首位大写字母;

245——室温条件下的规定最小下屈服强度或塑性延伸强度值,单位为兆帕(MPa);

Cr——化学元素符号,表示控 Cr 含量的钢(Cr 含量不小于0.15%)。

4 订货内容

本部分订购钢管的合同或订单应包括下列内容:

a) 标准编号;

b) 产品名称;

c) 钢管用于制造核电站设备的等级,级别:1、2、3或非核级;

d) 钢的牌号;

e) 订购的数量(总重量或总长度);

f) 尺寸规格;

g) 特殊要求。

5 尺寸、外形、重量及允许偏差

5.1 外径和壁厚

5.1.1 钢管按公称外径和公称壁厚交货，钢管的公称外径和公称壁厚应符合 GB/T 17395 的规定。

5.1.2 根据需方要求，经供需双方协商，钢管可按公称外径和最小壁厚、公称内径和公称壁厚或其他尺寸规格方式交货。

根据需方要求，经供需双方协商，可供应 GB/T 17395 规定以外尺寸的钢管。

注：如未特别指明公称壁厚或最小壁厚，本部分所述“壁厚”即为公称壁厚或最小壁厚；如未特别指明公称外径或计算外径，本部分所述“外径”即为公称外径或计算外径。

5.2 外径和壁厚的允许偏差

5.2.1 钢管按公称外径和公称壁厚交货时，其公称外径和公称壁厚的允许偏差应符合表 1 的规定。

钢管按公称外径和最小壁厚交货时，其公称外径的允许偏差应符合表 1 的规定，壁厚的允许偏差应符合表 2 的规定。

钢管按公称内径和公称壁厚交货时，其公称内径的允许偏差为 $\pm 1\% d$，公称壁厚的允许偏差应符合表 1 的规定。

5.2.2 当需方未在合同中注明钢管尺寸允许偏差级别时，钢管外径和壁厚的允许偏差应符合普通级的规定。

根据需方要求，经供需双方协商，并在合同中注明，可供应表 1 和表 2 规定以外尺寸允许偏差的钢管，或其他内径允许偏差的钢管。

表 1 钢管公称外径和公称壁厚的允许偏差

单位为毫米

<table>
<tr><th rowspan="2">分类代号</th><th rowspan="2">制造方式</th><th rowspan="2" colspan="3">钢管尺寸</th><th colspan="2">允许偏差</th></tr>
<tr><th>普通级(PA)</th><th>高级(PC)</th></tr>
<tr><td rowspan="6">W-H</td><td rowspan="6">热轧(挤、顶、锻)钢管</td><td rowspan="2">公称外径
(D)</td><td colspan="2">≤54</td><td>±0.40</td><td>±0.30</td></tr>
<tr><td colspan="2">>54</td><td>$\pm 1\% D$</td><td>$\pm 0.75\% D$</td></tr>
<tr><td rowspan="4">公称壁厚
(S)</td><td colspan="2">≤4.0</td><td>±0.45</td><td>±0.35</td></tr>
<tr><td colspan="2">>4.0～20</td><td>$+12.5\% S$
$-10\% S$</td><td>$\pm 10\% S$</td></tr>
<tr><td rowspan="2">>20</td><td>$D<219$</td><td>$\pm 10\% S$</td><td>$\pm 7.5\% S$</td></tr>
<tr><td>$D \geqslant 219$</td><td>$+12.5\% S$
$-10\% S$</td><td>$\pm 10\% S$</td></tr>
<tr><td rowspan="2">W-H</td><td rowspan="2">热扩钢管</td><td>公称外径
(D)</td><td colspan="2">全部</td><td>$\pm 1\% D$</td><td>$\pm 0.75\% D$</td></tr>
<tr><td>公称壁厚
(S)</td><td colspan="2">全部</td><td>$+18\% S$
$-10\% S$</td><td>$+12.5\% S$
$-10\% S$</td></tr>
</table>

表 1(续)

单位为毫米

分类代号	制造方式	钢管尺寸		允许偏差	
				普通级(PA)	高级(PC)
W-C	冷拔(轧)钢管	公称外径(*D*)	≤25.4	±0.15	—
			>25.4~40	±0.20	—
			>40~50	±0.25	—
			>50~60	±0.30	—
			>60	±0.5%*D*	—
		公称壁厚(*S*)	≤3.0	±0.3	±0.2
			>3.0	±10%*S*	±7.5%*S*

表 2 钢管最小壁厚的允许偏差

单位为毫米

分类代号	制造方式	壁厚范围	允许偏差	
			普通级	高级
W-H	热轧(挤、顶、锻)钢管	S_{min}≤4.0	$^{+0.9}_{0}$	$^{+0.7}_{0}$
		S_{min}>4.0	$^{+25\%S_{min}}_{0}$	$^{+22\%S_{min}}_{0}$
W-C	冷拔(轧)钢管	S_{min}≤3.0	$^{+0.6}_{0}$	$^{+0.4}_{0}$
		S_{min}>3.0	$^{+20\%S_{min}}_{0}$	$^{+15\%S_{min}}_{0}$

5.3 长度

5.3.1 通常长度

5.3.1.1 钢管的通常长度为 4 000 mm~12 000 mm。

5.3.1.2 经供需双方协商,并在合同中注明,可交付长度大于 12 000 mm 或短于 4 000 mm 但不短于 3 000 mm 的钢管。长度短于 4 000 mm 但不短于 3 000 mm 的钢管,其数量应不超过该批钢管交货总数量的 5%。

5.3.2 定尺长度和倍尺长度

5.3.2.1 根据需方要求,经供需双方协商,并在合同中注明,钢管可按定尺长度或倍尺长度交货。

5.3.2.2 钢管按定尺长度交货时,其长度允许偏差应符合下述规定:

a) *D*≤406.4 mm 时,$^{+15}_{0}$ mm;

b） $D>406.4$ mm 时，$^{+20}_{0}$ mm。

5.3.2.3 钢管按倍尺长度交货时，每个倍尺长度应按下述规定留出切口余量：

a） $D\leqslant159$ mm 时，切口余量为 5 mm～10 mm；

b） $159<D\leqslant406.4$ mm 时，切口余量为 10 mm～15 mm；

c） $D>406.4$ mm 时，切口余量为 15 mm～20 mm。

5.4 弯曲度

5.4.1 钢管的每米弯曲度应符合如下规定：

a） $S\leqslant15$ mm 时，不大于 1.5 mm/m；

b） 15 mm$<S\leqslant$30 mm 时，不大于 2.0 mm/m；

c） $S>30$ mm 时，不大于 3.0 mm/m。

5.4.2 $D\geqslant127$ mm 的钢管，其全长弯曲度应不大于钢管总长度的 0.10%。

5.5 不圆度和壁厚不均

根据需方要求，经供需双方协商，并在合同中注明，钢管的不圆度和壁厚不均应分别不超过外径和壁厚公差的 80%。

5.6 端头外形

钢管两端端面应与钢管轴线垂直，切口毛刺应予清除。

5.7 重量

5.7.1 交货重量

钢管按公称外径和公称壁厚或公称内径和公称壁厚交货时，钢管按实际重量交货，亦可按理论重量交货。

钢管按公称外径和最小壁厚交货时，钢管按实际重量交货；供需双方协商，并在合同中注明，钢管亦可按理论重量交货。

5.7.2 理论重量的计算

钢管理论重量的计算按 GB/T 17395 的规定（钢的密度按 7.85 kg/dm^3）。

按公称内径和公称壁厚交货钢管，应采用计算外径计算理论重量，其计算外径是按公称内径和公称壁厚计算出来的外径值；按最小壁厚交货钢管，应采用平均壁厚计算理论重量，其平均壁厚是按壁厚及其允许偏差计算出来的壁厚最大值与最小值的平均值。

5.7.3 重量允许偏差

根据需方要求，经供需双方协商，并在合同中注明，交货钢管实际重量与理论重量的偏差应符合如下规定：

a） 单根钢管：±10%；

b） 每批最小为 10 t 的钢管：±7.5%。

6 技术要求

6.1 钢的牌号和化学成分

6.1.1 钢的牌号和化学成分（熔炼成分和成品成分）应符合表 3 的规定。

成品化学成分的相关术语、定义和判定方法应符合 GB/T 222 的规定。

除非冶炼需要，未经需方同意，不允许在钢中添加表 3 中未提及的元素。制造厂应采取所有恰当的措施，以防止废钢和生产过程中所使用的其他材料把会削弱钢材力学性能及适用性的元素带入钢中。

6.1.2 根据需方要求，经供需双方协商，并在合同中注明，除表 3 规定元素外，成品化学成分还可分析硼、铅、砷和汞，并提供其分析结果给需方。

6.1.3 本部分钢的牌号与其他标准相近钢牌号的对照参见附录 A。

表 3 钢的牌号和化学成分

序号	牌号	取样	化学成分(质量分数)/%												
			C	Si	Mn	Cr	Mo	Ni	Al_{tot}	Cu[a]	Sn[a]	Ceq[b]	其他	P	S
														不大于	
1	HD245	熔炼成分	≤0.20	0.17～0.37	≤1.00	≤0.25	≤0.15	≤0.25	[c]	≤0.20	≤0.030	—	V≤0.08	0.020	0.015
2		成品成分	≤0.22	0.15～0.39	≤1.04	≤0.25	≤0.15	≤0.25	[c]	≤0.20	≤0.030	—	V≤0.08	0.025	0.020
3	HD245Cr	熔炼成分	≤0.20	0.17～0.37	≤1.00	0.20～0.30	≤0.15	≤0.25	[c]	≤0.20	≤0.030	—	V≤0.08	0.020	0.015
4		成品成分	≤0.22	0.15～0.39	≤1.04	0.18～0.33	≤0.15	≤0.25	[c]	≤0.20	≤0.030	—	V≤0.08	0.025	0.020
5	HD265[d]	熔炼成分	≤0.20	≤0.40	≤1.40	≤0.30	≤0.08	≤0.30	0.020～0.050[e]	≤0.20	≤0.030	—	V≤0.02 Ti≤0.040 Nb≤0.010	0.020	0.015
6		成品成分	≤0.22	≤0.44	≤1.44	≤0.30	≤0.08	≤0.30	0.020～0.050[e]	≤0.20	≤0.030	—	V≤0.03 Ti≤0.050 Nb≤0.015	0.025	0.020
7	HD265Cr	熔炼成分	≤0.20	≤0.40	≤1.40	0.15～0.30	≤0.08	≤0.30	0.020～0.050[e]	≤0.20	≤0.030	—	V≤0.02 Ti≤0.040 Nb≤0.010	0.020	0.015
8		成品成分	≤0.22	≤0.44	≤1.44	0.15～0.33	≤0.08	≤0.30	0.020～0.050[e]	≤0.20	≤0.030	—	V≤0.03 Ti≤0.050 Nb≤0.015	0.025	0.020

表 3（续）

序号	牌号	取样	化学成分(质量分数)/%												
			C	Si	Mn	Cr	Mo	Ni	Al_{tot}	Cu[a]	Sn[a]	Ceq[b]	其他	P	S
														不大于	
9	HD280	熔炼成分	≤0.20	0.10～0.35	0.80～1.60	≤0.25	≤0.10	≤0.50	0.020～0.050	≤0.20	≤0.030	≤0.48	—	0.020	0.015
10	HD280	成品成分	≤0.22	0.10～0.40	0.80～1.60	≤0.25	≤0.10	≤0.50	0.020～0.050	≤0.20	≤0.030	≤0.48	—	0.025	0.020
11	HD280Cr	熔炼成分	≤0.20	0.10～0.35	1.00～1.60	0.15～0.30	≤0.10	≤0.50	0.020～0.050	≤0.20	≤0.030	≤0.48	—	0.020	0.015
12	HD280Cr	成品成分	≤0.22	0.10～0.40	1.00～1.60	0.15～0.33	≤0.10	≤0.50	0.020～0.050	≤0.20	≤0.030	≤0.48	—	0.025	0.020

注：Al_{tot}指全铝含量。

[a] 在保证 Cu+10Sn 不超过 0.55%时，允许 Sn 的含量超过 0.030%，但应不超过 0.040%。当钢管在随后的加工中有热变形时，铜的含量应符合：Cu≤0.18%，Cu+6Sn≤0.33%。

[b] 碳当量：Ceq=C+Mn/6+(Cr+Mo+V)/5+(Ni+Cu)/15。

[c] HD245 和 HD245Cr 钢中 Al_{tot}不大于 0.015%，不作交货要求，但应填入化学成分分析报告中。

[d] HD265 应符合：Cr+Mo+Ni+Cu≤0.70%。

[e] 该要求不适用于钢中含有足够量的其他固 N 元素，但这些固 N 元素的含量应填入化学成分分析报告中；当钢中含有 Ti 时，该项要求可改为 Al+Ti/2≥0.020%。

6.2 制造方法

6.2.1 制造大纲

钢管制造前，制造厂应制定制造大纲，其内容应包括制造过程中的各个制造和检验工序。

6.2.2 钢的冶炼方法

6.2.2.1 钢应采用电弧炉加炉外精炼并经真空精炼处理，或氧气转炉加炉外精炼并经真空精炼处理，或电渣重熔法冶炼。需方指定某一种冶炼方法时，应在合同中注明。

6.2.2.2 经供需双方协商，并在合同中注明，可采用其他更高要求的冶炼方法。

6.2.3 管坯的制造方法及要求

6.2.3.1 管坯应采用连铸、模铸或热轧(锻)方法制造。

6.2.3.2 连铸管坯应符合 YB/T 4149 的规定，其中低倍组织缺陷中心裂纹、中间裂纹、皮下裂纹和皮下气泡的级别应分别不大于 1 级。

热轧(锻)管坯应符合 YB/T 5137 的规定。

模铸管坯(钢锭)的头部和尾部应有足够的切除量，以保证钢管的质量。

6.2.4 钢管的制造方法

钢管应采用热轧(挤、顶、锻、扩)或冷拔(轧)无缝方法制造。热扩钢管应是指坯料钢管经整体加热后扩制变形而成的更大口径的钢管。

钢管加工变形中的总延伸系数(锻造比)应不小于 3。制造厂应采取恰当的制造工艺，以保证钢管不同部位加工变形的均匀性。

6.3 交货状态

6.3.1 钢管应以正火热处理状态交货。正火热处理的温度应为 890 ℃～940 ℃；保温时间应符合：按壁厚每 1 mm 不少于 1 min 计算，至少 30 min。钢管正火后，应在静止的空气中冷却。

6.3.2 经需方同意，并在合同中注明，钢管可以正火加回火热处理状态交货。正火热处理的温度应为 890 ℃～940 ℃；保温时间应符合：按壁厚每 1 mm 不少于 1 min 计算，至少 30 min。回火热处理的温度应不低于 620 ℃。

6.3.3 对于外径不小于 457 mm 的热扩钢管，当钢管终扩温度在 810 ℃～940 ℃，且终扩最低温度不低于相变临界温度 Ar3，钢管是经过空冷时，则应认为钢管是经过正火的。

6.4 力学性能

6.4.1 拉伸性能

6.4.1.1 室温拉伸性能

交货状态钢管的室温拉伸性能应符合表 4 的规定。

表 4 钢管的室温拉伸性能

序号	牌号	抗拉强度 R_m[a]/ MPa	下屈服强度或规定塑性延伸强度 R_{eL} 或 $R_{P0.2}$/ MPa	断后伸长率 A[a]/ %	
				纵向	横向
1	HD245	410～550	≥245	≥24	≥22
2	HD245Cr	410～550	≥245	≥24	≥22
3	HD265	410～570	≥265	≥23	≥21
4	HD265Cr	410～570	≥265	≥23	≥21
5	HD280	470～590	≥275	≥21	≥21
6	HD280Cr	470～590	≥275	≥21	≥21

[a] 实测抗拉强度和断后伸长率还应符合：$R_m(A-2)>10\ 500$。

6.4.1.2 高温拉伸性能

交货状态钢管的高温拉伸性能应符合表 5 的规定。

表 5 钢管的高温拉伸性能

序号	牌号	试验温度/℃	抗拉强度 R_m/MPa	规定塑性延伸强度 $R_{P0.2}$/MPa
1	HD245	250	—	≥170
		300	—	≥149
2	HD245Cr	250	—	≥170
		300	—	≥149
3	HD265	300	≥369	≥154
4	HD265Cr	300	≥369	≥154
5	HD280	300	≥423	≥186
6	HD280Cr	300	≥423	≥186

6.4.1.3 拉伸试验试样

外径小于 219 mm 的钢管，拉伸试验应沿钢管纵向取样。

外径不小于 219 mm 的钢管，当钢管尺寸允许时，拉伸试验应沿钢管横向截取圆形横截面试样。当钢管尺寸不足以沿横向截取圆形横截面试样时，拉伸试验应沿钢管纵向取样。横向圆形横截面试样应取自未经压扁的试料。

6.4.2 冲击吸收能量

6.4.2.1 钢管的夏比 V 型缺口冲击吸收能量(KV_2)应符合表 6 的规定，冲击试验的温度应为 0 ℃。对于 HD280 和 HD280Cr 钢管，当需方在合同中注明钢管用于主给水控流系统时，冲击试验的温度为 −20 ℃。

冲击试验结果的判定应符合 GB/T 2102 的规定。

表 6 夏比 V 型缺口冲击吸收能量(KV_2)

单位为焦耳

序号	牌号	0 ℃		−20 ℃	
		纵向	横向	纵向	横向
1	HD245	≥40	≥28	—	—
2	HD245Cr	≥40	≥28	—	—
3	HD265	≥40	≥28	—	—
4	HD265Cr	≥40	≥28	—	—
5	HD280	≥60	≥60	≥60	≥60
6	HD280Cr	≥60	≥60	≥60	≥60

6.4.2.2 表 6 中的冲击吸收能量为标准试样夏比 V 型缺口冲击吸收能量要求值。当采用小尺寸冲击试样时，小尺寸试样的最小夏比 V 型缺口冲击吸收能量要求值应为全尺寸试样冲击吸收能量要求值乘以表 7 中的递减系数。

表 7 小尺寸试样冲击吸收能量递减系数

试样规格	试样尺寸(高度×宽度)/(mm×mm)	递减系数
标准试样	10×10	1.00
小试样	10×7.5	0.75
小试样	10×5	0.50

6.4.2.3 外径小于 219 mm 的钢管,冲击试验沿钢管纵向或横向取样;如合同中无特殊规定,仲裁试样应沿钢管纵向截取。

外径不小于 219 mm 的钢管,冲击试验应沿钢管横向取样。

冲击试验试样的缺口轴线应垂直于钢管轴向(钢管表面)。

无论沿钢管纵向截取还是沿钢管横向截取,冲击试样均应为标准尺寸、宽度 7.5 mm 或宽度 5 mm 中可能的较大尺寸试样。当钢管壁厚不大于 6.0 mm 时,不做冲击试验。

6.5 液压试验

钢管应逐根进行液压试验。液压试验压力按式(1)计算,最大试验压力应不超过 50 MPa。在试验压力下,稳压时间应不少于 15 s,钢管不允许出现渗漏现象及残余变形。

$$P = 2SR/D \quad \cdots\cdots(1)$$

式中:

P——试验压力,单位为兆帕(MPa),当 $P<7$ MPa 时,修约到最接近的 0.5 MPa,当 $P \geqslant 7$ MPa 时,修约到最接近的 1 MPa;

S——钢管壁厚,单位为毫米(mm);

R——允许应力,为表 4 规定抗拉强度最小值的 40%,单位为兆帕(MPa);

D——钢管外径,单位为毫米(mm)。

经需方同意,并在合同中注明,供方可用涡流探伤或漏磁探伤代替液压试验。涡流探伤时,对比样管人工缺陷应符合 GB/T 7735 中验收等级 B 的规定;漏磁探伤时,对比样管外表面纵向人工缺陷应符合 GB/T 12606 中验收等级 L2 的规定。

6.6 工艺性能

6.6.1 压扁试验

6.6.1.1 钢管应做压扁试验。压扁试验按以下两步进行:

a) 第一步是延性试验,试验时试样压至两平板间距离为 H,H 按式(2)计算。

$$H = \frac{(1+\alpha)S}{\alpha + S/D} \quad \cdots\cdots(2)$$

式中:

H——两平板间的距离,单位为毫米(mm);

α——单位长度变形系数,取 0.08;

S——钢管壁厚,单位为毫米(mm);

D——钢管外径,单位为毫米(mm)。

试样压至两平板间距离为 H 时,试样上不允许出现裂缝或裂口。

b) 第二步是完整性试验(闭合压扁)。压扁继续进行,直到试样破裂或试样相对两壁相碰。在整个压扁试验期间,试样不允许出现目视可见的分层、白点和夹杂。

6.6.1.2 下述情况不应作为压扁试验合格与否的判定依据:

a) 试样表面缺陷引起的无金属光泽的裂缝或裂口;

b) 当 $S/D>0.1$ 时,试样 6 点钟(底)和 12 点钟(顶)位置处内表面的裂缝或裂口。

6.6.2 弯曲试验

6.6.2.1 外径大于406.4 mm或壁厚大于40 mm的钢管可用弯曲试验代替压扁试验。一组弯曲试验应包括一个正向弯曲(靠近钢管外表面的试样表面受拉变形)和一个反向弯曲(靠近钢管内表面的试样表面受拉变形)。

弯曲试验的弯芯直径为25 mm,试样应在室温下弯曲180°。

弯曲试验后,试样弯曲受拉表面及侧面不允许出现目视可见的裂缝或裂口。

6.6.2.2 弯曲试验的试样应沿钢管横向截取,试样的制备应符合GB/T 232的规定。试样截取时,正向弯曲试样应尽量靠近外表面,反向弯曲试样应尽量靠近内表面。试样弯曲受拉变形表面不允许有明显伤痕和其他缺陷。

试样加工后的截面尺寸为12.5 mm×12.5 mm或25 mm×12.5 mm(宽度×厚度);截面上的四个角应倒成圆角,圆角半径不大于1.6 mm;试样长度不大于150 mm。

6.6.3 扩口试验

外径不大于150 mm且壁厚不大于10 mm的钢管应做扩口试验。

扩口试验在室温下进行,顶芯锥度为30°。

HD280和HD280Cr钢管扩口后试样的外径扩口率为18%,其余钢管扩口后试样的外径扩口率应符合表8的规定。扩口后试样不允许出现裂缝或裂口。

表8 钢管外径扩口率

壁厚[a]/外径	≤0.08	>0.08~0.12	>0.12~0.15	>0.15~0.18	>0.18
钢管外径扩口率/%	20	18	15	12	10

[a] 当钢管按最小壁厚交货时为平均壁厚。

6.7 试料模拟消除应力热处理

当需方在合同文件中规定了模拟消除应力热处理时,试料的模拟消除应力热处理应符合附录B的规定。

6.8 低倍检验

采用钢锭直接轧制的钢管应做低倍检验,钢管低倍检验横截面酸浸试片上不允许有目视可见的白点、夹杂、皮下气泡、翻皮和分层。

6.9 非金属夹杂物

用钢锭和连铸圆管坯直接轧制的钢管应做非金属夹杂物检验,钢管的非金属夹杂物按GB/T 10561中的A法评级,其A、B、C、D各类夹杂物的细系级别和粗系级别应分别不大于2.5级,DS类夹杂物应不大于2.5级;A、B、C、D各类夹杂物的细系级别总数与粗系级别总数应各不大于6.5级。

6.10 晶粒度

交货状态钢管的实际晶粒度应为5级或更细,两个试片上晶粒度最大级别与最小级别差应不大于3级。

6.11 显微组织

成品钢管的显微组织应为铁素体加珠光体,允许存在少量的粒状贝氏体。

6.12 脱碳层

外径不大于76 mm的冷拔(轧)成品钢管应检验全脱碳层,其外表面全脱碳层深度应不大于0.3 mm,内表面全脱碳层深度应不大于0.4 mm,两者之和应不大于0.6 mm。

6.13 表面质量

6.13.1 钢管的内外表面不允许有裂纹、折叠、结疤、轧折和离层。这些缺陷应完全清除,缺陷清除深度应不超过壁厚的10%,缺陷清除处的实际壁厚应不小于壁厚所允许的最小值。缺陷清除处不允许焊补,且应圆滑过渡,缺陷清除的深、宽、长之比应不小于1∶6∶8。

钢管内外表面上直道允许的深度应符合如下规定：

a) 冷拔(轧)钢管和以机加工表面交货的钢管：不大于壁厚的4%，且最大为0.2 mm；

b) 热轧(挤、顶、锻、扩)钢管：不大于壁厚的5%，且最大为0.4 mm。

深度不超过钢管壁厚的5%，或钢管壁厚小于6.0 mm时深度不超过0.3 mm，且不超过壁厚允许负偏差的其他局部缺欠允许存在。

6.13.2 钢管内外表面的氧化铁皮应清除，但不妨碍检查的氧化薄层允许存在。

6.13.3 以机加工表面交货的钢管，其表面粗糙度应不大于$Ra12.5\ \mu m$。

6.13.4 核1、2、3级钢管表面缺陷修磨处或对表面质量有疑问时，制造厂应选择采用液体渗透或磁粉探伤进行检验。液体渗透检验或磁粉探伤应符合如下规定：

a) 液体渗透检验应符合JB/T 4730.5的规定。检验时，尺寸超过1 mm的任何缺欠应予记录；凡呈现下述显示的缺陷都应标明位置，并按6.13.1的规定进行清除：

——线性缺陷显示；

——尺寸超过3 mm的非线性缺陷显示；

——3个或3个以上排列成行，且边缘间距小于3 mm的缺陷显示；

——在100 cm^2的矩形面积上，累计有5个或5个以上密集缺陷显示，该矩形长边不大于20 cm，且取自缺陷显示评定最不利的部位。

b) 磁粉探伤应符合GB/T 15822的规定。磁粉探伤显示的缺陷都应标明位置，并按6.13.1的规定进行清除。磁粉探伤由制造厂选择采用缺陷修磨处的局部探伤或全长探伤，局部探伤或全长探伤的标准试片应分别符合如下规定：

——表面缺陷修磨处的局部探伤采用A-30/100(相对槽深为$\frac{30}{100}\pm 8\ \mu m$)；

——全长探伤采用A-60/100(相对槽深为$\frac{60}{100}\pm 8\ \mu m$)。

6.14 超声波探伤检验

6.14.1 纵向和/或横向缺陷检验

6.14.1.1 钢管应按GB/T 5777—2008的规定逐根全长进行超声波探伤检验，核1、2级钢管应检验纵向缺陷和横向缺陷，核3级和非核级钢管应检验纵向缺陷。超声波探伤检验对比试样人工缺陷刻槽深度等级应为L2，最小深度应为0.2 mm，最大深度应为1.0 mm。

当钢管壁厚与外径之比大于0.2时，除非合同中另有规定，钢管内壁人工缺陷深度按GB/T 5777—2008中附录C的C.1规定执行。

当钢管按最小壁厚交货时，对比样管刻槽深度按钢管平均壁厚计算。

6.14.1.2 自动检验不能完全检验的钢管端部应切除或进行手工超声波检验。手工检验方法的灵敏度应至少与自动检验方法一致，用作校正灵敏度的钢管应是用于自动检验的钢管。

6.14.2 分层缺陷检测

根据需方要求，经供需双方协商，并在合同中注明，钢管可按GB/T 20490的规定进行超声波分层缺陷检测，分层缺陷检测推荐采用验收等级B1。

7 试验方法

7.1 钢管的尺寸和外形应采用符合精度要求的量具逐根测量。

7.2 钢管的内外表面应在充分照明条件下逐根目视检查。

7.3 力学和工艺性能检验的取样方法应符合如下规定：

a) 试样应取自交货状态钢管一端截取的试料环，试料应有足够的尺寸，以便截取全部试验及复验所需试样；

b) 采用钢锭制成的成品钢管，其检验用试样应在钢管上对应于钢锭帽口端的一端截取；

c) 试样端部距管端的距离应不小于钢管的壁厚，但不超过 40 mm；

d) 壁厚不大于 30 mm 的钢管，其力学性能检验的试样轴线应位于钢管壁厚的二分之一处；壁厚大于 30 mm 的钢管，其力学性能检验的试样在靠近钢管内壁四分之一处截取。

用于核 2 级主蒸汽管道和主给水管道的钢管或外径大于 450 mm、壁厚大于 20 mm 的核 1、2、3 级钢管，其取样方法应符合附录 C 的规定。

7.4 钢管检验项目的试验方法、取样方法和取样数量应符合表 9 的规定。

用于核 2 级主蒸汽管道和主给水管道的钢管或外径大于 450 mm、壁厚大于 20 mm 的核 1、2、3 级钢管，其检验项目的试验方法、取样数量应符合附录 C 的规定。

表 9 钢管的试验方法、取样方法和取样数量

序号	检验项目	试验方法	取样方法	取样数量
1	化学成分[a]	GB/T 223 GB/T 4336 GB/T 20123 GB/T 20125	GB/T 20066	每炉取 1 个试样
2	室温拉伸试验	GB/T 228	GB/T 2975、6.4.1.3、7.3	每批在两根钢管上各取 1 个试样
3	高温拉伸试验	GB/T 4338	GB/T 2975、6.4.1.3、7.3	每批在两根钢管上各取 1 个试样
4	冲击试验	GB/T 229	GB/T 2975、6.4.2.3、7.3	每批在两根钢管上各取一组 3 个试样
5	液压试验	GB/T 241	—	逐根
6	涡流探伤检验	GB/T 7735	—	逐根
7	漏磁探伤检验	GB/T 12606	—	逐根
8	压扁试验	GB/T 246	GB/T 246、7.3	每批在两根钢管上各取 1 个试样
9	弯曲试验	GB/T 232	GB/T 232、6.6.2.2、7.3	每批在两根钢管上各取一组 2 个试样
10	扩口试验	GB/T 242	GB/T 242、7.3	每批在两根钢管上各取 1 个试样
11	低倍检验	GB/T 226 GB/T 1979	GB/T 226	每炉在两根钢管上各取 1 个试样
12	非金属夹杂物	GB/T 10561	GB/T 10561	每炉在两根钢管上各取 1 个试样
13	晶粒度	GB/T 6394	GB/T 6394	每批在两根钢管上各取 1 个试样
14	显微组织	GB/T 13298	GB/T 13298	每批在两根钢管上各取 1 个试样
15	脱碳层	GB/T 224	GB/T 224	每批在两根钢管上各取 1 个试样
16	渗透检验	JB/T 4730.5	—	6.13.4
17	磁粉探伤	GB/T 15822	—	6.13.4
18	纵向和/或横向缺陷超声波探伤检验	GB/T 5777—2008	—	逐根
19	分层缺陷超声波检测	GB/T 20490	—	供需双方协商确定

[a] 汞的分析方法由供需双方协商确定。

8 检验规则

8.1 检查和验收

钢管的检查和验收由供方质量技术监督部门进行。

8.2 组批规则

钢管的化学成分、低倍检验和非金属夹杂物检验按熔炼炉检查和验收，钢管的其余检验项目应按批检查和验收。每批应由同一牌号、同一炉号、同一规格和同一热处理制度(炉次)的钢管组成。每批钢管的数量应不超过如下规定：

a) $D \leqslant 114.3$ mm：200 根；

b) 114.3 mm$<D\leqslant$325 mm：100 根；

c) $D>325$ mm：50 根。

8.3 取样数量

钢管各项检验的取样数量应符合表 9 或附录 C 的规定。

8.4 复验与判定规则

钢管的复验与判定规则应符合 GB/T 17505 的规定。复验时，应对测得的不合格项目取双倍数量试样进行检验，不足双倍数量试样时，可逐根检验。如果复验试样在原抽样钢管上截取时，其试样应在试料上原取样邻近部位截取。

若复验结果不合格，制造厂可将该批剩余钢管逐根检验。

8.5 重新热处理

力学性能和工艺性能不合格的钢管，可进行重新热处理。重新热处理后的钢管应以新的批提交验收。重新热处理只允许一次。

9 包装、标志和质量报告

9.1 钢管包装前应使用无油、干燥、清洁的压缩空气或其他适宜的方法对钢管内外表面进行清洁处理。钢管两端管口应采用塑料管帽、塑料布、麻袋布或其他合适的方法和材料进行封堵。

钢管包装的其他规定应符合 GB/T 2102 的规定。

9.2 根据需方要求，经供需双方协商，并在合同中注明，钢管外表面可涂防锈油脂或防锈漆。

9.3 钢管的标志应符合 GB/T 2102 的规定。

9.4 不论交货前的钢管状况如何，制造厂应在每一项检验后建立以下相应的质量报告，并将报告提供给需方：

a) 钢的冶炼方法，钢的化学成分熔炼分析和成品分析报告；

b) 管坯的制造方法报告；

c) 热处理记录及分析报告；

d) 力学和工艺性能试验报告；

e) 表面质量目视检查报告；

f) 无损检验报告；

g) 液压试验报告；

h) 采用钢锭制造核 1、2 级钢管时，钢锭头尾的最小切除比例报告；

i) 其他规定检验项目的检验报告。

这些报告中还应包括以下内容：

——熔炼炉号和钢管批号；

——制造厂识别标志；
——订货单号(合同号)；
——如有必要，检查机构的名称；
——各种试验和复验的结果，及与其相对照的规定值。

附　录　A
（资料性附录）
相近钢牌号对照表

表A.1列出了本部分钢的牌号与其他标准相近钢牌号的对照，供参考。

表A.1　本部分钢的牌号与其他标准相近钢牌号对照表

序号	本部分钢的牌号	其他相近的钢牌号			
		GB 5310《高压锅炉用无缝钢管》	EN 10216-2《压力用途的无缝钢管　交货技术条件　第2部分：规定高温性能的非合金钢和合金钢钢管》	NF A49-213《高温用非合金和Mo或Mo-Cr合金钢无缝钢管》、NF A49-211《钢管　高温流体管道用非合金钢平端管尺寸-交货技术条件》	《ASME锅炉及压力容器规范　第Ⅱ卷　A篇　铁基材料》
1	HD245	20G、20MnG	P235GH	TU 42C、TU E250	SA-106 B、SA-210 A-1
2	HD245Cr	—	—	TU 42CR	—
3	HD265	—	P265GH	—	—
4	HD265Cr	—	—	—	—
5	HD280	25MnG	—	TU 48C	SA-106 C、SA-210 C
6	HD280Cr	—	—	TU 48CR	—

附 录 B
（规范性附录）
模拟消除应力热处理

B.1 模拟消除应力热处理

B.1.1 制取力学性能和工艺性能试样的试料应进行模拟消除应力热处理。

B.1.2 试料模拟消除应力热处理保温温度应与钢管使用过程中的消除应力热处理温度一致，保温温度允许偏差为±5 ℃。

保温时间应按壁厚每 1 mm 不小于 6 min 计算，至少 2 h，用于核 2 级主蒸汽管道的钢管保温时间应不小于 3 h。

在温度超过 400 ℃时，加热和冷却速率应符合以下规定：

a) 当钢管壁厚不超过 25 mm 时，加热和冷却速率不超过 220 ℃/h；

b) 当钢管壁厚超过 25 mm 时，加热和冷却速率 v 不超过按式(B.1)计算的结果，但不低于 55 ℃/h。

$$v = (25/S) \times 220 \qquad \text{(B.1)}$$

式中：

v——钢管加热和冷却速率，单位为摄氏度每小时(℃/h)；

S——钢管的壁厚，单位为毫米(mm)。

B.2 试验条件和结果

B.2.1 需方可在合同文件中规定仅在经模拟消除应力热处理状态下的试验，或交货状态及经模拟消除应力热处理状态两种状态下的试验。

B.2.2 经模拟消除应力热处理状态下的试验，其力学性能试验和工艺性能试验的试样应在经模拟消除应力热处理后的样坯上制取，试验数量、取样方法和试验温度应与钢管交货状态试验的要求相同，且各项试验的结果应符合钢管交货状态下的规定。

B.2.3 当钢管制造厂提供了由于进行模拟消除应力热处理而引起力学性能降低的情况报告，并且设计单位在确定许用应力时已考虑到这种力学性能的降低时，可仅在交货状态下取样对钢管进行验收试验。这种情况应在合同文件中注明。

附 录 C
（规范性附录）
特殊取样要求和取样数量

C.1 总则

用于核2级主蒸汽管道和主给水管道的钢管或外径大于450 mm、壁厚大于20 mm的核1、2、3级钢管，其力学和工艺性能检验的取样方法以及各项检验的试验方法和取样数量应符合本附录的规定。

C.2 力学和工艺性能检验取样方法

力学和工艺性能检验的取样方法应符合如下规定：

a) 应在交货状态钢管的两端截取试料环，且两端试样应分别取自钢管两个端部相对180°的位置，并在试料环上做适当标志；
b) 试料应有足够的尺寸，以便截取全部试验及复验所需试样；
c) 力学和工艺性能检验的试样端部距管端的距离应不小于钢管的壁厚，但不超过40 mm；
d) 壁厚不大于30 mm的钢管，其力学性能检验的试样轴线应位于钢管壁厚的二分之一处；壁厚大于30 mm的钢管，其力学性能检验的试样在靠近钢管内壁四分之一处截取。

C.3 各项检验的试验方法、取样方法和取样数量

钢管各项检验的试验方法、取样方法和取样数量应符合表C.1的规定。

表 C.1 钢管的试验方法、取样方法和取样数量

序号	检验项目	试验方法	取样方法	取样数量
1	化学成分[a]	GB/T 223 GB/T 4336 GB/T 20123 GB/T 20124 GB/T 20125	GB/T 20066	每炉取1个试样
2	室温拉伸试验	GB/T 228	GB/T 2975、6.4.1.3、C.2	逐根两端各取1个试样
3	高温拉伸试验	GB/T 4338	GB/T 2975、6.4.1.3、C.2	逐根对应于钢锭底部一端取1个试样
4	冲击试验	GB/T 229	GB/T 2975、6.4.2.3、C.2	逐根两端各取一组3个试样
5	液压试验	GB/T 241	—	逐根
6	涡流探伤检验	GB/T 7735	—	逐根
7	漏磁探伤检验	GB/T 12606	—	逐根
8	压扁试验	GB/T 246	GB/T 246、C.2	逐根取1个试样
9	弯曲试验	GB/T 232	GB/T 232、6.6.2.2、C.2	逐根取一组2个试样
10	低倍检验	GB/T 226 GB/T 1979	GB/T 226	逐根两端各取1个试样
11	非金属夹杂物	GB/T 10561	GB/T 10561	逐根两端各取1个试样
12	晶粒度	GB/T 6394	GB/T 6394	逐根两端各取1个试样

表 C.1（续）

序号	检验项目	试验方法	取样方法	取样数量
13	显微组织	GB/T 13298	GB/T 13298	逐根两端各取1个试样
14	渗透检验	JB/T 4730.5	—	6.13.4
15	磁粉探伤	GB/T 15822	—	6.13.4
16	纵向和/或横向缺陷超声波探伤检验	GB/T 5777—2008	—	逐根
17	分层缺陷超声波检测	GB/T 20490	—	供需双方协商确定
a 汞的分析方法由供需双方协商确定。				

ICS 77.140.75
H 48

中华人民共和国国家标准

GB 24512.2—2009

核电站用无缝钢管
第2部分：合金钢无缝钢管

**Seamless steel tubes and pipes for nuclear power plant—
Part 2：Alloy steel seamless tubes and pipes**

2009-10-30 发布 2010-06-01 实施

中华人民共和国国家质量监督检验检疫总局
中国国家标准化管理委员会 发布

前　言

本部分的5.1.2、5.2.2、5.3.1.2、5.3.2.1、5.5、5.7、6.1.2、6.1.3、6.2.2.2、9.2为推荐性的，其余为强制性的。

GB 24512《核电站用无缝钢管》的预计结构及名称如下：

——第1部分：碳素钢无缝钢管；

——第2部分：合金钢无缝钢管；

——第3部分：不锈钢无缝钢管。

本部分为GB 24512《核电站用无缝钢管》的第2部分。本部分参照EN 10216-2：2002《压力用途的无缝钢管　交货技术条件　第2部分：规定高温性能的非合金钢和合金钢钢管》及《ASME锅炉及压力容器规范　第Ⅱ卷　A篇　铁基材料》2007版中的SA-213M《锅炉、过热器和换热器用铁素体和奥氏体合金钢无缝钢管规范》和SA-335M《高温用铁素体合金钢无缝钢管规范》制定。

本部分的附录A为资料性附录。

本部分由中国钢铁工业协会提出。

本部分由全国钢标准化技术委员会(SAC/TC 183)归口。

本部分起草单位：攀钢集团成都钢铁有限责任公司、冶金工业信息标准研究院、苏州热工研究院有限公司、沈阳东管电力科技集团有限公司。

本部分主要起草人：郭元蓉、成海涛、晏如、黄颖、赵彦芬、李奇、董莉、薛飞、吴洪、刘刚、于洋。

核电站用无缝钢管
第 2 部分:合金钢无缝钢管

1 范围

GB 24512 的本部分规定了核电站用合金钢无缝钢管的分类、代号、尺寸、外形、重量及允许偏差、技术要求、试验方法、检验规则、包装、标志和质量报告。

本部分适用于制造核电站非核级设备承压部件用合金钢无缝钢管。

2 规范性引用文件

下列文件中的条款通过 GB 24512 的本部分的引用而成为本部分的条款。凡是注日期的引用文件,其随后所有的修改单(不包括勘误的内容)或修订版均不适用于本部分,然而,鼓励根据本部分达成协议的各方研究是否可使用这些文件的最新版本。凡是不注日期的引用文件,其最新版本适用于本部分。

GB/T 222 钢的成品化学成分允许偏差

GB/T 223.5 钢铁 酸溶硅和全硅含量的测定 还原型硅钼酸盐分光光度法(GB/T 223.5—2008,ISO 4829-1:1986,ISO 4829-2:1988,MOD)

GB/T 223.9 钢铁及合金 铝含量的测定 铬天青 S 分光光度法

GB/T 223.11 钢铁及合金 铬含量的测定 可视滴定或电位滴定法(GB/T 223.11—2008,ISO 4937:1986,MOD)

GB/T 223.14 钢铁及合金化学分析方法 钽试剂萃取光度法测定钒含量

GB/T 223.18 钢铁及合金化学分析方法 硫代硫酸钠分离-碘量法测定铜量

GB/T 223.23 钢铁及合金 镍含量的测定 丁二酮肟分光光度法

GB/T 223.26 钢铁及合金 钼含量的测定 硫氰酸盐分光光度法

GB/T 223.29 钢铁及合金 铅含量的测定 载体沉淀-二甲酚橙分光光度法

GB/T 223.31 钢铁及合金 砷含量的测定 蒸馏分离-钼蓝分光光度法(GB/T 223.31—2008,ISO 17058:2004,IDT)

GB/T 223.37 钢铁及合金化学分析方法 蒸馏分离-靛酚蓝光度法测定氮量

GB/T 223.40 钢铁及合金 铌含量的测定 氯磺酚 S 分光光度法

GB/T 223.53 钢铁及合金化学分析方法 火焰原子吸收分光光度法测定铜量(GB/T 223.53—1987,eqv ISO/DIS 4943:1986)

GB/T 223.54 钢铁及合金化学分析方法 火焰原子吸收分光光度法测定镍量(GB/T 223.54—1987,eqv ISO/DIS 4940:1986)

GB/T 223.58 钢铁及合金化学分析方法 亚砷酸钠-亚硝酸钠滴定法测定锰量

GB/T 223.59 钢铁及合金 磷含量的测定 铋磷钼蓝分光光度法和锑磷钼蓝分光光度法

GB/T 223.60 钢铁及合金化学分析方法 高氯酸脱水重量法测定硅含量

GB/T 223.62 钢铁及合金化学分析方法 乙酸丁酯萃取光度法测定磷量

GB/T 223.63 钢铁及合金化学分析方法 高碘酸钠(钾)光度法测定锰量

GB/T 223.67 钢铁及合金 硫含量的测定 次甲基蓝分光光度法(GB/T 223.67—2008,ISO 10701:1994,IDT)

GB/T 223.68 钢铁及合金化学分析方法 管式炉内燃烧后碘酸钾滴定法测定硫含量

GB/T 223.69 钢铁及合金 碳含量的测定 管式炉内燃烧后气体容量法

GB/T 223.71 钢铁及合金化学分析方法 管式炉内燃烧后重量法测定碳含量

GB/T 223.72 钢铁及合金 硫含量的测定 重量法

GB/T 223.76 钢铁及合金化学分析方法 火焰原子吸收光谱法测定钒量

GB/T 223.78 钢铁及合金化学分析方法 姜黄素直接光度法测定硼含量(GB/T 223.78—2000, idt ISO 10153:1997)

GB/T 224 钢的脱碳层深度测定法(GB/T 224—2008, ISO 3887:2003,MOD)

GB/T 226 钢的低倍组织及缺陷酸蚀检验法(GB/T 226—1991,neq ISO 4969:1980)

GB/T 228 金属材料 室温拉伸试验方法(GB/T 228—2002,eqv ISO 6892:1998)

GB/T 229 金属材料 夏比摆锤冲击试验方法(GB/T 229—2007,ISO 148-1:2006,MOD)

GB/T 231.1 金属布氏硬度试验 第1部分:试验方法(GB/T 231.1—2002,eqv ISO 6506-1:1999)

GB/T 232 金属材料 弯曲试验方法(GB/T 232—1999,eqv ISO 7438:1985)

GB/T 241 金属管 液压试验方法

GB/T 242 金属管 扩口试验方法(GB/T 242—2007, ISO 8493:1998,IDT)

GB/T 246 金属管 压扁试验方法(GB/T 246—2007,ISO 8492:1998 ,IDT)

GB/T 1979 结构钢低倍组织缺陷评级图

GB/T 2102 钢管的验收、包装、标志和质量证明书

GB/T 2975 钢及钢产品 力学性能试验取样位置及试样制备(GB/T 2975—1998,eqv ISO 377:1997)

GB/T 4336 碳素钢和中低合金钢 火花源原子发射光谱分析方法(常规法)

GB/T 4338 金属材料高温拉伸试验方法(GB/T 4338—2006,ISO 783:1999,MOD)

GB/T 5777—2008 无缝钢管超声波探伤检验方法(ISO 9303:1989,Seamless and welded (except submerged arc-welded) steel tubes for pressure purposes-full peripheral ultrasonic testing for the detection of longitudinal imperfections,MOD)

GB/T 6394 金属平均晶粒度测定法(GB/T 6394—2002,ASTM E 112:1996,MOD)

GB/T 7735 钢管涡流探伤检验方法(GB/T 7735—2004,ISO 9304:1989,MOD)

GB/T 10561 钢中非金属夹杂物含量的测定 标准评级图显微检验法(GB/T 10561—2005, ISO 4967:1998 ,IDT)

GB/T 12606 钢管漏磁探伤方法(GB/T 12606—1999,eqv ISO 9402:1989;ISO 9598:1989)

GB/T 13298 金属显微组织检验方法

GB/T 17395 无缝钢管尺寸、外形、重量及允许偏差(GB/T 17395—2008,ISO 4200:1991、ISO 5252:1991、ISO 1127:1992,NEQ)

GB/T 17505 钢及钢产品交货一般技术要求(GB/T 17505—1998,eqv ISO 404:1992)

GB/T 20066 钢和铁 化学成分测定用试样的取样和制样方法(GB/T 20066—2006,ISO 14284:1996,IDT)

GB/T 20123 钢铁 总碳硫含量的测定 高频感应炉燃烧后红外吸收法(常规方法)(GB/T 20123—2006,ISO 15350:2000,IDT)

GB/T 20124 钢铁 氮含量的测定 惰性气体熔融热导法(常规方法)(GB/T 20124—2006, ISO 15351:1999,IDT)

YB/T 4149 连铸圆管坯

YB/T 5137 高压用热轧和锻制无缝钢管圆管坯

3 分类及代号

3.1 本部分的无缝钢管按产品制造方式分为两类,其类别和代号如下:

a) 热轧(挤、顶、锻、扩)钢管,代号为 W-H;

b) 冷拔(轧)钢管,代号为 W-C。

3.2 本部分的无缝钢管按尺寸精度分为两类,其类别和代号如下:

a) 普通级精度,代号为 PA;

b) 高级精度,代号为 PC。

3.3 下列代号适用于本部分:

D 外径(如未特别指明公称外径或计算外径,即为公称外径或计算外径)

S 壁厚(如未特别指明公称壁厚或最小壁厚,即为公称壁厚或最小壁厚)

S_{min} 最小壁厚

d 公称内径

3.4 钢的牌号由代表核电用途的汉语拼音首位大写字母(HD)和化学成分组成。

例如:HD15Ni1MnMoNbCu

其中:

HD——“核电”汉语拼音首位大写字母;

15Ni1MnMoNbCu——“15”表示平均含碳量(以万分之几计),其后是规定的合金元素符号和代表合金元素平均含量的阿拉伯数字。

4 订货内容

按本部分订购钢管的合同或订单应包括下列内容:

a) 标准编号;

b) 产品名称;

c) 钢的牌号;

d) 订购的数量(总重量或总长度);

e) 尺寸规格;

f) 特殊要求。

5 尺寸、外形、重量及允许偏差

5.1 外径和壁厚

5.1.1 钢管按公称外径和公称壁厚交货,钢管的公称外径和公称壁厚应符合 GB/T 17395 的规定。

5.1.2 根据需方要求,经供需双方协商,钢管可按公称外径和最小壁厚、公称内径和公称壁厚或其他尺寸规格方式交货。

根据需方要求,经供需双方协商,可供应 GB/T 17395 规定以外尺寸的钢管。

注:如未特别指明公称壁厚或最小壁厚,本部分所述“壁厚”即为公称壁厚或最小壁厚;如未特别指明公称外径或计算外径,本部分所述“外径”即为公称外径或计算外径。

5.2 外径和壁厚的允许偏差

5.2.1 钢管按公称外径和公称壁厚交货时,其公称外径和公称壁厚的允许偏差应符合表 1 的规定。

钢管按公称外径和最小壁厚交货时,其公称外径的允许偏差应符合表 1 的规定,壁厚的允许偏差应符合表 2 的规定。

钢管按公称内径和公称壁厚交货时,其公称内径的允许偏差为 $\pm 1\% d$,公称壁厚的允许偏差应符合表 1 的规定。

5.2.2 当需方未在合同中注明钢管尺寸允许偏差级别时，钢管外径和壁厚的允许偏差应符合普通级的规定。

根据需方要求，经供需双方协商，并在合同中注明，可供应表1和表2规定以外尺寸允许偏差的钢管，或其他内径允许偏差的钢管。

表1 钢管公称外径和公称壁厚的允许偏差

单位为毫米

分类代号	制造方式	钢管尺寸			允许偏差	
					普通级(PA)	高级(PC)
W-H	热轧(挤、顶、锻)钢管	公称外径(D)	≤54		±0.40	±0.30
			>54		±1%D	±0.75%D
		公称壁厚(S)	≤4.0		±0.45	±0.35
			>4.0～20		+12.5%S −10%S	±10%S
			>20	D<219	±10%S	±7.5%S
				D≥219	+12.5%S −10%S	±10%S
W-H	热扩钢管	公称外径(D)	全部		±1%D	±0.75%D
		公称壁厚(S)	全部		+18%S −10%S	+12.5%S −10%S
W-C	冷拔(轧)钢管	公称外径(D)	≤25.4		±0.15	—
			>25.4～40		±0.20	—
			>40～50		±0.25	—
			>50～60		±0.30	—
			>60		±0.5%D	—
		公称壁厚(S)	≤3.0		±0.3	±0.2
			>3.0		±10%S	±7.5%S

表2 钢管最小壁厚的允许偏差

单位为毫米

分类代号	制造方式	壁厚范围	允许偏差	
			普通级	高级
W-H	热轧(挤、顶、锻)钢管	$S_{min}\leqslant 4.0$	+0.9 0	+0.7 0
		$S_{min}>4.0$	+25%S_{min} 0	+22%S_{min} 0
W-C	冷拔(轧)钢管	$S_{min}\leqslant 3.0$	+0.6 0	+0.4 0
		$S_{min}>3.0$	+20%S_{min} 0	+15%S_{min} 0

5.3 长度

5.3.1 通常长度

5.3.1.1 钢管的通常长度为4 000 mm～12 000 mm。

5.3.1.2 经供需双方协商，并在合同中注明，可交付长度大于12 000 mm或短于4 000 mm但不短于3 000 mm的钢管。长度短于4 000 mm但不短于3 000 mm的钢管，其数量应不超过该批钢管交货总数量的5%。

5.3.2 定尺长度和倍尺长度

5.3.2.1 根据需方要求，经供需双方协商，并在合同中注明，钢管可按定尺长度或倍尺长度交货。

5.3.2.2 钢管按定尺长度交货时，其长度允许偏差应符合下述规定：

a) $D \leqslant 406.4$ mm时，$^{+15}_{0}$ mm；

b) $D > 406.4$ mm时，$^{+20}_{0}$ mm。

5.3.2.3 钢管按倍尺长度交货时，每个倍尺长度应按下述规定留出切口余量：

a) $D \leqslant 159$ mm时，切口余量为5 mm～10 mm；

b) $159 < D \leqslant 406.4$ mm时，切口余量为10 mm～15 mm；

c) $D > 406.4$ mm时，切口余量为15 mm～20 mm。

5.4 弯曲度

5.4.1 钢管的每米弯曲度应符合如下规定：

a) $S \leqslant 15$ mm时，不大于1.5 mm/m；

b) 15 mm$< S \leqslant 30$ mm时，不大于2.0 mm/m；

c) $S > 30$ mm时，不大于3.0 mm/m。

5.4.2 $D \geqslant 127$ mm的钢管，其全长弯曲度应不大于钢管总长度的0.10%。

5.5 不圆度和壁厚不均

根据需方要求，经供需双方协商，并在合同中注明，钢管的不圆度和壁厚不均应分别不超过外径和壁厚公差的80%。

5.6 端头外形

钢管两端端面应与钢管轴线垂直，切口毛刺应予清除。

5.7 重量

5.7.1 交货重量

钢管按公称外径和公称壁厚或公称内径和公称壁厚交货时，钢管按实际重量交货，亦可按理论重量交货。

钢管按公称外径和最小壁厚交货时，钢管按实际重量交货；供需双方协商，并在合同中注明，钢管亦可按理论重量交货。

5.7.2 理论重量的计算

钢管理论重量的计算按GB/T 17395的规定(钢的密度按7.85 kg/dm^3)。

按公称内径和公称壁厚交货钢管，应采用计算外径计算理论重量，其计算外径是按公称内径和公称壁厚计算出来的外径值；按最小壁厚交货钢管，应采用平均壁厚计算理论重量，其平均壁厚是按壁厚及其允许偏差计算出来的壁厚最大值与最小值的平均值。

5.7.3 重量允许偏差

根据需方要求，经供需双方协商，并在合同中注明，交货钢管实际重量与理论重量的偏差应符合如下规定：

a) 单根钢管：±10%；

b) 每批最小为10 t的钢管：±7.5%。

6 技术要求

6.1 钢的牌号和化学成分

6.1.1 钢的牌号和化学成分(熔炼成分和成品成分)应符合表3的规定。

成品化学成分的相关术语、定义和判定方法应符合GB/T 222的规定。

除非冶炼需要，未经需方同意，不允许在钢中添加表3中未提及的元素。制造厂应采取所有恰当的措施，以防止废钢和生产过程中所使用的其他材料把会削弱钢材力学性能及适用性的元素带入钢中。

6.1.2 根据需方要求，经供需双方协商，并在合同中注明，除表3规定元素外，成品化学成分分析还可包括硼、铅、砷和汞，并提供其分析结果给需方。

6.1.3 本部分钢的牌号与其他标准相近钢牌号的对照参见附录A。

表3 钢的牌号和化学成分

序号	牌号	取样	化学成分(质量分数)/%												
			C	Si	Mn	Cr	Mo	V	Ni	Al_{tot}	Cu	Nb	N	P	S
														不大于	
1	HD12Cr2Mo	熔炼成分	0.08～0.15	≤0.50	0.40～0.70	2.00～2.50	0.90～1.20	≤0.08	≤0.30	—	≤0.20	—	—	0.025	0.015
2		成品成分	0.07～0.16	≤0.54	0.37～0.73	1.90～2.60	0.86～1.24	≤0.08	≤0.30	—	≤0.20	—	—	0.030	0.020
3	HD15Ni1Mn-MoNbCu	熔炼成分	0.10～0.17	0.25～0.50	0.80～1.20	0.15～0.30	0.25～0.40	≤0.02	1.00～1.30	≤0.050	0.50～0.80	0.015～0.025	≤0.020	0.025	0.015
4		成品成分	0.09～0.18	0.21～0.54	0.76～1.24	0.14～0.35	0.21～0.44	≤0.02	0.95～1.35	≤0.055	0.45～0.85	0.010～0.030	≤0.020	0.030	0.020
注：Al_{tot}指全铝含量。															

6.2 制造方法

6.2.1 制造大纲

钢管制造前，制造厂应制定制造大纲，其内容应包括制造过程中的各个制造和检验工序。

6.2.2 钢的冶炼方法

6.2.2.1 钢应采用电弧炉加炉外精炼并经真空精炼处理，或氧气转炉加炉外精炼并经真空精炼处理，或电渣重熔法冶炼。需方指定某一种冶炼方法时，应在合同中注明。

6.2.2.2 经供需双方协商，并在合同中注明，可采用其他更高要求的冶炼方法。

6.2.3 管坯的制造方法及要求

6.2.3.1 管坯应采用连铸、模铸或热轧(锻)方法制造。

6.2.3.2 连铸管坯应符合YB/T 4149的规定，其中低倍组织缺陷中心裂纹、中间裂纹、皮下裂纹和皮下气泡的级别应分别不大于1级。

热轧(锻)管坯应符合YB/T 5137的规定。

模铸管坯(钢锭)的头部和尾部应有足够的切除量，以保证钢管的质量。

6.2.4 钢管的制造方法

钢管应采用热轧(挤、顶、锻、扩)或冷拔(轧)无缝方法制造。热扩钢管应是指坯料钢管经整体加热后扩制变形而成的更大口径的钢管。

钢管加工变形中的总延伸系数(锻造比)应不小于3。制造厂应采取恰当的制造工艺，以保证钢管不同部位加工变形的均匀性。

6.3 交货状态

钢管应以热处理状态交货。钢管的热处理制度应符合表4的规定。

表 4 钢管的热处理制度

序号	牌号	热处理状态	奥氏体化		回火		保温时间
			加热温度/℃	冷却介质	加热温度/℃	冷却介质	
1	HD12Cr2Mo	正火加回火或淬火加回火	正火：900～960 淬火：≥900	空气或快速冷却	700～750	空气	正火保温时间按壁厚每1 mm不少于1.5 min计算，但不小于20 min。 回火保温时间不小于1 h
2	HD15Ni1Mn-MoNbCu	正火加回火或淬火加回火	正火：900～980 淬火：880～930	空气或快速冷却	630～680	空气	

6.4 力学性能

6.4.1 拉伸性能

6.4.1.1 室温拉伸性能

交货状态钢管的室温拉伸性能应符合表5的规定。

表 5 钢管的室温拉伸性能

序号	牌号	拉伸性能			
		抗拉强度 R_m/MPa	规定塑性延伸强度 $R_{P0.2}$/MPa	断后伸长率 A/%	
				纵向	横向
1	HD12Cr2Mo	450～600	≥280	≥22	≥20
2	HD15Ni1MnMoNbCu	620～780	≥440	≥19	≥17

6.4.1.2 高温拉伸性能

交货状态钢管的高温拉伸性能应符合表6的规定。HD15Ni1MnMoNbCu的高温拉伸试验温度应根据需方要求在合同中注明。

表 6 钢管的高温拉伸性能

序号	牌号	试验温度/℃	抗拉强度 R_m/MPa	规定塑性延伸强度 $R_{P0.2}$/MPa	断面收缩率 Z/%	
					平均值	单个值
1	HD12Cr2Mo	350	—	≥185	—	—
2	HD15Ni1MnMoNbCu	200	≥520	≥402	≥35	≥25
		300	≥520	≥382	≥35	≥25
		400	≥500	≥343	≥35	≥25

6.4.1.3 拉伸试验试样

外径小于219 mm的钢管，拉伸试验应沿钢管纵向取样。

外径不小于219 mm的钢管，当钢管尺寸允许时，拉伸试验应沿钢管横向截取圆形横截面试样。当钢管尺寸不足以沿横向截取圆形横截面试样时，拉伸试验应沿钢管纵向取样。横向圆形横截面试样应取自未经压扁的试料。

6.4.2 硬度

交货状态钢管应做布氏硬度试验，硬度试验的实测值应提供给需方。

6.4.3 冲击吸收能量

6.4.3.1 交货状态钢管的夏比V型缺口冲击吸收能量 KV_2 应符合表7的规定。

冲击试验结果的判定应符合 GB/T 2102 的规定。

表 7　夏比 V 型缺口冲击吸收能量(KV_2)　　单位为焦耳

序号	牌　号	20 ℃		0 ℃		−20 ℃	
		纵向	横向	纵向	横向	纵向	横向
1	HD12Cr2Mo	≥45	≥30	—	—	—	—
2	HD15Ni1MnMoNbCu	≥95	≥64	≥80	≥54	≥60	≥40

6.4.3.2　表 7 中的冲击吸收能量为全尺寸试样夏比 V 型缺口冲击吸收能量要求值。当采用小尺寸冲击试样时，小尺寸试样的最小夏比 V 型缺口冲击吸收能量要求值应为全尺寸试样冲击吸收能量要求值乘以表 8 中的递减系数。

表 8　小尺寸试样冲击吸收能量递减系数

试样规格	试样尺寸(高度×宽度)/(mm×mm)	递减系数
标准试样	10×10	1.00
小试样	10×7.5	0.75
小试样	10×5	0.50

6.4.3.3　外径小于 219 mm 的钢管，冲击试验沿钢管纵向或横向取样；如合同中无特殊规定，仲裁试样应沿钢管纵向截取。

外径不小于 219 mm 的钢管，冲击试验应沿钢管横向取样。

冲击试验试样的缺口轴线应垂直于钢管轴向(钢管表面)。

无论沿钢管纵向截取还是沿钢管横向截取，冲击试样均应为标准尺寸、宽度 7.5 mm 或宽度 5 mm 中可能的较大尺寸试样。当钢管壁厚不大于 6.0 mm 时，不做冲击试验。

6.5　液压试验

钢管应逐根进行液压试验。液压试验压力按式(1)计算，最大试验压力应不超过 50 MPa。在试验压力下，稳压时间应不少于 15 s，钢管不允许出现渗漏现象及残余变形。

$$P = 2SR/D \qquad \cdots\cdots(1)$$

式中：

P——试验压力，单位为兆帕(MPa)，当 $P<7$ MPa 时，修约到最接近的 0.5 MPa，当 $P\geqslant7$ MPa 时，修约到最接近的 1 MPa；

S——钢管壁厚，单位为毫米(mm)；

R——允许应力，为表 5 规定非比例延伸强度最小值的 80%，单位为兆帕(MPa)；

D——钢管外径，单位为毫米(mm)。

经需方同意，并在合同中注明，供方可用涡流探伤或漏磁探伤代替液压试验。涡流探伤时，对比样管人工缺陷应符合 GB/T 7735 中验收等级 B 的规定；漏磁探伤时，对比样管外表面纵向人工缺陷应符合 GB/T 12606 中验收等级 L2 的规定。

6.6　工艺性能

6.6.1　压扁试验

6.6.1.1　钢管应做压扁试验。压扁试验按以下两步进行：

a)　第一步是延性试验，试验时试样压至两平板间距离为 H，H 按式(2)计算。

$$H = \frac{(1+\alpha)S}{\alpha + S/D} \qquad \cdots\cdots(2)$$

式中：

H——两平板间的距离，单位为毫米(mm)；

α——单位长度变形系数，取 0.08；

S——钢管壁厚，单位为毫米(mm)；

D——钢管外径，单位为毫米(mm)。

试样压至两平板间距离为 H 时，试样上不允许出现裂缝或裂口。

b) 第二步是完整性试验(闭合压扁)。压扁继续进行，直到试样破裂或试样相对两壁相碰。在整个压扁试验期间，试样不允许出现目视可见的分层、白点和夹杂。

6.6.1.2 下述情况不应作为压扁试验合格与否的判定依据：

a) 试样表面缺陷引起的无金属光泽的裂缝或裂口；

b) 当 $S/D>0.1$ 时，试样 6 点钟(底)和 12 点钟(顶)位置处内表面的裂缝或裂口。

6.6.2 弯曲试验

6.6.2.1 外径大于 406.4 mm 或壁厚大于 40 mm 的钢管可用弯曲试验代替压扁试验。一组弯曲试验应包括一个正向弯曲(靠近钢管外表面的试样表面受拉变形)和一个反向弯曲(靠近钢管内表面的试样表面受拉变形)。

弯曲试验的弯芯直径为 25 mm，试样应在室温下弯曲 180°。

弯曲试验后，试样弯曲受拉表面及侧面不允许出现目视可见的裂缝或裂口。

6.6.2.2 弯曲试验的试样应沿钢管横向截取，试样的制备应符合 GB/T 232 的规定。试样截取时，正向弯曲试样应尽量靠近外表面，反向弯曲试样应尽量靠近内表面。试样弯曲受拉变形表面不允许有明显伤痕和其他缺陷。

试样加工后的截面尺寸为 12.5 mm×12.5 mm 或 25 mm×12.5 mm(宽度×厚度)；截面上的四个角应倒成圆角，圆角半径不大于 1.6 mm；试样长度不大于 150 mm。

6.6.3 扩口试验

外径不大于 76 mm 且壁厚不大于 8 mm 的钢管应做扩口试验。

扩口试验在室温下进行，顶芯锥度为 60°。扩口后试样的外径扩口率应符合表 9 的规定，扩口后试样不允许出现裂缝或裂口。

表 9 钢管外径扩口率

内径[a]/外径	≤0.6	>0.6～0.8	>0.8
钢管外径扩口率/%	8	10	15
[a] 内径为试样计算内径。计算内径是按公称外径和公称壁厚(当钢管按最小壁厚交货时为平均壁厚)计算出来的内径值。			

6.7 低倍检验

采用钢锭直接轧制的钢管应做低倍检验，钢管低倍检验横截面酸浸试片上不允许有目视可见的白点、夹杂、皮下气泡、翻皮和分层。

6.8 非金属夹杂物

用钢锭和连铸圆管坯直接轧制的钢管应做非金属夹杂物检验，钢管的非金属夹杂物按 GB/T 10561 中的 A 法评级，其 A、B、C、D 各类夹杂物的细系级别和粗系级别应分别不大于 2.5 级，DS 类夹杂物应不大于 2.5 级；A、B、C、D 各类夹杂物的细系级别总数与粗系级别总数应各不大于 6.5 级。

6.9 晶粒度

交货状态钢管的实际晶粒度应为 5 级或更细，两个试片上晶粒度最大级别与最小级别差应不大于 3 级。

6.10 显微组织

成品钢管的显微组织应符合如下规定：

a) HD12Cr2Mo 为铁素体加粒状贝氏体或铁素体加珠光体或铁素体加粒状贝氏体加珠光体；

b) HD15Ni1MnMoNbCu 为铁素体加贝氏体。

c) 允许存在索氏体，不允许存在相变临界温度 A_{c1}～A_{c3} 之间的不完全相变产物（如黄块状组织）。

6.11 脱碳层

外径不大于 76 mm 的冷拔（轧）成品钢管应检验全脱碳层，其内外表面全脱碳层深度应分别不大于 0.3 mm，两者之和应不大于 0.4 mm。

6.12 表面质量

6.12.1 钢管的内外表面不允许有裂纹、折叠、结疤、轧折和离层。这些缺陷应完全清除，缺陷清除深度应不超过壁厚的 10%，缺陷清除处的实际壁厚应不小于壁厚所允许的最小值。缺陷清除处不允许焊补，且应圆滑过渡，缺陷清除的深、宽、长之比应不小于 1∶6∶8。

钢管内外表面上直道允许的深度应符合如下规定：

a) 冷拔（轧）钢管和以机加工表面交货的钢管：不大于壁厚的 4%，且最大为 0.2 mm；

b) 热轧（挤、顶、锻、扩）钢管：不大于壁厚的 5%，且最大为 0.4 mm。

深度不超过钢管壁厚的 5%，或钢管壁厚小于 6 mm 时深度不超过 0.3 mm，且不超过壁厚允许负偏差的其他局部缺欠允许存在。

6.12.2 钢管内外表面的氧化铁皮应清除，但不妨碍检查的氧化薄层允许存在。

6.12.3 以机加工表面交货的钢管，其表面粗糙度应不大于 Ra12.5 μm。

6.13 超声波探伤检验

6.13.1 钢管应按 GB/T 5777—2008 的规定逐根全长进行超声波探伤检验。超声波探伤检验对比试样人工缺陷刻槽深度等级应为 L2，最小深度应为 0.2 mm，最大深度应为 1.0 mm。

当钢管壁厚与外径之比大于 0.2 时，除非合同中另有规定，钢管内壁人工缺陷深度按 GB/T 5777—2008 中附录 C 的 C.1 规定执行。

当钢管按最小壁厚交货时，对比样管刻槽深度按钢管平均壁厚计算。

6.13.2 自动检验不能完全检验的钢管端部应切除或进行手工超声波检验。手工检验方法的灵敏度应至少与自动检验方法一致，用作校正灵敏度的钢管应是用于自动检验的钢管。

7 试验方法

7.1 钢管的尺寸和外形应采用符合精度要求的量具逐根测量。

7.2 钢管的内外表面应在充分照明条件下逐根目视检查。

7.3 力学和工艺性能检验的取样方法应符合如下规定：

a) 试样应取自交货状态钢管一端截取的试料环，试料应有足够的尺寸，以便截取全部试验及复验所需试样；

b) 采用钢锭制成的成品钢管，其检验用试样应在钢管上对应于钢锭帽口端的一端截取；

c) 试样端部距管端的距离应不小于钢管的壁厚，但不超过 40 mm；

d) 壁厚不大于 30 mm 的钢管，其力学性能检验的试样轴线应位于钢管壁厚的二分之一处；壁厚大于 30 mm 的钢管，其力学性能检验的试样在靠近钢管内壁四分之一处截取。

7.4 钢管各项检验的试验方法、取样方法和取样数量应符合表 10 的规定。

表 10 钢管的试验方法、取样方法和取样数量

序号	检验项目	试验方法	取样方法	取样数量
1	化学成分[a]	GB/T 223 GB/T 4336 GB/T 20123 GB/T 20124	GB/T 20066	每炉取 1 个试样

表 10（续）

序号	检验项目	试验方法	取样方法	取样数量
2	室温拉伸试验	GB/T 228	GB/T 2975、6.4.1.3、7.3	每批在两根钢管上各取 1 个试样
3	高温拉伸试验	GB/T 4338	GB/T 2975、6.4.1.3、7.3	每批在两根钢管上各取 1 个试样
4	硬度试验	GB/T 231.1	GB/T 2975	每批在两根钢管上各取 1 个试样
5	冲击试验	GB/T 229	GB/T 2975、6.4.3.3、7.3	每批在两根钢管上各取一组 3 个试样
6	液压试验	GB/T 241	—	逐根
7	涡流探伤检验	GB/T 7735	—	逐根
8	漏磁探伤检验	GB/T 12606	—	逐根
9	压扁试验	GB/T 246	GB/T 246、7.3	每批在两根钢管上各取 1 个试样
10	弯曲试验	GB/T 232	GB/T 232、6.6.2.2、7.3	每批在两根钢管上各取一组 2 个试样
11	扩口试验	GB/T 242	GB/T 242、7.3	每批在两根钢管上各取 1 个试样
12	低倍检验	GB/T 226 GB/T 1979	GB/T 226	每炉在两根钢管上各取 1 个试样
13	非金属夹杂物	GB/T 10561	GB/T 10561	每炉在两根钢管上各取 1 个试样
14	晶粒度	GB/T 6394	GB/T 6394	每批在两根钢管上各取 1 个试样
15	显微组织	GB/T 13298	GB/T 13298	每批在两根钢管上各取 1 个试样
16	脱碳层	GB/T 224	GB/T 224	每批在两根钢管上各取 1 个试样
17	超声波探伤检验	GB/T 5777—2008	—	逐根
[a] 汞的分析方法由供需双方协商确定。				

8 检验规则

8.1 检查和验收

钢管的检查和验收由供方质量技术监督部门进行。

8.2 组批规则

钢管的化学成分、低倍检验和非金属夹杂物检验按熔炼炉检查和验收，钢管的其余检验项目应按批检查和验收。每批应由同一牌号、同一炉号、同一规格和同一热处理制度(炉次)的钢管组成。每批钢管的数量应不超过如下规定：

a) $D\leqslant 114.3$ mm：200 根；

b) 114.3 mm$<D\leqslant 325$ mm ：100 根；

c) $D>325$ mm：50 根。

8.3 取样数量

钢管各项检验的取样数量应符合表 10 的规定。

8.4 复验与判定规则

钢管的复验与判定规则应符合 GB/T 17505 的规定。复验时，应对测得的不合格项目取双倍数量试样进行检验，不足双倍数量试样时，可逐根检验。如果复验试样在原抽样钢管上截取时，其试样应在试料上原取样邻近部位截取。

若复验结果不合格，制造厂可将该批剩余钢管逐根检验。

8.5 重新热处理

力学性能和工艺性能不合格的钢管，可进行重新热处理。重新热处理后的钢管应以新的批提交验收。重新热处理只允许一次。

9 包装、标志和质量报告

9.1 钢管包装前应使用无油、干燥、清洁的压缩空气或其他适宜的方法对钢管内外表面进行清洁处理。钢管两端管口应采用塑料管帽、塑料布、麻袋布或其他合适的方法和材料进行封堵。

钢管包装的其他规定应符合 GB/T 2102 的规定。

9.2 根据需方要求，经供需双方协商，并在合同中注明，钢管外表面可涂防锈油脂或防锈漆。

9.3 钢管的标志应符合 GB/T 2102 的规定。

9.4 不论交货前的钢管状况如何，制造厂应在每一项检验后建立以下相应的质量报告，并将报告提供给需方：

a) 钢的冶炼方法，钢的化学成分熔炼分析和成品分析报告；
b) 管坯的制造方法报告；
c) 热处理记录及分析报告；
d) 力学和工艺性能试验报告；
e) 表面质量目视检查报告；
f) 无损检验报告；
g) 液压试验报告；
h) 其他规定检验项目的检验报告。

这些报告中还应包括以下内容：

——熔炼炉号和钢管批号；
——制造厂识别标志；
——订货单号(合同号)；
——如有必要，检查机构的名称；
——各种试验和复验的结果，及与其相对照的规定值。

附 录 A
（资料性附录）
相近钢牌号对照表

表 A.1 列出了本部分钢的牌号与其他标准相近牌号的对照，供参考。

表 A.1 本部分钢的牌号与其他标准相近钢牌号对照表

序号	本部分钢的牌号	其他相近的钢牌号			
		GB 5310《高压锅炉用无缝钢管》	EN 10216-2《压力用途的无缝钢管 交货技术条件 第 2 部分：规定高温性能的非合金钢和合金钢钢管》	NF A49-213《高温用非合金和 Mo 或 Mo-Cr 合金钢无缝钢管》	《ASME 锅炉及压力容器规范 第Ⅱ卷 A篇 铁基材料》
1	HD12Cr2Mo	12Cr2MoG	10CrMo9-10	TU 10 CD 9-10	SA-213 T22、SA-335 P22
2	HD15Ni1MnMoNbCu	15Ni1MnMoNbCu	15NiCuMoNb5-6-4	—	SA-213 T36 Class 1/ Class 2

ICS 77.060
H 25

中华人民共和国国家标准

GB/T 24513.1—2009/ISO 11844-1:2006

金属和合金的腐蚀 室内大气低腐蚀性分类 第1部分:室内大气腐蚀性的测定与评价

Corrosion of metals and alloys—Classification of low corrosivity of indoor atmospheres—Part 1:Determination and estimation of indoor corrosivity

(ISO 11844-1:2006,IDT)

2009-10-30 发布　　2010-05-01 实施

中华人民共和国国家质量监督检验检疫总局
中国国家标准化管理委员会　发布

前　言

GB/T 24513《金属和合金的腐蚀　室内大气低腐蚀性分类》分为3个部分：

——第1部分：室内大气腐蚀性的测定与评价；

——第2部分：室内大气腐蚀性的测定；

——第3部分：影响室内大气腐蚀性的环境参数测定。

本部分为GB/T 24513的第1部分。

本部分等同采用国际标准ISO 11844-1:2006《金属和合金的腐蚀　室内大气低腐蚀性分类　第1部分：室内大气腐蚀性的测定与评价》(英文版)。

为便于使用，本部分做了下列编辑性修改：

——用小数点"."代替作为小数点的逗号","；

——删除了国际标准的目次、前言和引言；

——规范性引用文件按对应的国家标准作了变更。

本部分的附录A、附录B、附录C和附录D为资料性附录。

本部分由中国钢铁工业协会提出。

本部分由全国钢标准化技术委员会归口。

本部分起草单位：中国科学院金属研究所、国家材料环境腐蚀野外科学研究试验站网综合研究中心标准部、冶金工业信息标准研究院。

本部分主要起草人：王振尧、韩薇、冯超、任翠英。

金属和合金的腐蚀
室内大气低腐蚀性分类
第1部分:室内大气腐蚀性的测定与评价

1 范围

GB/T 24513 的本部分是关于室内大气低腐蚀性分类。

本部分适用于表征对金属和合金及金属覆盖层在存储、运输、安装和操作使用期间有影响的低腐蚀性的室内大气环境;规定了利用指定金属的标准试样在一个固定暴露期间受到的腐蚀作用来确定室内大气腐蚀性的分类;详细说明了适合作为室内大气腐蚀性评价基础的重要参数。

2 规范性引用文件

下列文件中的条款通过 GB/T 24513 的本部分的引用而成为本部分的条款。凡是注日期的引用文件,其随后所有的修改单(不包括勘误的内容)或修订版均不适用于本部分,然而,鼓励根据本部分达成协议的各方研究是否可使用这些文件的最新版本。凡是不注日期的引用文件,其最新版本适用于本部分。

GB/T 10123—2001 金属和合金的腐蚀 基本术语和定义(eqv ISO 8044:1999)

GB/T 19292.1—2003 金属和合金的腐蚀 大气腐蚀性 分类(ISO 9223:1992,IDT)

ISO 11844-2 金属和合金的腐蚀 室内大气低腐蚀性分类 第2部分 室内大气腐蚀性的测定

ISO 11844-3 金属和合金的腐蚀 室内大气低腐蚀性分类 第3部分 影响室内大气腐蚀性的环境参数测定

IEC 60654-4:1987 工业过程测量和控制设备的工作条件 第4部分:腐蚀和侵蚀影响

3 术语和定义

下列术语和定义适用于 GB/T 24513 的本部分。

3.1

大气腐蚀性 corrosivity of atmospheres

在给定腐蚀体系中大气引起腐蚀的能力(例如,给定金属或合金的大气腐蚀)[GB/T 10123—2001]。

3.2

温度-湿度的综合作用 temperature-humidity complex

温度和相对湿度对大气腐蚀性的综合影响[GB/T 19292.1—2003 定义 3.5]。

3.3

潮湿时间 time of wetness

金属表面被能导致大气腐蚀的吸附物或电解质液膜覆盖的时间[GB/T 19292.1—2003 定义 3.2]。

3.3.1

潮湿时间的计算 calculated time of wetness

由温度和相对湿度的综合作用计算的潮湿时间[GB/T 19292.1—2003 定义 3.2.1]。

3.3.2

潮湿的试验时间 experimental time of wetness

由各种测量体系直接显示的潮湿时间[GB/T 19292.1—2003 定义 3.2.2]。

3.4

大气污染 atmospheric pollution

大气中特定的腐蚀活性物质、气体或悬浮粒子(自然和人类活动结果)。

4 符号和缩写

4.1 IC 室内大气腐蚀性分类。

4.2 r_{corr} 暴露一年后质量损失测定的腐蚀率。

4.3 r_{mi} 暴露一年后质量增加的速率。

5 腐蚀性分类

5.1 概述

第6章给出了采用标准金属的标准试样进行试验,通过测定标准试样的腐蚀率来划分室内大气腐蚀性等级。在这种情况下,不可能通过第7章、附录B、附录C和附录D所描述的湿度、温度和污染条件来进行腐蚀性评价。

通过7.2、附录C和附录D进行腐蚀性评价可能导致错误的结论,因此强烈建议通过标准试样的腐蚀测定进行室内大气腐蚀性评价。

5.2 室内大气腐蚀性分类

根据本部分将室内大气划分为5个腐蚀等级,见表1。

表1 室内大气腐蚀性等级

分类	室内大气腐蚀性等级
IC1	腐蚀性非常低
IC2	腐蚀性低
IC3	腐蚀性中等
IC4	腐蚀性高
IC5	腐蚀性非常高

6 室内大气腐蚀性测定

按照ISO 11844-2的方法,测定4种标准金属的标准试样暴露1年的腐蚀程度。根据每种金属的质量损失或质量增加进行室内大气腐蚀性分类,结果见表2和表3。对指定环境下的室内大气腐蚀性分类时,各种金属的分类级别可以相互补充。

7 关于室内大气腐蚀性的表征

7.1 概述

环境特征是资料性文件,可以通过环境参数对单一金属和金属覆盖层的特殊腐蚀影响来描述室内大气腐蚀性。ISO 11844-3给出了室内大气的环境参数测定和腐蚀性描述方法。在很多情况下,这种室内大气腐蚀性评估方法往往过于简单,而且给出的结果也容易被误解。室内大气腐蚀性评价是基于以下内容进行:

——气候影响(室外情况,包括污染情况)

——室内小气候影响

——室内气态的和粒子的污染

室内大气腐蚀性随湿度的增加而增加,而且依赖于污染的类型和程度。

在周期时间内相对湿度(RH)和温度(T)变化的频率、冷凝的频率和时间是重要特性。室内大气受室内外污染源的污染。典型的污染物是 SO_2、NO_2、O_3、H_2S、Cl_2、NH_3、HCl、HNO_3、Cl^-、NH^{4+}、有机酸、乙醛和粒子(参见附录 B)。不同污染的协同作用对许多金属腐蚀的影响是显著的。金属及金属覆盖层在室内大气中都有各自独特的腐蚀行为(参见附录 C)。

7.2 室内大气腐蚀性评估

7.2.1 概括在指导文件(附录 D)中的环境特征构成了室内大气腐蚀性评价基础。涉及室内大气腐蚀性分类评估的典型环境描述参见表 D.3。

7.2.2 环境参数的最高值和影响金属室内腐蚀性的其他特定环境参数是定义室内腐蚀的重要参数。

7.2.3 室内大气腐蚀性分类结果见表 2 和表 3。

表 2 基于标准试样质量损失测定的腐蚀率建立的室内大气腐蚀性分类

腐蚀性分类		腐蚀率 r_{corr} mg/(m² · a)			
		碳钢	锌	铜	银
IC 1	非常低	$r_{corr} \leqslant 70$	$r_{corr} \leqslant 50$	$r_{corr} \leqslant 50$	$r_{corr} \leqslant 170$
IC 2	低	$70 < r_{corr} \leqslant 1\,000$	$50 < r_{corr} \leqslant 250$	$50 < r_{corr} \leqslant 200$	$170 < r_{corr} \leqslant 670$
IC 3	中等	$1\,000 < r_{corr} \leqslant 10\,000$	$250 < r_{corr} \leqslant 700$	$200 < r_{corr} \leqslant 900$	$670 < r_{corr} \leqslant 3\,000$
IC 4	高	$10\,000 < r_{corr} \leqslant 70\,000$	$700 < r_{corr} \leqslant 2\,500$	$900 < r_{corr} \leqslant 2\,000$	$3\,000 < r_{corr} \leqslant 6\,700$
IC 5	非常高	$70\,000 < r_{corr} \leqslant 200\,000$	$2\,500 < r_{corr} \leqslant 5\,000$	$2\,000 < r_{corr} \leqslant 5\,000$	$6\,700 < r_{corr} \leqslant 16\,700$

表 3 基于标准试样质量增加速率建立的室内大气腐蚀性分类

腐蚀性分类		质量增加速率 r_{mi} mg/(m² · a)			
		碳钢	锌	铜	银
IC 1	非常低	$r_{mi} \leqslant 70$	$r_{mi} \leqslant 50$	$r_{mi} \leqslant 25$	$r_{mi} \leqslant 25$
IC 2	低	$70 < r_{mi} \leqslant 700$	$50 < r_{mi} \leqslant 250$	$25 < r_{mi} \leqslant 100$	$25 < r_{mi} \leqslant 100$
IC 3	中等	$700 < r_{mi} \leqslant 7\,000$	$250 < r_{mi} \leqslant 700$	$100 < r_{mi} \leqslant 450$	$100 < r_{mi} \leqslant 450$
IC 4	高	$7\,000 < r_{mi} \leqslant 50\,000$	$700 < r_{mi} \leqslant 2\,500$	$450 < r_{mi} \leqslant 1\,000$	$450 < r_{mi} \leqslant 1\,000$
IC 5	非常高	$50\,000 < r_{mi} \leqslant 150\,000$	$2\,500 < r_{mi} \leqslant 5\,000$	$1\,000 < r_{mi} \leqslant 2\,500$	$1\,000 < r_{mi} \leqslant 2\,500$

ISO 11844-2 给出了碳钢、锌、铜和银标准试样的规范和质量变化的评价程序。

依据标准试样质量损失测定的腐蚀率(表 2)适用于更高的室内腐蚀性分类,预期高粒子沉降的大气中应首选质量损失测定。

本部分中腐蚀性分类与 ANSI/ISA -S71.04:1985 中的各水平之间的近似关系,参见附录 A。

腐蚀性分类 IC 3 的上限大致符合于按 GB/T 19292.1—2003 腐蚀性分类 C 1 的上限。

腐蚀性分类 IC 5 的上限大致符合于按 GB/T 19292.1—2003 腐蚀性分类 C 2 的上限。

附 录 A
（资料性附录）
ISO,IEC 和 ISA 分类系统的相互关系

ISO 9223:1992(GB/T 19292.1—2003)、IEC 60654-4:1987、附录 B 和 ANSI/ISA S71.04:1985 中都包含了为环境条件分类进行的腐蚀率测定。

ISO 9223:1992 中,以碳钢、锌、铜和铝暴露 1 年后的质量损失给出了腐蚀性分类。

IEC 60654-4:1987 和附录 B 中,通过测量铜暴露 30 天后表面腐蚀层厚度对环境反应性分类。

ANSI/ISA S71.04:1985 给出了基于铜暴露 30 天后表面腐蚀层厚度测量的严格标准。

为了比较这些分类系统,铜是唯一的适用于所有标准的金属,而且必须将所有的腐蚀率转换成相同的单位。标准中给出的腐蚀图首先表示成质量增加,然后,对于 IEC 和 ISA 标准,暴露 30 天后的质量增加转换为暴露 1 年后的质量增加。暴露 30 天与暴露 1 年的相互关系示于图 A.1。

注：在时间上外推是不可靠的,并且不适用于低腐蚀率的金属。

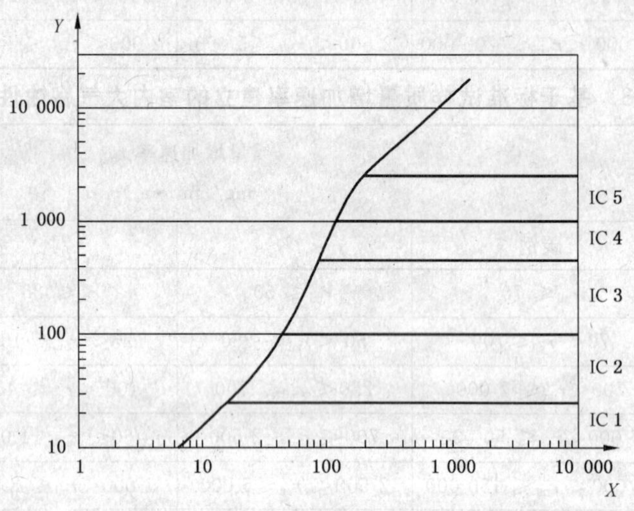

X 轴——暴露 30 天后的质量增加(mg/m^2)；

Y 轴——暴露 1 年后的质量增加 (mg/m^2)。

图 A.1 在暴露 30 天和 1 年之间的铜质量增加转换

基于铜的腐蚀率，并假设 CuO,$Cu_4SO_4(OH)_6$ 和 Cu_2S 是主要的腐蚀产物,给出了不同标准的分类系统比较,见图 A.2。标准中给出的腐蚀率图都被转换成暴露 1 年后铜的质量增加。

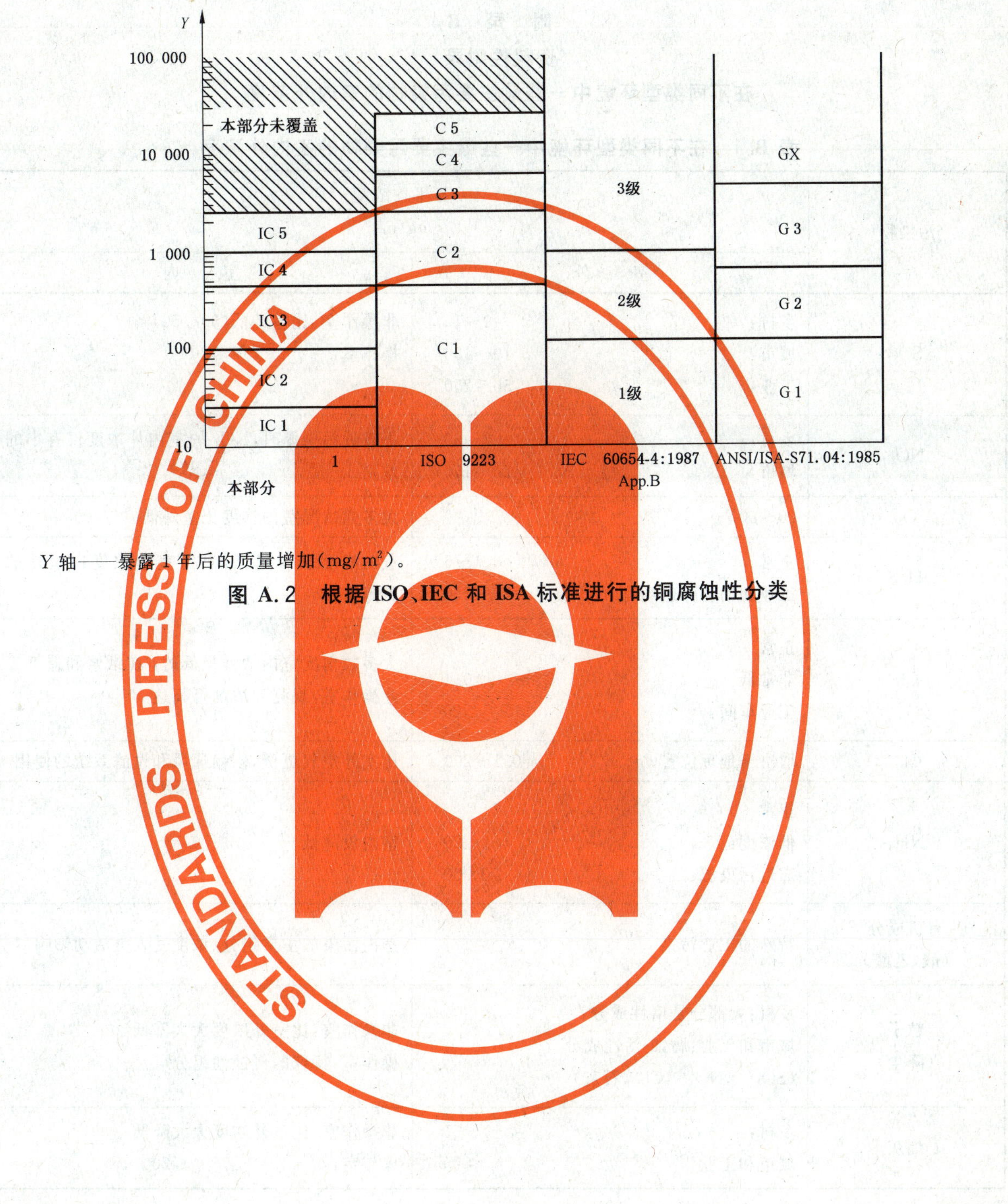

Y 轴——暴露 1 年后的质量增加(mg/m²)。

图 A.2 根据 ISO、IEC 和 ISA 标准进行的铜腐蚀性分类

附　录　B
（资料性附录）
在不同类型环境中一些最主要污染物的室内外浓度

表 B.1　在不同类型环境中一些最主要污染物的室内外浓度

污染物	年平均浓度 μg/m³	
	室　外	室　内
SO_2	乡村：2～15 城市：10～100 工业：50～250	非操作室：比室外低(30～50)% 操作室：≤2 000
NO_2	乡村：2～20 城市：20～150	不靠近污染源时，NO_2 的室内外浓度仅有小的差别
O_3	20～80	大多数情况室内浓度比室外低(1～30)
H_2S	正常：1～5 工业和动物养殖场 20～250	室内浓度没有降低，有时室内浓度比室外的更高
Cl_2	正常 非常低：0.1 工业车间：≤20	大多数情况室内浓度是低的，在纸浆和造纸工业操作室，观测到浓度可高达 50
Cl^-	取决于地理位置 0.1～200	比室外空气更低，依赖通风和过滤系统的使用
NH_3	正常 低浓度：＜20 靠近污染源：≤3 000	室内没降低
有机成分 （酸，乙醛）	特殊的工业污染	室内污染的主要组分、浓度受人类活动影响
粒子 （降尘）	乡村：大部分是惰性成分 城市和工业：腐蚀-活性成分 (SO_4^{2-}，NO_3^-，Cl^-，石灰)	非操作室：比室外浓度大大降低 操作室：特殊的侵蚀性组分
烟灰	乡村：＜5 城市和工业 ≤75	非操作室：比室外浓度大大降低 操作室：≤200

附 录 C
（资料性附录）
室内大气中金属腐蚀的一般特征

室内大气的基本腐蚀因素是温度-湿度和气态与固态物质污染。温湿度影响的重要性不能简单表示，应以 GB/T 19292.1—2003 定义的润湿时间表示。

室内大气类型可显著影响每种大气参数的水平以及它的分布。在室内环境，除有污染源以外，污染物的浓度通常是较低的。

关于金属腐蚀以及对它们的各种解释方法，室内大气环境的基本特征可用以下参数表征：

a) 温度、湿度及其变化不能直接从室外条件获得，而是依赖于非空气调节大气环境下室内空间使用的目的；

b) 室外污染的传输依赖于遮蔽的方式和等级，或者依赖室内大气环境的受控条件（过滤、空气调节作用）；

c) 粒子的累积和水的沉积增加传导性，能够改变室内环境对金属长期暴露的腐蚀性；

d) 选择一个相对可控的决定性腐蚀因素，并确定它们在室内大气环境中的重要性是困难的，原因之一是金属对个别的环境因素显示出特殊的敏感性。

除在物体外表面形成挥发物外，室内环境受以下方式形成的物质所污染：

a) 建筑与结构材料、室内家具与设备的使用材料的释放物；

b) 人类存在产生的新陈代谢产物：甲醛、蚁酸、乙酸、丁酸、丙酮、氨水、CO_2、H_2S、水蒸气和细菌等；

c) 人类活动产生与操作和生产活动相关的产物。

重要金属腐蚀行为的详细说明见表 C.1。

表 C.1 在室内环境中基础金属样本的腐蚀行为

金属	腐蚀行为
钢	自然形成具有有限保护能力的氧化物和其他腐蚀产物； 对二氧化硫和相对湿度非常敏感； 主要转化是 Fe^{2+} 和 Fe^{3+} 的氧化和还原过程； 室内相对湿度高于 50 %时，吸附多层水分子； 尤其有粒子存在时，将出现类似于低腐蚀率的室外腐蚀的过程。
锌	室内锌腐蚀率受相对湿度影响，降尘或锌腐蚀产物出现吸附足够湿气加速化学腐蚀过程； 对有机化合物敏感； SO_2，NO_2 和 O_3 有协同作用； 室内锌失去光泽通常开始于尘附着点，室内锌表面附着含有高浓度的氯化物和硫酸盐离子的尘粒子； 维持合适的湿度，室内腐蚀率可控制在可忽略的水平。
铜	对相对湿度敏感； 对许多的污染物敏感； H_2S，SO_2 的影响显著； NO_2，Cl_2 和 NH_3 几乎没有影响； SO_2，NO_2 和 O_3 有协同作用； 最严重的污染物是 H_2S，尤其是与 Cl 结合； 通常腐蚀速率随时间降低（尤其是低腐蚀性地区）。

表 C.1(续)

金属	腐蚀行为
银	室内的腐蚀与室外的近似,这种近似的原因应该是银的腐蚀率不依赖于相对湿度; 腐蚀率受与 H_2S 的反应控制,而不受污染物的酸度控制; 腐蚀率依赖于还原态的硫污染物浓度; 有时存在的气态过氧化氢强烈加速腐蚀; 对分子氯非常敏感; 对有机酸不敏感,与大多数普通室内有机分子和自由基的反应还没有报道; 腐蚀速度随时间降低。
镍	在一般环境中,几乎无可见腐蚀; 在很大程度上,腐蚀由 SO_2 含量和相对湿度决定; 在复杂的污染环境里,相对湿度显著影响腐蚀率; SO_2,NO_2 和 O_3 有协同作用。
铅	与普通大气反应完全,形成绝缘的腐蚀产物层; 室内暴露产生铅的羧酸盐; 对醛和有机酸污染的空气相对敏感。
锡	快速形成良好保护性氧化膜; 含氯和氯化物的污染物侵蚀薄氧化膜而增加腐蚀率,尤其在高相对湿度条件下。
铝	快速形成绝缘氧化层; 大多数室内环境有低的腐蚀率; 氯离子在表面引起局部侵蚀; 在高的氯化物和高相对湿度环境下,腐蚀率最高。
金	在一般的室内环境里不腐蚀; 污染物以协同方式影响镀金表面的腐蚀行为; 如果金用作为薄涂层,即使在相当温和的环境里都可能出现小孔腐蚀; 高相对湿度和高含量的氯、二氧化硫及硫化氢加速涂覆层下的镍或铜基板上的小孔腐蚀。
不锈钢	在普通环境里不发生腐蚀; 在高相对湿度环境里,含有离子组分(如氯化物)的粒子沉积能加速表面的局部侵蚀。

附 录 D
(资料性附录)
室内腐蚀性评价指导

D.1 室内大气环境类型的总体描述

室内腐蚀性的评价是基于给定环境的湿度、温度和污染数据。这些参数对腐蚀的影响通常是相互依赖的。

关于涉及室内工作条件的大气环境的概述是环境特征化程序的第一步。ISO 11844-3 详细说明了影响室内腐蚀性的环境参数测量方法。

室内大气环境类型的描述如下：

a) 产品室、博物馆、教堂、实验室等等；

b) 加热、未加热、可调节；

c) 通风、不通风；

d) 季节变化；

e) 特殊影响。

D.2 温度

重要的温度特征是：

a) 温度平均值(月，季，年)；

b) 最低和最高温度(月，季，年)；

c) 温度变化特点(连贯，不连贯，意外)。

测量期适合1年或每年季节的1个月，短期应该覆盖典型季节或实际运作期。

D.3 相对湿度

重要的相对湿度特征是：

a) 相对湿度平均值(月，季，年)；

b) 最低和最高相对湿度(月，季，年)；

c) 在给定时间间隔内保持相对湿度的时间；

d) 相对湿度平均值水平(见表 D.1)。

表 D.1 相对湿度平均值的水平

水平	相对湿度平均值 %
Ⅰ	RH<40
Ⅱ	40≤RH<50
Ⅲ	50≤RH<70
Ⅳ	RH≥70

测量期适合1年或每年每季节的1个月，短期应该覆盖典型季节或实际运作期。

D.4 温度-湿度复合

应重视温度和相对湿度对室内腐蚀性的复合影响。GB/T 19292.1—2003 中定义的润湿时间(TOW)是表征温度和相对湿度的复合作用,不适合于作为室内腐蚀性评价的相关资料。为计算冷凝频率和时间,连续测量温度和相对湿度的数据。温度和相对湿度的波动,尤其在高湿水平下波动可引起冷凝。

D.5 污染的种类和水平

表 D.2 显示的气体污染物水平是资料性的,来自于不同室内大气环境里的系统测量。室内污染特征的其他资料包含在附录 B 中。对单一金属的室内腐蚀,污染物的作用是特殊的,而且污染物复合、湿度和温度的影响是相互依赖的。附录 C 给出了基础金属在室内环境的腐蚀行为。

表 D.2 气体污染物水平

单位为微米每立方米

水平	SO_2	NO_2	O_3	NH_3
Ⅰ	$c<1$	$c<1$	$c<1$	$c<5$
Ⅱ	$1\leqslant c<5$	$1\leqslant c<5$	$1\leqslant c<5$	$5\leqslant c<10$
Ⅲ	$5\leqslant c<10$	$5\leqslant c<10$	$5\leqslant c<10$	$10\leqslant c<20$
Ⅳ	$c\geqslant 10$	$c\geqslant 10$	$c\geqslant 10$	$c\geqslant 20$

其他气体污染物(H_2S、Cl_2、甲醛、乙酸)能影响特殊小环境的室内腐蚀性。建议污染水平评价应基于1年的测量或每年每季节的1个月测量,更短期测量应覆盖典型季节或运作期。粒子沉积率的测定、沉积粒子或腐蚀产物的吸水性分析以及腐蚀产物层分析可以表征室内环境空气污染物,这些数值有助于腐蚀危害的评价。

D.6 室内腐蚀分类的评价

关于室内环境定性和定量信息(D.1～D.5)测量形成了对室内腐蚀性评价的基础。表 D.3 给出了涉及室内腐蚀性的典型环境的描述。

表 D.3 与室内腐蚀性分类相关的典型环境的描述

腐蚀性分类(IC)	腐蚀性	典型环境
IC 1	非常低	加热的空间:有可控稳定的相对湿度(＜40%)、没有冷凝危险、污染物水平低、没有特殊污染物,例如,计算机房、可控环境的博物馆; 非加热的空间:可除去湿气、室内污染低、没有特殊污染物,例如,军事装备的储藏室。
IC 2	低	加热的空间:有一定的波动的低相对湿度(＜50%)、没有冷凝危险、污染水平低、没有特殊污染物,例如,博物馆、控制室; 非加热的空间:仅有温湿度变化、没有冷凝危险、污染水平低、没有特殊污染物,例如,温度变化不频繁的储藏室。
IC 3	中等	加热的空间:有温湿度波动的危险、污染水平中等、有一定的特殊污染物危险,例如,电力工业的配电盘; 非加热的空间:有定期波动的较高相对湿度(＞50%～70%)、没有冷凝和高污染水平的危险,特殊污染物低危险,例如,无污染地区的教堂、乡村的室外通讯箱。

表 D.3（续）

腐蚀性分类(IC)	腐蚀性	典型环境
IC 4	高	加热的空间：有温湿度波动、含特殊污染物的高水平污染，例如，工厂的电力服务室； 非加热的空间：有一定冷凝危险的高相对湿度(≤70%)、中度污染、可能受特殊污染物影响，例如，污染地区的教堂、污染地区的室外通讯箱。
IC 5	非常高	加热的空间：相对湿度有限波动、含类似 H_2S 特殊污染物的高水平污染，例如，电力服务室，没有有效污染控制的工业区横向连接室； 非加热的空间：有高的相对湿度和冷凝危险、中等和较高污染水平，例如，污染地区的地下储藏室。

注：附录C概括了关于金属腐蚀的室内大气的总体特征。

参 考 文 献

ANSI/ISA-57104　加工测量和控制系统的环境条件:空气传播的污染物

ICS 25.220.40
H 11

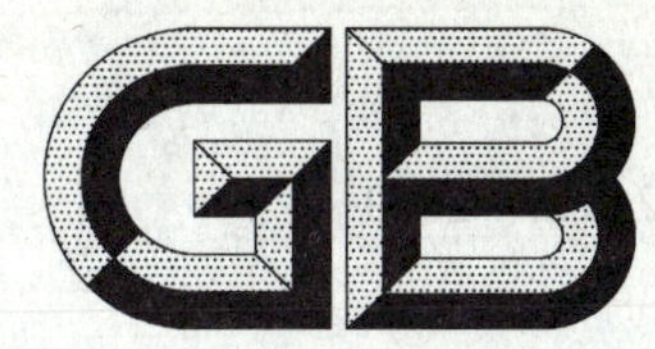

中华人民共和国国家标准

GB/T 24514—2009

钢表面锌基和(或)铝基镀层 单位面积镀层质量和化学成分测定 重量法、电感耦合等离子体原子发射光谱法和火焰原子吸收光谱法

Zinc and/or aluminium based coatings on steel—Determination of coating mass per unit area and chemical composition—Gravimetry, inductively coupled plasma atomic emission spectrometry and flame atomic absorption spectrometry

(ISO 17925:2004, MOD)

2009-10-30 发布　　2010-05-01 实施

中华人民共和国国家质量监督检验检疫总局
中国国家标准化管理委员会　发布

前 言

本标准修改采用国际标准 ISO 17925:2004《钢表面锌基和(或)铝基镀层 单位面积镀层质量和化学成分测定 重量法、电感耦合等离子体原子发射光谱法和火焰原子吸收光谱法》(英文版)。

为便于使用,本标准做了下列内容的修改:

——删除国际标准的前言;

——对国际标准的“范围”作了结构性和编辑性的修改,在“范围”以及后面相应章节中删除了铅含量测定的所有内容;

——规范性引用文件按对应的国家标准作了变更,并在第 2 章按国家标准编号进行排序;

——将国际标准 4.8、4.9 和 7.2 中的注解编辑至本标准的正文中;

——将国际标准 5.2.3 规定“相对标准偏差应不大于 0.4%”,根据 ICP 仪器精度水平、计量检定规程规定以及实际使用要求,在本标准中修改为“相对标准偏差应不大于 1.0%”;

——将国际标准 5.3.2 中误写的“最低校准溶液平均吸光度的 0.5%”,在本标准中修正为“最高校准溶液平均吸光度的 0.5%”;

——对国际标准 7.3 和 7.4 作了结构性的编辑修改;

——将国际标准 7.3.5.1 和 7.3.6.1 中编辑性错误“C-1 至 C-4”,在本标准 7.3.5 和 7.4.5 中修正为“C-1 至 C-3”;

——将国际标准表 7 中编辑性错误“4.15、4.19、4.22、4.25”,在本标准表 7 中修正为“4.14、4.18、4.21、4.24”;

——将国际标准 7.3.7 中编辑性错误“(7.3.2)”,在本标准 7.3.6 中修正为“(7.3.1)”;

——增加附录 D 作为本标准的资料性附录。

本标准附录 A、附录 B、附录 C 和附录 D 均为资料性附录。

本标准由中国钢铁工业协会提出。

本标准由全国钢标准化技术委员会归口。

本标准起草单位:宝山钢铁股份有限公司。

本标准的主要起草人:张家琪、樊志刚、朱子平、李蕾、田慧玲、王君祥。

钢表面锌基和(或)铝基镀层单位面积镀层质量和化学成分测定重量法、电感耦合等离子体原子发射光谱法和火焰原子吸收光谱法

1 范围

本标准规定了用重量法测定单位面积镀层质量的方法,以及用电感耦合等离子体原子发射光谱法和火焰原子吸收光谱法测定钢表面锌基和(或)铝基单面镀层化学成分的方法。

本标准所述钢表面锌基和(或)铝基镀层,包括热镀和电镀纯锌镀层、热镀锌铁合金镀层、电镀锌镍合金镀层,热镀锌铝镀层(5%铝)和热镀铝锌镀层(55%铝)等。本标准所述钢表面锌基和(或)铝基镀层化学成分,包括热镀锌镀层中铁、铝,合金化处理镀层中锌、铁和铝,电镀锌镍镀层中锌、铁、镍,热镀锌铝镀层(5%铝)和热镀铝锌镀层(55%铝)中锌、铁、铝和硅的化学成分。

本标准适用的测定范围为40%~100%锌含量(质量分数)、0.02%~60%铝含量(质量分数)、7%~20%镍含量(质量分数)、0.2%~20%铁含量(质量分数)和0.2%~10%硅含量(质量分数)。

用火焰原子吸收光谱法(FAAS)测定镀层化学成分的方法不适用于锌含量的测定。

本标准的测定方法可作为仲裁方法。

2 规范性引用文件

下列文件中的条款通过本标准的引用而成为本标准的条款。凡是注日期的引用文件,其随后所有的修改单(不包括勘误的内容)或修订版均不适用于本标准,然而,鼓励根据本标准达成协议的各方研究是否可使用这些文件的最新版本。凡是不注日期的引用文件,其最新版本适用于本标准。

GB/T 6379.1 测量方法与结果的准确度(正确度与精密度) 第1部分:总则与定义(GB/T 6379.1—2004,ISO 5725-1:1994,IDT)

GB/T 6379.2 测量方法与结果的准确度(正确度与精密度) 第2部分:确定标准测量方法重复性和再现性的基本方法(GB/T 6379.2—2004,ISO 5725-2:1994,IDT)

GB/T 6682 分析实验室用水规格和试验方法(GB/T 6682—2008,ISO 3696:1987,MOD)

GB/T 12806 实验室玻璃仪器 单标线容量瓶(GB/T 12806—1991,neq ISO 1042:1983)

GB/T 12808 实验室玻璃仪器 单标线吸量管(GB/T 12808—1991,neq ISO 648:1977)

GB/T 20066 钢和铁 化学成分测定用试样的取样和制样方法(GB/T 20066—2006,ISO 14284:1996,IDT)

ISO 5725-3 测量方法与结果的准确度(正确度与精密度)——第3部分:标准测量方法精度的中间度量

3 原理

用含有缓蚀剂的盐酸溶液将钢表面单面的镀层剥离(缓蚀剂的作用是防止盐酸腐蚀钢基体),分别测定镀层剥离前后试样的质量,将质量差除以试样的表面积,即为单位面积镀层质量。

用剥离液脱去试样测定面的镀层,将溶液进行稀释、过滤和定容,用电感耦合等离子体原子发射光谱仪(ICP-AES)或火焰原子吸收光谱仪(FAAS)进行测定,将被测元素的含量除以事先测得的镀层质量,即得镀层中该元素的化学成分。

表1列举了各元素的分析线和干扰元素，也可根据实验室所用光谱仪的性能选择其他的分析线。

表1 分析线及其干扰元素

元素	ICP-AES		FAAS	
	分析线 nm	干扰元素	分析线 nm	干扰元素
Zn	481.0 206.19			
Al	396.15		309.3 306.16	
Ni	231.60		232.00 231.10 233.75	
Fe	271.44 259.94		248.33 252.29	
Si	251.61 288.16	Al	251.61 288.16	Al

4 试剂和材料

除非另有说明，分析中仅使用确认为分析纯的试剂和GB/T 6682中规定的二级水。

4.1 盐酸，ρ约1.18 g/mL。

4.2 盐酸，1+10。

4.3 硝酸，ρ约1.40 g/mL。

4.4 硝酸，1+1。

4.5 混合酸，将50 mL硝酸(4.3)和10 mL盐酸(4.1)加入到盛有150 mL水的烧杯中，混匀。

4.6 碳酸钠，Na_2CO_3。

4.7 六次甲基四胺，$C_6H_{12}N_4$，缓蚀剂，用于镀层剥离时保护钢基不受酸的腐蚀。

4.8 剥离液，将170 mL～500 mL盐酸(4.1)加入到盛有450 mL～820 mL水的1 L量筒中，加入3.5 g六次甲基四胺(4.7)，用水稀释至刻度，混匀。

对于低镀层质量的电镀锌钢板，宜用低浓度的盐酸剥离液，以防钢基体溶解。

4.9 封闭材料，在用剥离液(4.8)剥离钢表面单面镀层时，封闭材料能保护非测定面镀层，且不污染酸液，同时也不增减质量，以避免对镀层质量和化学成分测定的影响。

通常用耐酸涂料，油漆或耐酸胶带作封闭材料，也可以使用机械装置紧固试样达到单面封闭的目的。

4.10 锌标准储备溶液，1 000 mg/L。

称取0.500 g高纯锌(质量分数不小于99.99%)，精确至0.000 5 g，溶解于25 mL盐酸(4.1)中，冷却后将溶液转入500 mL容量瓶中，用水稀释至刻度，混匀。

4.11 锌标准溶液A，100 mg/L。

用移液管移取100 mL锌标准储备溶液(4.10)至1 000 mL容量瓶中，加入10 mL盐酸(4.1)，用水稀释至刻度，混匀。

4.12 锌标准溶液B，10 mg/L。

用移液管移取100 mL锌标准溶液A(4.11)至1 000 mL容量瓶中，加入10 mL盐酸(4.1)，用水稀释至刻度，混匀。

4.13 用于基体匹配的锌标准溶液,10 000 mg/L。

称取 10.0 g 高纯锌(质量分数不小于 99.99%),精确至 0.01 g,溶于 200 mL 盐酸(4.1)中,冷却后将溶液转入 1 000 mL 容量瓶中,用水稀释至刻度,混匀。

4.14 铝标准储备溶液,1 000 mg/L。

称取 0.500 g 高纯铝(质量分数不小于 99.95%),精确至 0.000 5 g,溶于 25 mL 盐酸(4.1)和 5 mL 硝酸(4.3)的混合酸中,冷却后将溶液转入 500 mL 容量瓶中,用水稀释至刻度,混匀。

4.15 铝标准溶液 A,100 mg/L。

用移液管移取 100 mL 铝标准储备溶液(4.14)至 1 000 mL 容量瓶中,加入 10 mL 盐酸(4.1),用水稀释至刻度,混匀。

4.16 铝标准溶液 B,10 mg/L

用移液管移取 100 mL 铝标准溶液 A(4.15)至 1 000 mL 容量瓶中,加入 10 mL 盐酸(4.1),用水稀释至刻度,混匀。

4.17 用于基体匹配的铝标准溶液,10 000 mg/L

称取 10.0 g 高纯铝(质量分数不小于 99.99%),精确至 0.01 g,溶于 200 mL 盐酸(4.1)和 5 mL 硝酸(4.3)的混合酸中,冷却后将溶液转入 1 000 mL 容量瓶中,用水稀释至刻度,混匀。

4.18 镍标准储备溶液,1 000 mg/L

称取 0.500 g 高纯镍(质量分数不小于 99.95%),精确至 0.000 5 g,溶于 30 mL(1+1)硝酸(4.4)中,冷却后将溶液转入 500 mL 容量瓶中,用水稀释至刻度,混匀。

4.19 镍标准溶液 A,100 mg/L

用移液管移取 100 mL 镍标准储备液(4.18)至 1 000 mL 容量瓶中,加入 10 mL 盐酸(4.1),用水稀释至刻度,混匀。

4.20 镍标准溶液 B,10 mg/L

用移液管移取 100 mL 镍标准溶液 A(4.19)至 1 000 mL 容量瓶中,加入 10 mL 盐酸(4.1),用水稀释至刻度,混匀。

4.21 铁标准储备溶液,1 000 mg/L

称取 0.500 g 高纯铁(质量分数不小于 99.95%),精确至 0.000 5 g,溶于 25 mL 盐酸(4.1)中,冷却后将溶液转入 500 mL 容量瓶中,用水稀释至刻度,混匀。

4.22 铁标准溶液 A,100 mg/L

用移液管移取 100 mL 铁标准储备液(4.21)至 1 000 mL 容量瓶中,加入 10 mL 盐酸(4.1),用水稀释至刻度,混匀。

4.23 铁标准溶液 B,10 mg/L

用移液管移取 100 mL 铁标准溶液 A(4.22)至 1 000 mL 容量瓶中,加入 10 mL 盐酸(4.1),用水稀释至刻度,混匀。

4.24 硅标准储备溶液,1 000 mg/L

将高纯硅(SiO_2 质量分数不小于 99.9%)在 1 100 ℃下灼烧 1 h,并立即放入干燥器中冷却。称取 2.139 3 g 高纯硅,精确至 0.000 1 g,置于白金坩埚中。将高纯硅与 16 g 无水碳酸钠充分混合并在 1 050 ℃下熔融 30 min。在聚丙烯或聚四氟乙烯烧杯中用 100 mL 水将熔融物浸出(熔融物可根据需要在水中缓慢加热进行溶解)。冷却并转移浸取液(应不含残留物)至 1 000 mL 容量瓶中,用水稀释至刻度,混匀,再立即转入聚四氟乙烯密封容器中储存。

4.25 硅标准溶液 A,100 mg/L

用移液管移取 100 mL 硅标准储备溶液(4.24)至 1 000 mL 容量瓶中,用水稀释至刻度,混匀。

4.26 硅标准溶液 B,10 mg/L

用移液管移取 100 mL 硅标准溶液 A(4.25)至 1 000 mL 容量瓶中,用水稀释至刻度,混匀。

4.27　合适的溶剂，如丙酮，用于清除试样表面的油污。

5　仪器

5.1　通则

所有玻璃量具应符合 GB/T 12808 和 GB/T 12806 规定的 A 级，并经过校准。

除玻璃量具外，使用通常的实验室器具。

使用感量为 0.1 mg 的分析天平，使用的天平和卡尺等量具均需经过校准。

5.2　电感耦合等离子体原子发射光谱仪(ICP-AES)

5.2.1　通则

所用 ICP-AES 应按照生产厂家使用说明将仪器最优化后使用。

光谱仪可以是同时型或顺序型。如果顺序型的光谱仪配备了同时测量内标线的装置，则可以使用内标法。

5.2.2　光谱仪的实际分辨率

计算分析线和内标线的带宽(半峰宽)。带宽应小于 0.030 nm。

5.2.3　短期稳定性

测量 10 次待分析元素最高浓度校准溶液发射光的绝对强度或强度比，计算其标准偏差。相对标准偏差应不大于 1.0%。

5.2.4　背景等效浓度和检出限

用仅含分析元素的溶液进行测量，计算背景等效浓度(BEC)和检出限(DL)。BEC 和 DL 的值应小于表 2 中的值。

表 2　背景等效浓度和检出限

元　素	电感耦合原子发射光谱仪	
	背景等效浓度 mg/L	检出限 mg/L
Zn	1.0	0.4
Al	6.0	0.2
Fe	2.0	0.1
Si	3.0	0.1

5.3　火焰原子吸收光谱仪(FAAS)

5.3.1　通则

所用 FAAS 应按照生产厂家使用说明将仪器最优化后使用。

5.3.2　短期稳定性

测量 10 次最高浓度校准溶液的吸光度，计算其吸光度的标准偏差。标准偏差应不大于最高校准溶液平均吸光度的 1.5%。

测量 10 次最低浓度校准溶液的吸光度，计算其吸光度的标准偏差。标准偏差应不大于最高校准溶液平均吸光度的 0.5%。

5.3.3　检出限

计算仅含分析元素溶液中分析线的检出限(DL)。其定义为：用仅含分析元素且能给出略高于零组分吸光度浓度水平的溶液进行 10 次吸光度测量，10 次吸光度测量值的 3 倍标准偏差为检出限。

5.3.4　校准曲线线性

用同样的方法测定时，校准曲线上部 20% 浓度范围的斜率值(表示为吸光度的变化)与下部 20% 浓度范围的斜率值之比应不小于 0.7。对于用 2 个或更多标准溶液自动校准的仪器，应在分析之前，用获得的吸光度读数建立满足上述要求的线性校准曲线。

5.3.5 特征浓度

计算分析元素的特征浓度应使用与最终试料溶液基体一致的溶液。

5.4 铂坩埚

6 取样和试样

除特殊规定外，用于测定单位面积镀层质量和镀层化学成分试样的取样，应按照 GB/T 20066 和相关的产品标准规定执行。试样应为表面积为 1 900 mm^2～3 500 mm^2 的正方形、矩形或圆形。为了防止产生争议，试样应为边长 50 mm±5 mm 正方形。每块试样要求测定各边长。

7 测定步骤

7.1 试样制备

用柔软的纸巾蘸上合适的溶剂(4.27)清洁试样表面，然后用无油的压缩空气或吹风机吹干试样表面。

用封闭材料(4.9)将试样不需要测定的一面封闭。

如果使用胶带作为封闭材料，应将胶带压紧于试样表面，除去气泡或褶皱，并剪掉胶带多余的部分。

试样的边缘部分最好用封闭材料(4.9)进行封闭。

7.2 单位面积质量的测定步骤

使用卡尺测量试样的尺寸，精确至 0.05 mm，计算试样面积精确至 0.1 mm^2。

当方形试样不是正方形时，试样的面积计算公式为$(a+b)\times d/2$，其中 d 是对角线的长度，a 和 b 是一角到对角线的垂线长度(见图 1)。使用量具测量 a,b 和 d 的长度，精确至 0.05 mm。

当试样尺寸不是正方形时，如果所有的角度在 90°偏离 4°范围内，正方形和矩形试样面积的计算公式是$[(A+B)\times(C+D)]/4$，其中 A 和 B、C 和 D 是对边的长度(见图 1)。

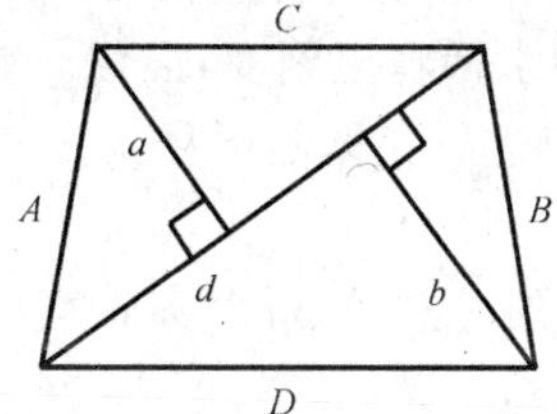

图 1 方形试样的尺寸

使用分析天平称量制备好的试样重量，精确至 0.1 mg，作为试样的原始重量记录下来。

将试样置于适当的烧杯中，如 600 mL 烧杯，使待测的镀层面向上。

在室温下缓慢加入 30 mL 剥离液(4.8)，当试样表面氢气泡终止逸出即为镀层溶解结束。

在镀层溶解过程中，应确认每类试样剥离的时间长短和盐酸的浓度以确定镀层剥离的终点。镀层剥离时间取决于镀层的化学成分、单位面积质量和室温。对于镀层较薄的试样，可以将剥离液(4.8)进行稀释来延长剥离时间。

镀层剥离完毕后，使用适当的方法将试样取出。仔细用水冲洗并将冲洗液洗入同一个烧杯中，用刷子刷试样的洗剥离面，除去附着在试样表面的松散物，如有必要，可蘸些酒精。

用无油压缩空气或吹风机吹干剥离面(试样如不立即刷洗和吹干，可将其浸泡在酒精中以防试样生锈)，再使用分析天平进行称量，精确至 0.1 mg。

保留此样品溶液，用于化学成分测定。

7.3 电感耦合等离子体原子发射光谱法测定化学成分的步骤

7.3.1 锌、铝、镍和铁含量测定试液的制备

用 7.2 中保留的样品溶液作为试液。如果溶液中残留未溶解物，将烧杯放在加热板上加热直到剥离的镀层全部溶解。将溶液移入 100 mL 容量瓶中，用水稀释至刻度，混匀。

如果试液中被测物含量大于 25 mg(见表 3)或浓度过高无法用 7.3.5 给出的校准曲线分析,应移取 10 mL 试液至另一个容量瓶,用水稀释至刻度,混匀。

记录稀释因子 D,即用容量瓶的体积(mL)除以 10 mL 所得值。

7.3.2 硅含量测定试液的制备

用 7.2 中保留的样品溶液作为试液。如果溶液中残留未溶解物,将烧杯放在加热板上加热直到剥离的镀层全部溶解。

使用中速滤纸过滤试液,并用盐酸(4.2)和温水洗涤几次滤纸。将滤液全部移入 100 mL 容量瓶,用水稀释至刻度,混匀(1 号试液)。

将残留物连同滤纸一起放入铂坩埚(5.4)中。烘干后,在 800 ℃下进行灰化并在空气中冷却。加入 2g 碳酸钠(4.6),于 1 050 ℃进行熔融后冷却至室温。用 50 mL 混合酸(4.5)溶解,移入 100 mL 容量瓶,用水稀释至刻度,混匀(2 号试液)。

7.3.3 光谱仪的最优化

启动 ICP-AES。在进行分析前充分预热,使仪器状态稳定。

按照操作手册要求,使仪器达到最优化状态。

准备用于测量分析线强度,平均值和相对标准偏差的软件。

如果使用内标法,准备计算分析物强度和内标强度比的软件。内标强度应与分析线强度同时测量。

ICP-AES 按照 5.2.2 至 5.2.4 要求检查仪器性能。

7.3.4 空白试验

7.3.4.1 通则

与每次试液的测定平行,采用相同的步骤和仪器,用空白试液进行空白试验。

7.3.4.2 空白试液的制备

在烧杯中加入 30 mL 剥离液(4.8),再加入适量用于基体匹配的锌标准溶液(4.13)和(或)铝标准溶液(4.17),使锌和(或)铝的浓度与试验溶液中的含量相当。

将溶液转移至 100 mL 容量瓶中,用水稀释至刻度,混匀。

如果试液需要稀释,则空白试液也应进行相同的稀释。

7.3.5 ICP 校准曲线的建立

以下 C-1 至 C-3 列举了 ICP 校准系列。然而,每个实验室可以结合系列 C-1 至 C-3 建立自己的校准系列。

按照表 3 至表 5,用移液管移取每个分析元素的标准储备溶液或标准溶液至相应的 100 mL 容量瓶中,加入 30 mL 剥离液(4.8)。然后加入适量用于基体匹配的锌标准溶液(4.13)和(或)铝标准溶液(4.17),使锌和(或)铝的浓度与试验溶液中的含量相当。在测定 2 号试液中的硅含量时,要加入相同量的碳酸钠(4.6)和混合酸(4.5),用水稀释至刻度,混匀。

表 3 ICP 校准系列 C-1

校准曲线溶液 C-1	加入标准储备液[a]的体积 mL	100 mL 标准溶液中分析元素的质量 mg
C-1-1	0	0
C-1-2	5	5
C-1-3	10	10
C-1-4	15	15
C-1-5	20	20
C-1-6	25	25

[a] 4.10、4.14、4.18、4.21、4.24。

表 4 ICP 校准系列 C-2

校准曲线溶液 C-2	加入标准储备液[a] 的体积 mL	100 mL 标准溶液中分析元素的质量 mg
C-2-1	0	0
C-2-2	1	1
C-2-3	2	2
C-2-4	3	3
C-2-5	4	4
C-2-6	5	5

[a] 4.10、4.14、4.18、4.21、4.24。

表 5 ICP 校准系列 C-3

校准曲线溶液 C-3	加入标准溶液 A[a] 的体积 mL	100 mL 标准溶液中分析元素的质量 mg
C-3-1	0	0
C-3-2	1	0.1
C-3-3	2	0.2
C-3-4	4	0.4
C-3-5	6	0.6
C-3-6	8	0.8
C-3-7	10	1.0

[a] 4.11、4.15、4.19、4.22、4.25。

将每个溶液的平均绝对强度 I_i 减去零组分溶液的平均绝对强度 I_0，得到净强度 I_N。

$$I_N = I_i - I_0$$

以净强度为纵坐标，校准溶液中待测的每个元素的浓度(以 mg/mL 表示)为横坐标，通过线性回归来制备校准曲线。

7.3.6 试液中锌、铝、镍和铁含量的测定

在校准曲线(7.3.5)建立后，先测定校准溶液(7.3.5 中表 3 至表 5)中每个分析元素的光谱强度。如果校准溶液的光谱强度不在建立校准曲线时得到的初始值的±2%范围内，则重新校准仪器。

测定空白溶液(7.3.4)和未知试液(7.3.1)的光谱强度，空白溶液和未知试液中每个分析元素的含量(mg/L)通过其光谱强度在相应的校准曲线上查得。

7.3.7 试液中硅含量的测定

在校准曲线(7.3.5)建立后，先测定校准溶液(7.3.5 中表 3 至表 5)中硅的光谱强度。如果校准溶液的光谱强度不在建立校准曲线时得到的初始值的±2%范围内，则重新校准仪器。

测定空白溶液(7.3.4)、1 号试液和 2 号试液(7.3.2)的光谱强度，空白溶液和未知试液中的硅含量(mg/L)通过其光谱强度在相应的校准曲线上查得。

7.4 火焰原子吸收光谱法测定化学成分的步骤

7.4.1 铝、镍和铁含量测定试验溶液的制备

按照 7.3.1 制备铝、镍和铁含量测定的试验溶液。

7.4.2 硅含量测定试验溶液的制备

按照7.3.2制备硅含量测定的试验溶液。

7.4.3 光谱仪的最优化

启动FAAS。在进行分析前充分预热,使仪器状态稳定。

按照操作手册要求,使仪器达到最优化状态。

准备用于测量分析线强度,平均值和相对标准偏差的软件。

FAAS按照5.3.2至5.3.5要求检查仪器性能。

7.4.4 空白试验

按照7.3.4制备空白试验溶液。

7.4.5 FAAS校准曲线的建立

以下C-1至C-3列举了FAAS的校准系列。然而,每个实验室可以结合系列C-1至C-3建立自己的校准系列。

按照表6至表8,用移液管移取每个分析元素的标准储备溶液或标准溶液至相应的100 mL容量瓶中,加入30 mL剥离液(4.8)。然后加入适量用于基体匹配的锌标准溶液(4.13)和(或)铝标准溶液(4.17),使锌和(或)铝的浓度与试验溶液中的含量相当。在测定2号试液中的硅含量时,要加入相同量的碳酸钠(4.6)和混合酸(4.5),用水稀释至刻度,混匀。

表6 FAAS校准系列C-1

校准曲线溶液 C-1	加入标准储备液[a]的体积 mL	100 mL标准溶液中分析元素的质量 mg
C-1-1	0	0
C-1-2	5	5
C-1-3	10	10
C-1-4	15	15
C-1-5	20	20
C-1-6	25	25

[a] 4.14、4.18、4.21、4.24。

表7 FAAS校准系列C-2

校准曲线溶液 C-2	加入标准储备液[a]的体积 mL	100 mL标准溶液中分析元素的质量 mg
C-2-1	0	0
C-2-2	1	1
C-2-3	2	2
C-2-4	3	3
C-2-5	4	4
C-2-6	5	5

[a] 4.14、4.18、4.21、4.24。

表 8 FAAS 校准系列 C-3

校准曲线溶液 C-3	加入标准溶液 A[a] 的体积 mL	100 mL 标准溶液中分析元素的质量 mg
C-3-1	0	0
C-3-2	1	0.1
C-3-3	2	0.2
C-3-4	4	0.4
C-3-5	6	0.6
C-3-6	8	0.8
C-3-7	10	1.0
[a] 4.15、4.19、4.22、4.25。		

将每个溶液的平均绝对吸光度 A_i 减去零组分溶液的平均绝对吸光度 A_0，得到净吸光度 A_N。

$$A_N = A_i - A_0$$

以净吸光度为纵坐标，校准溶液中待测的每个元素的浓度(以 mg/mL 表示)为横坐标，通过线性回归来制备校准曲线。

7.4.6 试验溶液中铝、镍和铁含量的测定

在校准曲线(7.4.5)建立后，先测定校准溶液(7.4.5 中表 6 至表 8)中每个分析元素的吸光度。如果校准溶液的吸光度不在建立校准曲线时得到的初始值的±2%范围内，则重新校准仪器。

测定空白溶液(7.4.4)和未知试液(7.4.1)的吸光度，空白溶液和未知试液中每个分析元素的含量(mg/L)通过其吸光度在相应的校准曲线上查得。

7.4.7 试液中硅含量的测定

在校准曲线(7.4.5)建立后，先测定校准溶液(7.4.5 中表 6 至表 8)中硅的吸光度。如果校准溶液的吸光度不在建立校准曲线时得到的初始值的±2%范围内，则重新校准仪器。

测定空白溶液(7.4.4)、1 号试验溶液和 2 号试验溶液(7.4.2)的吸光度，空白溶液和未知试液中硅含量(mg/L)通过其吸光度在相应的校准曲线上查得。

8 结果的表示

8.1 单位面积质量结果的表示

8.1.1 计算方法

由公式(1)计算单位面积镀层质量 C，以克每平方米(g/m²)表示：

$$C = \frac{(m_1 - m_2) \times 10^6}{A} \qquad \cdots\cdots(1)$$

式中：

m_1——剥离前试样的质量，单位为克(g)；

m_2——剥离后试样的质量，单位为克(g)；

A——试样剥离的表面积，单位为平方毫米(mm²)。

8.1.2 精密度

本方法的精密度试验由 9 个国家的 15 个实验室对 9 个水平单位面积质量的试样进行共同试验，每个实验室对每个水平的试样测定 3 次(见注 1 和注 2)。

所使用的样品在表 B.1 中列出。

精密度试验结果按照 GB/T 6379.1、GB/T 6379.2、ISO 5725-3 的规定进行统计处理。

所得数据表明单位面积质量与表 9 中重复性极限(r)和再现性极限(R 和 R_W)试验结果(见注 3)呈对数关系,数据的图示见附录 C。

对于热镀锌板,得到的精密度数据不够理想。这并不是测量方法的原因,而是由于样品本身的不均匀性,这些样品来源于商业销售的镀层钢板。所以对于热镀锌试样,其精密度数据仅作为参考。

注 1:三次测定中的两次是在 GB/T 6379.1 规定的重复性条件下进行的,即由同一操作员、用相同的仪器、相同的操作条件、同一校准和最短的时间间隔。

注 2:第三次测定由注 1 中的操作员,在不同时间(不同天),用经重新校准的同一台仪器进行。

注 3:由第一天所得两个结果,按 GB/T 6379.2 规定的方法计算重复性限(r)和再现性限(R)。由第一天所得的第一个结果和第二天所得的结果,按 ISO 5725-3 规定的方法计算实验室内的再现性限(R_W)。

表 9 单位面积质量的重复性限和再现性限

单位面积质量 g/m²	电镀锌钢板(规范性)			热镀锌钢板(资料性)		
	重复性限 r	再现性限		重复性限	再现性限	
		R_W	R	r	R_W	R
15	1.26	1.66	3.28	—	—	—
25	1.26	1.66	3.28	—	—	—
50	—	—	—	6.76	8.92	13.98
100	—	—	—	6.76	8.92	13.98
150	—	—	—	6.76	8.92	13.98

8.2 化学成分结果的表示

8.2.1 计算方法

按公式(2)计算镀层中待测元素含量 w,以质量分数(%)表示。

$$w = \frac{(M_1 - M_0) \times D}{(m_1 - m_2) \times 100} \qquad (2)$$

式中:

M_1——试液中的分析物浓度,单位为毫克每升(mg/L);

M_0——空白试液中的分析物浓度,单位为毫克每升(mg/L);

D——稀释因子;

m_1——剥离前试样的质量,单位为克(g);

m_2——剥落后试样的质量,单位为克(g)。

对于硅含量 w,需将 1 号试液和 2 号试液的分析结果相加。

8.2.2 精密度

本方法的精密度试验由 9 个国家的 15 个实验室进行共同试验,每个实验室对每个水平的试样测定三次(见 8.1.2 中注 1 和注 2)。

所使用的样品在表 B.1 中列出。

精密度试验结果按照 GB/T 6379.1、GB/T 6379.2、ISO 5725-3 的规定进行统计处理。

所得数据表明镀层中分析物含量与表 10 至表 14 中重复性限(r)和再现性限(R 和 R_W)试验结果(见 8.1.2 中注 3)呈对数关系,数据的图示见附录 C。

表 10 锌含量的重复性限和再现性限(只用于 ICP)

锌含量(质量分数) %	重复性限 r	再现性限	
		R_W	R
40.0	0.990	1.274	2.523
50.0	1.088	1.418	2.831
100.0	1.460	1.978	4.053

表 11 铝含量的重复性限和再现性限

铝含量(质量分数) %	重复性限 r	再现性限	
		R_W	R
0.02	0.002	0.003	0.008
0.05	0.003	0.007	0.016
0.1	0.006	0.012	0.027
0.2	0.011	0.020	0.047
0.5	0.024	0.041	0.096
1.0	0.044	0.070	0.165
2.0	0.081	0.121	0.284
5.0	0.178	0.246	0.582
10.0	0.324	0.423	1.000
20.0	0.592	0.725	1.719
50.0	1.307	1.480	3.519
60.0	1.531	1.707	4.058

表 12 铁含量的重复性限和再现性限

铁含量(质量分数) %	重复性限 r	再现性限	
		R_W	R
0.2	0.063	0.076	0.185
0.5	0.129	0.150	0.375
1.0	0.221	0.250	0.640
2.0	0.380	0.418	1.093
5.0	0.776	0.824	2.216
10.0	1.333	1.377	3.783
20.0	2.290	2.300	6.458

表 13　硅含量的重复性限和再现性限

硅含量(质量分数) %	重复性限 r	再现性限	
		R_W	R
0.20	0.025	0.037	0.183
0.50	0.052	0.072	0.308
1.00	0.090	0.118	0.456
2.00	0.156	0.194	0.675
5.00	0.322	0.374	1.135
10.00	0.557	0.616	1.682

表 14　镍含量的重复性限和再现性限

镍含量(质量分数) %	重复性限 r	再现性限	
		R_W	R
13.12	0.37	0.46	1.41

9　试验报告

试验报告应包括下列内容：

a)　鉴别试料、实验室和分析日期等资料；

b)　遵守本标准规定的程度；

c)　分析结果及其表示；

d)　测定中观察到的异常现象；

e)　对分析结果可能有影响而本部分未包括的操作或者任选的操作。

附 录 A
（资料性附录）
镀层中分析物含量

试验溶液中的分析物含量以及相关的镀层质量和镀层中分析物的百分含量列在表A.1中。在该表中，样品的镀层质量是指从边长50 mm的正方形样品上剥离的镀层质量。

表 A.1 镀层中分析物含量

单位面积镀层质量 g/m²	样品的镀层质量 mg	镀层中分析物含量（质量分数）%								
		0.01	0.02	0.1	0.2	1	2	10	20	100
		边长为50 mm的正方形样品的镀层中分析物含量 mg								
20	50	0.005	0.01	0.05	0.1	0.5	1	5	10	50
40	100	0.01	0.02	0.10	0.2	1.0	2	10	20	100
60	150	0.015	0.03	0.15	0.3	1.5	3	15	30	150
80	200	0.02	0.04	0.20	0.4	2.0	4	20	40	200
100	250	0.025	0.05	0.25	0.5	2.5	5	25	50	250
120	300	0.03	0.06	0.30	0.6	3.0	6	30	60	300
140	350	0.035	0.07	0.35	0.7	3.5	7	35	70	350
160	400	0.04	0.08	0.40	0.8	4.0	8	40	80	400
180	450	0.045	0.09	0.45	0.9	4.5	9	45	90	450
200	500	0.05	0.10	0.50	1.0	5.0	10	50	100	500

附 录 B
（资料性附录）
国际合作试验的附加说明

表9至表14中的重复性和再现性的数据源自于国际分析试验的结果。这项试验是在1999年由9个国家的15个实验室对10个钢板样品进行的共同试验。

8月10日，ISO/TC 17/SC1 N1274文件报告了试验结果。附录C给出了精度数据的图示。

所使用的样品在表B.1中列出，其精度数据在表B.2至表B.7中列出。

表 B.1 试验样品

样品	镀层重量 g/m^2	化学成分的估计值(质量分数) %				
		Zn	Fe	Al	Ni	Si
511 Zn(热镀)	140	99	0.1	0.4		
512 Zn-Fe(热镀)	60	88	12	0.27		
513 Zn(电镀)	20	99	0.1			
514 Zn-Ni(电镀)	20	86	0.4		12	
515 Zn-5%Al(热镀)	130	95	0.2	4		0.06
516 Zn-55%Al(热镀)	80	43	2.0	55		1.6
517 Al(热镀)	32	未报告	0.5	89		10
518 Zn(热镀)	110	99	小于0.01	0.45		
519 Zn-55%Al(热镀)	75	43.5	0.4	54		2

表 B.2 镀层质量试验样品和精密度数据

样品	单位面积重量 g/m^2	重复性限 r	再现性限	
			R_W	R
513	17.86	1.35	1.84	3.03
514	20.46	1.17	1.47	3.53
517	37.92	3.91	23.72	22.48
512	57.15	5.93	6.37	8.32

表 B.2（续）

样 品	单位面积重量 g/m²	重复性限 r	再现性限	
			R_W	R
519	75.90	4.50	6.58	12.72
516	80.82	5.10	6.98	9.23
518	116.86	5.65	7.46	14.34
515	131.20	9.66	11.09	22.22
511	139.31	9.70	15.09	17.05

表 B.3 锌含量试验样品和精密度数据

样 品	锌含量(质量分数) %	重复性限 r	再现性限	
			R_W	R
516	42.36	0.75	1.13	2.59
519	44.04	2.06	1.48	2.76
514	86.40	2.37	5.11	8.72
512	88.45	1.88	2.48	5.69
515	95.21	1.10	2.44	2.24
513	98.70	2.31	1.75	3.19
518	99.04	1.20	1.82	2.36
511	99.06	0.19	0.50	2.13

表 B.4 铝含量试验样品和精密度数据

样 品	铝含量(质量分数) %	重复性限 r	再现性限	
			R_W	R
512	0.267	0.023	0.035	0.143
518	0.543	0.024	0.029	0.064
515	4.06	0.14	0.20	0.32
519	52.82	1.15	1.29	3.75
516	54.72	1.12	1.08	3.51
517	81.73	3.03	3.97	7.14

表 B.5 镍含量试验样品和精密度数据

样 品	镍含量(质量分数) %	重复性限 r	再现性限	
			R_W	R
514	13.12	0.37	0.46	1.41

表 B.6　铁含量试验样品和精密度数据

样　品	铁含量(质量分数) %	重复性限 r	再现性限	
			R_W	R
515	0.073	0.016	0.023	0.096
518	0.100	0.026	0.024	0.056
511	0.121	0.045	0.049	0.063
513	0.325	0.146	0.239	0.488
514	0.347	0.168	0.170	0.806
519	1.04	0.10	0.15	0.41
516	1.28	0.10	0.13	0.32
517	7.71	1.32	1.48	7.25
512	11.93	1.13	0.85	1.84

表 B.7　硅含量试验样品和精密度数据

样　品	硅含量(质量分数) %	重复性限 r	再现性限	
			R_W	R
515	0.028	0.005	0.009	0.074
516	1.31	0.08	0.15	0.43
519	1.61	0.18	0.15	0.34
517	7.81	0.45	0.54	2.49

附 录 C
（资料性附录）
精密度数据的图示

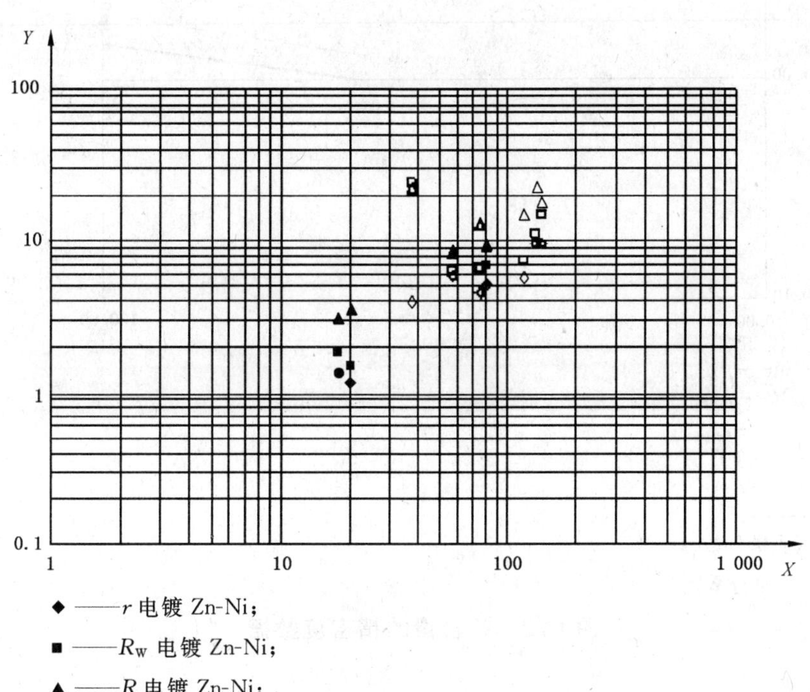

◆ ——r 电镀 Zn-Ni；

■ ——R_W 电镀 Zn-Ni；

▲ ——R 电镀 Zn-Ni；

◇ ——r 热镀；

□ ——R_W 热镀；

△ ——R 热镀。

X——镀层重量，g/m^2；

Y——精密度，g/m^2。

图 C.1 镀层质量的精密度数据

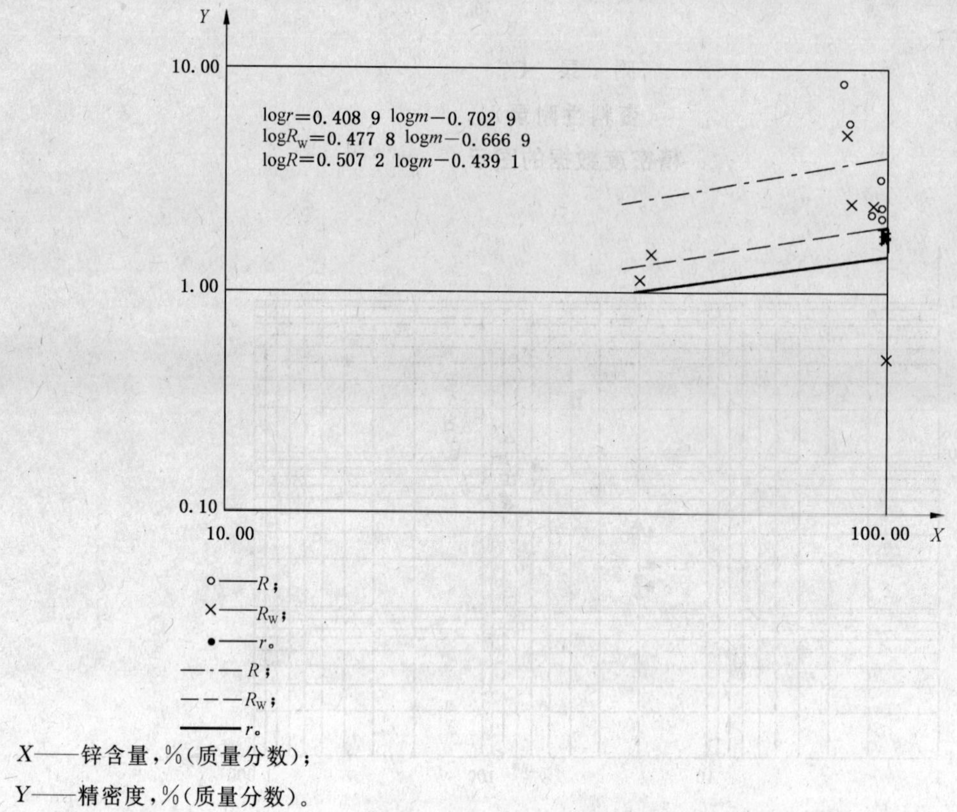

X——锌含量，%(质量分数)；

Y——精密度，%(质量分数)。

图 C.2 锌含量的精密度数据

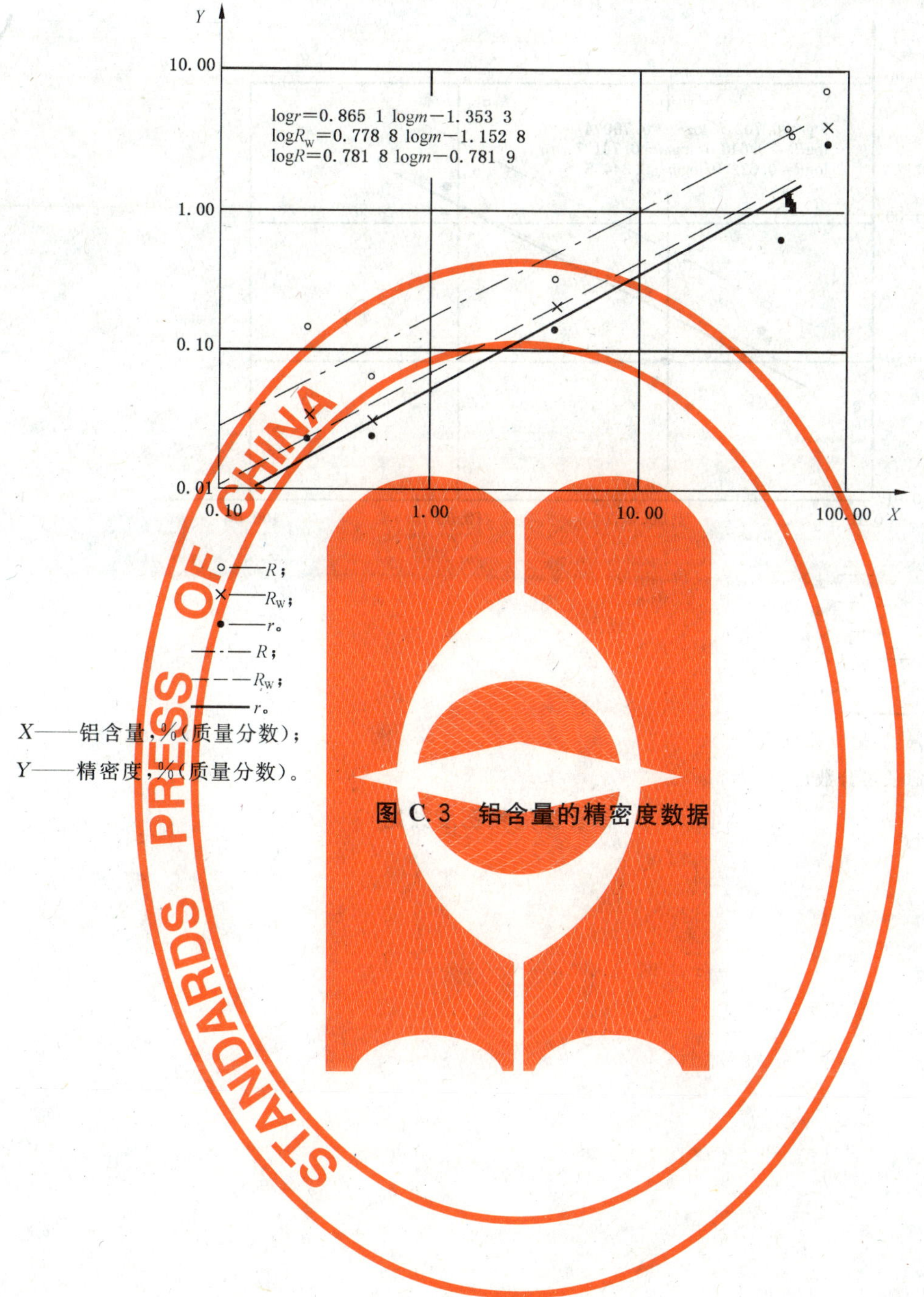

图 C.3 铝含量的精密度数据

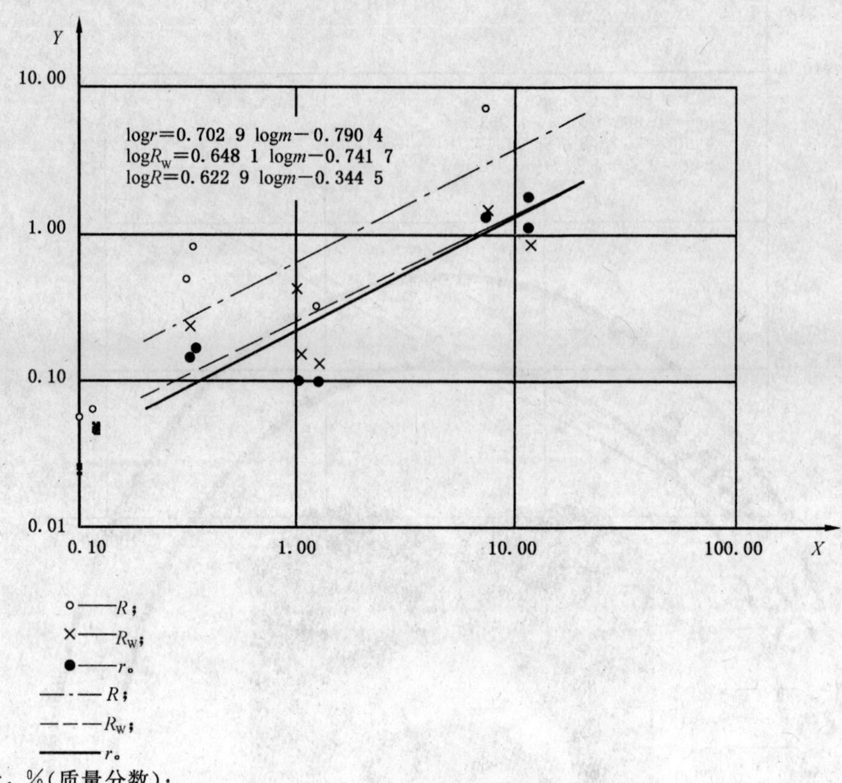

○——R；

×——R_W；

●——r。

—·—R；

– – –R_W；

——r。

X——铁含量，%（质量分数）；

Y——精密度，%（质量分数）。

图 C.4 铁含量的精密度数据

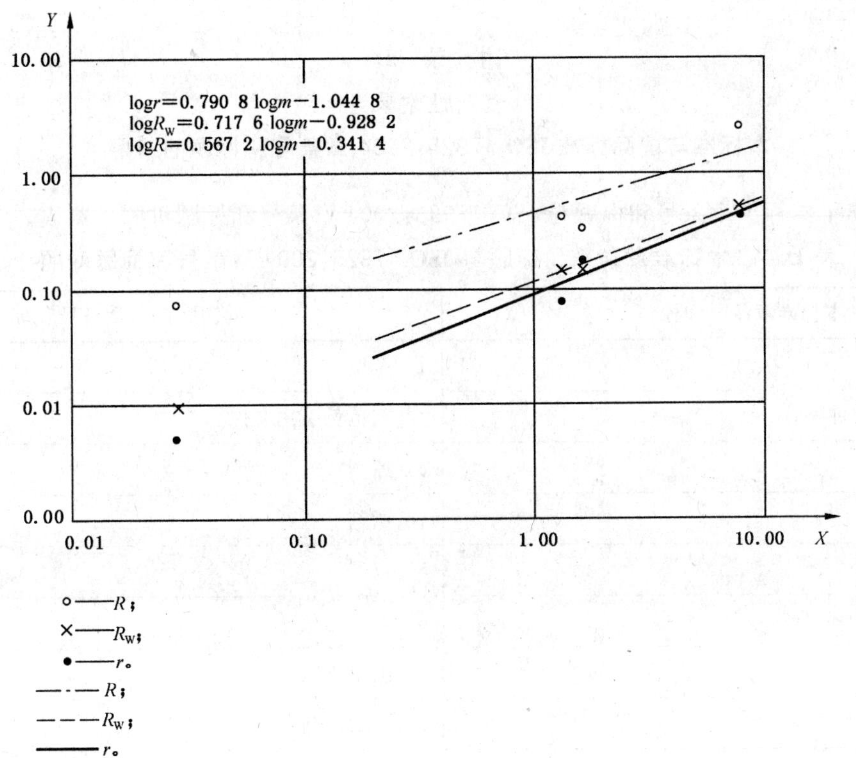

○——R;

×——R_W;

●——r。

—·—R;

– – –R_W;

——r。

X——硅含量,%(质量分数);

Y——精密度,%(质量分数)。

图 C.5 硅含量的精密度数据

附 录 D
（资料性附录）
本标准与国际标准 ISO 17925:2004 章条号和标题的对照

表 D.1 给出了本标准章条号和标题与 ISO 17925:2004 章条号和标题对照一览表。

表 D.1 本标准章条号和标题与 ISO 17925:2004 章条号和标题对照

本标准章条号和标题	对应的国际标准章条号和标题
1 范围	1 范围
2 规范性引用文件	2 规范性引用文件
3 原理	3 原理
4 试剂和材料	4 试剂
5 仪器	5 仪器
6 取样和试样	6 取样和试样
7 测定步骤	7 测定步骤
7.1 试样制备	7.1 试样制备
7.2 单位面积质量的测定步骤	7.2 单位面积质量的测定步骤
7.3 电感耦合等离子体原子发射光谱法测定化学成分的步骤	7.3 电感耦合等离子体原子发射光谱法测定化学成分的步骤
7.3.1 锌、铝、镍和铁含量测定试验溶液的制备	7.3.1 锌、铝、镍和铅含量测定试验溶液的制备
7.3.2 硅含量测定试验溶液的制备	7.3.2 锌、铝、镍、铁、铅和硅含量测定试验溶液的制备
7.3.3 光谱仪的最优化	7.3.3 光谱仪的最优化
7.3.4 空白试验	7.3.4 空白试验
7.3.5 ICP 校准曲线的建立	7.3.5 ICP 校准曲线的建立
7.3.6 试验溶液中锌、铝、镍和铁含量的测定	7.3.7 试验溶液中锌、铝、镍和铁含量的测定
7.3.7 试验溶液中硅含量的测定	7.3.8 试验溶液中硅含量的测定
7.4 火焰原子吸收光谱法测定化学成分的步骤	7.4 火焰原子吸收光谱法测定化学成分（锌、铝、镍和铁含量）的步骤
7.4.1 铝、镍和铁含量测定试验溶液的制备	7.3.1 锌、铝、镍和铅含量测定试验溶液的制备
7.4.2 硅含量测定试验溶液的制备	7.3.2 锌、铝、镍、铁、铅和硅含量测定试验溶液的制备
7.4.3 光谱仪的最优化	7.3.3 光谱仪的最优化
7.4.4 空白试验	7.3.4 空白试验
7.4.5 FAAS 校准曲线的建立	7.3.6 FAAS 校准曲线的建立
7.4.6 试验溶液中铝、镍和铁含量的测定	7.3.7 试验溶液中锌、铝、镍和铁含量的测定
7.4.7 试验溶液中硅含量的测定	7.3.8 试验溶液中硅含量的测定
8 结果的表示	8 结果的表示

表 D.1（续）

本标准章条号和标题	对应的国际标准章条号和标题
9　试验报告	9　试验报告
附录 A(资料性附录)　镀层中分析物含量	附录 A(资料性附录)　分析物含量
附录 B(资料性附录)　国际合作试验的附加说明	附录 B(资料性附录)　国际合作试验的附加说明
附录 C(资料性附录)　精密度数据的图示	附录 C(资料性附录)　精度数据的图示
附录 D(资料性附录)　本标准与国际标准 ISO 17925：2004 章条号和标题的对照	

ICS 73.060.10
D 31

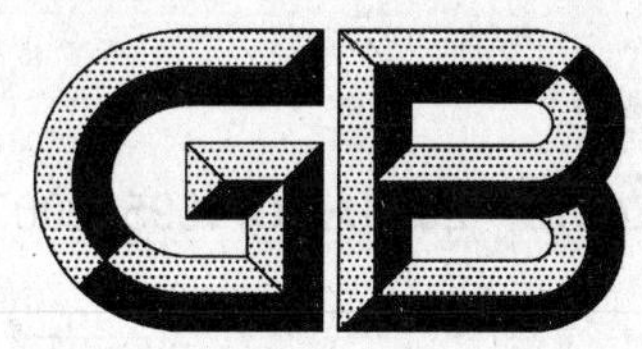

中华人民共和国国家标准

GB/T 24515—2009/ISO 4695:2007

高炉用铁矿石 用还原速率表示的还原性的测定

Iron ores for blast furnace feedstocks—Determination of the reducibility by the rate of reduction index

(ISO 4695:2007,IDT)

2009-10-30 发布　　2010-05-01 实施

中华人民共和国国家质量监督检验检疫总局
中国国家标准化管理委员会　发布

前　言

本标准等同采用 ISO 4695:2007《高炉用铁矿石　用还原速率表示的还原性的测定》(英文版)。

为了便于使用,本标准做了下列编辑性和非技术差异性的修改:

——“本国际标准”改为“本标准”;

——用小数点“.”代替作为小数点的逗号“,”;

——删除国际标准的前言;

——引用文件修改为对应的国家标准。

本标准的附录 A 为规范性附录,附录 B 为资料性附录。

本标准由中国钢铁工业协会提出。

本标准由全国铁矿石与直接还原铁标准化技术委员会归口。

本标准负责起草单位:宝山钢铁股份有限公司。

本标准参加起草单位:冶金工业信息标准研究院、上虞市宏兴机械仪器制造有限公司。

本标准主要起草人:陈小奇、郭洪涛、李凤芸、周星、陆平、孙良、王晗、于成峰、陈良、张关来。

高炉用铁矿石
用还原速率表示的还原性的测定

警告:使用本标准的人员应有正规实验室工作的实践经验。本标准并未指出所有可能的安全问题。使用者有责任采取适当的安全和健康措施,并保证符合国家有关法规规定的条件。

1 范围

本标准规定了在模拟高炉还原区域的条件下,氧从铁矿石中分离出来的相对测量方法。

本标准适用于块矿、烧结矿和球团矿。

2 规范性引用文件

下列文件中的条款通过本标准的引用而成为本标准的条款。凡是注日期的引用文件,其随后所有的修改单(不包括勘误的内容)或修订版均不适用于本标准,然而,鼓励根据本标准达成协议的各方研究是否可使用这些文件的最新版本。凡是不注日期的引用文件,其最新版本适用于本标准。

GB/T 6730.5 铁矿石 全铁含量的测定 三氯化钛还原法(GB/T 6730.5—2007,ISO 9507:1990,MOD)

GB/T 10322.1 铁矿石 取样和制样方法(GB/T 10322.1—2000,idt ISO 3082:1998)

GB/T 20565 铁矿石和直接还原铁 术语(GB/T 20565—2006,ISO 11323:2002,IDT)

ISO 2597-1:2006 铁矿石 全铁含量的测定 第1部分:二氯化锡还原滴定法

ISO 9035:1989 铁矿石 酸容亚铁含量的测定 滴定法

3 术语和定义

本标准采用 GB/T 20565 中的术语和定义。

4 原理

试验样在固定床内 950 ℃温度下,用一氧化碳和氮气组成的还原气体等温还原,按规定的时间间隔称量,当还原度达到 65%时,还原速率通过计算 O/Fe 的比率进行计算。

5 取样、制样和试验样的制备

5.1 取样和试样的制备

取样和试样的制备执行 GB/T 10322.1。

球团矿、烧结矿和块矿的粒度范围为 10 mm~12.5 mm。

符合粒度要求的干基试样至少 2.5 kg。

试样在 105 ℃±5 ℃的干燥箱中干燥到恒重,试验样制备前冷却至室温。

注:若连续两次干燥试样的质量变化不应超过试样原始质量的 0.05%,则认为试样达到恒重状态。

5.2 试验样的制备

收集随机抽取的矿石颗粒组成试验样。

注:手工缩分推荐采用 GB/T 10322.1,例如缩分器可用于缩分试样。

从试样中制备最少 5 份试验样,每份约 500 g(±1 颗的质量),4 份用于试验,1 份用于化学分析。

称量试验样精确至 1 g,并记录每个试验样质量和对应的容器编号。

6 设备

6.1 通则

试验设备组成

a) 试验设备一般包括干燥箱、手工工具、计时器和安全设备;

b) 反应管;

c) 炉子、在试验期间随时可以称量和显示试验样质量的天平;

d) 供气和流量调节系统;

e) 称量装置。

试验设备示意图如图 1 所示。

6.2 还原反应管

由耐 950 ℃高温不变形、抗氧化的金属材料制成,内径 75 mm±1 mm,反应管内安装一个可取出、能耐 950 ℃高温不变形的金属孔板。孔板支撑试验样并确保气体均匀流过。孔板厚 4 mm,直径比反应管的内径小 1 mm,孔板上的小孔直径为 2 mm~3 mm,孔间距 4 mm~5 mm。

反应管示意图如图 2 所示。

6.3 加热炉

加热能力和温度控制能维持整个试验过程,气体进入试验床后须达到 950 ℃±10 ℃的温度。

6.4 天平

可称量整套反应管包括试验样精确至 0.5 g。天平应有对应的装置便于悬挂或支撑整套反应管。

6.5 供气系统

能够供给气体和调节气体流量,确保供气系统和还原反应管的连接没有摩擦,不影响还原期间对失重的称量。

6.6 称量装置

能够称量试验样精确至 1 g。

7 试验条件

7.1 一般条件

测量所用气体的体积和流量的温度是 0 ℃,气压是 101.325 kPa(1.013 25 bar)。

7.2 还原气体

7.2.1 组成

还原气体应包括:

CO:40.0%±0.5%(体积分数);

N_2:60.0%±0.5%(体积分数)。

7.2.2 纯度

还原气体中的杂质不超过:

H_2:0.2%(体积分数);

CO_2:0.2%(体积分数);

O_2:0.1%(体积分数);

H_2O:0.2%(体积分数)。

7.2.3 流量

在整个还原过程中,还原气体的流量应保持在 50 L/min±0.5 L/min。

7.3 加热和冷却用气体

用氮气(N_2)作为加热和冷却气体。氮气中的杂质含量不超过0.1%(体积分数)。

氮气流量应保持在25 L/min直至试验样到达950 ℃;在保温期间,氮气流量保持在50 L/min。

7.4 试验温度

还原气体在接触试验样前应预热,以使试验样的温度在整个还原过程中保持在950 ℃±10 ℃。

8 试验步骤

8.1 试验测定次数

根据附录A的规定进行必要的试验次数。

8.2 化学分析

从5.2制备的试验样中随机抽取一份按照ISO 9035和ISO 2597-1或GB/T 6730.5分别测定FeO(w_1)和TFe(w_2)。

8.3 还原

任取一个5.2中制备好的试验样记录它的质量(m_0)。放入还原反应管(6.2)中,并使试验样表面水平。

注:为了使气体到达时更均匀,在孔板和试验样之间放置两层10 mm~12.5 mm的瓷球。

在靠近还原反应管的顶部连接热电偶,确保热电偶的末端插在试验样的中心区。

将还原反应管插入加热炉(6.3)中,悬挂或支撑它在天平(6.4)的中心位置,确保反应管不与炉壁和加热元件接触,连接供气系统(6.5)。

使N_2通过试验样流量至少25 L/min,并开始加热。当试验样温度接近950 ℃时,流量增至50 L/min。保持N_2流量继续加热直到试验样质量恒定不变,温度在950 ℃±10 ℃恒温15 min。

警告:一氧化碳和含有一氧化碳的还原性气体是有毒的和危险的。还原试验的过程应在通风良好或在一个抽风罩下进行。应根据每个国家安全条例采取防护措施以保护操作者的安全。

记录试验样质量(m_1),立即切换流量为50 L/min±0.5 L/min的还原气体代替N_2,还原180 min结束,记录试验样质量(m_t),前15 min每3 min记录一次,此后每10 min记录一次试验样质量。

还原度R_t是根据还原t min后三价铁的状态计算出来,见式(1)。

$$R_t = \left(\frac{0.111w_1}{0.430w_2} + \frac{m_1 - m_t}{m_0 \times 0.430w_2} \times 100\right) \times 100 \quad\cdots\cdots(1)$$

式中:

m_0——试验样的质量,单位为克(g);

m_1——还原开始前试验样的质量,单位为克(g);

m_t——还原t时间后试验样的质量,单位为克(g);

w_1——试验样中FeO的质量分数;

w_2——在试验前按照ISO 2597-1或GB/T 6730.5测定的试验样中TFe的质量分数。

当还原度达到65%时,切断加热电源和还原气体,如果4 h后失氧量仍然达不到65%还原可以停止,用流量为5 L/min的N_2吹扫5 min以上,以便清除反应管内的还原气体。

9 结果表示

9.1 还原指数的计算$\left[\frac{dR}{dt}(O/Fe=0.9)\right]$

根据还原度R_t对时间t的变化绘制还原曲线图。

从还原曲线可以读出达到还原度为30%和60%所需的时间,单位为min。

还原速率,即在原子比O/Fe=0.9时的还原速率(%/min),由式(2)给出:

$$\frac{dR}{dt}(\mathrm{O/Fe}=0.9)=\frac{33.6}{t_{60}-t_{30}} \quad \cdots\cdots(2)$$

注1：原子比 O/Fe=0.9 含义是还原度为 40%。

注2：计算公式推导参见附录 B。

式中：

t_{30}——到达还原度为 30%的时间，单位为分钟(min)；

t_{60}——到达还原度为 60%的时间，单位为分钟(min)；

33.6——常数。

计算结果保留两位小数。

注：如果在试验过程中还原度达不到 60%，可以由式(3)得到一个低值。

$$\frac{dR}{dt}(\mathrm{O/Fe}=0.9)=\frac{k}{t_y-t_{30}} \quad \cdots\cdots(3)$$

式中：

t_y——到达还原度为 y%的时间；用 min 表示；

k——随 y 而定的常数。

如果 y=50%，则 k=20.2；如果 y=55%，则 k=26.5。

9.2 试验结果的重复性和可接受性

按照附录 A 给出的流程进行操作，试验结果满足表 1 的重复性值，报告结果保留二位小数。

表 1 重复性(r)

铁矿石种类	R%/min
球团矿	$0.07\times\left(\overline{\frac{dR}{dt}}\right)$
烧结矿	0.17
块矿	0.10

注：$\overline{\frac{dR}{dt}}$是$\frac{dR}{dt}$结果的平均值。

10 校验

定期检查设备对保证试验结果的可靠性是非常必要的。检查应定期进行，间隔时间由每个试验室自己决定。

检查的项目应包括：

——称量装置；

——还原反应管；

——温度控制和测量装置；

——天平；

——气体流量计；

——气体纯度；

——记录系统；

——时间控制装置。

推荐使用内部参考物质定期检查试验的重复性或再现性，并保存试验过程的适当记录。

11 试验报告

试验报告应包含下列信息：

a) 本标准编号；

b) 区分试样的必要信息；

c) 试验室的名称和地址；

d) 试验日期；

e) 试验报告日期；

f) 试验者签字；

g) 本标准中没有规定的任何操作细节和试验条件，或可能对试验结果有影响的因素；

h) 还原性指数 dR/dt(O/Fe=0.9)；

i) 还原前试验样的 TFe 和 FeO 含量；

j) 如果需要，按时间顺序描出还原曲线。

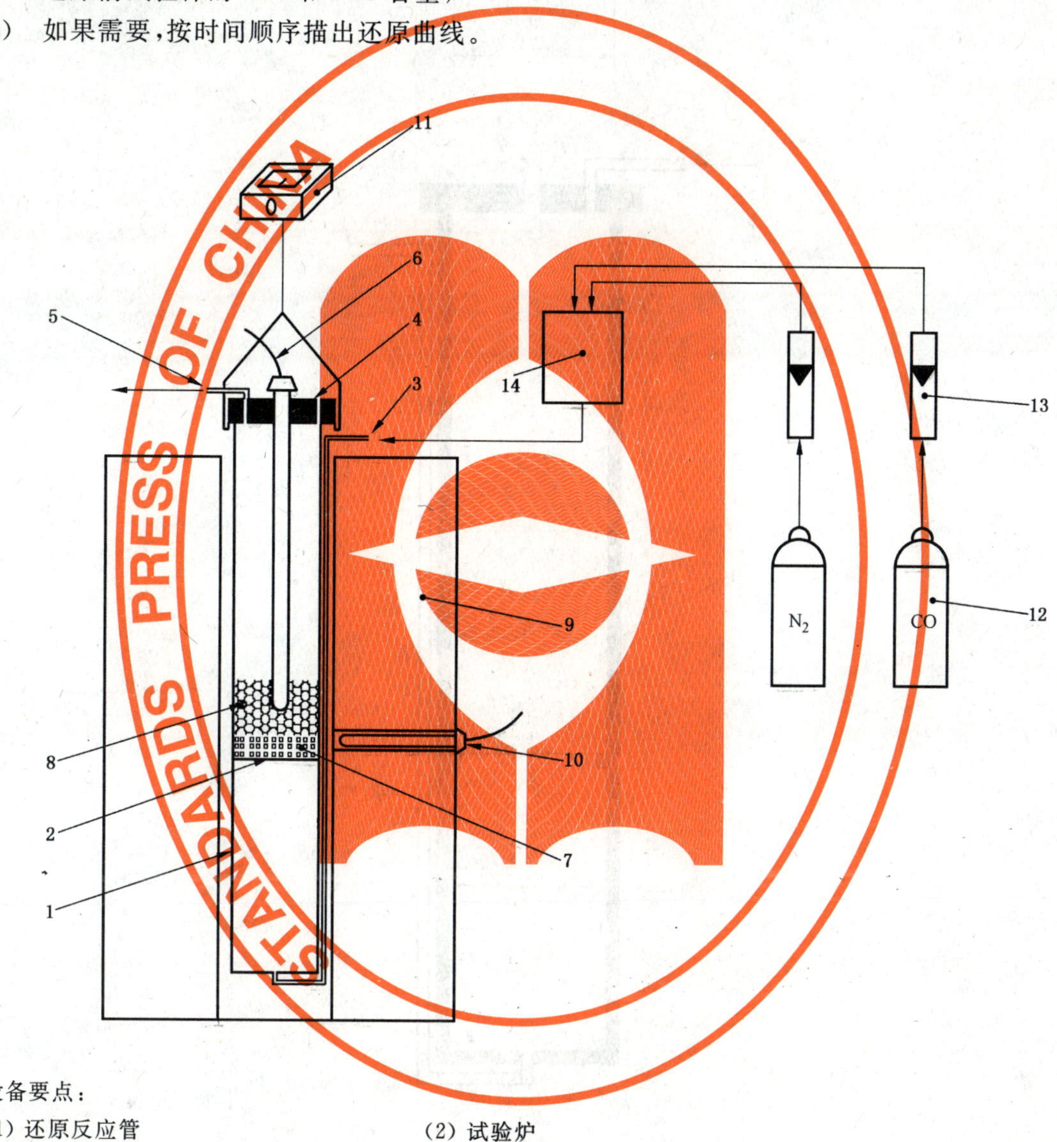

设备要点：

(1) 还原反应管

1——还原反应管；

2——孔板；

3——进气口；

4——盖子；

5——出气口；

6——测量还原温度的热电偶；

7——瓷球层；

8——试验样。

(2) 试验炉

9——电加热炉；

10——控制炉温用热电偶；

11——天平。

(3) 供气系统

12——气瓶；

13——气体流量计；

14——混合罐。

图 1 试验设备举例(示意图)

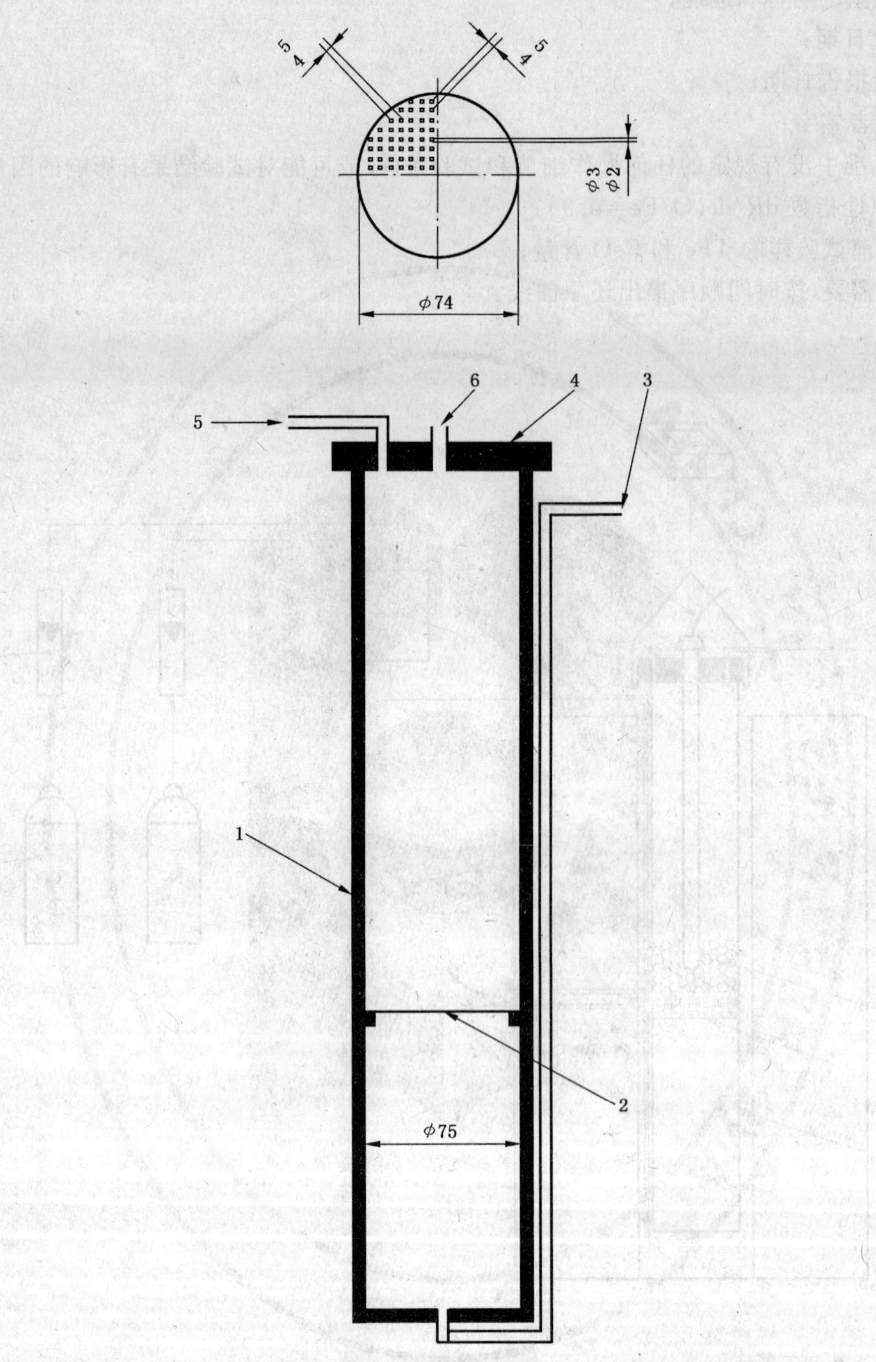

设备要点:

1——还原反应管;

2——孔板;

3——进气口;

4——盖子;

5——出气口;

6——热电偶插孔。

注意:并没有列出设备的详细尺寸,仅仅标识一些基本信息。

图2 还原反应管举例(示意图)

附 录 A
（规范性附录）
试验结果验收流程图

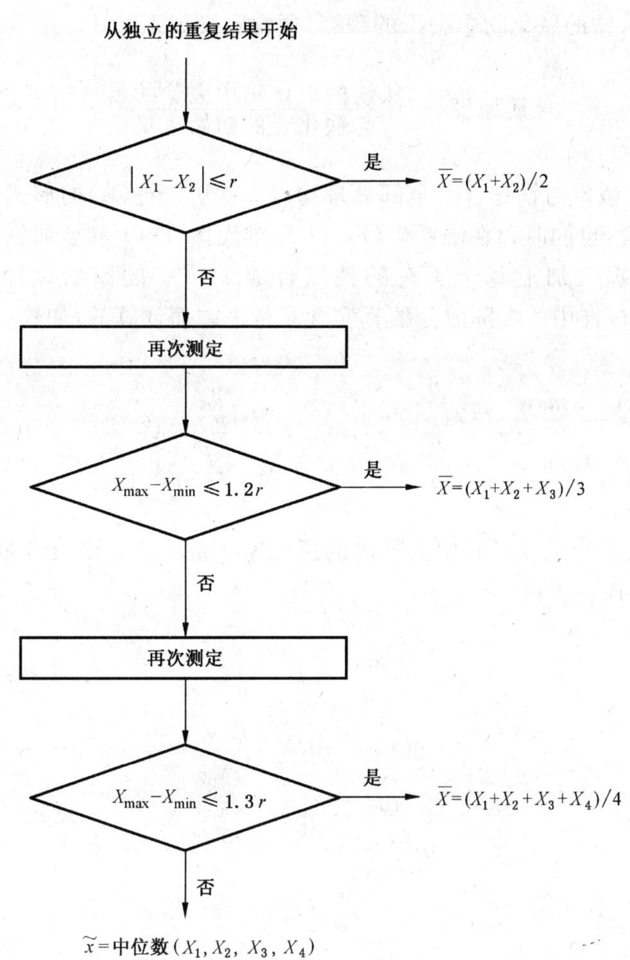

注：r 见表 1。

附　录　B
（资料性附录）
还原性计算公式的推导

“还原度”是描述氧从铁的氧化物中去除的程度，通常定义如下：

$$还原度 = \frac{从铁的氧化物中去除的氧}{与铁化合的初始氧量} \quad \cdots\cdots (B.1)$$

9.1中的关系式是在假定与铁化合的全部氧量均以赤铁矿（Fe_2O_3）的形式存在的条件下推导出来，但是对大多数铁矿石来说，也同时存在磁铁矿（Fe_3O_4），维氏体（FeO）和金属铁。因此，还原度是根据在还原过程中试样的质量损失加上基于所有的铁结合成 Fe_2O_3 的原始试样中理论含氧量，与基于 Fe_2O_3、Fe_3O_4 和 FeO 在试样中的实际成分的真实含氧量之差而计算的，如式（B.2）所示。

$$R_t = \frac{m_0 w_1 \times \frac{8}{71.85}}{m_0 w_2 \times \frac{48}{111.7}} \times 100 + \frac{m_1 - m_t}{m_0 \times \frac{w_2}{100} \times \frac{48}{111.7}} \times 100 \quad \cdots\cdots (B.2)$$

9.1中的计算式是在假定从铁矿石中去除氧的还原速率是根据主要氧含量的一级反应的条件下推导出来的，如式B.3～式B.5所示。

$$-\frac{dO}{dt} = k \times O_V \quad \cdots\cdots (B.3)$$

$$dO = -dR \times \frac{O_{total}}{100} \quad \cdots\cdots (B.4)$$

$$\frac{O_V}{O_{total}} = 1 - \frac{R}{100} \quad \cdots\cdots (B.5)$$

式中：

O_V——主要氧含量；

O_{total}——与铁结合的全部氧量（为 Fe_2O_3）；

R——还原度。

由式（B.3）、式（B.4）和式（B.5）得出还原率为：

$$\frac{dR}{dt} = k \times \left(1 - \frac{R}{100}\right) \times 100 \quad \cdots\cdots (B.6)$$

对式（B.6）求积分得：

$$\log_{10}\left(1 - \frac{R}{100}\right) = -0.434kt + C$$

式中 C 是常量。

当 R 在30%至60%之间：

$$k = \frac{-\log_{10}(1-60/100) + \log_{10}(1-30/100)}{0.434(t_{60} - t_{30})} = \frac{0.56}{t_{60} - t_{30}} \quad \cdots\cdots (B.7)$$

对赤铁矿,氧/铁比率为 0.9 与 $R=40\%$含义相同。代入 $R=40\%$,并将式(B.7)代入式(B.6),$\mathrm{d}R/\mathrm{d}t$ 的值(O/Fe=0.9 时)可得,即:

$$\frac{\mathrm{d}R}{\mathrm{d}t}(\mathrm{O/Fe}=0.9)=\frac{33.6}{t_{60}-t_{30}} \quad \cdots\cdots\text{(B.8)}$$

ICS 77.060
H 25

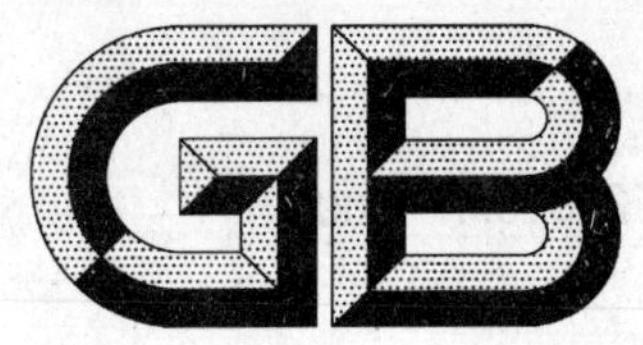

中华人民共和国国家标准

GB/T 24516.1—2009

金属和合金的腐蚀　大气腐蚀
地面气象因素观测方法

Corrosion of metals and alloys—Atmospheric corrosion—Determination of meteorologic factors

2009-10-30 发布　　2010-05-01 实施

中华人民共和国国家质量监督检验检疫总局
中国国家标准化管理委员会　发布

前　言

GB/T 24516 的本部分的附录 A、附录 B、附录 C、附录 D、附录 E、附录 F、附录 G、附录 H 和附录 I 为规范性附录，附录 J、附录 K 为资料性附录。

本部分由中国钢铁工业协会提出。

本部分由全国钢标准化技术委员会归口。

本部分起草单位：中国兵器工业第五九研究所、国家材料环境腐蚀野外科学研究试验站网综合研究中心、冶金工业信息标准研究院。

本部分主要起草人：易平、秦晓洲、杨德模、王振尧、韩薇。

金属和合金的腐蚀　大气腐蚀 地面气象因素观测方法

1　范围

GB/T 24516 的本部分规定了产品及材料开展大气腐蚀试验进行地面气象因素观测的项目、要求和方法，重点规定了观测场地、观测程序、观测项目和观测方法。

本部分适用于国家大气环境腐蚀试验网站开展产品及材料自然环境腐蚀试验对自然环境地面气象因素的观测。也适用于其他环境试验网站有关环境气象因素的观测。

2　规范性引用文件

下列文件中的条款通过 GB/T 24516 的本部分的引用而成为本部分的条款。凡是注日期的引用文件，其随后所有的修改单(不包括勘误的内容)或修订版均不适用于本部分，然而，鼓励根据本部分达成协议的各方研究是否可使用这些文件的最新版本。凡是不注日期的引用文件，其最新版本适用于本部分。

GB/T 8170　数值修约规则与极限数值的表示和判定

3　术语和定义

下列术语和定义适用于本部分。

3.1

气象因素　meteorologic factor

构成天气现象和气候状态的自然环境因素。

3.2

环境温度　ambient temperature

表示环境中空气的冷热程度的物理量。

3.3

相对湿度　relative humidity

同温、同压下大气中实际水蒸气压力与饱和水蒸气压力之比，或实际水蒸气密度与饱和水蒸气密度之比。

3.4

气压　atmospheric pressure

作用在单位面积上的大气压力。

3.5

大气降水　precipitation

指从天空降落到地上的液态或固态(经融化后)降水，未经蒸发、渗透和流失而在地面上积聚的深度。

3.6

降水总量　total amount of precipitation

指每天两次观测时间之间的降水之和。

3.7

风　wind

空气的水平运动,包括风向和风速。

3.8

日照时数　sunshine hours

指太阳在该地实际照射地面的时数。

3.9

日照百分率　sunshine percentage

一定时期内实际日照总时数与可照时数的百分比。

3.10

总辐射量　total amount of radiation

指太阳投射在水平面上的直接照射和天空散射的总量。

3.11

雪深　depth of snow

指从积雪表面到地面的垂直深度。

3.12

雪压　pressure of snow

指单位面积上的积雪质量。

3.13

气象自动化　meteorologic automation

利用现代高科技技术,集多项气象因素观测为一体的综合观测系统,一般应包括空气温度、相对湿度、气压、风向、风速、降水和太阳辐射等参数,具备全自动气象数据采集、存储、处理和远程传输等功能。

4　通用要求

4.1　观测场地

4.1.1　观测场地选择

观测场应设在暴露试验场内或紧靠暴露试验场的同一平面,方位应为东西向×南北向。

4.1.2　观测场地要求

4.1.2.1　观测场地应设在能较好地反映本试验站环境气象因素变化特点的地方,避免局部地形、地貌对环境气象因素采集地影响。

4.1.2.2　标准的观测场地应为 25 m×25 m 或 20 m(南北向)×16 m(东西向),场地应平整,并有均匀草层(沙漠等特殊地区例外),草高不应超过 0.2 m。场内不允许种植其他作物。

4.1.2.3　观测场地内应铺设 0.3 m～0.5 m 宽的道路(禁用沥青铺面),观测场四周可设高度约 1.2 m 的白色栅栏。

4.1.2.4　观测场地内应保持整洁,经常清除观测场上的树叶、纸屑等杂物。有积雪时,除小路的积雪可以清除外,应保持场地内自然积雪状态。

4.1.3　场地周边环境要求

观测场四周应空旷平坦,边缘与四周孤立障碍物的距离至少是该障碍物高度的 3 倍以上。

4.2　观测仪器

4.2.1　仪器的安置

4.2.1.1　仪器的放置按“北高南低,东西排列成行”的原则依次放置。

4.2.1.2　仪器安置时南北间距不小于 4 m,东西间距不小于 3 m,仪器距围栏不小于 3 m。

4.2.1.3　观测场入口设在北面,观测人员应从北面接近仪器。

4.2.1.4　仪器的安置，应便于观测操作，互不影响。

4.2.1.5　仪器安置高度、水平、方法等每季度进行一次检查，并保持仪器的清洁状态。

4.2.2　**仪器安装要求与误差范围**

仪器安装要求与允许误差范围详见表1。

表1　气象仪器安置要求与允许误差范围

仪　　器	要求与允许误差范围	基　准　部　位
百叶箱通风干湿表	高度1.50 m　　±0.05 m	感应部分中心
干湿球温度表	高度1.50 m　　±0.05 m	感应部分中心
最高温度表	高度1.53 m　　±0.05 m	感应部分中心
最低温度表	高度1.52 m　　±0.05 m	感应部分中心
温度计	高度1.50 m　　±0.05 m	感应部分中心
雨量器	高度0.70 m　　±0.03 m	口缘
遥测雨量计	仪器　身高度	—
日照计	本站的纬度　　±0.5°	底座南北线
风速器	高度10 m～12 m	风杯中心
风向器	方位正北　　±5.0	方位指北杆
水银气压表(动槽)	高度以便于操作为准	象牙针尖
气压计	高度以便于操作为准	—
辐射传感器	高度1.50 m　　±0.05 m	—

4.3　气象因素观测时间

4.3.1　气象因素观测时间采用北京时间。

4.3.2　每天上午和下午至少定时观测各一次，推荐观测时间为09时和16时，观测应提前5 min～15 min进行，遇特殊天气随时观测。

5　观测项目及观测方法

5.1　环境温度和相对湿度

环境温度和相对湿度的观测方法按附录A规定执行。

5.2　大气压力

大气压力的观测方法按附录B规定执行。

5.3　大气降水

大气降水的观测方法按附录C规定执行。

5.4　风向风速

风向风速的观测方法按附录D规定执行。

5.5　日照时数

日照时数的观测方法按附录E规定执行。

5.6　太阳辐射

太阳辐射的观测方法按附录F规定执行。

5.7　天气现象

天气现象的观测方法按附录G规定执行。

5.8　积雪

积雪的观测方法按附录H规定执行。

5.9 气象因素自动化测定

5.9.1 气象自动站可自动、连续、观测、记录大气中的温度、湿度、降雨、风向、风速、大气压力、日照、日射等参数。具备全自动气象数据采集、存储、处理和远程传输等功能，其测定项目可以根据试验需求，通过增减采集传感器来达到。

5.9.2 测定方法按附录I规定执行。

6 观测记录和报表

6.1 气象观测记录

气象观测日记录参见附录J。

6.2 异常记录的处理

6.2.1 定时观测记录缺测时，凡有自动记录的观测项目，应用订正后的自记记录代替。无自动记录的项目，应用当地气象台站的数据记录代替。

6.2.2 记录数据有疑问时，应在疑问数据上加“( )”，而合计和平均值照常统计，不加“( )”。

6.2.3 异常记录的处理情况，均应在备注栏予以说明。

6.3 记录报表的编制

6.3.1 年报表格参见附录K表K.1。

6.3.2 月报表格参见附录K表K.2～表K.4。

6.3.3 各类报表应附有使用的各种仪器名称、型号、规格及出厂编号。

6.4 自记纸的整理保存

6.4.1 每月将自记纸按日序排列，装订成册。

6.4.2 每年按月序排列，装订成册。

6.4.3 装订成册的自记纸应妥善保管，勿使潮湿、虫蛀、污损等。

7 数据处理和统计

7.1 各类天气日数的统计

7.1.1 日降雨、降雪量大于0.1 mm时，应各统计为一个雨日或雪日。只出现雾、露、霜量不统计为雨雪日。

7.1.2 白天或夜间出现的天气现象，均应记入天气现象栏，白天和夜间同时均有该现象时，也只统计为一个日数。

7.2 日平均值和日极值的挑选

7.2.1 日平均温度、相对湿度、风速、气压均采用02时、08时、14时、20时等四次记录数值的算术平均值。

7.2.2 日最大、最小相对湿度取自动记录纸上迹线的最高、最低点，经订正后的值。

7.2.3 日最高、最低温度和气压取自动记录纸上迹线的最高、最低点，经订正后的值。

7.3 数值修约

观测数据的数值修约方法按GB/T 8170有关规定执行。

附 录 A
（规范性附录）
环境温度和相对湿度观测方法

A.1 观测参数及单位

A.1.1 空气温度

空气温度应观测定时温度、整时温度、日最高温度和日最低温度，单位为摄氏度(℃)。

A.1.2 相对湿度

相对湿度应观测定时相对湿度、整时相对湿度、日最大相对湿度和日最小相对湿度，以百分数表示。

A.2 仪器、设施

A.2.1 百叶箱。

A.2.2 干球温度表。

A.2.3 湿球温度表。

A.2.4 最高温度表。

A.2.5 最低温度表。

A.2.6 温湿度两用计。

A.2.7 温度计。

A.2.8 湿度计。

A.3 观测程序

A.3.1 干湿球温度表

A.3.1.1 每天上下午定时观测并记录。

A.3.1.2 气温不低于－10.0 ℃、湿球纱布结冰时，先将湿球球部浸入 20 ℃～25 ℃的水中，使冰层完全溶化。然后把水杯移开，用杯沿将聚集在纱布头上的水滴除去。待湿球温度稳定后，读数并记录。若湿球示度不稳定，不能读数时，则只记录干球温度。湿度改用毛发湿度表或湿度计来测定的数值。

A.3.1.3 气温低于－10.0 ℃时，应用毛发湿度表或湿度计测定湿度。但在偶有几次气温低于－10.0 ℃ 的地区，仍可用干湿球温度表进行观测。

A.3.1.4 气温低于－36.0 ℃时，用酒精温度表观测气温。酒精温度表事先悬挂在干球温度表旁边，如果没有酒精温度表，则可用最低温度表酒精柱的示度来测定空气温度。

A.3.2 最高温度表

A.3.2.1 每天上午定时观测并记录。

A.3.2.2 观测时应注意温度表的水银柱有无上滑离开窄道的现象。若有上滑现象，应稍稍抬起温度表的顶端，使水银柱回到正常的位置，然后再读数。

A.3.2.3 气温低于－36.0 ℃时，停止最高温度表的观测，记录空缺，并在备注栏注明。

A.3.2.4 调整最高温度表时用手握住表身，感应部分向下，臂向外伸出约 30°的角度，用大臂将表前后甩动，使示度接近于当时的干球示度。调整最高温度表时，动作应迅速，尽量避免阳光照射，不应用手接触感应部分。调整后，把表放回时，先放感应部分，后放表身。

A.3.3 最低温度表

A.3.3.1 每天上午观测并记录。

A.3.3.2 观测时，眼睛平直地对准游标离感应部分远的一端；观测酒精柱顶时，对准凹面中点的位置。

A.3.3.3 调整最低温度表时,抬高温度表的感应部分,使游标回到酒精柱的顶端。

A.3.4 温度计

每天定时观测、记录并作时间记号。

A.3.5 湿度计

每天定时观测、记录并作时间记号。

A.4 观测记录

A.4.1 温度表的读数

温度表读数要准确到 0.1 ℃。读数时应符合下列要求:

a) 观测时保持视线和水银柱顶端齐平;

b) 动作迅速,缩短停留时间,勿使头、手和灯等热源接近球部,不要对着温度表呼吸;

c) 复读。

A.4.2 相对湿度的查取

用经仪器误差订正后的干、湿球温度值,从《气象常用表》(第一号)中查取相对湿度值;若经仪器误差订正后的湿球温度高于干球温度时,湿球温度取干球温度值,查取湿度。

A.4.3 相对湿度极值的挑选

在一日自记迹线中的最高和最低处,标出箭头并读数。若挑选出的最小湿度,大于该日某次定时观测的记录时,应挑选该定时记录为日最小相对湿度。若挑选出的最小相对湿度小于零时,记为"0"。若挑选出的最大相对湿度大于 100%时,记为"100%"。

A.5 数据处理

A.5.1 仪器误差

按所附检定证进行温度表读数的仪器误差。

A.5.2 最低温度表读数的补充订正

每月 1 日～5 日 09 时将最低温度表酒精柱的示度与经仪器误差订正后的干球温度表的示度比较,若平均误差不大于 0.5 ℃,该最低温度表可以使用,读数也不进行平均误差订正;若平均误差大于 0.5 ℃,应撤换最低温度表,并将此 5 天的平均差值订正在该 5 天的逐日最低温度值上。若不能撤换时,每日 09 时要继续读酒精柱示度,以计算最低温度表的全月补充订正值。其计算公式如下:

$$T_{Di} = \frac{1}{n}\sum_{i=1}^{n}(T_{ai} - T_{bi}) + T_{di} \qquad \text{(A.1)}$$

式中:

T_{Di}——补充订正后的最低温度值,单位为摄氏度(℃);

n——实际记录次数;

T_{ai}——仪器误差订正后的干球温度值,单位为摄氏度(℃);

T_{bi}——最低温度表酒精柱示度值,单位为摄氏度(℃);

T_{di}——仪器误差订正后的最低温度值,单位为摄氏度(℃)。

中途换用了最低温度表,在换用后的前 5 天内,也参照上述规定进行比较观测。

A.5.3 时间差订正

自记钟 24 h 内计时差值达 20 min 以上时,自记纸均应作时间差订正。订正方法如下:

以实际时间为准,根据换下自记纸上的时间记号,求出自记钟在 24 h 内的计时差值,按变差分配到每个小时,在用铅笔在自记迹线上作出各正点的时间记号。当自记钟在 24 h 内的计时的差值不超过 20 min 时,不必进行时间差订正。但要尽量找出造成误差的原因,并加以消除。

附 录 B
（规范性附录）
大气压力的观测方法

B.1 观测参数及单位

大气压力应观测平均气压、最高气压、最低气压，单位为百帕(hPa)。

B.2 仪器

B.2.1 水银气压表

a) 动槽式水银气压表；
b) 定槽式水银气压表。

B.2.2 空盒气压计

B.3 观测程序和记录

B.3.1 动槽式水银气压表

动槽式水银气压表的观测程序为：

a) 观测附属温度表(简称“附温表”)，读数精确到0.1 ℃。当空气温度低于附温表最低刻度时，应在紧贴气压表外套管壁上，挂一支更低刻度的温度表作为附温表，进行读数；
b) 调整水银槽内水银面，使之与象牙针尖恰恰相接；
c) 调整游尺并读数；
d) 读数复验后，降下水银面，离开象牙针尖约2 mm～3 mm；
e) 观测时光线不足，可用手电筒或加遮光罩的15 W～40 W照明灯。采光时，灯光从气压表侧后方照亮气压表挂板上的白磁板，不应直接照在水银柱顶或象牙针上。

B.3.2 定槽式水银气压表

定槽式水银气压表的观测程序为：

a) 附温表观测，按B.3.1中a)的规定进行；
b) 用手轻击表身，所在部位在刻度标尺下部到附温表上部之间；
c) 游尺调整并读数。

B.3.3 气压计

日转型气压计每天换纸，周转型气压计每周换纸。步骤如下：

a) 按动仪器右壁外侧记时按钮，使自记笔尖在自记纸上划一短垂线，作为记录终止记号；
b) 掀开盒盖，拨出笔挡，取下自记钟筒；
c) 松开压纸条，取下自记纸，上好钟机发条，换上填写好观测地点、日期的新纸。上纸时自记纸应卷紧在钟筒上，两端刻度线要对齐，底边紧靠钟筒突出的下缘，勿使压纸条挡住有效记录的起止时间线；
d) 反时针方向旋转自记钟筒，使笔尖对准记录开始的时间，拨回笔挡并作一时间记号；
e) 盖好仪器的盒。

B.4 数据处理

B.4.1 气压

水银气压表的读数应按仪器误差、温度差、重力差的顺序进行订正，以求得气压值。

B.4.1.1 仪器误差订正

从气压表的检定证中查取仪器误差订正值，与气压读数相加，即为仪器误差订正后的气压值。

B.4.1.2 温度差订正

用仪器误差订正后的气压值和附属温度值（简称“附温”），从《气象常用表》（第二号）第一表中查取温度差订正值。如附温在 0 ℃以上时，订正值为负；附温在 0 ℃以下时，订正值为正。温度差订正值与仪器误差订正后的气压值相加，即为温度差订正后的气压值。

B.4.1.3 重力差订正

重力差订正包括纬度重力差和高度重力差订正两个方面：

a） 纬度重力差订正

用温度差订正后的气压值和本站纬度，从《气象常用表》（第三号）第一表中查取纬度重力差订正值。纬度大于 45°，订正值为正；小于 45°，订正值为负。

b） 高度重力差订正

用温度差订正后的气压值和本站水银槽海拔高度值，从《气象常用表》（第三号）第二表中查取高度重力差订正值。海拔高度高于海平面，订正值为负；低于海平面，订正值为正。

上述两项订正值，合称重力差订正值。重力差订正值与温度差订正后的气压值相加，即为本站气压值。

B.5 自记记录的处理

B.5.1 气压计的记录应与气压表订正气压值进行差值订正。其订正方法如下：

用气压表的定时气压的订正结果与记录纸的读数的差值的算术平均值分别与记录纸的整点读数相加减得到本站整点气压值。

用 02 时、08 时、14 时、20 时的四点气压的算术平均值作为平均气压值。

B.5.2 把定时监测的实测值和自记读数分别填在换下的自记纸上的相应时间线上。

B.5.3 从自记迹线中选出一日中最高和最低处，标一箭头并读数，即得该日最高气压和最低气压。

附 录 C
（规范性附录）
大气降水观测方法

C.1 观测参数及单位

大气降水应观测：

——降水总量（含降雪），单位为毫米（mm）；

——降水时数，单位为小时（h）。

C.2 仪器

a) 雨量器；

b) 遥测雨量计。

C.3 观测程序和记录

C.3.1 雨量器

C.3.1.1 液态降水的观测和记录

每天上下午定时观测。降水量大时，可分数次量取，求其总和。量取完毕，应进行复验。无降水时，降水量栏空白不填。不足 0.05mm 的降水量记 0。纯雾、露、霜、冰针、雾凇、吹雪的量按无降水处理。

C.3.1.2 固态降水的观测和记录

用备用储水筒换下已承接固态降水物的储水筒，盖上盖子后，取回室内，待固态降水物溶化后，用量杯量取。观测时间和记录均同 C.3.1.1。

C.3.2 遥测雨量计

C.3.2.1 自记纸的更换

C.3.2.1.1 一日内降水大于或等于 0.1 mm 时，应换纸。换纸时有降水，在自记迹线终止和开始的一端均用铅笔划一短垂线，作为时间记号；换纸时无降水，在新自记纸换上前拧动笔位调整旋钮，把笔尖调至"0"线上。

C.3.2.1.2 换纸时遇强降水，若自记纸尚可继续记录，则可等雨停或雨势转小后再换纸。如估计在短时间内雨不会停也不会转小，则可拨开笔尖，转动钟筒，在原自记纸的开始端（此处应无降水记录，或有降水自记迹线而不致重迭）对准时间，重新记录。待雨停或转小后，立即换纸。换下的自记纸应注明情况，在两次的迹线上标明日期，以免混淆。

C.3.2.1.3 一天内无降水时，可不换纸。每天在规定的换纸时间，先作时间记号，再拨开自记笔，旋转钟筒，重新对准时间；放回自记笔，拧动笔位调整旋钮（或按微调按钮），使自记笔上升约 1 mm 的格数，以免每日迹线重叠。

C.3.2.1.4 因有雾、露、霜量（包括翻斗内的剩余雨水）使自记迹线上升大于或等于 0.1 mm 时，则不必换纸，但应在该自记纸的背面注明。

C.3.2.1.5 自记纸的换取按附录 B 中 B.3.3 的有关规定执行。

C.3.2.2 观测和记录

观测和记录步骤：

a) 从计数器上读取降水量，读数记入观测簿相应栏。读数后按回零按钮，将计数器数值复位到"0"。复位后，计数器的五位 0 数应在一条直线上；

b) 遇固态降水，凡是随降随化的，仍照常读数和记录。否则，应将承水器口加盖，仪器停止使用

（并在观测簿备注栏注明），待有液态降水时再恢复记录；

c） 自记记录纸用于整理各时雨量和降雨时数。

C.4 数据处理

C.4.1 时间差订正按附录 A 中 A.5.3 规定执行。

C.4.2 按上升迹线计算出两个正点记号间水平分格线实际上升的格数，即为该时降水量。如换纸时有降水，使得换纸时间内的降水未记录上，这一部分量应作为换纸所在时段里的降水量。没有上升迹线的各部分空白。

C.4.3 降雹时按自记迹线读取各时降水量，但应在自记纸背面注明降雹情况。

附 录 D
（规范性附录）
风向风速观测方法

D.1 观测参数及单位

观测参数包括风向和风速，单位为米每秒(m/s)。

D.2 仪器

风向风速仪。

D.3 观测与记录

D.3.1 观测

观测仪器经过参数设置后，通上电源开始连续自动监测风向风速。应及时更换打印纸。

D.3.2 记录

D.3.2.1 将打印纸上或PC机上02时、08时、14时、20时的风向、风速值记入记录薄。

D.3.2.2 风向的缩写见表D.1。

D.3.2.3 16位风向表示法见图D.1。

表 D.1 风向缩写表

风向	缩写	风向	缩写	风向	缩写	风向	缩写
北	N	南	S	东南东	ESE	西北西	WNW
东北北	NNE	西南南	SSW	东南	SE	西北	NW
东北	NE	西南	SW	东南南	SSE	西北北	NNW
东北东	ENE	西南西	WSW	东	E	西	W

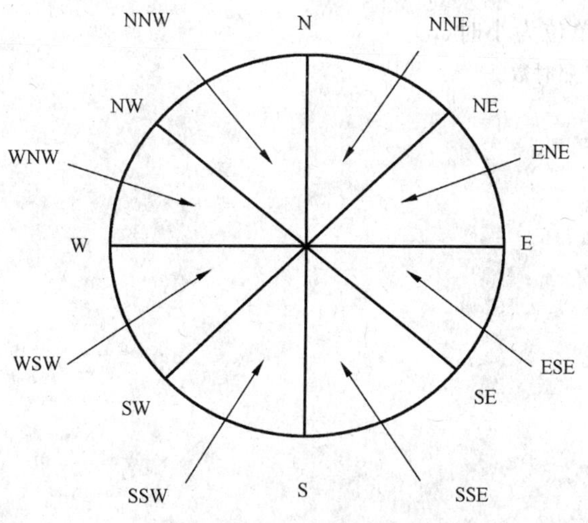

图 D.1 16位风向表示法

附 录 E
（规范性附录）
日照时数观测方法

E.1 观测参数及单位

日照时数应观测日照时数，单位为小时(h)和日照百分率(%)。

E.2 仪器

a) 直接辐射表；
b) 太阳辐射记录仪。

E.3 观测与记录

E.3.1 观测仪器经过参数设置后，开始连续自动监测日照时数。应及时更换打印纸。
E.3.2 对前一天的数据进行录入、存盘、打印并记录在相应的记录薄。

E.4 数据处理

E.4.1 日照时数

进行辐射量不小于 120 W/m^2 时间的累计统计，得到日照时数的数值。

E.4.2 日照百分率

日照百分率按式(E.1)计算：

$$B=\frac{H}{H_0}\times 100\% \qquad \text{(E.1)}$$

式中：

B——日照百分率的数值，单位为百分率(%)；
H——日照时数的数值，单位为小时(h)；
H_0——可照时数的数值，单位为小时(h)。

注：根据《气象常用表》查取可照时数。

附 录 F
（规范性附录）
太阳辐射观测方法

F.1 观测参数及单位

太阳辐射应观测45°角总辐射量、0°角总辐射量、紫外光辐射量、红外光辐射量和纬度角总辐射量，单位为兆焦每平方米（MJ/m^2）。

F.2 仪器

辐射传感器。

F.3 观测与记录

F.3.1 观测

观测仪器经过参数设置后，开始连续观测太阳辐射。

F.3.2 记录

每天值班人员对前一天的数据进行录入、存盘、打印并记录入记录薄。

F.3.3 计算

用录入的数据直接得到红外光辐射值和总辐射值，按式（F.1）计算紫外光辐射值。

$$U_V = U_1 - U_2 \tag{F.1}$$

式中：

U_V——紫外光辐射的数值，单位为兆焦每平方米（MJ/m^2）；

U_1——总辐射表所监测的累计值，单位为兆焦每平方米（MJ/m^2）；

U_2——400 nm分光谱表所监测的累计值，单位为兆焦每平方米（MJ/m^2）。

附 录 G
(规范性附录)
天气现象观测方法

G.1 观测参数

天气现象观测主要观测晴、雨、雪、雾、露、霜、闪电、积雪、结冰、冰雹、雷暴、风等。

G.2 观测和记录

G.2.1 观测

G.2.1.1 观测视区内出现的各种天气现象。

G.2.1.2 随时观测值班时间内所出现的全部天气现象。对夜间出现的天气现象，应尽量判断记录。

G.2.1.3 凡与水平能见度有关的现象，均以有效能见度为准。

G.2.1.4 各试验场站可根据试验的要求开展相应的天气现象的观测。

G.2.2 记录

G.2.2.1 天气现象按表G.1所示符号记入观测本。

G.2.2.2 根据观测情况，及时进行记录。

G.2.2.3 夜间不值班的试验站，观测簿中的天气现象栏划分“夜间(20时～08时)”和“白天(08时～20时)”两栏。夜间出现的天气现象记入“夜间栏”，白天出现的天气现象记入“白天栏”。

表G.1 天气现象符号表

现象名称	晴	雨	雪	雾	露	霜	闪电	积雪	结冰	冰雹	雷暴	风
符号	¤	·	*	≡	Ω	∪	↯	⊠*	⊔	△	⩘	⺘

附 录 H
(规范性附录)
积雪观测方法

H.1 观测参数及单位

积雪应观测雪深,单位为厘米(cm);

雪压,单位为克每平方厘米(g/cm^2)。

H.2 仪器

a) 量雪尺;

b) 体积量雪器(雪器)。

H.3 仪器的观测与记录

H.3.1 雪深

H.3.1.1 每天定时在观测地点将量雪尺垂直插入雪中到地表为止,依据雪面所遮盖尺上的刻度线,读取雪深的厘米整数,数值修约按 GB/T 8170 有关规定执行。

H.3.1.2 每次观测应做 3 次测量,记入观测薄,并求其平均值。3 次测量的地点,彼此相距在 10 m 以上,并作好记号,以避免下次在同一地点重复测量。

H.3.1.3 平均雪深不足 0.5 cm 时记 0;雪深栏为空白栏。

H.3.2 雪压

H.3.2.1 要求

若雪深达到或超过 5 cm,则要求在雪深观测点附近进行雪压观测。

每次观测应做 3 次测量,记入观测薄,并求其平均值。3 次测量的地点,彼此相距在 10 m 以上,并作好记号,以避免下次在同一地点重复测量。

H.3.2.2 采样

观测前半小时把量雪器拿到室外,并清理干净;取样时将量雪器垂直插入雪中,一直到达地面,然后拨开量雪器一方的雪,把小铲沿量雪器口插入,连同量雪器一起拿到盛雪水的容器上,抽出小铲,使雪样落入容器中,加盖拿回室内。雪融化后用量杯测定容器中的雪量。

H.3.3 称雪

将装有雪样的容器放在精度为 0.1 g 天平上(或电子天平),称得质量后减去容器质量,即获得积雪的质量。

H.4 计算

按式(H.1)计算出雪压。

$$p = \frac{G}{S} \qquad \cdots\cdots\cdots\cdots (H.1)$$

式中:

p——雪压的数值,单位为克每平方厘米(g/cm^2);

G——用量雪器采样的雪重,单位为克(g);

S——量雪器口的表面积,单位为平方厘米(cm^2)。

附 录 I
（规范性附录）
气象因素自动化观测方法

I.1 观测参数

气象自动化观测的参数应有温度、相对湿度、大气压力、风向风速、降水、日照时数和太阳辐射等因素。

注1：观测参数可根据试验站需要增加或减少，安装不同的传感器，则测定相应的参数。

注2：观测参数单位同附录A～附录H。

I.2 仪器

地面自动气象站。

I.3 观测程序

I.3.1 参数设置

当软件安装完成后，参数设置好后才能正常使用。点击系统参数，出现时钟设置、通信口设置、采集器对时、站址参数设置、辐射参数设置、图形参数设置、服务器参数设置、数据库设置、系统参数设置。

I.3.2 日常操作

I.3.2.1 打开采集器开关，将交流插头插在专用接线板上。数据采集器工作指示灯频繁闪烁后进入每分钟一次的正常工作状态。

I.3.2.2 打开自动气象站要素监测系统软件。点击实时监测，此时自动气象站要素监测系统软件会显示监测到的实时数据。

I.3.2.3 当发现软件界面左下角显示的时间与北京时间相差超过30 s时，应重新对时。

I.4 数据处理

I.4.1 数据查询

在资料查询下拉框里选择单站数据查询，输入相应的时间段和站点就可以查询所需数据。

I.4.2 数据统计

在资料查询下拉框里选择单站数据统计，输入响应的时间段，在点击“统计”按钮就对自动站监测各要素的极值、平均值、出现时间进行统计。

I.4.3 数据统计图

在资料查询下拉框里选择单站数据统计图，输入响应的时间段，所需监测要素，点击“绘图”按钮就对自动站监测各要素正点值进行图形直观显示。

I.5 数据保存

自动站所采集的数据通过CASW600-S数据采集器进行处理和存储，然后通过传输线自动传输到计算机。

附 录 J
（资料性附录）
地面气象因素观测日记录本

J.1 封面

地面气象因素观测日记录本封面见图J.1。

J.2 内容

地面气象因素观测日记录本内容见表J.1。

地面气象因素观测记录本

时　间：＿＿＿＿年＿＿＿＿月

观测地点：＿＿＿＿

初　算：＿＿＿＿

校　对：＿＿＿＿

复　核：＿＿＿＿

起止时间：＿＿＿月＿＿＿日＿＿＿月＿＿＿日

图J.1　地面气象因素观测日记录本封面

表 J.1 地面气象因素观测日记录本内容

气象因素观测日记录

年 月 日

观测时间						
观测项目	读数	器差	订正	读数	器差	订正
干球温度表						
湿球温度表						
相对湿度/%	——			——		
降雨量/mm						
降雨时数/h						

观测时间	02	08	14	20	极大值	极小值	平均值
温度/℃							
相对湿度/%							
气压/hPa							
10 m风速/风向	—	—	—	—			

太阳辐射 MJ/m^2	红外光	紫外光	总辐射	45°总辐射	纬度角辐射	日照时数

天气现象	02-08(夜)	08-20(昼)	最高温度表			最低温度表		
			读数	仪器误差	订正	读数	仪器误差	订正

值班日志	
本班工作基本情况	
需要交代的事项	
其他	

观测员： 校核员：

附 录 K
（资料性附录）
地面气象因素观测数据报表

K.1 封面

地面气象因素观测数据报表封面见图 K.1。

K.2 内容

K.2.1 地面气象因素观测数据年报表内容见表 K.1。

K.2.2 地面气象因素观测数据月报表内容见表 K.2。

K.2.3 整时温度统计内容见表 K.3。

K.2.4 整时相对湿度统计内容见表 K.4。

地面气象因素报表

时　间：__________年________月

观测地点：______________________

东　经：______________________

北　纬：______________________

海拔高度：______________________

制　表：______________________

复　核：______________________

批　准：______________________

报表时间：　　　年　　月　　日

图 K.1 地面气象因素观测数据报表封面

表 K.1 地面气象因素观测数据年报表

观测地点　　　　　　地面气象因素数据年报表　　　　　　年

项目内容	月份	1月	2月	3月	4月	5月	6月	7月	8月	9月	10月	11月	12月	合计	平均
温度 °C	月平均														
	月最高														
	月最低														
相对湿度 %	月平均														
	月最大														
	月最小														
气　压 hPa	月平均														
	月最高														
	月最低														
平均风速	m/s														
最多风向	—														备　注
太阳辐射 MJ/m^2	红外														
	紫外														
	总辐射														
	45 度角														
	纬度角														
日照时数	h/月														
降雨量	mm/月														
降雨时数	h/月														
雪深	cm														
雪压	g/cm^2														
湿润时间	h														
日照百分率	%														
天气现象（天/月）	雨														
	雾														
	雪														
	露														
	霜														
	冰雹														
	雷暴														

批准：　　　　　　校核：　　　　　　编制：

表 K.2 地面气象因素观测数据月报表

地面气象因素月报表

年　　　　月　　　　　　　　　　　　第1页,共3页

日期	温度/℃			湿度/%			气压/mb			1.5 m风(m/s)		10 m风(m/s)		太阳辐射/(MJ/m²)					日照	降雨量	降雨	雪深	雪压	湿润时	天气现象	
	平均	最高	最低	平均	最高	最低	平均	最高	最低	平均风速	最多风向	平均风速	最多风向	红外光	紫外光	总辐射	45度角	纬度角	时数(h)	(mm)	时数(h)	(cm)	g/cm²	间(h)	20～08	08～20
1																										
2																										
3																										
4																										
5																										
6																										
7																										
8																										
9																										
10																										
11																										
12																										
13																										
14																										
15																										
16																										
17																										
18																										
19																										
20																										
21																										
22																										
23																										
24																										
25																										
26																										
27																										
28																										
29																										
30																										
31																										
平均																										
合计																										

天气现象	晴	雨	雪	雾	露	霜	冰雹	雷暴	大风				
极值统计	温度	最高		日期		湿度	最大		日期		日照百分率%	备注	
		最低		日期			最小		日期				

批准：　　　　　　　　校核：　　　　　　　　编制：

表 K.3 整时温度统计表

年 月 第 2 页,共 3 页

时间 日期	0	1	2	3	4	5	6	7	8	9	10	11	12	13	14	15	16	17	18	19	20	21	22	23	时数统计
1																									<0 ℃
2																									
3																									≥0 ℃
4																									
5																									≥10 ℃
6																									
7																									≥20 ℃
8																									
9																									≥30 ℃
10																									
11																									≥40 ℃
12																									
13																									备 注
14																									
15																									
16																									
17																									
18																									
19																									
20																									
21																									
22																									
23																									
24																									
25																									
26																									
27																									
28																									
29																									
30																									
31																									
平均																									

批准： 校核： 编制：

表 K.4 整时相对湿度统计表

年　　月　　　　　　　　　　　　第 3 页,共 3 页

日期＼时间	0	1	2	3	4	5	6	7	8	9	10	11	12	13	14	15	16	17	18	19	20	21	22	23	时数统计
1																									<60%
2																									
3																									≥60%
4																									
5																									≥70%
6																									
7																									≥80%
8																									
9																									备注
10																									
11																									
12																									
13																									
14																									
15																									
16																									
17																									
18																									
19																									
20																									
21																									
22																									
23																									
24																									
25																									
26																									
27																									
28																									
29																									
30																									
31																									
平均																									

批准：　　　　　　　　校核：　　　　　　　　编制：

ICS 77.060
H 25

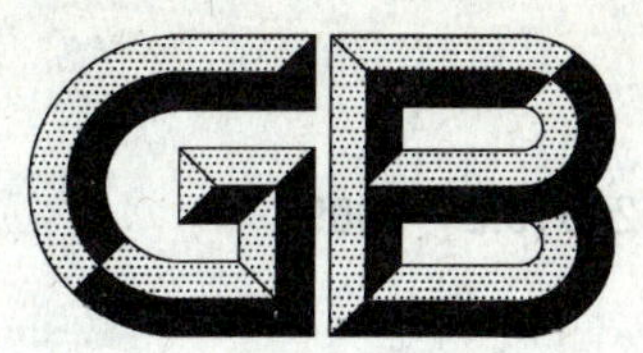

中华人民共和国国家标准

GB/T 24516.2—2009

金属和合金的腐蚀　大气腐蚀
跟踪太阳暴露试验方法

Corrosion of metals and alloys—Atmospheric corrosion—Sun tracking exposure test methods

2009-10-30 发布　　　　2010-05-01 实施

中华人民共和国国家质量监督检验检疫总局
中国国家标准化管理委员会　发布

前　言

GB/T 24516 的本部分的制定参照 ISO 877:1994《塑料　直接暴露、玻璃过滤日光暴露和 Fresnel 镜聚能日光暴露试验方法》和 ASTM G 90:2005《用集中自然阳光光线法加速实施对非金属材料户外老化试验的规程》。

本部分的附录 B 为规范性附录，附录 A 为资料性附录。

本部分由中国钢铁工业协会提出。

本部分由全国钢标准化技术委员会归口。

本部分起草单位：中国兵器工业第五九研究所、国家材料环境腐蚀野外科学研究试验站网综合研究中心、冶金工业信息标准研究院。

本部分主要起草人：何德洪、秦晓洲、苏艳、杨德模、王振尧、韩薇。

金属和合金的腐蚀　大气腐蚀
跟踪太阳暴露试验方法

1　范围

GB/T 24516 的本部分规定了跟踪太阳暴露和跟踪太阳反射聚能加速暴露试验的试验原理、环境因素监测、试验场地与设施、试验装置与仪器、试样、试验、试验记录、数据处理及结果表述和试验报告等。

本部分适用于利用跟踪太阳暴露试验装置和跟踪太阳反射聚能加速暴露试验装置进行金属和合金为基材的有机涂层、复合材料、塑料涂层、粘结剂等的户外加速暴露试验，其他高分子材料也可参照采用。

2　规范性引用文件

下列文件中的条款通过 GB/T 24516 的本部分的引用而成为本部分的条款。凡是注日期的引用文件，其随后所有的修改单(不包括勘误的内容)或修订版均不适用于本部分，然而，鼓励根据本部分达成协议的各方研究是否可使用这些文件的最新版本。凡是不注日期的引用文件，其最新版本适用于本部分。

GB/T 1865—1997　色漆和清漆　人工气候老化和人工辐射暴露(滤过的氙弧辐射)(eqv ISO 11341:1994)

GB/T 14519—1993　塑料在玻璃板过滤后的日光下间接曝露试验方法(neq ISO 877:1976)

GB/T 24516.1—2009　金属和合金的腐蚀　大气腐蚀　地面气象因素观测方法

JB/T 10579　腐蚀数据统计分析标准方法

ASTM E 903　使用积分球测定材料的太阳光吸收率、反射率和透射率的试验方法

3　术语和定义

下列术语和定义适用于本部分。

3.1

空白试样　blank sample

从试样中预留，用以对比同批试样腐蚀所引起的表面状态、物理和力学性能变化的试样。

3.2

参比试样　reference sample

当试验新材料、改进材料或改进工艺时，用已知试验数据的原有材料、工艺制作的试样，用于对比试验。

4　试验原理

4.1　跟踪太阳暴露试验是在户外大气环境中，暴露架增加转动控制系统，随太阳跟踪转动，充分强化太阳辐射的光和热效应，加速暴露面上试样的老化速度。

4.2　跟踪太阳反射聚能加速暴露试验是在户外大气环境中，通过对跟踪系统和反射系统的控制，太阳光聚焦反射到区域(目标区)内的试样表面，强化试样所受的太阳辐射量，并配备鼓风系统和人工降雨的喷淋系统，以加速目标区内试样的老化速度。

5 环境因素监测

5.1 监测项目及测定方法

跟踪太阳暴露试验推荐监测的环境因素项目及测定方法见表1。

表1 环境因素监测项目及测定方法

类　别	监测项目	单　位	测定方法
气象因素	空气温度	℃	GB/T 24516.1—2009 附录 A
	相对湿度	%	GB/T 24516.1—2009 附录 A
	黑板温度	℃	传感器自动监测
	白板温度	℃	传感器自动监测
	总辐射强度	MJ/m^2	GB/T 24516.1—2009 附录 F
	总散射强度	MJ/m^2	见 GB/T 24516.1—2009 附录 F
	紫外辐射强度	MJ/m^2	GB/T 24516.1—2009 附录 F
	紫外散射强度	MJ/m^2	见 GB/T 24516.1—2009 附录 F

5.2 监测仪器及要求

5.2.1 环境因素监测仪器主要包括:温湿度两用计、黑板温度计、白板温度计、总辐射表、总散射辐射表、紫外辐射表和紫外散射辐射表等。

5.2.2 所有的辐射表应与辐射记录仪配合使用。

5.2.3 用于测量总辐射或紫外辐射的辐射表应安装在水平角和高度角精度范围为±0.5°的太阳跟踪架上。

5.2.4 用于监测环境因素的仪器应严格按检定周期进行校准,并符合有关国家标准或自检规程的规定。

6 试验场地与设施

6.1 概述

大气试验场应选择建在气候典型,环境条件严酷的地区。根据试验目的,也可选择其他环境和地区进行试验。试验装置放入暴露场内,所在的位置不能影响相邻的试验。试验装置推荐在强紫外辐射的地区使用。

6.2 暴露场地要求

6.2.1 暴露场应设在自然环境试验站内,场地周围设有围墙或栅栏,并设有防雷、防火、防盗和保密等安全设施。

6.2.2 暴露场地应平坦空旷,附近不允许有建筑物、树等障碍物遮挡试样,影响主导风向或大气腐蚀性介质传播,场地四周建筑物或障碍物至暴露场边缘距离,至少是建筑物或障碍物高度的3倍以上。

6.2.3 除特殊目的外,暴露场地附近不应排放各种有害气体、尘粒等污染物。

6.2.4 暴露场地面无积水,并保持该地区的自然植被状态或铺设草坪,草高不超过0.2 m。

6.2.5 环境因素监测场地,设在暴露场内或紧靠暴露场地的同一平面。一般不允许直接采用当地气象台(站)和环保监测场(站)有关数据。

7 试验装置与仪器

7.1 跟踪太阳暴露试验装置

试验装置应是一种暴露架能自动跟踪太阳的设备,暴露架上放置试样,暴露架角度应能任意可调,推荐采用当地纬度角或45°角。试验装置示意图见图1。

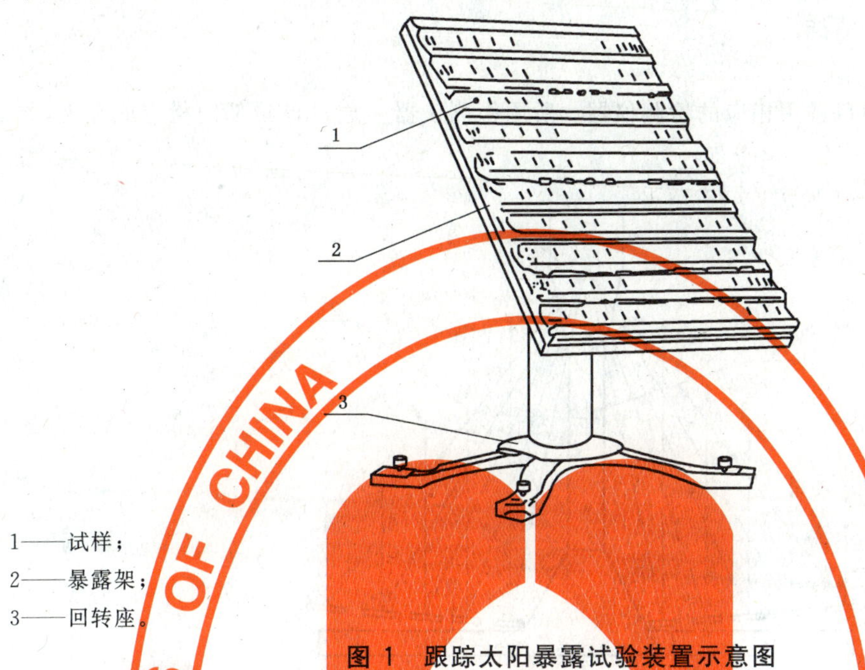

1——试样；
2——暴露架；
3——回转座。

图1 跟踪太阳暴露试验装置示意图

7.2 跟踪太阳反射聚能加速暴露试验装置

7.2.1 试验装置应安装平面镜以反射聚集太阳光，平面镜的位置应确保装置在运转时太阳光以近垂直的角度入射。为了将太阳光均匀反射到目标区内的试样上，平面镜应按与一个假想抛物线相切的模式排列。试验装置的聚光反射原理示意图见图2。

7.2.2 试验装置应配备一个跟踪系统来保证目标区在全天均位于聚焦位置。有以下2种跟踪方式可供选择：

a) 单轴跟踪装置，它带有人工高度调节杆，设备的轴朝向南北方向，轴朝北的一端可进行高度调节，以适应太阳高度的季节性变化；

b) 双轴跟踪装置，此试验装置具有计算机程序式控制的跟踪系统，控制试验装置的水平转动和俯仰转动。目标区的轴线保持与地面平行。试验装置通过绕水平及垂直轴向转动来保证目标区始终处于聚焦状态。

7.2.3 聚光反射系统使用的平面镜应是平整的且有一个典型的镜面光谱反射率曲线，采用ASTM E 903或试验结果相同的其他试验方法进行测量时，其在310 nm波长处测得的紫外光镜面反射率应大于或等于65%。典型的可接受的镜面光谱反射率曲线如图3所示。

7.2.4 平面镜检测与保养方法参见附录A。

7.2.5 试验装置配备一个风机来冷却试样。目标区的一个边缘安装着可调节的导风板，将空气导向试样的上方。对于无背衬安装的试样，空气也可从试样的下方通过。保持绝大多数试样表面的温度与同一时间、同一地点无聚光条件同时暴露的相同试样表面温度相比不高于10 ℃。

7.2.6 试验装置在目标区应安装黑、白板温度计，黑、白板温度计的技术要求应符合GB/T 1865—1997中6.6的要求。

7.2.7 试验装置应安装一套喷嘴组件，以便给暴露时的试样表面喷水。推荐使用扇形喷散的喷嘴，喷淋量为12 L/min～40 L/min，使试样表面受到均匀细小的雾状喷淋。

7.2.7.1 喷淋到试样表面的水应采用适当的方法除去水中的阳离子、阴离子、有机物，特别是二氧化硅，如不对喷淋用水进行一定的处理，试样表面将会出现通常在户外暴露中不会有的斑点或玷污。

7.2.7.2 喷淋到试样表面的水不应在暴露的试样上留下任何沉积物或污渍。水质应符合GB/T 1865—1997中6.4的要求，如果所使用的水质达不到要求，应注明所使用的水质情况。

7.2.7.3 当有细菌污染试样时，整个喷淋系统定期用浓度为 20 mg/L～30 mg/L 的氯水漂洗，并在试样继续暴露前用清水彻底清洗。

7.3 性能检测仪器

根据试样性能检测项目选用相应的检测仪器。所用检测仪器应通过计量部门检定或校准，并处于有效期内。

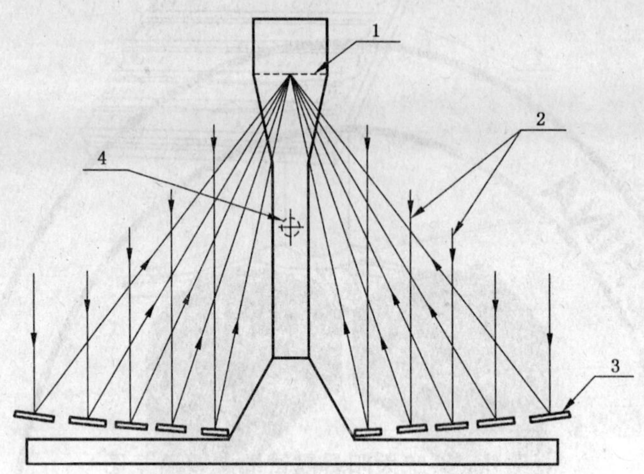

1——目标区；
2——太阳光；
3——平面镜；
4——喷嘴组件。

图 2 聚光反射原理示意图

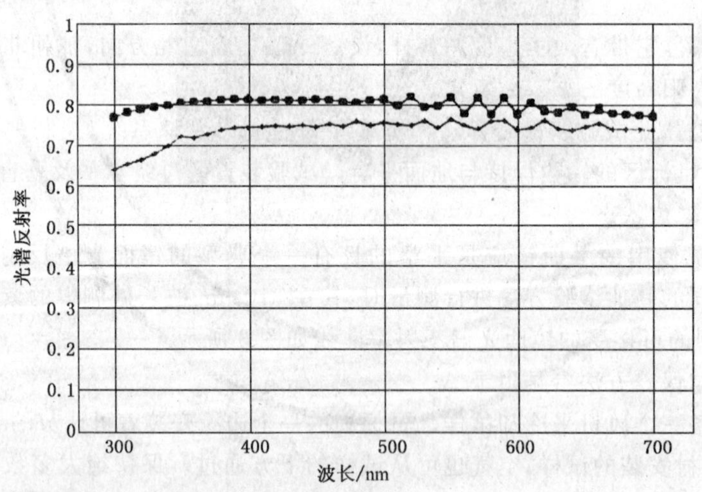

■ 标准值
+ 最低接受值

图 3 镜面光谱反射率曲线

8 试样

8.1 试样的尺寸应适合于暴露试验后的性能测试。试样尺寸不超过目标区的最大长度和宽度。

8.2 空气冷却的方式限制了试样的厚度应小于等于 13 mm。

8.3 用于对比试验的参比试样，应具有与受试试样相同的尺寸和相同暴露面积。

8.4 应预留未暴露的空白试样来确保目测评价的准确性。

8.5 试样数量应根据试验中评定项目所需数量而定，推荐每种试样至少3件。

9 试验前准备

9.1 试样标识

试样的标识要具备唯一性，标识应在不会对试验造成影响的部位，在整个试验过程中清晰可辨。

9.2 试样封边

如果试验有要求，试验前应采用适当的材料进行封边处理。

9.3 试样保存

试样应保存在温度小于30 ℃，相对湿度小于70%，避光、空气无污染的环境中。

注：空白试样在长期保存中不因腐蚀而改变其表面状况。

9.4 初始检测

试验前，按试验要求规定的检测参数和测试方法进行原始性能检测，并进行记录。

10 试样安装

10.1 跟踪太阳暴露试验

10.1.1 试样根据实际情况采用无背衬安装或背衬安装，背衬材料推荐采用厚度为13 mm的胶合板。

10.1.2 试样之间不应直接接触，应采用绝缘材料做成的夹具将其隔开。试样与夹具之间接触面积要尽可能小。

10.1.3 腐蚀产物和雨水不应从一个试样表面流向另一个试样表面。试样之间不应彼此遮盖，也不应受其他物体遮盖。

10.1.4 试样安放要牢固可靠，易于装卸，且便于观察。

10.2 跟踪太阳反射聚能加速暴露试验

10.2.1 无背衬安装，将装在试样架上的试样安装在离目标区大约5 mm～6 mm的位置上。在空气供给口和试样架之间保留足够的间隙。调节空气导风板以在试样的暴露面及导风板边缘之间保留10 mm～14 mm的间隙。

10.2.2 背衬安装，将试样紧贴着一块绝缘衬板，如厚度为13 mm的胶合板进行安装。

10.2.3 满足尺寸要求的试样应保证有一边紧靠目标区的导边以得到充分冷却。正确安装的示例图见图4。

10.2.4 当采用本方法进行玻璃过滤日光下材料的加速暴露试验时，推荐使用GB/T 14519—1993中4.1.1指定的玻璃。采用无喷淋进行玻璃下暴露时，小心调整导风板使试样得到充分的冷却。

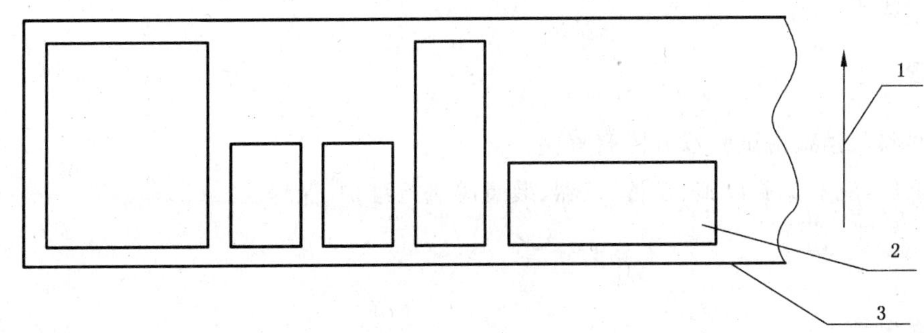

1——气流；
2——试样；
3——导边。

图4 试样正确安装的示例

11 试验

11.1 试样安装完毕，记录装置启动时间，作为试验开始时间。

11.2 对于跟踪太阳反射聚能加速暴露试验装置还应设置鼓风启动和停止温度，设置喷淋周期等。典型喷淋周期见表2。也可采用其他喷淋周期，但需得到相关方的认可。

11.3 监控和调节跟踪系统和反射系统，保证在白天的任何时刻试样都能接收到可见的光照。

注：跟踪太阳反射聚能装置日常维护、试样安装、取样或进行试样检查时，要求有适当的对眼睛和面部的保护措施，以防止紫外光和红外光对眼睛和面部的伤害。试样安装、取样或进行试样检查时，试验装置务必处于关机状态。建议操作者在操作跟踪太阳反射聚能装置时采取相应的防护措施。

表2 跟踪太阳反射聚能加速暴露试验装置典型喷淋周期

周期序号	白天		夜晚	
	喷淋时间	干燥时间	喷淋时间	干燥时间
1	8 min	52 min	8 min	172 min
2	无喷淋		无喷淋	
3	无喷淋		3 min	12 min
注：白天时间为06:00到21:00；夜晚时间为21:00到06:00。				

12 试验结果检测

12.1 试验过程中，按规定的检测周期和数量检查试样外观性能变化情况，并原位或取样进行其他性能检测，检测后需复位的试样应及时复位。

12.2 应加强试验早期的观察和检测，对中间检测结果及时分析，发现异常数据时，应及时复查或采取补救措施，确保数据的真实可靠。

12.3 试验结束后，试样应及时进行外观和各项性能的全面检测。如果试验期未满，试样的某种性能检测值低于预定指标时，则本次检测应作为最终检测。

13 试验中断

由于自然灾害的不可抗力，试验应主动中断，待试验条件正常后，及时恢复试验。试验中断的时间应在试验报告中注明。

14 试验后处理

14.1 试样的回收及销毁由试验双方协商解决。

14.2 试验结束后，应对试验设施、设备、仪器、装置等进行维护、保养。

15 试验记录

15.1 环境因素记录

环境因素数据记录应按GB/T 24516.1—2009第6章的规定进行。

15.2 试样检测记录

试样每周期获得的外观和性能检测结果，应填写在试样检测记录卡。记录卡推荐格式见表3。

表 3　试样检测记录卡

项目名称			试验地点		试验起止时间	
试样编号			试样类别		试样制作工艺	
检测标准			检测条件		检测仪器	
原始检测数据					原始表面状态	
检测时间	试验周期	检测结果				重大记事
试验(检测):		复查:			审核:	

15.3　运行记录

运行记录用于记录试验过程和各检测周期执行情况，主要包括内容见表 4。

表 4　跟踪太阳暴露试验运行记录表

项目名称		试验起止时间		架位编号	
检测项目		试样编号		试样数量	
记录时间	运行情况	原因分析及解决措施	重大事项		其他说明

16　数据处理及结果表述

16.1　数据处理

16.1.1　数据处理一般参照 JB/T 10579 规定的方法进行。

16.1.2　各类数据处理后的数据通过分析和整理，对数据的可信性和实用性做出评价。

16.2　结果表述

根据产品及材料的评价标准，获得试样的试验结果。一般从以下几个方面进行描述：

a)　试验场地环境因素记录结果；

b)　试样的外观变化；

c)　试样力学和其他性能的变化；

d)　试样主要性能指标下降到规定值时的暴露持续时间；

e） 试样主要性能指标下降到规定值时的太阳辐射累积量值；

f） 腐蚀产物及微观分析；

g） 跟踪太阳反射聚能加速暴露试样所受太阳辐射量值(按照附录B计算)。

17 试验报告

根据试样类型和试验目的，报告中应包括以下的内容：

a） 本标准号；

b） 试验目的与试验地点；

c） 试验时间与试验内容；

d） 试验条件(试验场地、试验装置、环境条件等)；

e） 试验方法及执行标准；

f） 检测方法及执行标准；

g） 喷淋周期；

h） 喷淋使用的水质情况；

i） 试样安装情况(无背衬安装或背衬安装)；

j） 计算试样所受的太阳辐射量；

k） 试验过程中的任何异常情况，例如可能会影响试验结果的极限温度；

l） 注明玻璃过滤日光下暴露试验用的玻璃的透射特性；

m） 试验期环境因素数据统计；

n） 其他要求。

附　录　A
（资料性附录）
平面镜检测与保养方法

A.1　平面镜反射率的检测

A.1.1　至少每6个月检测一次每块平面镜的反射率。检测时，可使用带有以310 nm波长为中心的窄带滤波器的便携式镜面反射率测量仪在镜片中心线的两处进行测量，一处距北边缘15 cm，另一处距南边缘15 cm。目测每一块镜片，对出现不平整的区域应进行反射率检测。如果被测镜面在310 nm处的反射率低于65％，则应更换该平面镜。

A.1.2　如果不能实施测量安装在设备上的平面镜，可在设备上安装一个便于装卸的小块平面镜，作为整个反射系统的一个代表。将这一小块平面镜安装在A.1.1中规定的镜片位置附近。这一小块平面镜的材质和批号应和设备中使用的平面镜一致，并和设备上使用的平面镜同时安装。

A.2　平面镜的保养

A.2.1　为了使镜片达到最佳的镜面光谱反射，最大限度地减少会造成镜面光谱辐射改变的沉积物，应建立一个定期清洁镜片的程序，防止平面镜在310 nm处的反射率低于65％时才清洗镜片。

A.2.2　采用不磨损、不产生残留物的清洁程序。推荐超声波清洗或脱脂布蘸7.2.7.2中规定的去离子水轻轻擦拭平面镜表面，擦拭后平面镜表面应干净和无擦痕。

A.3　其他说明

A.3.1　如果平面镜表面的污染物快速沉积，则说明大气环境条件不适宜使用该装置。

A.3.2　某一块平面镜表面膜层如出现中等程度以上的起皮、脱膜、裂纹、起泡等缺陷，则应更换此块平面镜。

A.3.3　平面镜表面的污染造成光谱辐射的变化会造成暴露试验的不确定性，应作为试验误差的一部分。

附 录 B
（规范性附录）
试样所受太阳辐射量的计算

B.1 试样所受的太阳辐射量的计算

根据式(B.1)确定试样所受的太阳辐射量：

$$H_S = M\rho_S \sum_{i=1}^{N} H_i \quad \cdots\cdots(B.1)$$

$$\rho_S = \rho \sum_{i=1}^{M} \cos\theta_i / M \quad \cdots\cdots(B.2)$$

式中：

H_S——试样所受的太阳辐射量值，单位为兆焦每平方米(MJ/m^2)；

M——平面镜数量的数值；

ρ_S——平面镜的能量加权平均反射率的数值，单位为百分率(%)；

N——暴露天数值，单位为天(d)；

H_i——某天太阳直射日辐射量值，单位为兆焦每平方米(MJ/m^2)；

ρ——余弦校正后镜面反射率的数值，单位为百分率(%)；

θ_i——某一块平面镜至试样目标区的光线的入射角数值，单位为度(°)。

B.2 太阳直射日辐射量的计算

太阳直射日辐射量 H_i 由式(B.3)确定：

$$H_i = H_t - H_{d0} \quad \cdots\cdots(B.3)$$

式中：

H_i——某天太阳直射日辐射量值，单位为兆焦每平方米(MJ/m^2)；

H_t——半球日辐射量值，单位为兆焦每平方米(MJ/m^2)；

H_{d0}——散射日辐射量值，单位为兆焦每平方米(MJ/m^2)。

B.3 平面镜的能量加权平均反射率的计算

表B.1举例列出了第7章所述的设备上安装的十块平面镜的入射角。

表 B.1 反射系统参数

反射镜编号＃	θ_i/(°)	$\cos\theta_i$
1,10	34.3	0.826
2,9	28.7	0.877
3,8	22.5	0.924
4,7	15.9	0.962
5,6	8.8	0.988

式(B.2)中的求和部分展开为：

$$\sum_{i=1}^{M} \cos\theta_i = 2(0.826) + 2(0.877) + 2(0.924) + 2(0.962) + 2(0.988) = 9.154 \quad \cdots(B.4)$$

如平面镜测得的从300 nm～385 nm波长的镜面反射率 ρ 为80%，则利用式(B.2)计算 ρ_S：

$$\rho_S = 0.8 \times 9.154/10 = 0.732 \quad \cdots\cdots (B.5)$$

B.4 试样所受的太阳辐射量

某几天的 H_i 数据如表 B.2 所示。

表 B.2 某几天的 H_i 数据

日期	H_i/(MJ/m²)
8/13/98	0.744
8/14/98	0.872
8/15/98	0.704
总计	2.320

利用式(B.1),试样所受的太阳辐射量 H_S 的计算结果为:

$$H_S = 10 \times 0.732 \times 2.320 = 16.98\ \mathrm{MJ/m^2} \quad \cdots\cdots (B.6)$$

ICS 77.060
H 25

中华人民共和国国家标准

GB/T 24517—2009

金属和合金的腐蚀 户外周期喷淋暴露试验方法

Corrosion of metals and alloys—
Outdoors exposure test methods for periodic water spray

2009-10-30 发布　　2010-05-01 实施

中华人民共和国国家质量监督检验检疫总局
中国国家标准化管理委员会　发布

前　言

本标准的附录 A 和附录 B 为资料性附录。

本标准由中国钢铁工业协会提出。

本标准由全国钢标准化技术委员会归口。

本标准起草单位：中国兵器工业第五九研究所、国家材料环境腐蚀野外科学研究试验站网综合研究中心、冶金工业信息标准研究院。

本标准主要起草人：杨德模、凌勇、王振尧、韩薇。

引　言

自然环境腐蚀是产品及材料在贮存和使用条件下失效的主要原因之一，由于环境温度、湿度、太阳辐射的影响作用，使得产品及材料的腐蚀与老化程度以及变化规律都有较大的差异。为了有效缩短试验周期，快速评价产品及材料的环境适应性，提高产品及材料在自然环境条件下的腐蚀速度，制定了《金属和合金的腐蚀　户外周期喷淋暴露试验方法》。

本标准利用自然环境条件，通过强化大气中雨水及其雨水中的腐蚀成分，考核产品及材料在自然环境条件下的环境适应性和可靠性。开展自然环境周期喷淋试验的目的是确定产品及材料在自然环境下的腐蚀速度，有效缩短试验周期，快速评价产品及材料的环境适应性。

金属和合金的腐蚀 户外周期喷淋暴露试验方法

1 范围

本标准规定了产品和材料开展户外周期喷淋暴露试验的试验原理、试验装置、试验条件、试验程序、试验记录、数据处理及结果表述和试验报告等。

本标准适用于金属及其合金材料、金属覆盖层、阳极氧化膜和转化膜的自然环境周期喷淋腐蚀试验,对可能遇到淋雨环境的产品和材料亦可参照执行。

2 规范性引用文件

下列文件中的条款通过本标准的引用而成为本标准的条款。凡是注日期的引用文件,其随后所有的修改单(不包括勘误的内容)或修订版均不适用于本标准,然而,鼓励根据本标准达成协议的各方研究是否可使用这些文件的最新版本。凡是不注日期的引用文件,其最新版本适用于本标准。

GB/T 6461 金属基体上金属和其他无机覆盖层 经腐蚀试验后的试样和试件的评级

GB/T 14165—2008 金属和合金 大气腐蚀试验 现场试验的一般要求

GB/T 24516.1—2009 金属和合金的腐蚀 大气腐蚀 地面气象因素观测方法

JB/T 10579 腐蚀数据统计分析标准方法

3 术语和定义

下列术语和定义适用于本标准。

3.1

自然环境试验 natural environmental test

将产品置于一类或几类自然环境中,通过试验评价其在预期使用环境中环境适应性能力的试验。

3.2

自然环境加速试验 natural environment accelerated test

可缩短自然环境试验时间的一类试验。该类试验是利用设备或装置提高产品和材料在自然环境试验中现场预期遇到的主要环境应力的出现频率、幅度、大小及持续时间达到其目的。

3.3

周期喷淋 periodic spraying

将试验溶液按规定的喷淋和间歇时间,周期循环地喷洒到试验样品表面,达到加速腐蚀的作用。

4 试验原理

利用试验装置模拟自然环境中的降雨状态,通过增加试验样品表面干湿循环和强化雨水中的酸和盐等腐蚀介质,提高自然环境的严酷度,加速试样的腐蚀。

5 试验条件

5.1 试验场地与设施

试验场应具有典型气候类型的环境特点。大气试验场主风向上方附近不允许有影响试验的污染源存在,周围障碍物到暴露场边缘的距离至少是该障碍物高度的3倍以上,保证试验场空气流通,阳光不受遮挡。

5.1.1　开展户外周期喷淋试验要求的环境气候条件是在不低于0 ℃的地区。

5.1.2　将周期喷淋试验装置固定在大气暴露试验场内，与其他试验装置和设施不能相互干扰和影响。

5.1.3　试验场应有环境因素监测场，满足大气环境因素测定方法所必需的监测仪器。

5.2　试验装置与仪器

5.2.1　装置结构及要求

5.2.1.1　装置结构

装置的结构根据试样的大小和结构来设计，主要由喷嘴、试验台架、储水箱和压力水泵等部分组成。对于开展小型零部件、结构件和金属材料及其覆盖层的试验，本标准推荐选用台式周期喷淋试验装置，其结构示意图见图1。

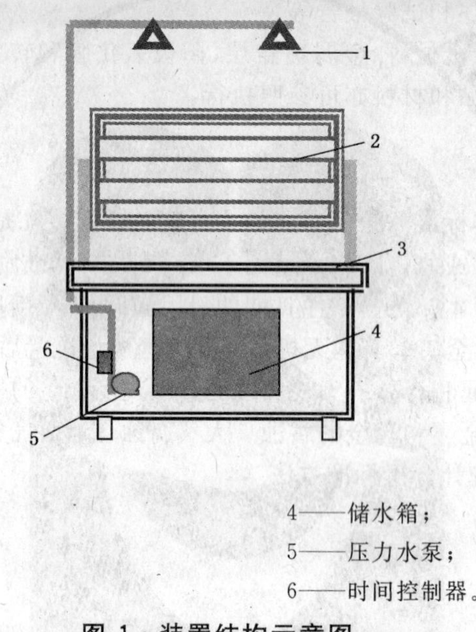

1——喷嘴；
2——试验架；
3——积液台；
4——储水箱；
5——压力水泵；
6——时间控制器。

图1　装置结构示意图

5.2.1.2　装置工作流程

调整时间控制器，确定周期喷淋的喷淋时间和间歇时间。喷淋时，时间控制器闭合，压力水泵通电运行，将储水箱内的试验溶液抽起，通过喷嘴均匀地喷洒到样品表面。

5.2.1.3　装置要求

a)　装置总体要求：

——装置外箱体选用耐候性较好的材料制作；

——当试验样品外形尺寸大于1 000 mm×1 100 mm时，台式喷淋装置无法固定试样，应放弃使用台式喷淋装置，选择使用其他喷淋装置。

b)　装置各部分要求：

——喷嘴，数量2个～10个，喷嘴孔径ϕ0.05 mm～ϕ0.5 mm，离试验架高度500 mm～800 mm可调；

——试验架，可变换角度，能调整到0°、15°、30°、45°和60°等试验角度；

——积液台，位于试验架下方，存储喷淋流下的溶液；

——储水箱，选用耐酸、碱、盐的材料，推荐用合成材料，储水容积大于0.4 m^3；

——压力水泵，扬程大于等于3 m；

——时间控制器，可循环控制喷淋时间和间歇时间，实现周期循环喷淋。

5.2.2　装置主要技术指标

5.2.2.1　装置的结构设计要合理，应能达到开展各种产品和材料的试验要求。

5.2.2.2　台式喷淋试验装置的有效喷淋范围应大于1 100 mm×1 000 mm，应使试验架各个部位固定的试验样品，都能均匀的喷淋到试验溶液。

5.2.2.3 装置配置的压力水泵的功率要足够大（台式喷淋装置推荐功率在 0.5 kW 以上），使试验溶液到达喷嘴时的压力最小达到 500 kPa。

5.2.2.4 积液台较试验架尺寸大 30%以上（台式喷淋装置推荐尺寸为：1 400 mm×1 200 mm）。

5.2.3 仪器

5.2.3.1 环境因素监测仪器

试验场安置的自然环境因素监测仪器，其精度要求和安装方法应符合 GB/T 24516.1—2009 中 4.2 的规定。

5.2.3.2 性能检测仪器

根据试样的性能测试项目选用相应的测试仪器和设备。

5.3 喷淋溶液

喷淋的溶液是模拟雨水配制的水溶液。本标准推荐模拟三类不同的雨水，第一类是近中性雨水，pH 值在 6.5～7.5，雨水中腐蚀性物质较少；第二类是酸性雨水，pH 值在 4.3～5.3 范围内，雨水中腐蚀性物质较多，主要含量为硫酸根、亚硫酸根离子；第三类是含盐雨水，pH 值在 6.2～7.2 范围内，这类雨水中的腐蚀性物质较多，主要含量是氯离子。本方法针对上述三种雨水的主要成分，提出了三种试验用喷淋溶液及其配制方法，参见附录 A。

注：为避免酸性溶液对人体造成损害，建议操作人员采取适当的保护措施。

6 试样

6.1 试样可以是产品、零部件、结构件或材料试片等，尺寸大小按产品的实际尺寸。数量每周期 3 件～5 件。

6.2 产品、零部件、结构件作为试验样品时，直接将产品及相关部分作为试样，不需制备。

6.3 材料试片应制作成边长为 25 mm 的整数倍，推荐长宽比为 2∶1，厚度为 1 mm～3 mm。

6.4 试验前根据试样类别及试验目的，对试样原始性能进行检测，检测结果应记录在试样档案卡中。

7 试验周期

7.1 装置运行 24 h 为一个试验周期。

7.2 试验检测周期根据试样的耐候性能和试验目的来确定，推荐周期为：10 d、30 d、60 d、90 d、180 d 等。

8 试验前准备

8.1 试样标识

试样的标识要具备唯一性，标识应在不对试验造成影响的部位，在整个试验过程中清晰可辨。

8.2 预处理

8.2.1 试样的预处理是用不产生腐蚀或不产生防护膜的溶剂，清除试样表面的污物或临时性防护层。

8.2.2 金属覆盖层试样在试验前还应用耐候性涂料做封边处理。

8.3 试样放置

8.3.1 试样应牢固地固定在喷淋装置的试验架上，推荐采用朝南 45°（根据试验目的也可选择其他朝向或夹角）。

8.3.2 试样之间不应互相接触或遮盖，不能和其他金属材料或吸水材料相互接触；试验样品之间选择合适的间距，保证喷淋溶液能均匀喷淋到每个样品的表面。

8.3.3 试验装置的放置地点要与自然暴露试验区有一定的距离，并处于本地区主风向的下方，防止喷淋的溶液（由于风的影响）对其他试验样品造成影响。

9 试验

9.1 试验开始

9.1.1 根据试验目的配置不同的喷淋试验溶液，溶液的配置方法参见附录 A。

9.1.2 将配制好的喷淋溶液盛入装置的储水箱内；在时间控制器上设定喷淋时间和间歇时间；开启电源，装置按设定的喷淋时间和间歇时间连续、循环地开始试验。

9.1.3 喷淋周期根据试验材料类别和试验环境进行设置，推荐喷淋周期设定为：喷淋时间 1 min，间歇时间 60 min（夜间喷淋时，间歇时间还可以适当延长）。

9.2 试验中断与恢复

9.2.1 在试验周期内，若遇自然降雨，要立即停止喷淋。待降雨停止后，清洁积液台上的残余雨水，恢复装置的喷淋程序，详细记录降雨时间和降雨量。

9.2.2 在试验周期内，遇 10 m/s 以上大风天气，要停止喷淋，避免大风将喷淋溶液吹走，使得试样表面不能喷淋到溶液。待大风过后，及时清洁积液台上的尘土，恢复喷淋试验，记录大风造成喷淋停止时间。

9.2.3 在试验周期内，若遇自然灾害等不可抗拒力的影响，要中断试验。

9.3 中间检测

在规定的检测周期进行试样外观及性能的检测，其中金属产品及材料按 GB/T 14165—2008 规定进行，覆盖层按 GB/T 6461 的检测项目、内容及方法进行，并将检测结果记录在试样档案卡中。

9.4 最终检测

试验结束，按相关标准要求对试样外观及性能进行检测。

10 试验记录

10.1 环境因素记录

10.1.1 环境因素数据记录应按 GB/T 24516.1—2009 第 6 章的规定进行。

10.1.2 试验期自然环境因素监测参数与频率参见附录 B。

10.2 试样检测记录

试样每周期获得的外观和性能检测结果，应填写在试样检测记录卡。记录卡推荐格式见表 1。

表 1 试样检测记录卡

项目名称		试验地点		试验起止时间	
试样编号		试样类别		试样制作工艺	
检测标准		检测条件		检测仪器	
原始检测数据				原始表面状态	
检测时间	试验周期	检测结果			重大记事
试验（检测）：		复查：		审核：	

10.3 运行记录

运行记录用于记录试验过程和各检测周期执行情况，主要记录内容见表 2。

表 2 户外周期喷淋试验运行记录表

项目名称		试验起止时间		架位编号	
检测项目		试样编号		试样数量	
记录时间	运 行 情 况	原因分析及解决措施	重大事项及说明		记录人（签名）

11 数据处理与结果描述

11.1 数据处理

数据处理方法可参照 JB/T 10579 进行处理。

11.2 结果描述

根据产品及材料的评价标准，获得试验样品的试验结果。一般从以下几个方面进行描述：

a) 试验样品的外观变化；

b) 试验后出现的腐蚀缺陷；

c) 金属覆盖层外观等级和保护等级评判；

d) 金属覆盖层出现腐蚀(锈蚀)的时间；

e) 金属及合金的锈层颜色、颗粒大小、疏松程度等分析；

f) 样品重量损失、腐蚀深度和腐蚀速度；

g) 机械性能或其他性能变化。

12 试验报告

根据试样类型和试验目的，试验报告应有以下内容：

a) 本标准号；

b) 试验目的与试验地点；

c) 试验时间与试验方式；

d) 检测项目及试验与评价标准；

e) 喷淋溶液的类型与配制方法；

f) 试样外观变化描述与腐蚀评级；

g) 试样腐蚀及典型变化形貌；

h) 试验期环境因素数据；

i) 试样腐蚀速度与性能检测数据。

附 录 A
（资料性附录）
喷淋试验溶液配制方法

A.1 近中性水溶液

选用满足实验室分析用去离子水或蒸馏水，作为模拟近中性雨水试验溶液。

A.2 酸性水溶液

A.2.1 溶液配制所用的试剂采用化学纯或化学纯以上的试剂。将硫酸钠溶于去离子水中，其浓度为：1 g/L±0.1 g/L。

A.2.2 配制的酸性溶液，其 pH 值应在 4.3～5.3 范围内。溶液的 pH 值可用稀释后的盐酸或氢氧化钠溶液逐步调整。

A.2.3 测定所配溶液的 pH 值，可用酸度计或精密 pH 试纸来测定（日常检测时用）。

A.3 含盐水溶液

A.3.1 溶液配制所用的试剂采用化学纯或化学纯以上的试剂。将氯化钠溶于去离子水（或蒸馏水）中，其浓度为：50 g/L±5 g/L。

A.3.2 配制的含盐试验溶液，pH 值应在 6.2～7.2 范围内。溶液的 pH 值可用稀释后的盐酸或氢氧化钠溶液逐步调整。

A.3.3 测定所配溶液的 pH 值，可用酸度计或精密 pH 试纸来测定（日常检测时用）。

A.4 溶液的过滤

为了避免喷嘴堵塞，溶液在使用前应用不低于 80 目（相当于 0.2 mm）的不锈钢网过滤。

A.5 配制溶液的精度

溶液中最大允许杂质含量和测定方法见表 A.1。

表 A.1 溶液中最大允许杂质含量

杂质	最大允许含量（质量分数） %	测定方法
铜	0.001	用原子吸收分光光度法或其他精度相似的方法测定
镍	0.001	
碘化钠	0.1	
总体	0.5	

附　录　B
（资料性附录）
大气环境因素监测项目

B.1　大气环境因素监测项目

大气环境因素监测项目及内容见表 B.1。

表 B.1　环境因素监测项目及内容

环境参数	单位	测量种类和次数	测定数据
温度	℃	连续或每天至少 4 次	平均、最高、最低
相对湿度	%	连续或每天至少 4 次	平均、最大、最小
风向风速	m/s	连续或每天至少 4 次	平均风速、最多风向
太阳辐射	MJ/m^2	连续	红外、紫外、总辐射
日照	h	连续	日照时数、日照百分率
降水	mm/d	连续	降水时数、降水量
天气现象		连续	雨、雪、雷、电等
形成温度＞0 ℃和 RH＞80%的潮湿状态的时间	h	—	每月和每年小时数
SO_2 含量	mg/m^3 $mg/(m^2 \cdot d)$	瞬时 连续	月平均
氯离子含量	$mg/(m^2 \cdot d)$	连续	月平均
氯化氢含量	mg/m^3	瞬时	月平均
氮氧化物含量	mg/m^3 $mg/(m^2 \cdot d)$	瞬时 连续	月平均
雨水分析	mg/m^3	连续	pH 值、硫酸根、氯离子
大气降尘	$g/(cm^2 \cdot 30\ d)$	连续	水溶性和非水溶性

ICS 77.060
H 25

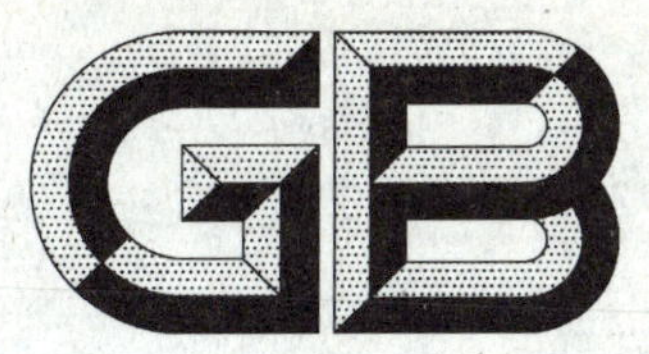

中华人民共和国国家标准

GB/T 24518—2009

金属和合金的腐蚀 应力腐蚀室外暴露试验方法

Corrosion of metals and alloys—Test methods for stress corrosion cracking in outdoor environments

2009-10-30 发布　　2010-05-01 实施

中华人民共和国国家质量监督检验检疫总局
中国国家标准化管理委员会　发布

前　言

本标准的附录 A 为资料性附录。

本标准由中国钢铁工业协会提出。

本标准由全国钢标准化技术委员会归口。

本标准起草单位：中国航空工业第一集团公司北京航空材料研究院、国家材料环境腐蚀野外科学研究试验站网综合研究中心、冶金工业信息标准研究院。

本标准主要起草人：张晓云、孙志华、陆峰、王振尧、韩薇。

金属和合金的腐蚀 应力腐蚀室外暴露试验方法

1 范围

本标准规定了金属及其合金在大气环境下室外暴露的应力腐蚀试验条件、试样制备、试验程序、数据处理与结果分析等。

本标准适用于评价金属及其合金在大气环境下的应力腐蚀。

2 规范性引用文件

下列文件中的条款通过本标准的引用而成为本标准的条款。凡是注日期的引用文件，其随后所有的修改单(不包括勘误的内容)或修订版均不适用于本标准，然而，鼓励根据本标准达成协议的各方研究是否可使用这些文件的最新版本。凡是不注日期的引用文件，其最新版本适用于本标准。

GB/T 14165—2008 金属和合金 大气腐蚀试验 现场试验的一般要求(ISO 8565:1992,IDT)

GB/T 15970.1—1995 金属和合金的腐蚀 应力腐蚀试验 第1部分:试验方法总则(idt ISO 7539-1:1987)

GB/T 15970.2 金属和合金的腐蚀 应力腐蚀试验 第2部分:弯梁试样的制备和应用(GB/T 15970.2—2000,idt ISO 7539-2:1989)

GB/T 15970.4 金属和合金的腐蚀 应力腐蚀试验 第4部分:单轴加载拉伸试样的制备和应用(GB/T 15970.4—2000,idt ISO 7539-4:1989)

GB/T 15970.5 金属和合金的腐蚀 应力腐蚀试验 第5部分:C型环试样的制备和应用(GB/T 15970.5—1998,idt ISO 7539-5:1989)

GB/T 15970.6—2007 金属和合金的腐蚀 应力腐蚀试验 第6部分:恒载荷或恒位移下的预裂纹试样的制备和应用(ISO 7539-6:2003,IDT)

GB/T 19292.3 金属和合金的腐蚀 大气腐蚀性 污染物的测量(GB/T 19292.3—2003,ISO 9225:1992,IDT)

3 术语和定义

GB/T 15970.1—1995 确立的术语和定义适用于本标准。

4 原理

4.1 单轴加载拉伸应力腐蚀试验

使试样承受恒定的载荷，并将受力试样暴露于试验环境中，根据试样完全破断的时间或剩余强度评价材料在实际使用的应力水平下的抗应力腐蚀性能。

4.2 C型环试样应力腐蚀试验

将试样恒载荷或恒应变加载，并将受力试样暴露于试验环境中，根据裂纹出现的时间或临界应力(低于此应力不出现裂纹)评价材料在实际使用的应力水平下的抗应力腐蚀性能。

4.3 预裂纹试样应力腐蚀试验

对带机械缺口或疲劳预裂纹的试样施加恒定载荷，并将受力试样暴露于试验环境中，借助于平面应变应力强度定量地确定存在于预裂纹试样中裂纹尖端的应力状况，根据临界应力腐蚀强度因子 K_{ISCC} 和

裂纹扩展速率 da/dt 评价材料的抗应力腐蚀性能。

4.4 弯梁试样应力腐蚀试验

把弯曲应力加到具有矩形截面的弯梁试样上，并将受力试样暴露于试验环境中，根据裂纹出现的时间或临界应力评价在所加应力水平下材料在该环境中抗应力腐蚀性能。

4.5 试验类型和适用范围

根据金属或合金的规格与可能的使用环境，制备不同形式的受力试样，暴露在大气环境中，通过外观检查、裂纹监测、断口分析等方法，进行其应力腐蚀敏感性的评价。本标准推荐的试验类型和适用范围见表1。

表1 试验类型和适用范围

试验类型		适用范围
单轴加载拉伸应力腐蚀试验		主要适用于镁合金、铝合金、钢、钛合金等的板材、棒材等
C型环试样应力腐蚀试验		主要适用于铝合金管材、棒材和厚板
预裂纹试样应力腐蚀试验	双悬臂(DCB)试样	主要适用于铝合金棒材、厚板及锻件
	楔形张开加载(WOL)试样	主要适用于钢及钛合金棒材、厚板及锻件
弯梁试样应力腐蚀试验		主要适用于能方便地提供具有矩形截面带材、板材等

5 试验条件

5.1 试验场地

试验场地应符合 GB/T 14165—2008 第4章的要求，并设置环境因素监测场及大气环境因素测定项目的监测仪器。

5.2 试验装置

5.2.1 单轴加载拉伸应力腐蚀试验

单轴加载拉伸应力腐蚀试验应在具有恒定载荷和持久拉伸能力的装置上进行，该装置应简单、紧凑、易于操作和移动，并且抗大气环境腐蚀。推荐的试验装置由四面镂空的受力支架、弹簧、垫块、试样上下夹头、定位套筒、压紧螺母及保护帽罩组成，加载后的示意图见图1。

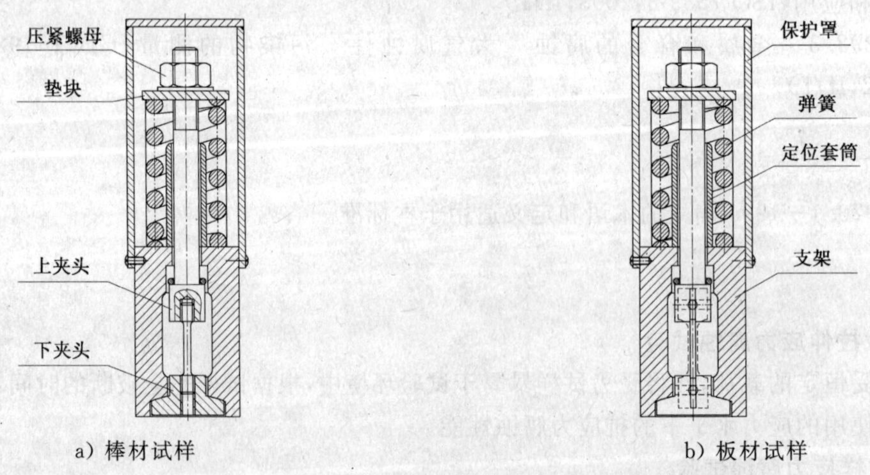

图1 单轴加载拉伸的弹簧加载装置及加载后的示意图

5.2.2 C型环试样应力腐蚀试验

C型环试样采用螺栓与螺母施加应力。加载用的螺母和螺栓，宜采用与试样相同的材料制作。螺栓的长度 L 根据具体零件尺寸而定，以保证与环的大小相配合。推荐的螺栓与螺母的规格见图2，加载后的试样示意图见图3。

单位为毫米

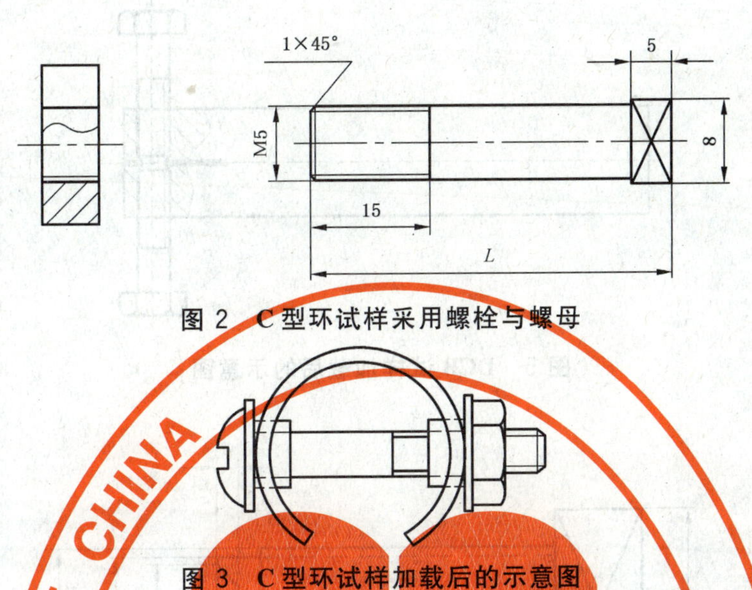

图2 C型环试样采用螺栓与螺母

图3 C型环试样加载后的示意图

5.2.3 预裂纹试样应力腐蚀试验

预裂纹的双悬臂梁(DCB)试样和楔形张开加载(WOL)试样的应力腐蚀试验采用螺钉和垫块加载。

推荐的DCB试样的加载螺钉采用硬度大于或等于45HRC的钢制作，螺钉的螺纹端，一个是球面，一个是平面，或两个均为球面(见图4)，加载后的示意图见图5。

推荐的WOL试样的加载螺钉和垫块采用硬度大于61HRC的轴承钢或其他材料制作(见图6)，加载后的示意图见图7。

单位为毫米

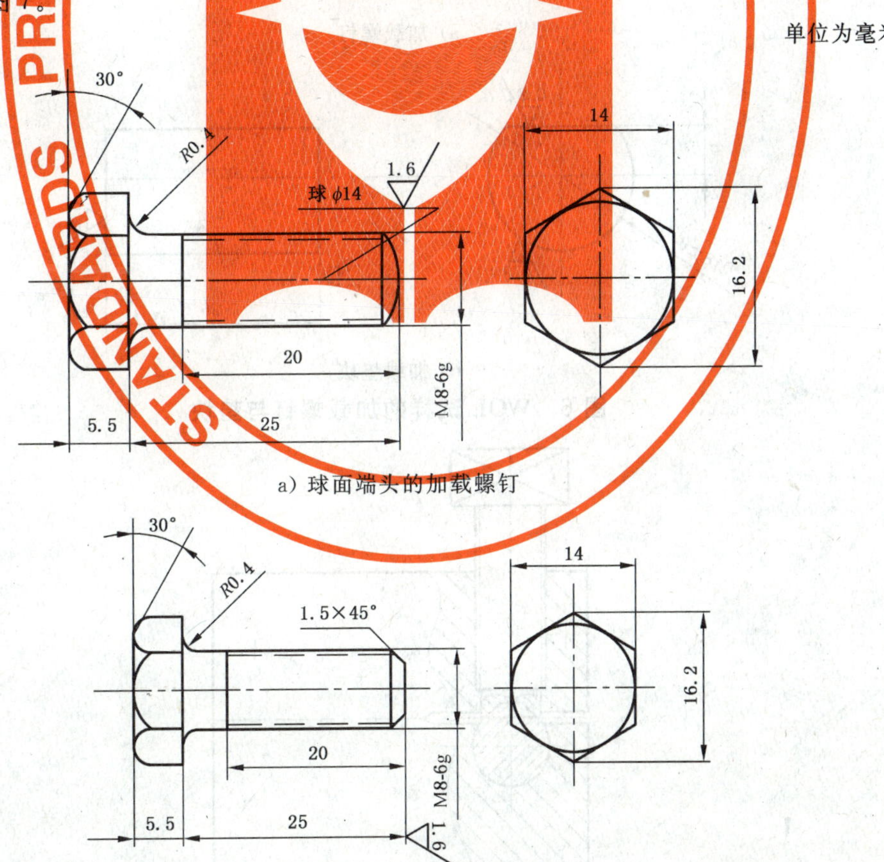

a) 球面端头的加载螺钉

b) 平面端头的加载螺钉

图4 DCB试样的加载螺钉

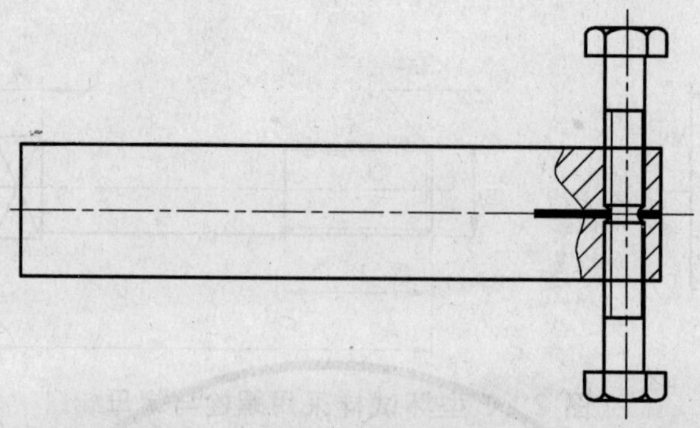

图 5　DCB 试样加载后的示意图

单位为毫米

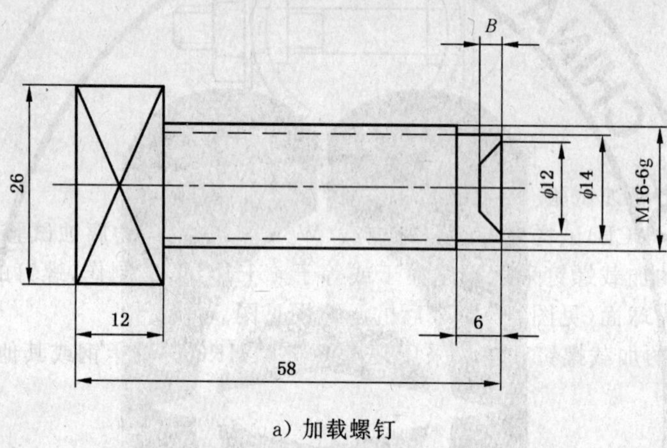

a）加载螺钉

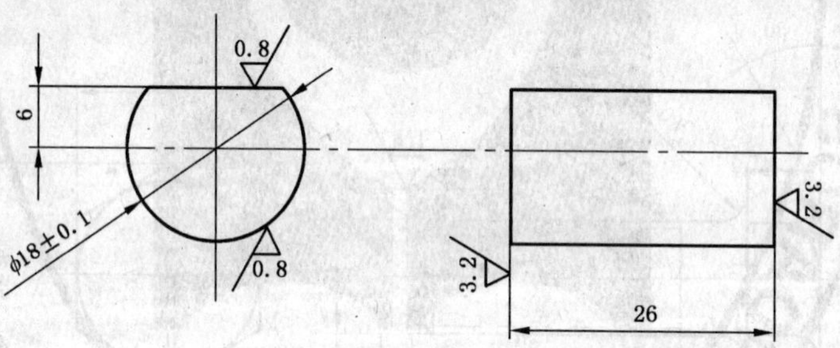

b）加载垫块

图 6　WOL 试样的加载螺钉与垫块

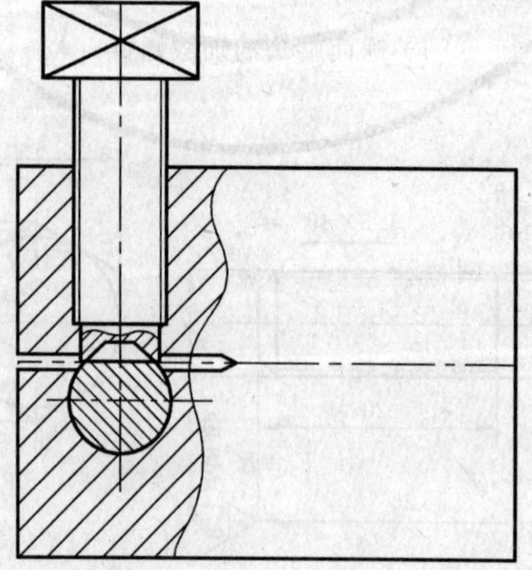

图 7　WOL 试样加载后的示意图

5.2.4 弯梁试样应力腐蚀试验

用于加载试样的夹具,应采用在试验环境中耐蚀的材料制成,并避免产生电偶腐蚀。若采用塑料夹具,在试验过程中,应不发生明显变形。推荐用于弯梁试样的夹具形状和尺寸见图8,加载后的示意图见图9。

单位为毫米

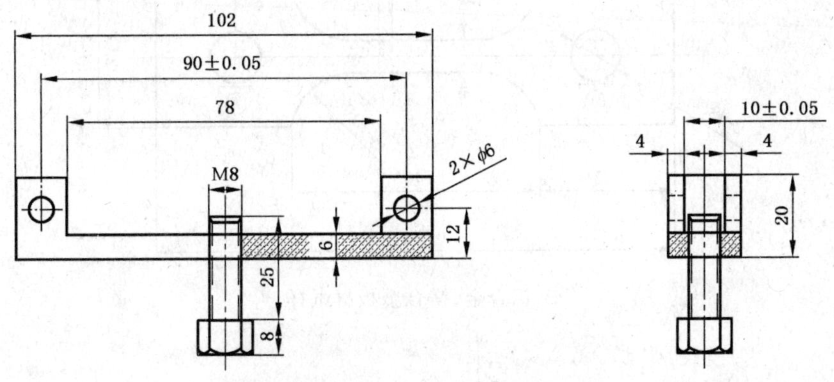

图8 弯梁试样的夹具形状和尺寸

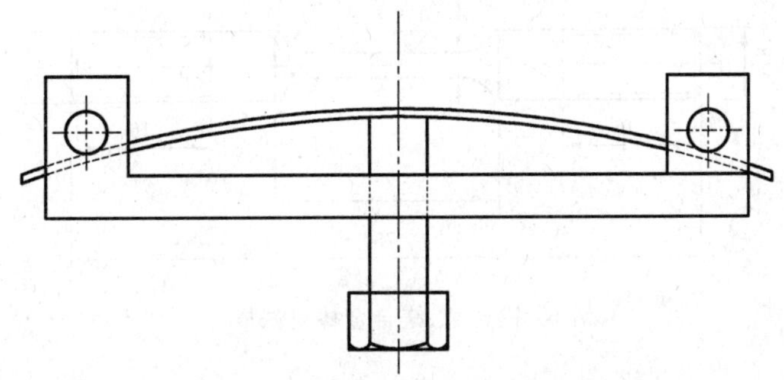

图9 弯梁试样加载后的示意图

5.3 环境因素监测

按照GB/T 19292.3规定的方法和要求检测大气环境中的污染物。环境温度、空气湿度、大气压力、大气降水、风向和风速、日照时数、太阳辐射、天气现象等按照相关试验规程进行监测。

5.4 性能检测仪器

5.4.1 读度数显微镜

用于监测预裂纹试样的裂纹长度,读度数显微镜的精度为0.01 mm。也可通过电阻法、背面应变法或位移引伸法进行裂纹长度的测量。

5.4.2 扫描电镜

用于观测试样断口的微观形貌。

6 试样及制备

6.1 试样的要求

根据材料的规格与形状以及试验的评价要求选择试样的形式和施加的载荷强度。每组试验平行试样的数量为(3～5)个。试样表面粗糙度应保持一致,棱角处光滑无毛刺,圆弧与工作段连接处应圆滑,试样表面无划伤。

6.2 试样的制备

6.2.1 单轴加载拉伸应力腐蚀试样

单轴加载拉伸应力腐蚀试样取向根据试验目的、材料尺寸和形状而定。板材一般取横向,小截面的型材和棒材取纵向,对大截面的材料和零件以高度方向取样为主。推荐的便携式拉伸应力腐蚀试验器的试样尺寸参见图10。也可按GB/T 15970.4规定的方法制备。

单位为毫米

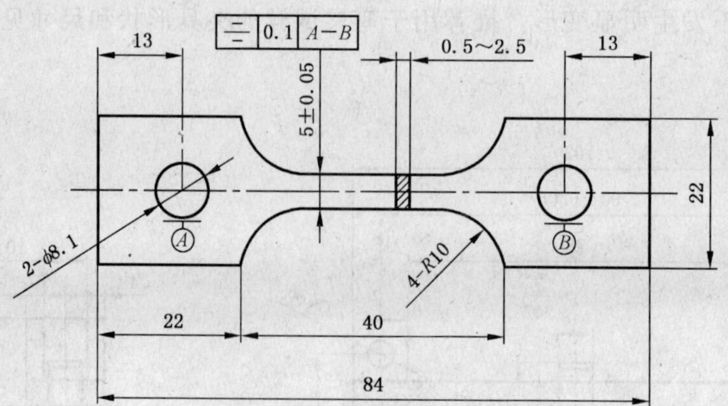

a) 铝合金、镁合金板材试样

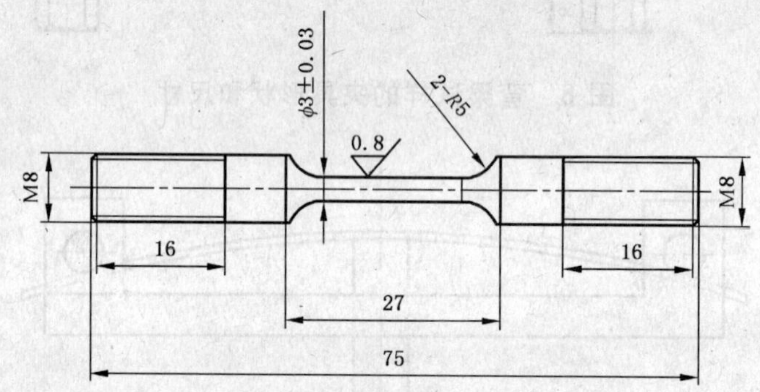

b) 铝合金、镁合金棒材试样

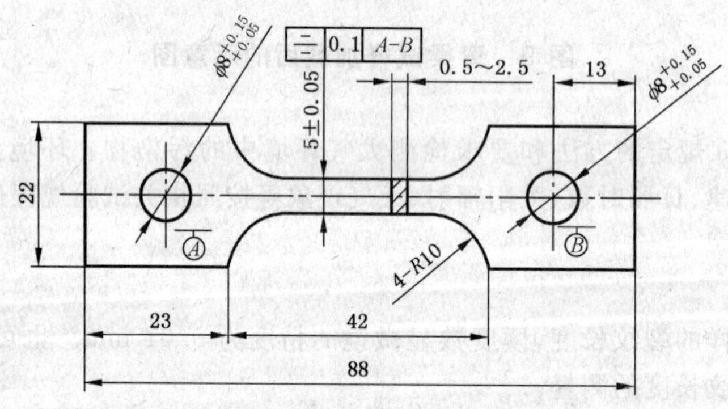

c) 钢、钛合金板材试样

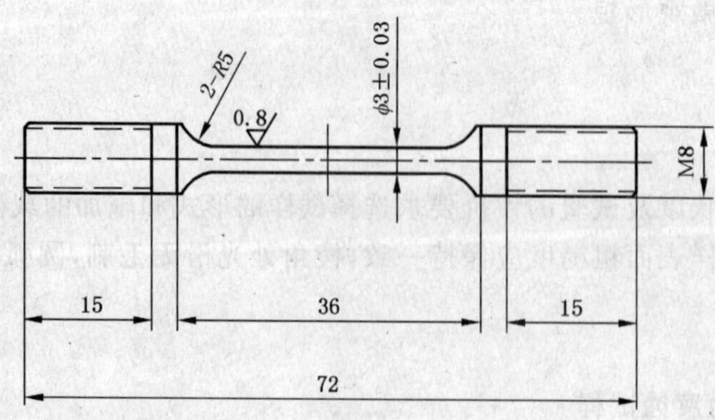

d) 钢、钛合金棒材试样

图10 推荐的便携式弹簧加载夹具的试样的形状和尺寸

6.2.2 C型环应力腐蚀试样

C型环应力腐蚀试样的取样方法见图11。推荐的试样尺寸和试样图分别见表2和图12。也可按GB/T 15970.5规定的方法制备。

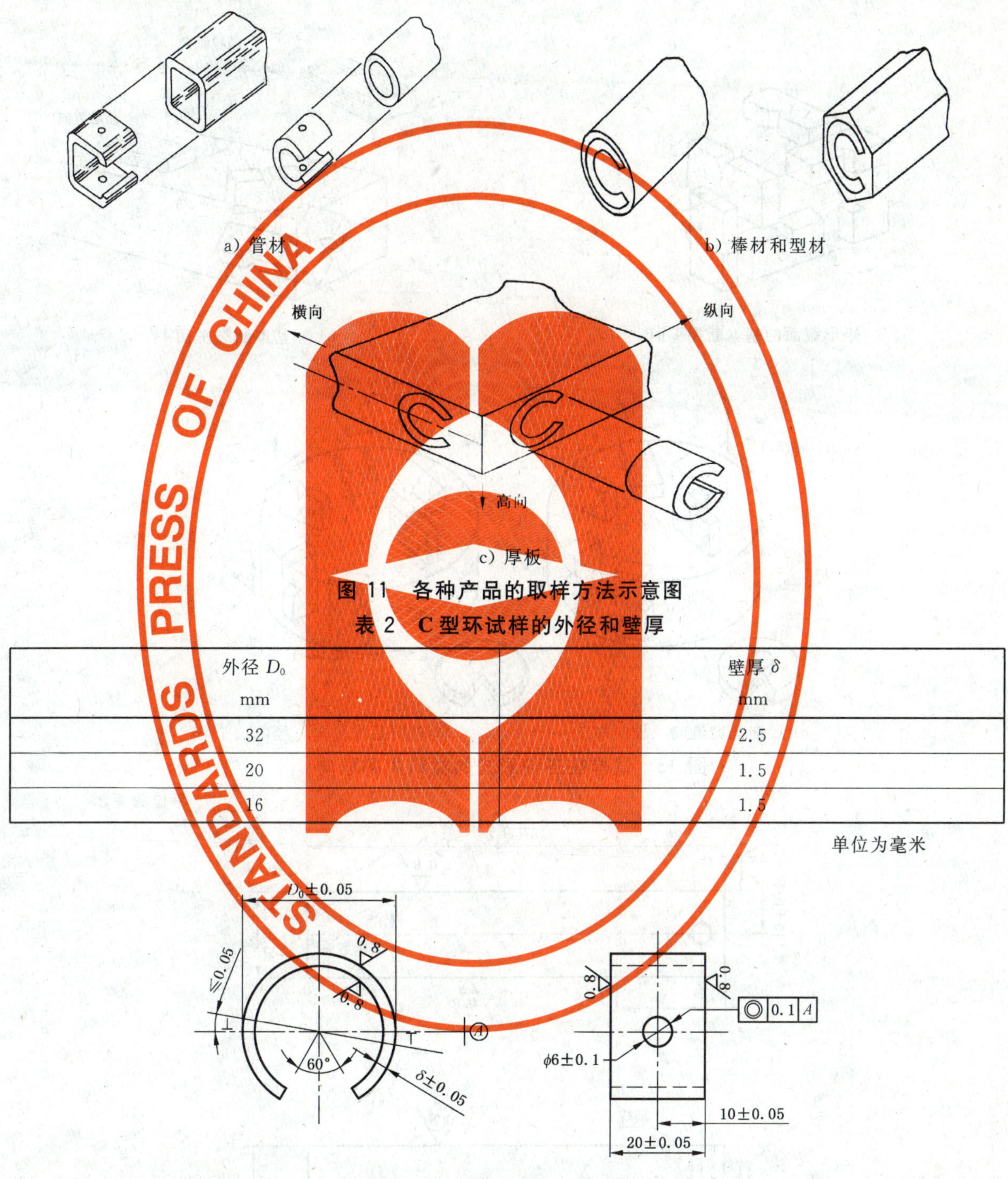

图11 各种产品的取样方法示意图

表2 C型环试样的外径和壁厚

外径 D_0 mm	壁厚 δ mm
32	2.5
20	1.5
16	1.5

单位为毫米

图12 C型环试样的形状和尺寸

6.2.3 预裂纹应力腐蚀试样

预裂纹应力腐蚀试样的取样方法见图13。铝合金厚板的DCB试样取短横向 *Z-X*(S-L)，一般钢及钛合金的WOL试样取 *Y-X*(T-L)方向，其中 *X*(L)为纵向(晶粒流动方向)，*Y*(T)为长横向，*Z*(S)为短横向，第一个字母表示施加应力的方向，第二个字母表示裂纹扩展的方向。推荐的铝合金DCB试样和钢及钛合金WOL试样尺寸分别参见图14和图15，也可按GB/T 15970.6—2007规定的方法制备。

按图 15 制试样时，表面 A1 对 A2 的不垂直度允许公差 0.1 mm，其他各面部垂直度 0.06 mm；M16 中心线与厚度的中心线相重合，与 ϕ18 孔中心线垂直；试样热处理前粗加工，热处理后精加工。在打号区进行打号以用于区分试样，两面刻线以标识中心位置。

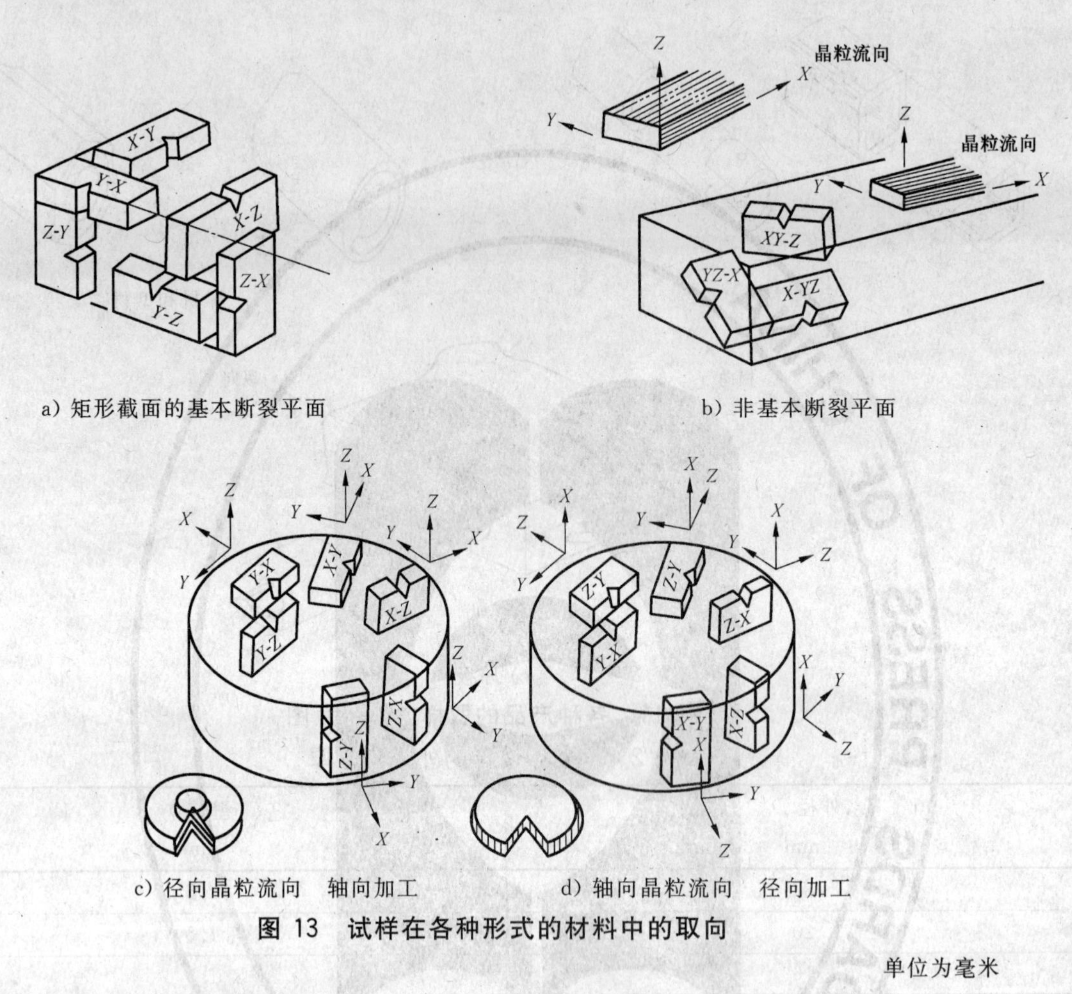

a) 矩形截面的基本断裂平面　　b) 非基本断裂平面

c) 径向晶粒流向　轴向加工　　d) 轴向晶粒流向　径向加工

图 13　试样在各种形式的材料中的取向

单位为毫米

127 (L)
1.6
0.8
1.6
13±0.1
26±0.1
B
磨削方向
7
26
0.8

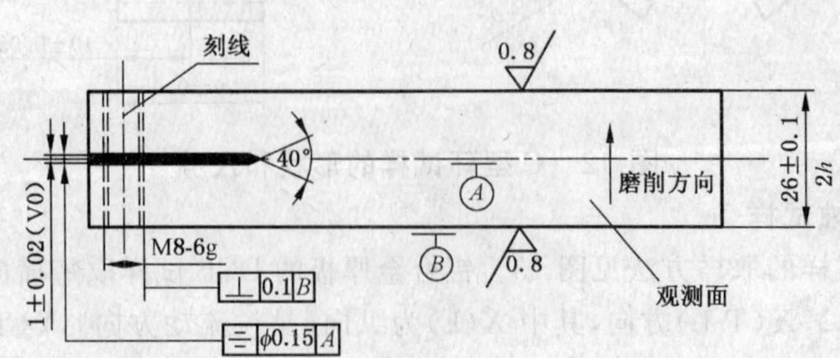

图 14　推荐的铝合金 DCB 试样的形状和尺寸

单位为毫米

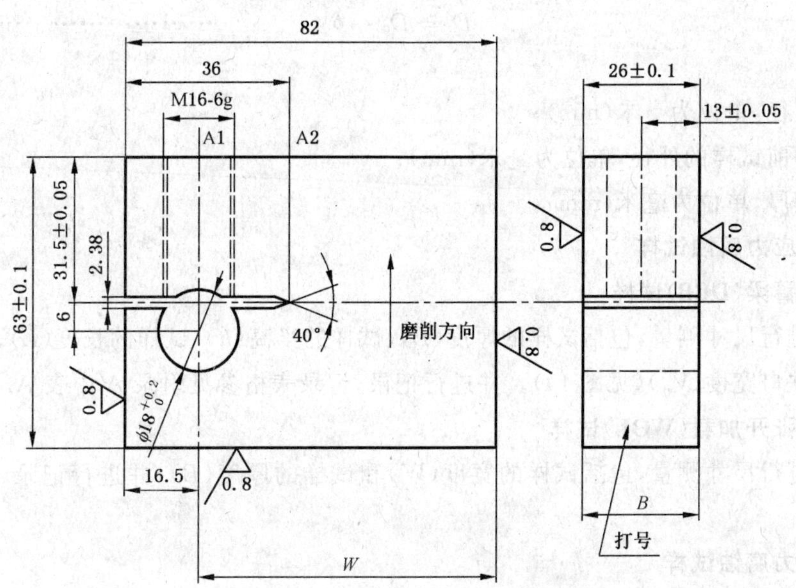

图 15 推荐的钢或钛合金 WOL 试样的形状和尺寸

6.2.4 弯梁应力腐蚀试样

弯梁应力腐蚀试样应沿材料轧制方向切取,试样的厚度通常由材料的力学性能和所供产品的形状决定。推荐的试样的形状和尺寸见图 16,建议用非切削面作为试验表面。也可按 GB/T 15970.2 规定的方法制备。

单位为毫米

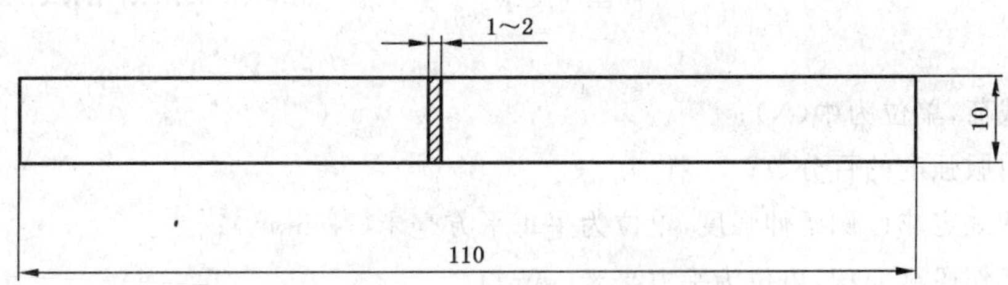

图 16 弯梁试样的形状和尺寸

7 试验程序

7.1 试验前准备

7.1.1 试样的清洗与标识

试验前对试样进行表观检查,清洗除油,缺口试样应特别注意清洗缺口。试样应打上永久的识别标记,标记的位置应不影响试验结果。

7.1.2 初始尺寸测量

7.1.2.1 单轴加载拉伸应力腐蚀试样

根据不同的试样规格进行尺寸测量,其中板材试样测量其工作段的厚度和宽度,棒材试样测量其工作段的直径。并计算其截面积,记录表格参见附录 A 中表 A.1。

7.1.2.2 C型环应力腐蚀试样

在加力孔两侧测量 C 型环试样的外径(D_0),取两次测量的平均值。沿 C 型环试样中心线至少在两个位置上测量 C 型环试样的厚度(δ),取其平均值,测量精度为 ±0.01 mm,按公式(1)计算平均直径

(D)。并进行记录,记录表格参见附录A中表A.2。

$$D = D_0 - \delta \qquad \cdots\cdots (1)$$

式中:

D——平均直径,单位为毫米(mm);

D_0——加应力前试样的外径,单位为毫米(mm);

δ——试样壁厚,单位为毫米(mm)。

7.1.2.3 **预裂纹应力腐蚀试样**

7.1.2.3.1 **双悬臂梁(DCB)试样**

预制裂纹前进行尺寸测量,包括试样的厚度(B)、试样的半高(h)、试样的长度(L),以及加载前试样加载中心线处的缺口宽度(V_0)(见图14)。并进行记录,记录表格参见附录A中表A.3。

7.1.2.3.2 **楔形张开加载(WOL)试样**

预制裂纹前进行尺寸测量,包括试样的宽度(W)和试样的厚度(B),并进行记录,记录表格参见附录A的表A.4。

7.1.2.4 **弯梁应力腐蚀试样**

测量试样厚度及夹具外支点间的距离并记录,记录表格参见附录A中表A.5。

7.2 **试验**

7.2.1 **试样的加载**

7.2.1.1 **单轴加载拉伸应力腐蚀试验**

采用图1所示的装置对试样加载时,将试样通过上、下夹头安装在主承力框架内,利用弹簧对试样施加轴向载荷,使试样承受恒定的拉伸应力。按公式(2)计算需要施加的载荷:

$$P = k \times R_{p0.2} \times S \qquad \cdots\cdots (2)$$

式中:

P——试验载荷,单位为牛(N);

k——材料屈服强度的百分数;

$R_{p0.2}$——材料的规定非比例延伸强度,单位为牛每平方毫米(N/mm^2);

S——试样工作段截面积,单位为平方毫米(mm^2)。

7.2.1.2 **C型环试样应力腐蚀试验**

采用螺栓与螺母施加应力,旋紧螺母,使试样受力,直至直径的减小达到所需值。直径的减小用游标卡尺测量,所需直径的减小值(Δ)按公式(3)和公式(4)求出:

$$D_{0F} = D_0 - \Delta \qquad \cdots\cdots (3)$$

$$\Delta = F\pi D^2 / 4E\delta Z \qquad \cdots\cdots (4)$$

式中:

D_{0F}——加应力后试样的外径,单位为毫米(mm);

D_0——加应力前试样的外径,单位为毫米(mm);

Δ——直径的减小值,施加所需应力时,D_0 需要改变的数值,单位为毫米(mm);

F——所需应力值,但应低于材料的屈服强度,单位为兆帕(MPa);

D——平均直径($D_0-\delta$),单位为毫米(mm);

E——弹性模量,单位为兆帕(MPa);

δ——试样壁厚,单位为毫米(mm);

Z——校正系数,见图17。

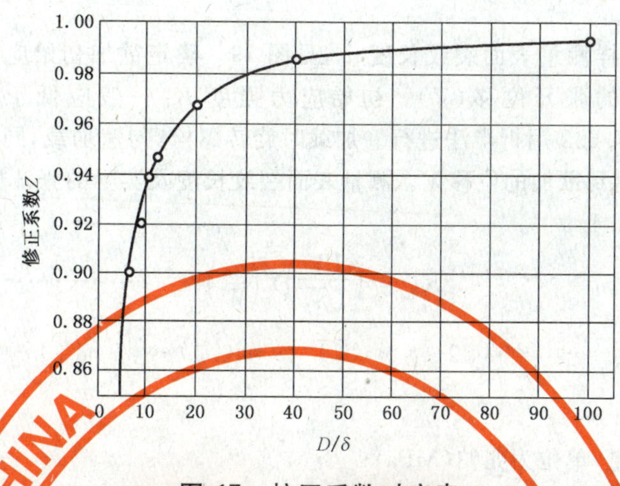

图 17 校正系数对应表

7.2.2 预裂纹试样的应力腐蚀试验

7.2.2.1 双悬臂梁(DCB)试样

双悬臂梁(DCB)试样借助装载试样两臂上的两个螺栓相对进行自加载,即对称地旋进试样两臂上的两个螺栓,直到两观测面出现突进裂纹并达到 2.5 mm～4.0 mm 为止。用读数显微镜测量并记录两表面的初始裂纹长度(a_0),加载后试样中心线处的缺口宽度(V_1),并按公式(5)计算试样的张开位移(V)(见图 18)。

$$V = V_1 - V_0 \qquad (5)$$

式中:

V——试样的张开位移,单位为毫米(mm);

V_0——加载前试样加载中心线处的缺口宽度,单位为毫米(mm);

V_1——加载后试样中心线处的缺口宽度,单位为毫米(mm)。

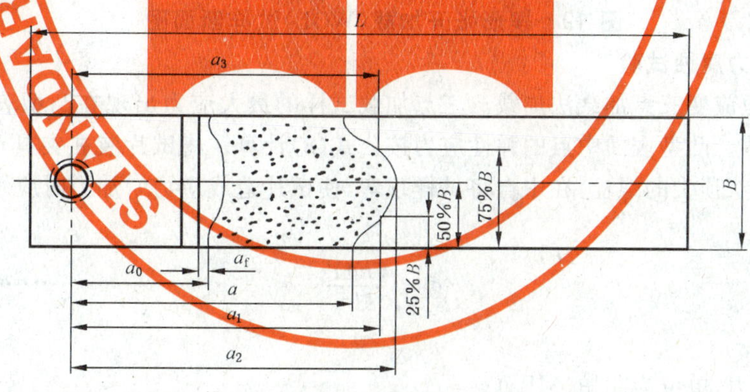

图 18 双悬臂(DCB)试样断口图

7.2.2.2 楔形张开加载(WOL)试样

7.2.2.2.1 预制疲劳裂纹

应参照 GB/T 15970.6—2007 预制疲劳裂纹。在加载前预制疲劳裂纹,预制疲劳裂纹前应用汽油等溶剂将试样的表面及线切割槽清洗干净、吹干。用于预制疲劳裂纹的试验机,对试样加载时,应使切口附近的应力分布对称,并且施加力的准确度达±2.5%以内。疲劳裂纹长度为 2.0 mm～2.5 mm。为保证疲劳裂纹分析的有效性,应检查两侧面上的疲劳裂纹,使与裂纹中心面偏离均不大于 10°。预制疲劳裂纹时,最大疲劳强度因子 K_f 不超过 $0.6K_{IC}$。疲劳应力比 R 应满足 $0<R<0.1$。预制疲劳裂纹的平均速率为 0.25 mm/min。预制完疲劳裂纹的试样应放置于干燥器中备用。

7.2.2.2.2 加载

预制完疲劳裂纹的试样测量表面裂纹长度 a_0，见图 19。确定欲加初始应力强度 K_{Ii} 后，根据公式(6)和公式(7)计算试样的张开位移(V)。初始应力强度 K_{Ii} 一般应低于材料的 K_{IC} 值，可参考 GB/T 15970.6—2007 的 7.6.2 用折半法进行。加载时旋转螺栓，匀速加载，同时用千分表或引伸计测量试样的张开位移，直至达到欲加的位移 V。测量表面裂纹长度及实际的张开位移 V。并进行记录，记录表格参见附录 A 中表 A.4。

$$K_{Ii}=\left(\frac{EV}{\sqrt{a_0}}\right)Y\left(\frac{a_0}{W}\right) \qquad (6)$$

$$Y\left(\frac{a_0}{W}\right)=e^{\left[10.5038-115.5966\left(\frac{a_0}{W}\right)+408.3886\left(\frac{a_0}{W}\right)^2-708.3414\left(\frac{a_0}{W}\right)^3+602.0491\left(\frac{a_0}{W}\right)^4-200.8235\left(\frac{a_0}{W}\right)^5\right]} \qquad (7)$$

式中：

E——材料的弹性模量，单位为兆帕(MPa)；

V——试样的张开位移，单位为米(m)；

a_0——试样加载前表面裂纹长度，单位为米(m)；

W——试样的宽度，从试样加载中心线处到试样末端的距离(见图 15)，单位为米(m)。

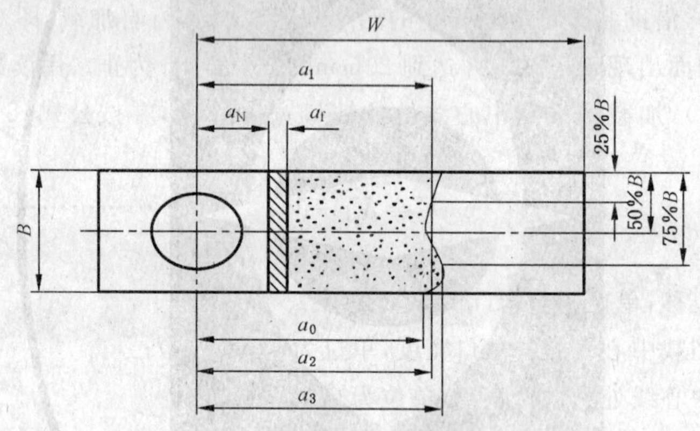

图 19 楔形张开加载(WOL)试样断面图

7.2.3 弯梁试样应力腐蚀试验

弯梁试样采用恒应变三点加载法加载。三点加载试样的最大应力出现在凸型表面的中部，并线性下降至外支点处为零。凸型表面中点的弹性应力按公式(8)计算。将试片装在夹具上(见图 9)，试样两端固定，拧紧装有球状顶尖的螺栓，在中点将试样顶弯，使试片造成应力。加力时应缓慢使试样弯曲，不允许超过应加挠度。

$$\sigma=\frac{6E\delta Y}{H^2} \qquad (8)$$

式中：

σ——最大张应力，单位为兆帕(MPa)；

E——弹性模量，单位为兆帕(MPa)；

δ——试样厚度，单位为毫米(mm)；

Y——最大挠度，单位为毫米(mm)；

H——外支点间的距离，单位为毫米(mm)。

7.2.4 夹具与试样连接部位的防护

对夹具与试样连接的部位采取密封胶密封或涂绝缘漆的方式进行防护处理，防止电偶腐蚀的产生。

7.3 试样的安装

加载后应尽快将试样放置于暴露环境中。其中单轴加载拉伸应力腐蚀试样放置于暴露场内距地面 1 m 左右的平台上；C 型环试样和弯梁试样受拉应力面向上放置于 45°暴露架上；预裂纹试样缺口向上放置于45°暴露架上。

7.4 试验中间检测

7.4.1 概述

试验周期和检查周期应根据被试验材料种类、性能决定，试验开始后要定期检查并记录试样表面情况，如试样外观变化、腐蚀和裂纹出现的时间、腐蚀的类型等；预制裂纹的试样定期测量并记录裂纹扩展的长度。试验早期应每周检查2次～3次，根据试验情况或裂纹扩展速率可以适当延长或缩短观察和测量的时间间隔。

7.4.2 单轴加载拉伸应力腐蚀试样

目视检查单轴加载拉伸应力腐蚀试样的腐蚀和破裂情况。

7.4.3 C型环应力腐蚀试样

目视或采用5倍～20倍放大镜检查C型环应力腐蚀试样的裂纹萌生、扩展和开裂情况。

7.4.4 预裂纹应力腐蚀试样

采用读数显微镜定期测量预裂纹试样的裂纹扩展速率。

7.4.5 弯梁试样应力腐蚀试验

目视检查弯梁试样的腐蚀和破裂情况。

7.5 试验中断

当试验发生下列任何一种情况时，可以中断试验：

a) 试样结构损坏，已无法进行性能测试；

b) 不能满足安全要求，或出现危及安全的情况。

7.6 试验终止

7.6.1 单轴加载拉伸应力腐蚀试验

单轴加载拉伸应力腐蚀试样断裂后应及时取下，保护断口，存放于干燥器中，并及时进行相关性能检测。对于超过试验总周期而未破裂的试样，根据具体试验要求确定继续进行试验或终止试验后测量其力学性能。

7.6.2 C型环试样应力腐蚀试验

C型环应力腐蚀试样出现明显可见的裂纹时，应及时取下试样，存放于干燥器中。对于超过试验总周期而未出现裂纹的试样，根据具体试验要求确定继续进行试验或终止试验后进行微观检查分析。

7.6.3 预裂纹试样应力腐蚀试验

预制裂纹的应力腐蚀试样，当裂纹扩展速率小于或等于10^{-10} m/s时，将试样取下，存放于干燥器中。

7.6.4 弯梁试样应力腐蚀试验

弯梁试样出现明显可见的裂纹时，应及时取下试样，存放于干燥器中。对于超过试验总周期而未破裂的试样，根据具体试验要求确定继续进行试验或终止试验后进行微观检查分析。

7.6.5 终止试验

当试验发生下列任何一种情况时，可以终止试验：

a) 试验双方商定的试验期满(周、月、年)；

b) 试样主要性能指标下降率达到规定值。

7.7 最终检测

所有试样应在放大倍数(8～16)倍下进行外观检查，确定裂纹的特征和位置以及存在的腐蚀产物。根据需要对有裂纹的试样或破断试样进行金相分析。

对于无裂纹的单轴加载拉伸试样进行拉伸试验，并与基体材料的抗拉强度和伸长率等进行比较。

对预制裂纹的试样，试验结束后将试样打开，在25％B、50％B、75％B三个位置上同时测定裂纹长度a_1、a_2、a_3，并按公式(9)计算平均值$\bar{a}$，作为计算K_{ISCC}的有效裂纹长度。双悬臂(DCB)试样断面图和楔形张开加载(WOL)试样断面图分别见图18和图19。

$$\bar{a}=\frac{a_1+a_2+a_3}{3} \quad \cdots\cdots(9)$$

式中：

$\bar{a}$——试验截止时试样断口上的有效裂纹长度，单位为米(m)；

a_1——试验截止时试样断口上25%B处的裂纹长度，单位为米(m)；

a_2——试验截止时试样断口上50%B处的裂纹长度，单位为米(m)；

a_3——试验截止时试样断口上75%B处的裂纹长度，单位为米(m)。

7.8 试验后处理

试验后对试样断口进行清洗，用扫描电镜观察断口形貌，也可磨制金相试样进行观察。

8 试验记录

8.1 环境因素记录

环境因素记录按照相关试验规程要求记录，并可根据实际需求进行选择，特殊因素记录表格，也可根据实际情况自行设计。

8.2 试样检测记录

应记录试验材料及热处理状态、试样形式和取样方向、施加载荷强度、试验环境、试验开始与终止时间、腐蚀出现的时间和腐蚀形态、裂纹产生或试样破断的时间、裂纹扩展长度、断口形貌等。具体的记录表格参见附录A。

8.3 运行记录

对预裂纹试样应详细记录每次测量裂纹的时间和裂纹长度。

9 数据处理与结果表述

9.1 概述

一般情况下全部报出所得试样的试验数据；若测定应力-寿命曲线，则绘出应力-寿命数据的分散带图形。

9.2 非预裂纹试样应力腐蚀试验

单轴加载拉伸试样、C型环试样和弯梁试样根据在一定环境和应力水平条件下材料或试样的破坏时间和临界应力值(σ_{KP})，进行材料的应力腐蚀开裂倾向的评定。根据需要有裂纹的试样进行金相分析；无裂纹的试样进行拉伸试验，并与基体材料的抗拉强度和伸长率等进行比较。破坏时间为裂纹的首次出现或试样整体分离或某个商定的中间条件的时间。

采用临界应力值(σ_{KP})进行评定，即在一系列初始应力或应力强度水平下进行试样的暴露试验，测定应力-破断时间曲线，获得临界应力值。可采用二元搜索法确定临界应力，第一次试验应在特定的初始应力下(即有关材料抗拉强度的一半)进行，以后的试验参照GB/T 15970.1—1995中10.4的图1所示的程序，按上一次试验是否发生试样破断，考虑在抗拉强度的另一百分数下进行。

9.3 预裂纹试样应力腐蚀试验

9.3.1 计算裂纹扩展速率

根据记录的裂纹长度(a)和时间(t)数据，计算裂纹扩展速率$\frac{\Delta a}{\Delta t}$和相对应的$K_{\mathrm{I}}$；绘制$\log\left(\frac{\Delta a}{\Delta t}\right)$-$K_{\mathrm{I}}$曲线，并求出Ⅱ区裂纹扩展速率。

9.3.2 计算应力腐蚀开裂界限应力强度因子 K_{ISCC}

9.3.2.1 预制裂纹的DCB试样

应力腐蚀开裂界限应力强度因子K_{ISCC}按公式(10)进行计算。

$$K_{\mathrm{ISCC}}=\frac{EVh\sqrt{3h(\bar{a}+0.6h)^{2}+h^{3}}}{4[(\bar{a}+0.6h)^{3}+\bar{a}h^{2}]} \qquad \cdots\cdots(10)$$

式中：

K_{ISCC}——应力腐蚀开裂界限应力强度因子，单位为 MPa·$m^{1/2}$；

E——材料的弹性模量，单位为兆帕（MPa）；

V——试样的张开位移，单位为米（m）；

h——试样的半高，单位为米（m）；

$\bar{a}$——试验截止时试样断口上的有效裂纹长度，单位为米（m）。

9.3.2.2 预制裂纹的 WOL 试样

应力腐蚀开裂界限应力强度因子 K_{ISCC} 按公式（11）进行计算。

$$K_{\mathrm{ISCC}}=\left(\frac{EV}{\sqrt{\bar{a}}}\right)Y\left(\frac{\bar{a}}{W}\right) \qquad \cdots\cdots(11)$$

$$Y\left(\frac{\bar{a}}{W}\right)=e^{\left[10.5038-115.5966\left(\frac{\bar{a}}{W}\right)+408.3886\left(\frac{\bar{a}}{W}\right)^{2}-708.3414\left(\frac{\bar{a}}{W}\right)^{3}+602.0491\left(\frac{\bar{a}}{W}\right)^{4}-200.8235\left(\frac{\bar{a}}{W}\right)^{5}\right]} \qquad \cdots\cdots(12)$$

式中：

K_{ISCC}——应力腐蚀开裂界限应力强度因子，单位 MPa·$m^{1/2}$；

E——材料的弹性模量，单位为兆帕（MPa）；

V——试样的张开位移，单位为米（m）；

$\bar{a}$——试样断口的平均长度，单位为米（m）；

W——试样的宽度，从试样加载中心线处到试样末端的距离（见图 15），单位为米（m）。

结合腐蚀开裂界限强度因子 K_{ISCC} 及开裂后试样的断口形貌进行评定。

9.3.3 预裂纹应力腐蚀评定

根据对预裂纹应力腐蚀试样裂纹扩展的监测结果、测定的裂纹扩展速率 da/dt、试验达到截止条件后计算取得的应力腐蚀开裂界限强度因子 K_{ISCC} 及开裂后试样的断口形貌进行评定。

10 试验报告

试验报告一般应包括以下内容：

a） 试验方法的标准号；

b） 材料的牌号、规格、热处理状态及来源；

c） 材料的化学成分、力学性能数据；

d） 试样形式、取样方向；

e） 大气环境暴露地点和环境特征；

f） 试验开始时间和终止时间；

g） 试验数据和结果；

h） 必要时说明断口情况。

附　录　A
（资料性附录）
应力腐蚀试验记录表推荐格式

表 A.1　单轴加载拉伸应力腐蚀试验记录表

试样编号	挂牌号	试样尺寸 mm	截面积 S/mm^2	应力水平	试验应力 MPa	试验负荷 kg	投样时间	断裂时间	持续时间	备注

表 A.2 C 型环试样应力腐蚀试验记录表

试验号	挂牌号	外径 D_0/mm				壁厚 δ/mm				平均直径 D/mm	应力水平	试验应力 MPa	变形量 Δ/mm	变形后尺寸 D_{0F}/mm	投样时间	断裂时间	持续时间	备注
		1	2	3	平均	1	2	3	平均									

表 A.3 DCB 试样应力腐蚀试验记录表

试验号	挂牌号	试样尺寸 mm		中心处槽宽 mm		张开位移 mm		初始裂纹长度 mm		断口裂纹长度 mm				K_{ISCC} $MPa \cdot m^{1/2}$	$(da/dt)_{II}$	备注
		b	h	加载前 v_0	加载后 v_1	$V=v_1-v_0$	平均	a_0	平均	a_1	a_2	a_3	平均			

表 A.4　WOL 试样应力腐蚀试验记录表

试样编号											
挂牌号											
试样尺寸 mm	W										
	B										
加载前初始裂纹 a_0 mm	正面										
	反面										
	平均										
a_0/W											
$Y(a_0/W)$											
预定的 K_{Ii} MPa·m											
预加张开位移 V mm											
加载后初始裂纹 mm	正面										
	反面										
	平均										
实际张开位移 V mm											
K_{Ii} MPa·m											
开始时间											
结束时间											
截止条件 da/dt											
断口裂纹长度 mm	a_1										
	a_2										
	a_3										
	a										
a/W											
$Y(a/W)$											
K_{ISCC} MPa·m											
$(da/dt)_{II}$											
备注											

表 A.5 弯梁应力腐蚀试验记录表

试样 编号	挂牌号	试样厚度 δ/ mm	外支点距离 H/ mm	应力 水平	试验应力 MPa	最大挠度 mm	投样 时间	断裂 时间	持续 时间	备注

ICS 73.060.20
D 32

中华人民共和国国家标准

GB/T 24519—2009

锰矿石　镁、铝、硅、磷、硫、钾、钙、钛、锰、铁、镍、铜、锌、钡和铅含量的测定 波长色散X射线荧光光谱法

Manganese ores—Determination of magnesium, aluminum, silicon, phosphorus, sulfur, potassium, calcium, titanium, manganese, iron, nickel, copper, zinc, barium and lead content—Wavelength dispersive X-ray fluorescence spectrometric method

2009-10-30 发布　　2010-05-01 实施

中华人民共和国国家质量监督检验检疫总局
中国国家标准化管理委员会　发布

前言

本标准的附录 A、附录 B 和附录 C 为资料性附录。

本标准由中国钢铁工业协会提出。

本标准由全国生铁及铁合金标准化技术委员会归口。

本标准主要起草单位:宁波检验检疫科学技术研究院、上海出入境检验检疫局、天津出入境检验检疫局、冶金工业信息标准研究院、宝山钢铁股份有限公司。

本标准主要起草人:王松青、张建波、陈建国、王谦、陈自斌、任丽萍、谷松海、王晗。

锰矿石 镁、铝、硅、磷、硫、钾、钙、钛、锰、铁、镍、铜、锌、钡和铅含量的测定 波长色散X射线荧光光谱法

警告：使用本标准的人员应有正规实验室工作的实践经验。本标准并未指出所有可能的安全问题。使用者有责任采取适当的安全和健康措施，并保证符合国家有关法律法规规定的条件。

1 范围

本标准规定了用波长色散X射线荧光光谱法测定锰矿石中镁、铝、硅、磷、硫、钾、钙、钛、锰、铁、镍、铜、锌、钡和铅含量。

本标准适用于锰矿石中下列元素含量的测定，各元素的测定范围(以氧化物表示)见表1。

表1 各元素的测量范围

成分	测定范围(质量分数)/%
Al_2O_3	0.24～9.78
BaO	0.08～2.96
CaO	0.09～19.8
CuO	0.012～0.045
Fe_2O_3	1.8～30.0
K_2O	0.02～4.99
MgO	0.04～3.82
MnO	20.33～75.9
NiO	0.03～0.13
P_2O_5	0.066～0.619
PbO	0.003～0.25
SiO_2	2.0～47.6
SO_3	0.018～0.67
TiO_2	0.04～0.54
ZnO	0.005～0.199

2 规范性引用文件

下列文件中的条款通过本标准的引用而成为本标准的条款。凡是注日期的引用文件，其随后所有的修改单(不包括勘误的内容)或修订版均不适用于本标准，然而，鼓励根据本标准达成协议的各方研究是否可使用这些文件的最新版本。凡是不注日期的引用文件，其最新版本适用于本标准。

GB/T 2011 散装锰矿石取样、制样方法

GB/T 6379.1 测量方法与结果的准确度(正确度与精密度) 第1部分：总则与定义(GB/T 6379.1—2004,ISO 5725-1:1994,IDT)

GB/T 6379.2 测量方法与结果的准确度(正确度与精密度) 第2部分：确定标准测量方法重复

性与再现性的基本方法(GB/T 6379.2—2004,ISO 5725-2:1994,IDT)

GB/T 6682　分析实验室用水规格和试验方法(GB/T 6682—2008,ISO 3696:1987,MOD)

GB/T 14949.8　锰矿石化学分析方法　湿存水量的测定(GB/T 14949.8—1994,eqv ISO 310:1981)

GB/T 16597　冶金产品分析方法　X射线荧光光谱法通则

3　原理

粉末样品用合适的熔剂熔融,以消除试样的矿物效应和颗粒效应,并熔铸成适合X射线荧光光谱仪测量形状的玻璃片。测量玻璃片中待测元素特征谱线的荧光X射线强度,根据校准曲线或方程式来分析,且进行元素间干扰效应校正,以获得待测元素的含量。

4　试剂与材料

除非另有说明,在分析中仅使用确认为分析纯的试剂和蒸馏水或去离子水或相当纯度的水,符合GB/T 6682的规定。

4.1　熔剂,硼酸锂混合熔剂,推荐使用 $Li_2B_4O_7$ 和 $LiBO_2$ 质量比为67∶33的混合熔剂,也可使用其他比例的混合熔剂,如65∶35,50∶50,12∶22,35∶65等。熔剂使用前在650 ℃下灼烧4 h以上,然后贮存在干燥器中。

4.2　氧化剂,推荐使用 $LiNO_3$,也可使用 NH_4NO_3、$NaNO_3$ 等。

4.3　脱模剂,推荐使用 NH_4I,也可以使用LiI、LiBr等。LiBr使用前在105 ℃烘2 h。

注:若化学纯满足要求,也可使用。

4.4　氧化剂-脱模剂混合溶液,$LiNO_3$ 的浓度为220 mg/mL,LiBr的浓度为10 mg/mL或 NH_4I 的浓度为60 mg/mL。称取220 g $LiNO_3$、10 g LiBr或60 g NH_4I,溶于500 mL水中,定容至1 000 mL。

注:可根据实际情况选择氧化剂和脱模剂的浓度。

5　仪器与设备

5.1　波长色散X射线荧光光谱仪,符合GB/T 16597规定。

5.2　熔样皿,用非浸润的铂合金(可用95%Pt+5%Au)制成,容积>30 mL。

5.3　铸型模,用非浸润的铂合金(可用95%Pt+5%Au)制成,要求底部平整光滑。

注:熔样皿和铸型模可合二为一。

5.4　熔样炉,可以控温并能加热到1 100 ℃。

5.5　天平,感量为0.1 mg。

6　试样制备

按照GB/T 2011进行取制样,试样粒度一般应小于100 μm,并在实验室条件下风干。

7　湿存水和灼烧减量的测定

7.1　湿存水(A)的测定

湿存水(A)的测定按GB/T 14949.8进行。

7.2　灼烧减量的测定

用蒸馏水洗净熔样皿(5.2),烘干,于1 050 ℃的熔样炉(5.4)内灼烧至恒重,放置于干燥器中冷却。准确称取0.600 0 g的试样(第6章),6.000 0 g的熔剂(4.1),均精确至0.2 mg,加入1 mL氧化剂-脱模剂混合溶液(4.4)后,在1 050 ℃的熔样炉(5.4)内熔融10 min后,取出熔样皿(5.2),盖上铂金盖子,稍冷后。在干燥器中冷却至室温,称量。

熔剂灼烧减量(L_f)的测定除无需称取试样外,其他与试样灼烧减量的测定相同,包括加入 1 mL 氧化剂-脱模剂混合溶液(4.4)。

熔剂的灼烧减量(L_f)以质量分数计,数值以%表示,按式(1)计算:

$$L_f = \frac{m_1 - m_2}{m_f} \times 100 \qquad \cdots\cdots(1)$$

式中:

m_1——熔剂和熔样皿灼烧前的总质量,单位为克(g);

m_2——熔剂和熔样皿灼烧后的总质量,单位为克(g);

m_f——熔剂质量,单位为克(g)。

试样的灼烧减量(L)以质量分数计,数值以%表示,按式(2)计算:

$$L = \frac{m_3 - m_4}{m_s} \times 100 - R \times L_f \qquad \cdots\cdots(2)$$

式中:

m_3——试样、熔剂和熔样皿灼烧前的总质量,单位为克(g);

m_4——试样、熔剂和熔样皿灼烧后的总质量,单位为克(g);

m_s——试样质量,单位为克(g);

R——稀释比,即熔剂与样品的质量比,此处为 10;

L_f——熔剂的灼烧减量,质量分数,%。

计算结果表示到小数点后两位。

灼烧减量测定至少做两次平行测定,取平均值。

注:灼烧减量测定时样品、脱模剂、氧化剂、熔剂等质量和熔融温度和时间应和样品熔融时保持一致。

8 试样熔融

8.1 试样称量

试样熔融时的称量可选用下列方法之一:

a) 试样风干后,称取质量为 $\left(\frac{0.600\ 0}{1-\frac{L}{100}}\right)$ g 的试样(第 6 章)于熔样皿(5.2)中,精确至 0.2 mg,其中 L 为试样的灼烧减量的质量分数,再称取质量为 6.000 0 g 的熔剂(4.1),混匀后,加入 1 mL 氧化剂-脱模剂混合溶液(4.4),烘干。

b) 如果仪器软件具有灼烧减量校正功能,可直接称取风干后的质量为 0.600 0 的试样(第 6 章)和质量为 6.000 0 g 的熔剂(4.1),精确至 0.2 mg,混匀后,加入 1 mL 氧化剂-脱模剂混合溶液(4.4),烘干。测定时,把灼烧减量 L 输入软件中参与校正。

注:a)方式熔样测得的为灼烧基结果,b)为风干基结果。

8.2 样品熔融

将试样和熔剂一起熔融,不时旋转和/或摇动,直至完全熔解且熔体均匀。如果熔样皿壁上挂有小熔珠,中途需手动摇动熔样皿把其熔下。试样和熔剂在 1 050 ℃熔融 10 min 后,尽可能多地把熔融物倒入已预热 3 min 以上的铸型模中,取出,冷却。

也可用自动熔样炉进行试样熔融,熔融过程中摇动和转动熔样皿,制成的玻璃片在熔样皿中或倒入铸型模中冷却成型。

试样熔片应是均匀的玻璃体,表面平整光滑,无气泡、未熔小颗粒等夹杂,否则应重新制备。

注 1:可根据使用的铸型模类型,选择样品和熔剂的总量,且始终一致。

注 2:可根据熔剂的种类选择合适的熔融温度和时间。

注 3:为了进行准确测量,建议使用电阻加热型熔样炉,熔融温度不大于 1 050 ℃。

9 标准曲线的绘制

9.1 标准校准样品

选择有一定浓度和梯度范围的系列有证标准物质作为标准校准样品，并确保每个测量元素的有证浓度的数量应大于或等于该元素校准曲线系数个数的3倍。校准曲线系数是指由标准校准样品来确定的系数，如曲线的截距、斜率、经验α影响系数等等。如果选用的系列标准物质未能覆盖待测样品的含量范围，允许使用系列标准样品的混合物或加入高纯试剂或加入硝酸介质和水介质的标准溶液。若使用高纯试剂，只要可能都应是纯的氧化物或碳酸盐。熔融时称量的试剂，应不含水或二氧化碳，或对其进行校正。

标准校准样品按试样熔融的方法熔铸成玻璃片后进行测量。若标准校准样品按8.1a)方式称量，须将浓度转换成灼烧基的浓度。

9.2 测量条件

各元素特征谱线的测量条件通过优化获得，通常须测试3个～4个不同浓度的样品。测量条件参见附录A，不同仪器可根据实际情况选择合适的测量条件，包括背景校正方法和测量时间计算。

9.3 校准方程

可根据实际情况选择合适的校准方程，如理论α影响系数法、基本参数法、经验α系数法等。但须注意校准方程系数的个数，每增加一个系数，须增加3个标准校准样品以确保该系数的可靠性。理论α影响系数法的校准方程参见附录B。校准方程中各测量元素以表1中氧化物的形式参与校正。

注：若脱模剂使用的是溴化物，须测量Br La的强度。若不同熔片中测得的Br La强度差异较大，须校正其对Al的谱线重叠影响。

10 样品测量

10.1 漂移校正

选择合适的标准校准样品的熔片作为漂移校正熔片进行仪器的漂移校正。可采用单点校正或两点校正，校正的间隔时间可根据仪器的稳定性决定。

10.2 试样熔片测量

按照仪器厂商的规定预热仪器直至仪器稳定后，按选定的测量条件测定试样熔片。若进行仪器漂移校正，仪器稳定后，先进行漂移校正，再进行试样熔片测定。

11 结果计算

根据测出的试料片中各元素特征谱线的X射线荧光强度，按校准方程计算出各元素的含量，并转换成干基结果。灼烧基结果按式(3)进行换算：

$$C_i = C_{mi} \times (100 - L)/(100 - A) \qquad (3)$$

式中：

C_i——干基下测量元素的含量，质量分数，%；

C_{mi}——灼烧基下测量元素的含量，质量分数，%；

L——灼烧减量，质量分数，%；

A——湿存水量，质量分数，%。

风干基按式(4)进行转换：

$$C_i = C_m \times 100/(100 - A) \qquad (4)$$

式中：

C_i——干基下测量元素的含量，质量分数，%；

C_m——风干基下测量元素的含量，质量分数，%；

A——湿存水量,质量分数,%。

对于含量在1%以上的成分,计算结果表示到小数点后两位;含量在1%以下的成分,计算结果表示到两位有效数字。

氧化物换算系数参见附录C。

12 精密度

本标准的精密度是有8个实验室测定8个水平试样的结果按GB/T 6379.1和GB/T 6379.2统计确定的,精密度见表2。

表2 精密度

%

成　　分	重复性 r	再现性 R
Al_2O_3	$r=0.0048m+0.0421$	$R=0.0088m+0.0621$
BaO	$r=0.0238m-0.0003$	$R=0.0547m-0.0014$
CaO	$r=0.0044m+0.0055$	$R=0.0116m+0.0257$
CuO	$r=0.0432m+0.0016$	$R=0.0962m+0.0046$
Fe_2O_3	$r=0.0058m+0.0116$	$R=0.0098m+0.0474$
K_2O	$r=0.0224m-0.0009$	$R=0.0416m+0.0075$
MgO	$r=0.0215m+0.0038$	$R=0.0357m+0.0167$
MnO	$r=0.1970$	$R=0.3310$
NiO	$r=0.0391m+0.0014$	$R=0.0592m+0.0023$
P_2O_5	$r=0.1190m+0.0008$	$R=0.1171m+0.0084$
PbO	$r=0.0067m+0.0036$	$R=0.0390m+0.0042$
SiO_2	$r=0.0030m+0.0687$	$R=0.0059m+0.1064$
SO_3	$r=0.0227m+0.0059$	$R=0.0614m+0.0087$
TiO_2	$r=0.0062m+0.0047$	$R=0.0037m+0.0080$
ZnO	$r=0.0052m+0.0021$	$R=0.0120m+0.0034$
注:m 为两次测定结果的平均值。		

13 试验报告

试验报告应包括下列信息:

a) 测试实验室名称和地址;

b) 委托人名称;

c) 证书或报告的唯一标识;

d) 样品接收日期和测试日期;

e) 证书或报告发布日期;

f) 本标准的编号;

g) 试样本身必要的详细说明;

h) 分析结果;

i) 测定过程中存在的任何异常特性和在本标准中没有规定的可能对试样或标准样品的分析结果产生影响的任何操作。

附 录 A
(资料性附录)
测 量 条 件

A.1 测量条件

测量条件如表 A.1 所示。

表 A.1 测量条件

成分	分析谱线	晶体	准直器 (°)	峰位 (°)	背景 1 (°)	背景 2 (°)	电压 kV	电流 mA	峰位测量时间 s
Al_2O_3	Al Kα	PET	0.46	145.000	139.323	—	30	106	30
BaO	Ba Kα	LiF200	0.15	87.178	89.498	—	50	64	20
CaO	Ca Kα	LiF200	0.46	113.165	115.067	—	50	64	20
CuO	Cu Kα	LiF200	0.15	45.018	44.330	—	60	53	20
Fe_2O_3	Fe Kα	LiF200	0.15	57.522	—	—	60	40	20
K_2O	K Kα	LiF200	0.46	136.746	138.716	—	50	64	20
MgO	Mg Kα	OVO-55	0.46	20.864	19.571	22.195	30	106	30
MnO	Mn Kα	LiF200	0.15	62.982	—	—	50	20	30
NiO	Ni Kα	LiF200	0.15	48.660	48.026	49.579	60	53	20
P_2O_5	P Kα	Ge	0.46	140.972	142.671	—	30	106	30
PbO	Pb Lβ	LiF200	0.15	28.235	27.621	28.991	60	53	20
SiO_2	Si Kα	InSb	0.46	144.602	147.060	—	30	106	20
SO_3	S Kα	Ge	0.46	110.631	113.557	—	30	106	30
TiO_2	Ti Kα	LiF200	0.46	86.192	83.883	—	50	60	20
ZnO	Zn Kα	LiF200	0.15	41.785	41.083	42.665	60	53	20

A.2 背景校正

一点法净强度按式(A.1)计算:

$$I_n = I_p - I_b \quad \cdots\cdots (A.1)$$

式中:

I_n——分析线净强度;

I_p——分析线峰值强度;

I_b——分析线背景强度。

两点法净强度按式(A.2)计算:

$$I_n = I_p - (I_{B1} \times B_2 - I_{B2} \times B_1)/(B_2 - B_1) \quad \cdots\cdots (A.2)$$

式中:

I_n——峰的 X 射线荧光净强度;

I_p——峰的 X 射线荧光总强度;

I_{B1}、I_{B2}——分别为背景 1、2 处的 X 射线荧光强度;

B_1、B_2——分别为背景1、2的2θ角与峰位置2θ角之差。

A.3 测量时间

各元素的测量时间按式(A.3)计算：

$$CV=(300\times(I_p\times t_p+I_b\times t_b)^{1/2})/(I_p\times t_p+I_b\times t_b) \qquad \cdots\cdots(A.3)$$

式中：

CV——测量元素的变异系数，%，指计数的最大相对变异；

I_p——峰值的测量强度；

I_b——背景的测量强度；

t_p——峰值的测量时间；

t_b——背景的测量时间，$t_b=t_p\times(I_b/I_p)^{1/2}$。

变异系数要求见表A.2。

根据中等浓度样品的强度和相应成分的变异系数要求，计算出各成分的测量时间。

表 A.2 变异系数要求

成分范围(氧化物)	＜0.01%	0.01%～1%	1%～10%	10%～20%	＞20%
变异系数	＜10	＜3	＜1	＜0.3	＜0.1

附 录 B
（资料性附录）
校 准 方 程

理论 α 影响系数法的校准方程见式(B.1)。

$$C_i = s \times (1 + \sum \alpha_{ij} \times C_j) \times (I_i + \beta_{ij} \times I_k) + b \qquad \cdots\cdots(B.1)$$

式中：

C_i、C_j——测量元素和影响元素的分析值，%；

s、b——校准曲线的斜率和截距；

α_{ij}——影响元素对测量元素的理论 α 影响系数；

I_i——测量元素的 X 射线荧光强度；

β_{ij}——谱线重叠校正系数；

I_k——重叠谱线的强度。

附 录 C
（资料性附录）
氧化物换算系数

氧化物含量转化为元素含量的换算系数如表 C.1 所示。

表 C.1 氧化物含量转化为元素含量的换算系数

氧化物	元 素	换算系数
Al_2O_3	Al	0.529 3
BaO	Ba	0.895 7
CaO	Ca	0.714 7
CuO	Cu	0.798 9
Fe_2O_3	Fe	0.699 4
K_2O	K	0.830 1
MgO	Mg	0.603 0
MnO	Mn	0.774 5
NiO	Ni	0.785 8
P_2O_5	P	0.436 4
PbO	Pb	0.928 3
SiO_2	Si	0.467 4
SO_3	S	0.400 5
TiO_2	Ti	0.599 3
ZnO	Zn	0.803 5

ICS 77.080.01
H 11

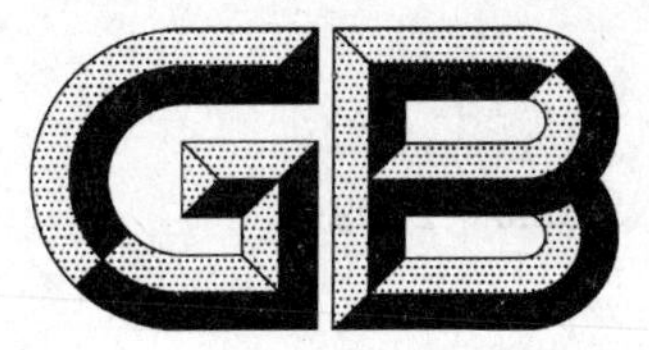

中华人民共和国国家标准

GB/T 24520—2009

铸铁和低合金钢　镧、铈和镁含量的测定　电感耦合等离子体原子发射光谱法

Cast iron and low alloy steel—Determination of lanthanum, cerium and magnesium content—Inductively coupled plasma atomic emission spectrometric method

2009-10-30 发布　　2010-05-01 实施

中华人民共和国国家质量监督检验检疫总局
中国国家标准化管理委员会　发布

前　言

本标准的附录A为规范性附录，附录B为资料性附录。

本标准由中国钢铁工业协会提出。

本标准由全国钢标准化技术委员会归口。

本标准负责起草单位：武汉钢铁（集团）公司研究院。

本标准参加起草单位：钢铁研究总院、宝钢研究院、宝钢检测中心、太钢技术中心、包钢技术中心、首钢技术研究院、山东冶金研究院、济钢技术监督处、邯钢技术中心、南京钢铁公司、中船十二所、武钢质检中心等。

本标准主要起草人：张春兰、曹宏燕、陈士华、张穗忠、闻向东、林亚萍、于录军、卢文琪。

铸铁和低合金钢　镧、铈和镁含量的测定 电感耦合等离子体原子发射光谱法

1　范围

本标准规定了用电感耦合等离子体原子发射光谱法测定镧、铈和镁的方法。

本方法适用于铸铁和低合金钢中镧、铈和镁含量的测定。测量范围(质量分数):镧,0.002%～0.10%;铈,0.005%～0.15%;镁,0.003%～0.15%。

2　规范性引用文件

下列文件中的条款通过本标准的引用而成为本标准的条款。凡是注日期的引用文件,其随后所有的修改单(不包括勘误的内容)或修订版均不适用于本标准,然而,鼓励根据本标准达成协议的各方研究是否可使用这些文件的最新版本。凡是不注日期的引用文件,其最新版本适用于本标准。

GB/T 6379.1　测量方法与结果的准确度(正确度与精密度)　第1部分:总则与定义(GB/T 6379.1—2004,ISO 5725-1:1994,IDT)

GB/T 6379.2　测量方法与结果的准确度(正确度与精密度)　第2部分:确定标准测量方法重复性与再现性的基本方法(GB/T 6379.2—2004,ISO 5725-2:1994,IDT)

GB/T 20066　钢和铁　化学成分测定用试样的取样和制样方法(GB/T 20066—2006,ISO 14284:1996,IDT)

3　原理

试料用盐酸、硝酸混合酸分解,高氯酸冒烟,以混合酸溶解盐类,试液稀释至一定体积,干过滤。在电感耦合等离子体原子发射光谱仪上,于所推荐的波长或其他合适的波长处测量试液中分析元素的发射光谱强度,由校准曲线计算镧、铈和镁的质量分数。

4　试剂

除非另有说明,在分析中仅使用确认为分析纯的试剂和二次蒸馏水或相当纯度的水。

4.1　高纯铁,镧、铈、镁质量分数均小于0.000 2%。

4.2　盐酸,ρ约1.19 g/mL

4.3　硝酸,ρ约1.42 g/mL

4.4　盐酸-硝酸混合酸,1+1+2

4.5　高氯酸,ρ约1.67 g/mL

4.6　过氧化氢,ρ约1.10 g/mL

4.7　镧标准溶液

4.7.1　镧储备溶液,1.00 mg/mL

称取1.172 8 g预先于850 ℃灼烧30 min并冷却至室温的三氧化二镧(质量分数大于99.95%)于250 mL烧杯中,加30 mL盐酸(4.2),加热溶解。冷却至室温,移入1 000 mL容量瓶中,用水稀释至刻度,混匀。

此溶液1 mL含1.00 mg镧。

4.7.2　镧标准溶液,50.0 μg/mL

分取 25.00 mL 镧储备溶液(4.7.1)于 500 mL 容量瓶中,加 5 mL 盐酸(4.2),用水稀释至刻度,混匀。

此溶液 1 mL 含 50.0 μg 镧。

4.8 铈标准溶液

4.8.1 铈储备溶液,1.00 mg/mL

称取 1.228 4 g 预先于 850 ℃灼烧 30 min 并冷却至室温的二氧化铈(质量分数大于 99.95%)于 250 mL 烧杯中,加 30 mL 硝酸(4.3),2 mL 过氧化氢(4.6),加热至溶解完全,煮沸分解过量的过氧化氢。冷却至室温,移入 1 000 mL 容量瓶中,用水稀释至刻度,混匀。

此溶液 1 mL 含 1.00 mg 铈。

4.8.2 铈标准溶液,50.0 μg/mL

分取 25.00 mL 铈储备溶液(4.8.1)于 500 mL 容量瓶中,加 5 mL 盐酸(4.2),用水稀释至刻度,混匀。

此溶液 1 mL 含 50.0 μg 铈。

4.9 镁标准溶液

4.9.1 镁储备溶液,1.00 mg/mL

称取 1.658 3 g 预先于 850 ℃灼烧 30 min 并于干燥器中冷却至室温的高纯氧化镁(质量分数大于 99.95%)于 250 mL 烧杯中,加 20 mL 水,混匀。盖上表皿,加 20 mL 盐酸(4.2),低温加热溶解。冷却至室温,移入 1 000 mL 容量瓶中,用水稀释至刻度,混匀。

此溶液 1 mL 含 1.00 mg 镁。

4.9.2 镁标准溶液,50.0 μg/mL

分取 25.00 mL 镁储备溶液(4.9.1)于 500 mL 容量瓶中,加 5 mL 盐酸(4.2),用水稀释至刻度,混匀。

此溶液 1 mL 含 50.0 μg 镁。

4.10 镧、铈和镁混合标准溶液

分取 25.00 mL 镧储备溶液(4.7.1)、25.00 mL 铈储备溶液(4.8.1)和 25.00 mL 镁储备溶液(4.9.1)于 500 mL 容量瓶中,加 10 mL 盐酸(4.2),用水稀释至刻度,混匀。

此溶液 1 mL 含 50.0 μg 镧、铈和镁。

5 仪器

通常的实验室设备和电感耦合等离子体原子发射光谱仪。

电感耦合等离子体原子发射光谱仪可以是同时测量型,也可以是顺序测量型。

5.1 分析线

本标准不指定特殊的分析线。实验室应根据灵敏度和谱线干扰等情况,选择合适的分析线和扣背景位置。

表 1 为推荐的镧、铈和镁分析线,根据不同的仪器也可采用其他合适的波长。

表 1 推荐分析线

分析元素	分析线波长/nm	可能的干扰元素	*BEC*/(mg/L)	*DL*/(mg/L)
镧	408.671	Fe	0.1	0.01
	398.852	Th	0.1	0.01
铈	418.660	Fe	0.4	0.04
镁	279.553	—	0.1	0.01
	280.270	Cr、V、Ti	0.1	0.01

5.2 光谱仪的实际分辨率(见附录 A 中 A.1)

每条分析谱线的半峰宽应不大于 0.030 nm。

5.3 短期稳定性

连续测量校准曲线溶液分析元素的光谱强度 10 次,计算测量的相对标准偏差(RSD)。通常对浓度 5 μg/mL 的溶液,要求其相对标准偏差不超过 1.0%。

5.4 长期稳定性

在 3 h 中,每隔 30 min 测量校准曲线溶液分析元素的光谱强度 3 次,得到 7 个测量平均值。计算 7 个测量平均值的相对标准偏差(RSD)。通常对浓度 5 μg/mL 的溶液,其相对标准偏差不超过 2.0%。

5.5 背景等效浓度和检测限(见附录 A 中 A.2)

按附录 A 中 A.2 测量校准溶液的光谱强度,计算测量元素的背景等效浓度(*BEC*)和检测限(*DL*),其结果应低于表 1 所列数值。

5.6 校准曲线的线性

检查校准曲线的线性,其相关系数应大于 0.999。

6 取制样

按 GB/T 20066 或其他适当国家标准取制样。

7 分析步骤

7.1 试料量

称取 0.50 g 试样,精确至 0.000 1 g。

7.2 空白试验(相当于校准曲线的零浓度溶液)

称取 0.470 g 高纯铁(4.1),随同试料作空白试验。

7.3 试料溶液的制备

将试料置于 100 mL 烧杯中,加 15 mL 盐酸-硝酸混合酸(4.4),盖上表皿,缓缓加热至试料溶解完全,加 5 mL 高氯酸(4.5),加热冒高氯酸烟,继续加热冒烟至试液体积 1 mL~2 mL。冷却,加 10 mL 盐酸-硝酸混合酸(4.4),加 20 mL 水,温热溶解盐类,冷却至室温。将试液移入 100 mL 容量瓶中,用水稀释至刻度,混匀。测量前试液用中速滤纸干过滤,弃去最初的 10 mL 滤液。

7.4 校准曲线溶液的制备

称取 0.470 g 高纯铁 8 份分别置于 8 个 100 mL 烧杯中,按 7.2 分析步骤操作将纯铁分解,冷却至室温,将试液分别移入 100 mL 容量瓶中。按表 2 加入分析元素的标准溶液或混合标准溶液,用水稀释至刻度,混匀。

表 2 绘制校准曲线的标准溶液

分析元素	标准溶液	加入标准溶液的体积/mL								相应试料中分析元素的质量分数/%
镧	4.7.2	0	0.20	0.50	1.00	2.00	5.00	10.00	—	0%~0.10%
铈	4.8.2	0	—	0.50	1.00	2.00	5.00	10.00	15.00	0%~0.15%
镁	4.9.2	0	0.20	0.50	1.00	2.00	5.00	10.00	15.00	0%~0.15%

7.5 测量

7.5.1 仪器准备

开启 ICP 光谱仪,预热 1 h 以上。

按照仪器操作说明对仪器工作条件进行优化,选择合适的测量条件(如氩气压力和流速、观测高度、入射狭缝、出射狭缝、检测器的增益、分析线、冲洗时间、测量时间等)。

准备校准曲线绘制、测量及统计计算等软件。

开启等离子炬点火键，点火后确认仪器运行参数在正常范围内，雾化系统及等离子火焰工作正常，稳定 15 min 以上。

检查 5.2～5.5 中给出的各项仪器性能要求。

7.5.2 校准曲线溶液的测量和校准曲线的绘制

于 ICP 光谱仪上，测量各校准曲线溶液(7.4)中镧、铈和镁的光谱强度，每个溶液重复测量 2 次～3 次，计算其平均值。以各光谱强度平均值减去零浓度光谱强度平均值为纵坐标，校准曲线溶液的浓度为横坐标，分别绘制镧、铈和镁的校准曲线。

计算校准曲线的相关系数，相关系数应符合 5.6 的要求。

7.5.3 试料溶液的测定

测量试料溶液(7.3)中镧、铈和镁的光谱强度，重复测量 2 次～3 次，计算其平均值。其光谱强度平均值减去空白试验溶液光谱强度的平均值为净光谱强度。

8 分析结果的计算

根据校准曲线(7.5.2)，将净光谱强度转化为试液中镧、铈和镁的浓度，以 μg/mL 表示。

试料中镧、铈和镁的含量以质量分数 w_{M} 计，数值以%表示，按式(1)计算：

$$w_{\mathrm{M}} = \frac{\rho_{\mathrm{M}} \times V}{m \times 10^{6}} \times 100 \qquad \cdots\cdots(1)$$

式中：

ρ_{M}——试液中镧、铈和镁浓度的数值，单位为微克每毫升(μg/mL)；

V——被测试液体积的数值，单位为毫升(mL)；

m——试料质量的数值，单位为克(g)。

9 精密度

本标准的精密度数据是在 2008 年由 14 个实验室对镧 5 个水平、铈 6 个水平和镁 6 个水平的样品进行共同试验，每个实验室对每个水平的样品在 GB/T 6379.1 规定的重复性条件下测定 3 次。原始数据(参见附录 B)按 GB/T 6379.2 进行统计分析，所确定的精密度见表 3。

表 3 精密度

元素	含量范围(质量分数)/%	重复性限 r	再现性限 R
镧	0.002～0.10	$\lg r = -1.8825 + 0.6027 \lg m$	$\lg R = -1.4823 + 0.6681 \lg m$
铈	0.005～0.15	$r = 0.00055 + 0.02685\, m$	$\lg R = -1.5420 + 0.5787 \lg m$
镁	0.003～0.15	$\lg r = -1.8973 + 0.5514 \lg m$	$\lg R = -1.6798 + 0.5130 \lg m$
式中： m 是两个测定值的平均值(质量分数)。			

重复性限(r)、再现性限(R)按表 3 给出的方程求得。

在重复性条件下，获得的两次独立测试结果的绝对差值不大于重复性限(r)，以大于重复性限(r)的情况不超过 5%为前提；

在再现性条件下，获得的两次独立测试结果的绝对差值不大于再现性限(R)，以大于再现性限(R)的情况不超过 5%为前提。

10 试验报告

试验报告应包括下列信息：

a) 识别样品、实验室和试验日期所需的全部资料；
b) 引用标准；
c) 结果及其表示；
d) 采用的分析谱线；
e) 测定中发现的异常现象；
f) 对结果可能产生影响的而在本标准中没有规定的任何操作。

附　录　A
（规范性附录）
测定仪器性能的操作

制定电感耦合等离子体原子发射光谱(ICP-AES)分析标准方法，应由工作组负责根据实验室间试验结果确定仪器性能规范的值。

A.1　光谱仪实际分辨率

发射光谱的分辨率通常用其波长扫描图形的半峰宽表示，即测定峰高一半处的峰宽，用纳米表示。图 A.1 表示镧 408.672 nm 波长的实际分辨率。

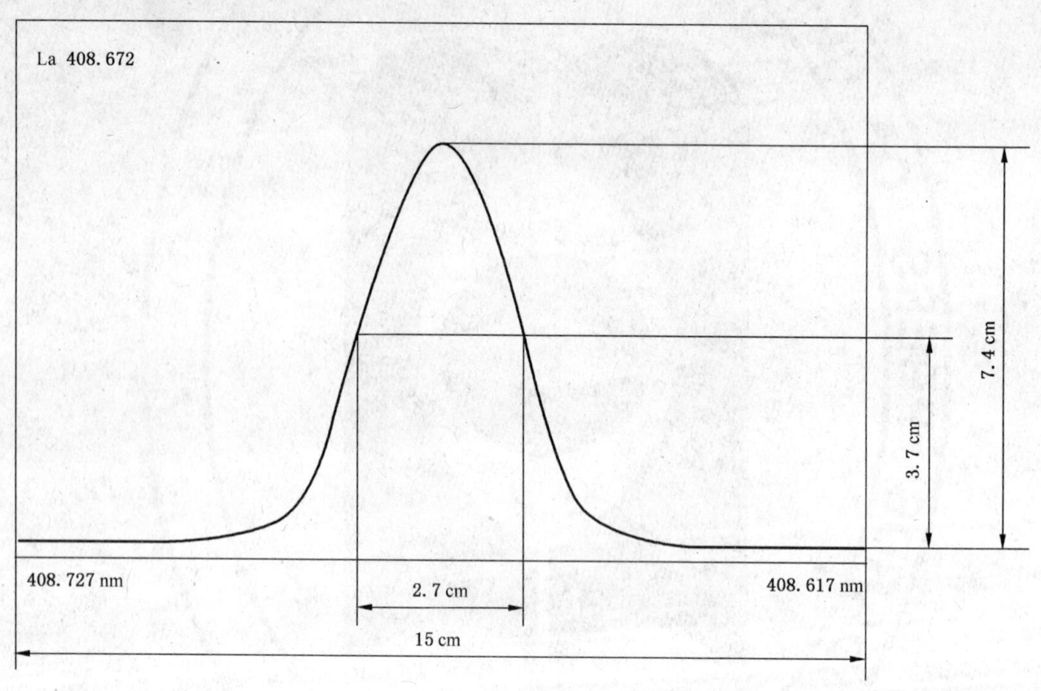

$$分辨率=(408.727-408.617)\times\frac{2.7}{15}=0.020\ \text{nm}$$

图 A.1　实际分辨率计算图例

A.2　背景等效浓度和检测限

制备 3 份溶液，含待测物浓度分别为：0 浓度水平，10 倍检测限，1 000 倍检测限。这些溶液含有与待测样品相似浓度的酸、溶剂、基体元素。

对待测元素设定合适的操作条件。

喷入 1 000 倍检测限溶液，在溶液进入等离子体后等待 10 s，以保证稳定雾化，

仔细地将选择的波长定位在其最高峰处，选择适当的测量条件，以保证测量的光谱强度有 4 位有效数字。设定积分时间为 3 s。

A.2.1　确定检测限

喷入空白试液约 10 s，以预设积分时间测定 10 次。

喷入 10 倍检测限溶液 10 s，以预设积分时间测定 10 次。

由空白试液和 10 倍检测液得到的光谱强度读数，计算空白试液平均强度 $\overline{X}_b$，10 倍检测限溶液平

均强度 $\overline{X}_1$ 和空白试液的标准偏差 S_b。

按式(B.1)计算 10 倍检测限溶液的净平均强度 $\overline{X}_{n1}$：

$$\overline{X}_{n1} = \overline{X} - \overline{X}_b \qquad \text{(A.1)}$$

按式(B.2)计算测量元素的检测限(DL)：

$$DL = 3S_b \times \frac{\rho_1}{\overline{X}_{n1}} \qquad \text{(A.2)}$$

式中：

ρ_1——10 倍检测限的浓度，单位为微克每毫升(μg/mL)。

应当指出，由于重复测量次数有限，按这种方法计算出的检测限误差范围较宽。

A.2.2 背景等效浓度的测定

按式(B.3)计算背景等效浓度(BEC)：

$$BEC = \frac{\overline{X}_b}{\overline{X}_{n1}} \times \rho_1 \qquad \text{(A.3)}$$

附 录 B
（资料性附录）
电感耦合等离子体原子发射光谱法测定镧、铈、镁含量的精密度试验原始数据

2008 年有 14 个实验室对 5～6 个铸铁和低合金钢样品进行精密度共同试验，测量的原始数据见表 B.1～表 B.3。

表 B.1 镧含量测定的精密度试验原始数据

实验室	镧含量(质量分数)/%				
	水平 1	水平 2	水平 3	水平 4	水平 5
1	0.012 4 0.012 6 0.012 6	0.041 2 0.041 4 0.041 6	0.002 87 0.002 89 0.002 81	0.023 2 0.022 8 0.023 5	0.094 3 0.094 2 0.093 8
2	0.011 8 0.011 9 0.011 7	0.037 6 0.037 7 0.037 9	0.002 82 0.002 55 0.002 64	0.024 6 0.024 4 0.024 4	0.093 9 0.093 8 0.094 1
3	0.012 0 0.011 5 0.012 5	0.039 4 0.040 2 0.041 6	0.003 10 0.003 00 0.002 90	0.023 0 0.025 0 0.026 0	0.091 0 0.094 0 0.093 0
4	0.012 0 0.012 4 0.011 6	0.039 3 0.038 2 0.039 2	0.002 54 0.002 49 0.002 51	0.022 5 0.023 1 0.023 1	0.094 0 0.093 1 0.092 3
5	0.012 5 0.012 6 0.012 6	0.041 1 0.041 0 0.040 7	0.003 20 0.003 00 0.002 80	0.024 1 0.024 5 0.024 2	0.092 1 0.092 9 0.092 1
6	0.011 7 0.012 2 0.011 5	0.039 9 0.040 2 0.038 8	0.002 70 0.002 80 0.002 50	0.022 4 0.021 8 0.021 3	0.092 5 0.092 5 0.090 0
7	0.013 2 0.013 4 0.013 6	0.039 5 0.040 5 0.041 1	0.002 80 0.002 90 0.003 20	0.020 6 0.021 5 0.021 8	0.095 4 0.096 3 0.097 7
8	0.012 5 0.011 8 0.012 2	0.037 7 0.037 4 0.037 3	0.002 84 0.002 68 0.002 67	0.022 6 0.023 9 0.024 5	0.091 6 0.093 7 0.091 9
9	0.012 4 0.012 8 0.013 0	0.039 9 0.040 6 0.040 9	0.0026 0 0.002 65 0.002 72	0.024 5 0.025 0 0.025 6	0.093 2 0.094 0 0.094 8
10	0.012 3 0.012 8 0.012 2	0.039 4 0.041 4 0.041 1	0.002 70 0.002 80 0.002 40	0.022 8 0.023 2 0.022 6	0.092 4 0.093 4 0.093 0
11	0.012 3 0.012 2 0.012 3	0.039 3 0.041 8 0.040 0	0.002 70 0.002 80 0.002 60	0.023 6 0.025 0 0.023 2	0.093 5 0.092 9 0.094 7
12	0.012 3 0.011 7 0.012 6	0.036 9 0.037 4 0.038 5	0.003 11 0.003 32 0.003 24	0.020 1 0.021 1 0.019 1	0.093 1 0.095 4 0.095 6
13	0.012 7 0.012 8 0.012 6	0.038 5 0.039 0 0.038 5	0.0027 4 0.002 70 0.002 84	0.023 5 0.023 6 0.023 0	0.090 0 0.090 5 0.090 7
14	0.012 5 0.012 4 0.012 7	0.037 4 0.037 1 0.037 3	0.002 91 0.002 84 0.002 85	0.023 3 0.023 1 0.023 5	0.089 9 0.089 6 0.090 1

表 B.2 铈含量测定的精密度试验原始数据

实验室	铈含量(质量分数)/%					
	水平 1	水平 2	水平 3	水平 4	水平 5	水平 6
1	0.019 5 0.019 3 0.019 2	0.136 0.137 0.137	0.039 1 0.038 5 0.038 7	0.067 3 0.067 1 0.066 7	0.087 5 0.087 4 0.087 0	0.005 45 0.005 41 0.005 24
2	0.017 3 0.017 4 0.017 6	0.132 0.132 0.131	0.034 6 0.034 5 0.034 6	0.061 5 0.061 8 0.062 0	0.089 1 0.088 9 0.088 5	0.004 23 0.004 66 0.004 52
3	0.018 0 0.019 0 0.018 0	0.138 0.135 0.138	0.036 0 0.036 0 0.037 0	0.064 0 0.065 0 0.065 0	0.087 0 0.086 0 0.086 0	0.004 22 0.004 50 0.004 40
4	0.018 3 0.018 6 0.018 8	0.134 0.134 0.135	0.037 0 0.036 9 0.037 6	0.063 9 0.064 7 0.064 4	0.087 4 0.088 4 0.088 7	0.005 27 0.005 28 0.005 13
5	0.019 0 0.019 6 0.019 3	0.139 0.139 0.138	0.036 6 0.038 1 0.038 9	0.065 6 0.065 1 0.064 8	0.094 3 0.094 4 0.093 7	0.005 30 0.005 80 0.004 90
6	0.018 6 0.019 0 0.017 8	0.135 0.131 0.138	0.035 9 0.036 0 0.034 8	0.059 6 0.061 3 0.059 3	0.084 1 0.086 3 0.083 1	0.004 60 0.005 10 0.004 30
7	0.019 6 0.020 3 0.020 7	0.134 0.136 0.139	0.035 0 0.036 8 0.037 5	0.064 8 0.066 7 0.068 5	0.087 2 0.088 7 0.089 0	0.004 30 0.004 50 0.004 60
8	0.019 2 0.018 9 0.018 9	0.129 0.130 0.131	0.034 4 0.035 4 0.036 0	0.063 0 0.062 9 0.062 4	0.093 6 0.094 7 0.092 7	0.005 65 0.005 38 0.005 37
9	0.018 7 0.016 9 0.017 8	0.136 0.139 0.132	0.036 1 0.036 9 0.037 4	0.066 4 0.065 8 0.066 1	0.088 6 0.087 7 0.089 1	0.005 31 0.005 45 0.005 45
10	0.019 2 0.019 5 0.019 9	0.138 0.140 0.135	0.037 5 0.037 9 0.038 1	0.063 2 0.064 3 0.064 0	0.088 6 0.087 7 0.089 9	0.005 00 0.005 40 0.005 30
11	0.020 3 0.020 1 0.020 0	0.137 0.139 0.135	0.039 0 0.039 8 0.039 7	0.064 3 0.065 2 0.064 5	0.090 3 0.089 8 0.089 6	0.005 80 0.006 00 0.005 70
12	0.021 1 0.019 8 0.020 8	0.132 0.134 0.136	0.035 2 0.036 2 0.035 3	0.065 5 0.066 6 0.064 5	0.093 8 0.094 2 0.093 2	—
13	0.018 6 0.018 8 0.018 1	0.134 0.135 0.136	0.036 6 0.035 9 0.035 8	0.064 9 0.065 0 0.065 6	0.086 5 0.087 0 0.086 6	0.005 25 0.005 02 0.005 51
14	0.018 4 0.018 7 0.018 5	0.133 0.131 0.134	0.034 7 0.034 9 0.035 0	0.064 5 0.064 1 0.064 5	0.085 1 0.085 4 0.085 8	0.005 32 0.005 39 0.005 29

表 B.3　镁含量测定的精密度试验原始数据

实验室	镁含量(质量分数)/%					
	水平 1	水平 2	水平 3	水平 4	水平 5	水平 6
1	0.108	0.004 11	0.146	0.033 0	0.067 3	0.017 2
	0.106	0.004 12	0.149	0.033 6	0.067 1	0.017 3
	0.107	0.004 16	0.149	0.034 0	0.066 7	0.017 7
2	0.112	0.004 14	0.152	0.031 9	0.062 7	0.015 8
	0.111	0.004 12	0.151	0.031 6	0.063 2	0.015 6
	0.112	0.004 10	0.150	0.031 6	0.063 5	0.016 0
3	0.108	0.003 40	0.155	0.034 0	0.062 0	0.016 0
	0.109	0.003 50	0.153	0.032 0	0.064 0	0.018 0
	0.106	0.003 70	0.153	0.032 0	0.065 0	0.015 0
4	0.103	0.003 53	0.153	0.031 9	0.059 4	0.015 6
	0.104	0.003 89	0.154	0.031 7	0.060 9	0.015 6
	0.103	0.003 67	0.155	0.031 7	0.061 5	0.016 8
5	0.108	0.004 40	0.149	0.032 2	0.061 1	0.016 1
	0.109	0.004 00	0.150	0.032 1	0.058 9	0.016 2
	0.108	0.003 90	0.149	0.031 8	0.058 5	0.016 8
6	0.111		0.157	0.033 3	0.061 4	0.017 0
	0.110	—	0.154	0.032 8	0.061 3	0.016 9
	0.108		0.153	0.032 0	0.059 6	0.016 1
7	0.104	0.004 30	0.153	0.032 2	0.060 5	0.015 8
	0.108	0.004 60	0.154	0.033 3	0.061 8	0.016 2
	0.106	0.004 80	0.153	0.034 0	0.062 4	0.017 1
8	0.100	0.003 97	0.154	0.032 0	0.059 1	0.015 7
	0.101	0.004 07	0.153	0.031 9	0.059 4	0.016 4
	0.102	0.004 10	0.154	0.031 2	0.059 4	0.016 0
9	0.108	0.003 32	0.152	0.032 1	0.061 2	0.016 8
	0.106	0.003 50	0.155	0.031 6	0.061 1	0.015 7
	0.104	0.003 61	0.153	0.032 5	0.062 2	0.016 3
10	0.108	0.003 60	0.152	0.032 2	0.061 3	0.016 1
	0.106	0.003 30	0.151	0.031 6	0.062 6	0.015 6
	0.105	0.003 70	0.150	0.031 3	0.061 0	0.015 0
11	0.108	0.003 60	0.151	0.032 8	0.062 2	0.015 8
	0.106	0.003 80	0.152	0.032 1	0.063 2	0.014 7
	0.104	0.003 40	0.155	0.033 5	0.061 5	0.015 5
12	0.104	0.003 51	0.154	0.034 1	0.062 8	0.014 6
	0.107	0.003 22	0.155	0.032 9	0.062 4	0.014 2
	0.106	0.003 41	0.157	0.031 7	0.063 5	0.016 0
13	0.107	0.003 08	0.150	0.031 0	0.062 2	0.016 5
	0.108	0.002 98	0.150	0.032 9	0.061 5	0.016 1
	0.106	0.003 18	0.148	0.031 5	0.061 0	0.016 0
14	0.105	0.003 10	0.155	0.029 6	0.060 3	0.017 1
	0.103	0.002 90	0.152	0.030 3	0.060 6	0.016 9
	0.106	0.003 30	0.156	0.031 5	0.059 5	0.017 4

ICS 75.160.10
H 32

中华人民共和国国家标准

GB/T 24521—2009

焦炭电阻率测定方法

Method for the determination of specific resistance of coke

2009-10-30 发布　　　　2010-05-01 实施

中华人民共和国国家质量监督检验检疫总局
中国国家标准化管理委员会　发布

前言

本标准由中国钢铁工业协会提出。

本标准由全国钢标准化技术委员会归口。

本标准起草单位:中钢集团吉林炭素股份有限公司、冶金工业信息标准研究院。

本标准主要起草人:朱洁、赫晶远、孙伟、崔国伟。

焦炭电阻率测定方法

1 范围

本标准规定了焦炭电阻率测定的原理 、仪器设备、试样、试验步骤、结果计算。

本标准适用于焦炭、石墨、焙烧碎、煅后无烟煤电阻率的测定。

2 规范性引用文件

下列文件中的条款通过本标准的引用而成为本标准的条款。凡是注日期的引用文件，其随后所有的修改单(不包括勘误的内容)或修订版均不适用于本标准，然而，鼓励根据本标准达成协议的各方研究是否可使用这些文件的最新版本。凡是不注日期的引用文件，其最新版本适用于本标准。

GB/T 1997 焦炭试样的采取和制备

GB/T 8170 数值修约规则与极限数值的表示和判定

3 原理

将一定粒度的干燥试样装入试样槽内，在一定的压力下通入一定强度的电流，测量试样两端的电压降，根据欧姆定律计算试样的电阻率。

4 仪器设备

4.1 电阻率测定仪(见图 1)。

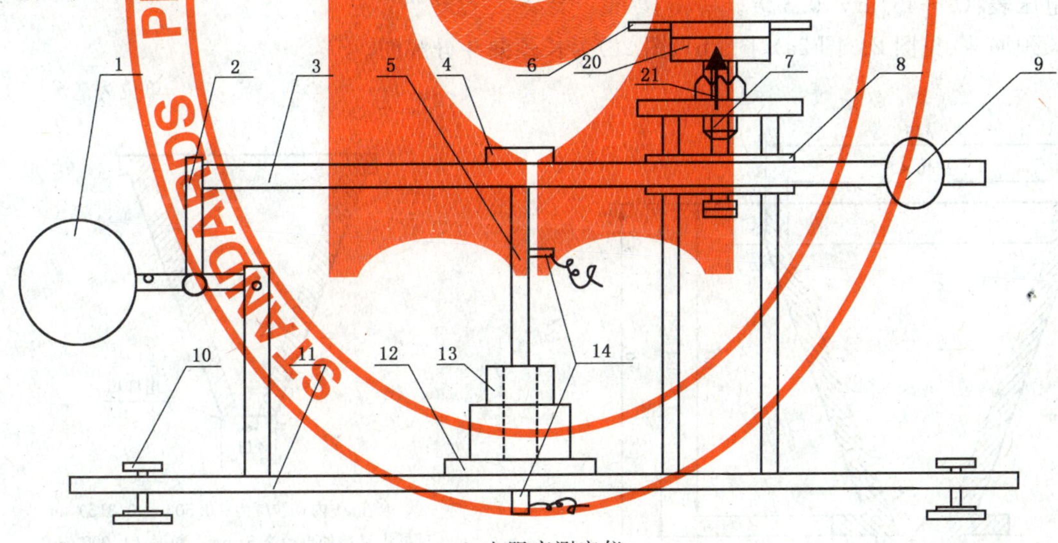

a) 电阻率测定仪

1——大鉈；
2——挂钩；
3——杠杆；
4——水平仪；
5——上活柱；
6——手柄；
7——调节螺杆；
8——支架；
9——小鉈；
10——地脚垫；
11——底盘；
12——槽座；
13——试样槽；
14——接线螺杆；
15——绝缘内衬；
16——试样；
17——下活柱；
18——定向圈；
19——绝缘底板；
20——螺旋测微桶；
21——指针；
22——顶丝；
23——样高 16.0 mm 逆时针旋转两圈位置。

图 1 电阻率测定仪

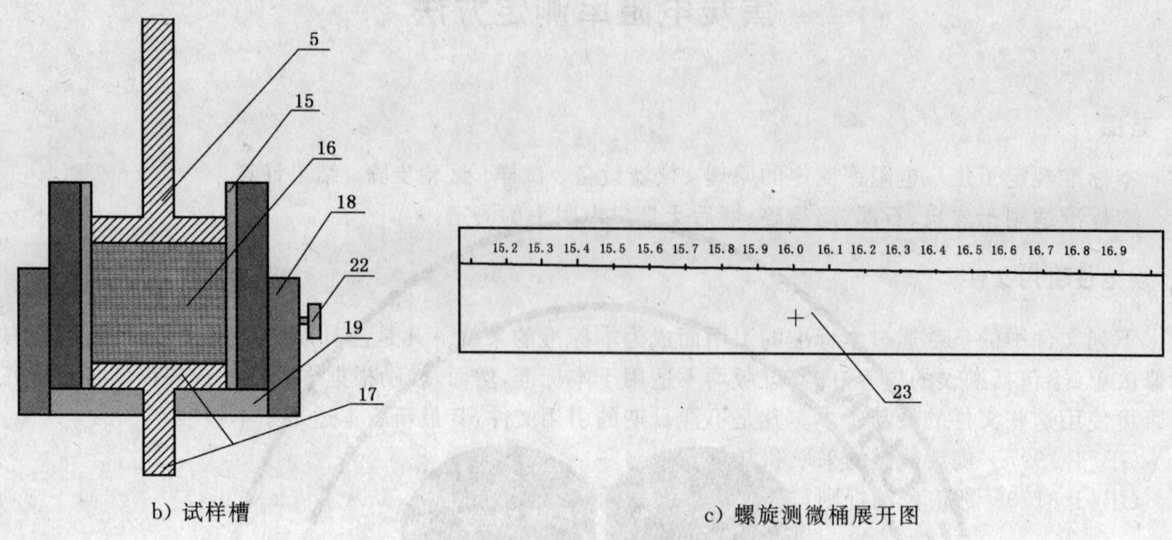

b）试样槽

c）螺旋测微桶展开图

图 1（续）

4.1.1 试样槽：内径 16.30 mm±0.05 mm，外径 32 mm，高 60 mm，在距离底边高 34.4 mm 处有一圈刻线，装样前该线与定向圈上沿水平并拧紧定向圈上的顶丝。

4.1.2 重鉈：大鉈 6 kg，小鉈 1 kg，调整两鉈位置使试样承受压力为 3922 kPa。

4.2 直流稳压稳流器：输出电压：(0～15)V，输出电流：(0～2)A。

4.3 电流表：(0～0.5)A，0.5 级。

4.4 电压表：(0～45)mV，0.5 级。

4.5 长颈漏斗：见图 2。图 2a)、图 2b)、图 2c)为长颈漏斗分解图。

单位为毫米

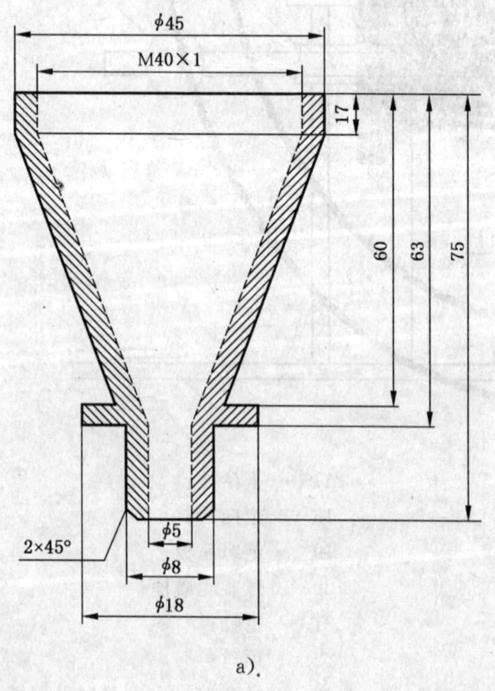

a）

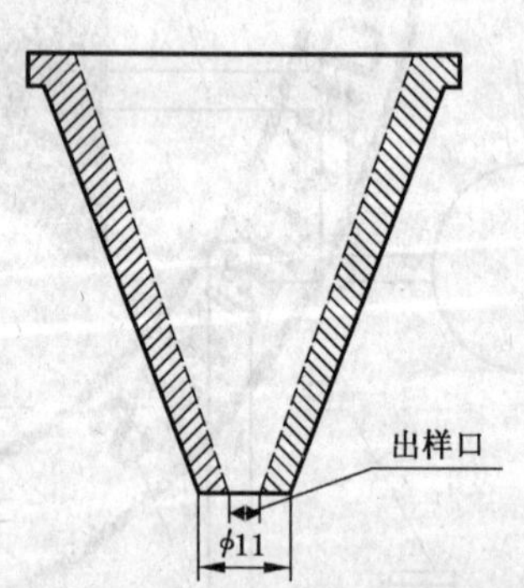

套在 a) 内，粒度为（0.500～0.315）mm 试样出样口处直径 2.5 mm，粒度（1.000～0.500）mm 试样出样口处直径为 4 mm

b）

图 2 长颈漏斗

单位为毫米

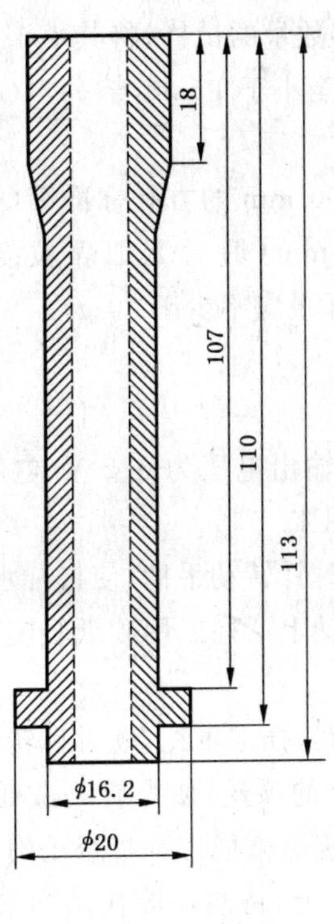

c)

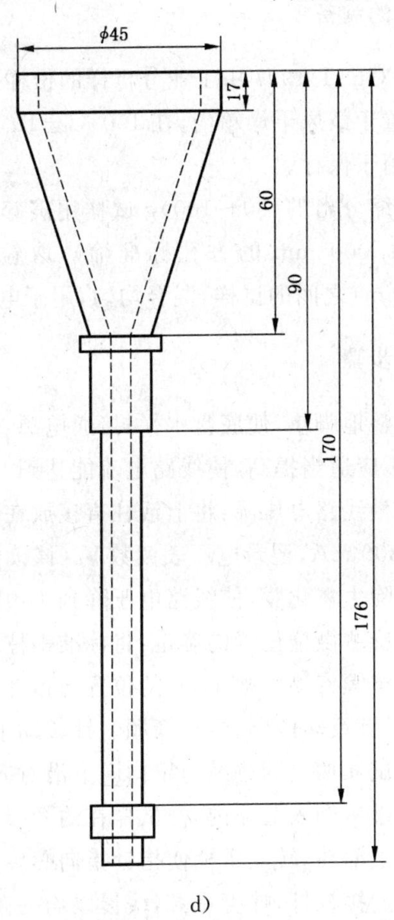

d)

图 2（续）

4.6 标准钢柱：ϕ16.30 mm±0.03 mm，高 16.00 mm±0.01 mm。

4.7 钢杯：粒度为(0.500～0.315)mm 的试样所用钢杯容积为 4.6 mL，见图 3a)。

粒度为(1.000～0.500)mm 的试样所用钢杯容积为 4.3 mL，见图 3b)。

单位为毫米

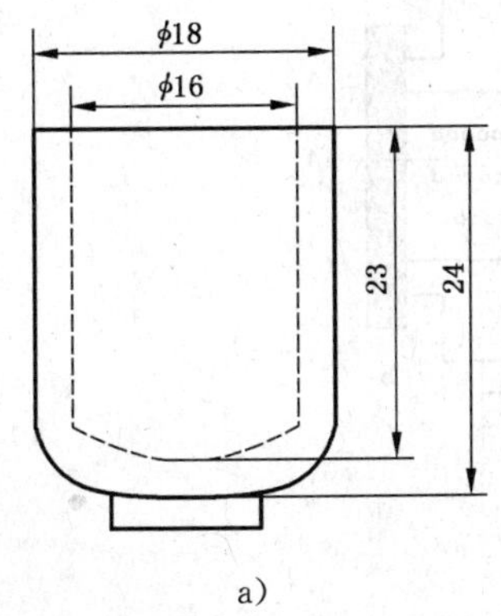

a)

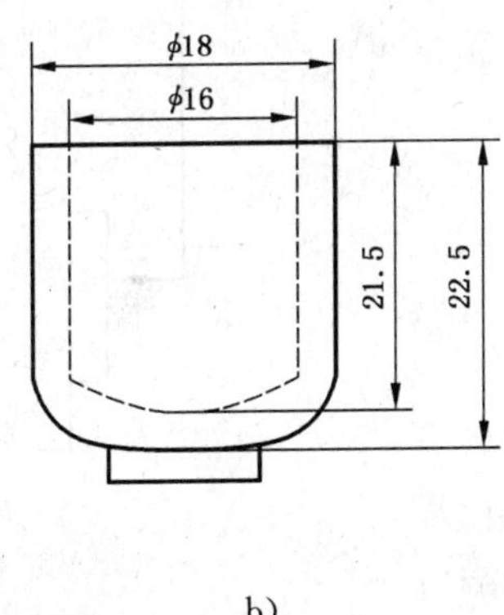

b)

图 3 钢杯

4.8 小筛子：直径 100 mm，高 50 mm，孔径 0.315 mm 和 0.500 mm。

4.9 水平尺：长 200 mm，灵敏度 1 mm/m。

4.10 油刷：2 吋。

4.11 砂纸：0＃。

5 试样的制备

5.1 按 GB/T 1997 中工业分析样的份样数和份样质量，采取足够数量的试样，将其中 1 kg 小于 3 mm 的试样置于鼓风干燥箱内，在 150 ℃±10 ℃干燥 20 min。再破碎至小于 1 mm，缩分出(80～100)g，其余试样用于保存。

5.2 将缩分出的(80～100)g 试样用破碎机破碎到全部通过 0.500 mm 的方孔标准筛(煅后无烟煤全部通过 1.000 mm 的方孔标准筛)，取粒度为(0.500～0.315)mm(煅后无烟煤粒度为(1.000～0.500)mm)之间的试样，混合均匀，用于电阻率试验(制备好的试样量应不少于 30 g)。

6 试验步骤

6.1 调整地脚垫，使底盘水平；接通电源，调节直流稳压稳流器使输出电压为 0.2 V(电阻率高的试样输出电压应适当提高，使线路电流能达到 300 mA)。检测电路见图 4。

6.2 测量线路电压降：将上活柱直接放在下活柱上，挂上重鉈，顺时针转动手柄，使杠杆水平，调节线路电流为 300 mA，记录电压表读数 V_0(该读数应小于 1 mV，否则扭动上活柱或用砂纸轻轻打磨上下活柱接触面，除去氧化膜，使线路电压降到 1 mV 以下)。

6.3 螺旋测微桶位置的确定：将标准钢柱放在上活柱与下活柱之间，挂上重鉈，顺时针转动手柄使杠杆水平，调整螺旋测微桶 16.0 的位置与指针对齐，拧紧螺旋测微桶上的顶丝，使螺旋测微桶固定不动；将手柄逆时针反转两圈，再重新顺时针转动手柄使杠杆水平，检验螺旋测微桶位置是否正确。

6.4 将试样槽上的刻线与定向圈上沿对齐，拧紧顶丝，放在下活柱上，将漏斗放在试样槽上，用量杯量取试样，缓慢倒入漏斗内，使试样在约 20 s 时间内进入试样槽。

6.5 取下漏斗，转动手柄使指针指向螺旋测微桶的 16.0 mm 逆时针旋转两圈所在的位置上，小心放上上活柱，连接杠杆，挂上重鉈，缓慢以均一速度顺时针旋转手柄半圈，拧开定向圈上的顶丝，重鉈应略微下沉一下，继续缓慢以均一速度顺时针旋转手柄直到杠杆达到水平。

6.6 调节线路电流为 300 mA，记录电压表读数 V，由螺旋测微桶指针所指位置读取并记录试样高度 h。

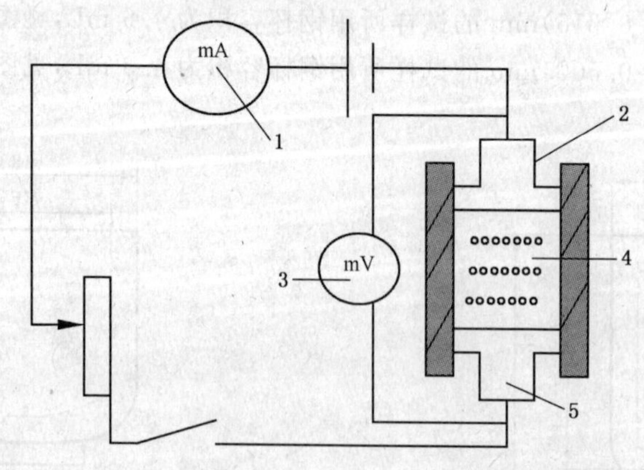

1——电流表；

2——上活柱；

3——电压表；

4——试样；

5——下活柱。

图 4 检测电路图

7 结果计算

7.1 试样的电阻率按式(1)计算：

$$\rho = \frac{(V - V_0)S}{Ih} \times 10^3 = \frac{695(V - V_0)}{h} \quad \cdots\cdots(1)$$

式中：

ρ——电阻率，单位为微欧姆米(μΩm)；

V_0——线路电压降，单位为毫伏(mV)；

V——试样与线路电压降，单位为毫伏(mV)；

h——试样高度，单位为毫米(mm)；

I——线路电流，单位为毫安(mA)；

S——试样面积，单位为平方毫米(mm^2)；

695——取试样直径为 16.30 mm，电流强度为 300 mA 时的换算系数。

计算结果保留整数，试验结果取两次测定结果的算术平均值。数值修约按 GB/T 8170 规定进行。

7.2 允许误差

同一实验室试验结果相对误差不大于 2.5%。

8 试验报告

试验报告包括下列内容：

a) 委托单位；

b) 试样名称及编号；

c) 试验结果；

d) 试验单位；

e) 审核人员；

f) 试验日期。

ICS 77.040.10
H 22

中华人民共和国国家标准

GB/T 24522—2009/ISO 22889:2007

金属材料　低拘束试样测定稳定裂纹扩展阻力的试验方法

Metallic materials—Method of test for the determination of resistance to stable crack extension using specimens of low constraint

（ISO 22889:2007,IDT ）

2009-10-30 发布　　2010-05-01 实施

中华人民共和国国家质量监督检验检疫总局
中国国家标准化管理委员会　发布

前　言

本标准等同采用国际标准 ISO 22889:2007《金属材料　低拘束试样测定稳定裂纹扩展阻力的试验方法》(英文版)。

为了便于使用,本标准做了下列编辑性修改:

——“本国际标准”一词改为“本标准”;

——用小数点“.”代替作为小数点的逗号“,”;

——删除了国际标准的前言;

——引用文件按对应的国家标准作了更改;

——删除了国际标准的参考文献;

——对图 4 的子图的次序进行了重新编排;

——附录 C.3 的章节次序进行了重新编排。

本标准的附录 A、附录 B、附录 C 和附录 D 为资料性附录。

本标准由中国钢铁工业协会提出。

本标准由全国钢标准化技术委员会归口。

本标准起草单位:武汉钢铁(集团)公司、中国石油大学、中国石油天然气集团公司管材研究所。

本标准主要起草人:李荣锋、邱保文、陈士华、李书瑞、涂应宏、帅健、庄传晶。

引　言

GB/T 21143采用紧凑拉伸试样和三点弯曲试样测定稳态或失稳裂纹扩展起始点的特定断裂韧度，并且测定稳态裂纹扩展阻力。由于这些试样类型具有近方形剩余韧带，而维持裂纹尖端处于高约束状态。如果尺寸要求得到满足，由此测定的 K_{IC}、$\delta_{0.2BL}$、$J_{0.2BL}$ 对尺寸不敏感，并被认为是断裂韧度下限值。尽管没有明显说明，其裂纹扩展阻力曲线（R 曲线）同样对尺寸不敏感。

工程实践过程中，有些情况不能被 GB/T 21143 所覆盖，例如：

——试样厚度远低于采用 GB/T 21143 测定尺寸不敏感性断裂性能的试样厚度要求；

——可用的材料厚度不能保证经加工的试样满足尺寸不敏感性判据；

——结构件的受力状态是拉伸而不是弯曲。

这些情况下结构件的拘束状态比 GB/T 21143 中规定试样的低，因此基于 GB/T 21143 的试验结果会导致过低预测结构件的裂纹扩展阻力和承载能力。

金属材料　低拘束试样测定稳定裂纹扩展阻力的试验方法

1　范围

本标准规定了均匀金属材料低拘束裂纹体试样塑性变形在承受准静态加载时稳定裂纹扩展阻力 δ_5 和 Ψ_C 的测定方法。紧凑拉伸试样和中心裂纹拉伸试样有缺口，采用疲劳的方法预制裂纹，在缓慢增加位移量的条件下进行试验。

本标准描述的试验方法涵盖那些不满足断裂性能尺寸不敏感的试样，例如尺寸相对单薄的紧凑拉伸试样和中心裂纹拉伸试样。

本标准给出了测定裂纹扩展阻力曲线（R-曲线）的方法。按照 GB/T 21143 测定紧凑拉伸试样断裂韧度特征值，中心裂纹拉伸试样断裂韧度特征值的测定方法在附录 D 中给出。

裂纹扩展阻力的测定可以使用多试样法和单试样法。多试样法要求各名义上相同的试样加载一定程度的位移。韧性裂纹扩展量予以标记，随后打开试样测量裂纹扩展。只要能够满足准确度要求，基于卸载柔度法和电位法的单试样法也能够测量裂纹扩展。推荐的单试样法由 GB/T 21143 描述。无论哪种方法，目的是获得足够多的数据点充分地描述材料裂纹扩展阻力行为。

测定 δ_5 相对简单易行。δ_5 的结果由阻力曲线表示，显示裂纹扩展特定极限范围的唯一性。远离该极限范围，紧凑拉伸试样的 δ_5 阻力曲线显示了对试样宽度的强依赖性，而中心裂纹拉伸试样的 δ_5 阻力曲线显示了对试样宽度的弱依赖性。

CTOA 的试验测定很困难。临界 CTOA 由裂纹扩展一定程度后达到的稳定值表示。CTOA 的概念可以应用于特大量的裂纹扩展，适用性超过现有 δ_5 的应用范围。

两种裂纹扩展阻力的测定均适用于结构评估。δ_5 的概念是完整的，通过基于简单裂纹驱动力公式的现有评估步骤，可以应用于结构完整性问题。

CTOA 的概念总的来讲更准确。在结构应用方面需要数值方法，如有限元分析。

研究表明两种试样加载到最大载荷时，CTOA 和唯一的 R 曲线保持紧密联系。在 δ_5-R 曲线和临界 CTOA 之间建立分析的或数值的关系还有待进一步研究。

2　规范性引用文件

下列文件中的条款通过本标准的引用而成为本标准的条款。凡是注日期的引用文件，其随后所有的修改单（不包括勘误的内容）或修订版均不适用于本标准，然而，鼓励根据本标准达成协议的各方研究是否可使用这些文件的最新版本。凡是不注日期的引用文件，其最新版本适用于本标准。

GB/T 12160　单轴试验用引伸计的标定(GB/T 12160—2002,ISO 9513:1999,IDT)

GB/T 16825.1　静力单轴试验机的检验　第1部分:拉力和(或)压力试验机测力系统的检验与校准(GB/T 16825.1—2008,ISO 7500-1:2004,IDT)

GB/T 20832　金属材料　试样轴线相对于产品织构的标识(GB/T 20832—2007,ISO 3785:2006,IDT)

GB/T 21143　金属材料　准静态断裂韧度的统一试验方法(GB/T 21143—2007,ISO 12135:2002,MOD)

3　术语和定义

本标准采用下列术语和定义。

3.1

裂纹张开位移　crack opening displacement，COD

δ_5

在预制疲劳裂纹尖端，裂纹两表面相对于原始未变形的裂纹平面的垂直位移，通过在试样侧表面 5 mm 原始标距测量。

3.2

裂纹尖端张开角　crack tip opening angle，CTOA

Ψ

相距现有裂纹尖端 1 mm 处测量的(或计算的)裂纹两表面形成的相对角度。

3.3

稳定裂纹扩展　stable crack extension

Δa

在位移控制加载下，裂纹扩展量只随位移量的增加而增加。

3.4

裂纹扩展阻力曲线　crack extension resistance curve

R 曲线

δ_5 随裂纹稳定扩展 Δa 的变化曲线。

3.5

临界裂纹尖端张开角　critical crack tip opening angle

Ψ_C

相距现有裂纹尖端 1 mm 处裂纹尖端张开角 Ψ 的稳态值。

注：该值对面内尺寸不敏感，但是可能有厚度依赖性。

4　符号和说明

本标准采用下列符号和说明(见表 1)。除非特别注明，试验温度对所有参数相同。

表 1　符号和说明

符号	单位	说　明
a	mm	裂纹长度
a_f	mm	最终裂纹长度($a_0+\Delta a_f$)
a_m	mm	机械加工切口长度
a_0	mm	初始裂纹长度
Δa	mm	稳态裂纹扩展
Δa_{min}	mm	Ψ_C 即将接近稳态值时的裂纹扩展量
Δa_{max}	mm	受 δ_5 或 Ψ_C 控制的裂纹扩展的极限量
Δa_f	mm	最终稳态裂纹扩展量
B	mm	试样厚度
E	MPa	杨氏弹性模量
F	kN	施加的力
F_f	kN	预制疲劳裂纹时的最大力
$R_{p0.2}$	MPa	试验温度下材料在垂直于裂纹平面方向的 0.2% 偏置下的规定塑性延伸强度
R_m	MPa	试验温度下材料在垂直于裂纹平面方向的抗拉强度

表 1 (续)

符号	单位	说　明
α	度(°)	裂纹路径偏离度
W	mm	紧凑拉伸试样的宽度,中心裂纹拉伸试样的半宽度
$W-a$	mm	无裂纹韧带区长度
$W-a_0$	mm	初始无裂纹韧带区长度
$W-a_f$	mm	最终无裂纹韧带区长度
Ψ	度(°)	裂纹尖端张开角(CTOA)
Ψ_C	度(°)	临界裂纹尖端张开角(CTOA)
ν		泊松比
δ_5	mm	疲劳预制裂纹尖端 5 mm 标距的裂纹张开位移
注:此处不是一个完整的参数列表,仅列出主要参数,其他参数在正文中定义和引用。		

5 总则

5.1 绪言

金属材料稳定裂纹扩展阻力可以采用单点(特征)值表征(参见附录 D),也可以采用裂纹有限范围内断裂阻力与裂纹扩展量连续关系曲线表征(见第 6 章)。本标准中列出的任意一种经疲劳预制裂纹的试样均可以用于测试和计算断裂阻力参数。试验通过对试样施加缓慢的位移,测量对应的载荷、裂纹张开位移和角度,结合试验前后对试样的测量用于确定材料的裂纹扩展阻力。本标准给出了测试试样的细节和一般性信息,图 1 给出了本标准可以采用的测试流程图,表 2 给出了本标准采用表征断裂阻力的符号。

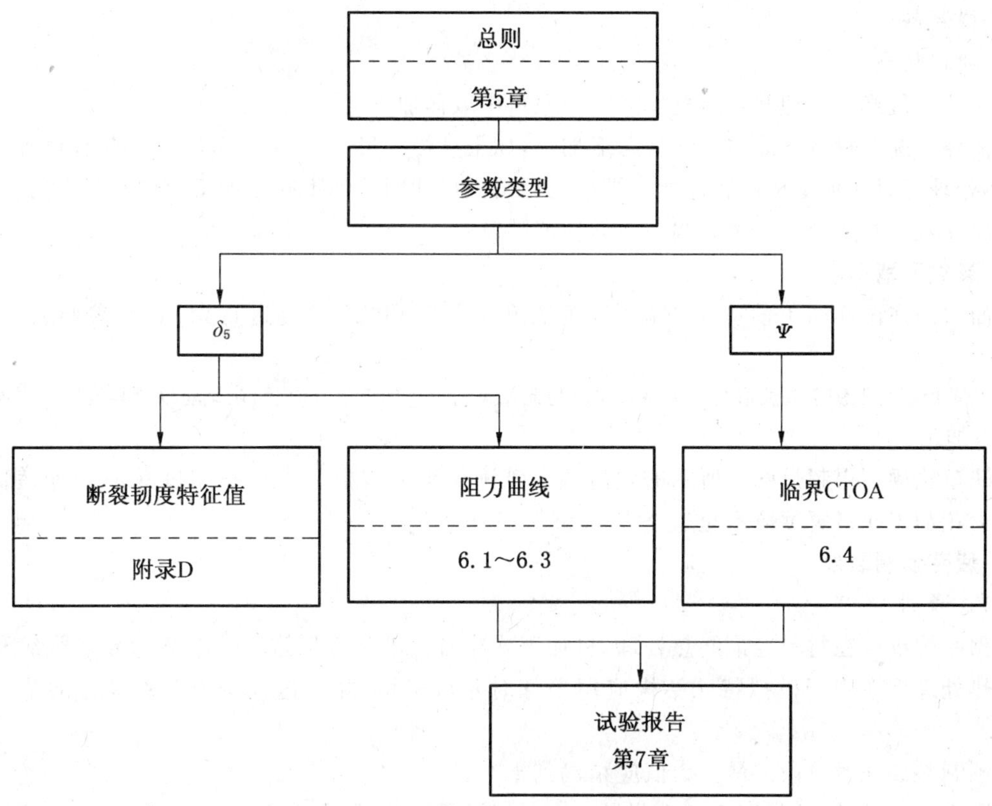

图 1　本标准试验方法的总流程图

表 2 断裂阻力的符号

参数	尺寸不敏感性	尺寸敏感性 (试验对厚度 B 有规定)	判定极限
δ_5	参见附录 D	不适用	
δ_5-R 曲线	不适用	$a_0,(W-a_0)\geqslant 4B$	对于紧凑拉伸试样, $\Delta a<\Delta a_{max}=0.25(W-a_0)$ 对于中心裂纹拉伸试样, $\Delta a<\Delta a_{max}=W-a_0-4B$
Ψ_C	不适用	$a_0,(W-a_0)\geqslant 4B$	$\Delta a>\Delta a_{max}=50/(5+B)$, $\Delta a<\Delta a_{max}=W-a_0-4B$ (见图 11)
注：通过对 1 mm～25 mm 板厚铝合金和钢试样裂纹扩展表面测量建立了 Ψ_C 的判定极限 $\Delta a>\Delta a_{min}=50/(5+B)$。			

5.2 试样

5.2.1 试样类型和尺寸

试样尺寸和公差应符合图 2 和图 3 中的规定。

试样的设计选择应考虑以下可能性：试验的结果是 δ_5 还是 Ψ(见图 1)、裂纹面方向、可用的材料数量和环境。

注：两种试样类型(见图 2 和图 3)均可测定 δ_5 或 Ψ_C。

对两种试样类型，均需满足条件$[a_0,(W-a_0)]\geqslant 4B$。

5.2.2 试样制备

5.2.2.1 材料状态

试样应从经最终热处理并且经机加工后的原料中取样加工。

某些例外情况下材料不能在最终状态下加工，如果试样的尺寸、公差、形状、表面粗糙度均可得到满足，最终热处理可以在加工试样后进行。机加工后试样尺寸明显地不同于加工前原料状态的，应考虑在役运行的尺寸效应对热处理显微结构和力学性能的影响。

5.2.2.2 裂纹面取向

裂纹面取向在试样加工前应予以确定，按照 GB/T 20832 之规定进行识别，并参照表 A.1 进行记录。

注：裂纹扩展阻力取决于裂纹取向和扩展方向及与此相关的机械加工主方向、晶粒流动以及其他形式的各向异性。

5.2.2.3 加工

试样缺口轮廓不得超过图 4 所示的包迹线。铣削加工缺口根部半径不超过 0.10 mm，锯切、圆盘磨削或电火花加工缺口宽度应不超过 0.15 mm。

5.2.2.4 疲劳预制裂纹

5.2.2.4.1 通则

疲劳预制裂纹应在材料经最终热处理、机加工或具备环境条件后进行。在疲劳预制裂纹和测试之间的中间热处理旨在用于模拟特殊结构应用条件时才可采用，并且这种偏离推荐规范的情况需予以报告。

疲劳预制裂纹任意阶段的最大力值应精确到±2.5%。

试样厚度 B 和宽度 W 按照 5.3.1 测量后应予以记录，并按照 5.2.2.4.3 和 5.2.2.4.4 规定确定最大疲劳预制裂纹载荷 F_f。

除了在一周次或几周次内可预期加速引发裂纹，施加力值之比（最小力值比最大力值）为－1.0之外，一般应在0～0.1之间。

5.2.2.4.2 设备和夹具

应仔细安装疲劳预制裂纹用夹具，确保力沿试样厚度面 B 均匀分布，并且对称于预期裂纹面。

5.2.2.4.3 紧凑拉伸试样

对于紧凑拉伸试样，在疲劳预制裂纹最终1.3 mm或50%扩展量阶段，取其小者，最大力值应低于 F_f：

$$F_f = \xi E\left[\frac{B\sqrt{W}}{g_1(a_0/W)}\right] \qquad (1)$$

其中 $\xi=1.6\times10^{-4}\,\mathrm{m}^{0.5}$，并且

$$g_1(a_0/W)=\left[1-\frac{a_0}{W}\right]^{-1.5}\left[2+\frac{a_0}{W}\right]\left[0.886+4.64\frac{a_0}{W}-13.32\left(\frac{a_0}{W}\right)^2+14.72\left(\frac{a_0}{W}\right)^3-5.6\left(\frac{a_0}{W}\right)^4\right] \qquad (2)$$

单位为毫米
表面粗糙度（Ra）单位为微米
（以下同）

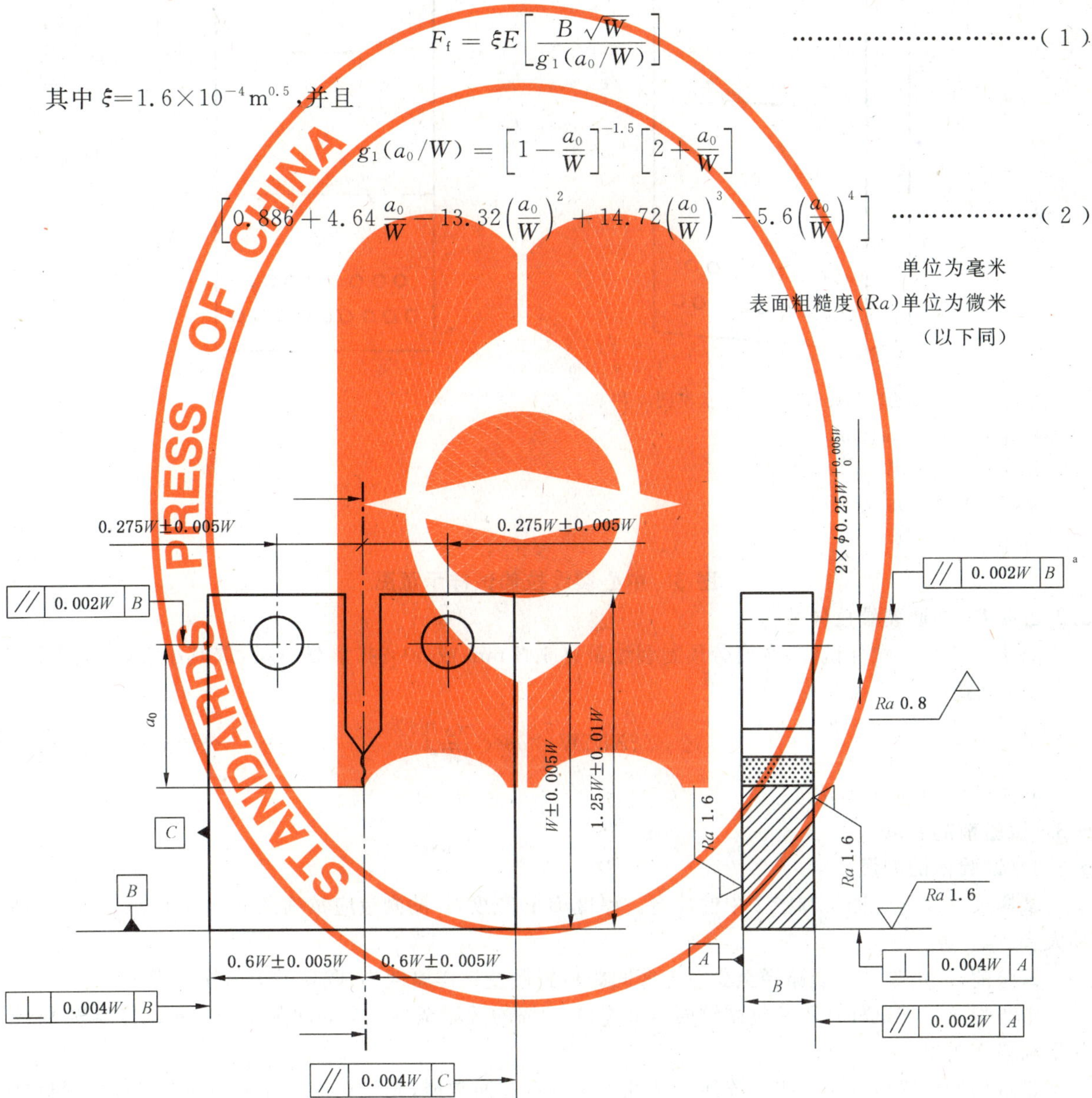

裂纹引发缺口尖端与试样前后表面的交点距离上、下端面保持等间距且距离之差在0.005W以内。

注1：起始引发缺口和疲劳裂纹的形状见图4和5.2.2.4。

注2：$W\geqslant 8B\geqslant 150$ mm。

注3：$0.45\leqslant a_0/W\leqslant 0.65$。

注4：可以选择的销孔直径 $\phi=0.188W^{+0.004W}_{0}$。

[a] 双孔。

图2 直通型缺口紧凑拉伸试样的尺寸比例和公差

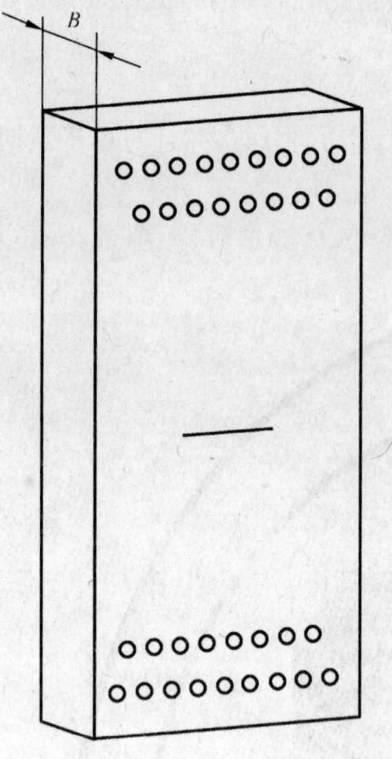

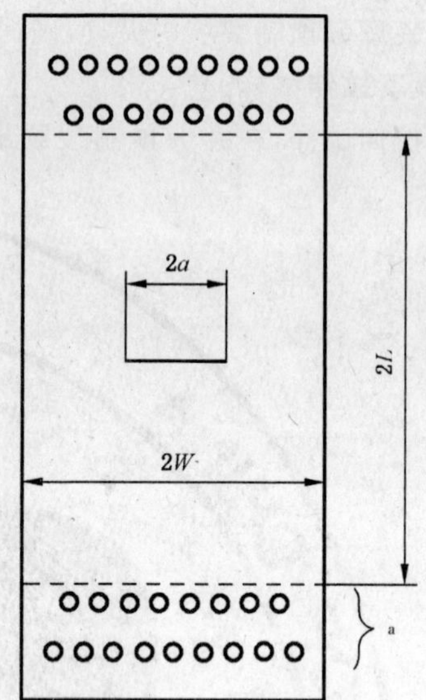

注 1：起始引发缺口和疲劳裂纹的形状见图 4 和 5.2.2.4。

注 2：$W \geqslant 8B \geqslant 150$ mm。

注 3：$0.45 \leqslant a_0/W \leqslant 0.65$。

注 4：$L/W > 1.5$。

[a] 夹持区域。

图 3　中心裂纹拉伸试样示意图

5.2.2.4.4　中心裂纹拉伸试样

对于中心裂纹拉伸试样，在疲劳预制裂纹最终 1.3 mm 或 50% 扩展量阶段，取其小者，最大载荷应低于 F_f，见式(3)：

$$F_f = \xi EB2W\left[\pi a \sec\frac{\pi a}{2W}\right]^{-0.5} \quad \cdots\cdots(3)$$

其中 $\xi = 1.6 \times 10^{-4}\ \mathrm{m}^{0.5}$。

5.3　试验前的要求

5.3.1　试验前的测量

试样尺寸应符合图 2 和图 3 中的规定。厚度 B 和宽度 W 的测量应精确到 0.02 mm 或 ±0.2%，取其大者。

试验前，应沿裂纹扩展路径至少三个等间距位置测量试样厚度 B，取其平均值作为 B。

中心裂纹拉伸试样在不超过裂纹面名义宽度 10% 的区域至少三个等间距位置测量试样宽度 W，取其平均值作为 W。

紧凑拉伸试样以加载孔中心连线为基准进行测量。通常地，先建立加载孔中心连线，然后在裂纹面上测量到裂尖前的试样边缘距离作为 W，至少在三个尽可能紧靠裂纹面沿厚度方向等间距位置进行测量。同时应在相同位置测量尺寸 $1.25W$（裂尖前、后的试样边缘之间的距离）。

5.3.2　裂纹前缘形态和长度的要求

疲劳预制裂纹的长度要求：

——对于紧凑拉伸试样，a_0/W 应在 0.45～0.65 之间；

——对于中心裂纹拉伸试样，a_0/W 应在 0.25～0.50 之间。

疲劳裂纹扩展量至少 1.3 mm 或 2.5%W，取其大者。缺口和疲劳裂纹应在图 4 所示包迹线内。

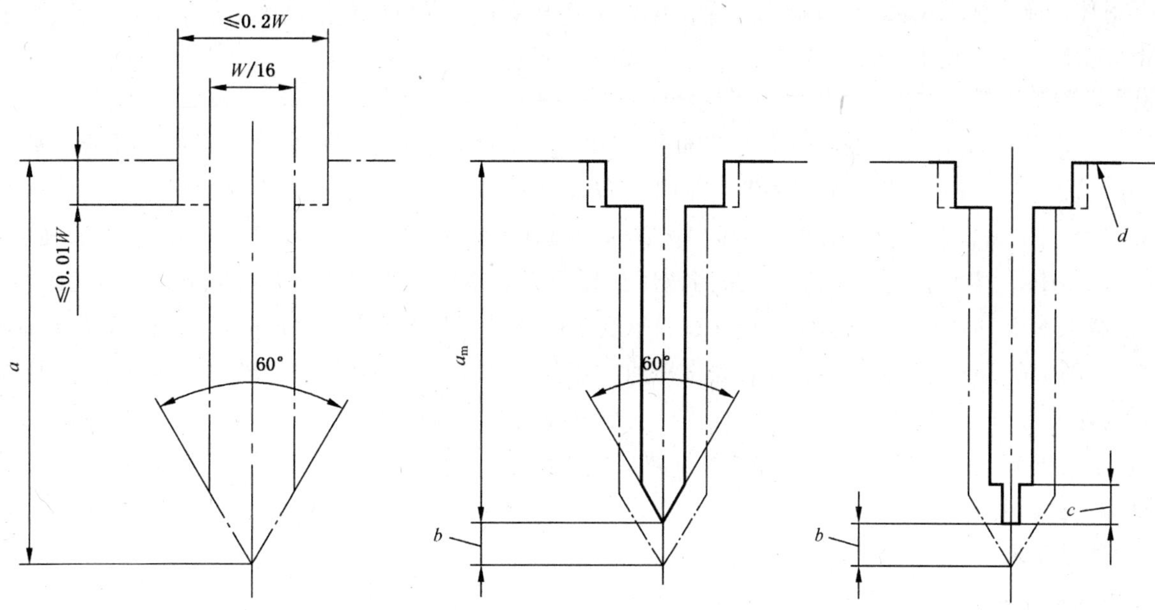

a——机加工缺口 a_m。

b——疲劳预制裂纹。

c——火花腐蚀或机械加工的狭缝。

d——紧凑拉伸试样的载荷线。

图 4 疲劳裂纹包迹和裂纹引发缺口

5.4 试验设备

5.4.1 校准

所有测量仪器均需校准。

5.4.2 载荷

载荷测量设备应符合 GB/T 16825.1。

试验设备应在恒位移速率下加载。

载荷测量系统标称容量应超过 $1.2F_L$，F_L 按式(4)和式(5)计算：

对于紧凑拉伸试样，

$$F_L = \frac{B(W - a_0)^2}{(2W + a_0)} R_m \quad \cdots\cdots(4)$$

对于中心裂纹拉伸试样，

$$F_L = 2B(W - a_0) R_m \quad \cdots\cdots(5)$$

5.4.3 位移测量

用于测量 δ_5 的引伸计的输出应准确显示跨过疲劳预制裂纹尖端两侧相距 5 mm 精确定位点的相对位移。引伸计(或其他合适的传感器)和试样的设计应允许引伸计和试样之间的接触点自由旋转。

注 1：确定 δ_5 的指南在附录 B 中给出。

注 2：裂纹嘴张开位移对于确定 δ_5 和 Ψ_C 并不是必需的，但是载荷-裂纹嘴张开位移曲线的记录可以适用于评估本方法的有限元分析或其他断裂分析方法。经证明的引伸计设计样本在附录 B 中给出，类似引伸计已商品化。

裂纹嘴张开位移引伸计应按照 GB/T 12160 进行校准,不劣于 1 级。在使用期间应至少每周核查。

注:根据使用频度和双方约定,可能频繁校准引伸计。

引伸计应在测试温度±5 ℃进行校验。位移量在 0.3 mm 以内应精确到±0.003 mm,在 0.3 mm 之上应精确到实际读出值的±1%。

5.4.4 试验夹具

为减小摩擦,紧凑拉伸试样应采用 U 形夹具和销钉加载。这种形式应保证试样在拉伸状态承载。用于 R 曲线测定的夹具设计成平底孔(见图 5),以保证销钉在整个试验过程中自由滚动。圆底孔(见图 6)不能用于卸载柔度法测试单个试样。夹具承载面硬度应大于 40 HRC(400 HV)或者屈服强度至少 1 000 MPa。中心裂纹拉伸试样应采用液压夹持或者靠摩擦传力的螺栓夹具加载。需避免螺栓承载,以减小不均匀加载。安装方式应确保试样承受最小的面内和离面弯曲。所有试样应配备抗屈曲的导板,如图 7 所示。抗屈曲的导板应覆盖试样的大部分。仅沿裂纹面进行支撑已被证实不能有效预防薄板材在夹持线与裂纹面之间产生弯曲。对于小中心裂纹拉伸试样($W<600$ mm),采用平板就足够了,但是对于 W 超过 600 mm 的中心裂纹拉伸试样,需要采用平板和工字梁如图 7a)所示。适合紧凑拉伸试样的抗屈曲设计如图 7b)所示。

5.5 试验要求

推荐抗屈曲导板安装到试样两侧,覆盖预期裂纹扩展路径的长度是原始裂纹长度的四倍。试样和抗屈曲导板之间的配合面使用惰性润滑剂(如 Teflon),以减少摩擦力。在一块抗屈曲导板上开通孔,以便安装测量 δ_5 的引伸计,或者用于电位法的导线敷设。

5.5.1 紧凑拉伸试验

5.5.1.1 试样和夹具安装

加载 U 形夹具对中度应在 0.25 mm 以内,试样相对加载销钉对中度应在 0.75 mm 以内。

5.5.1.2 裂纹张开位移 $\boldsymbol{\delta_5}$

裂纹张开位移 δ_5 的测量参照附录 B 执行。

5.5.1.3 裂纹尖端张开角 $\boldsymbol{\Psi}$

裂纹尖端张开角 Ψ 的测量或者计算可参照附录 C 执行。

5.5.2 中心裂纹拉伸试验

5.5.2.1 试样和夹具安装

夹具的设计应确保载荷沿试样厚度面均匀分布。如果全过程可均匀加载时,夹具可以刚性连接到试验机,否则推荐通过可拆卸夹具和销钉加载。

5.5.2.2 裂纹尖端张开位移 $\boldsymbol{\delta_5}$

裂纹尖端张开位移 δ_5 的测量参照附录 B 进行。

单位为毫米

表面粗糙度(Ra)单位为微米

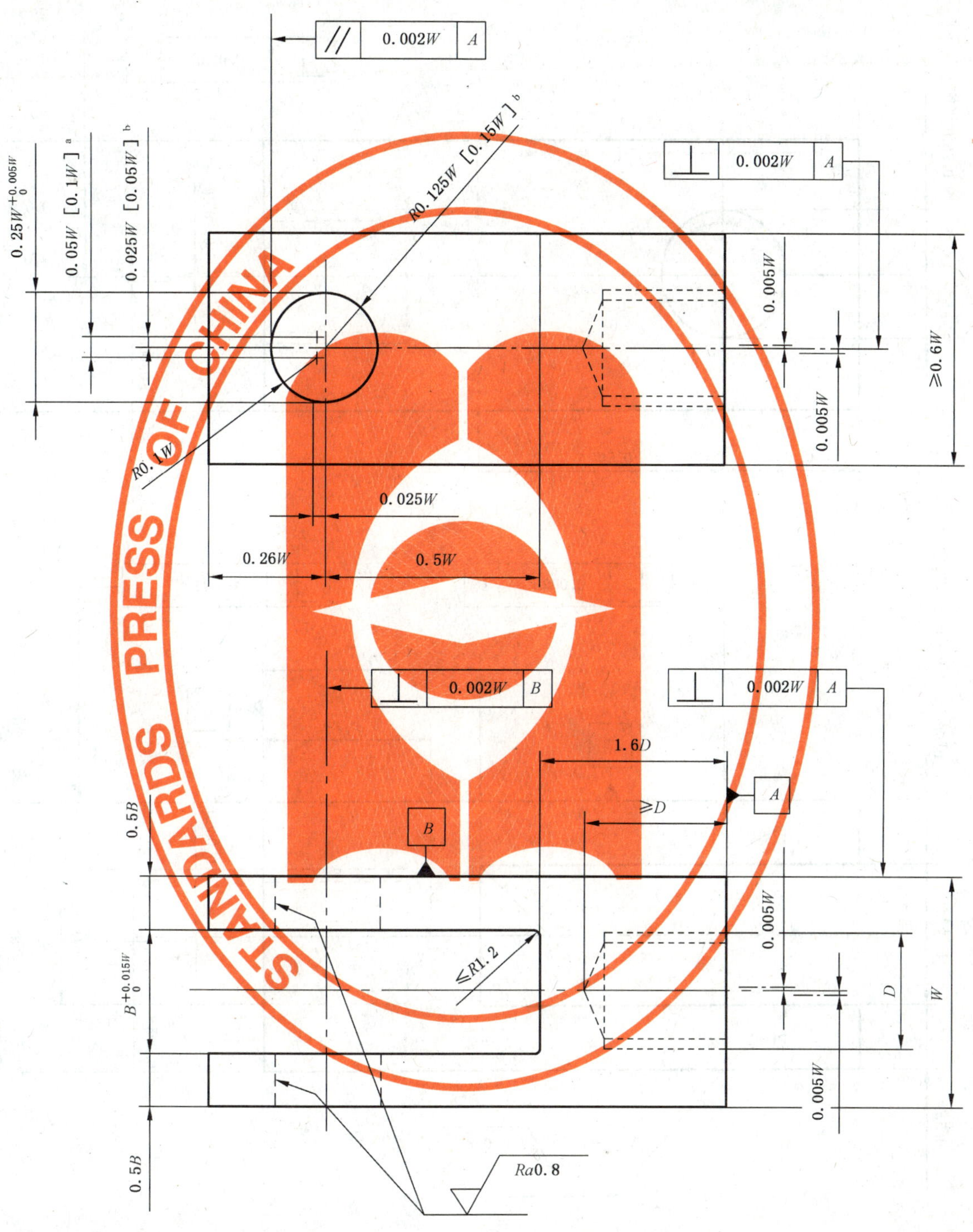

注 1：加载销的直径 $\phi=0.24W_{-0.005W}^{\ 0}$。

注 2：为便于安装引伸计可以将 U 型夹具的角去掉。

注 3：U 型钩和加载销的硬度≥40 HRC。

[a] 加载平面。

[b] 对于大位移量的试样，U 型夹具销钉孔的直径应放大到括号内的尺寸。

图 5　用于紧凑拉伸试样的允许销钉转动的平底加载孔 U 型夹具的典型设计

单位为毫米

表面粗糙度(Ra)单位为微米

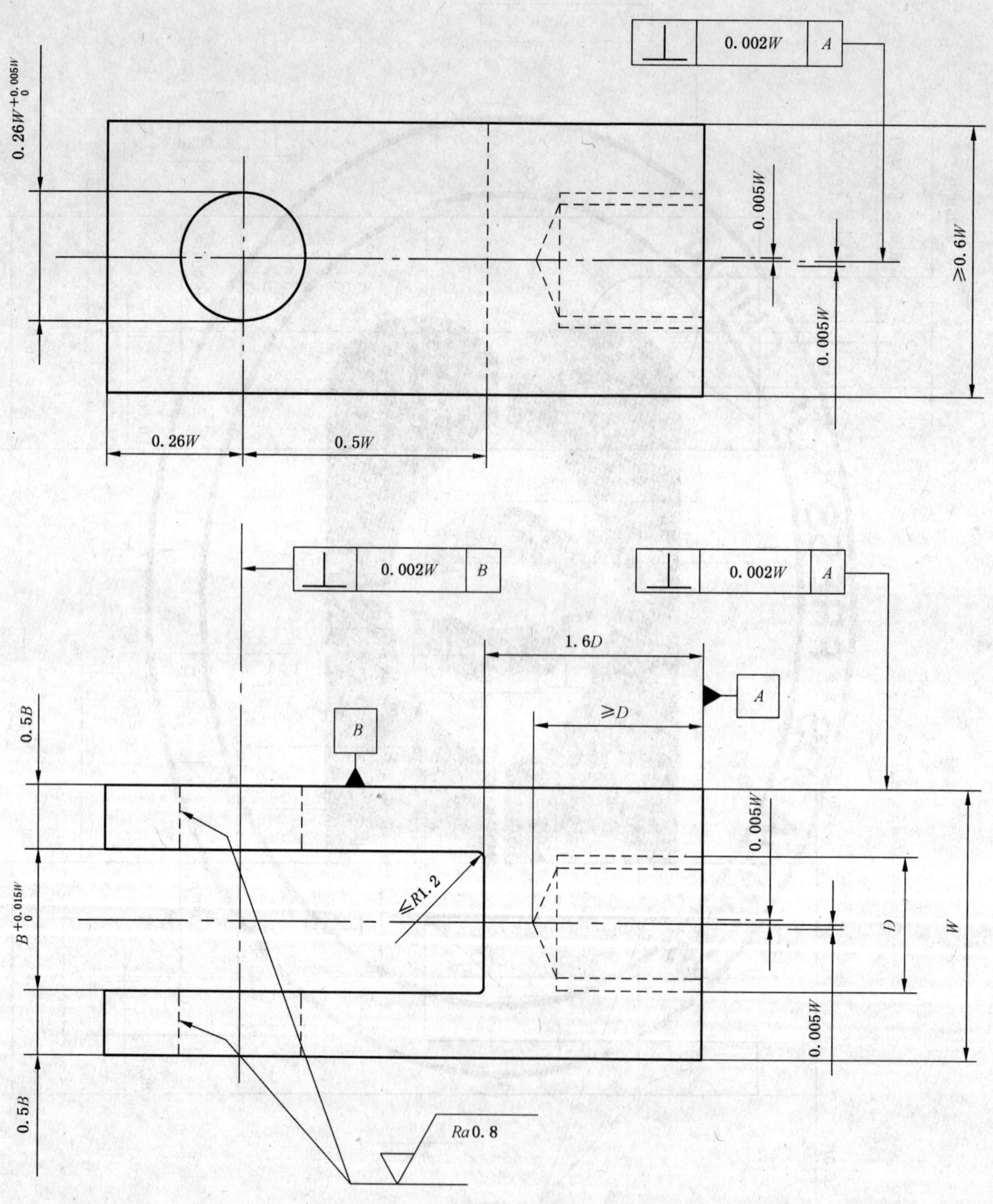

注 1:加载销的直径 $\phi = 0.24W_{-0.005W}^{\ 0}$。

注 2:为便于安装引伸计可以将 U 型夹具的角去掉。

注 3:U 型钩和加载销的硬度≥40 HRC。

图 6 用于紧凑拉伸试样的大尺寸圆形加载销孔 U 型夹具的典型设计

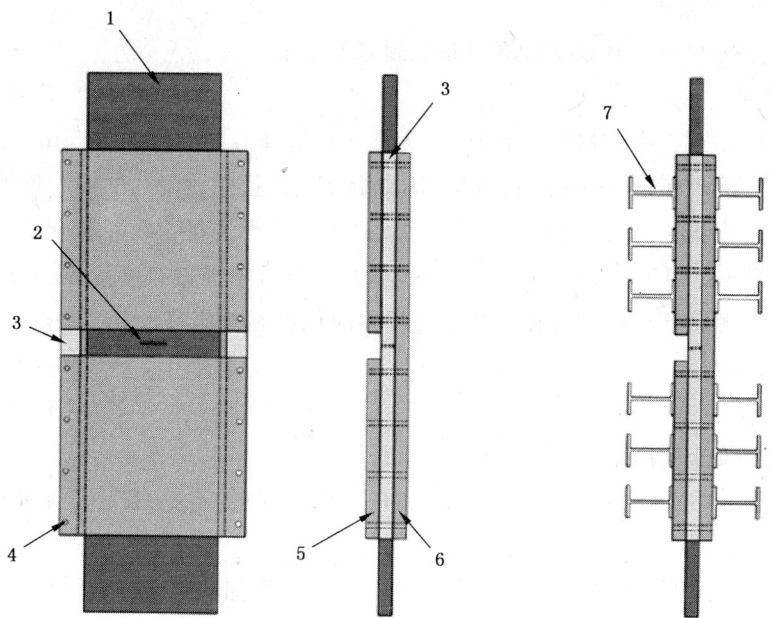

1——中心裂纹拉伸试样；
2——裂纹观察窗；
3——间隔条；
4——螺栓孔；
5——前抗屈曲板，2 片；
6——后抗屈曲板，1 片；
7——工字梁。

a）中心裂纹拉伸试样抗屈曲指南

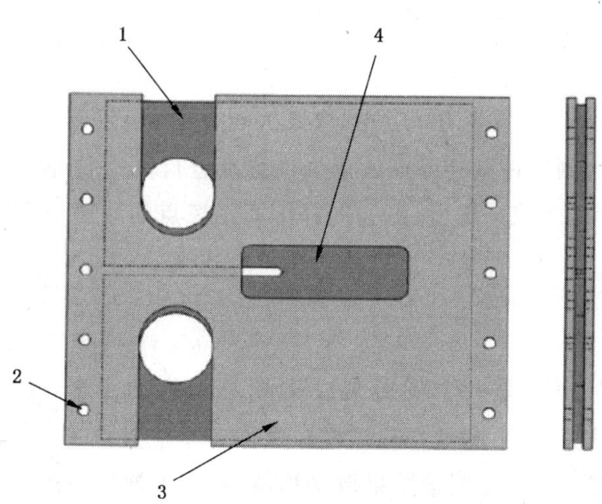

1——紧凑拉伸试样；
2——螺栓孔；
3——前后抗屈曲板；
4——裂纹观察窗。

b）紧凑拉伸试样抗屈曲指南

图 7　抗屈曲指南

5.5.2.3 裂纹尖端张开角Ψ

裂纹尖端张开位移Ψ的测量或者计算可参照附录C进行。

5.5.3 试样试验温度

应以±2 ℃的准确度控制试样的试验温度。为此应在试样表面裂纹尖端5 mm区域内贴放热电偶或铂电阻温度计。当预期有充分的裂纹扩展量，还应沿预期路径贴放附加的温度传感器(热电偶或温度计)，以确保特定的试验温度。试验应在合适的低温/高温介质中进行。在液态介质中测试开始前，试样表面温度达温后还需根据厚度按30 s/mm进行保温，气体介质中根据厚度按60 s/mm保温，但保温时间至少应为15 min。测试试样的温度在试验全过程中应保持在规定试验温度±2 ℃范围内，并按照第7章的要求予以记录。

5.5.4 记录

应记录载荷和对应的位移输出。

注：对应的位移是δ_5(旨在测定δ_5-R曲线)或裂纹嘴张开位移CMOD(并不是必需的，但是有益于附加的评估)。

5.5.5 试验速率

试验应采用裂纹嘴张开/加载线/横梁位移控制。在线弹性加载阶段加载线位移速率应使应力强度因子增加速率在0.5 MPa·m$^{0.5}$/s～3.0 MPa·m$^{0.5}$/s范围内。对每个系列试验，所有试样均应按同一名义速率加载。

5.5.6 试验分析

确定紧凑拉伸试样断裂韧度单点值(特征值)的方法在附录D中给出，测定δ_5-R曲线的方法在第6章给出(见图1)。

5.6 试验后裂纹测量

试验完毕后打开试样，在断面上确定初始裂纹长度a_0和最终稳态裂纹扩展量Δa_f。

某些试验在打开试样前需要标记稳定裂纹扩展区，可以采用热着色或试验后二次疲劳方法。注意尽量减小试验后试样的变形。对于铁素体钢冷脆化处理有助于减小变形。

5.6.1 初始裂纹长度a_0

5.6.1.1 紧凑拉伸试样

应使用准确度不低于±0.1%或0.025 mm(取其大者)的测量仪器从销钉孔中心线到疲劳裂纹的尖端测量初始裂纹长度a_0。测量在试样厚度面5个位置点进行。a_0值是通过先对距离两侧表面0.01B内的两个位置(见图8)测量结果取平均值，再和内部等间距三点的测量长度取平均值得到的，见式(6)。

$$a_0=\frac{1}{4}\left[\left(\frac{a_{01}+a_{05}}{2}\right)+\sum_{j=2}^{j=4}2a_{0j}\right] \qquad \cdots\cdots(6)$$

5.6.1.2 中心裂纹拉伸试样

初始裂纹长度a_0的测量值，是两个疲劳裂纹尖端总长度的一半，测量仪器的准确度应不低于±0.1%或0.025 mm(取其大者)。测量是在试样厚度面5个位置点进行的。a_0值是通过先对距离两侧表面0.01B内的两个位置(见图9)测量结果取平均值，再和内部等间距三点的测量长度取平均值，然后将结果除以2得到的，见式(7)。

$$a_0=\frac{1}{8}\left[\left(\frac{2a_{01}+2a_{05}}{2}\right)+\sum_{j=2}^{j=4}2a_{0j}\right] \qquad \cdots\cdots(7)$$

注：对于两种试样厚度B小于5 mm时，可采用三点平均法。a_0值是通过先对两侧表面位置处测量长度$a_{0,1}$和$a_{0,5}$取平均值，再和平面中心处测量长度$a_{0,3}$取平均值得到：

$a_0=0.5[(a_{0,1}+a_{0,5})/2+a_{0,3}]$

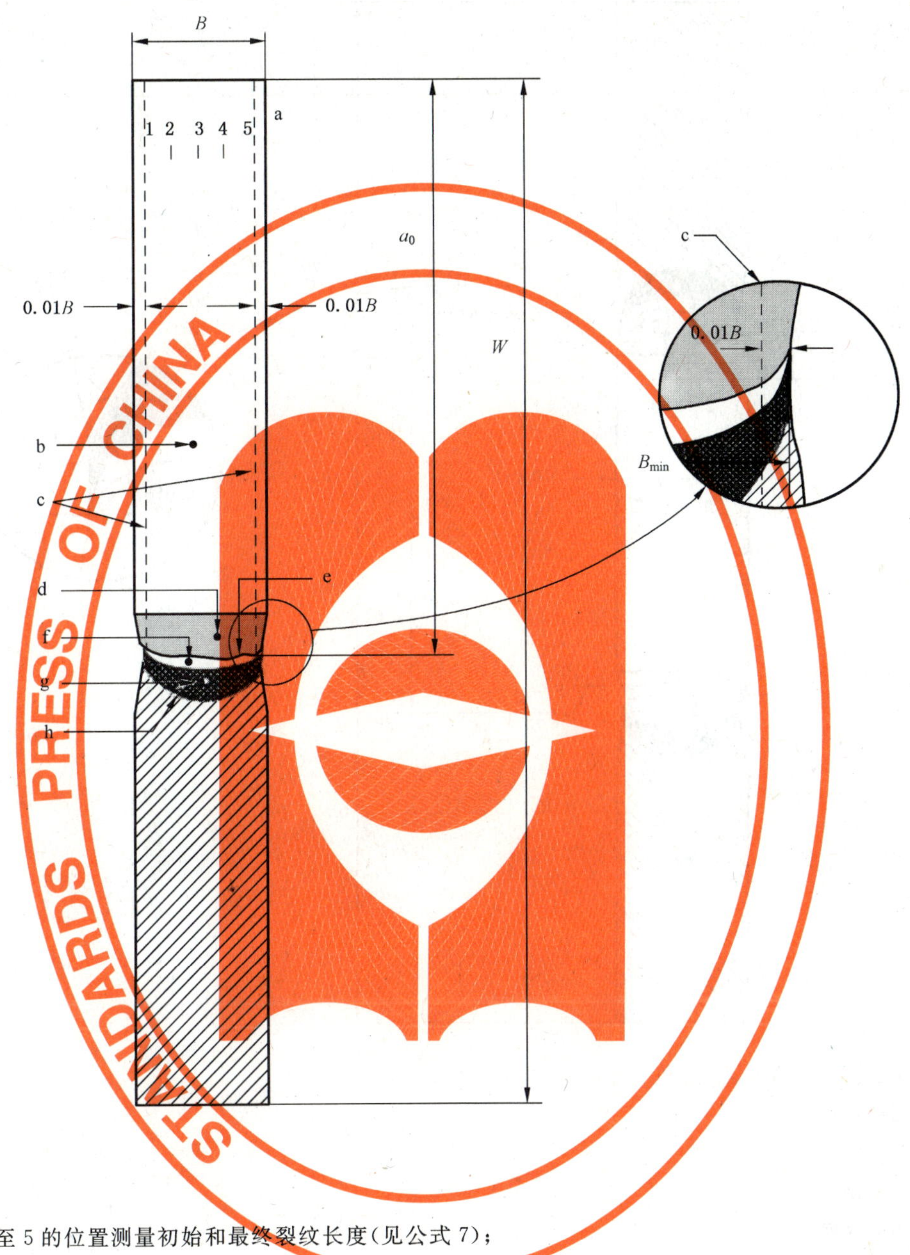

a——在 1 至 5 的位置测量初始和最终裂纹长度(见公式 7)；

b——加工缺口；

c——参考线；

d——疲劳预制裂纹；

e——初始裂纹前缘；

f——伸张区；

g——裂纹扩展；

h——最终裂纹前缘。

图 8　紧凑拉伸试样裂纹长度的测量

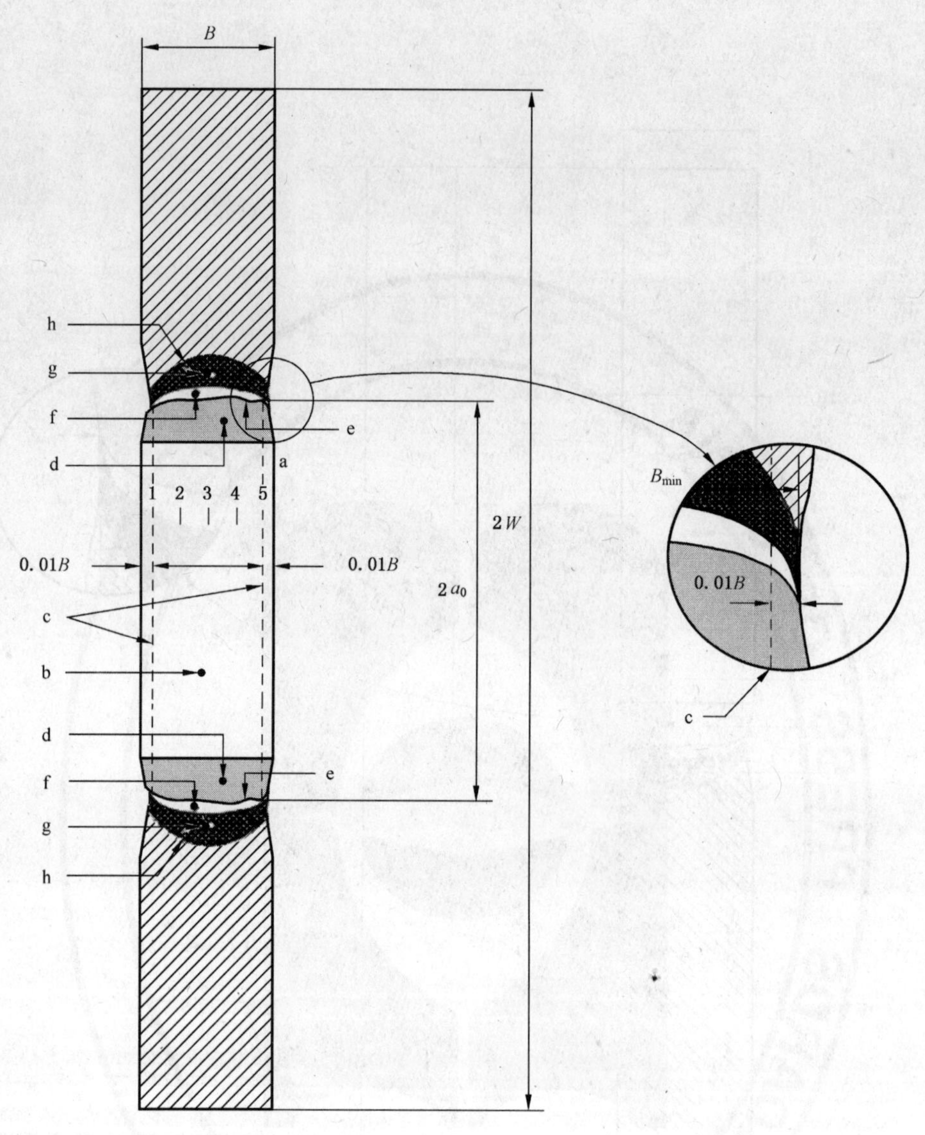

a——在1至5的位置测量初始和最终裂纹长度(见公式7);

b——加工缺口;

c——参考线;

d——疲劳预制裂纹;

e——初始裂纹前缘;

f——伸张区;

g——裂纹扩展;

h——最终裂纹前缘。

注:两端裂纹的平均值代表中心裂纹拉伸试样裂纹长度。

图9 中心裂纹拉伸试样裂纹长度的测量

5.6.1.3 要求

初始裂纹长度 a_0 应满足下列要求:

a) 对于紧凑拉伸试样 a_0/W 应在0.45~0.65之间;对于中心裂纹拉伸试样 a_0/W 应在0.25~0.50之间;

b) 采用五点平均法计算 a_0 时,试样中心三点中任一点的裂纹长度与五点平均值之差不应超过 $0.1a_0$;

c) 采用三点平均法计算 a_0 时,试样中心点的裂纹长度与三点平均值之差不应超过 $0.1a_0$;

d) 疲劳预制裂纹前缘距离缺口前缘不应低于 1.3 mm 或 2.5%W 中的大者;

e) 疲劳预制裂纹应在图 4 所示的包迹线之内。

如果上述要求不能满足,根据本试验方法试验结果判定无效。

5.6.2 稳定裂纹扩展 Δa

裂纹扩展量(包括任何的裂纹尖端钝化)Δa_f,应借助测量准确度±0.025 mm 的仪器按照 5.6.1 描述的平均值方法测量初始和终止裂纹长度。对于中心裂纹拉伸试样,裂纹扩展量 Δa_f 由裂纹两端前缘测量的裂纹扩展量平均值给出。诸如星状和孤立的岛状等不规则形状的裂纹扩展,应当按照第 7 章的要求在报告中注明。

注 1:忽略星状扩展区域或主观地平均裂纹扩展区域对于估算不规则裂纹长度可能是唯一可行的办法。由高度不规则裂纹得到的试验结果应用于断裂分析时应相当小心。在试验报告中注明裂纹的不规则性和提供附加的照片都是很有用的。所有的试验前和试验后的测量都应记录并按照第 6 章进行计算。

注 2:对于厚度 B 小于 5 mm 的试样,建议使用 5.6.1.2 所述三点平均法。

5.6.3 裂纹扩展路径

在稳态裂纹扩展时裂纹面也会偏离原始疲劳预制裂纹面(垂直于外加载荷的平面)。典型的情况是试样表面出现剪切面。当剪切面保持与原始疲劳预制裂纹面同一斜向时,称之为单剪切模式。当剪切面斜向发生变化,在截面上形成屋顶状,即断裂面形成 V 型坡口,称之为双剪切模式。剪切面通常倾斜 30°至 45°。

注:根据材料和试样厚度,在试样厚度中央的断裂表面有可能垂直于外载荷,这是混合模式裂纹扩展。

5.6.3.1 裂纹扩展阻力

对于斜面断裂,呈现双剪切模式的裂纹扩展阻力通常高于单剪切模式。双剪切模式的试验结果被认为不能用于表征材料特性。

5.6.3.2 裂纹扩展路径偏离

当初始平直疲劳预制裂纹面与偏离的扩展裂纹面夹角 α 超过 10°时,试验结果无效。

6 δ_5-a 阻力曲线和 CTOA 的确定

6.1 总则

本标准采用 δ_5(COD)或者 Ψ(CTOA)同裂纹扩展量 Δa 一起表征断裂行为。需要重点指出的是,此处不把 Ψ-Δa 曲线作为裂纹扩展阻力曲线。

6.2 试验步骤

对试样加载,按照 5.5 和 5.6 评估裂纹扩展量。

6.2.1 多试样法

将一系列标称尺寸相同的试样加载到预先选定的不同位移水平,并测定相应的裂纹扩展量。每支试样的试验结果都成为 δ_5-Δa 阻力曲线(后面通称为 R 曲线)上的一个点。

注:构成一条 R 曲线需要六个或更多个合适位置的点。将第一支试样加载到略微超过最大力,测量相应的稳定裂纹扩展量,并据此估计其他合适位置数据点所需的位移量。

6.2.2 单试样法

单试样法是利用电势法、弹性柔度法或其他技术通过一支试样的试验得到阻力曲线上的多个点的方法。GB/T 21143 描述了单试样法。

当 $\Delta a \leqslant 0.2(W-a_0)$ 时,利用直接法(如弹性柔度法)估计的最终裂纹扩展量 Δa_f 与测量的裂纹扩展量之差应当不超过后者的 15% 或 0.15 mm,取其大者;当 $\Delta a > 0.2(W-a_0)$ 时,这一差值应在 $0.03(W-a_0)$ 以内。为了后续的裂纹扩展量的测定,需要对初始裂纹长度 a_0 作一个估计,例如采用卸载柔度技术,a_0 的估计值应该在试验后测量 a_0 值±2%以内。

间接测量技术(如电势法)需要将第一支试样用于建立试验输出与裂纹扩展量之间的关系,裂纹扩展量不得超过6.4.1.2中定义的Δa_{max}。附加试验至少需要再做一次从而运用第一次的试验结果估计裂纹扩展量。估计值与实际Δa测量值之差应不超过后者的15%或0.15 mm,取其大者;否则试验结果无效。

6.2.3 最终裂纹前缘的平直度

最终裂纹长度定义为按照5.6.1和5.6.2描述的五点平均值法测定的初始裂纹长度加上稳定裂纹扩展量。采用五点平均值法时,中间三点的裂纹长度与五点平均值之差不应大于$0.1a_0$;采用三点平均值法时,试样中心点的裂纹长度与三点平均值之差不应超过$0.1a_0$;否则试验结果无效。

6.3 *R* 曲线图

δ_5与Δa的点组成了R曲线(见图10)。数据可以用表格或图形的形式表达。为了便于分析也可以将数据拟合成方程或将拟合方程以曲线的形式做出来。

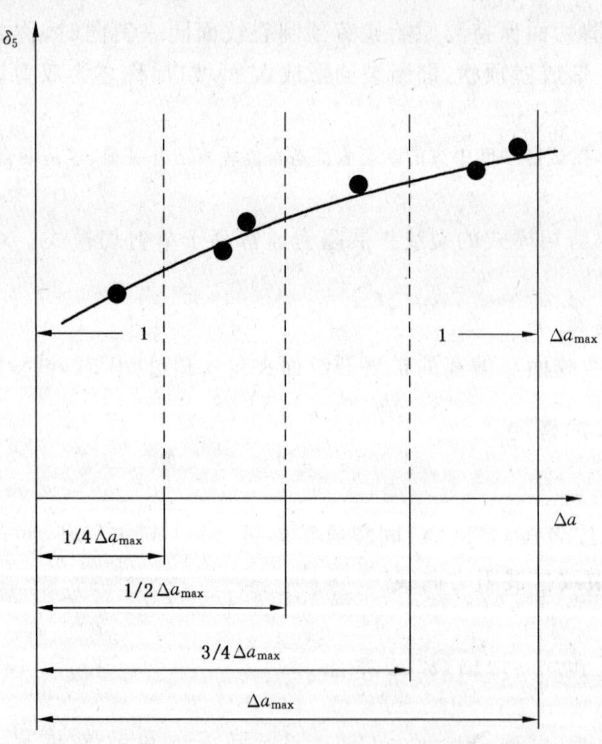

Δa——裂纹扩展量;

δ_5——裂纹扩展阻力;

1——边界线。

图10 测定*R*曲线的数据间隔

6.3.1 图的结构

δ_5与Δa的断裂阻力曲线由5.5.1.2,5.5.2.2和5.6.2得到的数据点组成(见图10)。

对于紧凑拉伸试样,Δa_{max}按式(8)计算:

$$\Delta a_{max} = 0.25(W - a_0) \quad \cdots\cdots(8)$$

对于中心裂纹拉伸试样，Δa_{max} 按式(9)计算：

$$\Delta a_{max}=(W-a_0)-4B \quad \cdots\cdots(9)$$

绘制 δ_5 与 Δa 的曲线图示于图10。

对试验中止于失稳断裂应予以报告。如果在断裂表面能够测量稳态裂纹扩展量，请将此数据点加在 R 曲线上。在 R 曲线上清楚标记失稳断裂点，并在试验报告中注明(参见附录A)。

注：失稳断裂点依赖于试验尺寸和几何形状。

6.3.2 数据间隔和曲线拟合

至少需要六个数据点定义 R 曲线。

拟合 R 曲线时，在四个等间距的裂纹扩展区内，至少有一个数据点，如图10所示。对0和 Δa_{max} 边界线之间的数据点按指数方程(10)进行拟合：

$$\delta_5=\alpha+\beta\Delta a^{\gamma} \quad \cdots\cdots(10)$$

式中 α 和 $\beta\geqslant 0$，$0\leqslant\gamma\leqslant 1$。

估算 α、β 和 γ 常数的方法见GB/T 21143附录H。如果从线性回归得到的 α 或 β 小于0，那么结果无效，拟合方程不能代表 R 曲线。这种情况下，建议作补充试验或采用单试样法。

如此得到的 R 曲线表征了此试验试样几何形状与厚度的材料特性，并且与两种试样平面内尺寸无关。

6.4 临界CTOA的测定

Ψ 的稳态值(平均值) Ψ_C 在裂纹少量扩展后就可以确定下来。

Ψ 与 Δa 的断裂阻力曲线由5.5.1.3，5.5.2.4和5.6.2得到的数据点组成(见图11)。

对于两种拉伸试样，Δa_{max} 按式(11)计算：

$$\Delta a_{max}=(W-a_0)-4B \quad \cdots\cdots(11)$$

并且最小裂纹扩展量 Δa_{min} 是如图11中 Ψ 达到稳定值后对应的 Δa。两者共同构成估计临界CTOA值 Ψ_C 的左、右边界。

注：由于CTOA方法还在发展中，Δa 极限值的规定基于有限的试验。

有四种方法(光学显微法、数字图像相关法、显微形貌分析法和有限元分析方法)可用于测定CTOA。细节参见附录C。

在一定的裂纹扩展量下测量CTOA，特别是在裂纹扩展左、右边界内。超出边界范围测量的CTOA值仅供参考。Ψ_C 由裂纹扩展左、右边界内的 Ψ-Δa 曲线图确定。

注：在试样表面测量的裂纹尖端张开角在裂纹扩展初始阶段显示较大值是由于裂尖钝化和裂纹隧道效应的存在。但是在内部区域，即处于局部高约束状态，Ψ 值通常比表面值低，见图11。

对于CTOA试验，Ψ_C 的临界值由下式计算：

$$\Psi_C=\sum_{i=1}^{i=N}\Psi_i/N \quad \cdots\cdots(12)$$

式中：

Ψ_i——满足裂纹扩展左、右边界要求的值；

N——测量值的数目。

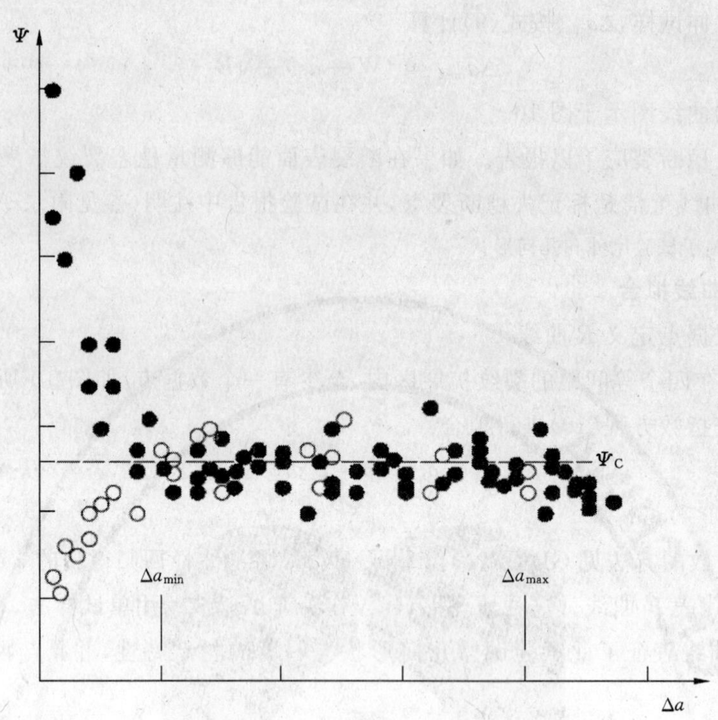

Δa——裂纹扩展量,mm;

Ψ——裂纹尖端张开角,度(°);

Ψ_C——常量;

●——外表面;

○——内部区域。

图 11 临界 CTOA 值的测定

7 试验报告

7.1 通则

根据本标准制定试验报告,至少应包括三个部分(7.2 ~ 7.5)。被测材料的描述,试样和试验条件,包括试验环境都应按照 7.2 注明。机械加工,疲劳预制裂纹,裂纹前缘的平直度和裂纹长度数据都应符合 7.3。导出的断裂参数应按照 7.4 和 7.5 予以量化。附录 A 给出了一些试验报告格式的例子。

7.2 试样、材料和试验环境

建议采用表 A.1 给出的格式报告下列项目。

7.2.1 试样描述

——试样编号;

——类型;

——名义 a_0/W;

——裂纹面取向;

——取样位置。

7.2.2 试样尺寸

——厚度 B,mm;

——宽度 W,mm;

——初始相对裂纹长度,a_0/W。

7.2.3 材料描述

——材料的成分和标识编号;

——产品形式(板,锻造,铸造等)和状态;

——在预制裂纹温度下的拉伸性能,参考的或测量的;

——在试验温度下的拉伸性能,参考的或测量的。

7.2.4 试验环境

——温度,℃;

——位移加载速率,mm/min;

——位移控制的类型。

7.2.5 疲劳预制裂纹的条件

——F_f,kN;

——预制疲劳裂纹温度,℃。

7.3 试验数据的有效性判定

7.3.1 通则

所有满足特定要求的数据都应按照本方法进行判定,只有合格的数据才能用以定义断裂韧度。建议参照表 A.2 编排 7.3.2 中描述的数据。

7.3.2 裂纹长度的测量

按照图 8 和图 9 所示,在等间隔的五点上测量裂纹长度。试样厚度 B 小于 5 mm 时,采用等间隔的三点上测量裂纹长度就足够了,见 5.6.1.2。下述数据应该在报告中注明:

——机加工缺口长度(a_m);

——初始裂纹长度(a_0)。

7.3.2.1 多试样法

——预制疲劳裂纹长度(a_0-a_m);

——最终裂纹长度(a_f);

——平均的裂纹扩展量($\Delta a=a_f-a_0$)。

7.3.2.2 单试样法

——裂纹长度(a);

——平均的裂纹扩展量($\Delta a=a-a_0$)。

7.3.3 断口的形貌

——记录断口特殊形貌的信息;

——记录非稳定裂纹扩展的信息。

7.3.4 阻力曲线

建议参照表 A.3 编排包含从单试样法试验得到的构成阻力曲线的所有数据。

7.3.5 数据判定的检查表

如果符合下述要求,则数据有效:

a) 试样应满足 5.2.1 尺寸和公差的要求;

b) 试验装置应满足 5.4 误差和同轴度的要求;

c) 试验机和引伸计符合 5.4 的准确度要求;

d) 平均初始裂纹长度 a_0 对于紧凑拉伸试样在 0.45 W～0.65 W 之间,对于中心裂纹拉伸试样在 0.25 W～0.50 W 之间;

e) 疲劳预制裂纹的扩展量(从机加工缺口的根部算起)不小于 1.3 mm 或 2.5%W,取其大者;

f) 试样两表面的疲劳预制裂纹在包迹线(见图 4)之内;

g) 采用五点平均值法时,中间三点的裂纹长度与五点平均值之差不应大于 0.1a_0;采用三点平均值法时,试样中心点的裂纹长度与三点平均值之差不应超过 0.1a_0;

h) 对于单试样法直接计算的裂纹扩展量,当裂纹扩展量小于 0.20($W-a_0$)时,计算的最终裂纹扩展量与测量的裂纹长度之差小于后者的 15%或 0.15 mm,取其大者;当裂纹扩展量大于 0.20($W-a_0$)时,这一差值应在 0.03($W-a_0$)以内;

i) 单试样法估计的初始裂纹长度 a_0/W 与测量的初始裂纹长度 a_0/W 之差小于后者的 2%;对于单试样法间接测量裂纹长度,第一支试样用于建立试验输出与裂纹扩展量之间的关系,以后运用该关系估计裂纹扩展量的估计值与 Δa_f 测量值之差应不超过后者的 15%或 0.15 mm,取其大者;

j) 应满足 6.3.2 中数据点数量和间隔的要求以测定 δ_5-Δa 曲线;

k) 应满足 6.3.2 中数据点数量和间隔的要求以测定 Ψ-Δa 曲线;

l) 应满足 5.6.3 中关于裂纹扩展路径的要求。

7.4 δ_5-a 曲线的判定

按照 6.3.2 对数据进行幂乘回归,拟合 δ_5-R 曲线。若数据按 7.3 判定合格,回归拟合有效。

7.5 Ψ_C 的判定

临界 CTOA 值 Ψ_C 是对 6.4 中的稳态数据进行拟合得到的。若裂纹扩展量左、右边界内的数据按 7.3 判定合格,回归拟合有效。

附　录　A
（资料性附录）
试验报告实例

本附录给出了试验报告的样式。

注：重要的是试验报告实例的内容而不是格式。

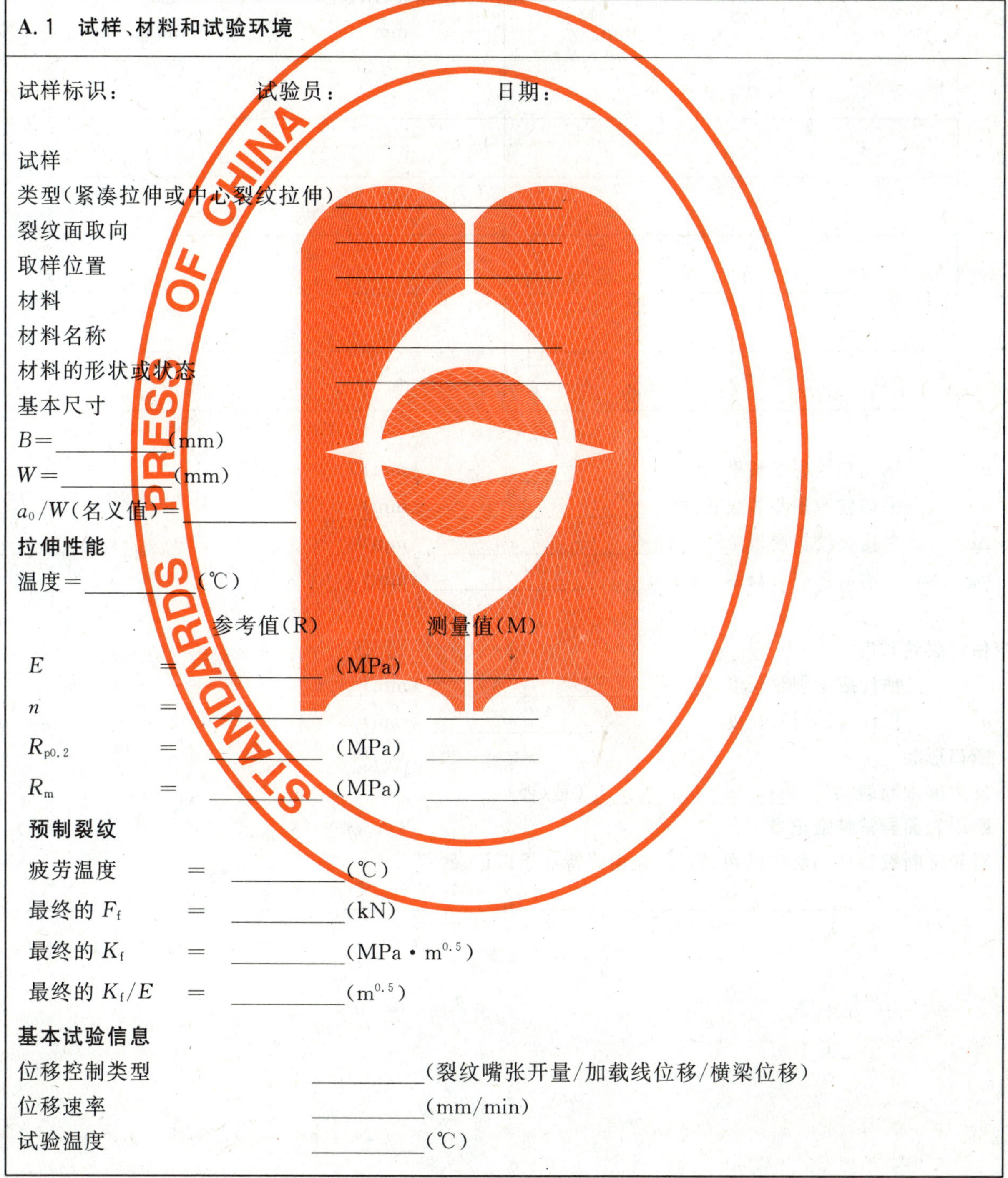

A.1　试样、材料和试验环境

试样标识：　　　　　　　　　试验员：　　　　　　　　　日期：

试样

类型（紧凑拉伸或中心裂纹拉伸）＿＿＿＿＿＿

裂纹面取向＿＿＿＿＿＿

取样位置＿＿＿＿＿＿

材料

材料名称＿＿＿＿＿＿

材料的形状或状态＿＿＿＿＿＿

基本尺寸

B＝＿＿＿＿＿（mm）

W＝＿＿＿＿＿（mm）

a_0/W（名义值）＝＿＿＿＿＿

拉伸性能

温度＝＿＿＿＿＿（℃）

		参考值（R）		测量值（M）
E	＝	＿＿＿＿＿	（MPa）	＿＿＿＿＿
n	＝	＿＿＿＿＿		＿＿＿＿＿
$R_{p0.2}$	＝	＿＿＿＿＿	（MPa）	＿＿＿＿＿
R_m	＝	＿＿＿＿＿	（MPa）	＿＿＿＿＿

预制裂纹

疲劳温度　＝　＿＿＿＿＿（℃）

最终的 F_f　＝　＿＿＿＿＿（kN）

最终的 K_f　＝　＿＿＿＿＿（MPa・$m^{0.5}$）

最终的 K_f/E　＝　＿＿＿＿＿（$m^{0.5}$）

基本试验信息

位移控制类型　＿＿＿＿＿（裂纹嘴张开量/加载线位移/横梁位移）

位移速率　＿＿＿＿＿（mm/min）

试验温度　＿＿＿＿＿（℃）

A.2 数据判定条件

裂纹长度测量信息　　　　试样标识＿＿＿＿＿＿＿＿

裂纹测量表

点	位置 mm	预制裂纹长度 mm	Δa mm
1			
2			
3			
4			
5			
6			

a_0　平均初始裂纹长度[a]　＿＿＿＿＿＿＿＿(mm)

a_0-a_m　平均疲劳预制裂纹长度[a]　＿＿＿＿＿＿＿＿(mm)

Δa　平均裂纹扩展量[a]　＿＿＿＿＿＿＿＿(mm)

$a_0+\Delta a_f$　平均最终裂纹长度[a]　＿＿＿＿＿＿＿＿(mm)

[a] 见5.6。

估计裂纹长度

$a_{0,est}$　估计疲劳裂纹长度　＿＿＿＿＿＿＿＿(mm)

$a_{f,est}$　估计最后裂纹长度　＿＿＿＿＿＿＿＿(mm)

断口形貌

发生解理断裂　＿＿＿＿＿＿＿＿(是/否)

断裂表面异常特征记录

对异常断裂特征如层状撕裂、岛状、金相等特征予以记录。

A.3 阻力曲线数据记录表

数据点	F/kN	a/mm	Δa/mm[a]	δ_5/mm

[a] UC =卸载柔度；
ACPD =交流电势法；
DCPD =直流电势法。

A.4 裂纹尖端张开角数据记录表

数据点	F/kN	a/mm	Δa/mm[a,b]	Ψ_1/(°)[c]	Ψ_2/(°)[c]	Ψ_3/(°)[c]

[a] 见 5.6.2。

[b] 在试样表面处测量。

[c] OM=光学法；DIC=数字图像法。

A.5 δ_5-*R* 曲线的判定条件	
a_0 ________(mm)	
B ________(mm)	
$W-a_0$ ________(mm)	
幂乘拟合方程 $\delta_5=\alpha+\beta\Delta a^{\gamma}$ 的系数：	$\alpha=$ ____
	$\beta=$ ____
	$\gamma=$ ____
$\Delta a_{max}=0.25(W-a_0)$ ____(mm)	
测量的最终裂纹扩展量	
(使用单试样法时) ________(mm)	
估计的最终裂纹扩展量	
(使用单试样法时) ________(mm)	
估计最终裂纹长度相对测量值的误差百分率 ________(%)	
要求(见 7.4)： 数据需要符合 5.6.3.2 和 7.3 的要求。	

如果满足所有的要求，则拟合的方程代表了本标准所指 δ_5-*R* 曲线。

A.6 Ψ_C 的判定条件
a_0 ________(mm)
B ________(mm)
$W-a_0$ ________(mm)
Δa_{min} ________(mm)
$\Delta a_{max}=W-a_0-4B$ ________(mm)
测量的最终裂纹扩展量
(使用单试样法时) ________(mm)
估计的最终裂纹扩展量
(使用单试样法时) ________(mm)
估计最终裂纹长度的误差百分率 ________(%)
裂纹扩展路径偏离 ________(°)
要求 (见 7.4)： 数据需要符合 5.6.3.2 和 7.3 的要求。

如果满足所有的要求，则 Ψ_C 代表了本标准所指的临界 CTOA。

附 录 B
（资料性附录）
测量裂纹尖端张开位移 δ_5 的装置

测量裂纹尖端张开位移 δ_5 的基本安装图示于图 B.1。δ_5 是在试样表面预制疲劳裂纹尖端 5 mm 原始标距处测量的位移。预期裂纹扩展路径上的区域需要经过抛光处理。预制疲劳裂纹后，使用维氏硬度压痕法在试样表面预制疲劳裂纹尖端两侧各 2.5 mm 处打上 5 mm 原始标距。带针头的 δ_5 夹式引伸计安装在硬度压痕坑里，对紧凑拉伸试样使用如图 B.2 所示杠杆机构固定。类似方式也可用于中心裂纹拉伸试样。可以采用数字图像技术。图 B.3 所示为 δ_5 夹式引伸计详细设计图。

单位为毫米

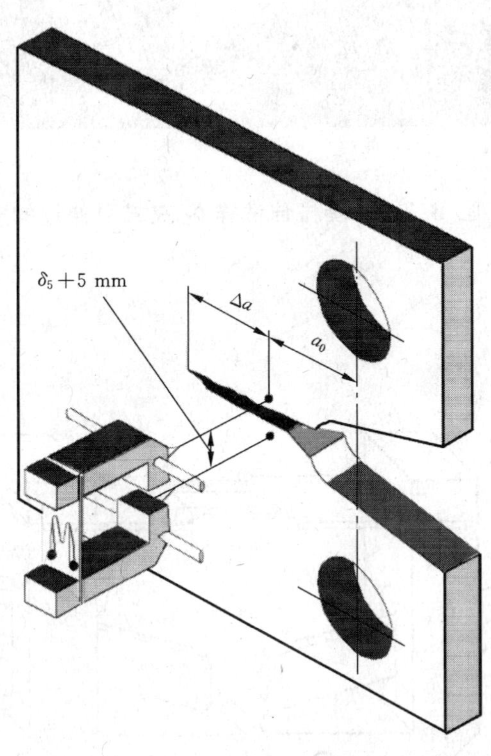

图 B.1 测量裂纹尖端张开位移 δ_5 的基本安装图

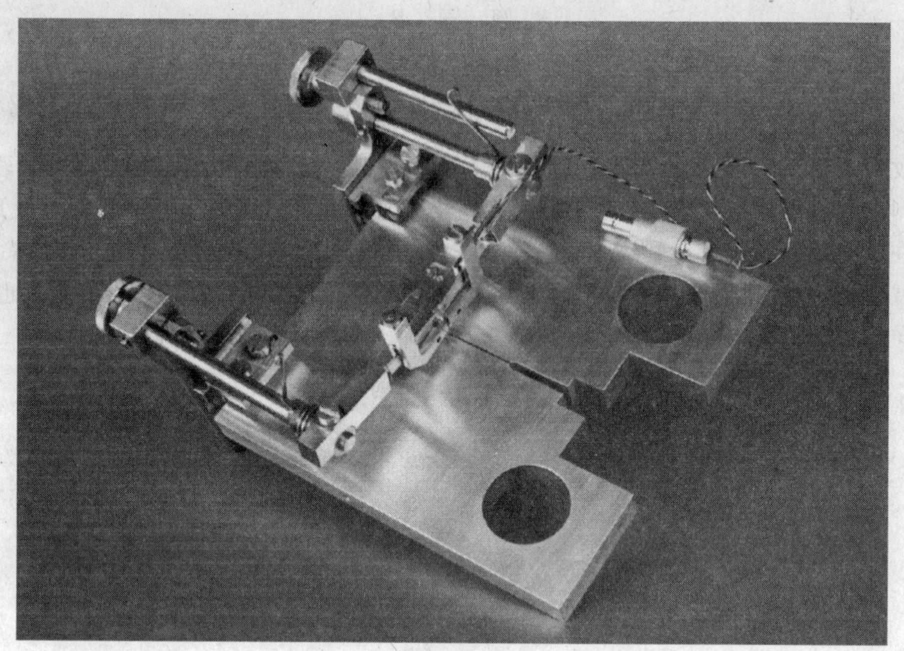

图 B.2 紧凑拉伸试样 δ_5 夹式引伸计的安装

单位为毫米

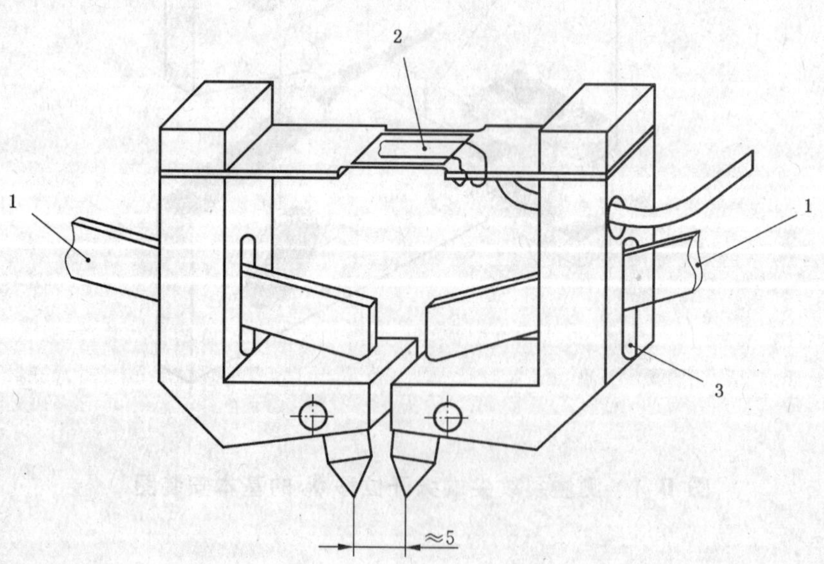

1——固定臂；

2——应变规；

3——固定标定器的开口。

图 B.3 δ_5 夹式引伸计的设计图

附 录 C
（资料性附录）
裂纹尖端张开角 Ψ 的测量

C.1 通则

如下方法均可用于测量 CTOA：

a) 稳态撕裂时直接测量法（光学显微和数值图像相关方法）；

b) 试验后测量（显微形貌法）；

c) 有限元分析；

d) 通过 δ_5 间接测量。

直接测量 Ψ(CTOA)法是在稳态撕裂时采用光学显微或数字图像相关法。两种方法产生近似相同的结果。显微形貌法通过试验后对断裂表面的测量重构稳态撕裂过程。该方法允许在试样内部测定 CTOA。有限元分析通过匹配断裂试样的失效载荷确定临界 CTOA。使用该方法，临界 CTOA 就是计入裂纹前缘拘束效应的沿试样厚度平均分布的有效值。对于众多材料和试样形式，使用恒定临界 CTOA 值的有限元分析显示 δ_5-R 曲线直到最大载荷都是唯一的，揭示了 CTOA 和 δ_5 之间的唯一性对应关系。

直接测量 CTOA 是在裂尖后 0.5 mm 到 1.5 mm 之间的区域进行，如图 C.1。当 $\Delta a < \Delta a_{min}$ 时，裂尖后的测量距离可少于 0.5 mm。通过有限元计算 CTOA 也是在相同的区域进行的，通常是裂尖后 1 mm。

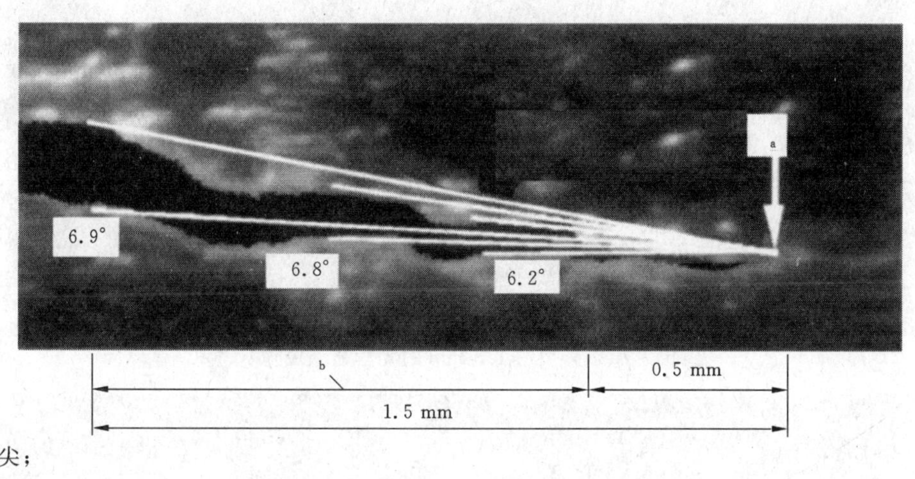

a——裂尖；

b——测量区间。

图 C.1 通过光学显微法(OM)测定 CTOA 的测量范围

C.2 直接测量法

C.2.1 光学显微法(OM)

光学显微法采用如下仪器：

a) 长焦距显微镜；

b) 视频摄像机，具有 512×512 像素分辨率，用于获取稳态撕裂裂纹的图像；

c) 视频记录仪存储图像；

d) 计算机系统，具有显示功能，同时配置的软件具有精确控制长焦距显微镜三维位置，分析图像得到 CTOA 的功能。

使用 OM 时，为得到清晰的裂纹图像，试样表面应抛光成镜面，应仔细控制对裂纹区域的照明以获得最佳的对比度和清晰度。通过OM得到的典型图像如图C.2所示。第一幅图像，如图C.2a)，显示了疲劳裂纹稳态扩展约0.75 mm。第二、三幅图像，如图C.2b)、C.2c)所示，显示了同一裂纹稳态扩展分别约1.3 mm和6 mm。CTOA的测定是通过视频记录仪回放图像，并且：

a) 定位裂尖；

b) 在试样两个裂纹表面裂尖后0.5 mm～1.5 mm范围设置三对定位点；

c) 绘制通过裂尖和每个定位点的直线；

d) 然后计算直线间夹角-裂纹尖端张开角Ψ。

Ψ值定义为三套直线间夹角Ψ_1，Ψ_2和Ψ_3的平均值。值得提醒的是，OM在变形状态测量CTOA并没有考虑周围材料的变形。

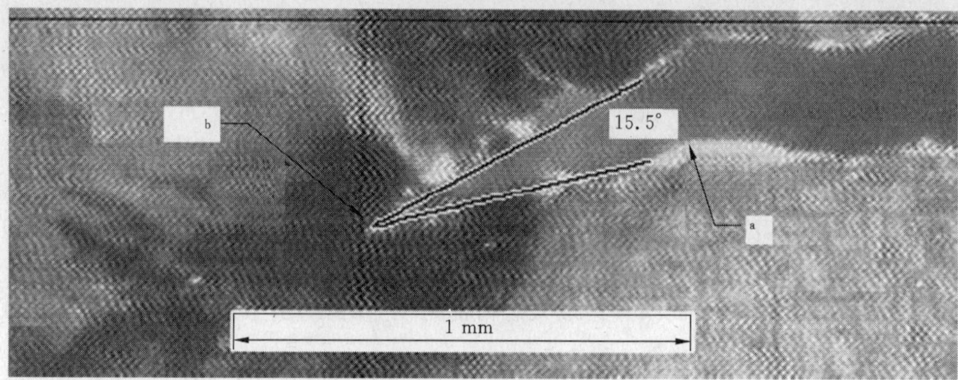

a) 稳态撕裂约0.75 mm的光学显微图像

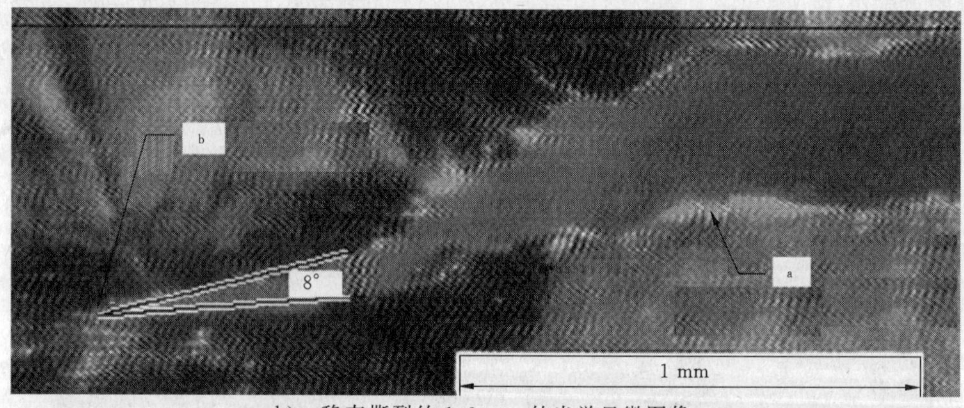

b) 稳态撕裂约1.3 mm的光学显微图像

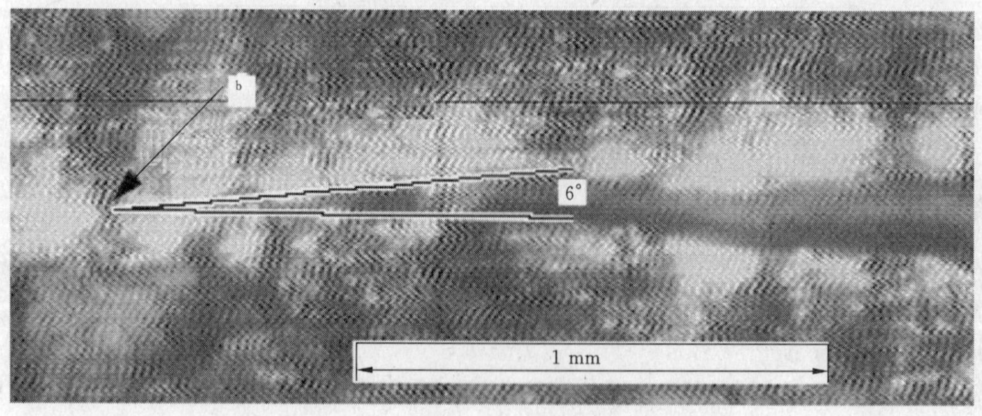

c) 稳态撕裂约6 mm的光学显微图像

[a] 疲劳预制裂纹尖端。

[b] 稳定撕裂后裂纹尖端。

图C.2 2.3 mm厚2024-T3铝合金稳态撕裂裂纹典型光学显微图像和CTOA测量

C.2.2 数字图像相关法(DIC)

数字图像相关法采用如下仪器：

a) 科学级CCD、CMOS或类似相机；

b) 物镜和延伸器，以获得(80～130)像素/mm的分辨率(例如2倍变焦200 mm焦距的物镜，配合具有1 024×1 024像素点阵的相机可以产生125像素/mm的分辨率)；

c) 移动平台，使相机平行于试样表面移动，确保扩展裂纹尖端始终保持在观察窗口内(用于视频跟踪扩展裂纹)；

d) 显示器，用于试验过程中观察裂尖区域；

e) 视频板，对图像数字化处理便于存储；

f) 试样表面随机花样，具有足够的对比度以利于花样匹配(花样“空间”频率达到(3～5)像素/mm，以便减小测量用局部区域(子集)尺寸)；

g) 软件，执行图像关联和确定子集位移。

DIC法类似OM法，但有如下区别：

——在试验时视频摄像机平行于试样表面移动，

——通过测量在试样表面选定区域的分离确定裂纹张开位移δ。每一次图像变换，当前图像和上一幅图像重叠至少100像素，通过连续记录可以得到裂纹长度。

图像分辨率最少在(80～130)像素/mm，大于100像素/mm为佳。对试样表面轻微喷涂白色丙烯酸涂料，弥散铺洒黑色调色粉，在试样表面形成高对比度的白光随机斑点图案。如果干燥后花样密度不足，抹去涂层。反复以上过程直至成功。也可以在涂层干燥后施用调色粉，然后在90 ℃烘焙25 min以便于调色粉附着在涂层表面。少数情况下，如果试样表面允许图像匹配，可以通过平板印刷技术形成表面花样，或者在裸露试样表面形成光学图像。

通过裂纹扩展期间记录的裂尖区域图像来测定CTOA。存储的图像经后处理测定裂纹扩展量来估计对应的CTOA值。一对典型的用于测定CTOA的子集显示在图C.3的裂尖区域图像中。典型的子集尺寸是12×12像素至20×20像素，其选择尽量靠近裂纹面。图C.3a)显示了初始选定裂纹长度处的子集。这些子集为参考图像。它们在试样表面分离距离记为d_1。图C.3b)显示了裂纹扩展量为$r_{1\text{-}2}$的同一对子集。通常用0.5至1.5 mm的裂纹扩展量(图例显示约1 mm)定义为前一裂尖后名义上1 mm处的CTOA。新的子集分离距离为d_2。

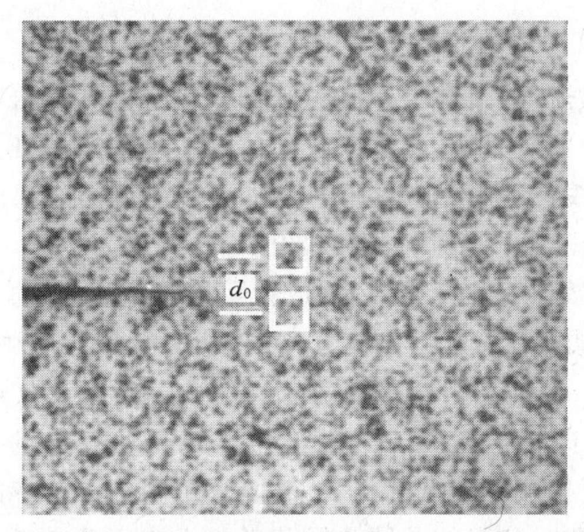

a) 裂尖区参考图像

(初始裂纹扩展后)

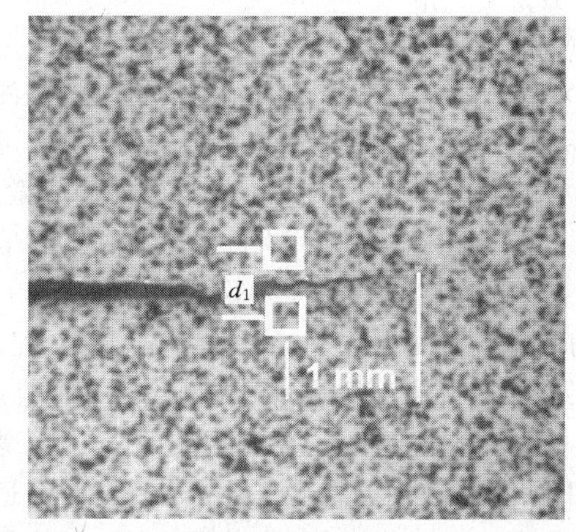

b) 裂尖区图像

(裂纹进一步扩展后)

注：d_0和d_1是白色“方框”在裂纹稳态扩展1 mm前、后垂直分离量。

图C.3 裂纹扩展前后的DIC图像(试样表面高对比度、随机斑点花样，用于DIC法测定CTOA)

裂纹张开位移矢量(记为u_i和l_i，分别代表相对裂纹面法向的上、下子集)从数字图像中计算。计入裂纹线的法向矢量n_i，CTOA按下式计算：

$$\Psi = 2\arctan\left[\left|\sum_{i=2}^{i=2}(u_i - l_i)n_i\right|/(2r_{1-2})\right] \qquad (C.1)$$

式中：

u_1——上子集的水平位移，定义为垂直于记录用相机 CCD 像素点阵的列向；

u_2——上子集的垂直位移，定义为平行于记录用相机 CCD 像素点阵的列向；

l_1——下子集的水平位移，定义为垂直于记录用相机 CCD 像素点阵的列向；

l_2——下子集的垂直位移，定义为平行于记录用相机 CCD 像素点阵的列向；

r_{1-2}——图 C.3a）与图 C.3b）之间的裂纹扩展量，通常定义为裂纹尖端之间的直线段；

n_1, n_2——垂直于由裂纹扩展增量所定义的裂纹线的矢量。

u_i 和 l_i 的值由计算机对上、下子集的二维位移分量计算后确定，准确到亚像素，以便精确评估 CTOA。通常软件执行数字图像相关法，优化测量规定裂纹扩展量时参考子集的位移，如图 C.3b）所示。

Δa_{min} 和 Δa_{max}（定义于 6.4）之间的 Ψ 平均值作为临界 CTOA 值 Ψ_C。

但是应注意以下方面的选取：

——裂纹扩展量；

——用于估计裂纹张开位移的子集位置。

由本方法规定的通过两幅连续图像测定的裂纹张开位移包含两个分量：因裂纹张开引起的位移和有限尺寸子集的塑性变形。因为试样断裂过程中总塑性应变可超过 10%，紧靠参考裂纹尖端选取参考子集尤其重要，这样后续裂纹扩展对子集变形作用减小，也减小对 CTOA 测定造成的误差。所以为了估计裂尖后 1 mm 处的 CTOA，后续图像中的裂纹扩展量不应超过 1 mm。

作为通用要求应选取小子集（即不超过 20×20 像素），位置距离裂纹线不应超过所需的程度，并且为了精确的花样模式匹配还需要选取足够高对比度的子集（即用于最大可能精度的 DIC 分析）。

估计 Ψ 值的主要误差来源是裂纹尖端的识别。原因可能是试样表面和裂纹之间对比度不够，裂尖裂纹张开过小，试样开裂过程中涂层出现裂纹。为减小这些效应带入的误差，确定 Ψ 的数据应通过裂尖后至少 0.6 mm 处的子集来获取。

C.3 试验后测量法（显微形貌法）

C.3.1 通则

显微形貌法是试验后测量 Ψ（和其他参数）的测试技术，结合直接测量法和断裂表面变形分析得以实现，试验中不需要特殊的考虑或特殊仪器（虽然可以采集 CMOD 和加载线位移数据用来验证分析精度）。单个试样给出完整的 Ψ-Δa 曲线数据。显微形貌法还有另外的优点，即能够在试样内部测量 Ψ（即使在 2.5 mm 厚铝板材试样中，Ψ 在裂纹扩展早期也能显著地沿厚度变化）。

由于在扩展裂纹的裂尖产生不可逆塑性变形，显微形貌法分析 Ψ 就成为可能。产生 Ψ 的裂尖断裂过程，在断裂表面留下跟踪扩展裂尖的记录。配合试样在试验后法向分离（通过一些名义上的弹性方法，如疲劳或解理断裂），测量和记录断裂表面的高度。由此获得两个离散定义的数学表面，$U'(x,y)$ 和 $L'(x,y)$，分别对应物理的上、下断裂表面。y 向（裂纹扩展方向）空间增量达 0.1 mm 对于 Ψ 的分析通常是足够的。断裂表面的高度测量分辨率要有合适的精度。较低名义 Ψ 值要求更精细分辨率的高度测量。应记录 x 向和 y 向的两套数据集，以确定材料即时分离的共同点的相关性。表面分离微分函数定义为：

$$D_j(x,y) = [U_0(x,y) \cdot P_j(a_j,y)/2] - [L_0(x,y) \cdot P_j(a_j,y)/2] + (z_{j-1} + \Delta z_j) \qquad (C.2)$$

式中：

下标 j 代表裂纹张开 Δz 和对应的裂纹扩展量 Δa；

$L_0 = L'$；

$U_0=U'-t(x,y)$，这里 $t(x,y)$ 是平面倾斜修正函数，定义了初始微分值。$D_0(x,y)$ 在疲劳预制裂纹区域名义上为零。

$P_j(y)$ 是假设以试样移动的旋转中心 R_j 为中心点，绕 x 轴平面转动的试样整体转动修正项（角度修正函数）。

P 是 a_j 和 y 的线性函数，并且 $P_0=0$。由此定义了裂纹张开的初始态和扩展态。D 值小于零没有物理意义，表示裂尖区域没有因裂纹扩展而分离。方程

$$D_f(x,y)=[U_0\cdot P_j(a_j,y)/2]-[L_0\cdot P_f(a_f,y)/2]+(z_{f-1}+\Delta z_f) \quad\cdots\cdots\cdots\cdots(C.3)$$

用于定义 P，微分函数 D_f 在试验后的弹性断裂区名义上为零。对于对称试样，如中心裂纹拉伸试样，伴随名义对称裂纹扩展，P_j 总是为零。D_0 和 D_f 代表裂纹扩展过程的两个参考状态，分别对应初始态和终止态。裂纹长度增量 $a_j(x)$ 由 $D_j(x,y)=0$（x-y 平面上裂尖边沿）对应的 y 值而确定。在某一固定 x 位置的不同裂纹张开/扩展量下的 D_j-y 样例显示于图 C.4，由此可以识别相关的分析参数。

平面（截面）D_j 的平均斜率 C_j 为：

$$C_j=\Delta D_j/\Delta y \mid y:[(a_j-1\ \text{mm}),a_j] \quad\cdots\cdots\cdots\cdots(C.4)$$

在 y 向，选定的 x 位置（典型的，试样厚度中位面），在 $y:[(a_j-1\ \text{mm}),a_j]$ 范围内（标准中定义，$y=a_j$ 是瞬时裂尖位置）与增量 Ψ 的关系式为：

$$\Psi_j=2\arctan(-C_j/2) \quad\cdots\cdots\cdots\cdots(C.5)$$

在定义范围内的离散高度数据经最小二乘拟合定义平均斜率 C_j。数据应经过检查剔除无关点（不在 D 的总体趋势内），或者 D_j 函数在分析前平滑处理以消除测量误差或减小数据点相关误差。由此可以提取、绘制和分析 $\Psi_j-\Delta a_j$ 数据。须重点强调的是，在早期裂纹张开阶段伴随裂尖钝化（CTOD 是该阶段的定义参数），没有明显撕裂。该阶段 Ψ 没有实际意义。不考虑变形过程，从 C_j 测量演算的 Ψ 值，由于钝化和 D 函数在该阶段的非线性特性，会导致错误结果。Ψ 只能从由撕裂阶段采集数据确定的 C_j 中计算（见图 C.4）。从钝化到稳态撕裂的转变点通常由 $|C_j|$ 快速增加向显著降低、缓慢变化转换时确定。

C.3.2　与转动修正函数 P 相关的误差

在韧性断裂过程中会发生不同程度的与裂纹扩展无直接联系的大范围塑性变形。

注：典型的通过剩余韧带区的大范围塑性变形对整体试样转动有贡献。在常规 CTOD 分析中这是一个重要因素，因为局部裂纹尖端张开位移是从裂纹嘴张开位移 CMOD 测量值演算而来。比值 $H=\text{CMOD}/\text{CTOD}$ 取决于裂纹长度 a 和试样整体转动中心点 $R\approx 0.4(W-a)$，通常在 4～6 范围内，由参考公式确定。在显微形貌法中，对应的整体试样转动对局部 CTOD 的效应是：

$$S=(R-\text{CTOD}/2)/R\approx 0.95-0.98$$

在典型尺寸试样中观察到，低的 CTOD 值，也即低韧度时 CTOD 更易达到临界值，该比值接近 1.0（没有误差）。

对称试样如紧凑拉伸试样，试样整体转动造成即时裂尖后的断裂表面也发生转动。但是试样整体转动引入的对 Ψ 的测量误差因本质上自身的限制，影响小。高韧度材料中，大范围塑性变形更强烈，试样整体转动更大，对应的 Ψ 也更大。对于低韧度材料，反过来讲也是正确的：整体转动愈小，对应的 Ψ 也愈小。

C.4　临界裂纹尖端张开角 Ψ_C 的有限元计算

弹塑性有限元分析（FE）代码已经用于通过力值-裂纹扩展量数据确定临界裂纹尖端张开角 Ψ_C。该方法假设从起始到失稳，Ψ_C 为常量。通过试验和误差分析，Ψ_C 值与最大载荷相互对应。目前采用的 FE 代码有二维线性有限应变代码、壳分析代码和三维线性应变代码。有关不同材料稳态撕裂行为的研究文献揭示裂尖区需划分 0.5 mm 有限应变单元来拟合载荷-裂纹扩展行为。另外的研究表明采用三维 FE 代码和壳分析代码，对于大量抗屈曲裂纹试样稳定撕裂建模，划分 1 mm 线性应变单元是足够的。如果裂纹长度和无裂纹韧度区判据（$a/B>4$ 和 $b/B>4$）均得到满足，临界 Ψ_C 与试样类型无关。如此得到的 Ψ_C 值成功地预测了铝合金薄板复杂结构件稳态撕裂行为。

C.5 间接测量法

C.5.1 δ_5-R 曲线和 Ψ 之间的相关性

δ_5-R 曲线的测量比 Ψ_C 测量简单，费用低，所以倾向于从 δ_5-R 曲线的测量中推算 Ψ_C。它们之间的相关性仍在研究，但是裂纹扩展有限元分析显示存在可能。

图 C.5 显示了弹塑性有限元分析对大量不同宽度 2024-T351(B=6.35 mm)铝合金试样的分析结果。分析在 Ψ_C=6.35°条件下进行，对于每个试样分析得到一条 δ_5-R 曲线，显示的结果直到每个试样的最大力值为止。结果表明：唯一的 δ_5-R 曲线对应一个 Ψ_C 常量。两种断裂参数之间分析的或数值演算的关系有待进一步研究。

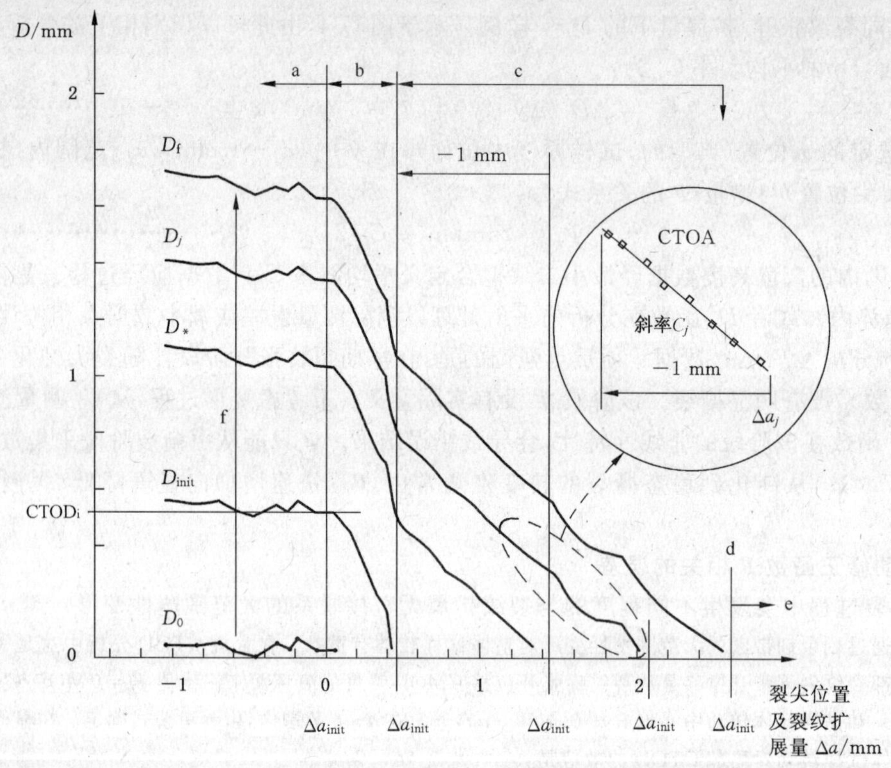

D 表示的函数状态：

D_0——预制裂纹闭合；

D_{init}——撕裂初始状态；

D_*——第一个有效 CTOA 状态；

D_j——中间扩展状态；

D_f——撕裂扩展终止状态；

Δa——裂尖位置及扩展量；

a——预制裂纹区；

b——钝化区；

c——撕裂区；

d——撕裂扩展终止点；

e——试验后测量区(疲劳或解理)；

f——有代表性的断裂增量。

图 C.4 利用表面高度微分函数 $D(x,y)$ 分析 CTOA 的图解

图 C.5 不同试样形式从定值 Ψ_C 计算出的 δ_5 曲线

附 录 D
（资料性附录）
断裂韧度特征值的测定

D.1 $\delta_{5,0.2BL}$的测量和判定

R 曲线按照 6.3 和图 D.1 绘制和拟合。

按照下式在图 D.1 中构造钝化线：

$$\delta_5 = 1.87(R_m/R_{p0.2})\Delta a \qquad \text{(D.1)}$$

式中 R_m 和 $R_{p0.2}$ 应在试验温度下测定。

在裂纹扩展量 0.1 mm、0.3 mm 和 0.5 mm 处平行于钝化线绘制裂纹扩展偏置线。要求在 0.10 mm 和 0.30 mm 裂纹扩展偏置线之间至少有一个数据点，在 0.1 mm 和 0.50 mm 裂纹扩展偏置线之间至少有两个数据点（见图 D.1）。

在图上偏置 0.2 mm 处作钝化线的平行线，最佳拟合曲线与该平行线的交点定义为 $\delta_{5,0.2BL}$。

对于紧凑拉伸试样，$\delta_{5,max}$ 按照下列公式计算，取最小值：

$$\delta_{5,max} = B/30 \qquad \text{(D.2)}$$

$$\delta_{5,max} = a_0/30 \qquad \text{(D.3)}$$

$$\delta_{5,max} = (W - a_0)/30 \qquad \text{(D.4)}$$

如果 $\delta_{5,0.2BL} \leqslant \delta_{5,max}$，那么 $\delta_{5,0.2BL}$ 对试样尺寸不敏感。

如果 $\delta_{5,0.2BL} \leqslant \delta_{5,max}$（由 D.3、D.4 式计算），但是 $\delta_{5,0.2BL} > \delta_{5,max}$（由 D.2 式计算），那么 $\delta_{5,0.2BL}$ 对试样面内尺寸不敏感，却有可能与厚度相关。

如果 δ_5-Δa 曲线在 0.2 mm 偏置线交点处的斜率$(d\delta_5/da)_{0.2BL}$不能满足下式的要求：

$$1.87\left[\frac{R_m}{R_{p0.2}}\right] > \left[2\left(\frac{d\delta_5}{da}\right)\right]_{0.2BL} \qquad \text{(D.5)}$$

那么按上述定义确定的 $\delta_{5,0.2BL}$ 有效。

注：类似的要求对中心裂纹拉伸试样不适用。

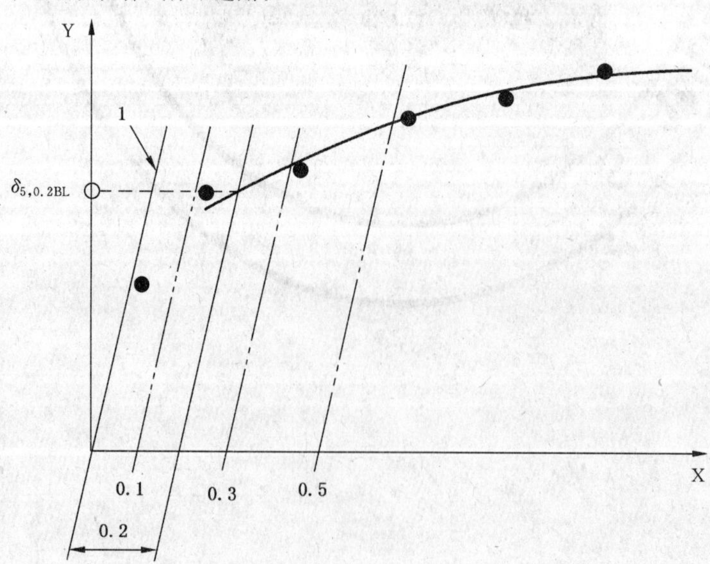

X——裂纹扩展量 Δa，mm；

Y——断裂阻力 δ_5，mm；

1——钝化线。

图 D.1 测定 $\delta_{5,0.2BL}$ 的数据分布

D.2 $\delta_{5,i}$的测定和判定

R 曲线按照 6.3 绘制。

按照 GB/T 21143 附录 D 中的描述测量临界伸张区宽度 Δa_{szw}。

平行于 δ_5 轴通过 Δa_{szw} 作一条直线，如图 D.2 所示。按照 6.3.2 描述的方法，用所有横坐标大于 Δa_{szw} 的 δ_5-Δa 数据点拟合最佳曲线。该拟合曲线与 Δa_{szw} 平行线的交点定义为 $\delta_{5,i}$。

通过原点和 $\delta_{5,i}$ 点作一条直线(见图 D.2)。至少应有一个数据点位于该直线 0.2 mm 偏置线以内。

如果 $\delta_{5,i} \leqslant \delta_{5,max}$(由 D.1 规定)，那么 $\delta_{5,i}$ 对试样尺寸不敏感。

如果 $\delta_{5,i} \leqslant \delta_{5,max}$(由 D.3，D.4 式计算)，那么 $\delta_{5,i}$ 对试样面内尺寸不敏感，但有可能与厚度相关。

计算 δ_5-Δa 拟合曲线在 $\delta_{5,i}$ 点处的斜率 $(\mathrm{d}\delta_5/\mathrm{d}a)_L$；定义直线 L 为原点和 $\delta_{5,i}$ 点连成的线，计算其斜率 $(\mathrm{d}\delta_5/\mathrm{d}a)_L$，如果

$$(\mathrm{d}\delta_5/\mathrm{d}a)_L < 2(\mathrm{d}\delta_5/\mathrm{d}a)_L \quad \cdots\cdots (D.6)$$

则按照本方法得到的 $\delta_{5,i}$ 无效。

注：类似的要求对中心裂纹拉伸试样不适用。

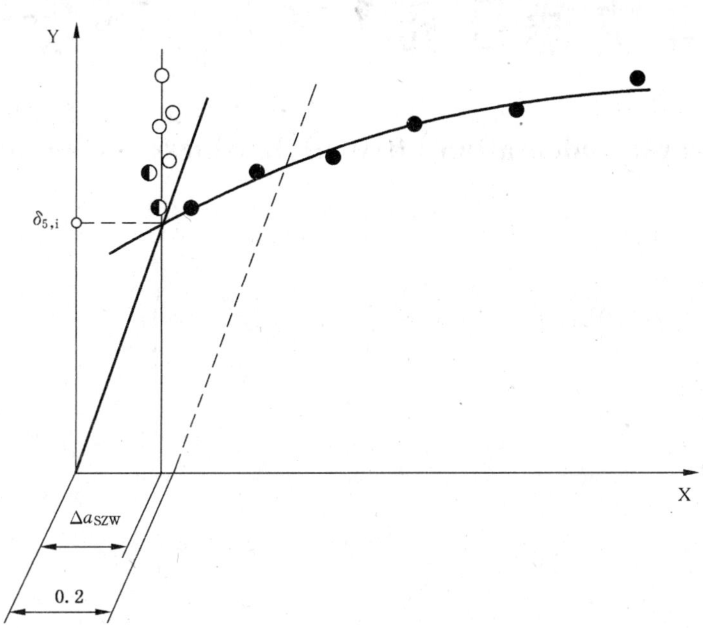

X——裂纹扩展量 Δa，mm；

Y——断裂阻力 δ_5，mm；

● δ_5-Δa 数据；

○ 有效的伸张区数据；

◐ 无效的伸张区数据。

图 D.2 $\delta_{5,i}$的测定

ICS 77.040.10
H 22

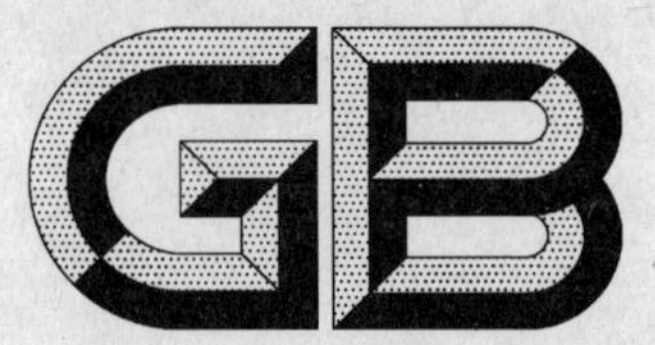

中华人民共和国国家标准

GB/T 24523—2009

金属材料快速压痕(布氏)硬度试验方法

Test method for rapid indentation (Brinell) hardness testing of metallic materials

2009-10-30 发布　　2010-05-01 实施

中华人民共和国国家质量监督检验检疫总局
中国国家标准化管理委员会　发布

前　言

本标准修改采用 ASTM E103-84(2002)《金属材料快速压痕硬度试验方法》(英文版)。

本标准根据 ASTM E103-84(2002)重新起草,为了便于比较,在附录 A 中列出了本标准章条编号与 ASTM E103-84(2002)章条编号的对照一览表。

考虑到目前国外金属快速压痕(布氏)硬度计的发展及我国的国情,本标准在采用 ASTM E103-84(2002)标准时进行了修改,有关技术性差异已编入正文中在它们所涉及的条款的页边空白处用垂直单线标识。在附录 B 中给出了技术性差异及其原因的一览表以供参考。

本标准的附录 A 和附录 B、附录 E 为资料性附录,附录 C 和附录 D 为规范性附录。

本标准由中国钢铁工业协会提出。

本标准由全国钢标准化技术委员会归口。

本标准起草单位:钢铁研究总院,冶金工业信息标准研究院,北京纳克分析仪器有限公司。

本标准起草人:张久龙、高怡斐、董莉。

引　言

金属材料快速压痕硬度试验是指:采用一定的试验力,将一定直径的压头压入已知硬度值的标准硬度块的表面,测量压入的深度值,建立深度值与硬度值的关系曲线。测量时,在规定的条件下,利用位移传感器测量到压头压入的深度,对比深度值与硬度值的关系曲线,得到相应的硬度值。

深度的测量既可以采用直接测量压痕的深度,也可以采用测量在一定初试验力下压头的位置与总试验力下压痕最深点的位置之差或者是测量在初试验力下加卸载工作试验力前后压头的位置差值。

利用金属材料快速压痕硬度计进行试样硬度测量时,硬度计首先得到的是压痕的测量深度值,通过对比深度值与硬度值的关系曲线,得出相应的硬度值。

金属材料快速压痕硬度试验方法适合于金属布氏硬度及维氏硬度的快速测量。

本标准推荐的深度测量法是:测量在初始试验力下加卸载工作试验力前后压头位置之差的方法。

本标准规定的是金属材料快速压痕(布氏)硬度试验,符号为:HBW。

本标准规定的试验方法不能等同于标准的布氏硬度试验方法。

金属材料快速压痕(布氏)硬度试验方法

1 范围

本标准规定了金属材料快速压痕(布氏)硬度试验的原理、试验方法、符号、试样、试验报告、硬度计的检验与校准及标准硬度块的标定。

本标准适用于试验力为 4.903 kN～29.42 kN 的布氏硬度计,其测试范围为:16 HBW～600 HBW。

2 规范性引用文件

下列文件中的条款,通过在本标准中引用而构成本标准的条款。凡是注日期的引用文件,其随后的修改单(不包括勘误的内容)或修订版均不适用于本标准,然而,鼓励根据本标准达成协议的各方研究是否可使用这些文件的最新版本。凡是不注日期的引用文件,其最新版本适用于本标准。

GB/T 231.1　金属材料　布氏硬度试验　第1部分:试验方法(GB/T 231.1—2009,ISO 6506-1:2005,MOD)

GB/T 231.2　金属布氏硬度试验　第2部分:硬度计的检验与校准(GB/T 231.2—2002,ISO 6506-2:1999,MOD)

GB/T 231.3　金属布氏硬度试验　第3部分:标准硬度块的标定(GB/T 231.3—2002,ISO 6506-3:1999,MOD)

GB/T 7997　硬质合金维氏硬度试验方法(GB/T 7997—1987,eqv ISO 3878:1983)

GB/T 13634　单轴试验机检验用标准测力仪的校准(GB/T 13634—2008,ISO 376;2004,IDT)

3 符号及说明

快速压痕(布氏)硬度用符号 HBW 表示。

符号前面为布氏硬度值,符号后面是按如下顺序表示试验条件的指标:

a) 硬质合金球直径;

b) 试验力数值;

c) 与规定时间不同的试验力保持时间。

例1:350HBW5/750 表示用直径 5 mm 的硬质合金球在 7.355 kN 试验力下保持 10 s～15 s 测定的快速压痕(布氏)硬度值为 350。

例2:150HBW30/10/500 表示用直径 10 mm 的硬质合金球在 4.903 kN 的试验力下保持 30 s 测定的快速压痕(布氏)硬度值为 150。

4 原理

对一定直径的硬质合金球施加一定的试验力(包括初始试验力和工作试验力),将其压入试样表面,经规定的保持时间后,卸载工作试验力,测量在初始试验力下加卸载工作试验力前后压头位置差值(深度值)。利用多个标准布氏硬度块,测量相应的深度值,将布氏硬度值与深度值相对应,获得在一定的试验条件下压痕深度与布氏硬度的关系曲线。

在进行硬度测量时,将硬度计所测量到的深度值对应压痕深度与布氏硬度关系曲线,就可以得到这种材料的相应的布氏硬度值。

5 试验设备

5.1 硬度计

5.1.1 应符合本标准附录C的规定,能够施加预定试验力及可以进行压头位移测量。

5.1.2 硬度计的设计应保证在测试时及压头离开时,压头和试样不能发生偏转或相对移动。

5.1.3 应具有通过软件将测得的深度值换算成相应标尺下的布氏硬度值的功能。

5.1.4 应具有通过软件进行测试结果的调整并具有记忆的功能。

5.1.5 应具有相应的抗各种污物对硬度测试影响的技术措施。

5.1.6 应具有温度校正的功能,扩大试验环境允许的温度范围(见7.1)。

5.2 试验力

5.2.1 试验力应具有初始试验力和工作试验力。

5.2.2 试验力及初始试验力应按7.2的规定选取。但在保证试验结果精度的情况下,经相关方协商,试验力可以小于4.903 kN。

5.2.3 在施加试验力的过程中不允许有冲击或震动。

5.3 硬质合金压头应符合附录C的要求。

5.4 压痕深度测量装置

5.4.1 压痕深度测量装置应符合附录C的要求。

5.4.2 压痕深度测量装置应能够测量在初试验力下加卸载工作试验力前后压头的位置差值。

6 试样

6.1 试样的支撑表面宜干净、干燥且不影响硬度测试。

6.2 试样测试面粗糙度应能保证试验结果的重复性指标。必要时,试样的测试面须经过打磨或者研磨。试样测试面应该是平面,但在保证安全的情况下,可以是曲面。当曲面的曲率半径较小时,试验结果与平面试验结果具有较大的偏差,需要做相当数量的对比试验得到相应的修正系数。

6.3 试验后试样的背面没有可见变形。试样的厚度至少为压痕深度的8倍。试样最小厚度与压痕平均直径之间的关系按照GB/T 231.1的相关要求执行。

7 试验方法

7.1 试验一般要求在0 ℃~50 ℃的温度范围内进行。

7.2 快速压痕(布氏)硬度试验,总试验力为4.903 kN,7.355 kN,9.806 kN,29.418 kN。

初试验力大小建议按总试验力的1/15~1/10选取。

表1给出了推荐的压头直径、总试验力和试样的硬度值的关系。

对于一定尺寸和形状的试样,可能适用不同的试验力和不同直径的压头。当试样尺寸允许时,应尽可能选用较大直径的硬质合金球压头及较大的试验力进行试验。表1给出了推荐的F/D^2(试验条件)与硬度的关系以及试验力与硬度及压头直径之间的关系。

表1 推荐的总试验力和初试验力及压头直径之间的关系

总试验力 F/kgf(kN)	压头直径 D/mm	试验条件 F/D^2	推荐的硬度范围
3 000(29.418)	10	30	96~600
1 000(9.806)	10	10	48~300
750(7.355)	5	30	96~600
500(4.903)	10	5	16~100

7.3 从施加力开始至总试验力施加完毕，应保证在 2 s～8 s 之间。试验力保持时间应为 10 s～15 s（对于塑性变形较缓慢的材料，可以采用更长的保压时间）。对于要求试验力保持时间较长的材料，试验力保持时间允许误差为±2 s。

7.4 压痕中心到试样边缘的距离至少应是压痕直径的 2.5 倍；压痕中心到另一个压痕中心的距离，至少应是压痕直径的 3 倍。

7.5 试样应稳固地放置在试台上，并使压头轴线与试样表面垂直，保证在试验过程中不发生位移。

8 试验报告

试验报告应包括以下内容：

a) 本标准编号；

b) 与试样有关的资料；

c) 试验结果（HBW）；

d) 试验温度；

e) 不在本标准规定之内的操作；

f) 影响试验结果的各种细节。

9 硬度计的检验与校准

9.1 硬度计的检验与校准应按照附录 C 进行。

9.2 应按照附录 D 进行硬度计的日常核查。

10 标准硬度块的标定

标准硬度块的标定按照 GB/T 231.3 执行。

附 录 A
(资料性附录)
本标准章条编号与 ASTM E103-84(2002)章条编号对照

表 A.1 给出了本标准章条编号与 ASTM E103-84(2002)章条编号对照一览表。

表 A.1 本标准章条编号与 ASTM E103-84(2002)章条编号对照表

本标准章条编号	对应的 ASTM 标准章条编号
引言	1,3,4
2	2
3	—
4	3.1.2
5.1	5.1
5.1.3	5.2
6	6
7.1	—
7.2	7.1
7.3	—
9	—
10	—
附录 A	—
附录 B	—
附录 C.1	11
C.2	12
C.3	13.1
C.3.2.4	13.1.1
C.3.4.2	13.1.3
C.4	13.2
C.5	—
C.6	—
C.7	—
附录 D	—
附录 E	—
注:表中章条以外的本标准其他章条编号与 ASTM E103-84(2002)的章条编号均相同且内容相对应。	

附　录　B
（资料性附录）
本标准与 ASTM E103-84(2002)技术性差异及其原因

表 B.1 给出了本标准与 ASTM E103-84(2002)技术性差异及其原因的一览表。

表 B.1　本标准与 ASTM E103-84(2002)技术性差异及其原因

序号	本标准的章条编号	技术性差异	原　因
1	引言	将 ASTM E103 中的适用范围的部分内容、快速压痕硬度试验术语的解释和意义及应用合并为引言	该部分内容为对本标准的进一步解释和说明，为与我国国标的编写规则 GB/T 1.1 保持一致，特将其单列为引言
2	2	将规范性引用文件 ASTM E4 改为国标 GB/T 13634 试验机检验用测力计的校准，增加规范性引用文件 GB/T 231.1，GB/T 231.2，GB/T 231.3，GB/T 7997	保持本标准与现有国标保持一致，便于该标准在国内广泛使用
3	3	增加了符号及说明	同我国其他硬度试验方法标准的格式保持统一
4	4	增加试验原理一章	同我国其他硬度试验方法标准的格式保持统一
5	5.1.1	强调了硬度计应具有的一些特殊功能	快速压痕(布氏)硬度计主要是为了解决产品的布氏硬度快速测试，由于车间现场的环境条件较为恶劣，硬度计必须具有相应的功能
6	5.1.3	取消了用钢球压头进行试验的规定	根据 GB/T 231，只允许使用硬质合金球，所以取消了钢球压头
7	6.1 6.2	增加了对试样的测试面的要求	便于本标准的操作和执行
8	6.3	将“试验厚度至少为压痕深度的 10 倍”改为“试验厚度至少为压痕深度的 8 倍”	根据 GB/T 231 试验厚度至少为压痕深度的 8 倍
9	7.1	增加了硬度试验的允许使用温度范围的规定	由于车间现场的环境温度范围较宽，所以要求硬度计必须具备适应较宽温度范围的功能，便于本标准的操作和执行
10	7.2	建议初试验力采用总试验力的 1/15～1/10	便于本标准的操作和执行
11	7.3	增加了对试验力施加过程及保压时间的要求	根据 GB/T 231，对 ASTM E103 原标准进行补充
12	8	取消了试验报告中关于须注明“深度与硬度的换算关系”的要求	由于本标准统一了深度测量方法，同时，规定了示值误差和重复性误差，因此，各台硬度计所得出的结果是可比的。因此，只要给出测试结果，无须指出其换算关系

表 B.1(续)

序号	本标准的章条编号	技术性差异	原　因
13	9	将“硬度计的检验与校准”单独列为一章	保证标准的结构清晰
14	10	取消原标准中C部分,将标准中关于标准硬度块的标定部分规定为:按照国标GB/T 231.3的内容执行	由于快速压痕(布氏)所采用的标准硬度块同GB/T 231.3完全一致,因此,本标准规定标准硬度块按国标GB/T 231.3的内容执行
15	附录A	增加了附录A:本标准章条编号与ASTM E103-84(2002)章条编号对照	资料性附件,便于对应原标准
16	附录B	增加了附录B:本标准与ASTM E103-84(2002)技术性差异及其原因	资料性附件,便于对应原标准
17	附录C	将原标准中B部分改成附录C:硬度计的检验与校准	关于硬度计的检验与校准和标准硬度块的标定2部分,ASTM标准将其同试验方法部分混编。为了满足ISO和GB的编写方式,将这2部分改为规范性附件的形式
18	C.3.2.4	提高了力值传感器精度要求	快速压痕(布氏)硬度测试,测量的是深度的变化,显示的结果是硬度值的变化。根据JJG 150的规定,可以以硬度值的形式来表示其误差
19	C.3.4.2	提高了位移传感器的分辨率要求	目前的电感式位移传感器的分辨率均能达到1微米
20	C.4.1.1	将硬度计的间接检验温度修改为25±25 ℃	为了测试结果的准确,必须保证间接检验的环境条件同实际工作状态相一致
21	C.4.2.2	在附录C中,将采用测量压痕直径进行间接检验的方法改为采用测量标准硬度块的硬度值的方法进行间接检验,以硬度值的形式规定了硬度计的示值误差和重复性误差范围	快速压痕(布氏)硬度测试,测量的是深度的变化,显示的结果是硬度值的变化。可以以硬度值的形式来表示其误差
22	附录D	增加了附录D:使用者对硬度计的日常检查方法	按照GB/T 231的要求进行了修改和增加,与其他现有的硬度试验方法标准保持一致
23	附录E	增加了附录E:硬度值测量的不确定度	按照GB/T 231的要求进行了修改和增加,与其他现有的硬度试验方法标准保持一致

附 录 C
（规范性附录）
硬度计的检验与校准

C.1 范围

C.1.1 本附录规定了金属快速压痕（布氏）硬度计的检验与校准的方法。

C.1.2 本附录规定了检查硬度计基本功能的直接检验和适用于检查硬度计综合性能指标的间接检验这2种方法。

C.1.3 新购买或重新安装的硬度计应进行直接检验法的检定。

C.1.4 在用的硬度计可以采用任何一种方法进行检定。

C.1.5 间接检验法可独立地应用于硬度计的日常检验。

C.2 一般要求

在进行金属快速压痕（布氏）硬度计检验及校准之前，应检查仪器以达到以下的要求：

a） 硬度计安装正确；

b） 压头主轴在导向装置中滑动自如；

c） 采用新的符合C.3.3要求的压头，安装牢固可靠；

d） 保证在施加及释放试验力的过程中硬度计整体没有震动及晃动，力值传感器及位移传感器所测试的数值稳定；

e） 试样的位移或机架的变形不影响试验结果。

C.3 直接检验

C.3.1 总则

C.3.1.1 直接检验宜在(23±5)℃的温度条件下进行。如果在此条件以外的温度下进行，应在报告中注明。

C.3.1.2 检验及校准用的器具应溯源到国家标准。

C.3.1.3 直接检验包括：

a） 试验力校准；

b） 压头的检验；

c） 压痕深度测量装置的校准；

d） 试验循环时间的检验。

C.3.2 试验力的校准

C.3.2.1 快速压痕硬度计力值的校准，包括初试验力的校准和总试验力的校准。

C.3.2.2 只要允许，应在硬度计主轴整个移动范围内至少选择三个位置，测量各级初试验力和总试验力。

C.3.2.3 校准力值可以采用闭环测量系统进行，也可以采用标准GB/T 13634中规定的0.5级测力装置进行校准。

C.3.2.4 实际校准的结果同硬度计的标称力值的偏差应在±0.5%以内。

C.3.2.5 应在主轴的每个位置上，对各级试验力（包括初试验力和总试验力）进行三次测量。将要读取试验力的瞬间，主轴的移动方向应与试验时的运动方向一致。

C.3.3 压头的校验

C.3.3.1 一般来说,压头应包括硬质合金球和压头座两个部分(在有可能的情况下,建议使用一体结构压头,以保证压头接触的稳定性,但成本增加)。

C.3.3.2 硬质合金球应进行抛光,表面应该光滑且没有缺陷。

C.3.3.3 压头垂直度:硬质合金球施加试验力的方向与试样表面法线的夹角不应超过2°。

C.3.3.4 采用成分为碳化钨的硬质合金压头球。其特性应满足以下要求:

——硬度:按GB/T 7997的要求测定,其维氏硬度不应低于1 500 HV10。

——密度:$\rho=(14.8\pm0.2)g/cm^3$。

C.3.3.5 当采用试验力将硬质合金球压入样品后,取出硬质合金球,测试其直径变形不能大于0.005 mm。

C.3.3.6 对于不同直径的硬质合金球,其直径的允差如表C.1。

表C.1 不同硬质合金球直径允差

单位为毫米

球直径	允差
10	0.005
5	0.004

注:如采用其他直径的硬质合金球,参照GB/T 231.2执行。

C.3.4 深度测量装置检验

C.3.4.1 压痕深度测量装置应取不少于三个位置(包括与常用标尺的最低和最高硬度值相对应的间隔)上进行检验。

C.3.4.2 应采用精确的参考标准标尺或者采用其他的方法进行检验,检验压痕深度测量装置的测量装置应具有0.000 2 mm的准确度。压痕深度测量装置的整个工作长度上,应准确到0.001 mm。

C.3.4.3 若对压痕深度测量装置不能直接进行检验,可以采用标准硬度块测试硬度的方法进行间接检验。

C.3.5 试验循环时间的检验

试验循环时间应满足7.4的要求。

C.4 间接检验

C.4.1 总则

C.4.1.1 间接检验宜在(25±25)℃的温度条件下进行。如果在此条件以外的温度下进行,应在报告中标明。

C.4.1.2 采用本标准附录D标定的标准硬度块的进行检验

C.4.1.3 硬质合金球的表面以及标准块的试验面不应有任何污物,标准块的支撑面应尽可能没有污物。

C.4.1.4 硬度计应针对各级试验力和所使用的每种规格的硬质合金球进行检验。对每一试验力,应从下列硬度范围内至少选择两块进行试验:

——≤300 HBW;

——300≤HBW≤400;

——≥500 HBW。

C.4.1.5 如果有可能,两块标准硬度块应在不同的硬度值范围内选取。

C.4.1.6 采用标准硬度块对快速压痕(布氏)硬度计进行间接检验时,硬度计的检验应与实际应用时采用相同的试验力、相同的压头和相同的保压时间。

C.4.2 金属快速压痕(布氏)硬度计检验步骤及指标要求

C.4.2.1 采用经过校准后的金属快速压痕(布氏)硬度计,在标准块上均匀分布地测试5个点。设H1,H2,...H5分别为5个压痕相应的的测量硬度值,并以逐渐递增的顺序来排列。

C.4.2.2 5个点示值误差和示值重复性误差为表E.2所示:

在规定的试验条件下标准硬度计的示值重复性定义为:$H5-H1$。

在规定的试验条件下标准硬度计的示值误差定义为:$\overline{H}-H$ 其中,H 为标准块的标定硬度值,$\overline{H}=(H1+H2+H3+H4+H5)/5$。

表C.2 硬度计的示值误差和示值重复性误差

标准硬度块范围/HBW	示值误差最大允许值(相对于H)	示值重复性误差最大允许值(相对于H)
HBW≤125	±3%	2%
125<HBW≤225	±2.5%	2%
HBW≥225	±3%	2%

C.4.3 其他

C.4.3.1 建议快速压痕(布氏)硬度计应配备放大倍数不低于8倍的光学读数放大镜,光学读数放大镜的相关指标见GB/T 231.2。

C.4.3.2 可以采用测量平均压痕直径与硬度计的硬度值显示结果经查表得到压痕直径相比较的方法来检验硬度计。

C.4.3.3 可以采用CCD光学布氏硬度测量系统代替光学读数放大镜进行压痕直径的测量。

注:在有条件的情况下,建议将深度测量装置的读数与标准硬度块的压痕深度值进行对比。这既可以进行刻度的检验,同时也可确定硬度计生产厂提供的对比关系。

C.5 检验周期

C.5.1 直接检验

下述情况下应进行直接检验:

C.5.1.1 硬度计安装时或经拆卸重新装配后或挪动位置时。

C.5.1.2 连续3次间接检验未通过或间接检验结果出现重大问题时。

C.5.2 日常检查

每个工作日开机后,应进行日常检查。见附录D。

C.5.3 间接检验

C.5.3.1 每次直接检验后,应做间接检验。

C.5.3.2 日常检查不合格或硬度计经过调整后,应采用间接检验。

C.5.3.3 2次间接检验的周期视硬度计的维护水平和使用频率而定,但不得超过12个月。

C.6 深度-硬度对比曲线的调整

C.6.1 间接检验后,如显示结果与标准硬度块的标称值超出允许范围,应进行深度-硬度对比曲线调整。具体调整方法见硬度计生产厂家说明书;

C.6.2 经过数值曲线调整后的硬度计,应立即进行再次间接检验。再次间接检验不合格时,应再次进行深度-硬度对比曲线调整;

C.6.3 连续3次间接检验不合格时,不再进行深度-硬度对比曲线调整,应进行直接检验。

C.7 检验报告和(或)校准证书

检验报告和(或)校准证书应包括以下内容：

——注明采用本标准及本标准号；

——检验方法(直接或间接检验或两种同时检验)；

——硬度计的标识资料；

——检验器具(如标准硬度块，标准测力仪等)；

——硬质合金球直径和试验力；

——检验时的温度；

——检验结果；

——检验日期和检验机构名称。

附　录　D
（规范性附录）
使用者对金属快速压痕（布氏）硬度计的日常检查

对于在用硬度计，使用者应在每班工作之前对硬度计的相应标尺进行测量数据准确性核查。

具体的方法是：利用标准硬度块，在标准硬度块至少测量1个点硬度（如新更换了压头，则应至少测试2点，取第2点的值）。如果所得的值与标准硬度块标称值的误差在允许最大误差之内（见附录C），则硬度试验机可以使用。如果超出，则应再测量3个点。如果3个点的误差都在允许最大误差之内，则硬度试验机可以使用。若其中有一个点的误差超出规定的范围，则应立即进行深度-硬度对比曲线调整。调整的方法是利用标准硬度块，调整硬度计的布氏硬度与压痕测量深度之间的关系曲线的位置，使得硬度计的测试结果的误差保持在允许最大误差之内。具体的调整方法见硬度计的使用手册。

所测数据应当保存，以便观察硬度计的重复性和测量系统的稳定性。

附 录 E
（资料性附录）
硬度值测量的不确定度

E.1 一般要求

本附录定义的不确定度只考虑硬度计与标准硬度块(CRM)相关测量的不确定度。这些不确定度反映了所有分量不确定度的组合影响(间接检定)。由于本方法要求硬度计的各个独立部件均在其允许偏差范围内正常工作,故强烈建议在硬度计通过直接检定一年内采用本方法计算。

图 E.1 显示用于定义和区分各硬度标尺的四级的计量溯源链的结构图。溯源链起始于用于定义国际比对的各硬度标尺的国际基准。一定数量的国家基准——基础标准硬度计"定值"校准实验室用基础参考硬度块。当然,基础标准硬度计应当在尽可能高的准确度下进行直接标定和校准。

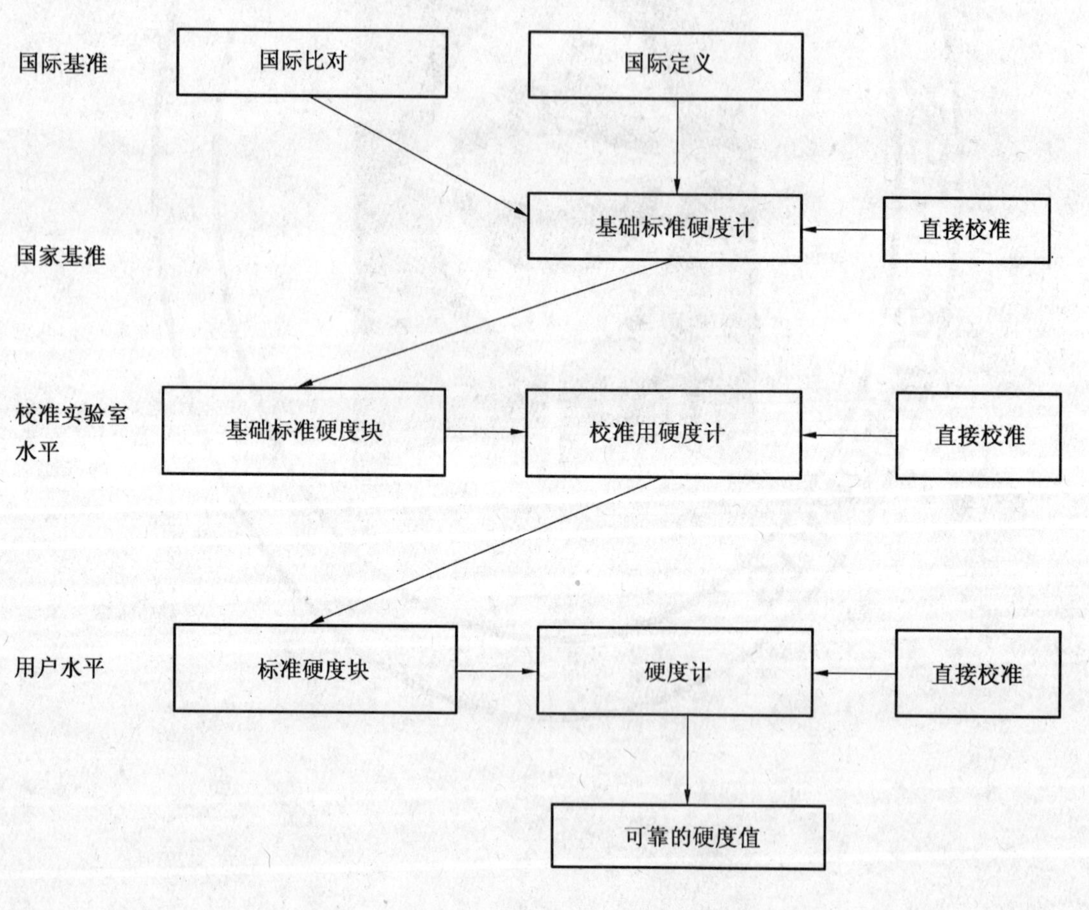

图 E.1 硬度标尺的定义和量值传递图

E.2 通常程序

用平方根求和的方法合成 u_1,(各不确定度分项见表 E.1)。扩展不确定度是 u_1 和包含因子 k(k=2)的乘积(见表 E.1)。

E.3 硬度计的偏差

硬度计的偏差 b 起源于下面两部分之间的差异:

——校准硬度计的五个硬度压痕的平均值;

——标准硬度块的标准值。

可以用不同的方法确定不确定度。

E.4 计算不确定度的步骤:硬度测量值

注:CRM(Certified Reference Material)是由标准硬度计标定的标准硬度块。

E.4.1 考虑硬度计最大允许误差的方法(方法 1)

方法 1 是一种简单的方法,它不考虑硬度计的系统误差,即是一种按照硬度计最大允许误差考虑的方法。

测定扩展不确定度 U(见表 E.1)

$$U = k \cdot \sqrt{u_{\mathrm{E}}^2 + u_{\mathrm{CRM}}^2 + u_H^2 + u_x^2 + u_{ms}^2}$$

测量结果:

$X=\bar{x}\pm U$

E.4.2 考虑硬度计系统误差的方法(方法 2)

除去方法 1,也可以选择方法 2。方法 2 是与控制流程相关的方法,可能获得较小的不确定度(见表 E.1)。

$$U = k \cdot \sqrt{u_x^2 + u_H^2 + u_{\mathrm{CRM}}^2 + u_{ms}^2 + u_b^2}$$

测量结果:

$X=\bar{x}\pm U$

E.5 硬度测量结果的表示

表示测量结果时应注明不确定度的表示方法。通常用方法 1 表达测量不确定度(见表 E.1,第 10 步)。

表 E.1 扩展不确定度评定的两种方法

方法步骤	不确定度来源	符号	公式	依据	例：[…]=HBW 10/3000
1 方法 1 方法 2	测量一个试样的平均值及其标准偏差	$\bar{x}$ s_x	$\bar{x}=\frac{\sum_{i=1}^{n}x_i}{n}$ $s_x=\frac{R}{C}$	测量结果的单次标准偏差 采用极差法计算 当 $n=5$ 时极差系数 $C=2.33$	单次测量值 223-223-221-221-224 $\bar{x}=222.4$ $s_x=\frac{3}{2.33}=1.29$
2 方法 1 方法 2	对试样测量重复性的标准不确定度	u_x	$u_x=s_x$	评定单次测量的不确定度	$u_x=1.29$
3 方法 1 方法 2	用标准硬度块检定的平均值和标准偏差	$\bar{H}$ s_H	$\bar{H}=\frac{\sum_{i=1}^{n}H_i}{n}$ $s_H=\frac{R}{C}$	检定结果的单次标准偏差 采用极差法计算 当 $n=5$ 时极差系数 $C=2.33$	222-224-224-221-222 $\bar{H}=222.6$ $s_H=\frac{3}{2.33}=1.29$
4 方法 1 方法 2	用标准硬度块检定的平均值的标准不确定度	u_H	$u_H=s_H/\sqrt{5}$		$u_H=\frac{1.29}{\sqrt{5}}=0.58$
5 方法 1 方法 2	标准硬度块的标准不确定度	u_{CRM}	$u_{CRM}=H_{CRM}\cdot u_{dCRM}\cdot\left(\frac{D+\sqrt{D^2-d^2}}{\sqrt{D^2-d^2}}\right)$ $u_{dCRM}=\frac{r_{rel}}{2.83}$	$HBW=0.102\times\frac{2F}{\pi D^2(1-\sqrt{1-d^2/D^2})}$ 标准硬度块不均匀性最大允许值见 GB/T 231.3	$u_{CRM}=222.4\times\frac{1.5\%}{2.83}\times\frac{10+\sqrt{10^2+4.054^2}}{\sqrt{10^2+4.054^2}}=1.29$
6 方法 1	最大允许误差下的标准不确定度	u_E	$u_E=\frac{E_{rel}\cdot H_{CRM}}{\sqrt{3}}$	允许误差 E_{rel} 见 GB/T 231.2 H_{CRM} 从校准认证中获得	$u_E=\frac{0.25\times222.4}{\sqrt{3}}=3.21$

表 E.1（续）

方法 步骤	不确定度来源	符号	公　　式	依　　据	例： […]=HBW 10/3000
7 方法 1 方法 2	压痕测量分辨力的标准不确定度	u_{ms}	$u_{ms}=\frac{\delta_{ms}}{2\sqrt{3}}$	HBW=222 时压痕深度 0.430 mm HBW=224 时压痕深度 0.426 mm 压痕深度测量装置分辨力 0.001 mm	$u_{ms}=\frac{0.5}{2\sqrt{3}}=0.14$
8 方法 2	硬度计校准值与硬度块标准值差	b	$b=\overline{H}-H_{\mathrm{CRM}}$	第 2 步和第 3 步	$b=223-222.6=-0.4$
9 方法 2	硬度计系统误差带来的不确定度	u_b	$u_b=\|b\|$	两点分布	$u_b=0.4$
10 方法 1	扩展不确定度的评定	U	$U=k\cdot\sqrt{u_x{}^2+u_{\overline{H}}^2+u_{\mathrm{CRM}}^2+u_{\mathrm{E}}^2+u_{ms}^2}$	第 1 步到第 7 步 $k=2$	$U=2\cdot\sqrt{1.29^2+0.58^2+1.29^2+3.21^2+0.14^2}$ $U=7.5$ HBW
11 方法 1	测量结果	X	$X=\overline{x}\pm U$	第 1 步和第 10 步	$\overline{X}=(222.4\pm7.5)$HBW（方法 1）
12 方法 2	扩展不确定度的评定	U	$U=k\cdot\sqrt{u_x{}^2+u_{\overline{H}}^2+u_{\mathrm{CRM}}^2+u_{ms}^2+u_b^2}$	第 1 步到第 5 步 第 7 步到第 9 步	$U=2\times\sqrt{1.29^2+0.58^2+1.29^2+0.14^2+0.4^2}$ $U=3.9$ HBW
13 方法 2	测量结果	X	$X=\overline{x}\pm U$	第 1 步和第 12 步	$\overline{X}=(222.3\pm3.9)$HBW（方法 2）

中华人民共和国国家标准

GB/T 24524—2009/ISO 16630:2009

金属材料　薄板和薄带　扩孔试验方法

Metallic materials—Sheet and strip—Hole expanding test

(ISO 16630:2009,IDT)

2009-10-30 发布　　　　2010-05-01 实施

中华人民共和国国家质量监督检验检疫总局
中国国家标准化管理委员会　发布

前　言

本标准等同采用国际标准 ISO 16630:2009《金属材料　薄板和薄带　扩孔试验方法》(英文版)。

本标准与 ISO 16630:2009 的结构和技术内容一致。

为了便于使用,本标准做了下列编辑性修改:

——“本国际标准”一词改为“本标准”;

——用小数点“.”代替作为小数点的逗号“,”;

——删除了国际标准的前言;

——将数值修约需满足 ISO 497 改为数值修约应按照 GB/T 8170 规定。

本标准由中国钢铁工业协会提出。

本标准由全国钢标准化技术委员会归口。

本标准起草单位:宝山钢铁股份有限公司、武汉钢铁(集团)公司。

本标准主要起草人:丁富连、李陈、李荣锋、祝洪川。

金属材料　薄板和薄带　扩孔试验方法

1　范围

本标准规定了一种测定厚度为 1.2 mm ～ 6.0 mm、宽度不小于 90 mm 的金属薄板和薄带极限扩孔率的试验方法。

注：本试验通常应用于薄钢板，用于评估产品在扩孔成形过程的适用性。

2　规范性引用文件

下列文件中的条款通过本标准的引用而成为本标准的条款。凡是注日期的引用文件，其随后所有的修改单(不包括勘误的内容)或修订版均不适用于本标准，然而，鼓励根据本标准达成协议的各方研究是否可使用这些文件的最新版本。凡是不注日期的引用文件，其最新版本适用于本标准。

GB/T 8170　数值修约规则与极限数值的表示和判定

3　术语和定义

下列术语和定义适用于本标准。

3.1

极限扩孔率　limiting hole expansion ratio

施加载荷使圆锥形扩孔凸模垂直插入试样的冲制圆孔进行扩孔试验，直至穿透试样厚度的裂纹出现时圆孔直径的扩展量与圆孔初始直径的比率。

3.2

余隙度　clearance

制备试样时，冲制试样上圆孔所用凹模与凸模之间的相对间隙，即凹模和凸模之间的间隙与试样厚度的比值。

4　符号和说明

本标准所用到的符号、说明和单位在表 1 中给出。

表 1　符号和说明

符号	说　　明	单位
c	余隙度	%
d_d	试样冲制圆孔用的凹模内径	mm
d_p	试样冲制圆孔用的凸模直径	mm
D_d	扩孔装置的凹模内径	mm
D_h	破裂后的圆孔平均直径	mm
D_o	冲制圆孔的初始直径	mm
D_p	扩孔装置的凸模直径	mm
F	压边力	N
R	扩孔装置凹模肩部的圆角半径	mm
t	试样厚度	mm
λ	极限扩孔率	%
$\bar{\lambda}$	平均极限扩孔率	%

5 试验原理

扩孔试验包括以下两个步骤：

a） 如图 1 所示的在试样上冲制圆孔；

b） 将规定形状和尺寸的圆锥形扩孔凸模顶入金属薄板试样的冲制圆孔进行扩孔试验，直至圆孔边缘出现穿透试样厚度的裂纹，停止凸模冲顶，测定极限扩孔率。

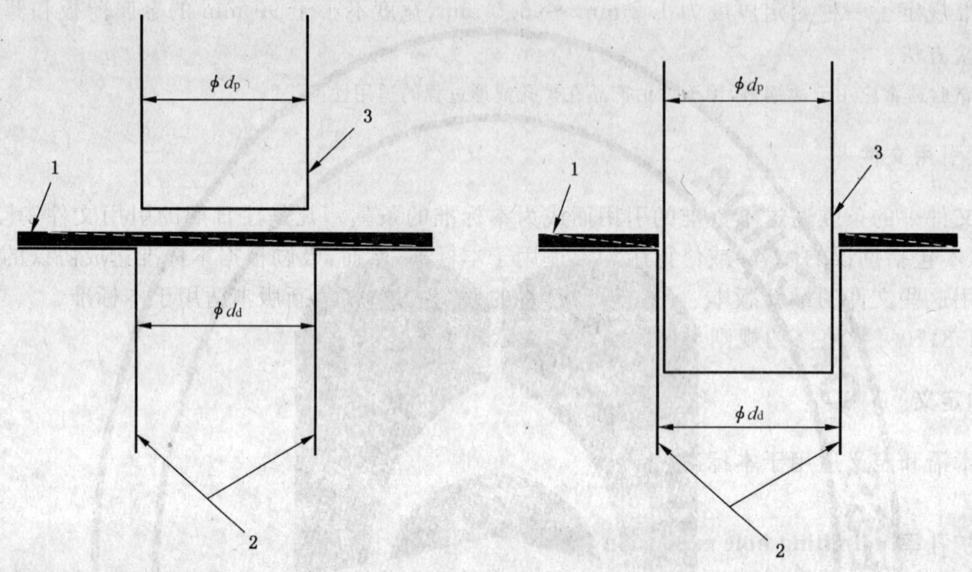

1——试样；

2——冲制圆孔用凹模；

3——冲制圆孔用凸模。

图 1 冲孔示意图

6 试验设备

6.1 总则

试验设备包括试验机和试验模具。

6.2 试验机

试验机应可提供可靠的压边力保证试验过程中试样的固定，具有试样对中定位功能，试验机应具备迅速灵敏的停机装置，保证当裂纹穿透整个板厚时立即停机。

试验机扩孔模具的位移速度应可控，以保证试验的稳定进行。

除专用扩孔试验机外，能够满足上述要求的深冲压试验机以及其他压缩试验机均可用于扩孔试验。

6.3 试验模具

6.3.1 扩孔试验用凹模与凸模的尺寸与形状等要求在 6.3.2～6.3.5 中给出（见图 3）。

6.3.2 扩孔试验用凸模呈圆锥形，其顶角为 60°±1°。要求凸模圆柱部分直径 D_p 足够大，可以保证试验边缘裂纹穿透整个试样板厚。

6.3.3 扩孔试验过程中可依据期望的扩孔率确定压边用凹模的内径 D_d，内径 D_d 不小于 40 mm。

6.3.4 扩孔试验用凹模肩部的圆角半径 R 一般应在 2 mm～20 mm 之间，推荐使用半径为 5 mm。

6.3.5 扩孔试验模具的硬度应不小于 55 HRC。

7 试样

7.1 在同一材料样品上取 3 个试样（详见 8.2）。

7.2　试样应平直，试样上的冲制圆孔中心与试样边缘的距离不小于 45 mm，两相邻圆孔之间的距离不小于 90 mm(见图 2)。

单位为毫米

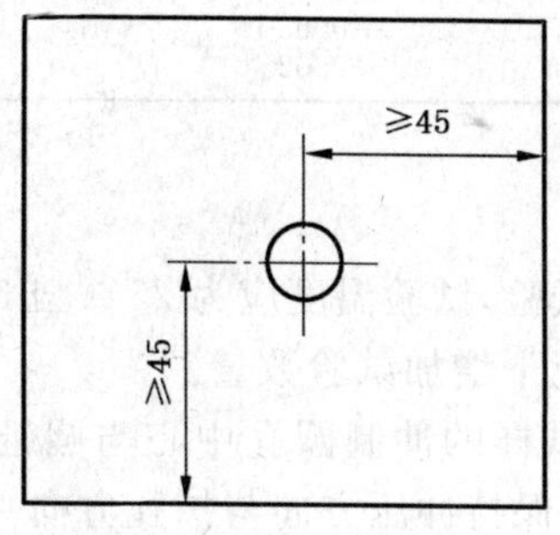

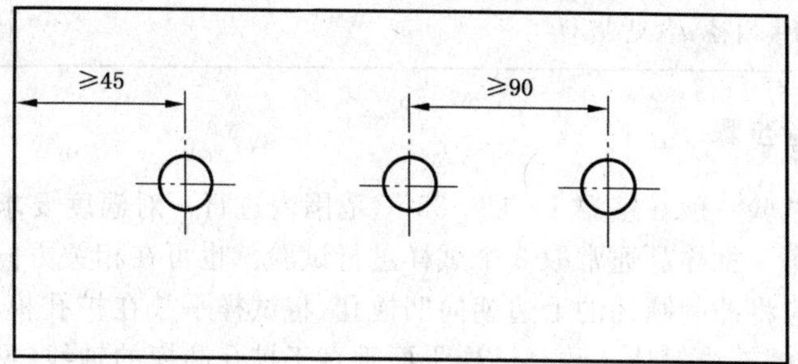

图 2　试样尺寸示意图

7.3　试样上的冲制圆孔用直径为 10 mm 的凸模冲压形成，见图 1。

7.4　冲制试样上的圆孔时，所选凹模须满足表 2 所示与凸模之间的余隙度，余隙度按式(1)计算。凹模内径的选择应以 0.1 mm 的增量递增或递减。

表 2　凸模与凹模的余隙度允许范围

试样厚度 t/mm	余隙度 c/%
$t<2.0$	12±2
$t\geqslant2.0$	12±1

注：表 3 给出了一个满足上述要求的凹模内径系列尺寸的实例。

$$c=\frac{d_d-d_p}{2t}\times100 \qquad \cdots\cdots\cdots(1)$$

式中：

c——余隙度，%；

d_d——试样冲孔时凹模内径，单位为毫米(mm)；

d_p——试样冲孔时凸模直径，单位为毫米(d_p=10 mm)；

t——试样厚度，单位为毫米(mm)。

表 3　选择凹模内径尺寸的实例

单位为毫米

试样厚度 t	凹模内径 d_d
$1.2\leqslant t<1.5$	10.3
$1.5\leqslant t<1.9$	10.4
$1.9\leqslant t<2.3$	10.5
$2.3\leqslant t<2.7$	10.6
$2.7\leqslant t<3.1$	10.7
$3.1\leqslant t<3.6$	10.8
$3.6\leqslant t<4.0$	10.9
$4.0\leqslant t<4.4$	11.0
$4.4\leqslant t<4.8$	11.1
$4.8\leqslant t<5.2$	11.2
$5.2\leqslant t<5.7$	11.3
$5.7\leqslant t\leqslant6.0$	11.4

7.5　冲孔模具的制造公差应符合表 4 的规定。应定期检查冲压模具的磨损情况。

表 4 冲孔模具的制造公差

尺 寸	公差/mm
冲孔凸模直径 d_p(10 mm)	+0.02 −0.03
冲孔凹模内径 d_d(见表 3)	+0.03 −0.02

8 试验步骤

8.1 试验一般在室温 10 ℃~35 ℃范围内进行。对温度要求严格的试验，试验温度应为 23 ℃±5 ℃。

8.2 每一批样品通常取 3 个试样进行试验。也可在相关方同意的情况下增加试验数量。

8.3 应将冲制圆孔的毛边朝向凹模孔，将试样平放在扩孔模具上，使试样的冲制圆孔中心与圆锥形扩孔凸模的轴线保持一致且试样平面垂直于扩孔凸模的轴线(见图 3)，以保持冲压方向与扩孔方向一致。

8.4 对试样施加足够高的压边力夹紧试样保证试验过程中试样材料在夹紧区域不发生变形流动(压边力大小与试样尺寸有关，对于 150 mm×150 mm 的试样压边力应不小于 50 kN)。若夹紧区域发生变形流动，则试验无效，需重新进行试验。

8.5 施加压力使圆锥形扩孔凸模以一定的速率垂直插入试样的冲制圆孔进行扩孔(见图 3)，该速率应能够保证试验者在第一条相应穿透试样厚度的裂纹出现时停止试验。圆锥形扩孔凸模的推进速率应不大于 1 mm/s。

8.6 试验过程中应保证孔的边缘一直处于监视中；并且在第一次出现裂纹迹象时，立即减慢扩孔凸模的运动速率，使出现裂纹迹象到停止凸模运动的这段时间内，孔径增加量最少。

8.7 当出现穿透试样厚度的裂纹时，立即停止扩孔凸模的运动，打开模具取出试样。使用游标卡尺或其他合适的仪器(例如经校准的投影仪)测量试样破裂后的圆孔内径，精确到 0.05 mm。测量过程中，应避开裂纹所在的方向，在两个相互垂直的方向测量圆孔内径。

8.8 某些钢级的薄钢板可能会出现扩孔凸模的圆柱部分穿过试样扩展后的圆孔，而圆孔的边缘并未出现裂纹。此时，试验无效。可重新选取较大直径的圆锥形扩孔凸模进行试验。若没有较大直径的扩孔模具，则在相关部门同意的情况下可减小冲制圆孔的直径重新试验。

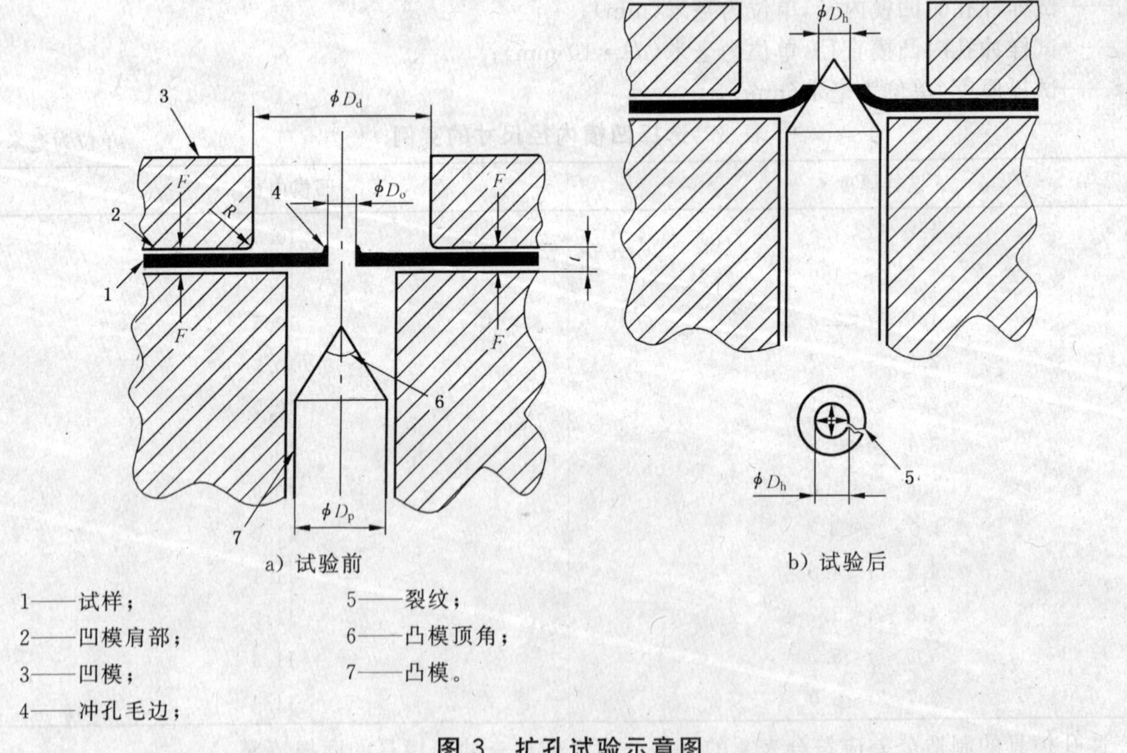

a) 试验前　　b) 试验后

1——试样；
2——凹模肩部；
3——凹模；
4——冲孔毛边；
5——裂纹；
6——凸模顶角；
7——凸模。

图 3 扩孔试验示意图

9 试验结果计算

9.1 按 9.2～9.4 的规定与公式计算极限扩孔率 λ。

9.2 利用 8.7 中测量的尺寸，确定破裂后的圆孔平均直径。

9.3 用保留一位小数的平均直径分别按式(2)计算 3 个(或更多，见 8.2)试样中每一个试样的极限扩孔率。

$$\lambda = \frac{D_h - D_o}{D_o} \times 100 \qquad \cdots\cdots(2)$$

式中：

λ——极限扩孔率，%；

D_o——冲制圆孔的初始直径(D_o=10 mm)；

D_h——破裂后的圆孔平均直径，单位为毫米(mm)。

9.4 根据 9.3 中的 3 个(或更多，见 8.2)试样的试验结果计算平均极限扩孔率 $\bar{\lambda}$，修约间隔为 1%。数值修约应按照 GB/T 8170 规定执行。

10 试验报告

试验报告一般应包括下列内容：

a) 本标准编号；

b) 试样的标识；

c) 试样的厚度；

d) 平均极限扩孔率，以及试样的数量(当试样的数量大于 3 个时)；

e) 极限扩孔率的变化范围(可在客户要求时提供)；

f) 任何与本标准偏离的内容(需经相关部门同意)。

ICS 29.050
Q 52

中华人民共和国国家标准

GB/T 24525—2009

炭素材料电阻率测定方法

Method for determination of specific resistance of carbon materials

2009-10-30 发布　　2010-05-01 实施

中华人民共和国国家质量监督检验检疫总局
中国国家标准化管理委员会　发布

前 言

本标准由中国钢铁工业协会提出。

本标准由全国钢标准化技术委员会归口。

本标准起草单位：中钢集团吉林炭素股份有限公司、冶金工业信息标准研究院。

本标准主要起草人：王军、郭荣耀、康健、崔国伟。

炭素材料电阻率测定方法

1 范围

本标准规定了炭素材料电阻率测定的原理、仪器设备、试验步骤、允许误差等。

本标准适用于炭制品和石墨制品常温下电阻率的测定。

2 规范性引用文件

下列文件中的条款通过本标准的引用而成为本标准的条款。凡是注日期的引用文件，其随后所有的修改单(不包括勘误的内容)或修订版均不适用于本标准，然而，鼓励根据本标准达成协议的各方研究是否可使用这些文件的最新版本。凡是不注日期的引用文件，其最新版本适用于本标准。

GB/T 1427 炭素材料取样方法

GB/T 8170 数值修约规则与极限数值的表示和判定

3 原理

电阻率是表示材料通过电流时阻力大小的一种性质。在数值上等于长 L 为 1 m，截面积 S 为 1 m^2 的导体所具有的电阻值，以 ρ 表示。根据欧姆定律和导体的特点可得出如下公式：

$$\rho = \frac{US}{IL}$$

式中：

ρ——导体的电阻率，单位为微欧姆米($\mu\Omega m$)；

U——导体两端的电压降，单位为毫伏(mV)；

I——通过导体的电流强度，单位为安培(A)；

S——试样的截面积，单位为平方毫米(mm^2)；

L——导体的长度，单位为毫米(mm)。

注：结果保留小数点后一位，数值修约按 GB/T 8170 规定进行。

把试样加工成一定的几何形状，则 S/L 是一个常数。调节通过试样的电流强度，使其在数值上等于 S/L，则试样两端的电压降在数值上与试样的电阻率相等，由数字电压表可以直接读出电阻率的值。

4 试验室的试体测定

4.1 仪器设备

4.1.1 压力试验机：量程不小于 20 kN。

4.1.2 游标卡尺：测量范围(0～200)mm，精度 0.02 mm。

4.1.3 千分尺：测量范围(0～25)mm、(25～50)mm，精度 0.01 mm。

4.1.4 石墨制品测试架：行程手柄的行程范围(110～190)mm；触头为锥形，由黄铜制成。如图 1 所示。

4.1.5 炭制品测试架：如图 2 所示。

4.1.6 电阻率测试仪：如图 3 所示。恒流源电流输出精度±0.1%，输出电流不小于 10 A，数字电压表精度±0.1%，整个仪器的测量精度±0.5%。

4.1.7 鼓风干燥箱：具有自动调温装置，能保持温度在(105～110)℃。

4.2 石墨制品电阻率的测定

4.2.1 试样

按 GB/T 1427 规定进行取样、加工。其中：

(1) 直径 500 mm 以上电极的试样尺寸：直径 30 mm±0.1 mm×长 180 mm±0.2 mm；

(2) 内串石墨化炉(LWG)每炉次取三个试样。

4.2.2 试验步骤

4.2.2.1 试样在(105～110)℃的鼓风干燥箱内烘干 2 h，然后放入干燥器中冷却至室温备用。

4.2.2.2 准确量取试样直径、长度。

4.2.2.3 在试样上适当选取测量段 ΔL 长度，一般取 ΔL 为试样长的 1/2～1/3，测量误差在±0.5%。

4.2.2.4 校正、调节电阻率测试仪，使通过试样的电流强度大小在数值上等于 $S/\Delta L$。

4.2.2.5 将试样放在测试架(图 1)上夹紧，按下电流压键，读出 ΔL 段的电阻率值，再按转换开关，读出另一侧 ΔL 段的电阻率值。将试样两端位置颠倒或改变电流方向重复试验，取四次测量结果的平均值。

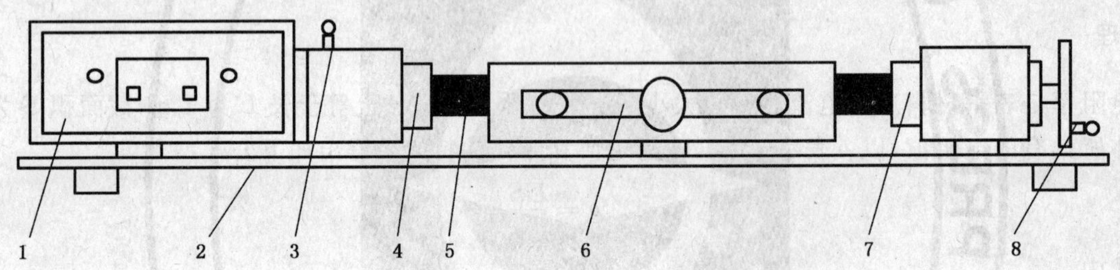

1——控制盒；
2——底板；
3——行程手柄；
4——左探头；
5——试样；
6——触头架；
7——右探头；
8——手轮。

图 1 石墨制品测试架

4.3 炭制品电阻率的测定

4.3.1 试样

按 GB/T 1427 规定进行取样、加工。

4.3.2 试验步骤

4.3.2.1 同 4.2.2.1 的规定进行。

4.3.2.2 同 4.2.2.2 的规定进行。

4.3.2.3 同 4.2.2.3 的规定进行。

4.3.2.4 同 4.2.2.4 的规定进行。

4.3.2.5 将测试架(图 2)套在试样上夹紧，然后放在压力试验机上，保持试样两端的压力为 6.3 MPa。

4.3.2.6 按下电流按键，读出 ΔL 段的电阻率值，然后分别按不同方位的转换开关，读出四个方位的电阻率值，取四次测量结果的平均值。

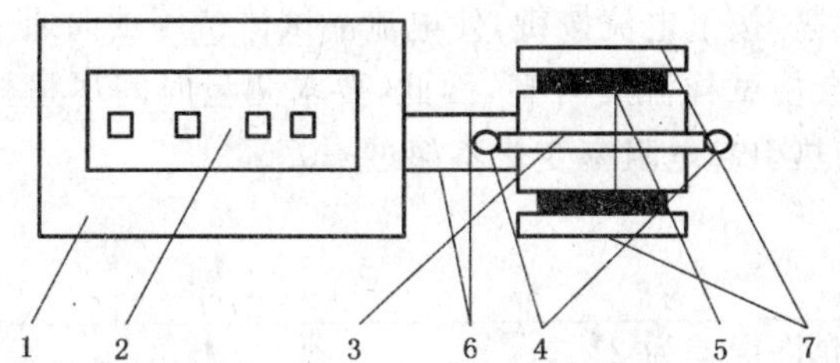

1——控制盒；

2——转换开关；

3——触头测试架；

4——拉手柄；

5——试样；

6——连接导线；

7——铜板。

图2 炭制品测试架

5 石墨电极制品的现场测定

5.1 仪器设备

5.1.1 稳压直流电源：波动性不大于1%。

5.1.2 电阻率测试仪：要求见4.1.6。

5.1.3 电位触头：触头为锥形，由黄铜制成。

5.2 试体

5.2.1 截面积必须均匀，试样不得有明显缺陷，表面不许有积垢。

5.2.2 试体长度与最大直径之比 $L/D \geqslant 3$。

5.3 试验步骤

5.3.1 为了保证测量精度，测量仪器与试体应在同一环境下进行。

5.3.2 电位触头间距(ΔL)：$1/4L \leqslant \Delta L \leqslant 3/4L$($L$ 为试样长度)。

5.3.3 调节电阻率测试仪(图3)，使通过试体的电流强度大小在数值上等于 $S/\Delta L$。

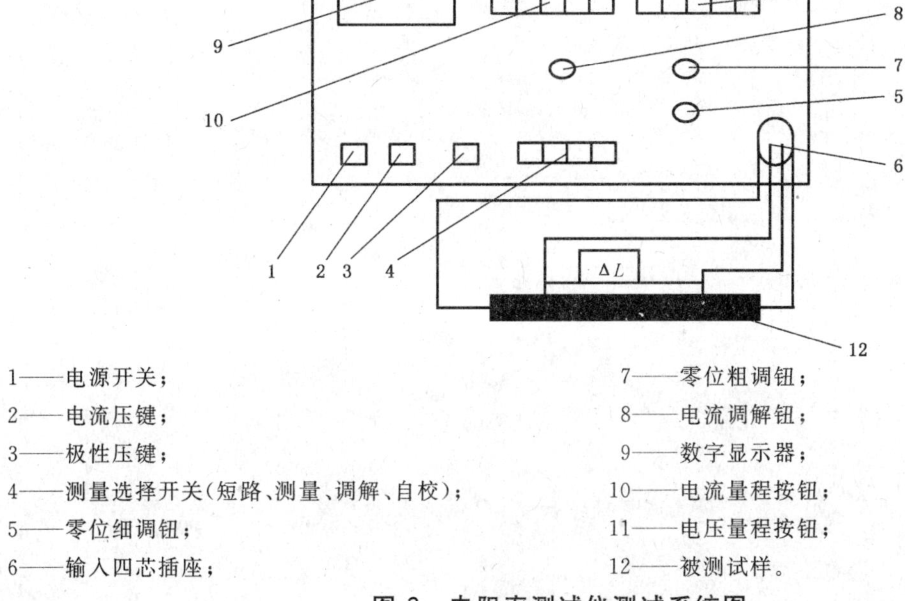

1——电源开关；

2——电流压键；

3——极性压键；

4——测量选择开关(短路、测量、调解、自校)；

5——零位细调钮；

6——输入四芯插座；

7——零位粗调钮；

8——电流调解钮；

9——数字显示器；

10——电流量程按钮；

11——电压量程按钮；

12——被测试样。

图3 电阻率测试仪测试系统图

5.3.4　把试体在测试台上夹紧，按下电流按键，使电流沿试体挤压轴向通过，读出电阻率值。

5.3.5　在测量时，测量电流会使试样温度升高，因此，要求测量时间尽量短(不得超出 1 min)，电流密度低于 1 A/cm^2，以保证因发热引起电阻率变化不超过±0.5%。

6　允许误差

炭素材料电阻率测定的允许误差为 2%。

7　试验报告

试验报告应包括下列内容：

a)　委托单位；

b)　试样编号、名称及规格；

c)　试验结果的单值及其平均值；

d)　电位触头间距；

e)　测量时的电流值；

f)　试验单位；

g)　审核人员；

h)　试验日期。

ICS 29.050
Q 52

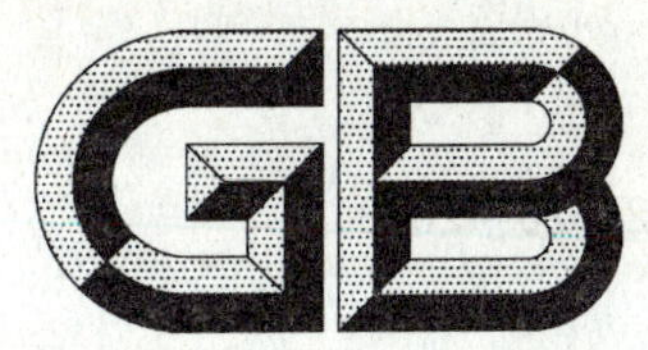

中华人民共和国国家标准

GB/T 24526—2009

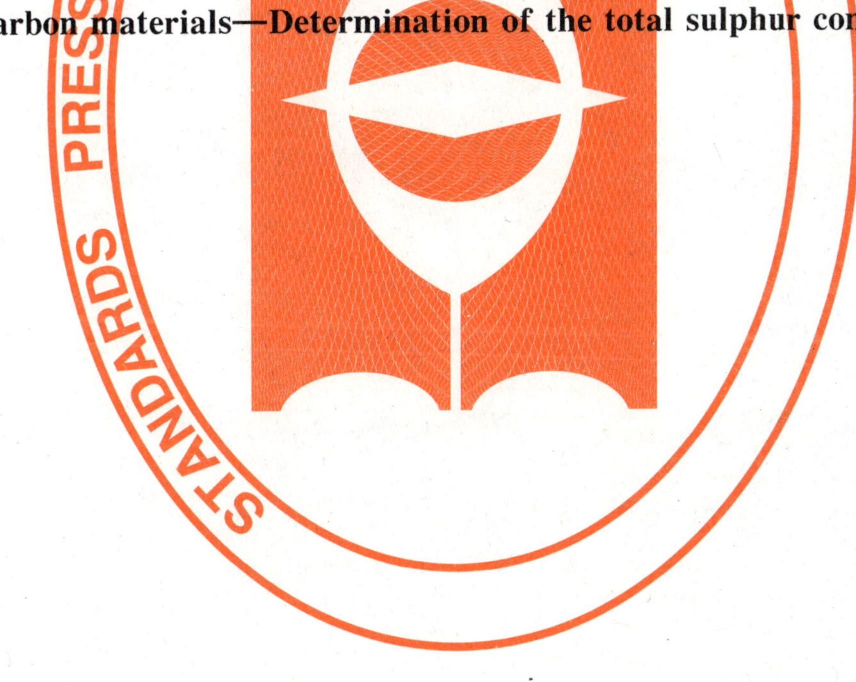

炭素材料全硫含量测定方法

Carbon materials—Determination of the total sulphur content

2009-10-30 发布　　　　2010-05-01 实施

中华人民共和国国家质量监督检验检疫总局
中国国家标准化管理委员会　发布

前言

本标准由中国钢铁工业协会提出。

本标准由全国钢标准化技术委员会归口。

本标准起草单位:武汉科技大学、冶金工业信息标准研究院。

本标准主要起草人:李其祥、徐珍、孙伟、许斌、孙昱、王海蓉、向东栋。

炭素材料全硫含量测定方法

1 范围

本标准规定了炭素材料全硫含量的艾士卡法和库仑法的方法原理、试剂和材料、仪器设备、试验步骤、结果计算和精密度等，在仲裁分析时，应采用艾氏卡法。

本标准适用于炭素材料石墨电极、石墨碎、炭块、石墨阳极、炭电极、糊类、电炭类、煅后无烟煤、煅后石油焦全硫含量的测定。

2 规范性引用文件

下列文件中的条款通过本标准的引用而成为本标准的条款。凡是注日期的引用文件，其随后所有的修改单(不包括勘误的内容)或修订版均不适用于本标准，然而，鼓励根据本标准达成协议的各方研究是否可使用这些文件的最新版本。凡是不注日期的引用文件，其最新版本适用于本标准。

GB /T 214 煤中全硫的测定方法

GB/T 601 化学试剂 标准滴定溶液的制备

GB/T 639 化学试剂 无水碳酸钠

GB/T 649 化学试剂 溴化钾

GB/T 676 化学试剂 乙酸(冰醋酸)

GB/T 1272 化学试剂 碘化钾

GB/T 1427 炭素材料取样方法

GB/T 1914 化学分析滤纸

GB/T 1997 焦炭试样的采取和制备

GB/T 8170 数值修约规则与极限数值的表示和判定

GB/T 24527 炭素材料内在水分的测定

3 艾士卡法

3.1 原理

将炭素材料试样与艾氏剂混合，在一定的温度下灼烧，使试样中硫被氧化成二氧化硫和三氧化硫，硫的氧化物再与碳酸钠及氧化镁作用生成硫酸盐，然后加入氯化钡溶液与其作用生成硫酸钡沉淀，根据硫酸钡的质量计算炭素材料中的全硫含量。其主要反应式如下：

$$\text{试样}\xrightarrow[\Delta]{O_2}CO_2\uparrow+H_2O+SO_2\uparrow+SO_3\uparrow$$

$$3Na_2CO_3+2SO_2+SO_3+O_2(\text{空气})\xrightarrow{\Delta}3Na_2SO_4+3CO_2\uparrow$$

$$3MgO+2SO_2+SO_3+O_2(\text{空气})\longrightarrow 3MgSO_4$$

$$MgSO_4+Na_2SO_4+2BaCl_2\longrightarrow 2BaSO_4\downarrow+2NaCl+MgCl_2$$

3.2 试剂和材料

3.2.1 艾士卡试剂

艾士卡试剂(以下简称艾氏剂)，称取 2 份质量的化学纯轻质氧化镁，与 1 份质量的化学纯无水碳酸钠(GB/T 639)混合并研细至粒度小于 0.2 mm 后，保存在带磨口的试样瓶中。

3.2.2 盐酸溶液：(1+1)，1 体积水中加入 1 体积盐酸(分析纯)混匀。

3.2.3 氯化钡溶液：100 g/L，10 g 氯化钡(分析纯)溶于 100 mL 水中。

3.2.4 硝酸银溶液:10 g/L,1 g 硝酸银(分析纯)溶于 100 mL 水中,再加入几滴硝酸(分析纯),并贮于深色瓶中。

3.2.5 甲基橙溶液:2 g/L,0.2 g 甲基橙溶于 100 mL 水中。

3.2.6 滤纸:中速定性滤纸和致密无灰滤纸(GB/T 1914),直径(90～110)mm。

3.3 仪器和设备

3.3.1 分析天平:感量 0.1 mg。

3.3.2 马弗炉:带温度控温装置,能保持温度 850 ℃±10 ℃,温度可调并可通风。

3.3.3 干燥器:内装变色硅胶。

3.3.4 烧杯:400 mL。

3.3.5 玻璃漏斗:直径 120 mm。

3.3.6 瓷坩埚:20 mL,30 mL。

3.4 试样的采取与制备

3.4.1 试样采取按 GB/T 1427 的规定进行。

3.4.2 试样制备

将破碎到 3 mm 以下的试样,均匀缩分出 1 kg。将 1 kg 试样全部粉碎到 1 mm 以下(如果试样潮湿,影响加工,可将试样置于 150 ℃±10 ℃的干燥箱内干燥 20 min 后再加工破碎)。将破碎到 1 mm 的试样均匀缩分出 40 g,破碎到 0.2 mm 以下,装入磨口瓶中贴上标签备用。

3.5 试验步骤

3.5.1 称取粒度小于 0.2 mm 的试样约 1 g(称准至 0.000 2 g),置于盛有 2 g 艾氏剂的 30 mL 瓷坩埚中,用直径 1 mm 镍铬丝混合均匀,再用 1 g(称准至 0.1 g)艾氏剂均匀覆盖在试样上面。

3.5.2 将盛有试样的坩埚放入冷的马弗炉内,在(1～2)h 内将炉温逐渐升至(800～850)℃,并在该温度下保持(1～2)h。

3.5.3 将坩埚从马弗炉中取出,冷却至室温后,用玻璃棒搅松灼烧物(如发现有未烧尽的黑色颗粒,应在(800～850)℃下继续灼烧 0.5 h,并将其移入 400 mL 烧杯中,用热蒸馏水仔细冲洗坩埚内壁,将冲洗液收入烧杯中,再加入(100～150)mL 刚煮沸的蒸馏水,充分搅拌,如果此时发现尚有未烧尽的试样颗粒漂浮在液面上,则本次测定作废。

3.5.4 用倾泻法以定性滤纸过滤,并用热蒸馏水将灼烧物冲洗至滤纸上,继续以热蒸馏水冲洗滤纸上的灼烧物,其次数不得少于 10 次,滤液总量(250～300)mL。

3.5.5 向滤液中加 2～3 滴甲基橙指示剂溶液,然后,滴加盐酸溶液直至颜色变红,再多加 1 mL,将溶液加热到沸腾,在不断搅拌下缓慢滴加氯化钡溶液 10 mL,并在微沸状态下保持约 2 h,溶液最终体积约为 200 mL。

3.5.6 溶液冷却或静置过夜后用致密无灰滤纸过滤,并用热蒸馏水洗至无氯离子为止(用硝酸银溶液检验无浑浊)。

3.5.7 将沉淀物连同滤纸移入已知质量的 20 mL 瓷坩埚中,先在电炉上用低温灰化滤纸,不许燃烧着火,然后移入温度为(825±10)℃的马弗炉内灼烧(20～40)min,取出坩埚,稍冷后放入干燥器中,冷却至室温称量并恒重至 0.000 4 g。

3.5.8 每配制一批艾氏剂或更换其他任何一种试剂时,应进行 2 个以上空白试验(除不加试样外,全部操作按 3.5 进行),硫酸钡沉淀的质量极差不得大于 0.001 0 g,取算术平均值作为空白值。

3.6 结果计算

3.6.1 测定结果按式(1)计算:

$$S_{t,ad}=\frac{(m_1-m_2)\times 0.1374}{m}\times 100 \qquad \cdots\cdots(1)$$

式中：

$S_{t,ad}$——空气干燥炭素材料试样中全硫质量分数，%；

m_1——硫酸钡的质量，单位为克(g)；

m_2——空白试验硫酸钡的质量，单位为克(g)；

m——试样的质量，单位为克(g)；

0.137 4——每克硫酸钡换算为硫质量的系数。

试验结果取两次测定结果的算术平均值，数字修约按 GB/T 8170 的规定进行。

3.6.2 每次试验应同时测定水分含量，水分含量测定按 GB/T 24527 规定进行。

4 库仑滴定法

4.1 原理

炭素材料试样在催化剂作用下，于空气流中燃烧分解，炭素材料中硫生成硫氧化物，其中二氧化硫被碘化钾溶液吸收，以电解碘化钾溶液所产生的碘进行测定，根据电解所消耗的电量计算炭素材料中全硫的含量。

4.2 试剂和材料

4.2.1 三氧化钨：化学试剂纯。

4.2.2 变色硅胶：工业品。

4.2.3 氢氧化钠：化学纯。

4.2.4 电解液

称取碘化钾(GB/T 1272)、溴化钾(GB/T 649)各 5.0 g，溶于(250～300)mL 水中并在溶液中加入冰乙酸(GB/T 676)10 mL。

4.2.5 燃烧舟：素瓷或刚玉制品，装样部分长约 60 mm，耐温 1 200 ℃以上。

4.3 仪器设备

库仑测硫仪：主要由下列各部分构成。

4.3.1 管式高温炉

能加热到 1 200 ℃以上，并有至少 70 mm 长的(1 150±10)℃高温恒温带，带有铂铑-铂热电偶测温及控温装置，炉内装有耐温 1 300 ℃以上的异径燃烧管。

4.3.2 分析天平：感量 0.1 mg。

4.3.3 电解池和电磁搅拌器

电解池高(120～180)mm，容量不少于 400 mL，内有面积约 150 mm^2 的铂电解电极对和面积约 15 mm^2 的铂指示电极对。指示电极对响应时间应小于 1 s，电磁搅拌器转速约 500 r/min 且连续可调。

4.3.4 库仑积分器

电解电流(0～350)mA 范围内积分线性误差应小于 0.1%，配有(4～6)位数字显示器或打印机。

4.3.5 送样程序控制器

可按规定的程序灵活前进、后退。

4.3.6 空气供应及净化装置

由电磁泵和净化管组成。供气量约 1 500 mL/min，抽气量约 1 000 mL/min，净化管内装氢氧化钠及变色硅胶。

4.4 试验步骤

4.4.1 试验准备

4.4.1.1 将管式高温炉升温至 1 150 ℃，用另一组铂铑-铂热电偶高温计测定燃烧管中高温带的位置、长度及 500 ℃的位置。

4.4.1.2 调节送样程序控制器，使炭素材料试样预分解及高温分解的位置分别处于 500 ℃和1 150 ℃处。

4.4.1.3 在燃烧管出口处填充洗净、干燥的玻璃纤维棉；在距出口端约(80～100)mm 处填充厚度约 3 mm 的硅酸铝棉。

4.4.1.4 将程序控制器、管式高温炉、库仑积分器、电解池、电磁搅拌器和空气供应及净化装置组装在一起。燃烧管、活塞及电解池之间连接时应口对口紧接，并用硅橡胶管密封。

4.4.1.5 开动抽气和供气泵，将抽气量调节到 1 000 mL/min，然后关闭电解池与燃烧管间的活塞，若抽气量能降到 300 mL/min 以下，则证明仪器各部件及各接口气密性良好，可进行测定；否则检查仪器各部件及其接口情况。

4.4.2 仪器标定

4.4.2.1 标定方法：使用有证炭素材料标准物质，按以下方法之一进行测硫仪标定。

4.4.2.1.1 多点标定方法：用硫含量能覆盖被测样品硫含量范围的至少 3 个有证炭素材料标准物质进行标定。

4.4.2.1.2 单点标定方法：用与被测样品硫含量相近的标准物质进行标定。

4.4.2.2 标定程序

4.4.2.2.1 按 GB/T 24527 测定炭素材料标准物质的空气干燥基水分，计算其空气干燥基全硫 $S_{t,ad}$ 标准值。

4.4.2.2.2 按 4.4.3 步骤，用被标定仪器测定炭素材料试样标准物质的硫含量。每一标准物质至少重复测定 3 次，以 3 次测定值的平均值为炭素材料试样标准物质的硫测定值。

4.4.2.2.3 将炭素材料试样标准物质的硫测定值和空气干燥基标准值输入测硫仪(或仪器自动读取)，生成校正系数。

注：有些仪器可能需要人工计算校正系数，然后再输入仪器。

4.4.2.3 标定有效性核算

另外选取(1～2)个炭素材料试样标准物质或者其他控制样品，用被标定的测硫仪按照 4.4.3 步骤测定其全硫含量。若测定值与标准值(控制值)之差在标准值(控制值)的不确定范围(控制限)内，说明标定有效，否则应查明原因，重新标定。

4.4.3 测定步骤

4.4.3.1 将管式高温炉升温并控制在(1 150±10)℃。

4.4.3.2 开动供气泵和抽气泵并将抽气量调节到 1 000 mL/min。在抽气下，将电解液加入电解池内，开动电磁搅拌器。

4.4.3.3 在瓷舟中放入少量非测定用的炭素材料试样，按 4.4.3.4 所述进行终点电位调整试验。如试验结束后库仑积分器的显示值为 0，应再次测定，直至显示值不为 0。

4.4.3.4 在瓷舟中称取粒度小于 0.2 mm 的空气干燥炭素材料试样(0.05±0.005)g(称准至 0.000 2 g)，并在试样上盖一薄层三氧化钨。将瓷舟放在送样的石英盘上，开启送样程序控制器，试样即自动送进炉内，库仑滴定随即开始。实验结束后，库仑积分器显示出硫的毫克数或质量分数，或由打印机打印。

4.4.4 标定检测

仪器测定期间应使用炭素材料标准物质或其他控制样品定期(建议每 10～15 次测定后)对测硫仪的稳定性和标定的有效性进行核查，如果炭素材料标准物质或者其他控制样品的测定值超出标准值的不确定范围(控制限)，应按上述步骤重新标定仪器，并重新测定自上次检查以来的样品。

4.5 结果计算

4.5.1 当库仑积分器最终显示数为硫的毫克数时，全硫质量分数按式(2)计算：

$$S_{t,ad} = \frac{m_1}{m} \times 100 \qquad \cdots\cdots(2)$$

式中：

$S_{t,ad}$——空气干燥炭素材料试样中全硫质量分数，%；

m_1——库仑积分器显示值，单位为毫克(mg)；

m——炭素材料试样的质量，单位为毫克(mg)。

试验结果取两次测定结果的算术平均值，数字修约按 GB/T 8170 的规定进行。

4.5.2 每次试验应同时测定水分含量，水分含量测定按 GB/T 24527 规定进行。

5 精密度

艾士卡法和库仑滴定法炭素材料全硫测定的精密度如表 1 规定。

表 1 艾士卡法和库仑滴定法测定炭素材料中全硫精密度

全硫质量分数 $S_{t,ad}$/%	重复性/%
<1.00	0.05
1.00～4.00	0.10
>4.00	0.20

6 试验报告

试验报告应包括下列内容：

a) 委托单位；

b) 试样名称及编号；

c) 依据的标准及使用方法；

d) 试验结果；

e) 与标准的任何偏差；

f) 试验中出现的异常现象；

g) 试验单位；

h) 试验人员；

i) 试验日期。

ICS 29.050
Q 52

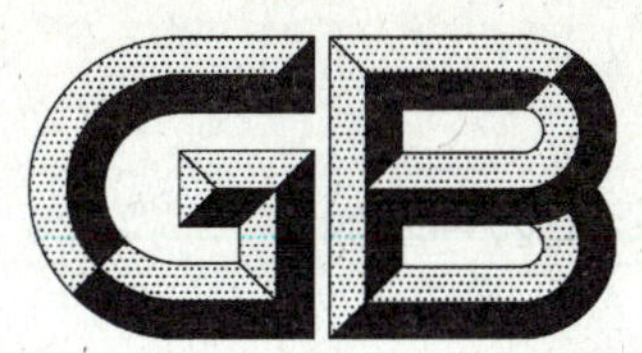

中华人民共和国国家标准

GB/T 24527—2009

炭素材料内在水分的测定

Carbon materials—Determination moisture in air-dried sample

2009-10-30 发布　　2010-05-01 实施

中华人民共和国国家质量监督检验检疫总局
中国国家标准化管理委员会　发布

前　言

本标准由中国钢铁工业协会提出。

本标准由全国钢标准化技术委员会归口。

本标准起草单位:武汉科技大学、冶金工业信息标准研究院、吉林炭素股份有限公司。

本标准主要起草人:何选明、赵敏伦、黄鹂、吴燕华、孙伟。

炭素材料内在水分的测定

1 范围

本标准规定了炭素材料内在水分的定义、仪器和设备、试样制备、试验步骤、结果计算和精密度。

本标准适用于石墨制品、炭制品、炭糊和特种石墨制品等各种炭素材料内在水分的测定。

2 规范性引用文件

下列文件中的条款通过本标准的引用而成为本标准的条款。凡是注日期的引用文件,其随后所有的修改单(不包括勘误的内容)或修订版均不适用于本标准,然而,鼓励根据本标准达成协议的各方研究是否可使用这些文件的最新版本。凡是不注日期的引用文件,其最新版本适用于本标准。

GB/T 1427 炭素材料取样方法

GB/T 8170 数值修约规则与极限数值的表示和判定

3 术语和定义

下列术语和定义适用于本标准。

3.1

内在水分 inherent moisture

炭素材料的内在水分是指空气干燥试样加热至 110 ℃±5 ℃时失去的水分。

3.2

空气干燥试样 air dried moisture

若炭素材料在不高于 50 ℃温度下连续干燥 1 h 后试样的质量变化不超过 0.1%,则该试样称为空气干燥试样。

4 仪器和设备

4.1 分析天平:感量 0.1 mg。

4.2 干燥箱:带有自动控温装置,内装有鼓风机,并能保持温度在 110 ℃±5 ℃范围内。

4.3 干燥器:内装变色硅胶或无水氯化钙。

4.4 玻璃称量瓶:直径 70 mm,高 30 mm～40 mm。

4.5 瓷皿:60 mL。

5 取样和制备

5.1 按照 GB/T 1427 规定取样。

5.2 石墨制品和特种石墨制品试样粉碎和研磨至全部通过 0.20 mm 的标准筛网。

5.3 炭制品试样粉碎和研磨至全部通过 0.20 mm 的标准筛网。

5.4 炭糊试样破碎至 4 mm 以下,充分混合,用四分法缩分至约 60 g 后,再全部破碎至通过 0.50 mm 的标准筛网。

5.5 各试样均需在不高于 50 ℃温度下干燥制成空气干燥试样。

5.6 各试样制备后应立即进行水分测定,如不能立即测定时,应立即将试样保存在磨口瓶中。

6 试验步骤

6.1 用预先干燥并称量过(精确至 0.000 2 g)的称量瓶或瓷皿称量试样。石墨制品试样或特种石墨制品试样 25 g～50 g,炭制品试样 10 g～50 g,用称量瓶称取;炭糊试样 10 g～50 g,用瓷皿称取;精确至 0.000 2 g。将粉样平摊在称量瓶或瓷皿中。

6.2 打开称量瓶盖,将试样连同称量瓶或者试样连同瓷皿一起放入提前 3 min～5 min 开始鼓风并已加热到 110 ℃±5 ℃的干燥箱中。在一直鼓风的条件下干燥 2 h。

6.3 从干燥箱中取出称量瓶或瓷皿(称量瓶应立即盖上盖),放入干燥器中冷却至室温(约 30 min)后,称量。

6.4 进行检查性干燥,每次 30 min,直到连续两次干燥试样的质量减少不超过 0.001 g 或质量增加时为止。在后一种情况下,要采用质量增加前一次的质量为计算依据。

7 结果计算

炭素材料试样的内在水分按式(1)计算:

$$M_{ad} = \frac{m - m_1}{m} \times 100 \quad \cdots\cdots\cdots\cdots (1)$$

式中:

M_{ad}——炭素材料试样的内在水分,质量分数(%);

m——干燥前试样的质量,单位为克(g);

m_1——干燥后试样的质量,单位为克(g)。

取两次测定结果的算术平均值,数值修约按 GB/T 8170 的规定。

8 精密度

重复性 r 不大于 0.06%。

9 试验报告

试验报告应包含下列内容:

1) 委托单位;
2) 试样名称及编号;
3) 试样结果的平均值;
4) 试验单位;
5) 试验人员;
6) 测定日期。

ICS 29.050
Q 52

中华人民共和国国家标准

GB/T 24528—2009

炭素材料体积密度测定方法

Carbon materials—Determination method of the bulk density

2009-10-30 发布　　　　2010-05-01 实施

中华人民共和国国家质量监督检验检疫总局
中国国家标准化管理委员会　发布

前　言

本标准由中国钢铁工业协会提出。

本标准由全国钢标准化技术委员会归口。

本标准起草单位:中钢集团吉林炭素股份有限公司、冶金工业信息标准研究院。

本标准主要起草人:赫晶远、张西粉、康健、王军。

炭素材料体积密度测定方法

1 范围

本标准规定了炭素材料体积密度的测定原理、仪器和设备、试样、试验步骤和结果计算。

本标准适用于室温下各种炭素材料体积密度的测定。

2 规范性引用文件

下列文件中的条款通过本标准的引用而成为本标准的条款。凡是注日期的引用文件,其随后所有的修改单(不包括勘误的内容)或修订版均不适用于本标准,然而,鼓励根据本标准达成协议的各方研究是否可使用这些文件的最新版本。凡是不注日期的引用文件,其最新版本适用于本标准。

GB/T 1427 炭素材料取样方法

GB/T 8170 数值修约规则与极限数值的表示和判定

3 原理

炭素材料体积密度是包括孔隙在内的单位体积质量。

4 仪器和设备

4.1 天平:称量范围(0～1 000)g,感量 0.01 g。

4.2 鼓风干燥箱:具有自动调温装置能保持在(105～110)℃。

4.3 游标卡尺:测量范围(0～200)mm,精度 0.02 mm。

5 试样

5.1 按 GB/T 1427 炭素材料取样方法取样、加工。其中:

(1) 直径 500 mm 以上电极的试样尺寸:直径 30 mm±0.1 mm,长 180 mm±0.2 mm;

(2) 内串石墨化炉(LWG)每炉次取三个试样。

5.2 电极类试样只测定体积密度时,试样可加工成任意尺寸,但加工后的试样直径应大于试体中最大可见骨料粒度的 3 倍。

5.3 其他产品可根据情况加工成圆柱形或矩形的试样。

6 试验步骤

6.1 将试样放入(105～110)℃的鼓风干燥箱内烘干 2 h,然后置于干燥器内冷却至室温。称量试样的质量,精确至 0.01 g。

6.2 试样体积的测量

6.2.1 圆柱形试样测量方法

6.2.1.1 直径测量:沿试样轴向的不同部位测量 6 次,取平均值。

6.2.1.2 高度测量:圆柱形试样按试样端部圆周不同部位测量 3 次,取平均值。

6.2.2 矩形试样测量方法

矩形试样按长、宽、高各端面的不同位置各测量 3 次,取平均值。

6.2.3 用测量数据的平均值计算出试样的体积。

7 结果计算

试样体积密度(D_b)按式(1)计算：

$$D_b = \frac{m}{V_b} \qquad \cdots\cdots(1)$$

式中：

D_b——试样的体积密度，单位为克每立方厘米(g/cm^3)；

m——试样的质量，单位为克(g)；

V_b——试样的体积，单位为立方厘米(cm^3)。

结果保留小数点后两位。数值修约按 GB/T 8170 规定进行。

8 试验报告

试验报告应包括下列内容：

a) 委托单位；

b) 试样编号、名称及规格；

c) 试验结果的单值及其平均值；

d) 试验单位；

e) 审核人员；

f) 试验日期。

ICS 29.050
Q 52

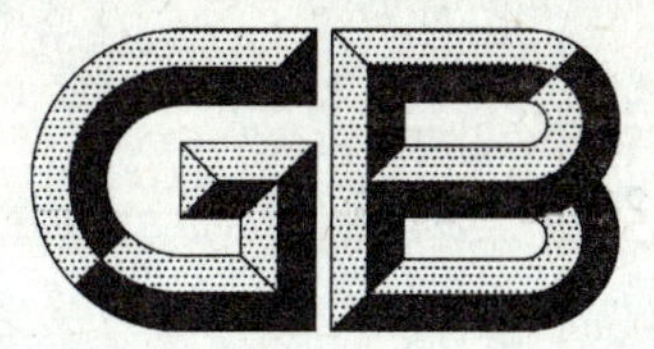

中华人民共和国国家标准

GB/T 24529—2009

炭素材料显气孔率的测定方法

Carbon materials—Determination of open porosity

2009-10-30 发布　　　　2010-05-01 实施

中华人民共和国国家质量监督检验检疫总局
中国国家标准化管理委员会　发布

前　言

本标准由中国钢铁工业协会提出。

本标准由全国钢标准化技术委员会归口。

本标准起草单位：中钢集团吉林炭素股份有限公司、冶金工业信息标准研究院。

本标准主要起草人：崔国伟、朱洁、康健、王军、王晶。

炭素材料显气孔率的测定方法

1 范围

本标准规定了炭素材料显气孔率测定的原理、仪器设备、试样、试验步骤、试验结果。

本标准适用于炭素材料的显气孔率测定。显气孔率的测定方法有两种，即真空法和煮沸法。在仲裁分析时，采用真空法。

2 规范性引用文件

下列文件中的条款通过本标准的引用而成为本标准的条款。凡是注明日期的引用文件，其随后所用的修改单(不包括勘误的内容)或修订版均不适用于本标准，然而，鼓励根据本标准达成协议的各方研究是否可以使用这些文件的最新版本。凡是不注日期的引用文件，其最新版本适用于本标准。

GB/T 1427　炭素材料取样方法

GB/T 8170　数值修约规则与极限数值的表示和判定

3 原理

采用真空法或煮沸法将试样孔隙内的气体排除，使水填充到空隙内，应用阿基米德定律测出开口气孔体积，与试样总体积比值，再换算为质量比，以百分数来表示。

4 仪器设备

4.1 鼓风干燥箱：具有自动调温装置，可加热到 200 ℃。

4.2 抽真空装置：真空度可达到 0.098 MPa(见图 1)。

4.3 天平：(按图 2 改装)，感量 0.01 g。

4.4 烧杯：3 000 mL、300 mL 各一个。

4.5 方盘：300 mm×270 mm×120 mm。

4.6 网架：(金属网编制)280 mm×260 mm×20 mm、直径 150 mm 高 20 mm。

5 试样

5.1 试样按 GB/T 1427 规定进行取样、加工。

5.2 试样尺寸：(直径)45 mm±0.1 mm×(高)40 mm±0.1 mm 或(直径)40 mm±0.1 mm×(高)40 mm±0.1 mm。

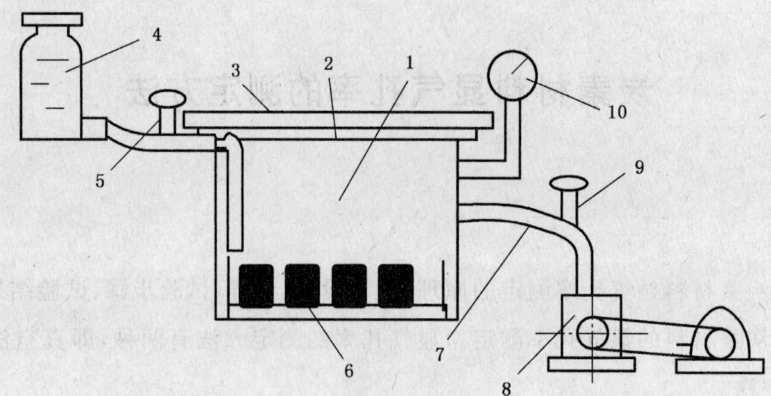

1——真空箱；
2——胶皮垫；
3——箱盖；
4——水瓶；
5——阀；
6——试样；
7——真空管；
8——真空泵；
9——三通开关；
10——真空表。

图 1　抽真空装置

6　试验步骤

6.1　真空法

6.1.1　把试样放在(105～110)℃烘箱中烘干至恒重(两次称重误差不超过 0.02 g)，冷却至室温后称重(m_1)。

6.1.2　称重后的试样装入带有网架的方盘中，试样不得重叠，试样之间留有一定的空隙，互不接触。把装有试样的方盘放入真空容器内，按图 1 所示连接试验设备。

6.1.3　开启真空泵，打开三通开关抽真空，当真空表所示真空度达到 0.098 MPa 时，继续保持 5 min，加水至试样完全被浸没，加水时间不超过 5 min，再保持 5 min 后停泵。用三通开关把真空泵隔断，使真空器与大气相通，静置 30 min。

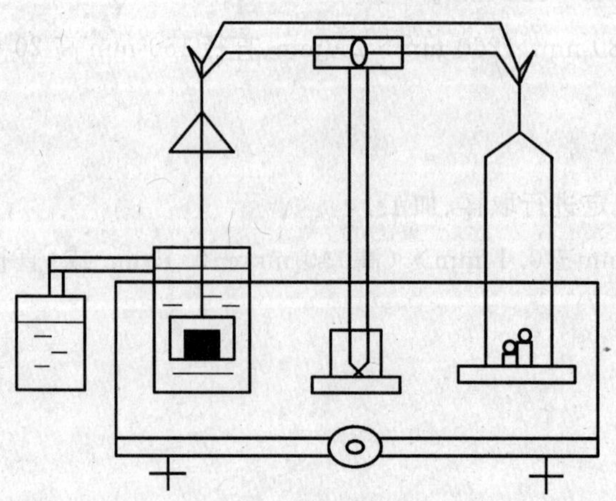

图 2　称量装置

6.1.4 取出试样,称量试样在水中的质量(m_3)。

称量试样在水中的质量的操作:把分析天平按图 2 进行改装,去掉天平左盘,换上吊挂试样的吊索,将试样与吊索放入带有溢流管的水容器中,以保持称量时水位不变。

6.1.5 把试样从水中取出,用叠放四层并用水饱和的毛巾将试样过剩的水擦掉(不得使空隙中的水分被吸出),迅速称量试样在空气中的质量(m_2)。

6.2 煮沸法

6.2.1 试样干燥、称量按 6.1.1 执行。

6.2.2 将称量后的干燥试样,放入 3 000 mL 的烧杯中,烧杯底部用金属丝网垫高 20 mm,试样最好相互间留有空间,试样在水中煮沸 2 h。

6.2.3 将试样在水中冷却至室温后称量。按 6.1.4 和 6.1.5 的规定操作。

7 结果计算

试样的显气孔率按式(1)计算:

$$P = \frac{m_2 - m_1}{m_2 - m_3} \times 100 \qquad \cdots\cdots (1)$$

式中:

P——显气孔率,质量分数(%);

m_1——干燥试样的质量,单位为克(g);

m_2——饱和试样在空气中的质量,单位为克(g);

m_3——饱和试样在水中的质量,单位为克(g)。

8 试验误差

试验误差不超过 0.5%。

9 试验报告

试验报告包括下列内容:

a) 委托单位;

b) 试样编号、名称及规格;

c) 试验结果;

d) 试验单位;

e) 审核人员;

f) 试验日期。

ICS 73.060.10
D 31

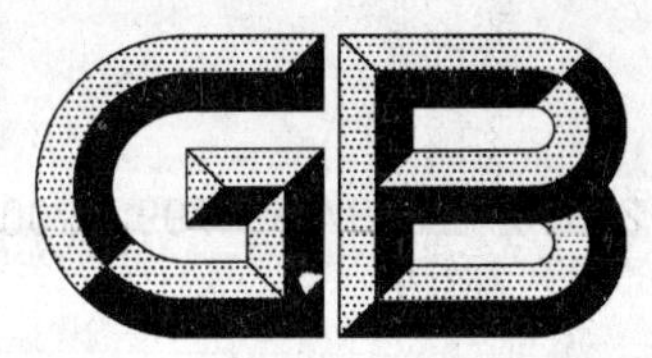

中华人民共和国国家标准

GB/T 24530—2009/ISO 7992:2007

高炉用铁矿石　荷重还原性的测定

Iron ores for blast furnace feedstocks—Determination of reduction under load

(ISO 7992:2007,IDT)

2009-10-30 发布　　2010-05-01 实施

中华人民共和国国家质量监督检验检疫总局
中国国家标准化管理委员会　发布

前言

本标准等同采用国际标准 ISO 7992:2007《高炉用铁矿石　荷重还原性的测定》(英文版)。

为了便于使用,本标准做了下列编辑性和非技术差异性的修改:

——“本国际标准”改为“本标准”;

——用小数点“.”代替作为小数点的逗号“,”;

——删除国际标准的前言;

——将引用文件修改为对应的国家标准;

——重新编排图片的编号和位置;

——第 10 章试验报告变更为第 11 章,相关内容也作了非技术性变更。

本标准的附录 A 为规范性附录,附录 B 为资料性附录。

本标准由中国钢铁工业协会提出。

本标准由全国铁矿石与直接还原铁标准化技术委员会归口。

本标准负责起草单位:宝山钢铁股份有限公司。

本标准参加起草单位:上虞市宏兴机械仪器制造有限公司、冶金工业信息标准研究院。

本标准主要起草人:孙良、韩浩、李凤芸、陆慧中、陈海岚、周星、王晗、于成峰、张关来、陈良。

高炉用铁矿石　荷重还原性的测定

警告:使用本标准的人员应有正规实验室工作的实践经验。本标准并未指出所有可能的安全问题。使用者有责任采取适当的安全和健康措施,并保证符合国家有关法规规定的条件。

1　范围

本标准规定了通过模拟高炉还原带气流来测定铁矿石还原时的物理稳定性的试验方法。

本标准适合于块矿和球团矿。

2　规范性引用文件

下列文件中的条款通过本标准的引用而成为本标准的条款。凡是注日期的引用文件,其随后所有的修改单(不包括勘误的内容)或修订版均不适用于本标准,然而,鼓励根据本标准达成协议的各方研究是否可使用这些文件的最新版本。凡是不注日期的引用文件,其最新版本适用于本标准。

GB/T 10322.1　铁矿石　取样和制样方法(GB/T 10322.1—2000,idt ISO 3082:1998)

GB/T 6730.5　铁矿石　全铁量的测定　三氯化钛还原法(GB/T 6730.5—2007,ISO 9507:1990,MOD)

GB/T 20565　铁矿石和直接还原铁　术语(GB/T 20565—2006,ISO 11323:2002,IDT)

ISO 2597-1　铁矿石　全铁量的测定　第1部分:二氯化锡还原滴定法

ISO 9035　铁矿石　酸溶亚铁含量的测定　滴定法

3　术语和定义

本标准中采用GB/T 20565中的术语和定义。

4　原理

在1 050 ℃下,向试样床施加静荷重的同时,通入一氧化碳、氢气和氮气的混合气体对试验样进行还原,直至还原度达到80%。

当试验样还原度达到80%时,测量试样床气体压力和试样床高度变化。

5　取样、制样和试验样制备

5.1　取样和制样

按照GB/T 10322.1进行取样和试样的制备。

球团矿和块矿的粒度应在10.0 mm～12.5 mm之间。

上述粒度组成的干燥试样至少需要6 kg。

试样在105 ℃±5 ℃的烘箱中烘干至恒重,然后冷却至室温。

注:若连续两次干燥试样的质量变化不超过试样原始质量的0.05%,则认为试样达到恒重状态。

5.2　试验样制备

试验样从试样中随机取出。

注:试验样也可以通过GB/T 10322.1中的二分器等手工缩分方法获得。

从试样中至少要制备5份1 200 g左右的试验样,每份试验样称重精确至1 g。其中,4份用于试验,1份用于化学分析。

6 设备

6.1 通则

本试验设备由下列部分组成：

6.1.1 常规试验设备，包括烘箱、手工具、时间控制装置和安全装置等；

6.1.2 还原管组件，包括荷重装置、压力计和高度测量装置；

6.1.3 配备天平的加热炉，能连续测量试验过程中试验样的质量；

6.1.4 供气和流量控制系统；

6.1.5 称量装置。

试验设备的示意图如图1所示。

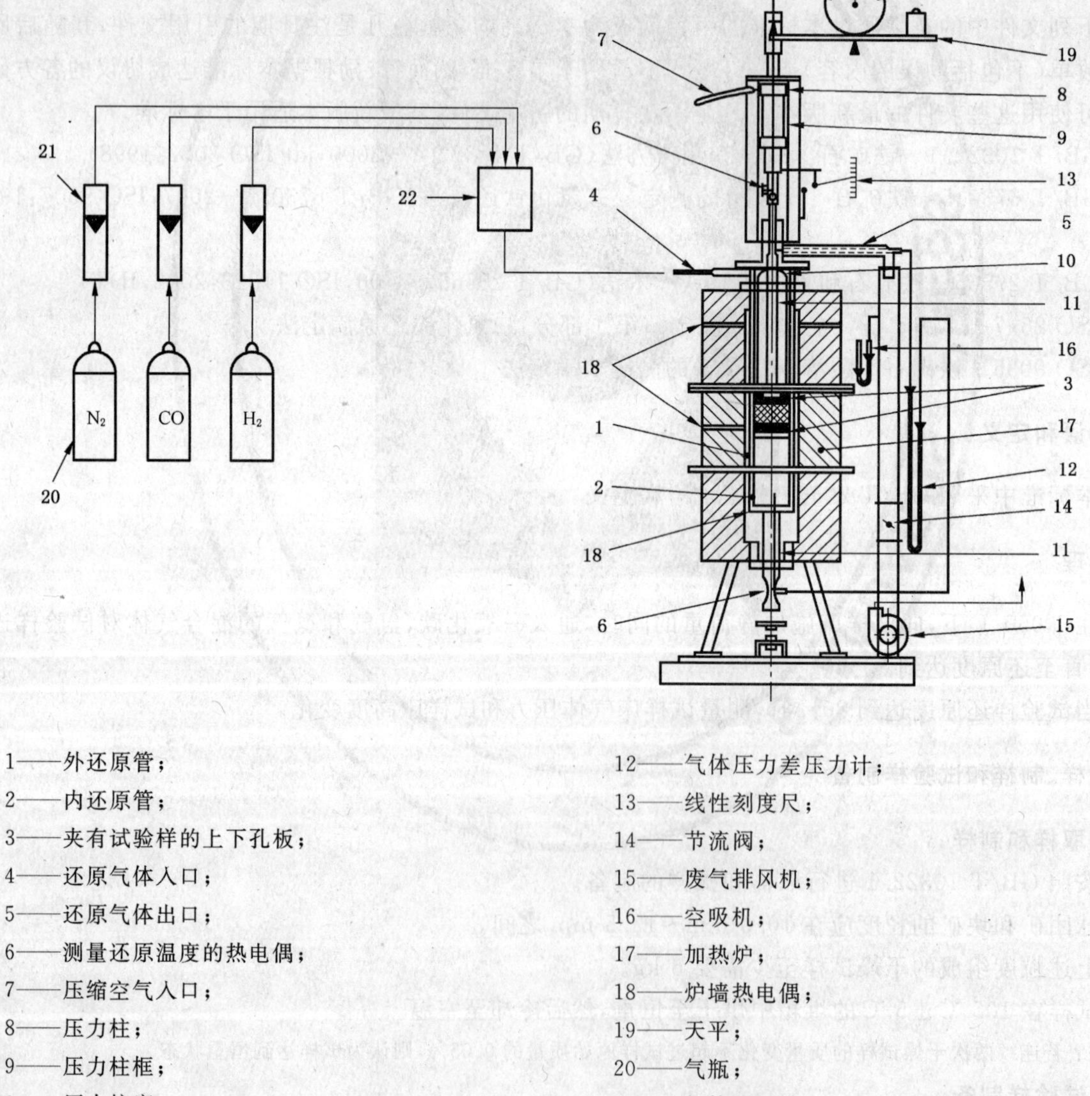

1——外还原管；
2——内还原管；
3——夹有试验样的上下孔板；
4——还原气体入口；
5——还原气体出口；
6——测量还原温度的热电偶；
7——压缩空气入口；
8——压力柱；
9——压力柱框；
10——压力柱塞；
11——气体压力差上下探针；
12——气体压力差压力计；
13——线性刻度尺；
14——节流阀；
15——废气排风机；
16——空吸机；
17——加热炉；
18——炉墙热电偶；
19——天平；
20——气瓶；
21——气体流量计；
22——混气罐。

图1 荷重还原性测定装置

6.2 还原管：具有双层壁结构，由抗变形、耐1 050 ℃高温的无氧化层金属制成。内还原管的内径为125 mm±1 mm。还原管内通过安装一可移动的孔板来承载试验样和均衡气体，该孔板由耐1 050 ℃高温的无氧化层金属制成。孔板板厚 10 mm,直径比内还原管的内径小 1 mm,板上小孔直径为 3 mm～4 mm,孔间距 5 mm～6 mm。外还原管内径应保证气流在流入内还原管前得到足够的预热。

还原管的示意图如图 2 所示。防止由于碳沉淀造成误测而进行的氧冲洗如图 3 所示。

6.3　荷重装置:能均匀地对试验样施加 50 kPa±2 kPa 的总静压力。负载通过一刚性多孔踏板均匀地将压力分布到位于试验样上部的瓷球的表面,踏板板厚 10 mm,直径比内还原管的内径小 1 mm,板上小孔直径为 3 mm～4 mm,孔间距 5 mm～6 mm。

6.4　气体压力差测量装置:分辨率为 0.01 kPa。

6.5　高度测量装置:分辨率为 0.1 mm。

6.6　瓷球:直径在 10.0 mm～12.5 mm 之间。

6.7　加热炉:加热能力足以使整个试样床的试验样与进入试样床的气体温度保持在 1 050 ℃±10 ℃。

6.8　天平:能够将包括试验样在内的还原管组件称重精确至 1 g。配置有一个对应的装置将天平悬挂在还原管组件上。

6.9　供气系统:能够提供气体,并能调节气体流量。应确保供气系统和还原管间的无摩擦连接不影响还原期间质量的测定。

6.10　称量装置:能保证试样和试验样称重精确至 1 g。

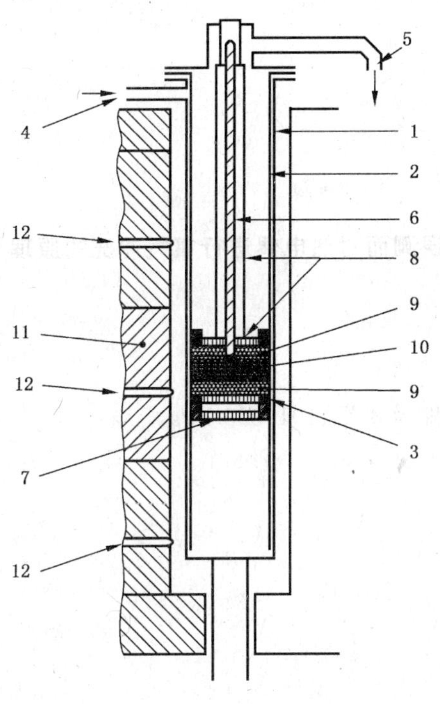

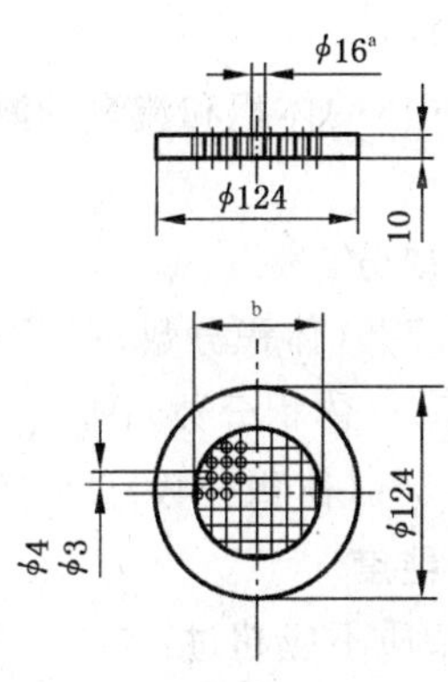

1——外还原管;
2——内还原管(ϕ125 mm);
3——可移动孔板;
4——还原气体入口;
5——还原气体出口;
6——测量还原温度的热电偶;
7——孔板支架;
8——装有刚性多孔底板的荷重柱塞;
9——瓷球(2层);
10——试验样(1 200 g);
11——炉墙;
12——炉壁热电偶(上、中、下)。

[a] 热电偶插孔 ϕ16 mm。

[b] 14 孔×(5 mm～6 mm)间距。

图 2　还原管

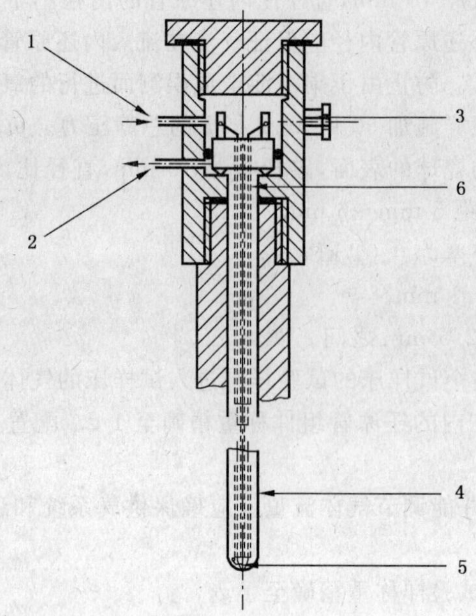

1——氧气入口；

2——氧气出口；

3——热电偶出口；

4——保护管；

5——热电偶头；

6——有四个孔的内管。

图 3　避免由于碳沉积造成误测而对热电偶进行氧气冲洗的原理

7　试验条件

7.1　通则

本标准中所用气体的体积和流量的测定条件为 0 ℃、101.325 kPa。

7.2　还原气体

7.2.1　还原气体的成分

CO:40.0%±0.5%(体积分数)；

H_2:2.0%±0.5%(体积分数)；

N_2:58.0%±0.5%(体积分数)。

7.2.2　还原气体的纯度

还原气体中的杂质不应超过：

CO_2:0.2%(体积分数)；

O_2:0.1%(体积分数)；

H_2O:0.2%(体积分数)。

7.2.3　还原气体的流量

试验期间还原气体的流量应保持在 83 L/min±1 L/min。

7.3　加热和冷却用气体

应使用氮气作为加热和冷却用气体，其杂质含量不应超过 0.1%(体积分数)。

在试验样加热至 1 050 ℃的过程中，氮气的流量控制在 50 L/min；当试验样达到 1 050 ℃后，氮气的流量应控制在 83 L/min。如果需要，可以通氮气将试验样冷却至 100 ℃。冷却过程中，氮气的流量控制在 5 L/min。

7.4 试验样的温度

还原试验期间，试验样的温度应保持在 1 050 ℃±10 ℃，同时，还原气体在进入还原管前应预热。

7.5 试验样的负荷

整个加热和还原期间，试验样受到的作用于试样床表面的恒定荷重应为 50 kPa±2 kPa。

8 试验步骤

8.1 试验测定的次数

按照附录 A 中的流程进行试验。

8.2 化学分析

从 5.2 制备的试验样中随机抽取一份进行化学分析。其中，二价铁含量(w_1)按 ISO 9035 测定，全铁含量(w_2)按 ISO 2597-1 或 GB/T 6730.5 测定。

8.3 还原

为了得到均匀的气流，需要在还原管(6.2)内的孔板上放置两层瓷球(6.6)，使其表面平整。表面平整后，测量瓷球层顶面的高度。

从 5.2 制备的试验样中随机抽取另一份试验样，记录其质量(m_0)。将试验样放置在瓷球床上，并平整其表面。

在试样上再放置两层瓷球，并平整其表面。测量这两层瓷球层顶面的高度。

将带有荷重装置(6.3)的加热系统连接到还原管上，从而密闭还原管。将该组合置于加热炉(6.7)中，并悬挂在天平(6.8)的中央，确保其不与加热炉或加热元件接触。

注：由于在惰性气体下加热速率对试验结果没有影响，装有试样的还原管可以放入热的加热炉中。

连接热电偶使其顶端处于图 2 所示的中心位置；连接压力差测量装置(6.4)和试样床高度测量装置(6.5)；将供气系统(6.9)、排气系统和压缩空气连接到荷重装置，并施加 50 kPa±2 kPa 的荷重。

以 50 L/min 的流量使氮气通过还原管内的试验样，与此同时，试验样开始加热。当试验样温度接近 1 050 ℃时，将氮气流量增大至 83 L/min。继续加热并保持氮气的流量，直到试验样的温度在10 min 内恒定在 1 050 ℃±10 ℃。

安全提示：一氧化碳与含一氧化碳的还原气体是有毒气体，因此很危险，试验应放在通风良好或装有排风的地方进行。要根据国家的安全法规采取预防措施，确保操作人员的安全。

记录试验样的质量(m_1)和时间。用流量 83 L/min 的还原气体代替氮气。测量并记录试样床上气体压力差、试样床高度和试验样质量，开始 30 min 内至少每 5 min 测量一次，然后每隔 10 min 测量一次。

t min 以后三价铁还原度用式(1)计算：

$$R_t = \left(\frac{0.111w_1}{0.430w_2} + \frac{m_1 - m_t}{m_0 \times 0.430w_2} \times 100\right) \times 100 \qquad \cdots\cdots(1)$$

式中：

m_0——试样量，单位为克(g)；

m_1——即将开始还原前试验样的质量，单位为克(g)；

m_t——还原 t 时间后试验样的质量，单位为克(g)；

w_1——根据 ISO 9035 测定的二价铁含量乘以氧化转换系数 1.286 计算出来的试验前试验样中氧化亚铁的含量，以质量分数表示；

w_2——根据 ISO 2597-1 或 GB/T 6730.5 测定的试验前试验样中的全铁含量，以质量分数表示。

当还原度达到 80%时，关掉电源，停止通入还原气体并记录时间。

注：当 4 h 后还原度仍未达到 80%时，也可以停止试验。

如果需要对还原后的试验样继续进行试验，停止还原后应继续通入氮气直至试验样冷却至室温。

9 结果表示方法

9.1 还原曲线绘制

根据不同时间下的还原度绘制还原度 R_t 对时间 t 的还原曲线。

9.2 还原度为 80%时压力差（$\Delta P80$）的计算

还原度为 80%时压力差以 kPa 为单位，计算如下：

根据不同时间下获得的气体压力差值绘制气体压力差对还原度的曲线，从该曲线上读出相对于 80%还原度的气体压力差值（$\Delta P80$），精确至小数点后 2 位。

9.3 还原度为 80%时试样床高度的变化（$\Delta h80$）的计算

还原度为 80%时试样床高度变化以百分数表示，计算如下：

根据不同时间下获得的试样床高度变化绘制试样床高度变化对还原度的曲线，从该曲线上读出相对于 80%还原度的试样床高度百分比变化（$\Delta h80$），精确至小数点后 1 位。

9.4 试验结果的重复性和可接受性

应根据附录 A 的流程计算 $\Delta P80$，最终结果保留至小数点后 2 位，其重复性 $r=0.30\ \overline{\Delta P}80$(kPa)。

10 校验

为确保试验结果的可靠性，有必要定期对设备进行检查。检查的频率由各个实验室自行决定。

检查过程中需要对如下项目的状况进行确认：

——称量装置；

——还原管；

——温度控制和测量装置；

——荷重装置；

——气体流量计；

——气体纯度；

——气体压力差测量装置；

——高度测量装置；

——瓷球的清洁度；

——天平；

——时间控制装置。

推荐制备内部参考物质来定期检验试验的重复性。

上述检查的记录应保存。

11 试验报告

试验报告应包括如下内容：

——本标准的编号；

——试样的详细情况；

——实验室名称和地址；

——试验日期；

——试验报告日期；

——负责试验的人员的签名；

——本标准中未做规定的任何操作和试验条件，或作为可选择选项的以及可能对试验结果有影响的任何操作；

——80%还原度下气体压力差 $\Delta P80$；

——80%还原度下试样床高度变化 $\Delta h80$；

——试验样还原前全铁含量和二价铁含量；

——到达 80%还原度的时间；

——还原性 dR/dt(O/Fe=0.9)，以%/min 表示。

附 录 A
（规范性附录）
试验结果验收程序流程图

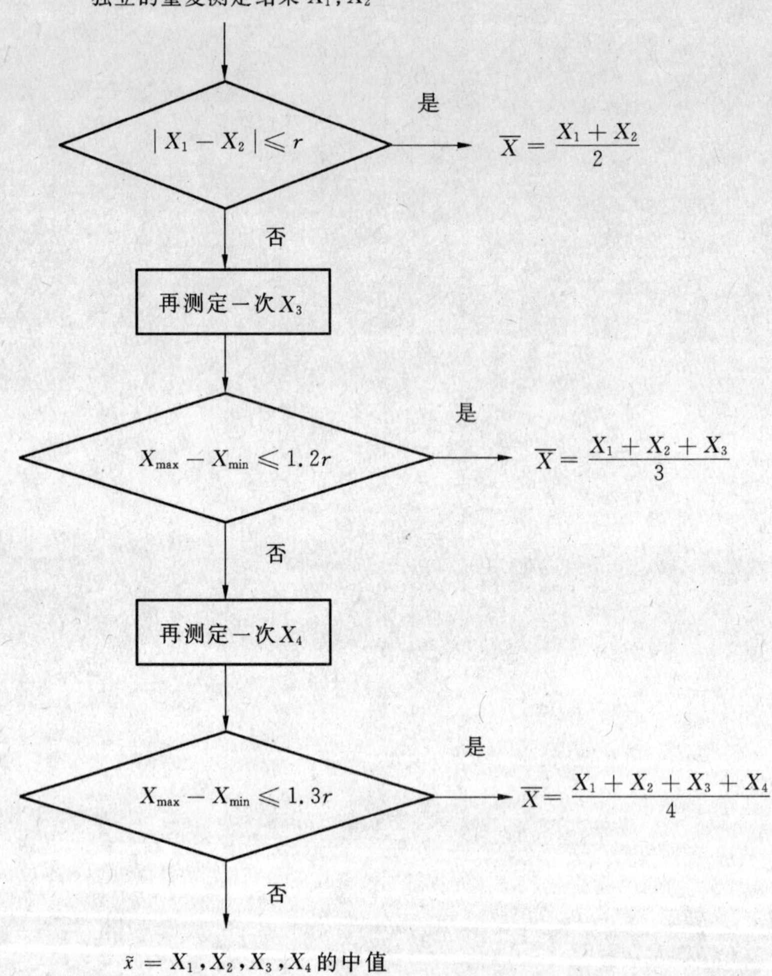

r——见 9.4。

附 录 B
（资料性附录）
还原性公式的推导

还原度是指氧从铁的氧化物中分离的程度，其基本公式如式(B.1)所示：

$$\text{还原度}=\frac{\text{从氧化铁中去除的氧}}{\text{氧化铁中原先与铁结合的氧}} \qquad \cdots\cdots\cdots\cdots(\text{B.1})$$

8.3 中的公式是假设所有与铁结合的氧全部是三氧化二铁的形式推导出的，但大多数铁矿石中铁与氧的存在形式除三氧化二铁外，还有四氧化三铁、氧化亚铁和金属铁。因此，还原度是通过还原过程中试验样损失的质量加上试样理论氧含量与试样中以三氧化二铁、四氧化三铁和氧化亚铁为基础的实际氧含量的差来计算的，如式(B.2)所示。

$$R_t=\frac{m_0 w_1\times\frac{8}{71.85}}{m_0 w_2\times\frac{48}{111.7}}\times 100+\frac{m_1-m_t}{m_0\times\frac{w_2}{100}\times\frac{48}{111.7}}\times 100 \qquad \cdots\cdots(\text{B.2})$$

ICS 73.060.10
H 31

中华人民共和国国家标准

GB/T 24531—2009/ISO 3271:2007

高炉和直接还原用铁矿石
转鼓和耐磨指数的测定

**Iron ores for blast furnace and direct reduction feedstocks—
Determination of the tumble and abrasion indices**

(ISO 3271:2007,IDT)

2009-10-30 发布　　2010-05-01 实施

中华人民共和国国家质量监督检验检疫总局
中国国家标准化管理委员会　发布

前　言

本标准等同采用国际标准 ISO 3271:2007《高炉和直接还原用铁矿石　转鼓和耐磨指数的测定》(英文版)。

为了便于使用,本标准做了下列编辑性和非技术差异性的修改:

——“本国际标准”改为“本标准”;

——用小数点“.”代替作为小数点的逗号“,”;

——删除国际标准的前言;

——引用文件修改为对应的国家标准;

——7.2 中装料盖板密封材料增加橡胶皮;

——7.3 中筛上物的质量将“精确至 0.1 g”修改为“精确至 1 g”。

本标准的附录 A 为规范性附录。

本标准由中国钢铁工业协会提出。

本标准由全国铁矿石与直接还原铁标准化技术委员会归口。

本标准负责起草单位:宝山钢铁股份有限公司。

本标准参加起草单位:上虞市宏兴机械仪器制造有限公司、冶金工业信息标准研究院。

本标准主要起草人:陈小奇、刘益智、王晗、周星、陆平、孙良、许晴、于成峰、张关来、陈良。

高炉和直接还原用铁矿石
转鼓和耐磨指数的测定

警告:使用本标准的人员应有正规实验室工作的实践经验。本标准并未指出所有可能的安全问题。使用者有责任采取适当的安全和健康措施,并保证符合国家有关法规规定的条件。

1 范围

本标准规定了铁矿石转鼓和耐磨指数由于冲击和磨损而使粒级降低程度的测定方法。

本标准适用于块矿、烧结矿和球团矿。

2 规范性引用文件

下列文件中的条款通过本标准的引用而成为本标准的条款。凡是注日期的引用文件,其随后所有的修改单(不包括勘误的内容)或修订版均不适用于本标准,然而,鼓励根据本标准达成协议的各方研究是否可使用这些文件的最新版本。凡是不注日期的引用文件,其最新版本适用于本标准。

GB/T 6003.1 金属丝编织网试验筛(GB/T 6003.1—1997,eqv ISO 3310-1:1990)

GB/T 6003.2 金属穿孔板试验筛(GB/T 6003.2—1997,eqv ISO 3310-2:1990)

GB/T 10322.1 铁矿石 取样和制样方法(GB/T 10322.1—2000,idt ISO 3082:1998)

GB/T 10322.7 铁矿石 粒度分布的测定(GB/T 10322.7—2004,ISO 4701:1999,IDT)

GB/T 20565 铁矿石和直接还原铁 术语(GB/T 20565—2006,ISO 11323:2002,IDT)

3 术语和定义

标准中采用 GB/T 20565 的术语和定义。

4 原理

试验样在圆形滚筒中以 25 r/min 的速度转动 200 转。旋转后的试验样用 6.30 mm 和 500 μm 方孔试验筛进行筛分。转鼓指数用+6.30 mm 的质量分数表示,耐磨指数用−500 μm 的质量分数表示。

5 取样、制样和试验样的制备

5.1 取样和试样的制备

取样和试样的制备按 GB/T 10322.1 的规定进行。

球团矿的粒度范围为 6.30 mm~40 mm。

烧结矿和块矿的粒度范围为 10 mm~40 mm。

符合粒度要求的干基试样 60 kg。

试样在 105 ℃±5 ℃的干燥箱中干燥到恒重,试验样制备前冷却至室温。

注:若连续两次干燥试样的质量变化不超过试样原始质量的 0.05%,则认为试样达到恒重状态。

5.2 试验样的制备

试验样应该按照 GB/T 10322.1 中规定的缩分方法从试样中缩分得到。

球团矿至少制备 4 份试验样,每份质量 15 kg±0.15 kg。

对于烧结矿和块矿,将试样通过 25.0 mm、16.0 mm 和 10.0 mm 的筛子将试样分成 4 部分,根据 3 个筛上物各自所占的比例取其相应质量组成 15 kg±0.15 kg 的试验样,至少 4 份,记录每份试验样的质量和编号。

6 设备

6.1 通则

试验设备组成：

a) 试验设备一般包括干燥箱、手工工具、计时器和安全设备；

b) 转鼓和旋转设备；

c) 试验筛；

d) 称重装置。

6.2 转鼓

用厚度大于 5 mm 的钢板制成，内径 1 000 mm，内部长度 500 mm。两个等距离的 L 型提料板鼓内长度为 500 mm，其他尺寸为 50 mm 宽×50 mm 高×5 mm 厚，对称地轴向焊接于鼓壁内侧，避免使用时试验样堆积在提料板和鼓壁之间。角钢的一边与鼓旋转的方向相反，确保提料板与试样无障碍。装料口的内侧与鼓内壁保持平滑表面，有一个坚固的扣板并密封，防止试样损失。转鼓的轴不穿过转鼓内部连接于鼓两侧的法兰盘短轴上，以保持转鼓内壁平滑平整。当鼓壁任何部位的厚度磨损至 3 mm 时，应该更换新鼓。当提料板的高度磨损至不足 47 mm 时，应予以更换。

转鼓举例示意图如图 1 所示。

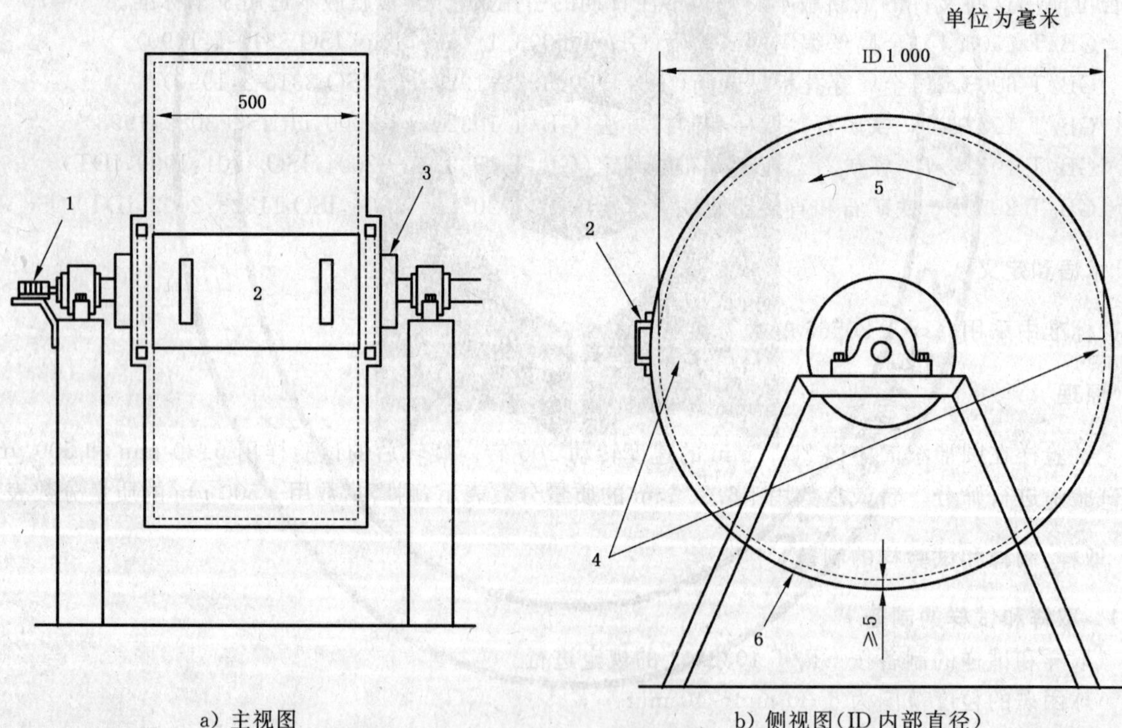

1——转数计数器；

2——门把手；

3——短轴(不穿过鼓腔)；

4——两个提料板(50×50×5)；

5——旋转方向；

6——鼓壁。

图 1 试验设备举例(示意图)

6.3 旋转设备

确保转鼓能够在一圈内获得 25 r/min±1 r/min 的恒定旋转速度，并且在一圈内能停止。设备应配备旋转计数器和自动控制装置，使转鼓完成规定的转数后能自动停止。

6.4 试验筛

公称尺寸为6.30 mm和500 μm的方孔筛应满足GB/T 6003.1和GB/T 6003.2的要求。

6.5 称量设备

具有称量试样和试验样的能力，其灵敏度为1/1 000以上。

7 试验步骤

7.1 试验测定次数

根据附录A的规定进行必要的试验次数。

7.2 转鼓试验

从5.2制备的试验样中随机抽取一份记录它的质量(m_0)，把它放入转鼓中(6.2)，扣紧装料口的门以25 r/min±1 r/min旋转速度旋转200转。转鼓停止转动后，在密封状态下静置2 min，打开盖板，让粉尘沉淀下来。

警告：转鼓旋转会产生噪音，应该保护操作者的听力。

建议使用油灰、黏土、橡胶皮密封装料盖板，防止粉尘从转鼓中溢出。

7.3 筛分

从转鼓中小心取出所有试验样，倒入6.30 mm和500 μm组成的筛面(6.4)上按照GB/T 10322.7的测定方法手工进行筛分，并记录6.30 mm(m_1)和500 μm(m_2)每段筛上物的质量精确到1 g。筛分过程中试验样的损失量应该被计算到−500 μm的质量中。

注：辅助筛可以用来减少测定筛上的负荷。

试验样的初始质量与出鼓后各粒级质量的总和之差不得超过1.0%。如果超过则该次试验无效。

8 结果表示

8.1 转鼓指数(TI)和耐磨指数(AI)的计算

转鼓指数(TI)和耐磨指数(AI)通过式(1)和式(2)计算，并用质量分数(%)表示。

$$\mathrm{TI}=\frac{m_1}{m_0}\times 100 \qquad \cdots\cdots(1)$$

$$\mathrm{AI}=\frac{m_0-(m_1+m_2)}{m_0}\times 100 \qquad \cdots\cdots(2)$$

式中：

m_0——进转鼓的试验样的质量，单位为千克(kg)；

m_1——转鼓后+6.30 mm试验样的质量，单位为千克(kg)；

m_2——转鼓后500 μm～6.30 mm试验样的质量，单位为千克(kg)。

每一次计算结果保留一位小数。

8.2 试验结果的重复性和可接受性

按照附录A给出的流程进行操作，试验结果满足表1的重复性值，报告结果保留一位小数。

表1 重复性(r)

转鼓强度	r/%(绝对值)
转鼓指数(TI) (+6.30 mm)	1.4
磨损指数(AI) (−500 μm)	0.8

9 试验报告

试验报告应包含下列信息：

a） 本标准编号；

b） 区分试样的必要信息；

c） 实验室的名称和地址；

d） 试验日期；

e） 试验报告日期；

f） 试验者签字；

g） 本标准中没有规定的任何操作细节和试验条件，或可能对试验结果有影响的因素；

h） 转鼓指数（TI）和耐磨指数（AI）；

i） 使用的试验筛型号。

10 校验

定期检查设备对保证试验结果的可靠性是非常必要的。检查应该定期进行，间隔时间由每个试验室自己决定。

检查的项目应包括：

——试验筛；

——称量设备；

——转鼓；

——转鼓旋转设备。

推荐使用内部参考物质定期检查试验的重复性或再现性，并保存试验过程的适当记录。

附 录 A
（规范性附录）
试验结果接受流程图

r——见表1。

ICS 77.160
H 54

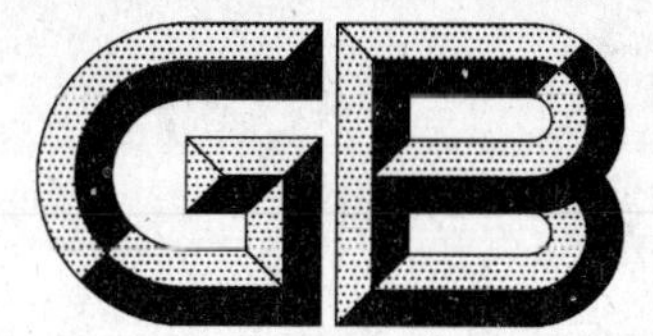

中华人民共和国国家标准

GB/T 24532—2009

微米级羰基铁粉

Micron carbonyl iron powder

2009-10-30 发布 2010-05-01 实施

中华人民共和国国家质量监督检验检疫总局
中国国家标准化管理委员会 发布

前 言

本标准由中国钢铁工业协会提出。

本标准由全国生铁及铁合金标准化技术委员会归口。

本标准起草单位：钢铁研究总院、江苏天一超细金属粉末有限公司、中山市岳龙超细金属材料有限公司、陕西兴化化学股份有限公司、吉林吉恩镍业股份有限公司、冶金工业信息标准研究院。

本标准主要起草人：柳学全、柯尊斌、王兵、马家琪、唐思琪、霍静、李一、张瑞香。

微米级羰基铁粉

1 范围

本标准规定了微米级羰基铁粉的分类、技术要求、试验方法、检验规则、包装、标志、贮存、运输和质量证明书。

本标准适用于热分解五羰基铁而制得的微米级羰基铁粉，其平均粒径为 1 μm～10 μm。该产品主要用于粉末冶金工业、电子工业、磁性材料等领域。

2 规范性引用文件

下列文件中的条款通过本标准的引用而成为本标准的条款。凡是注日期的引用文件，其随后所有的修改单(不包括勘误的内容)或修订版均不适用于本标准，然而，鼓励根据本标准达成协议的各方研究是否可使用这些文件的最新版本。凡是不注日期的引用文件，其最新版本适用于本标准。

GB/T 223.7 铁粉 铁含量的测定 重铬酸钾滴定法

GB/T 223.61 钢铁及合金化学分析方法 磷钼酸铵容量法测定磷量

GB/T 3249 难熔金属及其化合物粉末粒度的测定方法 费氏法

GB/T 5060 金属粉末松装密度的测定 第二部分:斯柯特容量计法

GB/T 5162 金属粉末 振实密度的测定

GB/T 5314 粉末冶金用粉末的取样方法

GB/T 11261 钢铁 氧含量的测定 脉冲加热惰气熔融 红外线吸收法测定氧量

GB/T 20123 钢铁 总碳硫含量的测定 高频感应炉燃烧后红外吸收法(常规方法)(GB/T 20123—2006,ISO 15350:2000,IDT)

GB/T 20124 钢铁 氮含量的测定 惰性气体熔融热导法(常规方法)(GB/T 20123—2006,ISO 15351:1999,IDT)

3 分类及牌号表示方法

3.1 分类

微米级羰基铁粉分为三类:

a) 基础羰基铁粉:未经还原等后处理的原始羰基铁粉;

b) 还原羰基铁粉:经过氢气等还原性气体进行过还原处理的羰基铁粉;

c) 磷化羰基铁粉:经过磷化处理的羰基铁粉。

3.2 牌号表示方法

MCIP—*-×,MCIP 为微米级羰基铁粉(Micron carbonyl iron powder)英文名称首字母缩写;“*”表示不同大类，其中 R(Raw)表示基础羰基铁粉，H(Hydrogen reductive)表示还原羰基铁粉，P(Phosphating)表示磷化羰基铁粉;“×”表示不同小类。

4 技术要求

4.1 牌号及化学成分

4.1.1 微米级羰基铁粉的牌号及化学成分应符合表 1 规定。

表 1 微米级羰基铁粉牌号及化学成分

牌号	化学成分(质量分数)/%				
	Fe	P	杂质含量,不大于		
			C	O	N
MCIP-R-1	≥97.0	—	1.0	1.0	1.0
MCIP-R-2	≥97.0	—	1.0	1.0	1.0
MCIP-R-3	≥97.0	—	1.0	1.0	1.0
MCIP-R-4	≥97.0	—	1.0	1.0	1.0
MCIP-R-5	≥97.0	—	1.2	1.2	0.6
MCIP-H-1	≥98.5	—	0.1	0.4	0.1
MCIP-H-2	≥99.5	—	0.1	0.3	0.1
MCIP-P-1	余量	10≥P≥0.05	1.0	—	1.0

4.1.2 需方对化学成分有特殊要求时,可由供需双方另行商定。

4.2 物理-工艺性能

4.2.1 微米级羰基铁粉的物理-工艺性能应符合表 2 规定。

表 2 微米级羰基铁粉物理-工艺性能

牌号	松装密度/(g/cm³)	振实密度/(g/cm³)	平均粒度/μm
MCIP-R-1	1.0~2.8	2.8~4.0	1~2.5
MCIP-R-2	1.0~3.0	3.0~4.5	2.5~3
MCIP-R-3	1.0~3.0	3.0~4.5	3~4
MCIP-R-4	1.0~3.2	3.0~4.5	4~5
MCIP-R-5	1.0~3.2	3.0~4.5	5~6
MCIP-H-1	1.5~3.0	3.0~4.5	≤5
MCIP-H-2	2.2~3.2	3.4~4.6	5~10
MCIP-P-1	1.0~3.0	2.8~4.5	≤4

4.2.2 需方对物理-工艺性能有特殊要求,可由供需双方另行商定。

4.3 外观质量

微米级羰基铁粉外观呈灰色或深灰色,外观质量应无明显结块。

5 试验方法

5.1 化学分析方法

微米级羰基铁粉的化学分析方法应符合表 3 的规定或供需双方协商。

表 3 微米级羰基铁粉的化学分析方法

序号	元素	分析方法
1	Fe	GB/T 223.7
2	C	GB/T 20123
3	O	GB/T 11261
4	N	GB/T 20124
5	P	GB/T 223.61

5.2 物理-工艺性能测定方法

微米级羰基铁粉的物理-工艺性能测定方法应符合表4的规定或供需双方协商。

表4 微米级羰基铁粉的物理-工艺性能测定方法

序号	物理-工艺性能	测定方法
1	松装密度	GB/T 5060
2	振实密度	GB/T 5162
3	平均粒度	GB/T 3249

5.3 外观质量检测方法

外观质量的检测方法为目视检测。

6 检验规则

6.1 出厂检验

6.1.1 微米级羰基铁粉由供方技术监督部门进行验收，保证产品质量符合本标准或订货合同的规定，并填写质量证明书。

6.1.2 产品应成批提交验收。每批产品由同一工艺条件下生产经混匀的同一牌号微米级羰基铁粉组成。每批产品的净重不应少于100 kg，或由供需双方商定。

6.1.3 产品的取样按GB/T 5314规定。

6.1.4 如检验结果不符合本标准的规定时，则应按6.1.3的规定在该批微米级羰基铁粉中取双倍数量的样品，并对有关项目进行复验。若仍有一个结果不合格，则该批产品为不合格。

6.2 需方验收

需方对收到的微米级羰基铁粉产品可按本标准规定或订货合同的规定进行检验。如检验结果与本标准规定或合同规定不符合时，应在收到该产品之日起15日向供方提出，由供需双方协商解决。若需仲裁时，由供需双方共同在需方对所收样品取样验证。因需方管理不善而造成检验结果不合格时，应由需方负责。取样规则同6.1.3的规定。

7 包装、标志、贮存、运输及质量证明书

7.1 包装

微米级羰基铁粉包装时用惰性气体保护，采用塑料袋密封包装好后，须置于塑料(或铁皮)桶内加盖密封。每桶净重由供需双方商定。

7.2 标志

包装容器上应有牢固标志标明：产品名称、牌号、批号、净重、供方名称、地址和联系方式，并附有“防潮”、“轻放”、“向上”等字样或标志。

7.3 贮存

产品应贮存于室温、防潮、避光和无酸、碱腐蚀气氛及易燃物之处，自产品生产之日起贮存期限不宜超过18个月。

7.4 运输

运输时应防止产品潮湿；在搬运过程中应轻拿、轻放，不应滚动或倒置。

7.5 质量证明书

每批产品应附有质量证明书，其中注明：

a) 供方名称、地址和联系方式；

b) 产品名称；

c) 产品牌号、批号、批重及件数；

d) 各项检验结果；

e) 生产日期及检验日期：

f) 本标准编号。

ICS 29.050
Q 51

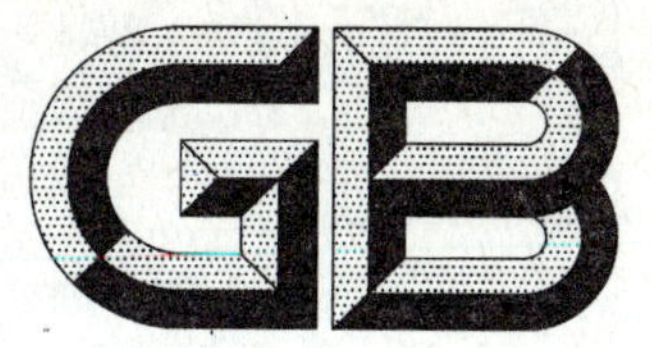

中华人民共和国国家标准

GB/T 24533—2009

锂离子电池石墨类负极材料

Graphite negative electrode materials for lithium ion battery

2009-10-30 发布　　　　2010-05-01 实施

中华人民共和国国家质量监督检验检疫总局
中国国家标准化管理委员会　发布

前　言

本标准附录 A～附录 O 均为规范性附录。

本标准由中国钢铁工业协会提出。

本标准由全国钢标准化技术委员会归口。

本标准起草单位：深圳市贝特瑞新能源材料股份有限公司、冶金工业信息标准研究院。

本标准主要起草人：岳敏、王桂林、贺雪琴、孔东亮、梅佳、周皓谬、陈南敏、闫慧青、程林。

锂离子电池石墨类负极材料

1 范围

本标准规定了锂离子电池石墨类负极材料的分类、型号、技术要求、试验方法及检验规则。

本标准适用于锂离子电池作为负极使用的石墨类负极材料。

注：本标准中涉及单位 ppm 均表示 10^{-6}。

2 规范性引用文件

下列文件中的条款通过本标准的引用而成为本标准的条款。凡是注日期的引用文件，其随后所有的修改单(不包括勘误的内容)或修订版均不适用于本标准，然而，鼓励根据本标准达成协议的各方研究是否可使用这些文件的最新版本。凡是不注日期的引用文件，其最新版本适用于本标准。

GB/T 191 包装储运图示标志

GB/T 606 化学试剂 水分测定通用方法 卡尔·费休法

GB/T 1479 金属粉末松装密度的测定 第一部分:漏斗法

GB/T 2828.1 计数抽样检验程序 第一部分:按接收质量限(AQL)检索的逐批检验抽样计划

GB/T 2829 周期检验计数抽样程序及表(适用于对过程稳定性的检验)

GB/T 3518 鳞片石墨

GB/T 3519 微晶石墨

GB/T 3520 石墨细度检验方法

GB/T 3521—2008 石墨化学分析方法

GB 3778 橡胶用炭黑

GB/T 3782 乙炔炭黑

GB/T 5162 金属粉末 振实密度的测定方法

GB/T 6388 运输包装收发货标志

GB/T 8170 数值修约规则与极限数值的表示和判定

GB/T 9724 化学试剂 pH 值测定通则

GB/T 13732 粒度均匀散料抽样检验通则

GB/T 18287 蜂窝电话用锂离子电池总规范

GB/T 19077.1 粒度分析 激光衍射法 第1部分:通则

GB/T 19587 气体吸附 BET 法测定固态物质比表面积

JB/T 4220 人造石墨的点阵参数测定方法

SN/T 2005.2 电子电气产品中多溴联苯和多溴联苯醚的测定 第二部分:气相色谱-质谱法

IEC 62321 ROHS 的测试方法

3 术语和定义

下列术语和定义适用于本标准

锂离子电池石墨类负极材料 graphite negative electrode materials for lithium ion battery

锂离子电池石墨类负极材料采用的是结晶型层状结构的石墨类碳材料。锂离子电池石墨类负极材料与正极材料在一定体系下协同作用实现锂离子电池多次充电和放电，在充电过程中，碳负极接受锂离子的嵌入，而放电过程中，实现锂离子的脱出。石墨类负极材料的理论容量为 372 mA·h/g，颜色为灰黑或钢灰，有金属光泽。

4 产品分类及代号

4.1 产品分类

4.1.1 锂离子电池石墨类负极材料类别：

4.1.1.1 天然石墨，用 NG(Natural Graphite)表示。

4.1.1.2 人造石墨，用 AG(Artifical Graphite)表示。

A、中间相类碳微球人造石墨，用 CMB(Carbon Micro Bead)表示；

B、针状焦类人造石墨，用 NAG(Needle Coke Artifical Graphite)表示；

C、石油焦类人造石墨，用 PAG(Petroleum Coke Artifical Graphite)表示。

4.1.1.3 复合石墨，用 CG(Composite Graphite)表示。

4.1.2 锂离子电池石墨类负极材料等级，见表 1。

表 1 锂离子电池石墨类负极材料等级

类型		级别	首次放电比容量/(mA·h/g)	首次库仑效率/%	粉末压实密度/(g/cm^3)	固定碳含量/%	磁性物质含量/ppm	铁含量/ppm	ROHS认证
天然石墨类(NG)		Ⅰ	≥360.0	≥95.0	≥1.65	≥99.97	≤0.1	≤10	通过
		Ⅱ	≥360.0	≥93.0	≥1.55	≥99.95	≤0.1	≤30	通过
		Ⅲ	≥345.0	≥91.0	≥1.45	≥99.9	≤0.5	≤50	通过
人造石墨类(AG)	中间相类(CMB)	Ⅰ	≥340.0	≥94.0	≥1.70	≥99.95	≤0.1	≤20	通过
		Ⅱ	≥320.0	≥91.0	≥1.40	≥99.70	≤0.5	≤50	通过
	针状焦类(NAG)	Ⅰ	≥355.0	≥94.0	≥1.65	≥99.97	≤0.1	≤20	通过
		Ⅱ	≥340.0	≥93.0	≥1.55	≥99.95	≤0.1	≤50	通过
		Ⅲ	≥320.0	≥90.0	≥1.40	≥99.70	≤1.5	≤100	通过
	石油焦类(PAG)	Ⅰ	≥335.0	≥94.0	≥1.60	≥99.95	≤0.1	≤50	通过
		Ⅱ	≥310.0	≥90.0	≥1.45	≥99.90	≤0.1	≤100	通过
		Ⅲ	≥290.0	≥87.0	≥1.30	≥99.70	≤1.5	≤200	通过
复合石墨类(CG)		Ⅰ	≥345	≥94.0	≥1.50	≥99.95	≤0.1	≤20	通过
		Ⅱ	≥330	≥91.0	≥1.40	≥99.70	≤0.5	≤50	通过
		Ⅲ	≥300	≥88.0	≥1.30	≥99.50	≤1.0	≤80	通过

注 1：产品指标须满足该级产品的所有指标，否则不归于该等级。

注 2：ROHS 认证是指通过限用物质含量检测认证。

4.2 产品代号

产品代号由类别代号、等级代号、*D*50 和首次放电比容量等依次排列组成，即：

产品类型-等级-*D*50-首次放电比容量，具体示例见表 2。

表 2 产品代号示例及其表示的含义

示 例	表示的含义
NG-Ⅰ-18-360	NG 天然石墨类、Ⅰ级品锂离子电池石墨类负极材料、$D50=(18.0\pm2.0)\mu m$，首次放电比容量≥360 mA·h/g
AG-CMB-Ⅰ-22-350	AG-CMB 人造石墨中间相类、Ⅰ级品锂离子电池石墨类负极材料、$D50=(22.0\pm2.0)\mu m$，首次放电比容量≥350 mA·h/g
AG-NAG-Ⅰ-18-355	AG-NAG 人造石墨针状焦类、Ⅰ级品锂离子电池石墨类负极材料、$D50=(18.0\pm2.0)\mu m$，首次放电比容量≥355 mA·h/g
AG-PAG-Ⅰ-18-340	AG-PAG 人造石墨石油焦类、Ⅰ级品锂离子电池石墨类负极材料、$D50=(18.0\pm2.0)\mu m$，首次放电比容量≥340 mA·h/g
CG-Ⅰ-18-350	CG 复合石墨类、Ⅰ级品锂离子电池石墨类负极材料、$D50=(18.0\pm2.0)\mu m$，首次放电比容量≥350 mA·h/g

5 技术要求

5.1 外观

颜色灰黑或钢灰，有金属光泽的粉末。

5.2 理化指标

锂离子电池石墨类负极材料的理化指标应符合表 3～表 11 的规定。若有特殊要求由供需双方协商确定。

6 试验方法

6.1 外观

自然光条件下目视观察。

6.2 粒度分布

按照附录 A 的规定进行测定。

6.3 水分

按照附录 B 的规定进行测定。

6.4 pH 值

按照附录 C 的规定进行测定。

6.5 固定碳含量

按照 GB/T 3521—2008 石墨化学分析方法中的“第 7 章 固定碳测定方法”进行测定。

6.6 比表面积

按照附录 D 的规定进行测定。

6.7 真密度

按照附录 E 的规定进行测定。

6.8 层间距 $d002$

按照附录 F 的规定进行测定。

6.9 首次库仑效率

按照附录 G 的规定进行测定。

6.10 首次放电比容量

按照附录 G 的规定进行测定。

6.11 微量金属元素

按照附录 H 的规定进行测定。

6.12 F^-、Cl^-、SO_4^{2-}、NO_2^-、NO_3^-、Br^-、PO_4^{3-}

按照附录 I 的规定进行测定。

6.13 全硫含量

按照附录 J 的规定进行测定。

6.14 磁性物质

按照附录 K 的规定进行测定。

6.15 粉末压实密度

按照附录 L 的规定进行测定。

6.16 振实密度

按照附录 M 的规定进行测定。

6.17 有机物含量

按照附录 N 和附录 O 的规定进行测定。

6.18 限用物质含量

按照 IEC 62321 ROHS 的测试方法进行。

7 检验规则

7.1 采样方法

7.1.1 袋装锂离子电池石墨类负极材料按 GB/T 13732 规定进行取样。

7.1.2 打开要采集的锂离子石墨类负极材料袋口，用洁净的不锈钢取样钎（不锈钢牌号 316 或同等类型；直径：不大于 30 mm；长度：500 mm～700 mm）沿轴线插入袋子中，插入深度不得小于取样钎的 4/5。在袋子内物料中心轴线周围 20 mm 范围内取样。

7.1.3 为使采集的样品能够代表该批产品的质量，将采集好的全部样品合并，放在一个有足够强度和适当大小的正方形薄膜或者牢固柔软的干洁纸上，用翻滚法反复混合均匀（翻滚 15 次以上），混合后组成的样品不少于 1 000 g。再用四分法缩取 250 g 的试样两份，一份试验用，一份备样用。

7.1.4 样品标签

样品盛入塑料样品罐后，立即在外壁贴上标签，作为检验和保留的样品，至少保留 500 g 以上。

标签包括下列内容：

1） 样品类别及编号；

2） 总体物料批号及数量；

3） 样品量；

4） 采样日期；

5） 采样者姓名。

7.1.5 样品的保存

7.1.5.1 样品应密封保存，并贮存在防破包、防雨、防潮等环境中。

7.1.5.2 备用样品贮存期为 18 个月。

7.2 检验分类

本产品采用出厂检验和型式检验。

7.2.1 出厂检验：对每批次粒度、碳含量、水分、振实密度、粉末压实密度、pH 值、比表面积、微量元素（铁、钠、铬、铜、镍、铝和钼）、磁性物质（铁＋铬＋镍＋锌）检验合格后盖质量检验章。

7.2.2 型式检验：对本标准中规定的技术要求全部进行检验。在有下列情况之一时进行型式检验。

1） 原材料的批号、型号、供货厂家等有变更时；

2） 生产工艺流程有变化时；

3） 生产设备停产半年以上，又开始第一次生产时；

4） 客户有特殊要求时。

7.3 验收规则

7.3.1 产品符合表3～表11中全部技术指标为合格品。若有1项指标达不到标准的要求，应从同批产品的取样袋中加倍取样对不合格项复检，以复检结果做为最终结果。

7.3.2 生产厂的检验部门必须保证出厂的产品符合本标准规定的要求，并在每批产品出厂同时给收货方寄送产品质量合格检验报告。

7.3.3 收货方有权按本标准对产品进行验收，有权拒收不符合本标准要求的产品。

7.3.4 收货方在收到产品两个月内应对产品进行验收检验，如有异议时，应以备用样重新检验，如仍有争议由上级质量监督部门仲裁。

8 产品的包装、标志

8.1 产品按每包25 kg的净重进行包装。特殊重量要求的包装由供需双方商定。

8.2 包装应在干燥环境条件下（建议：温度≤45 ℃、湿度≤75%的环境中）进行，先将产品装入防水包装袋（推荐用PE密封袋、铝塑密封袋）。特殊的包装要求由供需双方商定。

8.3 包装好后的产品再用复合袋或塑料桶、纸桶等包装。

8.4 包装标志

8.4.1 锂离子电池石墨类负极材料产品的每个包装袋正面应有醒目的标志，标志包括下列内容：

1） 产品名称；

2） 产品代号及规格；

3） 本标准编号；

4） 净重；

5） 生产厂名；

6） 生产批号、制造日期或出厂日期、编号；

7） 警示说明；

8） 安全数据表；

9） 其他标识。

8.4.2 也可根据客户需求进行标识。

9 产品的储存和运输

9.1 产品应贮存在通风、干燥的仓库内（建议：温度≤45 ℃、湿度≤75%）。

9.2 产品堆放应整齐、清洁，注册商标、生产批号、生产日期等标志应清晰辨认。

9.3 避免与可使产品变质或使包装袋损坏的物品混存、混运。

9.4 贮存和运输过程中应保证产品的包装清洁和不破损，凡漏出包外的产品，不得返入包内。

9.5 供方应提供本产品的安全技术说明书（MSDS）和安全标签。

表 3　Ⅰ级改性天然石墨类锂离子电池负极材料技术指标

技术指标			产品代号								
			NG-Ⅰ-18-360	NG-Ⅰ-17-365	NG-Ⅰ-17-360	NG-Ⅰ-19-360	NG-Ⅰ-19-365	NG-Ⅰ-18-365	NG-Ⅰ-15-360	NG-Ⅰ-10-360	NG-Ⅰ-18-363
理化性能	粒度分布	$D10/\mu m$	11.0±2.0	9.0±2.0	10.0±2.0	12.0±2.0	11.0±2.0	12.0±2.0	9.0±2.0	8.0±2.0	10.0±2.0
		$D50/\mu m$	18.0±2.0	17.0±2.0	17.0±2.0	19.0±2.0	19.0±2.0	18.0±2.0	15.0±2.0	10.0±2.0	18.0±2.0
		$D90/\mu m$	30.0±3.0	28.0±3.0	30.0±3.0	28.0±3.0	28.0±3.0	28.0±3.0	35.0±3.0	20.0±3.0	30.0±3.0
		$D_{max}/\mu m$	≤60	≤70	≤70	≤50	≤50	≤70	≤60	≤40.0	≤50
	固定碳/%		≥99.97	≥99.97	≥99.97	≥99.97	≥99.98	≥99.97	≥99.97	≥99.97	≥99.97
	水分/%		≤0.2	≤0.2	≤0.2	≤0.2	≤0.2	≤0.2	≤0.2	≤0.2	≤0.2
	pH 值		8±1	8±1	8±1	8±1	8±1	8±1	5.0±1	8±1	5±1
	振实密度/(g/cm^3)		≥1.10	≥1.05	≥1.05	≥1.20	≥0.98	≥1.20	≥1.0	≥0.9	≥1.05
	粉末压实密度/(g/cm^3)		≥1.65	≥1.65	≥1.65	≥1.65	≥1.65	≥1.65	≥1.65	≥1.65	≥1.65
	真密度/(g/cm^3)		2.24±0.02	2.24±0.02	2.24±0.02	2.24±0.02	2.24±0.02	2.24±0.02	2.23±0.03	2.23±0.03	2.23±0.03
	比表面积/(m^2/g)		2.0±0.5	2.5±0.5	2.5±0.5	≤1.5	3.0±0.5	≤1.5	3.5±0.5	3.0±1.0	2.0±0.5
	层间距 $d002$/nm		0.335 8±0.000 3	0.335 7±0.000 3	0.335 7±0.000 3	0.335 7±0.000 3	0.335 7±0.000 3	0.335 7±0.000 3	0.336 0±0.000 3	0.335 8±0.000 3	0.335 8±0.000 3
电化学性能	首次库仑效率/%		≥94.0	≥94.0	≥94.0	≥95.0	≥94.0	≥96.0	≥94.0	≥94.0	≥94.0
	首次放电比容量/(mA·h/g)		≥360.0	≥365.0	≥360.0	≥360.0	≥365.0	≥365.0	≥360.0	≥360.0	≥363.0
微量金属元素	铁/ppm		≤10	≤10	≤10	≤10	≤10	≤10	≤10	≤10	≤10
	钠/ppm		≤5	≤5	≤5	≤5	≤5	≤5	≤5	≤5	≤5
	铬/ppm		≤5	≤5	≤5	≤5	≤5	≤5	≤5	≤5	≤5
	铜/ppm		≤5	≤5	≤5	≤5	≤5	≤5	≤5	≤5	≤5
	镍/ppm		≤5	≤5	≤5	≤5	≤5	≤5	≤5	≤5	≤5
	铝/ppm		≤5	≤5	≤5	≤5	≤5	≤5	≤5	≤5	≤5
	钼/ppm		≤5	≤5	≤5	≤5	≤5	≤5	≤5	≤5	≤5

表 3（续）

技术指标		产品代号								
		NG-Ⅰ-18-360	NG-Ⅰ-17-365	NG-Ⅰ-17-360	NG-Ⅰ-19-360	NG-Ⅰ-19-365	NG-Ⅰ-18-365	NG-Ⅰ-15-360	NG-Ⅰ-10-360	NG-Ⅰ-18-363
磁性物质	铁＋铬＋镍＋锌/ppm	＜0.1	＜0.1	＜0.1	＜0.1	＜0.1	＜0.1	＜0.1	＜0.1	＜0.1
全硫	硫/ppm	≤20	≤20	≤20	≤20	≤20	≤20	≤20	≤20	≤20
限用物质	镉及其化合物/ppm	≤5	≤5	≤5	≤5	≤5	≤5	≤5	≤5	≤5
	铅及其化合物/ppm	≤5	≤5	≤5	≤5	≤5	≤5	≤5	≤5	≤5
	汞及其化合物/ppm	≤5	≤5	≤5	≤5	≤5	≤5	≤5	≤5	≤5
	六价铬及其化合物/ppm	≤5	≤5	≤5	≤5	≤5	≤5	≤5	≤5	≤5
阴离子	F^-/ppm	≤10	≤10	≤10	≤10	≤10	≤10	≤10	≤10	≤10
	Cl^-/ppm	≤30	≤30	≤30	≤30	≤30	≤30	≤30	≤30	≤30
	Br^-/ppm	≤10	≤10	≤10	≤10	≤10	≤10	≤10	≤10	≤10
	NO_3^-/ppm	≤10	≤10	≤10	≤10	≤10	≤10	≤10	≤10	≤10
	SO_4^{2-}/ppm	≤50	≤50	≤50	≤50	≤50	≤50	≤50	≤50	≤50
有机物	丙酮/ppm	≤1	≤1	≤1	≤1	≤1	≤1	≤1	≤1	≤1
	异丙醇/ppm	≤1	≤1	≤1	≤1	≤1	≤1	≤1	≤1	≤1
	甲苯/ppm	≤1	≤1	≤1	≤1	≤1	≤1	≤1	≤1	≤1
	乙苯/ppm	≤1	≤1	≤1	≤1	≤1	≤1	≤1	≤1	≤1
	二甲苯/ppm	≤1	≤1	≤1	≤1	≤1	≤1	≤1	≤1	≤1
	苯/ppm	≤1	≤1	≤1	≤1	≤1	≤1	≤1	≤1	≤1
	乙醇/ppm	≤1	≤1	≤1	≤1	≤1	≤1	≤1	≤1	≤1
	多溴联苯/ppm	≤5	≤5	≤5	≤5	≤5	≤5	≤5	≤5	≤5
	多溴联苯醚/ppm	≤5	≤5	≤5	≤5	≤5	≤5	≤5	≤5	≤5

表 4 Ⅱ级改性天然石墨类锂离子电池负极材料技术指标

技术指标			产品代号									
			NG-Ⅱ-18-365	NG-Ⅱ-13-360	NG-Ⅱ-20-360	NG-Ⅱ-17-360	NG-Ⅱ-18-360	NG-Ⅱ-13-365			—	—
理化性能	粒度分布	$D10/\mu m$	11.0±2.0	7.0±2.0	8.0±2.0	7.0±2.0	7.0±2.0	9.0±2.0				
理化性能	粒度分布	$D50/\mu m$	18.0±2.0	13.0±2.0	20.0±2.0	17.0±2.0	18.0±2.0	13.0±2.0				
理化性能	粒度分布	$D90/\mu m$	30.0±3.0	25.0±3.0	31.0±3.0	26.0±3.0	31.0±3.0	33.0±3.0				
理化性能	粒度分布	$D_{max}/\mu m$	≤50	≤50	≤50	≤70	≤70	≤70				
理化性能	固定碳/%		≥99.95	≥99.95	≥99.95	≥99.95	≥99.97	≥99.97				
理化性能	水分/%		≤0.2	≤0.2	≤0.2	≤0.2	≤0.2	≤0.2				
理化性能	pH 值		5.5±1	5.5±1	5.5±1	5.5±1	5.5±1	5.5±1				
理化性能	振实密度/(g/cm^3)		≥1.05	≥1.10	≥1.05	≥1.05	≥1.0	≥1.0				
理化性能	粉末压实密度/(g/cm^3)		1.55～1.65	1.55～1.65	1.55～1.65	1.55～1.65	1.55～1.65	1.55～1.65				
理化性能	真密度/(g/cm^3)		2.22±0.02	2.22±0.02	2.24±0.02	2.24±0.02	2.24±0.02	2.24±0.02				
理化性能	比表面积/(m^2/g)		2.0±0.5	2.5±0.5	2.5±0.5	3.0±1.0	2.5±0.5	≤2.5				
理化性能	层间距 $d002$/nm		0.335 8±0.000 3	0.335 7±0.000 3	0.335 8±0.000 3	0.335 8±0.000 3	0.335 8±0.000 3	0.335 8±0.000 3				
电化学性能	首次库仑效率/%		≥93.0	≥93.0	≥93.0	≥93.0	≥93.0	≥93.0				
电化学性能	首次放电比容量/(mA·h/g)		≥365.0	≥360.0	≥360.0	≥360.0	≥360.0	≥365.0				
微量金属元素	铁/ppm		≤30	≤30	≤30	≤30	≤30	≤30				
微量金属元素	钠/ppm		≤5	≤5	≤5	≤5	≤5	≤5				
微量金属元素	铬/ppm		≤5	≤5	≤5	≤5	≤5	≤5				
微量金属元素	铜/ppm		≤5	≤5	≤5	≤5	≤5	≤5				
微量金属元素	镍/ppm		≤5	≤5	≤5	≤5	≤5	≤5				
微量金属元素	铝/ppm		≤5	≤5	≤5	≤5	≤5	≤5				
微量金属元素	钼/ppm		≤5	≤5	≤5	≤5	≤5	≤5				

表 4（续）

技术指标		产品代号									
		NG-Ⅱ-18-365	NG-Ⅱ-13-360	NG-Ⅱ-20-360	NG-Ⅱ-17-360	NG-Ⅱ-18-360	NG-Ⅱ-13-365			—	—
磁性物质	铁＋铬＋镍＋锌/ppm	<0.1	<0.1	<0.1	<0.1	<0.1	<0.1				
全硫	硫/ppm	≤20	≤20	≤20	≤20	≤20	≤20				
限用物质	镉及其化合物/ppm	≤5	≤5	≤5	≤5	≤5	≤5				
	铅及其化合物/ppm	≤5	≤5	≤5	≤5	≤5	≤5				
	汞及其化合物/ppm	≤5	≤5	≤5	≤5	≤5	≤5				
	六价铬及其化合物/ppm	≤5	≤5	≤5	≤5	≤5	≤5				
阴离子	F^-/ppm	≤10	≤10	≤10	≤10	≤10	≤10				
	Cl^-/ppm	≤30	≤30	≤30	≤30	≤30	≤30				
	Br^-/ppm	≤10	≤10	≤10	≤10	≤10	≤10				
	NO_3^-/ppm	≤10	≤10	≤10	≤10	≤10	≤10				
	SO_4^{2-}/ppm	≤50	≤50	≤50	≤50	≤50	≤50				
有机物	丙酮/ppm	≤1	≤1	≤1	≤1	≤1	≤1				
	异丙醇/ppm	≤1	≤1	≤1	≤1	≤1	≤1				
	甲苯/ppm	≤1	≤1	≤1	≤1	≤1	≤1				
	乙苯/ppm	≤1	≤1	≤1	≤1	≤1	≤1				
	二甲苯/ppm	≤1	≤1	≤1	≤1	≤1	≤1				
	苯/ppm	≤1	≤1	≤1	≤1	≤1	≤1				
	乙醇/ppm	≤1	≤1	≤1	≤1	≤1	≤1				
	多溴联苯/ppm	≤5	≤5	≤5	≤5	≤5	≤5				
	多溴联苯醚/ppm	≤5	≤5	≤5	≤5	≤5	≤5				

表 5 Ⅲ级改性天然石墨类锂离子电池负极材料技术指标

技术指标			产品代号								
			NG-Ⅲ-17-355	NG-Ⅲ-23-345							—
理化性能	粒度分布	$D10/\mu m$	10.0±2.0	14.0±2.0							
		$D50/\mu m$	17.0±2.0	23.0±2.0							
		$D90/\mu m$	26.0±3.0	33.0±3.0							
		$D_{max}/\mu m$	≤50	≤50							
	固定碳/%		99.95～99.90	99.95～99.90							
	水分/%		≤0.2	≤0.2							
	pH 值		5.5±1	5.5±1							
	振实密度/(g/cm^3)		≥1.00	≥1.05							
	粉末压实密度/(g/cm^3)		1.45～1.55	1.45～1.55							
	真密度/(g/cm^3)		2.22±0.02	2.22±0.02							
	比表面积/(m^2/g)		6.0±0.5	5.0±0.5							
	层间距 $d002$/nm		0.335 8±0.000 3	0.335 8±0.000 3							
电化学性能	首次库仑效率/%		≥92.0	≥91.0							
	首次放电比容量/(mA·h/g)		≥355.0	≥345.0							
微量元素	铁/ppm		≤50	≤50							
	钠/ppm		≤5	≤5							
	铬/ppm		≤5	≤5							
	铜/ppm		≤5	≤5							
	镍/ppm		≤5	≤5							
	铝/ppm		≤5	≤5							
	钼/ppm		≤5	≤5							

表 5（续）

技术指标		产品代号								
		NG-Ⅲ-17-355	NG-Ⅲ-23-345							—
磁性物质	铁+铬+镍+锌/ppm	0.1～0.5	0.1～0.5							
全硫	硫/ppm	≤20	≤20							
限用物质	镉及其化合物/ppm	≤5	≤5							
	铅及其化合物/ppm	≤5	≤5							
	汞及其化合物/ppm	≤5	≤5							
	六价铬及其化合物/ppm	≤5	≤5							
阴离子	F^-/ppm	≤10	≤10							
	Cl^-/ppm	≤30	≤30							
	Br^-/ppm	≤10	≤10							
	NO_3^-/ppm	≤10	≤10							
	SO_4^{2-}/ppm	≤50	≤50							
有机物	丙酮/ppm	≤1	≤1							
	异丙醇/ppm	≤1	≤1							
	甲苯/ppm	≤1	≤1							
	乙苯/ppm	≤1	≤1							
	二甲苯/ppm	≤1	≤1							
	苯/ppm	≤1	≤1							
	乙醇/ppm	≤1	≤1							
	多溴联苯/ppm	≤5	≤5							
	多溴联苯醚/ppm	≤5	≤5							

表 6 Ⅰ级人造石墨类锂离子电池负极材料技术指标

技术指标			产品代号							
			AG-PAG-Ⅰ-18-335	AG-NAG-Ⅰ-18-355	AG-NAG-Ⅰ-17-355	AG-CMB-Ⅰ-22-340	AG-NAG-Ⅰ-18-355	AG-NAG-Ⅰ-17-360		
理化性能	粒度分布	$D10/\mu m$	8.0±2.0	8.0±2.0	8.0±2.0	15.0±2.0	8.0±2.0	8.0±2.0		
		$D50/\mu m$	18.0±2.0	18.0±2.0	17.0±2.0	22.0±2.0	18.0±2.0	17.0±2.0		
		$D90/\mu m$	35.0±3.0	35.0±3.0	36.0±3.0	31.0±3.0	36.0±3.0	33.0±3.0		
		$D_{max}/\mu m$	<60.0	≤60	≤50	≤70	≤70	≤50		
	固定碳/%		≥99.95	≥99.97	≥99.97	≥99.95	≥99.97	≥99.97		
	水分%		≤0.2	≤0.2	≤0.2	≤0.2	≤0.2	≤0.2		
	pH 值		8±1	8±1	8±1	8±1	8±1	8±1		
	振实密度/(g/cm^3)		≥1.1	≥1.0	≥1.1	≥1.3	≥1.1	≥1.2		
	粉末压实密度/(g/cm^3)		≥1.60	≥1.65	≥1.65	≥1.70	≥1.65	≥1.65		
	真密度/(g/cm^3)		2.24±0.03	2.23±0.03	2.23±0.03	2.24±0.02	2.24±0.02	2.23±0.03		
	比表面积/(m^2/g)		2.5±0.5	1.5±0.5	1.5±0.5	0.7±0.3	≤2.0	≤1.5		
	层间距 $d002$/nm		0.335 7±0.000 3	0.335 8±0.000 3	0.335 7±0.000 3	0.335 7±0.000 3	0.335 7±0.000 3	0.335 8±0.000 3		
电化学性能	首次库仑效率/%		≥94.0	≥95.0	≥95.0	≥94.0	≥94.0	≥95.0		
	首次放电比容量/(mA·h/g)		≥335.0	≥355.0	≥355.0	≥340.0	≥355.0	≥360.0		
微量金属元素	铁/ppm		≤50	≤50	≤30	≤20	≤10	≤30		
	钠/ppm		≤5	≤5	≤5	≤5	≤5	≤5		
	铬/ppm		≤5	≤5	≤5	≤5	≤5	≤5		
	铜/ppm		≤5	≤5	≤5	≤5	≤5	≤5		
	镍/ppm		≤5	≤5	≤5	≤5	≤5	≤5		
	铝/ppm		≤5	≤5	≤5	≤5	≤5	≤5		
	钼/ppm		≤5	≤5	≤5	≤5	≤5	≤5		

表 6（续）

技术指标		产品代号							
		AG-PAG-Ⅰ-18-335	AG-NAG-Ⅰ-18-355	AG-NAG-Ⅰ-17-355	AG-CMB-Ⅰ-22-340	AG-NAG-Ⅰ-18-355	AG-NAG-Ⅰ-17-360		
磁性物质	铁＋铬＋镍＋锌/ppm	＜0.1	＜0.1	＜0.1	＜0.1	＜0.1	＜0.1		
全硫	硫/ppm	≤20	≤20	≤20	≤20	≤20	≤20		
限用物质	镉及其化合物/ppm	≤5	≤5	≤5	≤5	≤5	≤5		
	铅及其化合物/ppm	≤5	≤5	≤5	≤5	≤5	≤5		
	汞及其化合物/ppm	≤5	≤5	≤5	≤5	≤5	≤5		
	六价铬及其化合物/ppm	≤5	≤5	≤5	≤5	≤5	≤5		
阴离子	F^-/ppm	≤10	≤10	≤10	≤10	≤10	≤10		
	Cl^-/ppm	≤30	≤30	≤30	≤30	≤30	≤30		
	Br^-/ppm	≤10	≤10	≤10	≤10	≤10	≤10		
	NO_3^-/ppm	≤10	≤10	≤10	≤10	≤10	≤10		
	SO_4^{2-}/ppm	≤50	≤50	≤50	≤50	≤50	≤50		
有机物	丙酮/ppm	≤1	≤1	≤1	≤1	≤1	≤1		
	异丙醇/ppm	≤1	≤1	≤1	≤1	≤1	≤1		
	甲苯/ppm	≤1	≤1	≤1	≤1	≤1	≤1		
	乙苯/ppm	≤1	≤1	≤1	≤1	≤1	≤1		
	二甲苯/ppm	≤1	≤1	≤1	≤1	≤1	≤1		
	苯/ppm	≤1	≤1	≤1	≤1	≤1	≤1		
	乙醇/ppm	≤1	≤1	≤1	≤1	≤1	≤1		
	多溴联苯/ppm	≤5	≤5	≤5	≤5	≤5	≤5		
	多溴联苯醚/ppm	≤5	≤5	≤5	≤5	≤5	≤5		

表 7 Ⅱ级人造石墨类锂离子电池负极材料技术指标

技术指标			产品代号							
			AG-NAG-Ⅱ-26-345	AG-NAG-Ⅱ-22-355	AG-NAG-Ⅱ-18-340	AG-NAG-Ⅱ-20-340	AG-CMB-Ⅱ-13-320	AG-PAG-Ⅱ-22-310	AG-PAG-Ⅱ-20-320	
理化性能	粒度分布	$D10/\mu m$	11.0±2.0	10.0±2.0	7.0±2.0	9.0±2.0	9.0±2.0	9.0±2.0	8.0±2.0	
		$D50/\mu m$	26.0±2.0	22.0±2.0	18.0±2.0	20.0±2.0	13.0±2.0	22.0±2.0	20.0±2.0	
		$D90/\mu m$	38.0±3.0	38.0±3.0	35.0±3.0	40.0±3.0	47.0±3.0	38.0±3.0	38.0±3.0	
		$D_{max}/\mu m$	<70	<65	≤75	<70	≤70	≤60	≤70	
	固定碳/%		≥99.95	≥99.95	≥99.95	≥99.95	≥99.70	≥99.9	≥99.9	
	水分/%		≤0.2	≤0.2	≤0.2	≤0.2	≤0.2	≤0.2	≤0.2	
	pH 值		5.5±1	5.5±1	5.5±1	5.5±1	5.5±1	5.5±1	5.5±1	
	振实密度/(g/cm^3)		≥0.8	≥0.9	≥1.0	≥1.0	≥1.1	≥1.0	≥1.0	
	粉末压实密度/(g/cm^3)		≥1.55	≥1.55	≥1.55	≥1.55	1.40~1.70	1.45~1.60	1.45~1.60	
	真密度/(g/cm^3)		2.23±0.03	2.23±0.03	2.23±0.03	2.23±0.03	2.23±0.03	2.23±0.03	2.23±0.03	
	比表面积/(m^2/g)		≤5	3.0±0.5	4.0±0.5	4.0±0.5	1.0±0.5	4.5±0.5	3.5±0.5	
	层间距 $d002$/nm		0.336 0±0.000 3	0.335 8±0.000 3	0.336 0±0.000 3	0.335 8±0.000 3	0.335 9±0.000 3	0.336 0±0.000 3	0.336 0±0.000 3	
电化学性能	首次库仑效率/%		≥93.0	≥94.0	≥93.0	≥93.0	≥92.0	≥91.0	≥91.0	
	首次放电比容量/(mA·h/g)		≥345	≥355	≥340	≥340	≥320	≥310	≥320	
微量金属元素	铁/ppm		≤50	≤50	≤50	≤50	≤50	≤100	≤100	
	钠/ppm		≤5	≤5	≤5	≤5	≤5	≤5	≤5	
	铬/ppm		≤5	≤5	≤5	≤5	≤5	≤5	≤5	
	铜/ppm		≤5	≤5	≤5	≤5	≤5	≤5	≤5	
	镍/ppm		≤5	≤5	≤5	≤5	≤5	≤5	≤5	
	铝/ppm		≤5	≤5	≤5	≤5	≤5	≤5	≤5	
	钼/ppm		≤5	≤5	≤5	≤5	≤5	≤5	≤5	

表 7（续）

技术指标		产品代号							
		AG-NAG-Ⅱ-26-345	AG-NAG-Ⅱ-22-355	AG-NAG-Ⅱ-18-340	AG-NAG-Ⅱ-20-340	AG-CMB-Ⅱ-13-320	AG-PAG-Ⅱ-22-310	AG-PAG-Ⅱ-20-320	
磁性物质	铁＋铬＋镍＋锌/ppm	<0.1	<0.1	<0.1	<0.1	<0.5	<0.1	<0.1	
全硫	硫/ppm	≤20	≤20	≤20	≤20	≤20	≤20	≤20	
限用物质	镉及其化合物/ppm	≤5	≤5	≤5	≤5	≤5	≤5	≤5	
	铅及其化合物/ppm	≤5	≤5	≤5	≤5	≤5	≤5	≤5	
	汞及其化合物/ppm	≤5	≤5	≤5	≤5	≤5	≤5	≤5	
	六价铬及其化合物/ppm	≤5	≤5	≤5	≤5	≤5	≤5	≤5	
阴离子	F^-/ppm	≤10	≤10	≤10	≤10	≤10	≤10	≤10	
	Cl^-/ppm	≤30	≤30	≤30	≤30	≤30	≤30	≤30	
	Br^-/ppm	≤10	≤10	≤10	≤10	≤10	≤10	≤10	
	NO_3^-/ppm	≤10	≤10	≤10	≤10	≤10	≤10	≤10	
	SO_4^{2-}/ppm	≤50	≤50	≤50	≤50	≤50	≤50	≤50	
有机物	丙酮/ppm	≤1	≤1	≤1	≤1	≤1	≤1	≤1	
	异丙醇/ppm	≤1	≤1	≤1	≤1	≤1	≤1	≤1	
	甲苯/ppm	≤1	≤1	≤1	≤1	≤1	≤1	≤1	
	乙苯/ppm	≤1	≤1	≤1	≤1	≤1	≤1	≤1	
	二甲苯/ppm	≤1	≤1	≤1	≤1	≤1	≤1	≤1	
	苯/ppm	≤1	≤1	≤1	≤1	≤1	≤1	≤1	
	乙醇/ppm	≤1	≤1	≤1	≤1	≤1	≤1	≤1	
	多溴联苯/ppm	≤5	≤5	≤5	≤5	≤5	≤5	≤5	
	多溴联苯醚/ppm	≤5	≤5	≤5	≤5	≤5	≤5	≤5	

表 8 Ⅲ级人造石墨类锂离子电池负极材料技术指标

技术指标			产品代号									
			AG-NAG-Ⅲ-26-320	AG-NAG-Ⅲ-22-335	AG-PAG-Ⅲ-18-300	AG-PAG-Ⅲ-20-295					
理化性能	粒度分布	$D10$/μm	11.0±2.0	10.0±2.0	7.0±2.0	9.0±2.0					
		$D50$/μm	26.0±2.0	22.0±2.0	18.0±2.0	20.0±2.0					
		$D90$/μm	38.0±3.0	38.5±3.0	35.0±3.0	40.0±3.0					
		D_{max}/μm	<70	<65	≤75	<70					
	固定碳/%		≥99.70	≥99.70	≥99.70	≥99.70					
	水分/%		≤0.2	≤0.2	≤0.2	≤0.2					
	pH 值		5.5±1	5.5±1	5.5±1	5.5±1					
	振实密度/(g/cm^3)		≥0.8	≥0.9	≥1.0	≥1.0					
	粉末压实密度/(g/cm^3)		1.40～1.55	1.40～1.55	1.30～1.45	1.30～1.45					
	真密度/(g/cm^3)		2.23±0.03	2.23±0.03	2.23±0.03	2.23±0.03					
	比表面积/(m^2/g)		≤5	3.0±0.5	4.0±0.5	4.0±0.5					
	层间距 $d002$/nm		0.336 0±0.000 3	0.335 8±0.000 3	0.336 0±0.000 3	0.335 8±0.000 3					
电化学性能	首次库仑效率/%		≥92	≥91	≥89	≥90					
	首次放电比容量/(mA·h/g)		≥320	≥335	≥300	≥295					
微量金属元素	铁/ppm		≤100	≤100	≤200	≤200					
	钠/ppm		≤5	≤5	≤5	≤5					
	铬/ppm		≤5	≤5	≤5	≤5					
	铜/ppm		≤5	≤5	≤5	≤5					
	镍/ppm		≤5	≤5	≤5	≤5					
	铝/ppm		≤5	≤5	≤5	≤5					
	钼/ppm		≤5	≤5	≤5	≤5					

表 8（续）

技术指标		产品代号								
		AG-NAG-Ⅲ-26-320	AG-NAG-Ⅲ-22-335	AG-PAG-Ⅲ-18-300	AG-PAG-Ⅲ-20-295					
磁性物质	铁＋铬＋镍＋锌/ppm	0.5～1.5	0.5～1.5	0.5～1.5	0.5～1.5					
全硫	硫/ppm	≤20	≤20	≤20	≤20					
限用物质	镉及其化合物/ppm	≤5	≤5	≤5	≤5					
	铅及其化合物/ppm	≤5	≤5	≤5	≤5					
	汞及其化合物/ppm	≤5	≤5	≤5	≤5					
	六价铬及其化合物/ppm	≤5	≤5	≤5	≤5					
阴离子	F^-/ppm	≤10	≤10	≤10	≤10					
	Cl^-/ppm	≤30	≤30	≤30	≤30					
	Br^-/ppm	≤10	≤10	≤10	≤10					
	NO_3^-/ppm	≤10	≤10	≤10	≤10					
	SO_4^{2-}/ppm	≤50	≤50	≤50	≤50					
有机物	丙酮/ppm	≤1	≤1	≤1	≤1					
	异丙醇/ppm	≤1	≤1	≤1	≤1					
	甲苯/ppm	≤1	≤1	≤1	≤1					
	乙苯/ppm	≤1	≤1	≤1	≤1					
	二甲苯/ppm	≤1	≤1	≤1	≤1					
	苯/ppm	≤1	≤1	≤1	≤1					
	乙醇/ppm	≤1	≤1	≤1	≤1					
	多溴联苯/ppm	≤5	≤5	≤5	≤5					
	多溴联苯醚/ppm	≤5	≤5	≤5	≤5					

表 9 Ⅰ级复合石墨类锂离子电池负极材料技术指标

技术指标			产品代号								
			CG-Ⅰ-19-350	CG-Ⅰ-17-355	CG-Ⅰ-17-350	CG-Ⅰ-18-355	CG-Ⅰ-20-355	CG-Ⅰ-18-360	CG-Ⅰ-19-360		
理化性能	粒度分布	$D10/\mu m$	9.0±2.0	9.0±2.0	9.0±2.0	8.0±2.0	10.0±2.0	9.0±2.0	8.0±2.0		
		$D50/\mu m$	19.0±2.0	17.0±2.0	17.0±2.0	18.0±2.0	20.0±2.0	18.0±2.0	19.0±2.0		
		$D90/\mu m$	37.0±3.0	35.0±3.0	35.0±3.0	35.0±3.0	36.0±3.0	33.0±3.0	33.0±3.0		
		$D_{max}/\mu m$	<70.0	<70.0	<70.0	≤60.0	≤70	≤70	≤60		
	固定碳/%		≥99.95	≥99.95	≥99.95	≥99.9	≥99.95	≥99.95	≥99.8		
	水分/%		≤0.2	≤0.2	≤0.2	≤0.2	≤0.2	≤0.2	≤0.2		
	pH 值		8±1	8±1	8±1	8±1	8±1	8±1	8±1		
	振实密度/(g/cm^3)		≥1.05	≥1.10	≥1.0	≥1.00	1.10±0.05	>1.05	≥1.05		
	粉末压实密度/(g/cm^3)		≥1.50	≥1.50	≥1.50	≥1.50	≥1.50	≥1.50	≥1.50		
	真密度/(g/cm^3)		2.24±0.02	2.24±0.02	2.24±0.02	2.23±0.03	2.24±0.02	2.24±0.02	2.23±0.03		
	比表面积/(m^2/g)		≤2.0	≤2.0	≤2.0	≤2.0	≤2.0	1.7±0.5	2.0±0.5		
	层间距 $d002$/nm		0.335 7±0.000 3	0.335 7±0.000 3	0.335 7±0.000 3	0.335 7±0.000 3	0.335 7±0.000 3	0.335 7±0.000 3	0.335 8±0.000 3		
电化学性能	首次库仑效率/%		≥94.0	≥94.0	≥94.0	≥94.0	≥94.0	>94.0	≥94.0		
	首次放电比容量/(mA·h/g)		≥350	≥355	≥350	≥355	≥355	>360	≥360		
微量金属元素	铁/ppm		≤20	≤20	≤20	≤20	≤20	≤20	≤20		
	钠/ppm		≤5	≤5	≤5	≤5	≤5	≤5	≤5		
	铬/ppm		≤5	≤5	≤5	≤5	≤5	≤5	≤5		
	铜/ppm		≤5	≤5	≤5	≤5	≤5	≤5	≤5		
	镍/ppm		≤5	≤5	≤5	≤5	≤5	≤5	≤5		
	铝/ppm		≤5	≤5	≤5	≤5	≤5	≤5	≤5		
	钼/ppm		≤5	≤5	≤5	≤5	≤5	≤5	≤5		

表 9（续）

技术指标		产品代号								
		CG-Ⅰ-19-350	CG-Ⅰ-17-355	CG-Ⅰ-17-350	CG-Ⅰ-18-355	CG-Ⅰ-20-355	CG-Ⅰ-18-360	CG-Ⅰ-19-360		
磁性物质	铁＋铬＋镍＋锌/ppm	<0.1	<0.1	<0.1	<0.1	<0.1	<0.1	<0.1		
全硫	硫/ppm	≤20	≤20	≤20	≤20	≤20	≤20	≤20		
限用物质	镉及其化合物/ppm	≤5	≤5	≤5	≤5	≤5	≤5	≤5		
	铅及其化合物/ppm	≤5	≤5	≤5	≤5	≤5	≤5	≤5		
	汞及其化合物/ppm	≤5	≤5	≤5	≤5	≤5	≤5	≤5		
	六价铬及其化合物/ppm	≤5	≤5	≤5	≤5	≤5	≤5	≤5		
阴离子	F^-/ppm	≤10	≤10	≤10	≤10	≤10	≤10	≤10		
	Cl^-/ppm	≤30	≤30	≤30	≤30	≤30	≤30	≤30		
	Br^-/ppm	≤10	≤10	≤10	≤10	≤10	≤10	≤10		
	NO_3^-/ppm	≤10	≤10	≤10	≤10	≤10	≤10	≤10		
	SO_4^{2-}/ppm	≤50	≤50	≤50	≤50	≤50	≤50	≤50		
有机物	丙酮/ppm	≤1	≤1	≤1	≤1	≤1	≤1	≤1		
	异丙醇/ppm	≤1	≤1	≤1	≤1	≤1	≤1	≤1		
	甲苯/ppm	≤1	≤1	≤1	≤1	≤1	≤1	≤1		
	乙苯/ppm	≤1	≤1	≤1	≤1	≤1	≤1	≤1		
	二甲苯/ppm	≤1	≤1	≤1	≤1	≤1	≤1	≤1		
	苯/ppm	≤1	≤1	≤1	≤1	≤1	≤1	≤1		
	乙醇/ppm	≤1	≤1	≤1	≤1	≤1	≤1	≤1		
	多溴联苯/ppm	≤5	≤5	≤5	≤5	≤5	≤5	≤5		
	多溴联苯醚/ppm	≤5	≤5	≤5	≤5	≤5	≤5	≤5		

表 10 Ⅱ级复合石墨类锂离子电池负极材料技术指标

技术指标			产品代号							
			CG-Ⅱ-22-340	CG-Ⅱ-19-340	CG-Ⅱ-20-340	CG-Ⅱ-20-330	CG-Ⅱ-18-345			
理化性能	粒度分布	$D10/\mu m$	10.0±2.0	9.0±2.0	9.0±2.0	8.0±2.0	8.0±2.0			
		$D50/\mu m$	22.0±2.0	19.0±2.0	20.0±2.0	20.0±2.0	18.0±2.0			
		$D90/\mu m$	37.0±3.0	33.0±3.0	33.0±3.0	38.0±3.0	35.0±3.0			
		$D_{max}/\mu m$	≤70.0	≤70.0	≤70.0	≤70	≤70			
	固定碳/%		≥99.70	≥99.70	≥99.70	≥99.70	≥99.70			
	水分/%		≤0.2	≤0.2	≤0.2	≤0.2	≤0.2			
	pH 值		5.5±1	5.5±1	5.5±1	5.5±1	8±1			
	振实密度/(g/cm^3)		≥0.8	1.10±0.10	≥1.0	≥0.9	≥1.0			
	粉末压实密度/(g/cm^3)		1.40～1.50	1.40～1.50	1.40～1.50	1.40～1.50	1.40～1.50			
	真密度/(g/cm^3)		2.23±0.03	2.24±0.02	2.23±0.03	2.23±0.03	2.23±0.03			
	比表面积/(m^2/g)		2.5～4.0	2.0±0.2	2.5±0.5	2.5±0.5	3.0±0.5			
	层间距 $d002$/nm		0.335 8±0.000 3	0.335 8±0.000 3	0.335 8±0.000 3	0.335 9±0.000 3	0.335 8±0.000 3			
电化学性能	首次库仑效率/%		≥92.0	≥92.0	≥92.0	≥92.0	≥92.0			
	首次放电比容量/(mA·h/g)		≥340	≥340	≥340	≥330	≥345			
微量金属元素	铁/ppm		≤50	≤50	≤50	≤50	≤50			
	钠/ppm		≤5	≤5	≤5	≤5	≤5			
	铬/ppm		≤5	≤5	≤5	≤5	≤5			
	铜/ppm		≤5	≤5	≤5	≤5	≤5			
	镍/ppm		≤5	≤5	≤5	≤5	≤5			
	铝/ppm		≤5	≤5	≤5	≤5	≤5			
	钼/ppm		≤5	≤5	≤5	≤5	≤5			

表 10（续）

技术指标		产品代号							
		CG-Ⅱ-22-340	CG-Ⅱ-19-340	CG-Ⅱ-20-340	CG-Ⅱ-20-330	CG-Ⅱ-18-345			
磁性物质	铁＋铬＋镍＋锌/ppm	<0.5	<0.5	<0.5	<0.5	<0.5			
全硫	硫/ppm	≤20	≤20	≤20	≤20	≤20			
限用物质	镉及其化合物/ppm	≤5	≤5	≤5	≤5	≤5			
	铅及其化合物/ppm	≤5	≤5	≤5	≤5	≤5			
	汞及其化合物/ppm	≤5	≤5	≤5	≤5	≤5			
	六价铬及其化合物/ppm	≤5	≤5	≤5	≤5	≤5			
阴离子	F^-/ppm	≤10	≤10	≤10	≤10	≤10			
	Cl^-/ppm	≤30	≤30	≤30	≤30	≤30			
	Br^-/ppm	≤10	≤10	≤10	≤10	≤10			
	NO_3^-/ppm	≤10	≤10	≤10	≤10	≤10			
	SO_4^{2-}/ppm	≤50	≤50	≤50	≤50	≤50			
有机物	丙酮/ppm	≤1	≤1	≤1	≤1	≤1			
	异丙醇/ppm	≤1	≤1	≤1	≤1	≤1			
	甲苯/ppm	≤1	≤1	≤1	≤1	≤1			
	乙苯/ppm	≤1	≤1	≤1	≤1	≤1			
	二甲苯/ppm	≤1	≤1	≤1	≤1	≤1			
	苯/ppm	≤1	≤1	≤1	≤1	≤1			
	乙醇/ppm	≤1	≤1	≤1	≤1	≤1			
	多溴联苯/ppm	≤5	≤5	≤5	≤5	≤5			
	多溴联苯醚/ppm	≤5	≤5	≤5	≤5	≤5			

表 11 Ⅲ级复合石墨类锂离子电池负极材料技术指标

技术指标			产品代号								
			CG-Ⅲ -20-320	CG-Ⅲ -22-320	CG-Ⅲ -15-325						
理化性能	粒度分布	$D10/\mu m$	9.0±2.0	10.0±2.0	7.0±2.0						
		$D50/\mu m$	20.0±2.0	22.0±2.0	15.0±2.0						
		$D90/\mu m$	38.0±3.0	38.0±3.0	33.0±3.0						
		$D_{max}/\mu m$	≤60	≤70	≤70						
	固定碳/%		≥99.5	≥99.5	≥99.5						
	水分/%		≤0.2	≤0.2	≤0.2						
	pH 值		5.5±1	5.5±1	5.5±1						
	振实密度/(g/cm^3)		≥1.0	≥0.9	≥0.9						
	粉末压实密度/(g/cm^3)		1.30~1.40	1.30~1.40	1.30~1.40						
	真密度/(g/cm^3)		2.23±0.03	2.23±0.03	2.23±0.03						
	比表面积/(m^2/g)		3.5±0.5	3.0±0.5	3.0±0.5						
	层间距 $d002$/nm		0.336 0±0.000 3	0.336 1±0.000 3	0.336 3±0.000 3						
电化学性能	首次库仑效率/%		≥90	≥89.0	≥90.0						
	首次放电比容量/(mA·h/g)		≥320	320~330	≥325						
微量金属元素	铁/ppm		≤80	≤80	≤80						
	钠/ppm		≤5	≤5	≤5						
	铬/ppm		≤5	≤5	≤5						
	铜/ppm		≤5	≤5	≤5						
	镍/ppm		≤5	≤5	≤5						
	铝/ppm		≤5	≤5	≤5						
	钼/ppm		≤5	≤5	≤5						

表 11（续）

技术指标		产品代号								
		CG-Ⅲ-20-320	CG-Ⅲ-22-320	CG-Ⅲ-15-325						
磁性物质	铁＋铬＋镍＋锌/ppm	0.5～1.0	0.5～1.0	0.5～1.0						
全硫	硫/ppm	≤20	≤20	≤20						
限用物质	镉及其化合物/ppm	≤5	≤5	≤5						
	铅及其化合物/ppm	≤5	≤5	≤5						
	汞及其化合物/ppm	≤5	≤5	≤5						
	六价铬及其化合物/ppm	≤5	≤5	≤5						
阴离子	F^-/ppm	≤10	≤10	≤10						
	Cl^-/ppm	≤30	≤30	≤30						
	Br^-/ppm	≤10	≤10	≤10						
	NO_3^-/ppm	≤10	≤10	≤10						
	SO_4^{2-}/ppm	≤50	≤50	≤50						
有机物	丙酮/ppm	≤1	≤1	≤1						
	异丙醇/ppm	≤1	≤1	≤1						
	甲苯/ppm	≤1	≤1	≤1						
	乙苯/ppm	≤1	≤1	≤1						
	二甲苯/ppm	≤1	≤1	≤1						
	苯/ppm	≤1	≤1	≤1						
	乙醇/ppm	≤1	≤1	≤1						
	多溴联苯/ppm	≤5	≤5	≤5						
	多溴联苯醚/ppm	≤5	≤5	≤5						

附　录　A
（规范性附录）
粒度分布的测试方法

A.1　适用范围

本附录适用于激光粒度仪测量试样的粒度分布。

A.2　方法提要

激光粒度仪是根据颗粒能使激光产生散射这一物理现象测试粒度分布的。由于激光具有很好的单色性和极强的方向性，当一束平行光遇到颗粒阻挡时，一部分光将发生散射现象，散射光的传播方向将与主光束的传播方向形成一个夹角 θ。散射角 θ 的大小与颗粒的大小有关，颗粒越大，产生的散射光的 θ 角就越小；颗粒越小，产生的散射光的 θ 角就越大。同时，散射光的强度代表该粒径颗粒的数量，如图 A.1。这样，在不同的角度上测量散射光的强度，就可以得到样品的粒度分布。

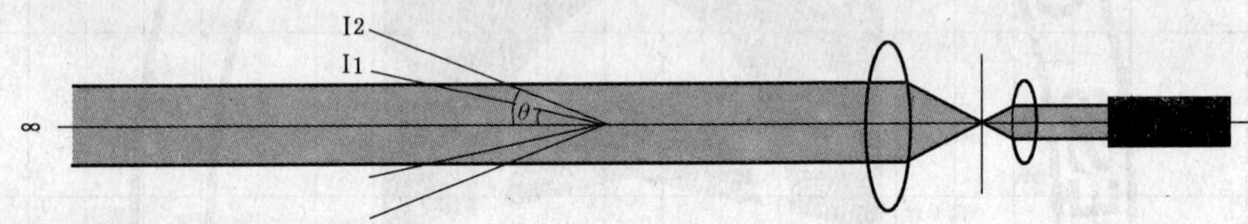

图 A.1　不同粒径的颗粒产生不同角度的散射角

在光束中的适当的位置上放置一个富氏透镜，在该富氏透镜的后焦平面上放置一组多元光电探测器，这样不同角度的散射光通过富氏透镜就会照射到多元光电探测器上，将该包含粒度分布信息的光信号转换成电信号并传输到电脑中，通过专用软件用 Mie 散射理论对这些信号进行处理，就会准确地得到所测试样品的粒度分布，激光粒度仪的原理如图 A.2 所示：

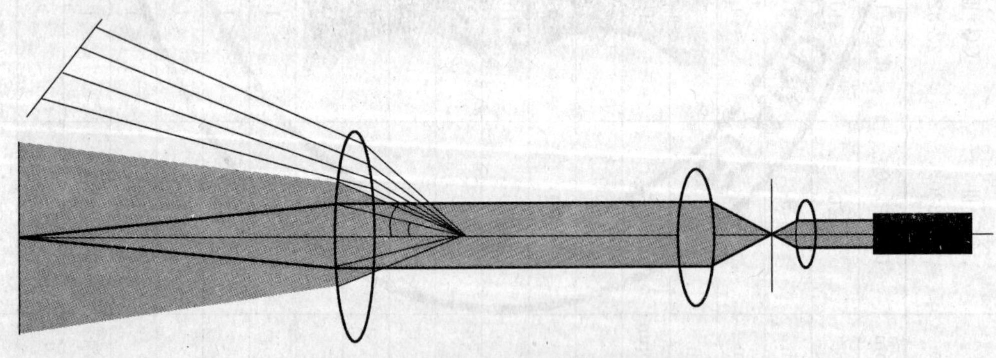

图 A.2　激光粒度仪原理示意图

A.3　试剂及材料

A.3.1　分散剂

许多液体都可用于分散粉末，它们应具有：

A.3.1.1　在激光波长范围内应是透明的（如 He-Ne 激光的波长为 633 nm）；

A.3.1.2　与使用的仪器材料（O 型圈、试管等）能配套使用；

A.3.1.3　不会溶解或改变颗粒材料的粒度；

A.3.1.4　对空气或其他粒子是不相溶的；

A.3.1.5 相当容易且稳定地分散颗粒材料；

A.3.1.6 其折射率与颗粒材料相差很大；

A.3.1.7 有合适的粘度；

A.3.1.8 对健康无危害，符合安全要求。

A.3.2 纯水：电导≤0.05 μS/cm

注：水是常用的分散液体，加入低泡沫的表面活性剂，以降低水的表面张力（用于浸润粒子）。

A.4 仪器与设备

A.4.1 玻璃棒：直径 5 mm，长度 150 mm。

A.4.2 烧杯：50 mL。

A.4.3 激光衍射粒度分析仪（推荐使用 MS2000，测试范围：0.020 μm～2 000 μm）：

对于粒度分布变异系数等于或小于约 50%（或者颗粒最大直径与最小直径之比为 10：1）的试样和对于那些来自同一批原料的五个不同试样在仪器的适当范围进行了至少 3 次测量的情况，特征颗粒的粒度重现性应如下：对于任意粒度分布的中位径值（*D*50），它的变异系数应小于 2%，位于粒度分布两边的值，例如：*D*10 和 *D*90，应有一个不超过 3% 的变异系数；对于 10 μm 以下的颗粒，其最大变异系数应加倍。

A.4.4 仪器设定参数

激光衍射粒度分析仪设定参数见表 A.1：

表 A.1 激光衍射粒度分析仪设定参数

泵转速	频率	时间
2 400 r/min～2 500 r/min	19.5 Hz	70 s

A.4.5 仪器工作环境

仪器应该放在一个干净的环境中，并且环境避免过多电干扰和机械振动，以及温度变动和直接光照。操作区应是通风的，仪器应有一个刚性光学平台，或者应放在一个固定良好的桌上，以避免光学系统频繁的对光调整。

A.5 试样的制备

在烧杯（A.4.2）中放入分散剂和被测试样，再加入一定量的纯水，用玻璃棒充分搅拌，使样品分散均匀。

A.6 分析步骤

A.6.1 开启激光衍射粒度分析仪，预热 30 min。

A.6.2 按仪器说明书的规定，开启仪器进行测试。

A.7 结果计算与数据处理

读取 *D*10、*D*50、*D*90 值，结果取四次测试平均值。

A.8 试验报告

应包含以下内容：

a) 生产批号、日期、测试地点、试验使用仪器型号、所用分散剂和操作人员等；

b) 测试结果以粒度分布数据表、分布曲线、比表面积、*D*10、*D*50、*D*90 等方式显示、打印和记录；

c) 在测定中观察到的异常现象；

d) 任何不包括在本标准中的操作或是自由选择的试验条件。

附 录 B
（规范性附录）
水分含量的测试方法

B.1 适用范围

本附录适用于卡尔·费休库仑滴定仪测量试样中水分含量。

B.2 方法提要

试样中的水与碘、二氧化硫在有机碱和甲醇存在下，发生下列反应：

$H_2O+I_2+SO_2+CH_3OH+3RN \rightarrow [RHN]SO_4CH_3+2[RHN]I$

其中的碘是通过电化学方法氧化电解槽而产生的。

$2I^- \rightarrow I_2+2e^-$

产生的碘的量与通过电解池的电量成正比，因此记录电解所消耗的电量，根据法拉第定律，就可求出试样的水分含量（10.72 mC≈1 μgH_2O）。以百分数为单位的含水量：

$$水[\%]=\frac{(消耗量[mC]\div 10.72[mC/\mu g]-(漂移[\mu g/min]\times 持续时间[min])-空白值[\mu g])\times 100[\%]}{质量[g]\times 10^6[mg/g]}$$

为了得到以 ppm 为单位的含水量可乘以 10 000，为了得到以克/千克为单位的含水量可乘以 10。

B.3 试剂及材料

B.3.1 干燥剂：3A 分子筛。

B.3.2 电解液：无隔膜电解液（商品：保质期：5 年，贮存条件：防潮密封）。

B.4 仪器与设备

B.4.1 卡尔·费休库仑滴定仪：测量范围 0.000 1%～1%。

B.4.2 天平：感量 0.000 01 g。

B.4.3 微量注射器：1 mL。

B.4.4 漂流瓶：20 mL。

B.4.5 空白瓶：20 mL。

B.4.6 仪器工作环境

卡尔·费休库仑滴定仪绝对不能正对着空调系统，室内空调系统应配备水分冷凝器。

B.4.7 仪器设定参数

卡尔·费休库仑滴定仪设定参数见表 B.1：

表 B.1 卡尔·费休库仑滴定仪设定参数

干燥温度	干燥时间	气流流速
200 ℃	5 min	100 mL/min～150 mL/min

B.5 分析步骤

B.5.1 测定装置

按图 B.1 连接测定装置。

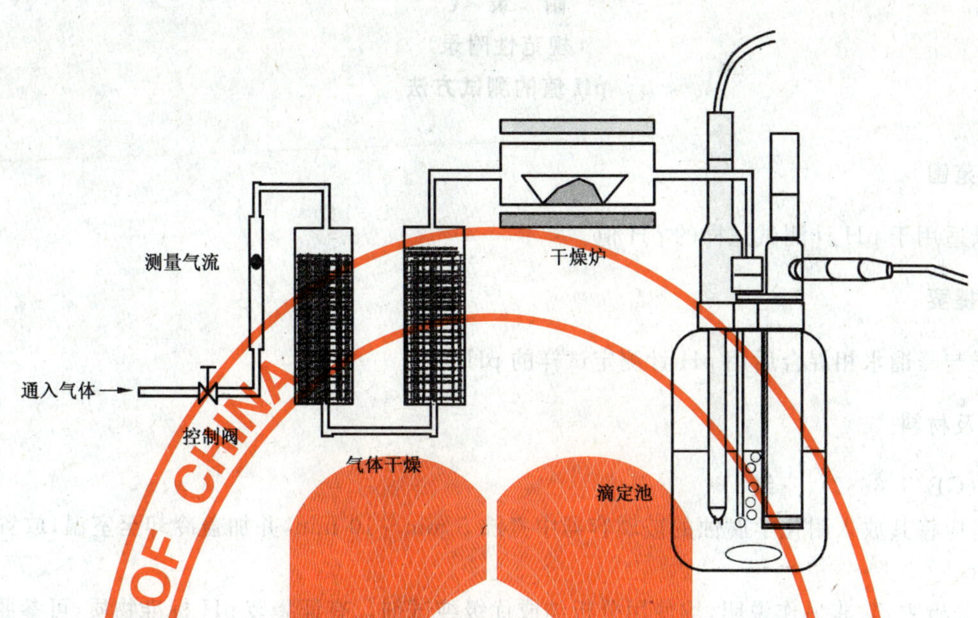

图 B.1 卡尔·费休库仑滴定仪装置

B.5.2 试验步骤

B.5.2.1 按仪器说明书的规定，装入电解液，开启仪器使之处于准备进样状态。

应定期用微量注射器注入一定量纯水对仪器进行标定，仪器显示数值与理论值的相对误差不大于±5%。

B.5.2.2 称取 0.2 g 样品，精确至 0.000 01 g，置于样品瓶中，迅速用铝箔将瓶口密封，并盖上塑料盖，同时做好标示。轻轻敲击瓶壁，使样品均匀平铺于底部。

B.5.2.3 依次将漂移瓶、空白瓶、样品瓶放在干燥炉样品转换器转盘上（放漂移瓶、空白瓶用于检测空气流动及样品瓶所带来的水分含量）。

B.5.2.4 启动滴定程序，调出设置方法，仪器进行预滴定，完毕后转入测试状态，输入样品的重量测试开始。滴定完毕，记录仪器显示测得的水分量。

B.6 结果计算与数据处理

记录分析结果并按 GB/T 8170 的规定修约至 0.001%。

B.7 试验报告

应包含以下内容：

a) 生产批号、日期、时间、测试地点、试验使用仪器型号和操作人员等；

b) 分析结果及表示方法；

c) 在测定中观察到的异常现象；

d) 任何不包括在本标准中的操作或是自由选择的试验条件。

附　录　C
（规范性附录）
pH 值的测试方法

C.1　适用范围

本附录适用于 pH 计测试试样的 pH 值。

C.2　方法提要

将试样与蒸馏水相混合后用 pH 计测定试样的 pH 值。

C.3　试剂及材料

C.3.1　水(GB/T 6682)，三级。

使用前应将其放入耐化学腐蚀的玻璃容器中煮沸 5 min～10 min，并加盖冷却至室温，放置时间不超过 30 min。

C.3.2　在分析中，除非另作说明，均使用分析纯或优级纯试剂。有证袋装 pH 标准物质，可参照说明书使用，也可按 GB/T 9724 的规定进行配制。

C.3.2.1　测量 pH 时，常配制以下两种标准溶液：

C.3.2.1.1　pH 标准溶液-甲(pH 4.008，25 ℃)

称取先在 110 ℃～130 ℃干燥 2 h～3 h 的邻苯二甲酸氢钾($KHC_8H_4O_4$)10.12 g，溶于水并在容量瓶中稀释至 1 L。

C.3.2.1.2　pH 标准溶液-乙(pH 9.180，25 ℃)

称取与饱和溴化钠(或氯化钠加蔗糖)溶液(室温)共同放置在干燥器中平衡 48 h 的硼砂($Na_2B_4O_7 \cdot 10H_2O$)3.80 g，溶于水并在容量瓶中稀释至 1 L。

C.3.2.2　标准溶液的保存

C.3.2.2.1　标准溶液要在聚乙烯瓶或硬质玻璃瓶中保存。

C.3.2.2.2　在室温条件下，标准溶液一般保存 1～2 个月为宜，当发现有浑浊、发霉或沉淀现象时，不能继续使用。

C.4　仪器与设备

C.4.1　分析天平：感量 0.000 1 g。

C.4.2　pH 计：测量范围 0～14，精度 0.02。

C.4.3　玻璃烧杯或聚乙烯杯：50 mL 或 100 mL。

C.4.4　表面皿：尺寸大小与烧杯(C.4.3)相匹配。

C.4.5　电热板或电炉(温度可调)。

C.4.6　量筒：容量 50 mL。

C.4.7　试验条件

不受酸碱等化学气体污染。测定时，试样温度应力求与缓冲溶液一致。

C.5　试样的制备

C.5.1　称取 5.00 g 试样，精确至 0.02 g，置于 100 mL 玻璃烧杯中，加入 50 mL 新煮沸并冷却的蒸馏水。

C.5.2 将装有试样混合液的烧杯放在电炉或电热板上煮沸 5 min，不允许煮沸至干。

C.5.3 取下烧杯，盖上表面皿，置于不受化学气体污染的环境中冷却至室温。

C.5.4 按 GB/T 9724 的规定，用两点法进行校正，定位，两标准缓冲溶液互相校正的 pH 误差不得大于 0.1pH 单位，否则应重新配制标准缓冲溶液或校正 pH 计。在每次测试后，需用蒸馏水将电极冲洗干净，并用滤纸吸干水迹。

C.5.5 将混合液过滤后，定容到 50 mL，测定其 pH 值。

C.6 分析步骤

C.6.1 将 pH 计的电极放入测物中，轻轻旋转烧杯，待 pH 计示值稳定 1 min 后读取 pH 值，准确至 0.02 个 pH 单位。

C.6.2 用蒸馏水冲洗电极并擦干净，当不用时，按电极的使用说明放置电极。

C.7 结果计算与数据处理

C.7.1 试样的 pH 值以 pH 计自动所显示的数值表示。

C.7.2 测量结果取其几次测定的平均值，修约到两位小数。修约按 GB/T 8170 规定进行。

C.8 试验报告

应包含以下内容：

a) 生产批号、日期、时间、测试地点、试验使用仪器型号和操作人员等；

b) 分析结果及表示方法；

c) 在测定中观察到的异常现象；

d) 任何不包括在本标准中的操作或是自由选择的试验条件。

附　录　D
（规范性附录）
比表面积的测试方法

D.1　适用范围

本附录适用于比表面积测试仪测试试样的比表面积。

D.2　方法提要

放到气体环境中的样品，其物质表面（颗粒外部和内部空隙的表面积）在低温下将发生物理吸附。当吸附达到平衡时，测量平衡吸附压力的吸附气体量，根据 BET 方程式（D.1）求出试样单分子层吸附量，从而计算出试样的比表面积。

$$\frac{P}{V(P_0-P)}=\frac{1}{V_m\cdot C}+\frac{C-1}{V_m\cdot C}\cdot(P/P_0) \quad \cdots\cdots(D.1)$$

式中：

P——吸附质分压，单位为帕（Pa）；

P_0——吸附剂饱和蒸汽压，单位为帕（Pa）；

V——样品实际吸附量，单位为立方厘米（cm^3）；

V_m——单层饱和吸附量，单位为立方厘米（cm^3）；

C——与样品吸附能力相关的常数。

令 P/P_0 为 X，$P/V(P_0-P)$ 为 Y，$(C-1)/V_m\cdot C$ 为 A，$1/V_m\cdot C$ 为 B，便得到一条斜率为 A，截距为 B 的直线方程式。

理论和实践表明，当 P/P_0 取点在 0.05～0.35 范围内时，BET 方程与实际吸附过程相吻合，图形线性也很好，因此实际测试过程中选点需在此范围内。由于选取了 3～5 组 P/P_0 进行测定，称之为多点 BET。当被测样品的吸附能力很强，即 C 值很大时，直线的截距接近于零，可近似认为直线通过原点，此时可只测定一组 P/P_0 数据与原点相连求出比表面积，称之为单点 BET。

D.3　试剂及材料

D.3.1　液氮（沸点：－196 ℃）。

D.3.2　纯氮：钢瓶装或其他氮气源，纯度 99.999%。

D.3.3　纯氦：钢瓶装，纯度 99.999%。

D.4　仪器与设备

D.4.1　杜瓦瓶：容量约 265 cm^3。

D.4.2　液氮容器：容量 30 dm^3 或其他规格。

D.4.3　天平：感量 0.000 01 g。

D.4.4　比表面积测试仪

凡是根据 BET 原理制作的，能得到正确比表面积的任何仪器均可采用。图 D.1 是以容量法所用仪器的原理示意图：

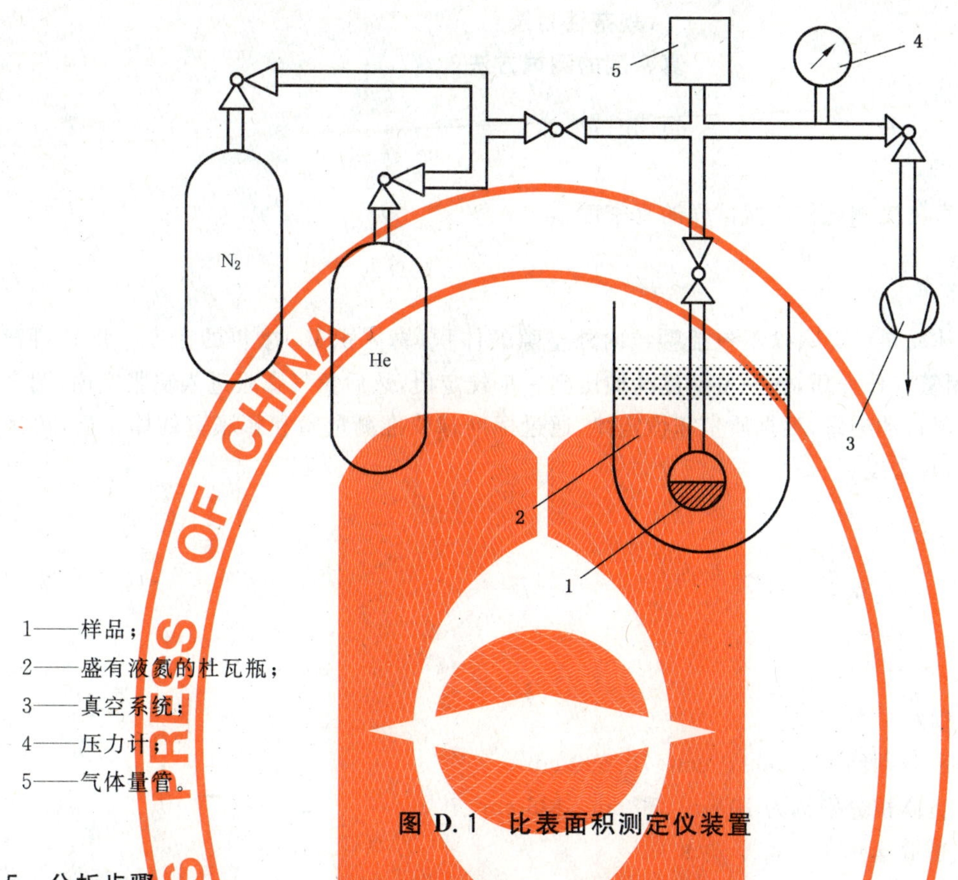

1——样品；

2——盛有液氮的杜瓦瓶；

3——真空系统；

4——压力计；

5——气体量管。

图 D.1 比表面积测定仪装置

D.5 分析步骤

D.5.1 将样品管置于干燥处理器，加热至 300 ℃ 保温 1 h，待冷却到室温后称量质量，精确到 0.000 01 g；

D.5.2 称取试样 2 g～4 g，准确到 0.000 01 g，装入样品管中；

D.5.3 装好样品管，以氮气作吸附气，液氮作冷却源，按照仪器测试条件测试试样的比表面积。

D.6 结果计算与数据处理

读取比表面积测定仪自动显示数据。

D.7 试验报告

应包含以下内容：

a) 生产批号、日期、时间、测试地点、试验使用仪器型号和操作人员等；

b) 分析结果及表示方法；

c) 在测定中观察到的异常现象；

d) 任何不包括在本标准中的操作或是自由选择的试验条件。

附 录 E
（规范性附录）
真密度的测试方法

E.1 适用范围

本附录适用于真密度测试仪测试试样的真密度。

E.2 方法提要

真密度是指粉体质量(W)除以不包括颗粒内外空隙的体积(真体积 V_t)求得的密度。将试料置于真密度测试仪中，用氦气作介质，在测量室逐渐加压到一个规定值，然后氦气膨胀进入膨胀室内，两个过程的平衡压力由仪器自动记录，根据质量守恒定律，通过标准球校准测量室和膨胀室的体积后，再确定试料的体积，计算出真密度。

E.3 试剂及材料

氦气，纯度不小于 99.9%。

E.4 仪器与设备

E.4.1 真密度测试仪。

E.4.2 标准球，体积分别约为 7.069 9 cm^3、70.699 cm^3。

E.4.3 系列样品池，体积分别约为 10 cm^3、50 cm^3、135 cm^3。

E.4.4 电子天平：感量 0.000 01 g。

E.5 分析步骤

E.5.1 开启真密度测试仪，通入氦气，预热 30 min，并检查气路的气密性。

E.5.2 每次测试前用标准球对仪器进行校正。

E.5.3 在合适的样品池中装入不少于样品池体积的 2/3 的试样，准确称取样品的质量，精确到 0.000 01 g，装样时必须夯实，打开装样品池的筒外盖，把样品池缓慢放入筒中，盖上筒外盖并拧紧。

E.5.4 按照真密度测定仪的说明书，进行测定，一般重复测定三次，取三次测定的算术平均值。

E.6 结果计算与数据处理

E.6.1 试样的真密度按照式(E.1)进行计算：

$$\rho = \frac{m}{V_0} \qquad \cdots\cdots(E.1)$$

式中：

ρ——真密度，单位为克每立方厘米(g/cm^3)；

m——试样的质量，单位为克(g)；

V_0——试样的体积，单位为立方厘米(cm^3)。

E.6.2 大多数真密度仪是校准后直接给出真密度的结果，当使用不能直接给出真密度的仪器时，试样的体积 V_0 可由测定的数据按式(E.2)计算，再将 V_0 代入式(E.1)计算真密度：

$$V_0 = V_1 - \frac{V_2 P_2}{P_1 - P_2} \qquad \cdots\cdots(E.2)$$

式中：

V_1——测量室的体积，单位为立方厘米(cm^3)；

V_2——膨胀室的体积，单位为立方厘米(cm^3)；

P_1——测定室的压力，单位为千帕(kPa)；

P_2——膨胀室的压力，单位为千帕(kPa)。

E.7 试验报告

应包含以下内容：

a) 生产批号、日期、时间、测试地点、试验使用仪器型号和操作人员等；

b) 分析结果及表示方法；

c) 在测定中观察到的异常现象；

d) 任何不包括在本标准中的操作或是自由选择的试验条件。

附　录　F
（规范性附录）
层间距 d002 的测试方法

F.1　适用范围

本附录适用于 X 射线衍射仪测试试样的晶面层间距 d002。

F.2　方法提要

X 射线衍射仪自动记录碳的 002、004、110、112 衍射线图形，同时读取衍射角（2θobs）c，并由内标法求得经过校正后的衍射角（2θcor）c，由式（F.1）来计算试样的层面间距 d002。根据布拉格方程式（F.1）计算：

$$2d\sin(2\theta\mathrm{cor}) = \lambda \qquad \text{(F.1)}$$

F.3　试剂及材料

单晶硅粉：纯度≥99.99%。

用玛瑙研钵将它粉碎，并且全部通过 325 目（45 μm）标准筛的硅粉作为 X 射线用的内标准物质。

F.4　仪器与设备

F.4.1　自动记录式 X 射线衍射仪，采用铜靶 KαX 射线。

F.4.2　天平：感量 0.000 1 g。

F.4.3　玛瑙研钵。

F.5　试样的制备

F.5.1　称取 1.5 g 硅粉和 3.5 g 的试样（准确到 0.000 1 g）放入研钵中研磨。

F.5.2　将研磨混合均匀的样品加入到样品架的凹槽内，用玻片压紧、压平。

F.6　分析步骤

F.6.1　将样品架放置在 X 射线衍射仪的测试平台上；

F.6.2　设定扫描的起始角为 10°、结束角为 90°、步长 0.017 00，扫描方式为连续扫描。

F.6.3　用作为碳的各衍射线内标的硅的衍射线指数及衍射角按表 F.1 的规定。

表 F.1　碳和硅内标的衍射线指数及衍射角

碳（JCPDS 卡 00-041-1478）		硅内标角	
hkl	（2θcor）c	hkl	（2θcor）si
002	26.5 附近	111	α_i＝28.442，α_m＝28.47
004	54.5 附近	311	α_i＝56.122，α_m＝56.174
110	77.6 附近	311	α_i＝76.376，α_m＝76.452
112	83.6 附近	422	α_i＝88.030，α_m＝88.124

F.7　结果计算与数据处理

读取 2θcor 显示值，按照计算公式（F.1）计算层间距 d002 数据值。

F.8 试验报告

应包含以下内容：

a) 生产批号、日期、时间、测试地点、试验使用仪器型号和操作人员等；

b) 分析结果及表示方法；

c) 在测定中观察到的异常现象；

d) 任何不包括在本标准中的操作或是自由选择的试验条件。

附 录 G
(规范性附录)
首次库仑效率及首次放电比容量的测试方法

G.1 适用范围

本附录适用于电池测试仪测试试样的首次放电比容量、首次充电比容量及首次库仑效率。

G.2 方法与提要

G.2.1 首次库仑效率:以金属锂为电极,在 23 ℃±2 ℃的条件下,按照电池充放电测试仪器操作规程进行测试,测试出的半电池放电比容量(脱锂)除以充电比容量(嵌锂)得到库仑效率。

G.2.2 首次放电比容量(脱锂):以金属锂为电极,在 23 ℃±2 ℃的条件下,按照电池充放电测试仪器操作规程测试出的半电池放电比容量(脱锂)。

G.3 试剂及材料

G.3.1 导电剂:乙炔黑(按 GB/T 3782)或相同类型导电碳黑。

G.3.2 粘接剂:聚偏氟乙烯(PVDF)。

G.3.3 石墨集流体:铜箔(按 GB/T 5187)或相同类型集流体。

G.3.4 锂集流体:镍网(按 GB/T 3120)或相同类型集流体。

G.3.5 金属锂片或锂带(按 GB/T 4369)。

G.4 仪器与设备

G.4.1 电池测试仪:(电流精度:0.1%RD+0.1%FS;电压精度:0.1%RD+0.1%FS)或相同类型测试仪。

G.4.2 模拟电池:封闭体系、聚四氟乙烯材质或同等类型的电池模具(如扣式电池等)。

G.4.3 手套箱:20 ℃恒温,一个标准大气压,99.999%的惰性气体,H_2O≤1 ppm、O_2≤1 ppm 或相同类型手套箱。

G.4.4 真空干燥箱(精度:真空度<100 Pa,温度范围 50 ℃~250 ℃)或相同类型干燥箱。

G.4.5 鼓风干燥箱:(10 ℃~250 ℃)或相同类型干燥箱。

G.4.6 干燥器皿:相对湿度<25%或相同类型干燥器皿。

G.4.7 天平:感量 0.000 01 g 或相同类型天平。

G.4.8 船浆式搅拌器:3 000 r/min 或相同类型搅拌器。

G.4.9 涂膜涂布器(规格 200 μm):3 000 r/min 或相同类型涂布器。

G.5 试样的制备

试样在干燥房间内制备,温度:23 ℃±2 ℃;露点:<−30。

G.5.1 按(7.1)取样方法中取样规则采取试样和导电剂,将试样和导电剂放入真空烘箱中,在 120 ℃烘烤 4 h 后,转到在干燥器皿内冷却。然后,对试样、粘结剂、导电剂按质量比为 92∶5∶3 的比例称取 9.5 g 试样和导电剂的混合物粉末(准确到 0.000 01 g)。

G.5.2 将试样和导电剂的混合物粉末加入 40 mL 小烧杯中,然后加入已配好的浓度为 5%粘结剂的 N-甲基-2-吡咯烷酮溶液(H_2O%≤10 ppm),采用船浆式搅拌器调制成膏状物(搅拌时间 30 min,搅拌速度 1 500 r/min)。

G.5.3 将膏状物均匀涂抹于铜箔上，用 200 μm 涂膜涂布器将膏状物刮在铜箔上，直至表面光滑，然后放入鼓风干燥箱中在 100 ℃烘烤 8 h。

G.5.4 烘烤的极片经裁片、压片成各种形状的电极（长方形带状、条状或圆形等），准确称重后，放入真空干燥箱中，真空条件下，在 100 ℃烘烤 8 h。制得工作碳电极。

G.5.5 在氩气气氛下的手套箱中，将金属锂裁剪制成条状或者带状，然后将上述裁剪好的金属锂压制到已裁剪成条状的镍网（或其他同等性能的集流体）末端，制成对电极（或者直接以金属为对电极）。

G.5.6 以上述步骤制成的碳电极和对电极，与 1 mol/L $LiPF_6$ 的 EC（碳酸乙烯脂）/EMC（碳酸甲乙脂）（EC 与 EMC 体积比为 1∶1）溶液做电解液（或其他同等性能的电解液），在手套箱中组装成密封完好的 8 对（或以上数量）符合电极体系的半电池。

G.6 分析步骤

将半电池在电池程控测试仪（电流精度：0.1%RD+0.1%FS；电压精度：0.1%RD+0.1%FS 或其他同等性能的测试设备）上测试电化学性能（0.001 V～2.0 V 的电压范围、0.2C 的充放电倍率）。计算多只半电池数据平均值。

G.7 结果计算与数据处理

试样的首次放电比容量和首次库仑效率，按式（G.1）、式（G.2）、式（G.3）计算：

$$Q1(\mathrm{cha}) = C1(\mathrm{cha})/m \qquad \cdots\cdots(\mathrm{G.1})$$

$$Q1(\mathrm{dis}) = C1(\mathrm{dis})/m \qquad \cdots\cdots(\mathrm{G.2})$$

$$E1 = Q1(\mathrm{dis})/Q1(\mathrm{cha}) \times 100\% \qquad \cdots\cdots(\mathrm{G.3})$$

式中：

$Q1$(cha)——首次充电比容量，单位为毫安小时每克（mA·h/g）；

C1(cha)——首次充电容量，单位为毫安小时（mA·h）；

m——活性物质质量，单位为毫克（mg）；

$Q1$(dis)——首次放电比容量，单位为毫安小时每克（mA·h/g）；

$C1$(dis)——首次放电容量，单位为毫安小时（mA·h）；

$E1$——首次库伦效率，用（%）表示。

G.8 试验报告

应包含以下内容：

a) 生产批号、日期、时间、测试地点、试验使用仪器型号及测试人员等；

b) 分析结果及表示方法；

c) 在测定中观察到的异常现象；

d) 任何不包括在本标准中的操作或是自由选择的试验条件。

附 录 H
（规范性附录）
微量金属元素的测试方法

H.1 适用范围

本附录适用于电感耦合等离子体发射光谱仪测试试样中的铁、钠、铬、铜、镍、铝、钼等微量金属含量。

H.2 方法提要

样品加入王水（浓 HNO_3：浓 HCl，体积比 1：3）后，用微波消解仪溶解，经过滤、定容后，在酸性介质中，在选定的最佳条件下，于电感耦合等离子体发射光谱仪上分别测定发射光强度。

H.3 试剂及材料

本附录中所用水应符合（GB/T 6682）中二级或三级水的要求。

本附录中所用试剂的纯度均在分析纯以上。

H.3.1 浓硝酸：（GB/T 626），65%～68%以上。

H.3.2 浓盐酸：（GB/T 622），36%～38%以上。

H.3.3 硝酸溶液：（GB/T 626），体积分数为 2%。

H.3.4 氩气：纯度 99.999%。

H.3.5 贮备标准溶液

铁、钠、铬、铜、镍、铝、钼的标准溶液，浓度均为 1 000 μg/mL，可保存 1 年。

H.3.6 标准溶液的配制

下列配制的标准溶液可保存 1 个月。

H.3.6.1 铁标准溶液（50 μg/mL）：吸取 10.00 mL 铁贮备溶液，放入 200 mL 容量瓶中，用 2%硝酸溶液（H.3.3），稀释至刻度，摇匀。

H.3.6.2 钠标准溶液（50 μg/mL）：参照 H.3.6.1 的配制方法。

H.3.6.3 铬标准溶液（50 μg/mL）：参照 H.3.6.1 的配制方法。

H.3.6.4 铜标准溶液（50 μg/mL）：参照 H.3.6.1 的配制方法。

H.3.6.5 镍标准溶液（50 μg/mL）：参照 H.3.6.1 的配制方法。

H.3.6.6 铝标准溶液（50 μg/mL）：参照 H.3.6.1 的配制方法。

H.3.6.7 钼标准溶液（50 μg/mL）：参照 H.3.6.1 的配制方法。

H.4 仪器与设备

H.4.1 电感耦合等离子体发射光谱仪或等同性能的仪器。

H.4.2 MARS 微波消解仪或等同性能的消解装置：工作温度不小于 180 ℃。

H.4.3 样品罐：与微波消解仪配套。

H.4.4 分析天平：感量为 0.000 01 g。

H.4.5 仪器工作条件

试样中铁、钠、铬、铜、镍、铝、钼含量的测定参数见表 H.1。

表 H.1 各金属元素含量测定参数

工作条件	被测元素						
	铁	钠	铬	铜	镍	铝	钼
波长/nm	238.204	589.592	267.716	327.393	231.604	396.153	202.031
等离子体流量/(L/min)	15.0						
辅助流量/(L/min)	0.20						
雾化器流量/(L/min)	0.80						
射频功率/W	1 300						
试样流量/(mL/min)	1.50						
测量时间/s	30						
重复次数	3						
观测方向	轴向						
注：测定时，应根据不同仪器对上述参数作适当的调整，以达到金属元素的最佳测定条件。							

H.5 工作曲线的制定

分别准确吸取被测金属元素的标准溶液 0.00、0.50 mL、1.00 mL、2.00 mL 置于 4 个 100 mL 容量瓶中，用 2%硝酸溶液(H.3.3)稀释至刻度，摇匀，配制成各元素含量均为 0.00、0.25 μg/mL、0.50 μg/mL、1.00 μg/mL 的系列混合工作标准溶液。

H.6 试样的制备

称取 0.4 g 试样，精确至 0.000 01 g，于清洗干净的消解罐中；加入 3 mL 浓硝酸(H.3.1)，9 mL 浓盐酸(H.3.2)，摇匀，消解；同样方法制作一个试样空白，拧紧样品盖，置于微波消解仪内消解。消解完后，冷却至室温，过滤，定容至 100 mL。

H.7 分析步骤

在选定的最佳工作条件下，待光源稳定后，将空白、标准溶液依次吸入，制定标准曲线，然后再将制备的样品以同样的方法直接测定。由于谱线干扰少，因此采用直接干扰校正法(IEC)进行背景校正。

H.8 结果计算与数据处理

读取仪器自动显示数据，按照 GB/T 8170 的规定进行修约至小数点后两位。

H.9 试验报告

应包含以下内容：

a) 生产批号、日期、时间、测试地点、测试人员、试验使用仪器型号等；

b) 分析结果及表示方法；

c) 在测定中观察到的异常现象；

d) 任何不包括在本标准中的操作或是自由选择的试验条件。

附 录 I
（规范性附录）
阴离子的测试方法

I.1 适用范围

本附录适用于离子色谱仪测试试样中 F^-、Cl^-、SO_4^{2-}、NO_2^-、NO_3^-、Br^-、PO_4^{3-} 等阴离子。

I.2 方法提要

分析无机阴离子通常用阴离子交换柱，其填料通常为季铵盐交换基团，样品阴离子以静电相互作用进入固定相的交换位置，又被带负电荷的淋洗离子交换下来进入流动相。不同阴离子与交换基团的作用力不同，在固定相中的保留时间也就不同，从而彼此达到分离。示意图如下（见图 I.1）。

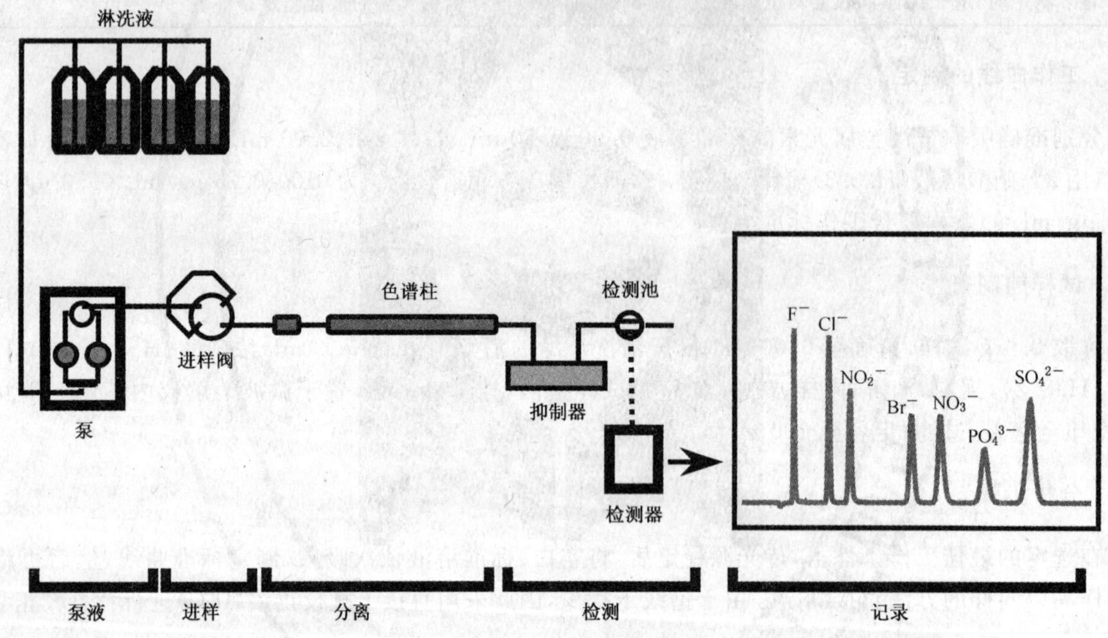

图 I.1 离子色谱的基本流程

I.3 试剂及材料

除非另有说明，分析时均使用符合国家标准或者专业标准的分析纯试剂。

I.3.1 纯水：电导率小于 0.1 μs/cm，并经过 0.22 μm 滤膜过滤。

I.3.2 淋洗液储备液，碳酸氢钠［$c(NaHCO_3)$＝14 mmol/L］-碳酸钠［$c(Na_2CO_3)$＝45 mmol/L］溶液：称取 2.352 g 碳酸氢钠（$NaHCO_3$）和 9.54 g 碳酸钠（Na_2CO_3），称准至 0.000 1 g，溶于纯水（I.3.1）中，并稀释至 2 L。

I.3.3 淋洗液：碳酸氢钠［$c(NaHCO_3)$＝1.4 mmol/L］-碳酸钠［$c(Na_2CO_3)$＝4.5 mmol/L］溶液：用量筒（I.4.5）量取 200 mL 淋洗液储备液（I.3.2），并稀释至 2 L。

I.3.4 阴离子贮备标准溶液：直接购买色谱纯级 F^-、Cl^-、SO_4^{2-}、NO_2^-、NO_3^-、Br^-、PO_4^{3-} 的标准溶液，浓度均为 1 000 mg/L。

I.3.5 标准溶液的配制：

下列配制的标准溶液保存在冰箱中，保存期 3 个月。

I.3.5.1 F^- 标准溶液（20 mg/L）：吸取 2.00 mL F^- 贮备溶液，放入 100 mL 容量瓶中，用纯水（I.3.1）稀释至刻度，摇匀。

I.3.5.2 Cl^- 标准溶液（30 mg/L）：参照 I.3.5.1 的配制方法。

I.3.5.3 NO_2^- 标准溶液（100 mg/L）：参照 I.3.5.1 的配制方法。

I.3.5.4 Br^- 标准溶液（20 mg/L）：参照 I.3.5.1 的配制方法。

I.3.5.5 NO_3^- 标准溶液（20 mg/L）：参照 I.3.5.1 的配制方法。

I.3.5.6 SO_4^{2-} 标准溶液（100 mg/L）：参照 I.3.5.1 的配制方法。

I.3.5.7 PO_4^{3-} 标准溶液（100 mg/L）：参照 I.3.5.1 的配制方法。

I.3.6 混合阴离子系列标准溶液

分别准确吸取上述阴离子标准溶液 0.00 mL、0.25 mL、0.50 mL、1.50 mL、2.50 mL、4.00 mL，于 6 个 100 mL 容量瓶中，用纯水（I.3.1）稀释至刻度，摇匀。此混合阴离子系列标准溶液适合进样 50 μL，检测器量程为 25 μs（见图 I.2）。

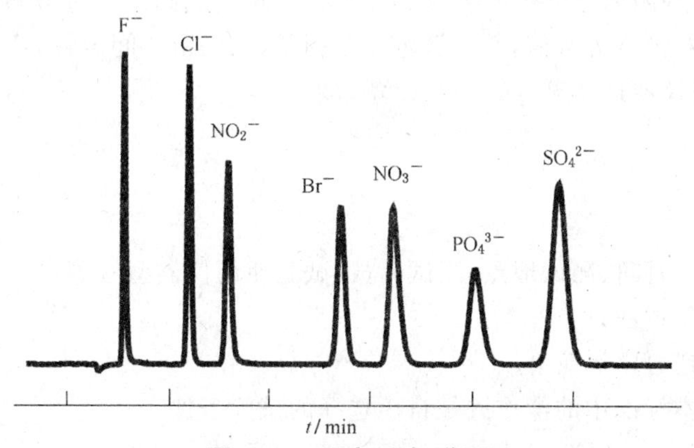

图 I.2 阴离子色谱图

I.4 仪器与设备

I.4.1 离子色谱仪：包括进样系统，分离柱及保护柱，抑制器，电导检测器（分辨率：0.10 nS）。

I.4.2 滤器及滤膜 0.22 μm；滤膜过滤。

I.4.3 分析天平：感量为 0.000 1 g。

I.4.4 超声装置：用于样品溶解，玻璃器皿的清洗。

I.4.5 量筒：200 mL。

I.4.6 微量注射器：1 mL。

I.4.7 仪器工作条件

试样中 F^-、Cl^-、NO_2^-、NO_3^-、Br^-、SO_4^{2-}、PO_4^{3-} 的测定工作参数见表 I.1。

表 I.1 各种阴离子的测定工作参数

项　目	参　数
淋洗液浓度	4.5 mmol/L Na_2CO_3/1.4 mmol/L $NaHCO_3$
淋洗液流速	1.2 mL/min
柱温	(30±1)℃
检测池温度	(35±1)℃
抑制器电流	50 mA
色谱柱	阴离子交换柱，4×250 mm

I.5 试样的制备

称取试样 1 g,精确至 0.000 01 g,倒入 50 mL 烧杯中,加入 40 mL 纯水,经超声波处理 3 min,过滤,用纯水定容到 100 mL 容量瓶。在 30 min 内测定。

I.6 分析步骤

I.6.1 打开离子色谱仪,按仪器操作说明书打开仪器各单元的电源。

I.6.2 按照表 I.1 设置色谱操作条件。

I.6.3 待基线稳定后,用微量注射器取大于进样器体积的阴离子混合标准溶液(注射器应事先用蒸馏水洗 3 次,再用样品溶液洗 3 次,并注意不要吸入气泡),点击数据采集,分析即开始。

I.7 结果计算与数据处理

I.7.1 设置好定量分析程序。

I.7.2 离子色谱仪用 7 种阴离子的标准溶液的分析结果建立或修改定量分析表(ID),即在 ID 表中输入各阴离子的保留时间和浓度等数值,并计算出校正因子,以保留时间定性,峰面积定量。

I.7.3 读取离子色谱仪仪器自动显示数据及计算结果。

I.8 试验报告

应包含以下内容:

a) 生产批号、日期、时间、测试地点、测试人员、试验使用仪器型号等;

b) 分析结果及表示方法;

c) 在测定中观察到的异常现象;

d) 任何不包括在本标准中的操作或是自由选择的试验条件。

附 录 J
（规范性附录）
全硫的测试方法

J.1 适用范围

本附录适用于离子色谱仪测试试样中全硫含量。

J.2 方法提要

将试样与艾氏剂混匀，在高温炉缓慢燃烧，试样中的有机硫，硫化物和单质硫均被氧化成 SO_2 和少量的 SO_3，然后与碳酸钠和氧化镁直接作用，生成可溶性的硫酸盐——Na_2SO_4 和 $MgSO_4$，将坩埚内的灼烧物转移到烧杯，经溶解，超声，过滤后，用离子色谱仪测定其硫酸根的含量，可计算出试样中全硫的含量。

注：计算包含试样中所有形态的硫。

J.3 试剂及材料

J.3.1 纯水：电导率小于 0.1 μS/cm，并经过 0.22 μm 滤膜过滤。

J.3.2 SO_4^{2-} 贮备标准溶液：直接购买符合国家标准或行业标准的溶液，浓度为 1 000 mg/L，保存在冰箱中，可保存 1 年。

J.3.3 SO_4^{2-} 标准溶液(100 mg/L)：见 I.3.5.6。

J.3.4 SO_4^{2-} 系列标准溶液：取 6 个 50 mL 容量瓶分别准确加入 SO_4^{2-} (I.3.5.6) 0.00 mL，0.25 mL，0.50 mL，1.50 mL，2.50 mL，4.00 mL，用纯水(J.3.1)稀释至刻度，摇匀。

J.3.5 氧化镁(分析纯)。

J.3.6 碳酸钠(分析纯)。

J.3.7 艾氏试剂的配制：将无水碳酸钠和氧化镁按质量比 1∶2 称取，研细至粒度小于 0.15 mm 以下(过 100 目筛)混合均匀，保存于磨口瓶中备用。

J.4 仪器与设备

实验室常用仪器和下列仪器：

J.4.1 离子色谱仪：包括进样系统，分离柱及保护柱，抑制器，电导检测器。

J.4.2 滤膜：0.22 μm。

J.4.3 分析天平：感量为 0.000 01 g。

J.4.4 超声装置：用于样品溶解，玻璃器皿的清洗。

J.4.5 量筒：200 mL。

J.4.6 微量注射器：1 mL。

J.4.7 高温炉：温度可调。

J.4.8 仪器工作条件

试样中全硫的测定工作参数见表 J.1。

表 J.1 全硫的测定工作参数

项　　目	参　　数
淋洗液浓度	4.5 mmol/L Na_2CO_3/1.4 mmol/L $NaHCO_3$
淋洗液流速	1.2 mL/min
柱温	(30±1)℃
检测池温度	(35±1)℃
抑制器电流	50 mA
色谱柱	阴离子交换柱,4×250 mm

J.5 试样的制备

J.5.1 称取 1.5 g 粒度小于 0.15 mm 的试样,称准至 0.000 2 g,置于装有 2 g 艾氏剂的 30 mL 瓷坩埚中,用直径 1 mm 镍铬丝混合均匀,搅拌时不要搅拌到坩埚底部(便于清洗坩埚),再用 1 g 艾氏剂均匀覆盖,艾氏剂称准至 0.1 g。

J.5.2 将装有试样的坩埚放入冷的高温炉内,保持炉内通风良好,在 1 h～1.5 h 内将炉温升至 1 000 ℃,升温速度不能太快,升温至 1 000 ℃后保持 1.5 h～2.0 h。

J.5.3 将试样从高温炉中取出,冷却至室温后,将其转移至烧杯中(如发现有黑色颗粒,此试验作废),用热的纯水(40 ℃～60 ℃)仔细冲洗坩埚内壁,将冲洗液加入到烧杯中,再加入 30 mL～40 mL 的纯水,超声提取 3 min,过滤,定容到 250 mL 容量瓶中,进样时再稀释 50 倍。

J.5.4 空白实验

每次试验应进行空白试验,除不加试样外,其他的步骤与 J.5.1～J.5.3 相同。

J.6 分析步骤

J.6.1 打开离子色谱仪,按仪器操作说明书打开仪器各单元的电源。

J.6.2 按照表 J.1 设置色谱操作条件。

J.6.3 待基线稳定后,用微量注射器取大于进样器体积的阴离子混合标准溶液(注射器应事先用蒸馏水洗 3 次,再用样品溶液洗 3 次,并注意不要吸入气泡),点击数据采集,分析即开始。

J.7 结果计算与数据处理

J.7.1 设置好定量分析程序。

J.7.2 离子色谱仪用 7 种阴离子的标准溶液的分析结果建立或修改定量分析表(ID),即在 ID 表中输入各阴离子的保留时间和浓度等数值,并计算出校正因子,以保留时间定性,峰面积定量。

J.7.3 读取离子色谱仪仪器自动显示数据,并计算结果。

试样中全硫的含量($S_{t,ad}$)按式(J.1)计算:

$$S_{t,ad}(\text{ppm}) = (m_1 - m_2) \times 0.333\,3 \times 100 \qquad \text{(J.1)}$$

式中:

m_1——试样硫酸根的量,ppm;

m_2——空白硫酸根的量,ppm;

0.333 3——硫酸根换算成硫的校正系数。

J.8 试验报告

应包含以下内容:

a）生产批号、日期、时间、测试地点、测试人员、试验使用仪器型号等；

b）分析结果及表示方法；

c）在测定中观察到的异常现象；

d）任何不包括在本标准中的操作或是自由选择的试验条件。

附 录 K
（规范性附录）
磁性物质的测试方法

K.1 适用范围

本附录适用于电感耦合等离子体发射光谱仪测试试样中铁、铬、镍、锌的含量。

K.2 方法提要

在无水乙醇环境中，用磁棒吸附试样中的含铁、铬、镍、锌金属元素的物质，然后加入工水，在加热的条件下将其溶解，在电感耦合等离子体发射光谱仪上测试。

K.3 试剂及材料

本附录中所用水应符合(GB/T 6682)中二级或三级水的要求。

本附录中所用试剂的纯度均在分析纯以上。

K.3.1 浓硝酸(GB/T 626)，65%以上。

K.3.2 浓盐酸(GB/T 622)，36%以上。

K.3.3 硝酸溶液(GB/T 626)，体积分数为2%。

K.3.4 无水乙醇(GB/T 678)，99.7%以上。

K.3.5 氩气纯度在99.999%。

K.3.6 贮备标准溶液

铁、铬、镍、锌贮备标准溶液，直接购买符合国家标准或行业标准的溶液，浓度均为1 000 μg/mL，可保存1年。

K.3.7 标准溶液的配制

下列配制的标准溶液可保存3个月。

K.3.7.1 铁标准溶液(50 μg/mL)：吸取10.00 mL铁贮备溶液，放入200 mL容量瓶中，加2 mL 2%硝酸溶液(K.3.3)，用水稀释至刻度，摇匀。

K.3.7.2 铬标准溶液(50 μg/mL)：参照K.3.7.1的配制方法。

K.3.7.3 镍标准溶液(50 μg/mL)：参照K.3.7.1的配制方法。

K.3.7.4 锌标准溶液(50 μg/mL)：参照K.3.7.1的配制方法。

K.4 仪器与设备

K.4.1 一般实验室仪器。

K.4.2 电感耦合等离子体发射光谱仪或等同性能的仪器。

K.4.3 样品罐：500 mL。

K.4.4 恒温电热板或等同性能的加热装置：工作温度80 ℃±5 ℃。

K.4.5 磁棒：6 000 GS，直径：18 mm，长度：50 mm。

K.4.6 分析天平：感量为0.000 1 g。

K.4.7 滚动机：60 r/min。

K.4.8 仪器工作条件

试样中铁、铬、镍、锌元素含量的测定工作参数见表K.1。

表 K.1 铁、铬、镍、锌元素含量的测定工作参数

工作条件	被测元素			
	铁	铬	镍	锌
波长/nm	238.204	267.716	231.604	213.857
等离子体流量/(L/min)	15.0			
辅助流量/(L/min)	0.20			
雾化器流量/(L/min)	0.80			
射频功率/W	1 300			
试样流量/(mL/min)	1.50			
测量时间/s	30			
重复次数	3			
观测方向	轴向			

测定时，应根据不同仪器对上述参数作适当的调整，以达到金属元素的最佳测定条件。

K.5 工作曲线的制定

准确吸取被测金属元素的标准溶液 0.00、0.20 mL、0.50 mL、1.00 mL 分别置于 100 mL 容量瓶中，分别加入 2 mL 2% 硝酸溶液(K.3.3)，用水稀释至刻度，摇匀，配制成各元素含量均为 0.00、0.10 μg/mL、0.25 μg/mL、0.50 μg/mL 的系列混合工作标准溶液。然后，待仪器稳定后，按 K.4 规定的仪器工作参数，将混合工作标准溶液依次吸入，制定标准工作曲线。

K.6 试样的制备

K.6.1 将磁棒放入清洗干净的锥形瓶中，加入 2 mL 浓硝酸(K.3.1)，6 mL 浓盐酸(K.3.2)，加水至浸没磁棒。

K.6.2 将锥形瓶置于恒温电热板上加热 30 min，加热过程中不断摇荡锥形瓶。

K.6.3 加热完毕后，取下锥形瓶，使其自然冷却至室温，然后用水将磁棒清洗干净(清洗时，用另一个磁棒吸住瓶中的磁棒，以防止磁棒在瓶中碰撞，损坏锥形瓶)。

K.6.4 称取 200 g(精确到 0.000 01 g)的试样于清洗干净的样品罐(K.4.3)中，加入 300 mL 无水乙醇(K.3.4)，加入清洗干净的磁棒，盖紧罐盖。

K.6.5 用手充分摇匀后，将样品罐置于滚动机上摇动 30 min，使磁棒充分吸附样品中的含铁、铬、镍、锌金属元素的物质。

K.6.6 用另一个磁棒吸出瓶中的磁棒到原来的锥形瓶中，用水清洗干净后，加入 50 mL 无水乙醇(K.3.4)，在超声波上超声 20 s，重复一次，然后再用水清洗 3 次。

K.6.7 向锥形瓶中加入 1.5 mL 浓硝酸，4.5 mL 浓盐酸，加水约 50 mL，把锥形瓶置于恒温电热板上加热 30 min，加热过程中不断摇荡锥形瓶。加热完毕后，于室温下冷却，定容到 50 mL。

K.7 分析步骤

在选定的最佳工作条件下，待光源稳定后，将空白、标准溶液依次吸入，制定标准曲线，然后再将制备的样品以同样的方法直接测定。由于谱线干扰少，因此采用直接干扰校正法(IEC)进行背景校正。

K.8 结果计算与数据处理

根据仪器自动显示数据读取结果，其最终结果是铁、铬、镍、锌四者之和。

K.9 试验报告

应包含以下内容：

a) 生产批号、日期、时间、测试地点、测试人员、试验使用仪器型号等；

b) 分析结果及表示方法；

c) 在测定中观察到的异常现象；

d) 任何不包括在本标准中的操作或是自由选择的试验条件。

附 录 L
（规范性附录）
粉末压实密度的测试方法

L.1 适用范围

本附录适用于用粉末压实密度仪测试试样的压实密度。

L.2 方法提要

在外力的压缩过程中，随着粉末的移动和变形，较大的空隙被填充，颗粒间接触面积增大，使原子间产生吸引力且颗粒间的机械楔合作用增强，从而形成具有一定密度和强度的压坯。

L.3 试剂与材料

干净的软布或纸巾。

L.4 仪器与设备

L.4.1 压实密度仪。

L.4.2 分析天平：感量为 0.000 01 g。

L.4.3 游标卡尺：精度 0.02 mm。

L.5 分析步骤

L.5.1 用干净的软布（纸巾）擦拭压实密度仪的底片、顶柱和金属圆柱套筒。

L.5.2 将压实密度的垫盘取出，放置于水平工作台上。将金属圆柱套筒放于垫盘上表面的中央，让底片从孔中缓缓滑下，然后让顶柱也滑下，用游标卡尺量出顶柱露在套筒外的高度，记为 H_0(mm)。

L.5.3 取出顶柱，称量 1 g 样品于套筒内，精确到 0.000 01 g，记下重量为 m。

L.5.4 再将顶柱从孔中缓缓滑下，连同垫盘一起安装在压实密度仪上。

L.5.5 将红色指针扭至 1 吨力处，开始上下压动压杠。

L.5.6 在黑色指针和红色指针重叠时，启动秒表。30 s 后松开压力控制旋钮，撤除压力，垫盘下降至一定高度，再拧紧压力控制旋钮。

L.5.7 连同垫盘一起取出顶柱、套筒和底片，放置于水平工作台上。

L.5.8 用游标卡尺测量出此时露在套筒外面的顶柱高度，记为 H_1(mm)。

L.6 结果计算与数据处理

试样中的压实密度（g/cm^3）按式（L.1）计算：

$$\rho = 10m/1.298 \times (H_1 - H_0) \qquad \cdots\cdots (L.1)$$

式中：

m——样品重量，单位为克(g)；

H_1——样品压实后顶柱露在套筒外面的高度，单位为毫米(mm)；

H_0——不放样品时顶柱露在套筒外的高度，单位为毫米(mm)；

1.298——顶柱的横截面积，单位为平方厘米(cm^2)。

L.7 试验报告

应包含以下内容：

a） 生产批号、日期、时间、测试地点、测试人员、试验使用仪器型号等；

b） 分析结果及表示方法；

c） 在测定中观察到的异常现象；

d） 任何不包括在本标准中的操作或是自由选择的试验条件。

附　录　M
（规范性附录）
振实密度测试方法

M.1　适用范围

本附录适用于用振实密度仪测试试样的振实密度。

M.2　方法提要

将一定量的粉末装在容器中，通过振动装置振动、旋转，直至粉末的体积不再减小。粉末的质量除以振实后的体积得到相应粉体振实密度。

M.3　仪器与设备

M.3.1　电子天平：感量 0.000 01 g。

M.3.2　玻璃量筒：经校准的玻璃量筒。

M.3.2.1　容积为：100 cm^3，刻度高度约为 175 mm。刻度间距为 1 cm^3，测量精度为 0.5 cm^3，测试中量筒需要固定良好。

M.3.2.2　容积为：25 cm^3，刻度高度约为 135 mm。刻度间距为 0.2 cm^3，测量精度为 0.1 cm^3。25 cm^3 的量筒主要用于测量松装密度大于 4 g/cm^3 的粉末。

M.3.3　振实装置：振实装置依靠凸轮的转动，带动导杆上下滑动并冲击砧座，使得量筒内的粉末逐渐被振实。其振幅为 3 mm，振动频率为每分钟 100 次～300 次，振动 1 000 次。振实装置的示例如图M.1所示。

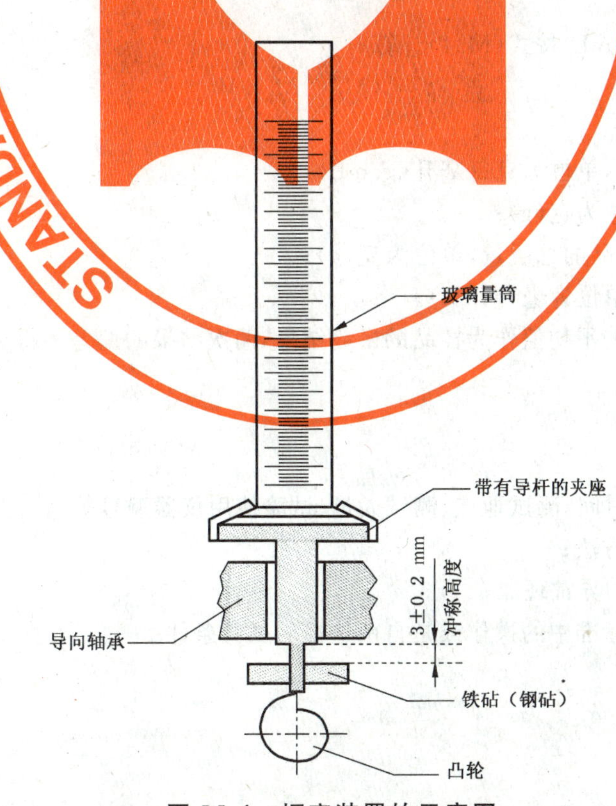

图 M.1　振实装置的示意图

M.4 分析步骤

M.4.1 用试管刷清洁量筒(M.3.2)内壁，也可用溶剂冲洗，如乙醇，如果使用溶剂，在使用前应彻底干燥量筒。

M.4.2 称量待测粉末，准确到0.1 g。其粉末量应按表M.1选择。

表 M.1 粉末松装密度对照表

量筒容积/cm^3	粉末松装密度/(g/cm^3)	试验粉末量/g
100	≥1	100±0.5
	<1	50±0.2
25	>4	100±0.5
	2～4	50±0.2
	1～2	20±0.1
	<1	10～20

M.4.3 每次测量时，需做两个平行样，准确称量量筒的质量，记为M_1，将质量相等的石墨类负极材料装入振实密度仪的左右两个量筒，应注意使粉末表面处于水平状态。

M.4.4 置量筒于振动装置(M.3.3)上，用带有导杆的夹座加紧量筒，振动直至粉末的体积不变。

M.4.5 如果振实后粉末表面是水平的，可直接读数。如果振实后粉末表面不是水平的，则读出最高值和最低值，计算它们的平均值得到振实体积。读数时，使用100 cm^3 的量筒，精确到0.5 cm^3；使用25 cm^3 的量筒，精确到0.1 cm^3。

M.4.6 取下量筒，再次称量量筒和振实后样品的总质量M_2。

M.5 结果计算与数据处理

试样中的振实密度(g/mL)按式(M.1)计算。

$$\rho=(M_2-M_1)/V \qquad \cdots\cdots(M.1)$$

式中：

ρ——粉末的振实密度，单位为克每毫升(g/mL)；

M_1——量筒的质量，单位为克(g)；

M_2——振实后量筒与样品的总质量，单位为克(g)；

V——振实后的体积，单位为毫升(mL)。

取两支量筒测试结果的平均值作为样品的最终结果，两次结果的偏差不得大于0.02。

M.6 试验报告

应包含以下内容：

a) 生产批号、日期、时间、测试地点、测试人员、试验使用仪器型号等；

b) 分析结果及表示方法；

c) 在测定中观察到的异常现象；

d) 任何不包括在本标准中的操作或是自由选择的试验条件。

附 录 N
（规范性附录）
多溴联苯和多溴联苯醚的测试方法

N.1 适用范围

本附录适用于用气相色谱-质谱仪测试试样中多溴联苯(PBBs)和多溴联苯醚(PBDEs)。

N.2 方法提要

将试样用甲苯作为提取溶剂进行索氏抽提，提取液经过净化、硅胶柱分离、浓缩处理，用气相色谱-质谱仪进行分析。

N.3 试剂及材料

除非另作说明，均使用分析纯试剂。

N.3.1 甲苯：色谱纯。

N.3.2 无水硫酸钠：优级纯。

N.3.3 硅胶：层析用，2 000 mg，150 μm～250 μm(60 目～100 目)，在 360 ℃活化 10 h～12h，冷却后干燥器内贮存。

N.3.4 浓硫酸：优级纯。

N.3.5 二氯甲烷：色谱纯。

N.3.6 石英棉：用二氯甲烷(N.3.5)清洗或在 400 ℃烘烤 4 h。

N.3.7 液氮：工业级。

N.3.8 多溴联苯标准物质。

N.3.9 多溴联苯标准溶液：准确称取 10.0 mg 标准品(N.3.8)置于 100 mL 容量瓶中，用甲苯(N.3.1)稀释到刻度，混匀。该溶液的浓度为 100 mg/L。

N.3.10 多溴联苯醚标准溶液：50 mg/L 异辛烷溶液。

N.3.11 标准溶液的配制：分别移取浓度为 100 mg/L 的多溴联苯(N.3.9)和 50 mg/L 多溴联苯醚(N.3.10)标准溶液，用甲苯稀释，配制所需浓度的标准溶液。

N.4 仪器与设备

N.4.1 气相色谱-质谱联用仪(GC/MS)：最高荷质比在 1 000 amu 以上。

N.4.2 索氏提取装置。

N.4.3 旋转蒸发仪。

N.4.4 10 mm×150 mm 具塞玻璃层析柱。

N.4.5 离心机。

N.4.6 分析天平：感量 0.000 01 g。

N.4.7 仪器工作条件

试样中多溴联苯和多溴联苯醚的测定工作参数见表 N.1。

表 N.1　多溴联苯和多溴联苯醚的测定工作参数

项　　目	工作条件
色谱柱	VF-5HT 石英毛细管柱，30 m×0.25 mm(i.d.)×0.1 μm 或相当者
色谱柱温度	100 ℃(3 min) —5 ℃/min— 320 ℃(10 min)
色谱-质谱接口温度	320 ℃
离子源温度	300 ℃
载气	氦气，纯度≥99.999%；流速 1.5 mL/min
进样量	1 μL
进样方式	不分流，10 min 后开阀
电离方式	EI
质量扫描范围	(100～1 000)amu
电离能量	70 eV
电子倍增器电压	1.3 kV
溶剂延迟	5 min

N.5　试样的制备

N.5.1　提取

称取试样(0.5～5.0)g，称准至 0.000 1 g，放入纤维素套管中，然后将其放至安装好的索氏提取装置(N.4.2)中。加入 1.5 倍虹吸管体积的甲苯到接受瓶中，抽提 3 h 以上，每秒流速 1 滴～2 滴。将提取液浓缩至 5 mL，加浓硫酸(N.3.4)5 mL，振荡，用 3 000 r/min 离心机离心 15 min，取出甲苯提取液，再用 5 mL 甲苯分两次洗涤浓硫酸层，合并甲苯提取液。

N.5.2　净化

用甲苯润洗过的石英棉(N.3.6)塞住具塞玻璃层析柱(N.4.4)的一端，将甲苯提取液置于装有 2 g 硅胶(N.3.3)层析柱中，硅胶的上下两层各装 1 cm 的无水硫酸钠(N.3.2)，用 30 mL 甲苯淋洗，流速以逐滴(约 30 滴/ min)为宜，把所得淋洗液在旋转蒸发器(N.4.3)上浓缩，用氮气吹至近干，用甲苯定容至 25 mL。

N.5.3　空白实验

每次试验应进行空白试验，除不加试样外，其他的步骤与 N.5.1～N.5.2 相同。

N.6　分析步骤

标准溶液(N.3.11)和样品溶液等体积穿插进样，根据提取离子色谱峰或选择离子色谱面积用外标法定量。如果样品溶液与标准溶液的总离子流色谱图中，在相同保留时间有峰出现，则根据表 N.2、表 N.3定性离子对其确证。

按上述分析条件对混合标准溶液进行分析。

表 N.2　多溴联苯的分子量、定性离子和定量选择离子

峰号	化学名称	分子式	分子量	定性离子	定量离子
1	一溴联苯	$C_{12}H_9Br$	233	234 232 152	234
2	二溴联苯	$C_{12}H_8Br_2$	312	312 310 152	312
3	三溴联苯	$C_{12}H_7Br_3$	391	392 390 230	390
4	四溴联苯	$C_{12}H_6Br_4$	470	470 310 308	310

表 N.2（续）

峰号	化学名称	分子式	分子量	定性离子	定量离子
5	五溴联苯	$C_{12}H_5Br_5$	549	550 390 388	390
6	六溴联苯	$C_{12}H_4Br_6$	628	628 468 466	468
7	七溴联苯	$C_{12}H_3Br_7$	707	705 546 544	705
8	八溴联苯	$C_{12}H_2Br_8$	786	785 546 544	785
9	九溴联苯	$C_{12}HBr_9$	864	864 705 703	705
10	十溴联苯	$C_{12}Br_{10}$	944	944 783 781	783

表 N.3 多溴联苯醚的分子量、定性离子和定量选择离子

峰号	化学名称	分子式	分子量	定性离子	定量离子
1	一溴联苯醚	$C_{12}H_9BrO$	249	250 248 141	248
2	二溴联苯醚	$C_{12}H_8Br_2O$	328	328 326 168	328
3	三溴联苯醚	$C_{12}H_7Br_3O$	391	408 406 248	406
4	四溴联苯醚	$C_{12}H_6Br_4O$	407	488 486 326	486
5	五溴联苯醚	$C_{12}H_5Br_5O$	486	564 406 404	564
6	六溴联苯醚	$C_{12}H_4Br_6O$	644	643 484 482	484
7	七溴联苯醚	$C_{12}H_3Br_7O$	723	722 562 456	562
8	八溴联苯醚	$C_{12}H_2Br_8O$	802	801 642 639	639
9	九溴联苯醚	$C_{12}HBr_9O$	881	881 721 719	721
10	十溴联苯醚	$C_{12}Br_{10}O$	960	959 799 797	799

N.7 结果计算与数据处理

按式(N.1)计算试样中多溴联苯和多溴联苯醚的含量：

$$X = \frac{(A_i - A_0) \cdot C_S \cdot V}{A_S \cdot m} \quad \cdots\cdots (N.1)$$

式中：

X——试样中多溴联苯和多溴联苯醚，单位为毫克每千克(mg/kg)；

A_i——样品溶液中多溴联苯和多溴联苯醚的色谱峰面积；

A_0——空白样品的色谱峰面积；

A_S——标准工作液中多溴联苯和多溴联苯醚的色谱峰面积；

C_S——标准工作液中多溴联苯和多溴联苯醚的浓度，单位为毫克每升(mg/L)；

V——样品溶液最终定容体积，单位为毫升(mL)；

m——最终样品溶液所代表的试样量，单位为克(g)。

N.8 试验报告

应包含以下内容：

a) 生产批号、日期、时间、测试地点、测试人员、试验使用仪器型号等；

b) 分析结果及表示方法；

c) 在测定中观察到的异常现象；

d) 任何不包括在本标准中的操作或是自由选择的试验条件。

附 录 O
（规范性附录）
挥发性有机物测试方法

O.1 适用范围

本附录适用于试样中挥发性有机化合物（丙酮、异丙醇、甲苯、乙苯、二甲苯、苯、乙醇）的测试方法。

O.2 方法提要

被测的试样置于密封的顶空瓶中，在一定温度下经一定时间的平衡，材料中的挥发性有机化合物逸至上部空间，并在固-气两相中达到平衡。取上气相样品进行气相色谱-质谱联用分析。

O.3 试剂及材料

除非另作说明，均使用分析纯试剂。

O.3.1 无水甲醇：农药残留级高纯溶剂。

O.3.2 色谱标准物：丙酮、异丙醇、甲苯、乙苯、二甲苯、苯、乙醇标准溶液：均为色谱纯。

O.3.3 超纯水：新制去离子水，色谱检验无待测组分。

O.3.4 标准物质：丙酮、异丙醇、甲苯、乙苯、二甲苯、苯、乙醇。

O.3.5 标准溶液：分别准确称取 20.0 mg 标准物质（O.3.4）置于 7 个 10 mL 容量瓶中，用甲醇（O.3.1）稀释到刻度，混匀。各物质的质量浓度为 2.0 mg/mL。

O.3.6 混合标准溶液：分别移取浓度为 2.0 mg/L 的丙酮、异丙醇、甲苯、乙苯、二甲苯、苯、乙醇标准溶液，用纯水稀释，配制所需浓度的标准溶液。

O.4 仪器与设备

O.4.1 气相色谱-质谱联用仪（GC/MS）：最高荷质比在 1 000 amu 以上。

O.4.2 自动顶空装置

O.4.2.1 顶空瓶：与分析系统匹配的 22 mL 顶空瓶，密封盖（螺旋盖或一次使用的压盖），密封垫（硅橡胶、丁基橡胶或氟橡胶材料）。顶空瓶最好使用一次，若要重复使用，使用前用清洗剂洗净，用自来水和超纯水依次淋洗，在 105 ℃烘 1 h，取出冷却，放在无有机试剂的区域存放。也可以用其他尺寸的试瓶（能被密封，装配合适的隔离片）。

O.4.2.2 顶空自动进样器：采用自动平衡顶空进样器，系统必须具备以下性能。

O.4.2.2.1 系统必须能保持样品在高温状态，确保不同样品类型和顶部空间的平衡重现性。

O.4.2.2.2 系统必须能将顶空有代表性的样品精确地传输到气相色谱的毛细柱里，而不影响色谱仪或其他检测器。

O.4.3 传输线温度控制按制造商说明设置。

O.4.4 分析天平：感量 0.000 01 g。

O.4.5 仪器工作条件

试样中挥发性有机化合物的测定工作参数见表 O.1。

表 O.1 挥发性有机化合物的测定工作参数

项　　目	工作条件
色谱柱	DB-624 毛细柱，30 m×0.25 mm(i.d.)×1.4 μm 或相当者
色谱柱温度	35 ℃(5 min)_____ 6 ℃/min _____ 160 ℃(6 min)_____ 20 ℃/min _____ 210 ℃(2 min)
色谱-质谱接口温度	220 ℃
离子源温度	200 ℃
载气	氦气，纯度≥99.999%；流速 1.0 mL/min
进样量	800 μL
进样方式	直接进样，分流比 10∶1
电离方式	EI
质量扫描范围	(35～300)amu
电离能量	70 eV
电子倍增器电压	1.3 kV
溶剂延迟	5 min

O.5 试样的制备

O.5.1 顶空自动进样器进样

称取 4 g～5 g 样品(准确至 0.000 01 g)，放入 22 mL 顶空样品瓶中，盖上硅胶垫和密封盖，封好。放入顶空自动进样器中待测定。

O.5.2 空白试验

每次试验应进行空白试验，除不加试样外，其他的步骤与 O.5.1 相同。

O.6 分析步骤

O.6.1 测定

按照仪器使用说明书调节仪器至最佳工作状态。

O.6.2 校准曲线

将混合标准溶液(O.3.6)分别进样，由仪器记录色谱峰的保留时间和峰高(或峰面积)，得出校准曲线。

O.7 结果计算与数据处理

记录样品每个化合物的峰高(或峰面积)，通过校准曲线得出材料中挥发性有机化合物的含量。

O.8 试验报告

应包含以下内容：

a) 生产批号、日期、时间、测试地点、测试人员、试验使用仪器型号等；

b) 分析结果及表示方法；

c) 在测定中观察到的异常现象；

d) 任何不包括在本标准中的操作或是自由选择的试验条件。

ICS 67.060
B 20

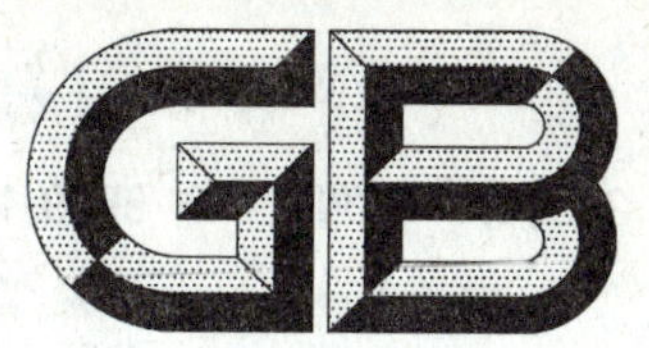

中华人民共和国国家标准

GB/T 24534.1—2009/ISO 6639-1:1986

谷物与豆类隐蔽性昆虫感染的测定 第1部分:总则

Cereals and pulses—Determination of hidden insect infestation—
Part 1:General principles

(ISO 6639-1:1986, IDT)

2009-10-30 发布

2009-12-01 实施

中华人民共和国国家质量监督检验检疫总局
中国国家标准化管理委员会 发布

前　言

GB/T 24534《谷物与豆类隐蔽性昆虫感染的测定》包括以下4个部分：

——第1部分：总则；

——第2部分：取样；

——第3部分：基准方法；

——第4部分：快速方法。

本部分为GB/T 24534的第1部分。

本部分等同采用ISO 6639-1:1986《谷物与豆类　隐蔽性昆虫感染的测定　第1部分：总则》。

为方便使用，本部分做了下列编辑性修改：

——删除了ISO 6639-1:1986的前言；

——删除了ISO 6639-1:1986的"简介"部分；

——将ISO 6639-1:1986表1中使用的符号加文字注释的部分，改为直接用文字表示。

本部分由国家粮食局提出。

本部分由全国粮油标准化技术委员会归口。

本部分起草单位：国家粮食储备局成都粮食储藏科学研究所。

本部分主要起草人：严晓平、周浩、许胜伟、兰盛斌、檀先昌、黎万武、丁建武、侯兴伟、郭道林。

谷物与豆类隐蔽性昆虫感染的测定
第1部分:总则

1 范围

GB/T 24534 的本部分规定了测定谷物与豆类中隐蔽性昆虫感染的基本原则。

本部分适用于谷物与豆类中隐蔽性昆虫感染的测定。

2 术语和定义

下列术语和定义适用于 GB/T 24534 的本部分。

2.1

初观感染 initial observed infestation

初次检查样品时,表面上能立即被肉眼发现的活的昆虫感染。

2.2

隐蔽性感染 hidden infestation

存在于粮粒内不能被肉眼立即发现的昆虫感染。主要是从产在粮粒内的卵发育而成的幼期昆虫,或者是为了取食而蛀入粮粒内部的昆虫形成的感染。

2.3

粮食 grain

谷物和豆类或其中之一。

3 概述

有些昆虫种类非常适于侵害完整粮粒,并通常在粮粒内度过相当大部分的生活周期,其中包括全部幼虫取食期。另一些种类则利用粮粒上的孔洞及缝隙进入并在内部取食粮粒,这些昆虫造成了在样品或一批粮食中不易发现的隐蔽性感染。

大多数的储粮害虫很小,体长小于 2 mm~3 mm,行为隐秘,颜色灰暗。飞行种类通常在光线暗淡或高温时飞行,因此除非其种群非常大而产生明显的活动,否则即使它们自由生活在粮粒外部,且已构成以上所说隐蔽性感染,仍不易被发现。由于昆虫的活动性,至少活动虫态如此,昆虫能够在粮堆中移动并趋于集中至最适合其取食、繁育的粮堆部分。这些昆虫活动中心不一定是静止的,它们可以因为很多复杂的原因而扩散、缩小或移动,其中最重要的原因是粮食物理条件(如温度、水分)的变化及昆虫快速繁殖而造成的虫口密度过大。因此,粮堆内的昆虫分布很少是随机的,检查发现它们需要专门的知识及技术。

4 取样

ISO 950 和 ISO 951 规定的取样方法并不适用于谷物与豆类中隐蔽性昆虫感染的取样,这是因为昆虫种群的非随机分布性,尤其在长期的储藏或运输之后。

和 ISO 950、ISO 951 规定的以粮食质量检测为目的的方法不一样,隐蔽性昆虫感染的专门取样技术,包括在袋装粮堆的外部及顶部或堆内粮袋中的取样,以及从散装粮堆表层及粮温较高区域的取样。这些位置通常都是最易发生昆虫感染的部位,因此有违于抽样的代表性这一基本原则。尽管如此,大部分情况下,相同的人用相同的操作、相同的设备而取得的样品,既可用于粮食品质测定,也可用于隐蔽性昆虫感染测定或同时用于两种测定。

如果需要批量粮食中的昆虫分布情况，则不能混合点样，每一个点样应视为是一个实验室样品。在其他情况下，点样可以合并起来而形成混合样品，然后用适当的方法分样产生实验室样品。

5 隐蔽性昆虫感染的测定方法

隐蔽性昆虫感染的测定方法有两种，即快速方法和基准方法。快速方法如X射线法、漂浮法、二氧化碳法、茚三酮法以及声音测定法，在GB/T 24534.4作了规定。基准方法可以用来评价快速方法，在GB/T 24534.3作了规定。

基准方法用于测定幼虫期以及通常蛹期也生活在粮粒内的储粮昆虫，该方法将样品置于标准的温度及相对湿度下培养，并按一定的间隔期检查。因为储粮昆虫需数周才能完成其生活周期，所以用该方法获得结果较慢。

隐蔽性昆虫感染测定快速方法避免了估计昆虫种群大小所必需的至少6周时间，而在这期间害虫种群可能已增加了很多倍。所有的快速方法较易于检测高龄虫态的昆虫，但在大部分情况下，几乎不能肯定地检测出卵及低龄期昆虫。在快速增长的种群中，正在发育的昆虫占大部分，因此如果温度连续上升或没有预期的降低，则应怀疑存在感染并进行取样。测定方法的选择取决于可行的时间、费用以及用户是需要了解昆虫数量情况还是被害粮堆情况。不同方法的主要特征简列于表1。

在样品处理时，尤其在需要过筛时，有些昆虫可能会被杀死，因此，不能肯定所有虫态的全部昆虫在样品中不受影响。

表1 隐蔽性昆虫感染测定方法主要特征

方法	速度	是否损坏样品	测定效果			说明	费用
			卵	幼虫	蛹		
基准方法	慢	是	很好	很好	很好	非常准确	一般
二氧化碳法	快	否	无效	很好	很好	好的实验室方法	相当高
茚三酮法	快	是	一般	好	好	粮仓或实验室方法	一般
漂浮法	快	是	无效	一般	一般	严重低估昆虫种群	低
X射线法	快	否	一般或好	很好	很好	准确的实验室方法，永久性记录	高
声响法	快	否	无效	很好	无效	好的实验室方法，需隔音设备	相当高

ICS 67.060
B 20

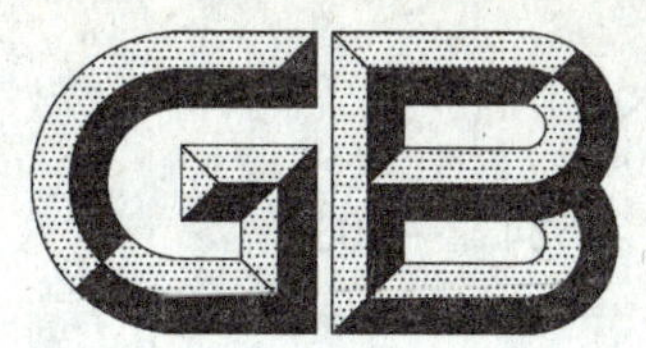

中华人民共和国国家标准

GB/T 24534.2—2009

谷物与豆类隐蔽性昆虫感染的测定 第2部分:取样

Cereals and pulses—Determination of hidden insect infestation—Part 2:Sampling

(ISO 6639-2:1986,MOD)

2009-10-30 发布　　2009-12-01 实施

中华人民共和国国家质量监督检验检疫总局
中国国家标准化管理委员会　发布

前　言

GB/T 24534《谷物与豆类隐蔽性昆虫感染的测定》包括以下 4 个部分：

——第 1 部分：总则；

——第 2 部分：取样；

——第 3 部分：基准方法；

——第 4 部分：快速方法。

本部分为 GB/T 24534 的第 2 部分。

本部分修改采用 ISO 6639-2：1986《谷物与豆类　隐蔽性昆虫感染的测定　第 2 部分：取样》。

本部分与 ISO 6639-2：1986 的主要技术差异是，为了便于在我国使用，用我国国家标准 GB/T 5490、GB 5491 代替了 ISO 6639-2：1986 中引用的 ISO 950、ISO 951。

为方便使用，本部分做了下列编辑性修改：

——删除了 ISO 6639-2：1986 的前言；

——删除了 ISO 6639-2：1986 的“简介”部分。

本部分由国家粮食局提出。

本部分由全国粮油标准化技术委员会归口。

本部分起草单位：国家粮食储备局成都粮食储藏科学研究所。

本部分主要起草人：严晓平、周浩、许胜伟、兰盛斌、檀先昌、黎万武、丁建武、侯兴伟、郭道林。

谷物与豆类隐蔽性昆虫感染的测定
第2部分:取样

1 范围

GB/T 24534 的本部分规定了在袋装或散装情况下,测定谷物与豆类中隐蔽性昆虫感染的取样方法。

本取样方法可作为常规方法,适用于从生产至消费贸易过程中任何粮食储存形式或运输工具的取样。

2 规范性引用文件

下列文件中的条款通过 GB/T 24534 本部分的引用而成为本部分的条款。凡是注日期的引用文件,其随后所有的修改单(不包括勘误的内容)或修订版均不适用于本部分,然而,鼓励根据本部分达成协议的各方研究是否可使用这些文件的最新版本。凡是不注日期的引用文件,其最新版本适用于本部分。

GB/T 5490　粮食、油料及植物油脂检验　一般规则

GB 5491　粮食、油料检验　扦样、分样法

GB/T 24534.1　谷物与豆类隐蔽性昆虫感染的测定　第1部分　总则(GB/T 24534.1—2009,ISO 6639-1:1986,IDT)

ISO 6644　谷物和经磨谷物产品　机械自动取样

3 术语和定义

GB/T 24534.1 界定的以及下列术语和定义适用于 GB/T 24534 的本部分。

3.1

批次　consignment

在同一时间交货、在同一套货运单据中的粮食数量,它可能是一个或多个批量(见 3.2 的注)。

3.2

批量　lot

特定的取样计划确定的一个批次中被取样的视为相同的粮食数量。

注 1:进行取样时,没有必要限定批量的大小。对于相同来源及历史的一个批次,可根据需要视为一个或数个批量进行取样。如果批次是通过数个船舶、火车、汽车等运到的,通常将每一部分当作独立的批量进行取样更为方便。同一批次中任何来源或历史不同的部分应作为独立的批量进行取样。

注 2:在测定隐蔽性昆虫感染的取样中使用的批量不同于其他标准中测定谷物与豆类其他指标的取样中使用的批量。

3.3

点样　increment

从批量中单个位置抽取的少量粮食。

3.4

混合样品　bulk sample

从特定批量中抽取的点样混合后得到的粮食。

3.5

试验样品 laboratory sample

从混合样品中经过分样分出的用于测定的粮食,或者一个点样(见 10.1)。

4 基本原理

注:通常在没有或几乎没有待取样的粮食中的任何有关昆虫种群大小及分布的前期资料的情况下,不可能采用完全符合统计理论的取样方案。因此,GB/T 24534 的本部分给出的取样方案没有必要要求精确地计算出昆虫种群,而是用实用的方法获得最多的信息。

4.1 对每个批量进行取样之前、取样期间以及取样之后,应确保所有的取样器具清洁、干燥。取样应在能防止任何外来昆虫进入样品、取样器具及样品容器的环境中进行。

4.2 试验样品应封存在样品袋中,应避免过高或过低的温度、相对湿度以及阳光的直接照射。任何可能导致昆虫出现窒息的气密容器不能用于盛装样品。

4.3 如需要粮食的有关信息,如水分时,应按 GB/T 5490 或 GB 5491 或其他有关的标准进行分样并分别包装。

5 器具

5.1 流动散粮取样设备:可以是一台复杂的自动取样设备(见 ISO 6644),也可以是一个简单的手工取样铲。用于从整个粮流横截面中连续抽取样品,能分别取出一个批量中每个部分的样品。

5.2 静止散装粮表层扦样器:取样铲。

5.3 散装粮深层扦样器:套管扦样器,或电动吸式扦样器。

5.4 袋装粮扦样器:5.3 中描述的套管扦样器。可使用钟鼎式分样器或多槽分样器抽取点样。

5.5 样品袋:能防止昆虫侵害,带有包扎带,每个大约 40 cm 长、30 cm 宽,并已清洁消毒的紧纹布袋。

注:样品袋可以通过内外彻底扫刷或清洗晾干,放在 103 ℃烘箱(5.6)中 2 h 消毒,随后在烘箱内冷却。袋子不使用时,应保存在已消毒、能气密的广口瓶(5.7)中。

5.6 烘箱:能保持 103 ℃±2 ℃,用于消毒样品袋及广口瓶。

5.7 广口瓶:能气密,用于存放样品袋(5.5)。

5.8 铅封及密封设备:用于密封样品袋(5.5)。

6 取样时间和地点

可以在从农田到最终消费地的任何地点取样。

注:如果在分配链上不同的地点和时间取样,应建立标准化的取样操作规程,并汇集所有的取样数据,以展示全面的情况。

在粮食装入、卸出仓库或运输工具(火车、船舶、汽车等)时进行取样效果最好。在散装或袋装储藏期间,尤其在需长期储藏的粮食中进行取样较为困难,但也更为重要。通常情况下,不必在谷物收获后3个星期内取样,这是由侵害谷物的害虫的生命周期和迁移到我们定下的取样点需要的时间决定的。

7 取样前批量的确定及检查

7.1 有关各方对待检的单个或多个批量的构成和详细描述待报告的昆虫种类(死或活)应取得一致意见。

注1:在粮食出口时,应定期关注进口国有关指定害虫及其允许量的所有条款,国际贸易同样受这些条款的影响。

注2:当某一批量经检验认为没有虫害感染或轻微感染后,有可能因隐蔽性害虫成熟而在短时期内产生大量的自由活动的成虫。环境温度的变化、交叉感染或一些其他原因可能引起昆虫种群密度或分布的迅速改变。

7.2 取样前应对包装袋、建筑物、设施及运输工具进行初观感染的检查以及粮温检测,检查中记录的信息可能有助于对样品的评估。

取得的样品中发现的任何活动昆虫应采集起来并用单独的样品袋送到实验室鉴定。如存在初观感染，除非在因有争议而需要知道确切的感染状况时，就没有必要进行隐蔽性感染的测定了。

8 散装粮的取样

8.1 流动散粮的取样

流速等于或小于 100 t/h 时，每个批量应不大于 5 000 kg (5 t) 或小于 1 000 kg (1 t)，每 1 000 kg 中的点样最少应为 1 kg。粮速更快时，可设计更大的批量以利于取样设备取样。自由下落的粮食应使用自动取样设备或手工取样铲(见 5.1)，如没有自由下落点，可以选用机械取样设备或取样铲。

注：从输送带上取得的样品的代表性比从自由下落位置上取得的样品的代表性差。

8.2 静止散装粮堆(静止存放 3 周以上的散粮)的取样

注 1：在散装仓中尤其在立筒仓中，通常可行的取样器如套管扦样器、吸式扦样器等不能到达散仓的所有位置。因此在静止的散装粮仓中，仅在取样器可到达的位置取样会产生严重的偏差，在这种情况下，样品不能代表整个批量，而且不能给出该批量中准确的昆虫种群的平均密度。

注 2：如粮堆未被搅动，散装仓中最容易到达的部位(散装仓上部到几米深处以及粮仓出口、通风口附近)正是最易被昆虫感染的区域。

仅在以下昆虫最容易出现的区域寻找昆虫：

a) 靠近粮堆表层。如果可能的话，靠近通风口(出粮口，通风口及散气口)。这些地方成虫最易聚集。

b) 在 2 m 或 3 m 深的浅层粮食中。这些地方能检测到钻蛀在该层粮粒中的害虫的隐蔽性虫态，如米象属(*Sitophilus*)的玉米象。

8.2.1 表层取样

当粮堆上部的气温超过 15 ℃时，应对表面 100 mm 层取样，使用取样铲(5.2)在表层每 1 000 kg 至少应抽取 1 kg 的点样。见式(1)。

当粮堆上部气温不超过 15 ℃时，应对表面 250 mm 层取样，使用取样铲(5.2)在表层每 1 000 kg 至少应抽取 1 kg 的点样。见式(2)。

表层不同位置上应抽取的点样数量 n 按式(1)和式(2)计算：

$$n = \frac{A\sigma}{1\,000} \qquad \cdots\cdots(1)$$

$$n = \frac{A\sigma}{400} \qquad \cdots\cdots(2)$$

式中：

A——表层面积，单位为平方米(m^2)；

σ——粮堆密度，即“每百升质量”，单位为千克每百升(kg/100 L)。

n 值保留到整数。

有出粮口的仓库，按上述表层面积及温度的相应比例，从出粮口溜管放出底层的粮食点样也应至少 1 kg。

8.2.2 浅层取样

使用套管扦样器或吸式扦样器(5.3)插入选定的位置，扦取表层下的点样应至少 1 kg。点样应按均匀的间距扦取。如粮堆中发现粮温异常升高区域，应在该区域增加扦样点数量。

9 袋装粮取样

9.1 取样袋的选择

对将被拆除的粮堆或将从火车、船舶、汽车上卸下的一个批量，应按表 1 指定的取样袋数抽取。

表 1 应抽取的取样袋数

批量中的袋数	应抽取的袋数
小于 10	全部
10 至 100	10 袋,随机抽取
大于 100	总数的平方根(大约),随机抽取

对原地不动的袋装粮堆,只可能抽取外层的粮袋,包括顶层。因为大部分昆虫发现于外层袋中,所以不致引起严重的问题。将“批量中”替换为“外层”,可以使用上面描述的取样袋的选取方法。选择的样袋应始终包括粮堆的四个角,因为它们最易被感染,补足所需取样袋数的其他部位粮袋应随机抽取。

9.2 从袋中抽取点样

因昆虫分布的非随机性,应使用能够有代表性抽取包装袋中所装粮食的设备(见 5.4)。

10 实验室样品制备

10.1 原始的点样和由混合样品经分样获得的样品,凡用于实验室测定都称为实验室样品。如需要了解批量内的昆虫分布情况,就不能混合点样,每一个点样都应视为一个实验室样品。

10.2 除点样作为实验室样品外,所有的样品都应充分混合成为混合样品。然后,混合样品按 GB 5491 分样而形成实验室样品,该样品应不小于 1 kg。

11 实验室样品的包装及标签

11.1 包装

实验室样品应包装于已经清洁及消毒的样品袋(5.5)中。

装有实验室样品的样品袋应用包扎带把袋口扎紧,然后将包扎带用铅封封好,以确保样品不被损坏。

11.2 标签

如用纸质标签标记样品,应采用专用的高质量标签;如需附着在样品袋外部,应加固标签孔。

外部标签应在封装样品袋时用包扎带扎上,并用铅封封上,或者在袋子包扎及铅封前将标签放入样品袋中,并在袋上用简明的、不能擦除的标记标明:标签在袋内。每一个标签应包括有关约定所需的条款。标签上所需载明的内容按 GB/T 5490 执行。

注:应注明该样品用于批量粮食的隐蔽性昆虫感染的测定,而不是用于其他特性的检测。

12 试验样品的发送

试验样品应尽快在 48 h 内送出,样品应采用在途中不被损坏的方式包装。

13 取样与检测报告

应准备一份取样报告,列出常用的信息以及取样条件,包括仓房或筒仓中可见的昆虫感染的情况,或取样期间容器或其他运输工具的情况。如有不同于 GB/T 24534 的本部分规定的情况,报告还应指明采用的技术及可能影响了取样的所有环境因素。

ICS 67.060
B 20

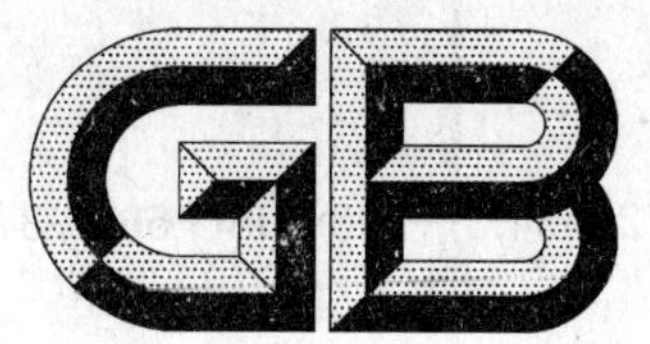

中华人民共和国国家标准

GB/T 24534.3—2009/ISO 6639-3:1986

谷物与豆类隐蔽性昆虫感染的测定 第3部分:基准方法

Cereals and pulses—Determination of hidden insect infestation—Part 3:Reference method

(ISO 6639-3:1986,IDT)

2009-10-30 发布 2009-12-01 实施

中华人民共和国国家质量监督检验检疫总局
中国国家标准化管理委员会 发布

前言

GB/T 24534《谷物与豆类隐蔽性昆虫感染的测定》包括以下4个部分：

——第1部分：总则；

——第2部分：取样；

——第3部分：基准方法；

——第4部分：快速方法。

本部分为GB/T 24534的第3部分。

本部分等同采用ISO 6639-3:1986《谷物与豆类　隐蔽性昆虫感染的测定　第3部分：基准方法》。

为方便使用，本部分做了下列编辑性修改：

a) 用GB/T 21305代替ISO 712；

b) 用GB/T 22183代替ISO 5223；

c) 在表1中添加了昆虫种类的中文名称；

d) 删除了ISO 6639-3:1986的前言；

e) 删除了ISO 6639-3:1986的"简介"部分；

f) 将GB/T 24534.1和GB/T 24534.2添加到"规范性引用文件"中。

本部分的附录A是规范性附录。

本部分由国家粮食局提出。

本部分由全国粮油标准化技术委员会归口。

本部分起草单位：国家粮食储备局成都粮食储藏科学研究所。

本部分主要起草人：严晓平、周浩、许胜伟、兰盛斌、檀先昌、黎万武、丁建武、侯兴伟、郭道林。

谷物与豆类隐蔽性昆虫感染的测定
第3部分:基准方法

1 范围

GB/T 24534 的本部分规定了测定谷物与豆类中隐蔽性昆虫的属性及数量的基准方法。其目的是计算在谷物与豆类内正常取食、发育的每一种昆虫、每一种虫态的所有个体的数量。

由于这种方法要待所有昆虫完成其发育周期并羽化为成虫后才可以检出,所以较慢。这种方法能可靠地用于通常在粮粒内取食的种类,而不适用于那些偶然在粮粒孔缝中取食的种类。对任何虫期进行处理时,可能使这些昆虫从粮粒中被震落或使之离开粮粒甚至死亡,结果导致低估这些种类的数量。

2 规范性引用文件

下列文件中的条款通过 GB/T 24534 本部分的引用而成为本部分的条款。凡是注日期的引用文件,其随后所有的修改单(不包括勘误的内容)或修订版均不适用于本部分,然而,鼓励根据本部分达成协议的各方研究是否可使用这些文件的最新版本。凡是不注日期的引用文件,其最新版本适用于本部分。

GB/T 21305 谷物及谷物制品水分的测定 常规法(GB/T 21305—2007,ISO 712:1998,IDT)

GB/T 22183 谷物检验筛(GB/T 22183—2008,ISO 5223:1995,IDT)

GB/T 24534.1 谷物与豆类隐蔽性昆虫感染的测定 第1部分:总则(GB/T 24534.1—2009,ISO 6639-1:1986,IDT)

GB/T 24534.2 谷物与豆类隐蔽性昆虫感染的测定 第2部分:取样(GB/T 24534.2—2009,ISO 6639-2:1986,MOD)

3 术语和定义

GB/T 24534.1 界定的术语和定义适用于 GB/T 24534 的本部分。

4 原理

将试样放置于控制温度、相对湿度的环境下,使样品中的昆虫最大可能地发育至成虫阶段。在较短的间隙期,将粮粒中出现的成虫检出,分类、计数,得到待测样品中昆虫的原始数量。

5 设备

实验室常用设备,尤其是以下设备:

5.1 密封容器:用于测定水分前存放样品。

5.2 天平:感量 1 g,最小称量为 300 g。

5.3 透明容器:最好为玻璃或塑料容器,能容纳 300 g 待测样品,且样品厚度不超过 50 mm。

5.4 封盖:允许气体交换,但能防止昆虫及螨类进出容器(5.3)。

注:可采用滤纸配石蜡封边。

5.5 筛子:应符合 GB/T 22183,孔径要能留住粮粒而让昆虫通过。

注:对于谷物,宜采用 2 mm~2.5 mm 孔径的筛子;对于豆类,则需要用孔径较大的筛子以去掉豆象科(Bruchidae)昆虫。筛子最好配有深的底盘用于收集筛下的昆虫。

5.6 浅盘:最好为白搪瓷盘,450 mm×300 mm,边缘高 10 mm～20 mm,能将较多的样品全部摊开;或直径 200 mm、透明的玻璃培养皿,用于较少的样品。

5.7 弹性镊子和直径小于 2 mm、长约 10 mm 的无虫小软毛刷。

5.8 养虫室或培养箱:能保持 25 ℃～30 ℃、温差±1 ℃,60%～65%或 65%～70%的相对湿度。

注:应保持所有与这种方法有关的空间及设备均无杀虫剂或其他对昆虫有害的化学物质。

6 取样

使用按 GB/T 24534.2 规定获得的样品。样品应避免过高或过低的温度、湿度和阳光直射,以避免可能因热、冷及脱水导致的昆虫死亡而引起昆虫种群的改变。

7 步骤

7.1 试验样品的水分测定

按 GB/T 21305 规定的方法,从测定昆虫感染的试验样品中直接抽取测定小样测定水分。

7.2 测定小样的制备

称试验样品,精确至 1 g,分样成测定小样。如水分的质量分数小于 15%,每个样 200 g～300 g;如水分的质量分数大于 15%,则每个样 70 g～100 g。将每个测定样品放入容器(5.3)中,并配以适当的封盖(5.4)。

7.3 测定

7.3.1 如昆虫很多且处于活动状态,使用带有底盘的筛子(5.5)筛出昆虫,注意筛中粮粒不要超过 3 粒粮深(如需要,可将样品分次过筛)。筛后,如昆虫不多且不活动,将粮粒单层平铺在盘子或培养皿上(5.6),用弹性镊子或小软毛刷(5.7)检出所有发现的昆虫。

鉴定所有试样中发现的昆虫,分别记录每种昆虫的成虫数、蛹及幼虫数。如需要,应分别记录昆虫的死虫数和活虫数。

检出所有的昆虫后,将试样放回容器(5.3)中。重新封盖容器(5.4),放入养虫室或培养箱(5.8)中。

如按 7.1 测定的水分质量分数高于 15%,样品需放在 60%～65%相对湿度的养虫室或培养箱培养;如水分质量分数等于或低于 15%,则放在 65%～70%的相对湿度中培养。

7.3.2 按 3 d 或 4 d 的间隔重复 7.3.1 规定的步骤。最少培养 36 d,具体的培养时间视样品存放的温度、粮食的类型、及出现的昆虫种类而定。

表 1 中列出了一些昆虫的推荐培养期,如样品中多于一种昆虫,培养期应取发育期最长虫种的培养期。

表 1 谷物与豆类样品在建议条件下测定昆虫隐蔽虫态的培养期

种类	英文俗名	学名	培养期/d	
			25 ℃	30 ℃
玉米象	Maize weevil	*Sitophilus zeamais* Motsch.	56	42
谷蠹	Lesser grain borer	*Rhyzopertha dominica* (F.)	70	49
米象	Rice weevil	*Sitophilus oryzae* (L.)	56	42
麦蛾	Angoumois grain moth	*Sitotroga cerealella* (Oliv.)	49	42
咖啡豆象	Coffee bean weevil	*Araecerus fasciculatus* Deg.	84	56
四纹豆象	Cowpea beetle	*Callosobruchus maculatus* (F.)	49	35
菜豆象	Dried bean weevil	*Acanthoscelides obtectus* (Say.)	56	42
谷象	Grain weevil	*Sitophilus granarius* (L.)	56	42
巴西豆象	Mexican bean weevil	*Zabrotes subfasciatus* (Boh.)	56	42

8 结果表示

8.1 按种类、虫态(如成虫、蛹、幼虫及卵)以及死活情况,记录每个测定小样首次检查中发现的昆虫的数量,数据记录表的格式见附录A。用7.2提及的试验样品重量,计算全部测定小样的总数,以每种昆虫、每种虫态的每千克头数表示初观感染。

8.2 随后的每一次测定中,按种类、虫态记录全部试样中发现的昆虫数目,计算全部测定小样的总数。

8.3 最后一次测定后,用7.2提及的试验样品重量,计算所有测定值的总数,以每种昆虫、每种虫态的每千克头数表示隐蔽性感染。

如在检测期开始的7 d内从试样中羽化出任何成虫,在计算隐蔽性感染前,表中推荐的时期结束后出现的同种成虫数应从总数中减去。

注:这种情况下,可以假设迟羽化的昆虫是初观感染检出后羽化的成虫的后代,因此,它不属于取样时的感染。

9 结果描述

9.1 每一虫种羽化的模式代表了取样时的龄期分布。当从左向右绘成图后,该模式代表了相同时期内从卵至成虫的比例图。幼期比例高(后羽化)是取样区域中种群正在上升的信号;相反,比例低是种群正在下降的信号。

9.2 发现的昆虫数量的重要性取决于粮食储藏时的温度。当温度低于15 ℃时,表中列出的任何种类在低种群时,都不可能快速繁殖而造成危险,但当温度高于25 ℃时,列出的每一种昆虫即使是每千克1只都是非常危险的。

10 检测报告

检测报告应表明使用的测定方法及获得的结果。任何本部分没有规定的、或视为可选的操作细节、以及可能影响了结果的任何意外情况都应注明。

检测报告还应包括确认样品所必需的所有信息。

附　录　A
（规范性附录）
数据记录表

试验样品号________　重量________g　水分________%（质量分数）

昆虫种类（虫态）	测定小样	发现的虫数														总数	
		首次检查	培养期											样品内	每千克
	1															
	2															
	3															
	4															
	总数															
	1															
	2															
	3															
	4															
	总数															
	1															
	2															
	3															
	4															
	总数															
	1															
	2															
	3															
	4															
	总数															

ICS 67.060
B 20

中华人民共和国国家标准

GB/T 24534.4—2009

谷物与豆类隐蔽性昆虫感染的测定 第4部分：快速方法

Cereals and pulses—Determination of hidden insect infestation—Part 4: Rapid methods

(ISO 6639-4:1987, MOD)

2009-10-30 发布　　　　2009-12-01 实施

中华人民共和国国家质量监督检验检疫总局
中国国家标准化管理委员会　发布

前 言

GB/T 24534《谷物与豆类隐蔽性昆虫感染的测定》包括以下四个部分：

——第1部分：总则；

——第2部分：取样；

——第3部分：基准方法；

——第4部分：快速方法。

本部分为GB/T 24534的第4部分。

本部分修改采用ISO 6639-4：1987《谷物与豆类　隐蔽性昆虫感染的测定　第4部分：快速方法》。

本部分与ISO 6639-4：1987的主要技术差异如下：

——用GB/T 12620代替ISO 565；

——用GB 5491代替ISO 950。

为方便使用，本部分做了下列编辑性修改：

——删除了ISO 6639-4：1987的前言；

——删除了ISO 6639-4：1987的“简介”部分；

——将GB/T 24534.2添加到“规范性引用文件”中；

——用GB/T 5519代替ISO 520；

——用GB/T 21305代替ISO 712。

本部分由国家粮食局提出。

本部分由全国粮油标准化技术委员会归口。

本部分起草单位：国家粮食储备局成都粮食储藏科学研究所。

本部分主要起草人：严晓平、周浩、许胜伟、兰盛斌、檀先昌、黎万武、丁建武、侯兴伟、郭道林。

谷物与豆类隐蔽性昆虫感染的测定
第4部分:快速方法

1 范围

GB/T 24534 的本部分规定了用于估计谷物或豆类样品中隐蔽性昆虫感染程度、或是否存在感染的5种快速方法。

方法一:二氧化碳测定法

本方法适用于完整粒粮和经过粗磨或碾压后经过过筛去掉细粒及活动昆虫后的粮食的测定。

本方法不适于测定:

a) 磨细的粮食加工品,因为其颗粒可能吸收空气中水分;

b) 水分质量分数大于15%的粮食产品。因为粮食自身及微生物可能产生二氧化碳而影响结果。

另外,这种方法不适合已经吸附了大量二氧化碳粮食产品的快速检测。如气调储藏的粮食或有严重害虫侵染的粮食。

本方法可以用于粗颗粒或粗磨粮食产品,检验时使用检验筛来区分完好颗粒和暴露的害虫。

本方法不允许测定死的成虫、蛹、幼虫及卵。

方法二:茚三酮法

本方法适用于测定任何干燥粮食内部的昆虫感染,尤其是小麦、高粱、大米及其他类似大小的粮粒。大粒粮如玉米,测定前应部分打碎(压碎)。但大粒粮的这些处理可能导致一些昆虫数量减少或被打成碎片而使结果描述不可靠。本方法可能低估卵及低龄幼虫,但在这方面,本方法并不比任何其他方法差。

方法三:整粒粮漂浮法

本方法适用于大部分的谷物与豆类隐蔽性感染测定,但仅限于定性。

方法四:声音测定法

本方法适用于测定取食于粮粒内的活动昆虫成虫及幼虫,不适用于测定死的成虫、幼虫或活的卵及蛹(非取食虫态)。

方法五:X射线法

本方法适用于测定粮粒内活的、死的幼虫及成虫。刚杀死的昆虫(如熏蒸引起的)可能难以与仍活着的昆虫区别。

2 规范性引用文件

下列文件中的条款通过 GB/T 24534 本部分的引用而成为本部分的条款。凡是注日期的引用文件,其随后所有的修改单(不包括勘误的内容)或修订版均不适用于本部分,然而,鼓励根据本部分达成协议的各方研究是否可使用这些文件的最新版本。凡是不注日期的引用文件,其最新版本适用于本部分。

GB 5491 粮食、油料检验 扦样、分样法

GB/T 5519 谷物与豆类 千粒重的测定(GB/T 5519—2008,ISO 520:1977,MOD)

GB/T 12620 长圆孔、长方孔和圆孔筛板

GB/T 21305 谷物及谷物制品水分的测定 常规法(GB/T 21305—2007,ISO 712:1998,IDT)

GB/T 24534.2 谷物与豆类隐蔽性昆虫感染的测定 第2部分 取样(GB/T 24534.2—2009,ISO 6639-2:1986,MOD)

方法一　二氧化碳测定法

3　原理

在标准温度下培养样品测定小样，用气体定量分析法或红外气体分析法测定样品在一定时期内昆虫代谢产生的二氧化碳量。

注：此方法的机理为：呼吸作用能被用来监测产品中的昆虫，并且散存谷物中的空气体积是基本不变的。干燥谷物或谷物产品的新陈代谢率很低，而昆虫的新陈代谢率很高。所以，干燥谷物或谷物产品中的二氧化碳可以作为昆虫感染的信号。应防止其他来源的二氧化碳的污染并保证谷物对二氧化碳的吸附最小化。

4　设备

4.1　筛子

合适的筛孔，筛孔规格应符合 GB/T 12620，细颗粒及昆虫能通过而留下被测定的粮粒。

4.2　天平

精确到 0.1 g。

4.3　气体定量分析装置（见图 1）

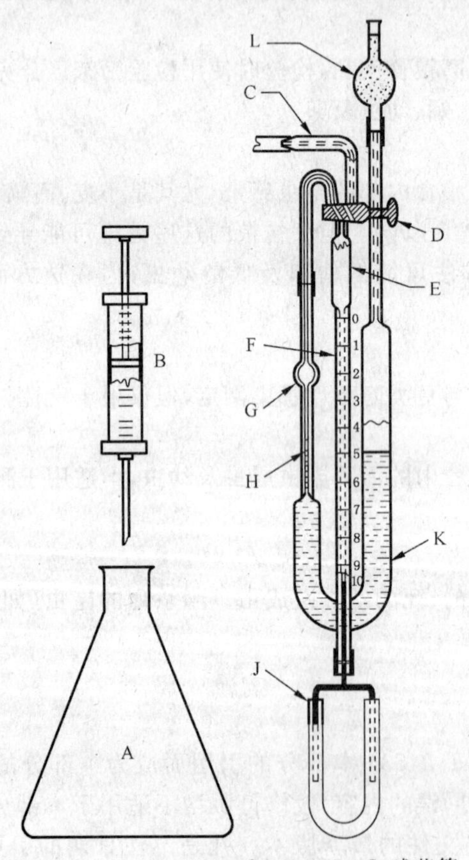

A——实验密封罐；
B——注射器；
C——进气管；
D——三通阀门；
E——4 mL 球茎管（体积刻度由 0 至 F 管）；
F——带刻度细茎管（容积为 1.00 mL，最小分度值为 0.01 mL）；
G——1.5 mL 球茎管；
H——刻度标记；
J——水银柱（其作用是调节 F 管）；
K——称装氢氧化钾的 U 型管；
L——苏打-石灰管，防止空气中的二氧化碳进入 K 管。

图 1　气体定量分析装置

4.3.1 密封取样罐：容积不超过 750 mL，每个取样罐均能用橡胶塞密封。

4.3.2 注射器和取样针：用于抽取粮粒间空气样品。注射器应是完全气密的并且其容量应足够分析用，全玻璃注射器的容积以 20 mL 为宜。

4.3.3 培养箱或气候调节室：能将温度保持在 25 ℃±1 ℃（见 4.4.1）。

4.3.4 气体分析装置：能测定的二氧化碳浓度的体积分数误差为±0.2%。

4.4 红外气体分析装置（见图 2）

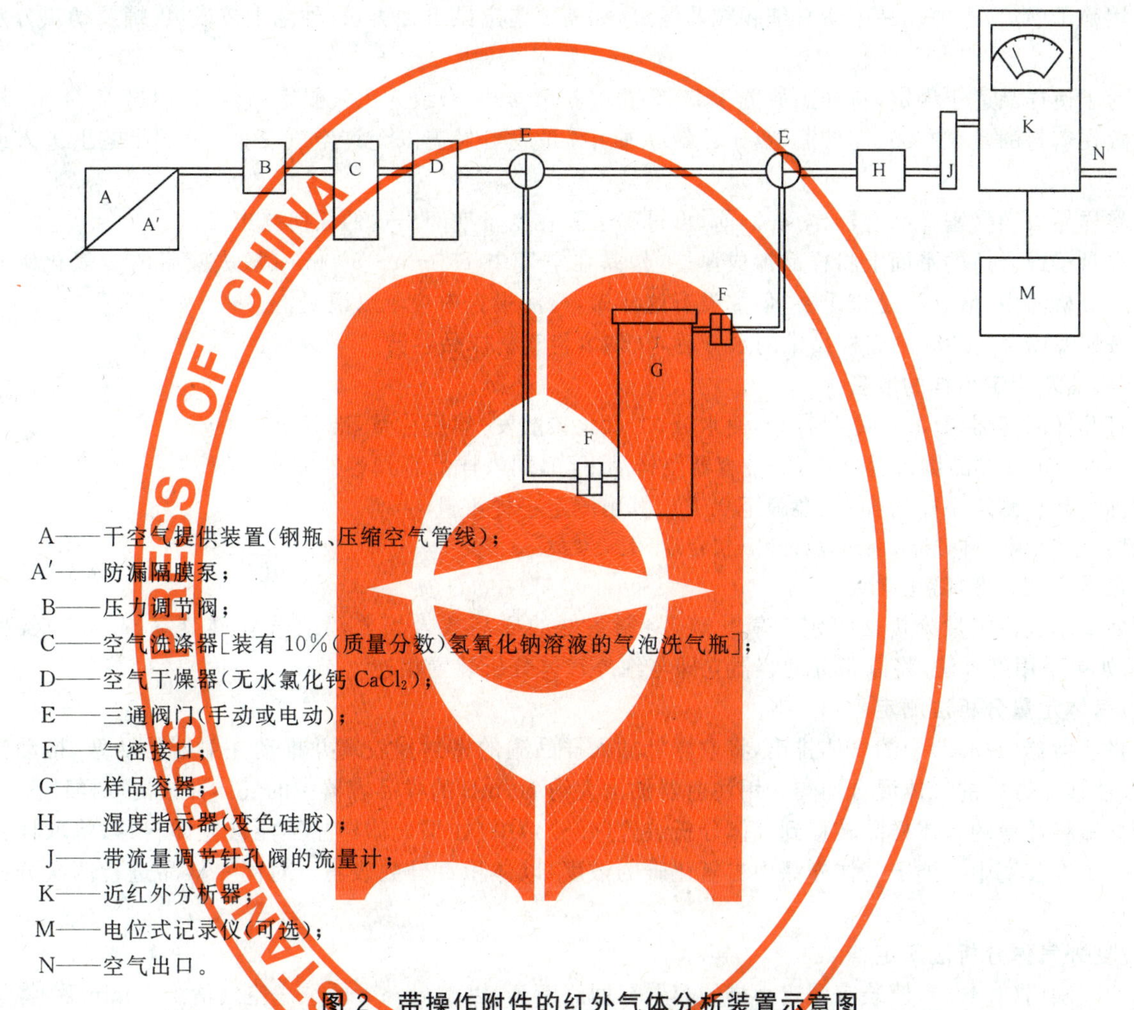

A——干空气提供装置（钢瓶、压缩空气管线）；

A′——防漏隔膜泵；

B——压力调节阀；

C——空气洗涤器[装有 10%（质量分数）氢氧化钠溶液的气泡洗气瓶]；

D——空气干燥器（无水氯化钙 $CaCl_2$）；

E——三通阀门（手动或电动）；

F——气密接口；

G——样品容器；

H——湿度指示器（变色硅胶）；

J——带流量调节针孔阀的流量计；

K——近红外分析器；

M——电位式记录仪（可选）；

N——空气出口。

图 2 带操作附件的红外气体分析装置示意图

4.4.1 人工气候室：测试设备应放置于可控制温、湿度的房间内，温度为 25 ℃±1 ℃，相对湿度为 70%±5%。

4.4.2 红外气体分析仪：具有两个可以互换的二氧化碳测量范围 0～50 μL/L 及 0～500 μL/L，用压缩空气钢瓶，压缩空气管线或 2 000 mL/min 流速的防漏隔膜泵提供干燥空气作为载气。

4.4.3 气密样品容器：不超过 750 mL，容器包括一个直径大约 100 mm、由气密材料制成的圆筒；底部密封、顶部有一可以活动的气密性盖子；有 2 个嘴管，在连接纯净空气管线后，气体从底部进入圆筒，从顶部排出。

4.4.4 压缩干燥空气供应装置（压缩空气管线，压缩空气钢瓶或隔膜泵）：带有一个减压阀，回路中应带有一个流量调节阀和一个流量计。

4.4.5 三通阀：手动或电动控制。

4.4.6 空气清洗及干燥管：安装在样品容器之前，洗气瓶包括一个烧瓶，可使气体冒泡通过质量分数为 10%的氢氧化钠溶液，干燥器中装有干燥剂，如无水氯化钙。

4.4.7 水分指示器：置于样品容器与分析仪之间（变色硅胶）。

5 扦样

扦样按 GB/T 24534.2 执行。

6 步骤

6.1 试样的准备

用筛子(4.1)去掉样品中所有细颗粒及昆虫,如需要鉴定昆虫种类,每种昆虫按成虫、蛹及幼虫分别记录。

为了使样品适于测定,将样品放置于 25 ℃的培养箱(4.3.3)或人工气候室(4.4.1)内培养 24 h。样品放置在密封的紧纹布袋、广口瓶、盘子或罐头瓶中,并适当封盖以允许空气交换,而不让昆虫进入或逃逸。

将样品放入气密样品容器(4.4.3)前,再过筛去除在制备期间出现的任何昆虫。

在盘子或合适的平面上将样品摊成薄层,暴露在空气中 15 min～30 min(散去吸附的二氧化碳)。在红外分析法中,散气不是很重要,但如没有这样做,检测报告中应予以说明。

按照 GB/T 21305 测定样品中的水分后,立刻填装气密样品容器。

6.2 容器及测定小样的准备

打开样品容器(4.3.1 或 4.4.3),使水分、二氧化碳散发,然后称量,准确至 0.1 g。

将约 300 g 样品倒入容器中,轻拍容器使样品下降,加入样品直到容器完全装满。

称量装有测定小样的容器,准确至 0.1 g,算出测定小样重量。

注:使用红外气体分析设备时,填充和压实容器不是必要的。

盖紧样品容器,防止漏气。

如果用气体定量分析法测定二氧化碳,将制备好的样品放入培养箱或气候调节室(4.3.3)停留 24 h;如果采用红外法,将制备好的容器立即与红外气体分析装置相连。

6.3 气体定量分析法测定

将注射器(4.3.2)中的气体排出,将取样针插入样品罐的密封橡胶塞并推动注射器的活塞,推动数次,以使样品罐中的气体混合均匀。用注射器抽出大约 10 mL 的样品容器中的气体并拔出取样针。

立即将适量的气体样品转移到气体分析装置(4.3.4)中(如果气体样品不能被立即转移,将取样针插入一个橡胶塞中),测定气体样品中二氧化碳的浓度,以体积百分数表示。对同一样品进行两次分析操作。

6.4 红外气体分析法测定

调节阀门(4.4.5),使装有测定小样的容器与回路断开,以 1 L/min 的纯净空气清洗 5 min 后,将气体分析仪调至零,并调到最灵敏范围(0～50 μL/L)。

将样品容器嘴管与空气输入管及分析仪相连(如图 2)。

通过调节三通阀,使空气通过样品,这时分析仪调至最不灵敏范围(测量范围 0～500 μL/L),用纯净空气以 1 L/min 的速度通过样品 15 min,然后将分析仪调到最灵敏范围(0～50 μL/L),直接从分析仪显示屏或从记录仪上,以每分钟每升微升数,读出样品中二氧化碳的释放量。

使用非线性刻度的分析仪,测得的值应使用校正曲线换算成每升微升数。

6.5 测定次数

相同的测定小样测定两次。

7 结果表示

7.1 气体定量分析法

7.1.1 计算及公式

1 kg 粮食 1 min 在粮粒间产生的二氧化碳浓度,以 μL/L 表示。计算公式如式(1):

$$\frac{c_1+c_2}{2}\times\frac{1\,000}{m_0} \qquad \cdots\cdots(1)$$

式中：

c_1 和 c_2——分别为两次测定所得的二氧化碳浓度，单位为微升每升(μL/L)；

m_0——测定小样的质量，单位为克(g)。

如符合重复性条件(见 7.1.2)，取两次测定结果的算术平均值。

7.1.2 重复性

相同分析者两次相邻的测定结果差异应不超过 2 μL/min。

7.2 红外气体分析法

7.2.1 计算及公式

1 kg 粮食 1 min 在粮粒间产生的二氧化碳浓度，以 μL/L 表示。计算公式如式(2)：

$$c\times\frac{1\,000}{m_0} \qquad \cdots\cdots(2)$$

式中：

c——测定小样 1 min 时间内粮粒间产生的二氧化碳浓度，单位为微升每升(μL/L)；

m_0——测定小样的质量，单位为克(g)。

如符合重复性条件(见 7.2.2)，取两次测定结果的算术平均值。

7.2.2 重复性

相同分析者两次相邻的测定结果差异应不超过 2 μL/min。

8 结果描述

8.1 气体定量法

对于小麦、豌豆、干豌豆、扁豆、精米、小黄玉米和类似的小颗粒脱壳粮食，适于采用气体定量分析法进行测定，其具体范围及方法见表 1。

注：对其他粮食而言，需要设定一个粮粒间空气体积的修正系数，观测到的二氧化碳浓度应乘以这个修正系数。某些修正系数如下：

——亚麻子：0.89；

——大白玉米：1.18；

——大麦：1.25；

——燕麦：1.39。

表 1 气体定量分析法获得的结果描述

1 kg 粮 CO_2 产生速率/(μL/min)	描　述
<0.2	可能无感染，重复测定另一个样品以确定
0.2	可能轻度感染，重复测定另一个样品以确定
0.3～0.5	轻度至中度感染，粮食不适于存放 2 月以上而不处理
0.6～0.9	中度至严重感染，粮食应立即熏蒸
≥1.0	严重感染，粮食处于危险状态，极不适于储藏

8.2 红外法

结果描述见表 2。

表 2　红外法获得的结果描述

1 kg 粮 CO_2 产生速率/(μL/min)	描　述
<1.1	可能无感染，连续的低峰值可能表示很轻的感染，重复测定另一个样品以确定
1.0～1.9	可能轻度感染，重复测定另一个样品以确定
2.0～3.9	轻度至中度感染，粮食不适于存放 2 月以上而不处理
4.0～5.9	中度至严重感染，粮食应立即熏蒸
≥6.0	严重感染，粮食处于危险状态，极不适于储藏

9　检验报告

检验报告应表明使用的测定方法、测定的次数及获得的结果，表明使用的计算方法。应尽可能地记录发现昆虫的虫态。任何本部分没有规定的，或视为可选的操作细节，以及可能影响了结果的任何意外情况都应注明。

检验报告应包括确认样品所必需的所有信息。

方法二　茚三酮法

10　原理

在浸有茚三酮的白纸上碾压已去掉可见活虫的测定小样，当被感染粮粒被压碎时，昆虫体液中的氨基酸与纸中的茚三酮反应产生紫色斑点，但粮粒中的氨基酸却不释放，不起反应。

注：高水分粮 2 d～3 d 后也可发生反应。

计数纸上的紫色斑点，斑点数代表了样品中隐蔽性感染的程度。

11　设备

11.1　筛子(见 4.1)。

11.2　碾压设备：如需要，部分打碎大粒粮。

11.3　粮食分样器(见 GB 5491)。

11.4　感染测定器：手动或电动，主要包括两个表面粗糙、相距 0.75 mm 的钢辊，中间可以连续通过茚三酮纸带(见图 3)。

注：可使用 Ashman Simon 仪器[1]或具有相同性能的仪器。

1)　Ashman Simon 是仪器商品名。给出这一信息是为了方便本标准的使用者，并不表示对该产品的认可。如果其他产品能有相同的效果，则可使用这些等效的产品。

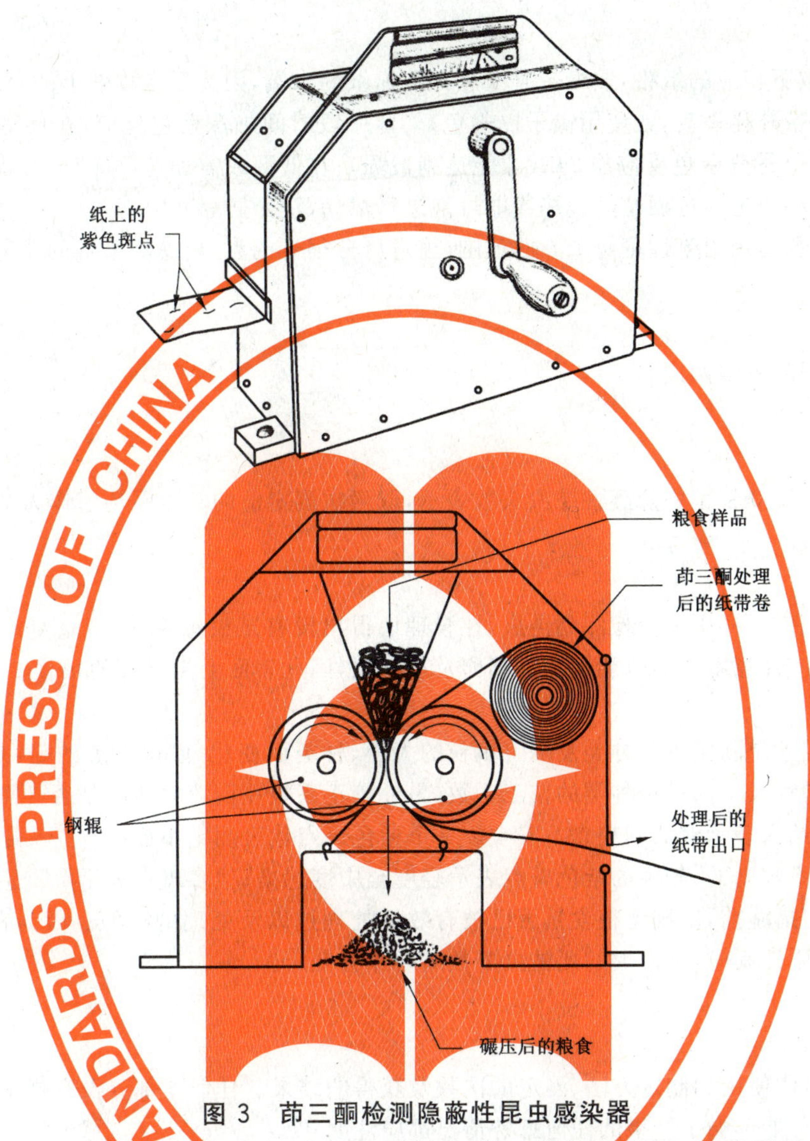

图 3 茚三酮检测隐蔽性昆虫感染器

11.5 茚三酮纸带：使用 57 mm 宽、50 m 长、且已浸泡过茚三酮的白纸卷。或按下列方法准备：

使未处理的纸通过 10 g/L 的茚三酮工业酒精溶液，将纸卷上，放在 20 ℃～25 ℃、40%～60%相对湿度、无光处理 3 天，干燥的处理后的纸卷用锡泊包好避光存放，在 20 ℃～25 ℃、40%～60%的相对湿度环境下，这样处理过的纸卷可保持 2 年～3 年不变。

11.6 天平：精确度 0.1 g。

12 扦样

按照 GB/T 24534.2 的规定执行。

13 测定步骤

13.1 试样及测定小样的准备

用筛子(4.1)去掉样品中所有杂质及活动昆虫，如需要，按种类和虫态对活动昆虫进行鉴定和计数。

称量过筛后的样品，使用粮食分样器(11.3) 分样，得到需要的测定小样(见 13.3 和第 15 章)。每一小样应至少 1 000 粒(见 GB/T 5519)。大粒粮的测定小样应打碎，测试前重新过筛。

称量测定小样或计数小样中的粮粒数，准备好感染测定器(11.4)，按操作说明将测定小样通过感染测定器。

13.2 测定

从测定器上取下相应的纸带，取纸带时注意只能抓纸的末端，因为手指皮肤上的氨基酸也与茚三酮呈紫色反应(可以带外科手套，或使用镊子以避免)。留一段时间加深紫色反应，在环境温度 20 ℃或更高时，紫色反应 1 h(尽管紫色反应需 24 h 才能达到最强)；在低温或需加速反应时，可将纸带放在 50 ℃的烘箱中加热，或小心地经过酒精灯火焰或电灯泡进行烘烤(注意防燃)。

紫色反应完成后，用铅笔标记每个点的范围，注意区分很近的点，要忽略纸上的非紫色斑点，仅计数标记的斑点数目。

13.3 测定次数

相同的测试样品测定两次。

14 结果表示

以每千克或每 100 粒粮中隐蔽性昆虫头数表示，取两次测定值的算术平均值作为结果。

15 结果描述

如在第一对测定小样中没有检测到昆虫，在合理地得出没有昆虫感染前，应重复测定 10 份测定小样。即便如此，还应注意本方法可能检测不到卵及小幼虫，因此表面上无感染的粮食 2 周～4 周后最好重新测定。

本方法的测定效果随昆虫的种类及测定粮粒的大小、种类而变化，值得考虑的是：是否能够或应该推荐合适于不同粮种及不同昆虫种类的校正系数，另外校正系数在商业实践中是否必需。

一般讲，阳性结果表示储藏的粮食不安全。一个紫色斑点代表测定小样中有一头昆虫；如几次测定的结果相似，纸上不规则的、较少的紫色斑点表示轻度至中度感染；很多斑点表示严重感染，需立即进行处理。在采取任何措施前，应确定粮食是否已被有效地处理过以及处理的时间。因为在死虫体液变干前，死昆虫仍产生阳性反应，个体大的死昆虫要数周后才会变干。

16 检验报告

检验报告应表明使用的测定方法、测定的次数及获得的结果。任何本部分没有规定的，或视为可选的操作细节，以及可能影响了结果的任何意外情况都应注明。

检验报告应包括确认样品所必需的所有信息。

方法三 整粒粮飘浮法

17 原理

隐蔽性昆虫的感染会减轻粮粒的质量，当完善粒与被害粮粒一起浸入测试溶液中时，完善粒下沉，而被害粮粒则上浮至溶液表面。但这种分离并不十分精确，因为含有低龄幼虫的粮粒也可能下沉，而种皮下带有气泡或有其他缺陷的没被感染的粮粒也可能会浮起来。解剖漂浮上来的粮粒，确定是否有昆虫存在。

18 设备

18.1 浮力比重计：相对密度测定范围 1.100～1.300。

18.2 量筒：容量 500 mL。

18.3 筛子(见 4.1)。

18.4 天平:精确度 0.01 g。

18.5 粮食分样器(见 GB 5491)。

18.6 烧杯:容量 1 000 mL。

18.7 漏勺:用于取出飘浮的粮粒。

19 扦样

按照 GB/T 24534.2 的规定执行。

20 测定溶液

用硅酸钠、硝酸铵或甘油溶于水可以得到合适的测定溶液。1 000 mL 相应密度的测定溶液所需的溶质量可以参照图 4 计算,用量筒(17.2)及适当的浮力比重计(17.1))校正溶液的相对密度,如需要,加入少量水或溶质,得到所需密度的测定溶液,精确至±0.005。

注:由于粮食的密度随种类、品种及其他因子的不同而变化,所需的测试溶液的相对密度也需改变。按实际情况,需要的溶液相对密度应通过实验而定,下列测定溶液的相对密度值仅供参考:小麦 1.15、玉米和高粱 1.19、大米 1.27、豌豆 1.27。

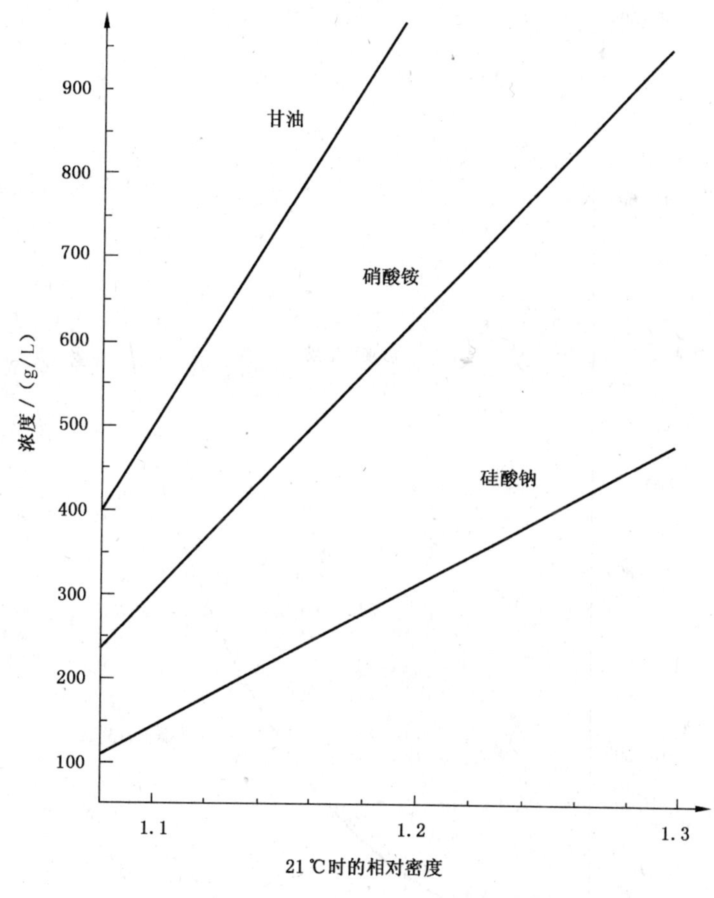

图 4 制备不同相对密度测定溶液的参照曲线图

21 步骤

21.1 试样及测定小样的准备

用筛子(4.1)去除样品中的杂质,过筛后称量,用分样器(17.5)分样成测定小样,每小样约 500 粒粮,计数测定小样的粒数。

21.2 测定

将测定小样放入含有测定溶液的烧杯(17.6)中,完全混合,放置10 min,每隔1 min搅动一次,以释放附着在粮粒上的气泡,最后一次完成后,用漏勺(17.7)取出所有漂浮的粮粒,分出并计数所有可见昆虫感染迹象的粮粒(种皮内有可见的孔或孔道),用适当的工具切开其余的粮粒,记录发现有昆虫幼虫、蛹及成虫的粮粒数。

21.3 测定次数

相同的试样测定两次。

22 结果表示

22.1 计算:用被感染粮粒的百分数表示感染,取两次测定值的算术平均数作为结果。

22.2 重复性:每次测定值与平均数的差异应不超过图5所表示的极限,如超过这个极限,测定其他测试小样直到符合要求。

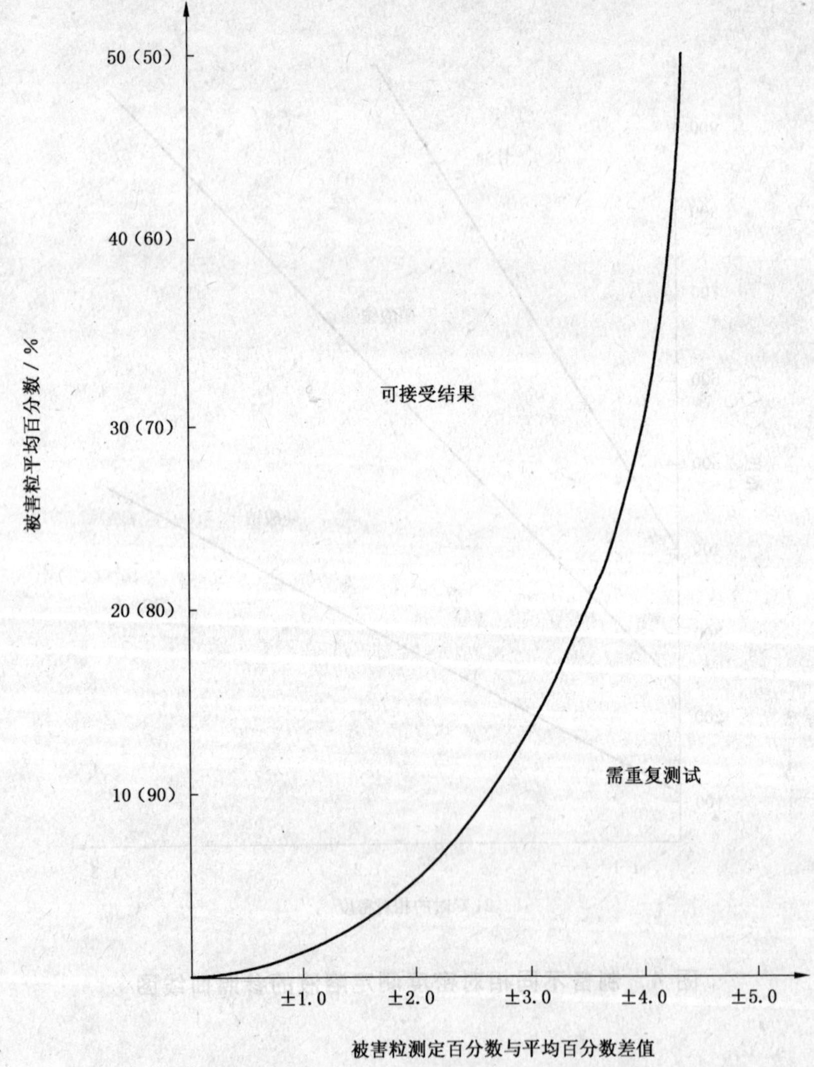

图5 粮粒漂浮法重复性极限(约500粒粮样品95%置信限重复性曲线)

23 结果描述

从第17章说明的限制性来看,本方法极易低估存在的感染程度。因此,结果是定性的而不是定量的。如定量的结果很重要的话,需使用另外更准确的方法。

24 检验报告

检验报告应表明使用的测定方法、测定的次数及获得的结果。任何本部分没有规定的,或视为可选的操作细节,以及可能影响了结果的任何意外情况都应注明。

检验报告应包括确认样品所必需的所有信息。

方法四 声音测定法

25 原理

将测定小样放入样品容器中,该容器位于隔音性能良好的箱内。样品容器内固定一个与放大系统相连的声音振动敏感元件,由敏感元件传送出隐蔽性昆虫取食活动产生的噪声,噪声可以直接收听或记录下来,从传递出的噪声强度估计隐蔽性昆虫感染的程度。

26 仪器

26.1 声音测定设备:包括下列几部分(见图6)。

26.1.1 隔音箱:箱内镶有高性能的隔音材料隔音(如石棉或带铅的高密度聚酯泡沫),箱盖能隔离外部的噪声,箱内有一个可以活动的厚塑料筒状的样品容器(如高密度聚氯乙烯),样品容器上配有密封盖,振动敏感元件放置在样品容器的中央,用一软或有延伸性的电缆连接到箱体外的出口插座上。箱体安置在有弹性的缓冲系统上(如橡胶垫)。

注1:只要能达到对空气振动和机械振动的隔离效果,可以改变隔音箱内元件的布置。

注2:样品容器的体积应不超过1 L。

26.1.2 电子放大系统:包括一个50 dB～10 dB的前置放大系统,应与声敏元件兼容,能通过600 Hz～4 000 Hz的声波,信噪比至少－120 dB/V。

注:为了提高信噪比,可附加滤波器以减低通过的声波宽度(米象的中央频率大约为2 KHz),如使用计数设备,建议使用滤波器。

26.1.3 耳机、计数及记录系统:

a) 连接放大器的耳机或扬声器用于直接收听隐蔽性昆虫产生的噪声;

b) 电压或电流阈值指示器及记录系统用于记录超过可调阈值的电脉冲;

c) 低阻抗输出端口用于示波控制器或磁带记录仪。

26.1.4 高密度隔音材料垫:放置于箱体与水平支撑物之间,以防止机械振动的传导(对于隔音性能很好的箱体,这项预防措施不是必须的)。

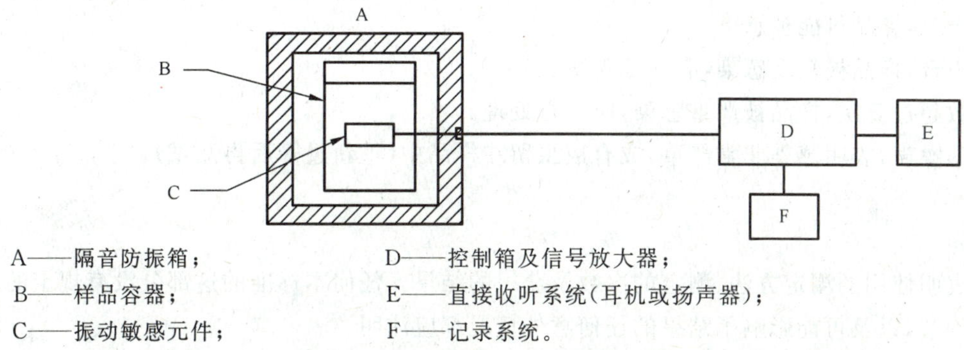

A——隔音防振箱;
B——样品容器;
C——振动敏感元件;
D——控制箱及信号放大器;
E——直接收听系统(耳机或扬声器);
F——记录系统。

图6 声音测定设备

26.2 筛子(见 4.1)。

26.3 粮食分样器(见 GB 5491)。

27 扦样

扦样按 GB/T 24534.2 执行。

28 步骤

注 1：进行样品测定时，温度应不低于 20 ℃。

注 2：为了增加昆虫活动，一些设备附加了样品加热系统，这种预加热过程在每次测定前约需 20 min。

28.1 试样及测定小样的准备

用筛子(4.1)去掉所有自由活动的昆虫。如需要，应进行分类，并按种类、虫期记录，用分样器(26.3)分样成需要数量的测定小样(见 28.3)，每个测定小样应等于或稍多于装满隔音箱内样品容器(26.1.1)所需的量，并且不应少于 500 g。

28.2 准备仪器

如需要，将隔音箱放在隔音垫(26.1.4)上，关上空的样品容器，将其放在箱中，关上箱盖，连接放大器与收听或录音系统，调节增益直到连续的背景噪声最低，关闭已经设置好的仪器。

注：使用录音系统，设置的阈值应定期校正(如与磁带上的测试录音比较)。

28.3 测定

用测定小样装满样品容器，轻轻地振动使粮粒下降后盖好容器，容器放入隔音箱后密封箱子，让粮粒稳定 5 min，然后打开测试系统开关，分 5 个周期监听昆虫活动的特征声音，每个周期 1 min，或一次记录 5 min。

注：录音时，可使用直接测听设备检查录音过程中出现的任何问题，调节检测阈值的设定。

关闭仪器后，立即取出测定小样称量，精确至 1 g。

28.4 测定次数

相同的试样测定两次。

29 结果表示

29.1 直接测听：每一个一分钟测听期的结果都应分别记录，并说明是否存在隐蔽性昆虫的活动。可以评估昆虫活动的相对强度，以区分昆虫危害程度。

29.2 录音记数：5 min 内记录的脉冲数应转换为每分钟的平均数。

30 结果描述

每分钟测定的噪声数少于 1，可认为样品没有被感染。

每分钟一次声音，样品可能被感染。

每分钟二次声音，样品被轻度感染，应仔细观察。

每分钟噪声数超过 5 次，样品被严重感染，应进行处理。

如果是连续的噪声，表明感染非常严重，或有成虫留在样品中(重新过筛后再测试)。

31 检测报告

检测报告应表明使用的测定方法、测定的次数及获得的结果。任何本标准的这部分没有规定的，或视为可选的操作细节，以及可能影响了结果的任何意外情况都应注明。

检测报告应包括确认样品所必需的所有信息。

方法五　X射线法

32　原理

将测定小样以一粒粮厚度平摊在X光源与感光胶片之间，用软X光曝光，冲洗后感官检验胶片，确定粮粒中昆虫的存在情况。

33　设备

33.1　X光设备：X光源应符合下列性能要求。

33.1.1　电源供应：设备的消耗功率应不超过2 kW。

33.1.2　X光管：X光管应能产生低穿透力的X射线，因此X光管通常带有玻窗。X光管的有效聚焦点应尽可能地小。

33.1.3　X光设备的控制：对大部分粮食品种而言，X光机通常使用约20 kV的电压、5 mA的电流产生X射线。但有时需使用到50 kV，此时，电压在15 kV～50 kV、电流在0～20 mA间应能连续或分段调节。

注：上述给出的电压为峰值电压。

X光机应带有显示管子电压的电压表，产生此电压的电源功率应是可调节的。电子记时器尽管不是必需的，但非常有用，记时器用于在曝光结束后关闭机器。这种记时器至少应有10 min的范围。

33.1.4　安装：X光管的安装应使X光束覆盖至使用的X光胶片的全部范围。

33.1.5　辐射保护：使用的仪器及其安装应符合国家关于X光机及其附件的制造、产品的安装以及X光使用的规定。

设备应安放在有充分防护罩的地方，应符合国家关于辐射保护的规定。铅是最合适的防护材料，一般厚度1.5 mm～2 mm即可充分满足要求，它应与支持建筑物的材料如层板或钢板粘贴在一起。更换胶片及样品的通道门应与一电子接触器相连，以确保开门时仪器自动关闭，并在门开着期间一直保持关闭状态。

玻窗管的X射线输出非常高，在设计防护罩时应特别注意。

每隔不超过3个月，应使用辐射监测计进行一次辐射泄漏检测。

33.1.6　接地：仪器必须有效接地。

33.2　筛子(见4.1)。

33.3　金属网栅：通常孔径30 mm，总面积足以覆盖使用的胶片。为避免粮粒丢失，金属网栅可以放在一很薄的胶纸上，将胶面向上，粮粒依次排在胶面上。

33.4　合适的感光片：面积至少750 cm^2，以及冲洗试剂和设备。

33.5　读片屏：用于观察冲洗的胶片。

34　扦样

扦样按GB/T 24534.2执行。

35　步骤

35.1　过筛

用筛子(31.2)去掉样品中所有活动昆虫。

35.2　测定小样的准备

35.2.1　标准测定小样(有争议时推荐使用)：称量在摊薄至一粒粮厚度时可以完全覆盖至少750 cm^2的胶片面积的测定小样，精确至0.1 g。

注：1 200 cm^2胶片面积上，对应数量大约为小麦10 000粒或玉米3 000粒。

35.2.2 减量测定小样：在可以接受的准确度范围内，可以通过测定较少的测定小样（如 1 000 粒～1 200 粒小麦）来检测感染。在有关方同意时，这种更适合快速测定的减量测定小样可以替代 35.2.1 中规定的标准测定小样。

35.3 测定小样的散开

在带有胶片的胶片盒上放上金属网栅，将测定小样平摊成 1 粒粮厚。这样可以保证所有粮粒在胶片曝光时排列在网栅线的两边。

35.4 胶片的区别

在粮粒一面，放置用不透 X 光材料做成的数字或字母，这些数字或字母在胶片曝光后会出现在胶片上，这样就可以区别胶片。

35.5 曝光

曝光期间，胶片一直保持在避光的胶片盒中。按使用机器的说明放置胶片。确保所有的安全条件都已达到。按样品的性质及使用的胶片，选择适当的曝光时间，以获得满意的胶片密度（见 37.1），其密度应为 1.0。

35.6 冲洗胶片

曝光后，按厂商的说明冲洗胶片（见 37.1）。

35.7 胶片的检查与描述

用读片屏（33.5）检查并记录虫害粒数。通常，谷物或豆类在负片上呈白色或灰色，粮粒内的任何孔洞呈黑色，孔洞中的昆虫呈浅色。

35.8 测定的次数

相同的试样测定三次。

36 结果表示

36.1 记录 3 次测定中的虫害粒数，计算每千克虫害粒数。

36.2 如果记数了测定小样的粮粒数，结果也可用虫害粒的百分数表示。

37 胶片的曝光、冲洗及描述说明

37.1 曝光及冲洗

所需的曝光时间及电压应根据被测定粮食、要求的穿透力及对比度而变化。低电压比高电压的穿透力低，对小粒粮，可以使用低电压以获得检测卵等所需的图像清晰度。

粮粒的水分也很重要，较高水分的粮粒需要较高的电压以获得满意的 X 光穿透力。

必须按胶片生产商的说明冲洗胶片，如显影液的浓度及温度。冲洗的时间是可变的，在找到合适的时间前，应选用厂商提供范围的中间值。

最佳的曝光时间可以按以下的方法确定：

a) 如用 15 s、20 kV、5 mA 对覆盖有粮粒的整个胶片曝光；

b) 用铁片或铜片（厚 1.25 mm），遮盖有粮粒的胶片的 1/3 面积，再曝光 5 s；

c) 再遮盖 1/3 的面积，再曝光 5 s；

d) 这些胶片已分别曝光 15 s、20 s、25 s。

在确定了最合适的曝光时间后，如 20 kV 下的穿透力太大或太小，可在 15 kV 至 30 kV 内每 5 kV 一档，重复上述步骤以找到最佳的电压值。

按上述方法，胶片冲洗、定影后可以得到最满意的电压值及曝光时间，可用于以后对相似粮粒的拍片。

注 1：可以使用不同速度的感光片，并确定最合适的曝光时间，以便不影响本方法的其他条件。

注 2：可以使用直接干冲胶片，这样检测可以更快，免除了湿法冲洗及定影中的一些限制（免除液体洗浴）。

37.2 胶片的描述

在一般试验曝光下，有时可发现卵及小幼虫，但发现的比例依赖于曝光时粮粒方向、仪器的电压、昆虫的种类、粮种以及操作条件。X射线法不能可靠地检测到每一个卵及每一个早期幼虫。如这点非常重要，应将测定小样在测定后放在25 ℃下培养，并在一定间隔期后再次检测。

有时，可以检测到死幼虫。如粮食刚杀虫后。

有时，可以区别活幼虫及刚死的幼虫。因为在长时间的曝光中，活动个体的移动可以使图像模糊。这需要相当的检测技巧，另外，活动的个体几分钟内也可能不活动。

X射线法可以准确的评估后期幼虫、蛹及成虫。

如想检查被害粮粒，应先在胶片上定位，然后按网栅格寻找，可以解剖粮粒检查幼虫的存在。

38 检测报告

检测报告应表明使用的测定方法、测定的次数及获得的结果，表明使用的计算方法。应尽可能地记录发现昆虫的虫态。任何本标准的这部分没有规定的，或视为可选的操作细节，以及可能影响了结果的任何意外情况都应注明。

检测报告应包括确认样品所必需的所有信息。

ICS 67.060
B 20

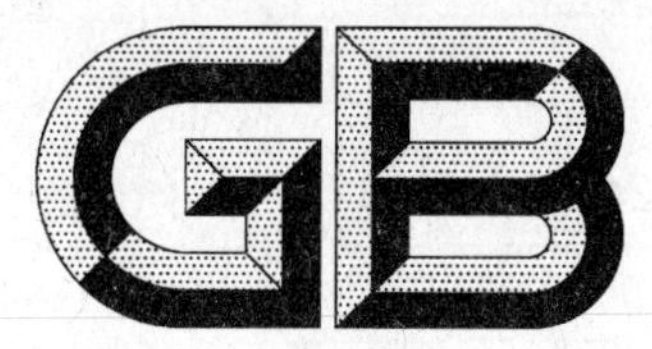

中华人民共和国国家标准

GB/T 24535—2009

粮油检验　稻谷粒型检验方法

Inspection of grain and oils—Determination for ratio of length to width of paddy

2009-10-30 发布　　2009-12-01 实施

中华人民共和国国家质量监督检验检疫总局
中国国家标准化管理委员会　发布

前言

本标准由国家粮食局提出。

本标准由全国粮油标准化技术委员会归口。

本标准起草单位：中国农业大学、河南工业大学、湖北省粮油质检站、国家粮油食品监督检验中心。

本标准主要起草人：侯彩云、周展明、祝晓芳、尚艳芬、熊宁、张昕。

粮油检验　稻谷粒型检验方法

1　范围

本标准规定了检验稻谷粒型的术语和定义、手工测量法和图像分析法。

本标准适用于商品稻谷的粒型检验。

2　规范性引用文件

下列文件中的条款通过本标准的引用而成为本标准的条款。凡是注日期的引用文件，其随后所有的修改单(不包括勘误的内容)或修订版均不适用于本标准，然而，鼓励根据本标准达成协议的各方研究是否可使用这些文件的最新版本。凡是不注日期的引用文件，其最新版本适用于本标准。

GB 1354　大米

3　术语和定义

下列术语和定义适用于本标准。

3.1

完整精米　whole rice

稻谷经脱壳、碾磨成为符合 GB 1354 规定的 3 等大米后，除胚外其余部分未破损的米粒。

3.2

粒型(长宽比)　ratio of length to width

完整精米粒长度与宽度的比值。

4　手工测量法

4.1　用具

4.1.1　测量板。

4.1.2　直尺(mm)。

4.1.3　镊子。

4.2　测量方法

4.2.1　随机取完整精米 10 粒，平放于测量板上，按照头尾相对的方式，紧靠直尺排成一行，读出长度。双试验测定差值不超过 0.5 mm，求其平均值即为完整精米粒平均长度(L)。

4.2.2　将测量过长度的 10 粒完整精米，平放于测量板上，按照背腹相靠的方式排列，用直尺测量最宽处，读出宽度值。双试验测定的差值不超过 0.3 mm，求其平均值即为完整精米粒平均宽度(W)。

4.3　结果计算

稻谷粒型按式(1)计算：

$$D = \frac{L}{W} \qquad (1)$$

式中：

D——粒型；

L——完整精米粒平均长度，单位为毫米(mm)；

W——完整精米粒平均宽度，单位为毫米(mm)。

5 图像分析法

5.1 检验原理

利用数字图像采集装置采集被测样品的数字图像信息，通过粒型测定软件，对稻谷籽粒的长度（L）和宽度（W）进行自动计算，得到长度与宽度的比值。

5.2 仪器设备

稻谷粒型测定仪：具有图像采集和稻谷长、宽比自动计算功能的设备。光学分辨率：3 200×6 400 dpi；色彩位数：48 bit。

5.3 检验方法

随机取 10 粒以上完整精米，按照粒型测定仪的使用要求进行操作，得出粒型（D）。

5.4 结果表示

仪器两次测定结果之差不超过 0.1，取平均值作为测定结果。

ICS 13.340.10
C 73

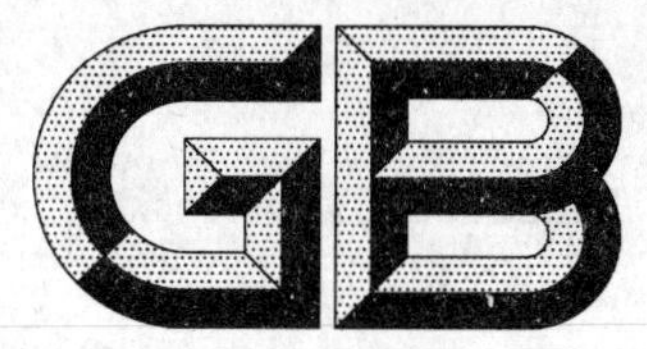

中华人民共和国国家标准

GB/T 24536—2009

防护服装 化学防护服的选择、使用和维护

Protective clothing—
Selection, use, maintenance of chemical protective clothing

2009-10-30 发布　　　　2010-09-01 实施

中华人民共和国国家质量监督检验检疫总局
中国国家标准化管理委员会　发布

前　言

本标准的附录 A、附录 B、附录 C 均为资料性附录。

本标准由国家安全生产监督管理总局提出。

本标准由全国个体防护装备标准化技术委员会归口。

本标准起草单位：中国人民解放军防化研究院、中国安全生产科学研究院、杜邦中国集团有限公司、北京邦维高科特种纺织品有限责任公司。

本标准主要起草人：丁松涛、李秀明、赵阳、霍晓兵、刘江歌、李护彬、金郡潮、陆林、董会君。

防护服装 化学防护服的选择、使用和维护

1 范围

本标准规定了化学防护服的选择、使用和维护。

本标准适用于作业人员在作业环境及应急救援活动中所使用的化学防护服。

2 规范性引用文件

下列文件中的条款通过本标准的引用而成为本标准的条款。凡是注日期的引用文件，其随后所有的修改单(不包括勘误的内容)或修订版均不适用于本标准，然而，鼓励根据本标准达成协议的各方研究是否可使用这些文件的最新版本。凡是不注日期的引用文件，其最新版本适用于本标准。

GB/T 16483 化学品安全技术说明书 内容和项目顺序

GB/T 18664—2002 呼吸防护用品的选择、使用与维护

GB/T 23462 防护服装 化学物质渗透试验方法

GB 24539 防护服装 化学防护服通用技术要求

3 术语和定义

GB 24539 和 GB/T 23462 确立的以及下列术语和定义适用于本标准。

3.1

化学防护服 chemical protective clothing

用于防护化学物质对人体伤害的服装。

注：该服装可以覆盖整个或绝大部分人体，至少可以提供对躯干、手臂和腿部的防护。化学防护服可以是多件具有防护功能服装的组合，也可以和不同类型其他的防护装备相连接。

3.2

全包覆式防护服 fully encapsulated clothing

可以完全覆盖穿着者和/或呼吸装备并且能够提供气密和/或液密防护的服装。

3.3

非全包覆式防护服 non-encapsulated clothing

提供对绝大部分人体(至少包括躯干、手臂和腿部)防护的服装。无需覆盖穿着者的呼吸装备。可以分为连体式防护服和分体式防护服。

3.4

有限次使用防护服 limited use protective clothing

对服装面料强度和耐磨程度要求低，仅单次使用或者在服装未受污染前有限次数使用的防护服。

3.5

多次性使用防护服 reusable protective clothing

防护服面料强度和耐磨程度高的防护服在使用后进行必要的洗消处理并经过评估后依然可以提供有效防护的防护服。

3.6

应急救援响应队伍 emergency response team

ET

应急救援工作中作业人员所需要的化学防护服类型。

3.7

气密型化学防护服-ET　gas-tight protective ensembles for emergency response team

应急救援工作中作业人员所需的带有头罩、视窗和手足部防护的，为穿着者提供对气态、液态和固态有毒有害化学物质防护的单件化学防护服类型。

注1：气密型化学防护服-ET应配置自携带式呼吸器或长管式呼吸器。

注2：气密型化学防护服-ET应满足气密性检测的要求。

3.8

非气密型化学防护服-ET　non-gas-tight protective ensembles for emergency response team

应急救援工作中作业人员所需要的，带有头罩、视窗、手部足部防护的，为穿着者提供对液态和固态有毒有害化学物质防护的单件化学防护服类型。

注：非气密型化学防护服-ET应配置自携带式呼吸器或长管式呼吸器。

3.9

液密型化学防护服　liquid tight protective clothing

防护液态化学物质的防护服。

3.10

喷射液密型化学防护服　liquid jet tight protective clothing

防护具有较高压力液态化学物质的防护服。

3.11

泼溅液密型化学防护服　liquid spray tight protective clothing

防护具有较低压力或者无压力液态化学物质的防护服。

3.12

颗粒物防护服　particle tight protective clothing

防护散布在作业环境中细小颗粒的防护服。

3.13

颗粒物　particle

悬浮在空气中的固态、液态或固态与液态的颗粒状物质，如粉尘、烟、雾和微生物。

[GB/T 18664—2002，定义3.1.15]

3.14

立即威胁生命和健康浓度　immediately dangerous to life or health concentration

有害环境中空气污染物浓度达到某种危险水平，如可致命，或可永久损害健康，或可使人立即丧失逃生能力。

[GB/T 18664—2002，定义3.1.21]

注：IDLH为"immediately dangerous to life or health"的缩略语，即"立即威胁生命和健康"。

3.15

危害评估　hazard assessment

评估人员对环境安全隐患和危险等级的判定，包括对环境中化学物质进行识别、危害性质确定以及环境条件判断。

3.16

医学监控　biological monitoring

对使用者血液、尿液、手指甲、汗液、呼吸物等化学物质或/和代谢物的化学分析。

3.17

污染物　contamination

附着于化学防护服上的额外化学物质。

3.18

洗消　decontamination

去除或中和化学防护服上的污染物的过程。

3.19

物质安全技术说明书　material safety data sheet

MSDS

化学物质生产或销售企业按法律要求向客户提供的符合 GB/T 16483 要求的化学物质特性文件。

4 化学防护服的选择

4.1 总则

4.1.1 暴露在能够或可能危害健康的作业环境中的人员，均应选用适合的个体防护装备。

4.1.2 应首先考虑运用工程控制和管理措施避免有害因素的产生。若工程控制和管理措施无法实施或经危害评估确认不能消除有害因素时，应在充分评估危害和化学防护服防护性能的基础上选择适合的化学防护服。化学防护服分类见表 1。

表 1 化学防护服分类

化学防护服分类	气密型化学防护服-ET	非气密型化学防护服-ET	液密型化学防护服			颗粒物防护服
			喷射液密型化学防护服	喷射液密型化学防护服-ET	泼溅液密型化学防护服	
类别代号	1-ET	2-ET	3a	3a-ET	3b	4

4.1.3 应选用符合标准要求的化学防护服。

4.1.4 化学防护服的防护性能满足要求时，应选择物理机械性能和舒适性更好的服装。

4.1.5 选择的呼吸防护用品、手套、靴套等配套个体防护装备，应与化学防护服相兼容。

4.2 危害评估

4.2.1 危害评估依据

化学物质危害性识别的依据包括：

a） 化学物质危害性的相关法律法规；

b） 相关国家标准；

c） 化学物质产品信息、MSDS 或其他技术报告等；

d） 安全评价与职业病危害评价的结果；

e） 作业环境的技术资料；

f） 部分皮肤危害化学物质参见附录 A；

g） 职业卫生档案。

4.2.2 危害评估范围

危害评估应充分、全面，确保覆盖：

a） 所有常规和非常规的作业环境；

b） 作业环境中进行的所有常规和非常规的作业活动；

c） 进入作业环境的常规和非常规的作业人员。

4.2.3 危害评估内容

危害评估至少包括以下内容，作为判定是否需要化学防护服以及选择配备化学防护服类别的依据。

4.2.3.1 化学物质特性

对作业环境中存在的化学物质特性的评估应至少包括以下内容：

a) 作业环境存在的化学物质种类,尤其应明确识别存在两种或两种以上缺乏联合作用毒理学资料或共同作用于同一器官、系统或具有相似的毒性作用的化学物质;

b) 作业环境存在的化学物质状态;

c) 作业环境存在的化学物质毒性,尤其应确定存在明显刺激、皮炎和致敏作用;有窒息或中枢神经系统抑制作用;可导致严重急性损害、产生慢性或不可逆性损伤;存在剂量-接触次数依赖关系的毒性效应;足以导致事故率升高、影响逃生和降低工作效率麻醉程度等危害;

d) 作业环境存在的化学物质对作业人员的危害途径,附录 B 中使用(皮)的标识旨在提示即使空气中化学物质浓度等于或低于职业接触限值时,也可通过皮肤接触引起过量接触;

e) 作业环境存在的化学物质浓度。

4.2.3.2 作业环境特点

作业环境特点主要包括:

a) 作业环境的气候条件,同时存在的物理、机械危害;

b) 作业人员暴露于化学物质的方式、暴露部位及工作日累计暴露时间;

c) 工程控制和管理措施的有效性,是否有剩余风险。

注:主要的工程控制和管理措施手段包括:化学物质替换、工艺改变、通风措施、管理性控制等。

4.2.3.3 作业人员特性

评估作业人员的生理特征与健康特性、劳动强度、舒适性及其他特性。

4.2.4 评估结论

根据危害评估的结果判断是否需要选择化学防护服:

a) 评估确认作业环境中化学物质无皮肤危害时,不必选择化学防护服;

b) 评估确认作业环境中化学物质有皮肤危害,其浓度虽低于职业接触限值但存在危害性症状时,应根据 4.3 规定的原则选择化学防护服;

c) 评估确认作业环境中化学物质有皮肤危害,其浓度高于职业接触限值时,应根据 4.3 规定的原则选择化学防护服。

4.3 化学防护服的选择

4.3.1 根据化学物质状态选择

4.3.1.1 气体及蒸气防护

对以气体及蒸气状态存在于作业环境空气中的化学物质的防护,可选择气密型和非气密型化学防护服。选择原则如下:

a) 对未知化学物质气体及蒸气的防护,宜选择气密型化学防护服-ET;

b) 作业环境空气中的化学物质浓度高于 IDLH 浓度时,宜选择气密型化学防护服-ET;

c) 作业环境空气中的化学物质浓度低于 IDLH 浓度时,宜选择非气密型化学防护服-ET。

4.3.1.2 液体防护

对作业环境液体化学物质的防护可选择气密型、非气密型和液密型化学防护服。选择原则如下:

a) 对易挥发的液体化学物质,应按照 4.3.1.1 的原则选择化学防护服;

b) 对无法判别压力高低的液体化学物质,宜选择喷射液密型化学防护服-ET;

c) 对较高压力的液体化学物质,宜选择喷射液密型化学防护服;

d) 对无压力或较低压力的液体化学物质,宜选择泼溅液密型化学防护服;

e) 气密型化学防护服-ET 和非气密型化学防护服-ET 也适用于 4.3.1.2b)、c)和 d);喷射液密型化学防护服-ET 也适用于 4.3.1.2c)和 d);喷射液密型化学防护服也适用于 4.3.1.2d)。

4.3.1.3 固体防护

对作业环境固体化学物质的防护可选择气密型、非气密型和液密型化学防护服。选择原则如下:

a) 对易升华的固体化学物质,应按照 4.3.1.1 的原则选择化学防护服;

b) 对其他固体化学物质，宜选择液密型化学防护服；

c) 对有摄入性危害的固体化学物质，宜选择颗粒物防护服；

d) 气密型化学防护服-ET 和非气密型化学防护服-ET 也适用于 4.3.1.3b)；液密型化学防护服也适用于 4.3.1.3c)。

注：固体化学物质不包括漂浮在空气中的固态颗粒物。

4.3.1.4 颗粒物防护

对作业场所颗粒物的防护可选择颗粒物防护服，以及气密型、非气密型和液密型化学防护服。选择原则如下：

a) 对易挥发和易升华颗粒物，应按照 4.3.1.1 的原则选择化学防护服；

b) 对未知的颗粒物的防护，宜选择气密型化学防护服-ET；

c) 对不易挥发的高毒性颗粒物，宜选择气密型化学防护服-ET，危害程度较低时也可选择非气密型化学防护服-ET；

d) 对不易挥发的雾状液体，宜选择液密型化学防护服；

e) 对固体粉尘(包括非毒性漆雾)，宜选择颗粒物防护服。

4.3.1.5 不同状态的有害化学物质的同时防护

若作业环境中同时存在不同状态的有害化学物质，应按照最优防护的原则选择化学防护服，即所选择的化学防护服应尽可能对作业环境中所有有害因素提供防护。

4.3.2 根据化学防护服等级选择

4.3.2.1 化学防护服防护性能级别

宜选择所需化学防护服类别中性能等级较高的防护服。

注：化学防护服防护性能级别见 GB 24539。

4.3.2.2 多次性使用和有限次使用化学防护服

多次性使用的化学防护服的选择原则如下：

a) 经常性的暴露于已知污染物；

b) 具备有效的洗消方法；

c) 多次穿着、暴露和洗消不会影响化学防护服性能。

注 1：多次性使用的化学防护服洗消处理后应进行评估，确认可以提供有效防护才可再次使用。

注 2：化学防护服使用者需自行判断服装被污染的程度以及洗消的可靠性。

有限次使用的化学防护服的选择原则如下：

a) 未知的暴露环境；

b) 没有建立有效的洗消方法；

c) 洗消结果有效，但有可能危及化学防护服的防护性能或耐久性。

4.3.3 根据作业环境选择

在符合本标准 4.3.1 和 4.3.2 规定的基础上，还应考虑以下情况：

a) 在不允许有静电的作业环境中，所选择的化学防护服应附加有防静电功能；

b) 在可燃、易燃或有火源的作业环境中，所选择的化学防护服应附加有相应的功能；

c) 在高温或低温作业环境中，所选择的化学防护服应具有相应的环境适应性；

d) 在可能存在物理危害(如：切割、刺穿、高磨损等)的作业环境中，所选择的化学防护服宜附加有相应的防护功能；

e) 结合作业环境的特点，宜选择具有警示性的化学防护服。

4.3.4 根据作业人员生理需求选择

在符合 4.3.1、4.3.2 和 4.3.3 规定的基础上，还应考虑作业人员的生理需求：

a) 舒适性

在确定化学防护服的防护性能和物理性能符合预期要求后，还应充分考虑对人员舒适性的影响。如：重量轻、质地柔软的化学防护服对人员作业能力的限制小；热负荷较低的化学防护服具有较高的舒适性，附加有降温功能的化学防护服可以降低人员的热负荷等。

b) 适体性

选择的化学防护服号型应适合使用者的体征，以保证穿着的舒适性和防护的可靠性。

4.4 使用效果评估

使用单位的相关管理人员应评估化学防护服在实际作业环境中的使用效果，确认选择的化学防护服适用于作业环境。若化学防护服不能满足作业环境的要求，应重新选择化学防护服。

4.5 化学防护服选择流程

化学防护服的选择流程参见图1。

化学防护服选择示例参见附录C。

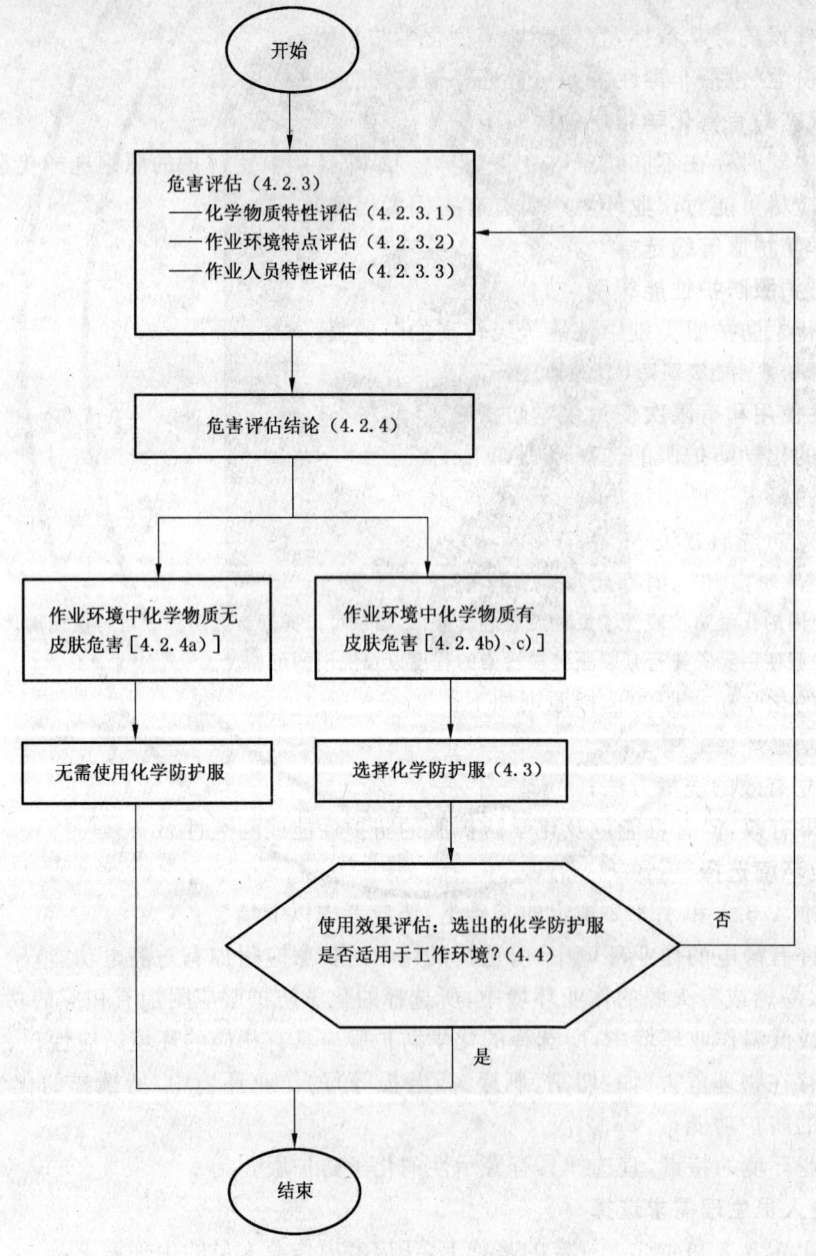

图1 化学防护服选择流程图

5 化学防护服的使用

5.1 总则

5.1.1 任何化学防护服的防护功能都是有限的，使用者应了解化学防护服的局限性。

5.1.2 使用任何一种化学防护服都应仔细阅读产品使用说明，并严格按要求使用。

5.1.3 应向所有使用者提供化学防护服和与之配套的其他个体防护装备使用方法培训。

5.1.4 使用前应检查化学防护服的完整性以及与之配套的其他个体防护装备的匹配性等，在确认化学防护服和与之配套的其他个体防护装备完好后方可使用。

5.1.5 进入化学污染环境前，应先穿好化学防护服及配套个体防护装备；污染环境中作业人员，应始终穿着化学防护服及配套个体防护装备。

5.1.6 化学防护服被化学物质持续污染时，必须在其规定的防护性能(标准透过时间)内更换。

5.1.7 若化学防护服在某种作业环境中迅速失效，如使用人员在使用中出现皮肤瘙痒、刺痛等危害症状时，应停止使用并重新评估所选化学防护服的适用性。

5.1.8 应对所有化学防护服的使用者进行职业健康监护。

5.1.9 在使用化学防护服前，应确保其他必要的辅助系统(如：供气设备、洗消设备等)准备就绪。

5.2 使用要求

5.2.1 应有完善的化学防护服发放管理制度及使用前培训制度，培训内容及要求见5.3。

5.2.2 应按要求向使用者及辅助人员准确发放化学防护服，并进行培训。

5.2.3 化学防护服应按要求进行穿脱和安全使用。

5.2.4 在使用化学防护服的过程中，使用者不应进入不必防护的区域，不应吸烟、饮食、化妆、去卫生间等。

5.2.5 为减少交叉污染，化学防护服应按规定脱除，必要时可有辅助人员帮忙。下述方法可有效地阻止污染物的扩散：

a) 在要求洗消时，应先洗消再脱除化学防护服；

b) 脱除化学防护服时，宜使内面翻外，减少污染物的扩散；

c) 脱除受污染的化学防护服时，宜最后脱除呼吸防护用品。

注：交叉污染包括人员之间、装备之间以及装备与普通工作服之间等发生的交叉污染。

5.2.6 受污染的化学防护服脱除后，需洗消的应按要求的方法进行及时洗消，未进行充分洗消的应置于具有警示性的指定区域，宜密闭存放。

5.2.7 有限次使用的化学防护服已被污染时应该被弃用。

5.2.8 需废弃的化学防护服的处理应符合相关的安全和环保方面的要求。

5.2.9 污染物会影响多次性使用的化学防护服的防护性能，快速有效地清洁污染物能延长其再使用寿命或次数。多次性使用的化学防护服经洗消处理后，需对其进行评估，在确保安全后方可再次使用。

5.2.10 进行高劳动强度、高热负荷工作时，应规定最长的工作时间和安排一定的休息时间；若不能满足这些要求，宜选用长管供气及降温系统，以适当延长作业时间。

5.3 培训

化学防护服的功效取决于使用者对产品信息的掌握和正确使用。应结合产品信息和作业环境特点，对化学防护服使用者、管理人员以及其他相关人员(如：辅助人员、维护人员)进行培训。培训内容包括使用方法、洗消方法、对化学防护服缺陷及污染情况的识别、维护方法等。培训应强调安全地穿脱和使用的方法。使用时应避免化学防护服的物理机械损坏。培训应制度化并由专业人员进行，所有培训应有书面记录，培训内容应适时更新。

培训后人员应至少具有以下知识：

a) 作业环境中化学危害的性质、程度以及对健康的影响(包括皮肤影响)；

b) 对作业环境采取工程控制和管理措施后的剩余风险的说明；
c) 化学防护服的抗化学物质渗透、穿透的概念；
d) 化学防护服的使用目的、功能、使用方法、局限性；
e) 在用于其他作业环境时所用化学防护服的适应性和局限性；
f) 化学防护服的检查(包括日常检查、穿着前检查和穿着状态检查等)，检查规定见5.4；
g) 化学防护服使用训练中应注意的问题；
h) 化学防护服在工作状态下的穿脱演示；
i) 穿着化学防护服时对个人卫生的特别要求以及相应训练；
j) 医学监控和所处环境危害评估的必要性；
k) 受到危害的症状以及热负荷对人员的影响，预防性医疗措施和异常反应时的急救方法；
l) 化学防护服不能再提供有效防护的警示性信息，包括手或身体其他部位的异常变化，如变红、肿胀、烧灼感、眩晕、头痛、恶心等；
m) 如何避免对化学防护服造成不必要的污染；
n) 化学防护服的维护和储存；
o) 化学防护服的可使用时间、洗消方法和安全性评估方法。

5.4 检查

5.4.1 验收检查

化学防护服采购验收时，验收人员应对产品的外观质量和标识性能的适宜性进行严格检查。

5.4.2 储存中检查

对储存中的化学防护服，应检查与6.4规定要求的符合性。

5.4.3 使用检查

5.4.3.1 穿着前检查

每次使用化学防护服时，使用者应检查它的完好性。

检查部位包括面料、视窗、手套、靴套、接缝、闭合处等；检查内容包括裂纹、划痕、破洞、部件故障等。对于全包覆式防护服还应检查它的气密性及液密性。

5.4.3.2 穿着状态检查

化学防护服穿着完毕后，检查人员或不同穿着人员之间要对化学防护服穿着状态进行检查。检查部位包括面料、视窗、手套、靴套、接缝、闭合处等；检查内容包括服装是否有破损、服装穿着状态是否良好等，如：拉链闭合完好、门襟叠合平整等。

6 化学防护服的维护

6.1 总则

化学防护服的维护是为了保持化学防护服系统处于可靠状态。管理人员应按照产品使用与维护说明书的要求对化学防护服进行维护。

6.2 修理

化学防护服的修理包括对裂纹、划痕、破洞、部件故障等的修理。

修理后的化学防护服应满足GB 24539的相关要求。

6.3 洗消

6.3.1 受污染的化学防护服应及时洗消。化学物质接触化学防护服后，非渗透性的化学物质会附着在化学防护服表面形成表面污染物，影响化学防护服的防护性能；渗透性的化学物质能进入化学防护服内部，降低化学防护服性能并引起皮肤危害。

6.3.2 对洗消污水及洗消剂的处理应符合相关环保规定。

6.3.3 化学防护服洗消时，洗消人员应确认化学防护服上存在的化学污染物及其相应危害。

6.3.4 生产商和供应商应提供化学防护服的洗消信息。这些信息包括洗消(如:洗消方法、设备、清洁剂、温度、禁忌等)、干燥(如:干燥方法、温度、禁忌等)、洗消后物理性能或其他性能的改变、洗消后检验和测试方法。

6.3.5 洗消后的化学防护服应满足 GB 24539 的相关要求。

6.4 储存

化学防护服应储存在避光、温度适宜、通风合适的环境中,应与化学物质隔离储存。

已使用过的化学防护服应与未使用的化学防护服分别储存。

生产商或供应商应提供化学防护服的日常以及使用前后的正确储存方法。

气密型化学防护服应按照生产商或供应商提供的信息,在储存过程中定期对化学防护服进行检查。

附 录 A
(资料性附录)
通过皮肤接触或吸收对人体产生危害的部分化学物质

表 A.1 中物质代表能通过皮肤接触或吸收对人体产生危害的化学物质。表 A.1 中所列物质不代表通过皮肤接触或吸收对人体产生危害的所有化学物质,未列于表中的其他化学物质也可能需要个体防护装备进行防护。

表 A.1 列出的化学物质是由 OSHA 或 ACGIH 确定的。

表 A.1 通过皮肤接触或吸收对人体产生危害的部分化学物质

序号	化学物名称		危害
	中文名	英文名	
1	1,1,2,2-四氯乙烷	1,1,2,2-tetrachloroethane	有毒;肝;中枢神经系统;基因信息号
2	1,1,2-三氯乙烷	1,1,2-trichloroethane	有害;中枢神经系统;肝
3	1,1-二甲基肼	1,1-dimethylhydrazine	刺激性;肿瘤;
4	1,3-二氯丙烯	1,3-dichloropropene	刺激性
5	1,4-二氯-2-丁烯	1,4-dichloro-2-butene	癌;刺激性
6	2,4,6-三硝基甲苯(TNT)	2,4,6-trinitrotoluene	刺激性、肝;血液
7	2-丁氧基乙醇(EGBE)	2-butoxyethanol	刺激性;中枢神经系统
8	2-氯丙酸	2-chloropropionic acid	刺激性;生殖系统
9	2-二乙氨基乙醇	2-diethylaminoethanol	刺激性;中枢神经系统
10	2-乙氧基乙醇(乙酸溶纤剂)	2-ethoxyethanol (cellosolve acetate)	生殖系统
11	2-甲氧基乙醇	2-methoxyethanol	生殖系统
12	2-甲氧基乙酸乙酯	2-methoxyethyl acetate	生殖系统
13	2-二丁氨基乙醇	2-dibutylaminoethanol	生殖系统
14	2-*N*-二丁基氨基乙醇	2-*N*-dibutylaminoethanol	刺激性;类胆碱功能
15	3,3-二氯联苯胺	3,3-dichlorobenzidine	刺激性;皮炎
16	丙酮氰醇	Acetone cyanohydrin	中枢神经系统;缺氧症
17	丙烯醛	Acrolein	高毒;刺激性;肺水肿
18	丙烯酰胺	Acrylamide	有害;中枢神经系统;皮炎
19	丙烯酸	Acrylic acid	有毒;腐蚀性;刺激性;生殖系统
20	丙烯腈	Acrylonitrile	有毒;癌;
21	己二腈	Adiponitrile	有害;肺
22	艾氏剂	Aldrin	肝
23	烯丙醇	Allyl alcohol	高毒;刺激性
24	全氟辛酸铵	Ammonium perfluorooctanoate	肝
25	苯胺	Aniline	有毒;缺氧症

表 A.1（续）

序号	化学物名称		危害
	中文名	英文名	
26	对茴香胺	Anisidine	缺氧症
27	甲基谷硫磷	Azinphos-methyl	有毒；类胆碱功能
28	苯	Benzene	有毒；癌；
29	联苯胺	Benzidine	癌
30	三氯甲苯	Benzotrichloride	刺激性；癌
31	三溴甲烷(溴仿)	Bromoform	刺激性；肝
32	丁醇	Butanol	有害；刺激性；耳毒性；视觉
33	丁胺	Butylamine	腐蚀性有害；刺激性
34	丁基苯酚	Butylphenol	刺激性
35	敌菌丹	Captafol	皮炎；敏活化
36	二硫化碳	Carbon disulfide	有毒；心血管系统；中枢神经系统；神经病
37	四氯化碳	Carbon tetrachloride	有毒；肝；癌
38	邻苯二酚	Catechol	刺激性；中枢神经系统；皮炎
39	氯丹	Chlordane	有毒；癫痫；肝
40	氯化莰烯	Chlorinated camphene	癫痫；肝
41	氯乙酰氯	Chloroacetyl chloride	有毒；腐蚀性；刺激性；肺
42	氯化联苯	Chlorodiphenyl	刺激性；氯痤疮；肝
43	氯丁二烯	Chloroprene	有害；刺激性；中枢神经系统；肝；血液
44	毒死蜱	chlorpyrifos	类胆碱功能
45	甲酚	Cresol	有毒；腐蚀性；皮炎；刺激性；中枢神经系统
46	巴豆醛	Crotonaldehyde	刺激性
47	异丙苯	Cumene	有害；刺激性；中枢神经系统
48	氰化物	Cyanides	
49	环己醇	Cyclohexanol	有害；刺激性；中枢神经系统
50	环己酮	cyclohexanone	有害；刺激性；肝
51	三次甲基三硝基胺	Cyclonite	刺激性；中枢神经系统；肝；血液
52	癸硼烷	Decaborane	中枢神经系统；肺功能
53	内吸磷	Demeton	类胆碱功能
54	二嗪农	Diazinon	类胆碱功能
55	磷酸二丁基苯酯	Dibutyl phenyl phosphate	刺激；类胆碱功能
56	二氯二苯基三氯乙烷(DDT)	Dichlorodiphenyltrichloroethane	
57	二氯乙醚	Dichloroethyl ether	有毒；癌；刺激性；肺
58	敌敌畏	Dichlorvos	类胆碱功能
59	百治磷	Dicrotophos	类胆碱功能

表 A.1（续）

序号	化学物名称		危害
	中文名	英文名	
60	狄氏剂	Dieldrin	肝;中枢神经系统
61	二乙醇胺	Diethanolamine	刺激性;肝;肾;血液
62	二乙胺	Diethylamine	腐蚀性有害;刺激性
63	二乙撑三胺	Diethylene triamine	刺激性;敏活化
64	二异丙胺	Diisopropylamine	有害;敏活化、视力、刺激性
65	二甲基乙酰胺	Dimethyl acetamide	有害;生殖系统;肝
66	硫酸二甲酯	Dimethyl sulfate	刺激性
67	二甲基苯胺	Dimethylaniline	有毒;缺氧症;神经毒素
68	二甲基甲酰胺	Dimethylformamide	有害;肝
69	二硝基苯	Dinitrobenzene	缺氧症
70	二硝基邻甲酚	Dinitro-o-cresol	代谢失常
71	二硝基甲苯	Dinitrotoluene	有毒;心血管系统;生殖系统;缺氧症;肝
72	二噁烷	Dioxane	有害;刺激性;肝;肾
73	二丙二醇甲醚	Dipropylene glycol methylether	刺激性;中枢神经系统
74	异狄氏剂	Endrin	中枢神经系统;肝
75	表氯醇(环氧氯丙烷)	Epichlorohydrin	有毒;癌;刺激性;肝;肾
76	苯硫磷	EPN	类胆碱功能
77	丙烯酸乙酯	Ethyl acrylate	有害;刺激性;敏活化
78	氯乙醇	Ethylene chlorohydrin	高毒;刺激性;肝;肾;基因信息号;心血管系统;中枢神经系统
79	乙二醇二硝酸酯	Ethylene glycol dinitrate	心血管系统
80	乙基吗啉	Ethylmorpholine	刺激性;视觉
81	甲醛	Formaldehyde	敏活化;癌
82	糠醛	Furfural	有毒;刺激性
83	糠醇	Furfuryl alcohol	有毒;刺激性
84	七氯	Heptachlor	中枢神经系统;肝;血液
85	六氯乙烷	Hexachloroethane	刺激性;肝;肾
86	六氯萘	Hexachloronaphthalene	肝;氯痤疮
87	六氟丙酮	Hexafluoroacetone	生殖系统;肾
88	肼	Hydrazine	有毒;腐蚀性;癌;刺激性;肝
89	氰化氢	Hydrogen cyanide	高毒;中枢神经系统;刺激性;缺氧症;肺;甲状腺
90	异辛醇	Isooctyl alcohol	刺激性
91	异佛尔酮二异氰酸酯	Isophorone diisocyanate	有毒;皮炎;肺气肿;敏活化

表 A.1(续)

序号	化学物名称		危害
	中文名	英文名	
92	六氯化苯(林丹)	Lindane	中枢神经系统;肝
93	马拉硫磷	Malathion	类胆碱功能;中枢神经系统;神经病;视力
94	汞(有机和无机)	Mercury (organic and inorganic)	有毒、中枢神经系统;肾;神经病;视觉;生殖系统;基因信息号
95	甲醇	Methanol	有毒;神经病;视力;中枢神经系统
96	甲基丙烯酸	Methyacrylic acid	腐蚀性刺激
97	丙烯酸甲酯	Methyl acrylate	有害;刺激性
98	溴甲烷	Methyl bromide	有毒;刺激性;肺水肿;神经毒素;中枢神经系统
99	甲基肼	Methyl hydrazine	有毒;刺激性;肝
100	碘甲烷	Methyl iodide	有毒;腐蚀性;癌;中枢神经系统;刺激性
101	甲基异丁基甲醇	Methyl isobutyl carbinol	刺激性;感觉缺乏;
101	异氰酸甲酯	Methyl isocyanate	高毒;刺激性;肺水肿;敏活化
103	甲叉二氯	Methylene chloride	中枢神经系统;缺氧症;癌
104	甲基丙烯腈	Methylacrylonitrile	刺激性;中枢神经系统
105	甲基环己酮	Methylcyclohexanone	刺激性;麻醉
106	吗啉	Morpholine	腐蚀性;有害;刺激性;视力
107	萘	Naphthalene	腐蚀性;刺激性;视觉;血液
108	尼古丁	Nicotine	高毒;心血管系统;基因信息号;中枢神经系统
109	硝基苯胺	Nitroaniline	黄萎病;缺氧症;肝;神经毒素;刺激性;皮炎
110	硝基苯	Nitrobenzene	有毒;黄萎病;缺氧症;肝;神经毒素;刺激性;皮炎
111	硝基氯苯	Nitrochlorobenzene	缺氧症;血液;肝
112	硝酸甘油	Nitroglycerin	心血管系统
113	硝基甲苯	Nitrotoluene	有毒;缺氧症;黄萎病
114	八氯萘	Octachloronaphthalene	肝;皮炎
115	百草枯	Paraquat	肺水肿;肾;肝;肺纤维化
116	对硫磷	Parathion	有毒;类胆碱功能
117	五氯化萘	Pentachloronaphthalene	氯痤疮;肝;中枢神经系统
118	五氯酚	Pentachlorophenol	有毒;刺激性;中枢神经系统;心血管系统
119	苯酚	Phenol	有毒;腐蚀性;刺激性;中枢神经系统;血液
120	苯二胺	Phenylene diamine	刺激性;肝
121	苯肼	Phenylhydrazine	皮炎;贫血

表 A.1(续)

序号	化学物名称		危害
	中文名	英文名	
122	速灭磷	Phosdrin (mevinphos)	类胆碱功能
123	苦味酸	Picric acid	有毒;皮炎;刺激性;视觉;敏活化
124	丙醇	Propanol	有害;刺激性;麻醉
125	甲基吖丙啶	Propylene imine	刺激性;中枢神经系统
126	叠氮化钠	Sodium azide	中枢神经系统;心血管系统;肺
127	氟乙酸钠	Sodium fluoroacetate	中枢神经系统;心血管系统
128	治螟磷	TEDP(sulfotep)	类胆碱功能
129	焦磷酸四乙酯	TEPP(tetraethyl pyrophosphate)	类胆碱功能
130	叔丁基铬酸盐	Tert-butyl chromate	刺激性;肺
131	四氯萘	Tetrachloronaphthalene	肝
132	四乙基铅	Tetraethyl lead	中枢神经系统
133	四甲基铅	Tetramethyl lead	中枢神经系统
134	四甲基丁二腈	Tetramethyl succinonitrile	中枢神经系统
135	三硝基苯基甲硝胺	Tetryl (2,4,6-trinitrophenylm-ethylnitramine)	刺激性;肝;皮炎
136	铊	Thallium	刺激性;中枢神经系统;心血管系统
137	巯基乙酸	Thioglycolic acid	刺激性;肺
138	锡(有机化合物)	Tin (organic compounds)	中枢神经系统;免疫毒素;刺激性
139	甲苯	Toluene	有害;中枢神经系统
140	甲苯胺	Toluidine	有毒;肝;肾;血液
141	三氯萘	Trichloronaphthalene	肝
142	二甲苯	xylene	有害;刺激性
143	二甲代苯胺	xylidine	缺氧症;肝;肾

附　录　B
（资料性附录）
工作场所有害因素职业接触限值

B.1　工作场所空气中化学物质容许浓度

工作场所空气中化学物质容许浓度见表B.1。

表B.1　工作场所空气中化学物质容许浓度

序号	中文名	英文名	化学文摘号（CAS No.）	OELs/(mg/m³)			备注
				MAC	PC-TWA	PC-STEL	
1	安妥	Antu	86-88-4	—	0.3	—	—
2	氨	Ammonia	7664-41-7	—	20	30	—
3	2-氨基吡啶	2-Aminopyridine	504-29-0	—	2	—	皮[d]
4	氨基磺酸铵	Ammonium sulfamate	7773-06-0	—	6	—	—
5	氨基氰	Cyanamide	420-04-2	—	2	—	—
6	奥克托今	Octogen	2691-41-0	—	2	4	—
7	巴豆醛	Crotonaldehyde	4170-30-3	12	—	—	—
8	百草枯	Paraquat	4685-14-7	—	0.5	—	—
9	百菌清	Chlorothalonile	1897-45-6	1	—	—	G2B[c]
10	钡及其可溶性化合物（按Ba计）	Barium and soluble compounds, as Ba	7440-39-3(Ba)	—	0.5	1.5	—
11	倍硫磷	Fenthion	55-38-9	—	0.2	0.3	皮
12	苯	Benzene	71-43-2	—	6	10	皮,G1[a]
13	苯胺	Aniline	62-53-3	—	3	—	皮
14	苯基醚（二苯醚）	Phenyl ether	101-84-8	—	7	14	—
15	苯硫磷	EPN	2104-64-5	—	0.5	—	皮
16	苯乙烯	Styrene	100-42-5	—	50	100	皮,G2B
17	吡啶	Pyridine	110-86-1	—	4	—	—
18	苄基氯	Benzyl chloride	100-44-7	5	—	—	G2A[b]
19	丙醇	Propyl alcohol	71-23-8	—	200	300	—
20	丙酸	Propionic acid	79-09-4	—	30	—	—
21	丙酮	Acetone	67-64-1	—	300	450	—
22	丙酮氰醇（按CN计）	Acetone cyanohydrin, as CN	75-86-5	3	—	—	皮
23	丙烯醇	Allyl alcohol	107-18-6	—	2	3	皮
24	丙烯腈	Acrylonitrile	107-13-1	—	1	2	皮,G2B
25	丙烯醛	Acrolein	107-02-8	0.3	—	—	皮
26	丙烯酸	Acrylic acid	79-10-7	—	6	—	皮

表 B.1（续）

序号	中文名	英文名	化学文摘号（CAS No.）	OELs/(mg/m³)			备注
				MAC	PC-TWA	PC-STEL	
27	丙烯酸甲酯	Methyl acrylate	96-33-3	—	20	—	皮，敏
28	丙烯酸正丁酯	*n*-Butyl acrylate	141-32-2	—	25	—	敏
29	丙烯酰胺	Acrylamide	79-06-1	—	0.3	—	皮，G2A
30	草酸	Oxalic acid	144-62-7	—	1	2	—
31	抽余油(60 ℃～220 ℃)	Raffinate(60 ℃～220℃)		—	300	—	—
32	臭氧	Ozone	10028-15-6	0.3	—	—	—
33	滴滴涕(DDT)	Dichlorodiphenyltrichloroethane(DDT)	50-29-3	—	0.2	—	G2B
34	敌百虫	Trichlorfon	52-68-6	—	0.5	1	—
35	敌草隆	Diuron	330-54-1	—	10	—	—
36	碲化铋(按 Bi_2Te_3 计)	Bismuth telluride, as Bi_2Te_3	1304-82-1	—	5	—	—
37	碘	Iodine	7553-56-2	1	—	—	—
38	碘仿	Iodoform	75-47-8	—	10	—	—
39	碘甲烷	Methyl iodide	74-88-4	—	10	—	皮
40	叠氮酸蒸气	Hydrazoic acid vapor	7782-79-8	0.2	—	—	—
41	叠氮化钠	Sodium azide	26628-22-8	0.3	—	—	—
42	丁醇	Butyl alcohol	71-36-3	—	100	—	—
43	1,3-丁二烯	1,3-Butadiene	106-99-0	—	5	—	—
44	丁醛	Butylaldehyde	123-72-8	—	5	10	—
45	丁酮	Methyl ethyl ketone	78-93-3	—	300	600	—
46	丁烯	Butylene	25167-67-3	—	100	—	—
47	毒死蜱	Chlorpyrifos	2921-88-2	—	0.2	—	皮
48	对苯二甲酸	Terephthalic acid	100-21-0	—	8	15	—
49	对二氯苯	*p*-Dichlorobenzene	106-46-7	—	30	60	G2B
50	对茴香胺	*p*-Anisidine	104-94-9	—	0.5	—	皮
51	对硫磷	Parathion	56-38-2	—	0.05	0.1	皮
52	对特丁基甲苯	*p*-Tert-butyltoluene	98-51-1	—	6	—	—
53	对硝基苯胺	*p*-Nitroaniline	100-01-6	—	3	—	皮
54	对硝基氯苯	*p*-Nitrochlorobenzene	100-00-5	—	0.6	—	皮
55	多次甲基多苯基多异氰酸酯	Polymethylene polyphenyl isocyanate (PMPPI)	57029-46-6	—	0.3	0.5	—
56	二苯胺	Diphenylamine	122-39-4	—	10	—	—
57	二苯基甲烷二异氰酸酯	Diphenylmethane diisocyanate	101-68-8	—	0.05	0.1	—
58	二丙二醇甲醚	Dipropylene glycol methyl ether	34590-94-8	—	600	900	皮

表 B.1（续）

序号	中文名	英文名	化学文摘号（CAS No.）	OELs/(mg/m³)			备注
				MAC	PC-TWA	PC-STEL	
59	2-*N*-二丁氨基乙醇	2-*N*-Dibutylaminoethanol	102-81-8	—	4	—	皮
60	二噁烷	1,1,4-Dioxane	123-91-1	—	70	—	皮
61	二氟氯甲烷	Chlorodifluoromethane	75-45-6	—	3 500	—	—
62	二甲胺	Dimethylamine	124-40-3	—	5	10	—
63	二甲苯(全部异构体)	Xylene(all isomers)	1330-20-7; 95-47-6; 108-38-3	—	50	100	—
64	二甲苯胺	Dimethylanilne	121-69-7	—	5	10	皮
65	1,3-二甲基丁基醋酸酯(仲-乙酸己酯)	1,3-Dimethylbutyl acetate (sec-hexylacetate)	108-84-9	—	300	—	—
66	二甲基二氯硅烷	Dimethyl dichlorosilane	75-78-5	2	—	—	—
67	二甲基甲酰胺	Dimethylformamide(DMF)	68-12-2	—	20	—	皮
68	3,3-二甲基联苯胺	3,3-Dimethylbenzidine	119-93-7	0.02	—	—	皮,G2B
69	*N*,*N*-二甲基乙酰胺	Dimethyl acetamide	127-19-5	—	20	—	皮
70	二聚环戊二烯	Dicyclopentadiene	77-73-6	—	25	—	—
71	二硫化碳	Carbon disulfide	75-15-0	—	5	10	皮
72	1,1-二氯-1-硝基乙烷	1,1-Dichloro-1-nitroethane	594-72-9	—	12	—	—
73	1,3-二氯丙醇	1,3-Dichloropropanol	96-23-1	—	5	—	皮
74	1,2-二氯丙烷	1,2-Dichloropropane	78-87-5	—	350	500	—
75	1,3-二氯丙烯	1,3-Dichloropropene	542-75-6	—	4	—	皮,G2B
76	二氯二氟甲烷	Dichlorodifluoromethane	75-71-8	—	5 000	—	—
77	二氯甲烷	Dichloromethane	75-09-2	—	200	—	G2B
78	二氯乙炔	Dichloroacetylene	7572-29-4	0.4	—	—	—
79	1,2-二氯乙烷	1,2-Dichloroethane	107-06-2	—	7	15	G2B
80	1,2-二氯乙烯	1,2-Dichloroethylene	540-59-0	—	800	—	—
81	二缩水甘油醚	Diglycidyl ether	2238-07-5	—	0.5	—	—
82	二硝基苯(全部异构体)	Dinitrobenzene(all isomers)	528-29-0; 99-65-0; 100-25-4	—	1	—	皮
83	二硝基甲苯	Dinitrotoluene	25321-14-6	—	0.2	—	皮,G2B
84	4,6-二硝基邻苯甲酚	4,6-Dinitro-o-cresol	534-52-1	—	0.2	—	皮
85	二硝基氯苯	Dinitrochlorobenzene	25567-67-3	—	0.6	—	皮
86	二氧化氮	Nitrogen dioxide	10102-44-0	—	5	10	—
87	二氧化硫	Sulfur dioxide	7446-09-5	—	5	10	—

表 B.1（续）

序号	中文名	英文名	化学文摘号（CAS No.）	OELs/(mg/m³)			备注
				MAC	PC-TWA	PC-STEL	
88	二氧化氯	Chlorine dioxide	10049-04-4	—	0.3	0.8	—
89	二氧化碳	Carbon dioxide	124-38-9	—	9 000	18 000	—
90	二氧化锡(按 Sn 计)	Tin dioxide, as Sn	1332-29-2	—	2	—	—
91	2-二乙氨基乙醇	2-Diethylaminoethanol	100-37-8	—	50	—	皮
92	二亚乙基三胺	Diethylene triamine	111-40-0	—	4	—	皮
93	二乙基甲酮	Diethyl ketone	96-22-0	—	700	900	—
94	二乙烯基苯	Divinyl benzene	1321-74-0	—	50	—	—
95	二异丁基甲酮	Diisobutyl ketone	108-83-8	—	145	—	—
96	二异氰酸甲苯酯(TDI)	Toluene-2,4-diisocyanate (TDI)	584-84-9	—	0.1	0.2	敏,G2B
97	二月桂酸二丁基锡	Dibutyltin dilaurate	77-58-7	—	0.1	0.2	皮
98	钒及其化合物(按 V 计) ——五氧化二钒烟尘 ——钒铁合金尘	Vanadium and compounds, as V ——Vanadium pentoxide fume and dust	7440-62-6(V)	—	0.05	—	—
		——Ferrovanadium alloy dust		—	1	—	—
99	酚	Phenol	108-95-2	—	10	—	皮
100	呋喃	Furan	110-00-9	—	0.5	—	G2B
101	氟化氢(按 F 计)	Hydrogen fluoride, as F	7664-39-3	2	—	—	—
102	氟化物(不含氟化氢)(按 F 计)	Fluorides(except HF), as F		—	2	—	—
103	锆及其化合物(按 Zr 计)	Zirconium and compounds, as Zr	7440-67-7(Zr)	—	5	10	—
104	镉及其化合物(按 Cd 计)	Cadmium and compounds, as Cd	7440-43-9(Cd)	—	0.01	0.02	G1
105	汞-金属汞(蒸气)	Mercury metal(vapor)	7439-97-6	—	0.02	0.04	皮
106	汞-有机汞化合物(按 Hg 计)	Mercury organic compounds, as Hg		—	0.01	0.03	皮
107	钴及其氧化物(按 Co 计)	Cobalt and oxides, as Co	7440-48-4(Co)	—	0.05	0.1	G2B
108	光气	Phosgene	75-44-5	0.5	—	—	—
109	癸硼烷	Decaborane	17702-41-9	—	0.25	0.75	皮
110	过氧化苯甲酰	Benzoyl peroxide	94-36-0	—	5	—	—
111	过氧化氢	Hydrogen peroxide	7722-84-1	—	1.5	—	—
112	环己胺	Cyclohexylamine	108-91-8	—	10	20	—

表 B.1（续）

序号	中文名	英文名	化学文摘号（CAS No.）	OELs/(mg/m³)			备注
				MAC	PC-TWA	PC-STEL	
113	环己醇	Cyclohexanol	108-93-0	—	100	—	皮
114	环己酮	Cyclohexanone	108-94-1	—	50	—	皮
115	环己烷	Cyclohexane	110-82-7	—	250	—	—
116	环氧丙烷	Propylene Oxide	75-56-9	—	5	—	敏，G2B
117	环氧氯丙烷	Epichlorohydrin	106-89-8	—	1	2	皮，G2A
118	环氧乙烷	Ethylene oxide	75-21-8	—	2	—	G1
119	黄磷	Yellow phosphorus	7723-14-0	—	0.05	0.1	—
120	己二醇	Hexylene glycol	107-41-5	100	—	—	—
121	1,6-己二异氰酸酯	Hexamethylene diisocyanate	822-06-0	—	0.03	—	—
122	己内酰胺	Caprolactam	105-60-2	—	5	—	—
123	2-己酮	2-Hexanone	591-78-6	—	20	40	皮
124	甲拌磷	Thimet	298-02-2	0.01	—	—	皮
125	甲苯	Toluene	108-88-3	—	50	100	皮
126	*N*-甲苯胺	*N*-Methyl aniline	100-61-8	—	2	—	皮
127	甲醇	Methanol	67-56-1	—	25	50	皮
128	甲酚（全部异构体）	Cresol（all isomers）	1319-77-3；95-48-7；108-39-4；106-44-5	—	10	—	皮
129	甲基丙烯腈	Methylacrylonitrile	126-98-7	—	3	—	皮
130	甲基丙烯酸	Methacrylic acid	79-41-4	—	70	—	—
131	甲基丙烯酸甲酯	Methyl methacrylate	80-62-6	—	100	—	敏
132	甲基丙烯酸缩水甘油酯	Glycidyl methacrylate	106-91-2	5	—	—	—
133	甲基肼	Methyl hydrazine	60-34-4	0.08	—	—	皮
134	甲基内吸磷	Methyl demeton	8022-00-2	—	0.2	—	皮
135	18-甲基炔诺酮（炔诺孕酮）	18-Methyl norgestrel	6533-00-2	—	0.5	2	—
136	甲硫醇	Methyl mercaptan	74-93-1	—	1	—	—
137	甲醛	Formaldehyde	50-00-0	0.5	—	—	敏，G1
138	甲酸	Formic acid	64-18-6	—	10	20	—
139	甲氧基乙醇	2-Methoxyethanol	109-86-4	—	15	—	皮
140	甲氧氯	Methoxychlor	72-43-5	—	10	—	—
141	间苯二酚	Resorcinol	108-46-3	—	20	—	—
142	焦炉逸散物（按苯溶物计）	Coke oven emissions, as benzene soluble matter		—	0.1	—	G1

表 B.1（续）

序号	中文名	英文名	化学文摘号（CAS No.）	OELs/(mg/m³)			备注
				MAC	PC-TWA	PC-STEL	
143	肼	Hydrazine	302-01-2	—	0.06	0.13	皮，G2B
144	久效磷	Monocrotophos	6923-22-4	—	0.1	—	皮
145	糠醇	Furfuryl alcohol	98-00-0	—	40	60	皮
146	糠醛	Furfural	98-01-1	—	5	—	皮
147	考的松	Cortisone	53-06-5	—	1	—	—
148	苦味酸	Picric acid	88-89-1	—	0.1	—	—
149	乐果	Rogor	60-51-5	—	1	—	皮
150	联苯	Biphenyl	92-52-4	—	1.5	—	—
151	邻苯二甲酸二丁酯	Dibutyl phthalate	84-74-2	—	2.5	—	—
152	邻苯二甲酸酐	Phthalic anhydride	85-44-9	1	—	—	敏
153	邻二氯苯	*o*-Dichlorobenzene	95-50-1	—	50	100	—
154	邻茴香胺	*o*-Anisidine	90-04-0	—	0.5	—	皮，G2B
155	邻氯苯乙烯	*o*-Chlorostyrene	2038-87-47	—	250	400	—
156	邻氯苄叉丙二腈	*o*-Chlorobenzylidene malononitrile	2698-41-1	0.4	—	—	皮
157	邻仲丁基苯酚	*o*-sec-Butylphenol	89-72-5	—	30	—	皮
158	磷胺	Phosphamidon	13171-21-6	—	0.02	—	皮
159	磷化氢	Phosphine	7803-51-2	0.3	—	—	—
160	磷酸	Phosphoric acid	7664-38-2	—	1	3	—
161	磷酸二丁基苯酯	Dibutyl phenyl phosphate	2528-36-1	—	3.5	—	皮
162	硫化氢	Hydrogen sulfide	7783-06-4	10	—	—	—
163	硫酸钡(按 Ba 计)	Barium sulfate，as Ba	7727-43-7	—	10	—	—
164	硫酸二甲酯	Dimethyl sulfate	77-78-1	—	0.5	—	皮，G2A
165	硫酸及三氧化硫	Sulfuric acid and sulfur trioxide	7664-93-9	—	1	2	G1
166	硫酰氟	Sulfuryl fluoride	2699-79-8	—	20	40	—
167	六氟丙酮	Hexafluoroacetone	684-16-2	—	0.5	—	皮
168	六氟丙烯	Hexafluoropropylene	116-15-4	—	4	—	—
169	六氟化硫	Sulfur hexafluoride	2551-62-4	—	6 000	—	—
170	六六六	Hexachlorocyclohexane	608-73-1	—	0.3	0.5	G2B
171	γ-六六六	γ-Hexachlorocyclohexane	58-89-9	—	0.05	0.1	皮，G2B
172	六氯丁二烯	Hexachlorobutadine	87-68-3	—	0.2	—	皮
173	六氯环戊二烯	Hexachlorocyclopentadiene	77-47-4	—	0.1	—	—
174	六氯萘	Hexachloronaphthalene	1335-87-1	—	0.2	—	皮

表 B.1（续）

序号	中文名	英文名	化学文摘号 (CAS No.)	OELs/(mg/m³) MAC	PC-TWA	PC-STEL	备注
175	六氯乙烷	Hexachloroethane	67-72-1	—	10	—	皮
176	氯	Chlorine	7782-50-5	1	—	—	—
177	氯苯	Chlorobenzene	108-90-7	—	50	—	—
178	氯丙酮	Chloroacetone	78-95-5	4	—	—	皮
179	氯丙烯	Allyl chloride	107-05-1	—	2	4	—
180	β-氯丁二烯	Chloroprene	126-99-8	—	4	—	皮，G2B
181	氯化铵烟	Ammonium chloride fume	12125-02-9	—	10	20	—
182	氯化苦	Chloropicrin	76-06-2	1	—	—	—
183	氯化氢及盐酸	Hydrogen chloride and chlorhydric acid	7647-01-0	7.5	—	—	
184	氯化氰	Cyanogen chloride	506-77-4	0.75	—	—	—
185	氯化锌烟	Zinc chloride fume	7646-85-7	—	1	2	—
186	氯甲甲醚	Chloromethyl methyl ether	107-30-2	0.005	—	—	G1
187	氯甲烷	Methyl chloride	74-87-3	—	60	120	皮
188	氯联苯(54%氯)	Chlorodiphenyl (54%Cl)	11097-69-1	—	0.5	—	皮，G2A
189	氯萘	Chloronaphthalene	90-13-1	—	0.5	—	皮
190	氯乙醇	Ethylene chlorohydrin	107-07-3	2	—	—	皮
191	氯乙醛	Chloroacetaldehyde	107-20-0	3	—	—	—
192	氯乙酸	Chloroacetic acid	79-11-8	2	—	—	皮
193	氯乙烯	Vinyl chloride	75-01-4	—	10	—	G1
194	α-氯乙酰苯	α-Chloroacetophenone	532-27-4	—	0.3	—	—
195	氯乙酰氯	Chloroacetyl chloride	79-04-9	—	0.2	0.6	皮
196	马拉硫磷	Malathion	121-75-5	—	2	—	皮
197	马来酸酐	Maleic anhydride	108-31-6	—	1	2	敏
198	吗啉	Morpholine	110-91-8	—	60	—	皮
199	煤焦油沥青挥发物(按苯溶物计)	Coal tar pitch volatiles, as Benzene soluble matters	65996-93-2	—	0.2	—	G1
200	锰及其无机化合物(按 MnO_2 计)	Manganese and inorganic compounds, as MnO_2	7439-96-5(Mn)	—	0.15	—	—
201	钼及其化合物(按 Mo 计)	Molybdeum and compounds, as Mo	7439-98-7(Mo)				
	——钼，不溶性化合物	——Molybdeum and insoluble compounds		—	6	—	—
	——可溶性化合物	——soluble compounds		—	4	—	—
202	内吸磷	Demeton	8065-48-3	—	0.05	—	皮

表 B.1（续）

序号	中文名	英文名	化学文摘号（CAS No.）	OELs/(mg/m^3)			备注
				MAC	PC-TWA	PC-STEL	
203	萘	Naphthalene	91-20-3	—	50	75	皮,G2B
204	2-萘酚	2-Naphthol	2814-77-9	—	0.25	0.5	—
205	萘烷	Decalin	91-17-8	—	60	—	—
206	尿素	Urea	57-13-6	—	5	10	—
207	镍及其无机化合物(按 Ni 计) ——金属镍与难溶性镍化合物 ——可溶性镍化合物	Nickel and inorganic compounds, as Ni ——Nickel metal and insolublecompounds ——Soluble nickel compounds	7440-02-0(Ni)	 — —	 1 0.5	 — —	 G2B —
208	铍及其化合物(按 Be 计)	Beryllium and compounds, as Be	7440-41-7(Be)	—	0.000 5	0.001	G1
209	偏二甲基肼	Unsymmetric dimethylhydrazine	57-14-7	—	0.5	—	皮,G2B
210	铅及其无机化合物(按 Pb 计) ——铅尘 ——铅烟	Lead and inorganic Compounds, as Pb ——Lead dust ——Lead fume	7439-92-1(Pb)	 — —	 0.05 0.03	 — —	G2B(铅),G2A(铅的无机化合物)
211	氢化锂	Lithium hydride	7580-67-8	—	0.025	0.05	—
212	氢醌	Hydroquinone	123-31-9	—	1	2	—
213	氢氧化钾	Potassium hydroxide	1310-58-3	2	—	—	—
214	氢氧化钠	Sodium hydroxide	1310-73-2	2	—	—	—
215	氢氧化铯	Cesium hydroxide	21351-79-1	—	2	—	—
216	氰氨化钙	Calcium cyanamide	156-62-7	—	1	3	—
217	氰化氢(按 CN 计)	Hydrogen cyanide, as CN	74-90-8	1	—	—	皮
218	氰化物(按 CN 计)	Cyanides, as CN	460-19-5 (CN)	1	—	—	皮
219	氰戊菊酯	Fenvalerate	51630-58-1	—	0.05	—	皮
220	全氟异丁烯	Perfluoroisobutylene	382-21-8	0.08	—	—	—
221	壬烷	Nonane	111-84-2	—	500	—	—
222	溶剂汽油	Solvent gasolines		—	300	—	—
223	乳酸正丁酯	*n*-Butyl lactate	138-22-7	—	25	—	—
224	三次甲基三硝基胺(黑索今)	Cyclonite (RDX)	121-82-4	—	1.5	—	皮
225	三氟化氯	Chlorine trifluoride	7790-91-2	0.4	—	—	—
226	三氟化硼	Boron trifluoride	7637-07-2	3	—	—	—

表 B.1（续）

序号	中文名	英文名	化学文摘号(CAS No.)	OELs/(mg/m³)			备注
				MAC	PC-TWA	PC-STEL	
227	三氟甲基次氟酸酯	Trifluoromethyl hypofluorite		0.2	—	—	—
228	三甲苯磷酸酯	Tricresyl phosphate	1330-78-5	—	0.3	—	皮
229	1,2,3-三氯丙烷	1,2,3-Trichloropropane	96-18-4	—	60	—	皮,G2A
230	三氯化磷	Phosphorus trichloride	7719-12-2	—	1	2	—
231	三氯甲烷	Trichloromethane	67-66-3	—	20	—	G2B
232	三氯硫磷	Phosphorous thiochloride	3982-91-0	0.5	—	—	—
233	三氯氢硅	Trichlorosilane	10025-28-2	3	—	—	—
234	三氯氧磷	Phosphorus oxychloride	10025-87-3	—	0.3	0.6	—
235	三氯乙醛	Trichloroacetaldehyde	75-87-6	3	—	—	—
236	1,1,1-三氯乙烷	1,1,1-trichloroethane	71-55-6	—	900	—	—
237	三氯乙烯	Trichloroethylene	79-01-6	—	30	—	G2A
238	三硝基甲苯	Trinitrotoluene	118-96-7	—	0.2	0.5	皮
239	三氧化铬、铬酸盐、重铬酸盐(按 Cr 计)	Chromium trioxide、chromate、dichromate, as Cr	7440-47-3(Cr)	—	0.05	—	G1
240	三乙基氯化锡	Triethyltin chloride	994-31-0	—	0.05	0.1	皮
241	杀螟松	Sumithion	122-14-5	—	1	2	皮
242	砷化氢(胂)	Arsine	7784-42-1	0.03	—	—	G1
243	砷及其无机化合物(按 As 计)	Arsenic and inorganic compounds, as As	7440-38-2(As)	—	0.01	0.02	G1
244	升汞(氯化汞)	Mercuric chloride	7487-94-7	—	0.025	—	—
245	石蜡烟	Paraffin wax fume	8002-74-2	—	2	4	—
246	石油沥青烟(按苯溶物计)	Asphalt (petroleum) fume, as benzene soluble matter	8052-42-4	—	5	—	G2B
247	双(巯基乙酸)二辛基锡	Bis(marcaptoacetate) dioctyltin	26401-97-8	—	0.1	0.2	—
248	双丙酮醇	Diacetone alcohol	123-42-2	—	240	—	—
249	双硫醒	Disulfiram	97-77-8	—	2	—	—
250	双氯甲醚	Bis(chloromethyl) ether	542-88-1	0.005	—	—	G1
251	四氯化碳	Carbon tetrachloride	56-23-5	—	15	25	皮,G2B
252	四氯乙烯	Tetrachloroethylene	127-18-4	—	200	—	G2A
253	四氢呋喃	Tetrahydrofuran	109-99-9	—	300	—	—
254	四氢化锗	Germanium tetrahydride	7782-65-2	—	0.6	—	—
255	四溴化碳	Carbon tetrabromide	558-13-4	—	1.5	4	—

表 B.1(续)

序号	中文名	英文名	化学文摘号 (CAS No.)	OELs/(mg/m³)			备注
				MAC	PC-TWA	PC-STEL	
256	四乙基铅(按 Pb 计)	Tetraethyl lead, as Pb	78-00-2	—	0.02	—	皮
257	松节油	Turpentine	8006-64-2	—	300	—	—
258	铊及其可溶性化合物(按 Tl 计)	Thallium and soluble compounds, as Tl	7440-28-0(Tl)	—	0.05	0.1	皮
259	钽及其氧化物(按 Ta 计)	Tantalum and oxide, as Ta	7440-25-7(Ta)	—	5	—	—
260	碳酸钠(纯碱)	Sodium carbonate	3313-92-6	—	3	6	—
261	羰基氟	Carbonyl fluoride	353-50-4	—	5	10	—
262	羰基镍(按 Ni 计)	Nickel carbonyl, as Ni	13463-39-3	0.002	—	—	G1
263	锑及其化合物(按 Sb 计)	Antimony and compounds, as Sb	7440-36-0(Sb)	—	0.5	—	—
264	铜(按 Cu 计) ——铜尘 ——铜烟	Copper, as Cu ——Copper dust ——Copper fume	7440-50-8	 — —	 1 0.2	 — —	 — —
265	钨及其不溶性化合物(按 W 计)	Tungsten and insoluble compounds, as W	7440-33-7(W)	—	5	10	—
266	五氟氯乙烷	Chloropentafluoroethane	76-15-3	—	5 000	—	—
267	五硫化二磷	Phosphorus pentasulfide	1314 -80-3	—	1	3	—
268	五氯酚及其钠盐	Pentachlorophenol and sodium salts	87-86-5	—	0.3	—	皮
269	五羰基铁(按 Fe 计)	Iron pentacarbonyl, as Fe	13463-40-6	—	0.25	0.5	—
270	五氧化二磷	Phosphorus pentoxide	1314-56-3	1	—	—	—
271	戊醇	Amyl alcohol	71-41-0	—	100	—	—
272	戊烷(全部异构体)	Pentane (all isomers)	78-78-4; 109-66-0; 463-82-1	—	500	1 000	—
273	硒化氢(按 Se 计)	Hydrogen selenide, as Se	7783-07-5	—	0.15	0.3	—
274	硒及其化合物(按 Se 计)(不包括六氟化硒、硒化氢)	Selenium and compounds, as Se (except hexafluoride, hydrogen selenide)	7782-49-2(Se)	—	0.1	—	—
275	纤维素	Cellulose	9004-34-6	—	10	—	—
276	硝化甘油	Nitroglycerine	55-63-0	1	—	—	皮
277	硝基苯	Nitrobenzene	98-95-3	—	2	—	皮,G2B
278	1-硝基丙烷	1-Nitropropane	108-03-2	—	90	—	—

表 B.1(续)

序号	中文名	英文名	化学文摘号(CAS No.)	OELs/(mg/m³)			备注
				MAC	PC-TWA	PC-STEL	
279	2-硝基丙烷	2-Nitropropane	79-46-9	—	30	—	G2B
280	硝基甲苯(全部异构体)	Nitrotoluene (all isomers)	88-72-2; 99-08-1; 99-99-0	—	10	—	皮
281	硝基甲烷	Nitromethane	75-52-5	—	50	—	G2B
282	硝基乙烷	Nitroethane	79-24-3	—	300	—	—
283	辛烷	Octane	111-65-9	—	500	—	—
284	溴	Bromine	7726-95-6	—	0.6	2	—
285	溴化氢	Hydrogen bromide	10035-10-6	10	—	—	—
286	溴甲烷	Methyl bromide	74-83-9	—	2	—	皮
287	溴氰菊酯	Deltamethrin	52918-63-5	—	0.03	—	—
288	氧化钙	Calcium oxide	1305-78-8	—	2	—	—
289	氧化镁烟	Magnesium oxide fume	1309-48-4	—	10	—	—
290	氧化锌	Zinc oxide	1314-13-2	—	3	5	—
291	氧乐果	Omethoate	1113-02-6	—	0.15	—	皮
292	液化石油气	Liquified petroleum gas (LPG)	68476-85-7	—	1 000	1 500	—
293	一甲胺	Monomethylamine	74-89-5	—	5	10	—
294	一氧化氮	Nitric oxide(Nitrogen monoxide)	10102-43-9	—	15	—	—
295	一氧化碳 ——非高原 ——高原 ——海拔 2 000～3 000 m ——海拔>3 000 m	Carbon monoxide ——not in high altitude area ——In high altitude area ——2 000～3 000 m ——>3 000 m	630-08-0	 — 20 15	 20 — —	 30 — —	 — — —
296	乙胺	Ethylamine	75-04-7	—	9	18	皮
297	乙苯	Ethyl benzene	100-41-4	—	100	150	G2B
298	乙醇胺	Ethanolamine	141-43-5	—	8	15	—
299	乙二胺	Ethylenediamine	107-15-3	—	4	10	皮
300	乙二醇	Ethylene glycol	107-21-1	—	20	40	—
301	乙二醇二硝酸酯	Ethylene glycol dinitrate	628-96-6	—	0.3	—	皮
302	乙酐	Acetic anhydride	108-24-7	—	16	—	—
303	N-乙基吗啉	N-Ethylmorpholine	100-74-3	—	25	—	皮
304	乙基戊基甲酮	Ethyl amyl ketone	541-85-5	—	130	—	—
305	乙腈	Acetonitrile	75-05-8	—	30	—	皮

表 B.1(续)

序号	中文名	英文名	化学文摘号(CAS No.)	OELs/(mg/m^3)			备注
				MAC	PC-TWA	PC-STEL	
306	乙硫醇	Ethyl mercaptan	75-08-1	—	1	—	—
307	乙醚	Ethyl ether	60-29-7	—	300	500	—
308	乙硼烷	Diborane	19287-45-7	—	0.1	—	—
309	乙醛	Acetaldehyde	75-07-0	45	—	—	G2B
310	乙酸	Acetic acid	64-19-7	—	10	20	—
311	乙酸(2-甲氧基乙基酯)	2-Methoxyethyl acetate	110-49-6	—	20	—	皮
312	乙酸丙酯	Propyl acetate	109-60-4	—	200	300	—
313	乙酸丁酯	Butyl acetate	123-86-4	—	200	300	—
314	乙酸甲酯	Methyl acetate	79-20-9	—	200	500	—
315	乙酸戊酯(全部异构体)	Amyl acetate (all isomers)	628-63-7	—	100	200	—
316	乙酸乙烯酯	Vinyl acetate	108-05-4	—	10	15	G2B
317	乙酸乙酯	Ethyl acetate	141-78-6	—	200	300	—
318	乙烯酮	Ketene	463-51-4	—	0.8	2.5	—
319	乙酰甲胺磷	Acephate	30560-19-1	—	0.3	—	皮
320	乙酰水杨酸(阿司匹林)	Acetylsalicylic acid(aspirin)	50-78-2	—	5	—	—
321	2-乙氧基乙醇	2-Ethoxyethanol	110-80-5	—	18	36	皮
322	2-乙氧基乙基乙酸酯	2-Ethoxyethyl acetate	111-15-9	—	30	—	皮
323	钇及其化合物(按 Y 计)	Yttrium and compounds(as Y)	7440-65-5	—	1	—	—
324	异丙胺	Isopropylamine	75-31-0	—	12	24	—
325	异丙醇	Isopropyl alcohol (IPA)	67-63-0	—	350	700	—
326	*N*-异丙基苯胺	*N*-Isopropylaniline	768-52-5	—	10	—	皮
327	异稻瘟净	Kitazin o-p	26087-47-8	—	2	5	皮
328	异佛尔酮	Isophorone	78-59-1	30	—	—	—
329	异佛尔酮二异氰酸酯	Isophorone diisocyanate (IPDI)	4098-71-9	—	0.05	0.1	—
330	异氰酸甲酯	Methyl isocyanate	624-83-9	—	0.05	0.08	皮
331	异亚丙基丙酮	Mesityl oxide	141-79-7	—	60	100	—
332	铟及其化合物(按 In 计)	Indium and compounds, as In	7440-74-6(In)	—	0.1	0.3	—
333	茚	Indene	95-13-6	—	50	—	—
334	正丁胺	*n*-butylamine	109-73-9	15	—	—	皮
335	正丁基硫醇	*n*-butyl mercaptan	109-79-5	—	2	—	—
336	正丁基缩水甘油醚	*n*-butyl glycidyl ether	2426-08-6	—	60	—	—

表 B.1（续）

序号	中文名	英文名	化学文摘号（CAS No.）	OELs/(mg/m³)			备注
				MAC	PC-TWA	PC-STEL	
337	正庚烷	*n*-Heptane	142-82-5	—	500	1 000	—
338	正己烷	*n*-Hexane	110-54-3	—	100	180	皮
339	重氮甲烷	Diazomethane	334-88-3	—	0.35	0.7	—

a～c 化学物质的致癌性标识按国际癌症组织(IARC)分级，作为参考性资料：

——G1 确认人类致癌物(Carcinogenic to humans)；

——G2A 可能人类致癌物(Probably carcinogenic to humans)；

——G2B 可疑人类致癌物(Possibly carcinogenic to humans)。

d 表示可经完整的皮肤吸收。

e 表示为致敏物。

B.2 工作场所空气中粉尘容许浓度

工作场所空气中粉尘容许浓度见表 B.2。

表 B.2 工作场所空气中粉尘容许浓度

序号	中文名	英文名	化学文摘号（CAS No.）	PC-TWA/(mg/m³)		备注
				总尘	呼尘	
1	白云石粉尘	Dolomite dust		8	4	—
2	玻璃钢粉尘	Fiberglass reinforced plastic dust		3	—	—
3	茶尘	Tea dust		2	—	—
4	沉淀 SiO_2(白炭黑)	Precipitated silica dust	112926-00-8	5	—	—
5	大理石粉尘	Marble dust	1317-65-3	8	4	—
6	电焊烟尘	Welding fume		4	—	G2B
7	二氧化钛粉尘	Titanium dioxide dust	13463-67-7	8	—	—
8	沸石粉尘	Zeolite dust		5	—	—
9	酚醛树酯粉尘	Phenolic aldehyde resin dust		6	—	—
10	谷物粉尘(游离 SiO_2 含量<10%)	Grain dust(free SiO_2<10%)		4	—	—
11	硅灰石粉尘	Wollastonite dust	13983-17-0	5	—	—
12	硅藻土粉尘(游离 SiO_2 含量<10%)	Diatomite dust (free SiO_2<10%)	61790-53-2	6	—	—
13	滑石粉尘(游离 SiO_2 含量<10%)	Talc dust (free SiO_2<10%)	14807-96-6	3	1	—
14	活性炭粉尘	Active carbon dust	64365-11-3	5	—	—
15	聚丙烯粉尘	Polypropylene dust		5	—	—
16	聚丙烯腈纤维粉尘	Polyacrylonitrile fiber dust		2	—	—

表 B.2（续）

序号	中文名	英文名	化学文摘号（CAS No.）	PC-TWA/(mg/m^3) 总尘	呼尘	备注
17	聚氯乙烯粉尘	Polyvinyl chloride (PVC) dust	9002-86-2	5	—	—
18	聚乙烯粉尘	Polyethylene dust	9002-88-4	5	—	—
19	铝尘 ——铝金属、铝合金粉尘 ——氧化铝粉尘	Aluminum dust ——Metal & alloys dust ——Aluminium oxide dust	7429-90-5	 3 4	 — —	 — —
20	麻尘(游离 SiO_2 含量＜10％) ——亚麻 ——黄麻 ——苎麻	Flax, jute and ramie dusts (free SiO_2＜10％) ——Flax ——Jute ——Ramie		 1.5 2 3	 — — —	 — — —
21	煤尘(游离 SiO_2 含量＜10％)	Coal dust (free SiO_2＜10％)		4	2.5	—
22	棉尘	Cotton dust		1	—	—
23	木粉尘	Wood dust		3	—	—
24	凝聚 SiO_2 粉尘	Condensed silica dust		1.5	0.5	—
25	膨润土粉尘	Bentonite dust	1302-78-9	6	—	—
26	皮毛粉尘	Fur dust		8	—	—
27	人造玻璃质纤维 ——玻璃棉粉尘 ——矿渣棉粉尘 ——岩棉粉尘	Man-made vitreous fiber ——Fibrous glass dust ——Slag wool dust ——Rock wool dust		 3 3 3	 — — —	 — — —
28	桑蚕丝尘	Mulberry silk dust		8	—	—
29	砂轮磨尘	Grinding wheel dust		8	—	—
30	石膏粉尘	Gypsum dust	10101-41-4	8	4	—
31	石灰石粉尘	Limestone dust	1317-65-3	8	4	—
32	石棉(石棉含量＞10％) ——粉尘 ——纤维	Asbestos(Asbestos＞10％) ——dust ——Asbestos fibre	1332-21-4	 0.8 0.8f/mL	 — —	 G1 —
33	石墨粉尘	Graphite dust	7782-42-5	4	2	—
34	水泥粉尘(游离 SiO_2 含量＜10％)	Cement dust (free SiO_2＜10％)		4	1.5	—
35	炭黑粉尘	Carbon black dust	1333-86-4	4	—	G2B
36	碳化硅粉尘	Silicon carbide dust	409-21-2	8	4	—

表 B.2（续）

序号	中文名	英文名	化学文摘号（CAS No.）	PC-TWA/(mg/m^3)		备注
				总尘	呼尘	
37	碳纤维粉尘	Carbon fiber dust		3	—	—
38	矽尘 ——10%≤游离 SiO_2 含量≤50% ——50%<游离 SiO_2 含量≤80% ——游离 SiO_2 含量>80%	Silica dust ——10%≤free SiO_2≤50% ——50%<free SiO_2≤80% ——free SiO_2>80%	14808-60-7	 1 0.7 0.5	 0.7 0.3 0.2	G1（结晶型）
39	稀土粉尘（游离 SiO_2 含量<10%）	Rare-earth dust(freeSiO_2<10%)		2.5	—	—
40	洗衣粉混合尘	Detergent mixed dust		1	—	—
41	烟草尘	Tobacco dust		2	—	—
42	萤石混合性粉尘	Fluorspar mixed dust		1	0.7	—
43	云母粉尘	Mica dust	12001-26-2	2	1.5	—
44	珍珠岩粉尘	Perlite dust	93763-70-3	8	4	—
45	蛭石粉尘	Vermiculite dust		3	—	—
46	重晶石粉尘	Barite dust	7727-43-7	5	—	—
47	其他粉尘[a]	Particles not otherwise regulated		8	—	—
注：致癌性标识见表 B.1 的[a]～[c]。						
[a] 指游离 SiO_2 低于 10%，不含石棉和有毒物质，而尚未制定容许浓度的粉尘。表中列出的各种粉尘（石棉纤维尘除外），凡游离 SiO_2 高于 10%者，均按矽尘容许浓度对待。						

B.3 工作场所空气中生物因素容许浓度

工作场所空气中生物因素容许浓度见表 B.3。

表 B.3 工作场所空气中生物因素容许浓度

序号	中文名	英文名	化学文摘号（CAS No.）	OELs			备注
				MAC	PC-TWA	PC-STEL	
1	白僵蚕孢子	Beauveria bassiana		6×10^7（孢子数/m^3）	—	—	—
2	枯草杆菌蛋白酶	Subtilisins	1395-21-7；9014-01-1	—	15 ng/m^3	30 ng/m^3	敏

附 录 C
（资料性附录）
化学防护服选择示例

C.1 作业描述

操作工人向罐体加注1,2-二甲苯。

C.2 危害评估

C.2.1 化学物质特性

化学物质:1,2-二甲苯,液态。

MSDS提供如下信息:

——侵入途径:吸入、食入、皮肤接触。

——健康危害:二甲苯对眼及上呼吸道有刺激作用,高浓度时对中枢神经系统有麻醉作用。

——急性中毒:短期内吸入较高浓度可出现眼及上呼吸道明显的刺激症状、眼结膜及咽充血、头晕、恶心、呕吐、胸闷、四肢无力、意识模糊、步态蹒跚。重者可有躁动、抽搐或昏迷,有的有癔病样发作。

——慢性影响:长期接触有神经衰弱综合征,女工有月经异常,工人常发生皮肤干燥、皲裂、皮炎。

C.2.2 作业环境特点

作业情况:每次接触20 min,一天接触6次,接触液态单质化学物质。

工程控制:已经采用管道输送,但在上下料的时候仍然有少量泼溅的危险。操作环境气体浓度处于控制状态。

剩余风险:偶尔发生的液体泼溅,可能污染人员正面。无其他环境危险。

C.3 选择化学防护服

C.3.1 根据化学物质状态选择

在加注化学物质作业时,人员可能会遭受瞬时少量化学物质泼溅的危险;在意外情况下,可能遭受大量化学物质泼溅的危险。

泼溅的化学物质无压力或压力较低。

C.3.2 根据化学防护服等级选择

化学防护服A材料对该化学物质的防护时间为10 min;化学防护服B材料对该化学物质的防护时间为大于480 min。另外有防护材料物理强度比较结果。

C.3.3 选择结论

需泼溅液密型化学防护服,可选择泼溅液密型化学防护服B。

参 考 文 献

[1] BS 7184:2001. Selection,use and maintenance of chemical protective clothing—Guidance.

[2] ASTM F 1461:2007. Standard practice for chemical protective clothing program.

[3] ASTM F 2061:2008. Standard practice for chemical protective clothing:wearing, care, and maintenance instructions.

[4] Michael M,Roder. A guide for evaluating the performance of chemical protective clothing (CPC). National Institute for Occupational Safety and Health. DHHS (NIOSH) Publication No. 90-109,1990.

[5] 29. CFR. 1910. 120. Hazardous waste operations and emergency response. Occupational Safety and Health Administration,2002.

[6] 29. CFR. 1910. 132. Personal protective equipment for general industry: final rule. Occupational Safety and Health Administration,1994.

[7] OSHA 3151. Assessing the need for personal protective equipment: A guide for small business employers. Occupational Safety and Health Administration,2000.

[8] NIJ Guide 102-00. Guide for the selection of personal protective equipment for emergency first responders(percutaneous protection—apparel). National Institute of Justice,2002.

[9] GBZ 2.1.工作场所有害因素职业接触限值　化学有害因素.

ICS 13.340.99
C 73

中华人民共和国国家标准

GB/T 24537—2009

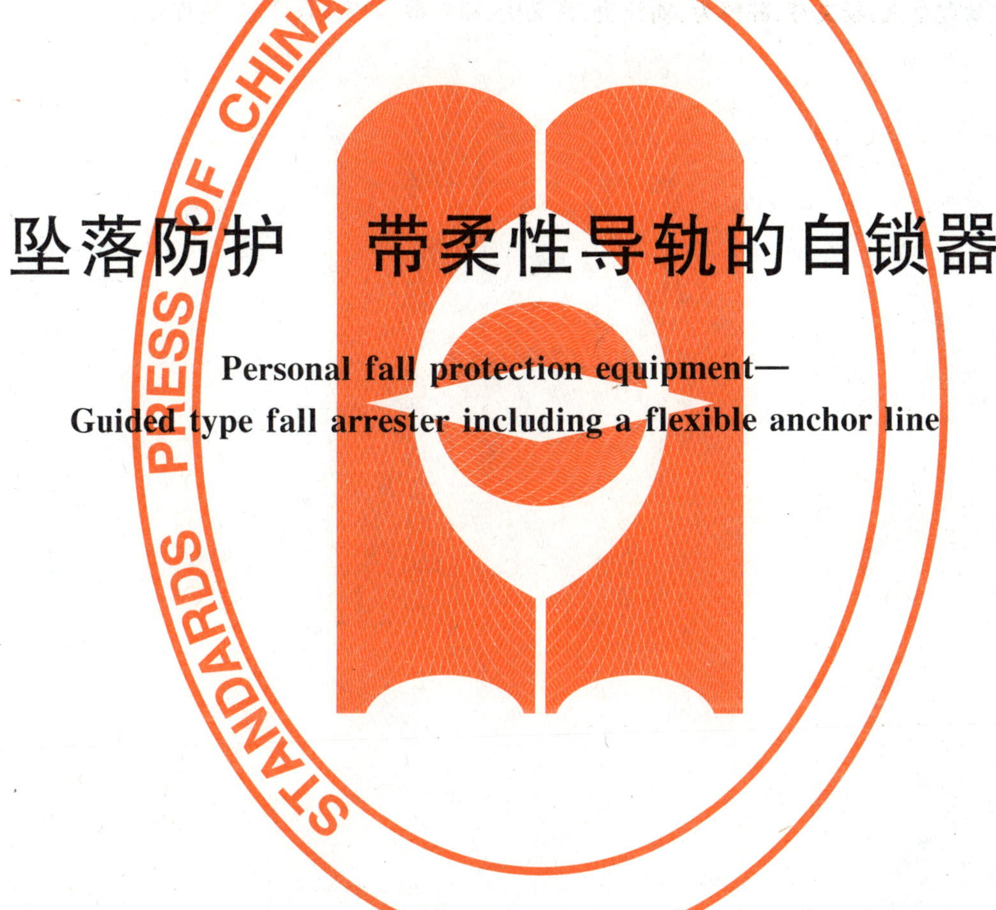

坠落防护 带柔性导轨的自锁器

Personal fall protection equipment—
Guided type fall arrester including a flexible anchor line

2009-10-30 发布　　　　2010-09-01 实施

中华人民共和国国家质量监督检验检疫总局
中国国家标准化管理委员会　发布

前言

本标准非等效采用EN 353-2:2002《带柔性导轨的导向式防坠器》。

本标准由国家安全生产监督管理总局提出。

本标准由全国个体防护装备标准化技术委员会归口。

本标准负责起草单位:北京市劳动保护科学研究所。

本标准参加起草单位:河北沈三开电器制造有限公司、斯博瑞安(中国)安全防护设备有限公司。

本标准主要起草人:杨文芬、陈倬为、刘长庚、肖义庆、邓宝举、刘宏娟、许超、罗穆夏。

坠落防护　带柔性导轨的自锁器

1　范围

本标准规定了带柔性导轨的自锁器的技术要求、测试方法、检验规则及标识。

本标准适用于体重及负重之和不大于100 kg的人员使用的带柔性导轨的自锁器，当使用者的总质量(包括其工具和装备)超过100 kg时，应征询制造商的意见，并经测试合格后方可使用。

本标准不适用于倾斜角度与垂直方向超过15°的柔性轨道。

2　规范性引用文件

下列文件中的条款通过本标准的引用而成为本标准的条款。凡是注日期的引用文件，其随后所有的修改单(不包括勘误的内容)或修订版均不适用于本标准，然而，鼓励根据本标准达成协议的各方研究是否可使用这些文件的最新版本。凡是不注日期的引用文件，其最新版本适用于本标准。

GB/T 6096—2009　安全带测试方法

GB/T 23469　坠落防护　连接器

GB/T 10125　人造气氛腐蚀试验　盐雾试验(GB/T 10125—1997，eqv ISO 9227:1990)

GB/T 12903　个体防护装备术语

GB/T 24538　坠落防护　缓冲器

GB 24543　坠落防护　安全绳

3　术语和定义

GB/T 12903中确立的及下列术语和定义适用于本标准。

3.1

柔性导轨　flexible anchor line

固定在上方挂点的柔性连接部件，自锁器可在导轨上滑动，发生坠落时自锁器可锁止在导轨上。

注1：柔性导轨可以是纤维绳、钢丝绳或织带等。

注2：柔性导轨可按一定间隔固定在梯子等结构上，也可在两端固定，或在下端附加配重以提供一定的张力。

3.2

自锁器　guided type fall arrester

导向式防坠器

附着在刚性或柔性导轨上，可随使用者的活动沿导轨滑动，由坠落动作引发制动作用的部件。

注：该部件不一定有缓冲能力，但应可重复使用。

3.3

安全绳　lanyard

在安全带中连接系带与挂点的绳(带、钢丝绳)。

注：安全绳一般起扩大或限制佩戴者活动范围、吸收冲击能量的作用。

3.4

缓冲器　energy absorber

串联在系带和挂点之间，发生坠落时吸收部分冲击能量、降低冲击力的部件。

3.5

连接器 connector

具有常闭活门的连接部件。

注：该部件用于将系带和绳或绳和挂点连接在一起。

3.6

连接绳 connecting line

连接在自锁器上，用来将自锁器与系带挂点相连接的部件。

注：连接绳可以是安全绳、缓冲器、连接器或此三者的任意组合。

3.7

打开装置 opening device

自锁器上的某种装置，使自锁器可在导轨上任一点安装或拆下。

3.8

下滑距离 arrest distance

制动距离，锁止距离 locking distance

在整体动态负荷性能测试中，从坠落开始到停止，自锁器在导轨上的位移。

3.9

坠落距离 fall distance

从坠落起始点或作业面到安全带佩戴者的身体最低点(头或脚)的最大距离。

4 技术要求

4.1 总则

4.1.1 各部件的设计、及其所处位置和防护措施应能避免由于使用者偶然的误操作而引起的保护功能失效。

4.1.2 各部件应表面光滑，无材料和制造缺陷，无毛刺和锋利边缘。

4.1.3 系统中使用的安全绳应符合 GB 24543 的要求，缓冲器应符合 GB/T 24538 的要求，连接器应符合 GB/T 23469 的要求，导轨应符合 GB 24543 的要求。

4.1.4 自锁器及导轨应能保证在允许作业的冰雪环境下能够正常使用。

4.2 一般要求

4.2.1 导轨应能按照制造商的安装说明，用一定间隔的金属支架等装置固定于梯子、杆塔或其他结构。

4.2.2 应能保证自锁器至少可在导轨的一端安装或拆下。

4.2.3 导轨应保证自锁器可以上下顺畅的运动，并防止自锁器意外脱落。

4.2.4 当自锁器使用打开装置时，导轨两端应安装档板或类似装置防止自锁器意外滑脱。

4.2.5 打开装置应设计为必须经过两个连续明确的动作才能打开。安装自锁器时，应设计为自动锁闭，保证在日常使用时，自锁器不会意外脱离导轨。

4.2.6 自锁器应具有自动锁止功能，而不应仅依靠惯性锁止。

4.2.7 无论柔性导轨绷紧或松弛，自锁器均应能正常工作。

4.2.8 如自锁器带有手动锁止功能，则此功能不应影响自动锁止功能的正常工作。

4.2.9 自锁器在导轨上的拆下应必须经过两个连续明确的动作才能完成，正常使用时，自锁器不能脱离导轨且仅在规定的方向上移动。

4.2.10 如果自锁器位于导轨的某一端或某一点时，或自锁器安装方向错误时，可能会出现锁止功能削弱或失效的情况。应在设计时尽可能避免此种情况的发生，或将此种危险明确地标示出来，警示使用者。

4.2.11 与钢丝绳等制成的柔性导轨连接的连接绳长度不应超过 0.3 m，与织带、纤维绳制成的柔性导轨连接的连接绳长度不应超过 1 m。

4.3 整体静态负荷性能

按照5.1规定的方法进行测试，不应出现织带撕裂、开线、金属件碎裂、连接器开启，绳断、缓冲器断（允许打开）、导轨严重变形等现象，卸载后，自锁器应能正常解锁，顺畅滑动，并能正常锁止。

4.4 整体动态负荷性能

按照5.2规定的方法进行测试，应满足下列要求：

a) 不应出现织带撕裂、开线、金属件碎裂、连接器开启，绳断、模拟人滑脱、缓冲器断（允许打开）、导轨严重变形等现象，卸载后，自锁器应能正常解锁，顺畅滑动，并能正常锁止；

b) 模拟人所受最大冲击力不应超过6 kN；

c) 导轨为钢丝绳时，自锁器下滑距离不应超过0.2 m，导轨为纤维绳或织带时，自锁器下滑距离不应超过1.0 m；

d) 导轨为钢丝绳时，模拟人坠落距离不应超过1.2 m，导轨为纤维绳或织带时，模拟人坠落距离不应超过2.0 m。

4.5 导轨静态负荷性能

按照5.3规定的方法进行测试，导轨与固定结构之间的连接件不应出现滑移、松脱、金属件撕裂以及导轨严重变形等现象，卸载后，自锁器应能在导轨上正常工作。

4.6 耐腐蚀性能

按照5.4规定的方法进行测试，金属部件不应出现肉眼可见的红锈等明显腐蚀，允许出现白斑。

4.7 可靠性

按照5.5规定的方法进行测试，自锁器均应正常锁止。

4.8 特殊环境下的锁止性能

按照5.6规定的方法进行测试，自锁器应能正常锁止，解锁后可在导轨上顺畅滑动，正常工作。

5 测试方法

5.1 整体静态负荷测试

5.1.1 测试设备

量程不小于30 kN，精度不低于1级的测力装置。

5.1.2 测试步骤

5.1.2.1 整体静态负荷测试如图1所示。

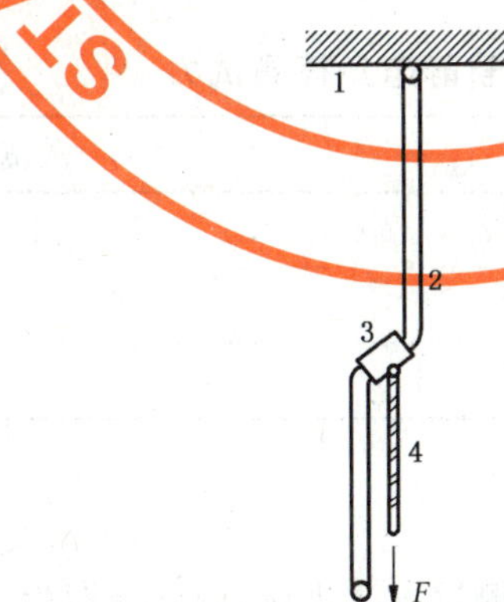

1——固定结构；

2——柔性导轨；

3——自锁器；

4——连接绳。

图1 整体静态负荷测试示意图

5.1.2.2 取足够长度的导轨，按制造商的安装说明固定好，将接好连接绳的自锁器安装在上面。

5.1.2.3 施加一定外力，使自锁器锁止。

5.1.2.4 在连接绳末端沿垂直方向以不大于 150 mm/min 的速率施加力至 15 kN 并保持 3 min。

5.1.3 **测试结果**

观察系统情况，应符合 4.3 的要求。

5.2 **整体动态负荷性能**

按照 GB/T 6096—2009 中 4.8 的相关规定进行测试，结果应符合 4.4 的要求。

5.3 **导轨静态负荷性能**

5.3.1 **测试设备**

测试设备同 5.1.1。

5.3.2 **测试步骤**

5.3.2.1 导轨静态负荷测试如图 2 所示。

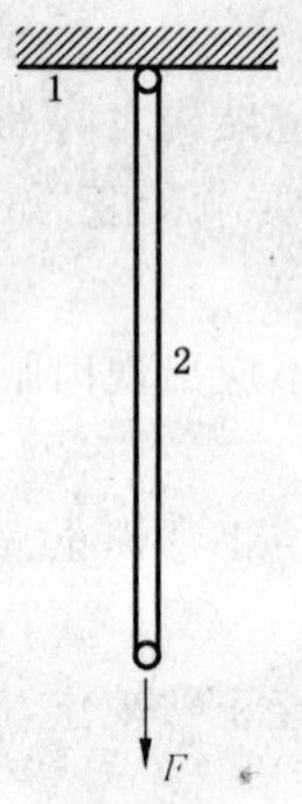

1——固定结构；

2——柔性导轨。

图 2 导轨静态负荷测试示意图

5.3.2.2 取足够长度的导轨样品，按制造商的安装说明固定。

5.3.2.3 在导轨上沿垂直方向施加表 1 中规定的力，如导轨材质为钢丝绳，则拉伸速率不应大于 30 mm/min，如导轨材质为纤维绳或织带，则拉伸速率不应大于 150 mm/min，到达表 1 中规定力值后保持 3 min。

表 1 导轨静态负荷测试力

导轨材质	测试力/kN
纤维绳	22
织 带	22
钢丝绳	15

5.3.2.4 观察导轨情况，应符合 4.3 的要求。

5.4 **耐腐蚀性能测试**

按 GB/T 10125 中规定的中性盐雾(NSS)测试方法进行，测试周期为 2 d。

5.5 **可靠性测试**

5.5.1 **测试重物的确定**

5.5.1.1 取 1 m 长的导轨样品，将连好连接绳的自锁器安装在上面；

5.5.1.2 取 5 kg 的测试重物悬挂在连接绳末端；

5.5.1.3 提升测试重物至自锁器可在导轨上滑动，测试重物与导轨间水平距离不大于 300 mm；

5.5.1.4 释放测试重物，使其自由下落，观察自锁器是否正常锁止；

5.5.1.5 如自锁器未锁止，或在锁止前反弹数次，则增加测试重物质量，每次增加 1 kg，重复上述步骤，直至自锁器可正常锁止，但测试重物最大质量不应超过 30 kg。

5.5.2 自锁器可靠性测试

5.5.2.1 取 1 m 长的导轨样品，将连好连接绳的自锁器安装在上面；

5.5.2.2 在连接绳末端悬挂 5.5.1 中确定的测试重物；

5.5.2.3 提升测试重物至自锁器可在导轨上滑动，测试重物与导轨间水平距离不大于 300 mm；

5.5.2.4 释放测试重物，使其自由下落，观察自锁器是否正常锁止；

5.5.2.5 重复 5.5.2.3 至 5.5.2.4 步骤 1 000 次，自锁器均应能正常锁止。

5.6 特殊环境下的锁止性能测试

5.6.1 测试样品

分别取 1 m 长的导轨样品，将连好连接绳的自锁器安装在上面。

5.6.2 环境处理

5.6.2.1 高温

将样品在温度为(50±2)℃，相对湿度为(85±5)%的高温环境中放置 2 h，取出后在 180 s 内按 5.6.3 进行测试。

5.6.2.2 低温

将样品在温度为(−30±2)℃的低温环境中放置 2 h，取出后在 180 s 内按 5.6.3 进行测试。

5.6.2.3 浸水

将样品浸入温度范围为(10～30)℃的水中 2 h，取出后在 180 s 内按 5.6.3 进行测试。

5.6.2.4 浸油

将样品浸入温度为(20±2)℃的 0# 柴油中 30 min，取出后自然晾干 24 h，按 5.6.3 进行测试。

5.6.2.5 粉尘

5.6.2.5.1 粉尘试验箱

容积为 1 m^3 的试验箱，带有可吹入 0.6 MPa 气流的通气管，箱顶装有一条绳索可与自锁器的连接绳相连，用于调整自锁器在导轨上的位置。试验箱如图 3 所示。

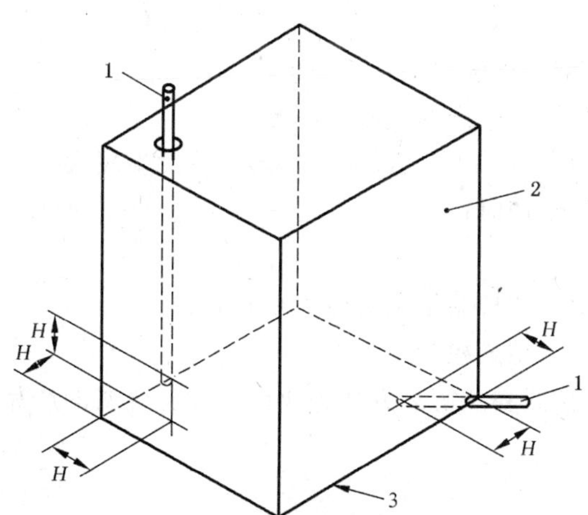

H=200 mm

1——直径为 6 mm 的通气管；

2——容积为 1 m^3 的试验箱；

3——箱底面。

图 3 粉尘试验箱示意图

5.6.2.5.2 **处理步骤**

处理步骤如下：

a) 将样品竖直安装在试验箱中，箱底放置(4.5±0.5)kg 的干燥水泥粉；

b) 每隔 5 min，由通气管吹入 2 s 的气流；

c) 每隔 1 h 改变自锁器在导轨上的位置；

d) 共进行 5 h，完成后静置 15 min，取出样品后在 180 s 内按 5.6.3 要求进行测试。

5.6.3 **锁止试验**

将导轨固定，安装自锁器，在连接绳末端系上 5.5.1 中确定的测试重物，提升测试重物至自锁器可以自由滑动，测试重物与导轨间水平距离不应大于 300 mm，释放测试重物，观察自锁器情况，应符合 4.8 的要求。

6 检验规则

6.1 检验类别

检验类别分为出厂检验和型式检验。

6.2 出厂检验

生产企业应对所生产的产品批次逐批进行出厂检验，检验项目、单项检验样本大小、不合格分类、判定数组见表 2。

表 2 出厂检验要求

检验项目	批量范围	单项检验样本大小	不合格分类	单项判定数组	
				合格判定数	不合格判定数
一般要求 整体静态负荷性能 整体动态负荷性能 导轨静态负荷性能 标识	<500	3	A	0	1
	501～5 000	5			
	≥5 001	8			

6.3 型式检验

6.3.1 有下列情况时需进行型式检验：

——新产品鉴定或老产品转厂生产的试制定型鉴定；

——正式生产后，当原材料、生产工艺、产品结构形式等发生较大变化，可能影响产品性能时；

——停产超过半年后恢复生产时；

——周期检查，每年一次；

——出厂检验结果与上次型式检验结果有较大差异时；

——国家有关主管部门提出型式检验要求时。

6.3.2 样本由提出检验的单位或委托第三方从企业出厂检验合格的产品中随机抽取，样品数量以满足全部测试项目要求为原则。

7 标识

7.1 自锁器上的永久标识应至少包括以下内容：

——产品合格标志；

——本标准号；

——产品名称、规格型号；

——生产单位名称；

——生产日期、有效期限；

——正确使用方向的标志；

——最大允许连接绳长度；

——所适合的导轨类型(材质、直径)。

7.2 导轨上的标识应至少包括以下内容：

——产品合格标志；

——本标准号；

——产品名称、规格型号；

——生产单位名称、地址；

——生产日期、有效期限；

——产品材质、直径。

7.3 每套自锁器应带有一份产品说明书，随产品到达使用者手中，应至少包括以下内容：

——产品的适用和不适用对象；

——生产单位的名称、地址、联系方式；

——正确安装、使用的方法(包括图示)及注意事项；

——运输、清洁、维护、贮存的方法及注意事项；

——定期检查的方法和部位；

——整体报废或更换零部件的条件或要求。

参 考 文 献

［1］ ISO 10333-4:2002 Personal fall-arrest systems—Part 4:Vertical rail and vertical lifelines incorporating a sliding-type fall arrester

［2］ EN 353-1:2002 Personal protective equipment against falls from a height—Part 1:Guided type fall arresters including a rigid anchor line

［3］ EN 353-2:2002 Personal protective equipment against falls from a height—Part 2:Guided type fall arresters including a flexible anchor line

［4］ EN 364:1993 Personal protective equipment against falls from a height—Test methods

ICS 13.340.99
C 73

中华人民共和国国家标准

GB/T 24538—2009

坠落防护　缓冲器

Personal fall protection equipment—Energy absorbers

(ISO 10333-2:2000,MOD)

2009-10-30 发布　　2010-09-01 实施

中华人民共和国国家质量监督检验检疫总局
中国国家标准化管理委员会　发布

前言

本标准由国家安全生产监督管理总局提出。

本标准由全国个体防护装备标准化技术委员会归口。

本标准负责起草单位：北京市劳动保护科学研究所。

本标准参加起草单位：梅思安(中国)安全设备有限公司。

本标准主要起草人：杨文芬、刘宏娟、臧兰兰、袁人煦、肖义庆、陈倬为、邓宝举、许超、孙佳伟。

坠落防护　缓冲器

1　范围

本标准规定了缓冲器的分类、技术要求、测试方法、检验规则及标识。

本标准适用于体重及负重之和不大于 100 kg 的人员高处作业、登高及悬吊作业中使用的缓冲器。

2　规范性引用文件

下列文件中的条款通过本标准的引用而成为本标准的条款。凡是注日期的引用文件，其随后所有的修改单(不包括勘误的内容)或修订版均不适用于本标准，然而，鼓励根据本标准达成协议的各方研究是否可使用这些文件的最新版本。凡是不注日期的引用文件，其最新版本适用于本标准。

GB/T 6096　安全带测试方法

GB/T 10125　人造气氛腐蚀试验　盐雾试验(GB/T 10125—1997,eqv ISO 9227:1990)

GB/T 12903　个体防护装备术语

GB 24543　坠落防护　安全绳

3　术语与定义

GB/T 12903 确立的以及下列术语和定义适用于本标准。

3.1

缓冲器　energy absorber

串联在系带和挂点之间，发生坠落时吸收部分冲击能量、降低冲击力的零部件。

3.2

永久变形　permanent extension

缓冲器展开前与展开后端点间的长度之差。

3.3

最大展开长度　length after deployment

缓冲器完全展开后端点间的直线距离。

3.4

端点间长度　pin centre length

在预张力作用下，缓冲器两端受力点间的直线距离，如图 1 所示。

端点间长度

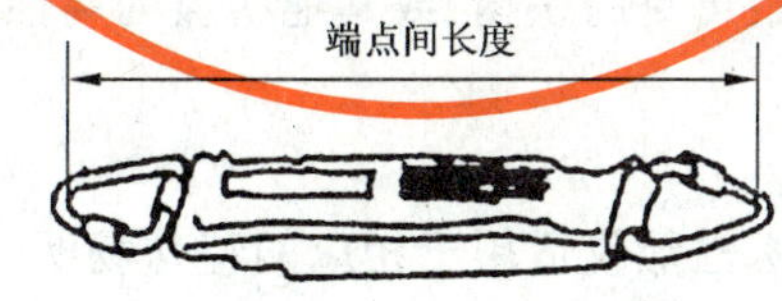

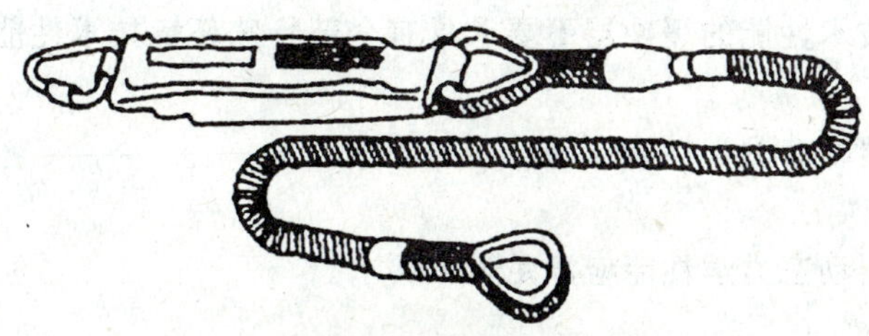

图 1　缓冲器端点间长度示意图

3.5

自由坠落距离 free-fall distance

从坠落发生到系统开始产生制动时的垂直距离。

3.6

制动力 arrest force

坠落过程中作用于坠落者的最大冲击力。

4 分类

缓冲器按自由坠落距离和制动力不同分为Ⅰ型缓冲器和Ⅱ型缓冲器，见表1。

表1 缓冲器分类表

类 型	自由坠落距离/m	制动力/kN
Ⅰ	≤1.8	≤4
Ⅱ	≤4	≤6

5 技术要求

5.1 一般要求

5.1.1 缓冲器应加保护套。

5.1.2 接近焊接、切割、热源等场所时，应对缓冲器进行隔热保护。

5.1.3 缓冲器端部环眼内应加保护垫层(套)或支架。

5.1.4 所有零部件应平滑，无材料和制造缺陷，无尖角或锋利边缘。

5.2 基本技术性能

5.2.1 静态力学性能

5.2.1.1 初始变形

按6.2测试，缓冲器变形不应大于40 mm。

5.2.1.2 静态负荷

按6.3测试，缓冲器应无破断。

5.2.2 动态力学性能

按6.4测试，缓冲器应满足：

a) Ⅰ型：制动力不应大于4 kN，永久变形不应大于1.2 m；

b) Ⅱ型：制动力不应大于6 kN，永久变形不应大于1.75 m。

5.2.3 耐腐蚀性能

按6.5测试，所有金属件上应无肉眼可见的铁锈、或其他明显的腐蚀痕迹，允许有白斑。

5.3 特殊环境技术性能

5.3.1 总则

5.3.1.1 产品标识声明的特殊环境技术性能仅适用于相应的特殊场所。

5.3.1.2 具有特殊环境技术性能的缓冲器还应具有本标准规定的一般要求和基本技术性能。

5.3.1.3 具有特殊环境技术性能的缓冲器不要求具有全部特殊环境技术性能或某种特定组合。

5.3.2 高温

按6.6.1测试，缓冲器动态力学性能应满足表2要求。

5.3.3 潮湿

按6.6.2测试，缓冲器动态力学性能应满足表2要求。

5.3.4 低温

按6.6.3测试，缓冲器动态力学性能应满足表2要求。

5.3.5 潮湿阴冷

按6.6.4测试，缓冲器动态力学性能应满足表2要求。

表2 缓冲器特殊环境技术性能要求

特殊环境	Ⅰ型		Ⅱ型	
	制动力/kN	永久变形/m	制动力/kN	永久变形/m
高温	≤4	≤1.2	≤6	≤1.75
潮湿	≤5			
低温	≤5			
潮湿阴冷	≤6			

6 测试方法

6.1 测试设备

6.1.1 测试绳

6.1.1.1 Ⅰ型缓冲器测试绳：钢丝绳式安全绳，在44 N预张力下长度为(2 400±25)mm，采用302不锈钢、直径为9.5 mm、7×19航空用钢丝绳，符合安全绳标准GB 24543。

6.1.1.2 Ⅱ型缓冲器测试绳：链式安全绳，悬垂状态下两端受力点间长度为(2 000±25)mm，链条直径不小于6 mm，符合安全绳标准GB 24543。

6.1.2 测试架

含刚性挂点的测试结构，挂点在承受20 kN力时，最大位移小于1 mm。

注：刚性挂点的高度应能保障动态力学性能测试过程中测试重物不接触地面。

6.1.3 静态力学性能测试装置

量程：小于50 kN；精度：1级。

6.1.4 释放装置

可与测试重物的吊环或连接器相连，确保释放测试重物时初速度为零。

6.1.5 测试重物

质量为(100±1)kg的钢(铁)圆柱体，公称直径为(200±10)mm，顶端中心有吊环。

6.1.6 制动力测试仪

测量范围：1.2 kN～20 kN；精度：±2 %；最小采样频率：1 kHz。

6.2 初始变形测试

6.2.1 单一缓冲器

测试步骤如下：

a) 悬垂状态下，末端挂5 kg重物，测量缓冲器端点间长度；
b) 将缓冲器安装在静态力学性能测试装置上；
c) 在两端受力点间加载2 kN，保持2 min；
d) 卸载，取下缓冲器，5 min后重复a)；
e) 计算两次测量结果之差，即初始变形，精确至1 mm。

6.2.2 与安全绳为一体的缓冲器

测试步骤如下：

a) 悬垂状态下，末端挂5 kg重物，测量缓冲器端点间长度；
b) 将缓冲器自由端、安全绳自由端分别与静态力学性能测试装置相连；
c) 在两端受力点间加载2 kN，保持2 min；

d) 卸载,取下安全绳和缓冲器,5 min 后重复 a);

e) 计算两次测量结果之差,即初始变形,精确至 1 mm。

6.2.3 与全身式安全带为一体的缓冲器

6.2.3.1 可接入连接器时

缓冲器与全身式安全带连接处可接入连接器时,安装连接器,按 6.2.1 测试缓冲器部分。

6.2.3.2 不能接入连接器时

测试步骤如下:

a) 悬垂状态下,末端挂 5 kg 重物,测量缓冲器端点间长度;

b) 将全身式安全带佩戴在模拟人身上,模拟人符合 GB/T 6096;

c) 将缓冲器自由端、模拟人下端吊环分别与静态力学性能测试装置相连;

d) 在两端受力点间加载 2 kN,保持 2 min;

e) 卸载,取下全身式安全带和缓冲器,5 min 后重复 a);

f) 计算两次测量结果之差,即初始变形,精确至 1 mm。

6.3 静态负荷测试

6.3.1 单一缓冲器

测试步骤如下:

a) 将缓冲器安装在静态力学性能测试装置上;

b) 施加拉力,确保缓冲器展开;

c) Ⅰ型缓冲器:3 min 内继续加载至 22 kN;Ⅱ型缓冲器:3 min 内继续加载至 15 kN;

d) 保持 3 min,观察缓冲器是否破断。

6.3.2 与安全绳为一体的缓冲器

测试步骤如下:

a) 将缓冲器自由端、安全绳自由端分别与静态力学性能测试装置相连;

b) 施加拉力,确保缓冲器展开;

c) Ⅰ型缓冲器:3 min 内继续加载至 22 kN;Ⅱ型缓冲器:3 min 内继续加载至 15 kN;

d) 保持 3 min,观察缓冲器是否破断。

6.3.3 与全身式安全带为一体的缓冲器

6.3.3.1 可接入连接器时

缓冲器与全身式安全带连接处可接入连接器时,安装连接器,按 6.3.1 测试缓冲器部分。

6.3.3.2 不能接入连接器时

测试步骤如下:

a) 将全身式安全带佩戴在模拟人身上,模拟人符合 GB/T 6096;

b) 将缓冲器自由端、模拟人下端吊环分别与静态力学性能测试装置相连;

c) 施加拉力,确保缓冲器展开;

d) Ⅰ型缓冲器:3 min 内继续加载至 22 kN;Ⅱ型缓冲器:3 min 内继续加载至 15 kN;

e) 保持 3 min,观察缓冲器是否破断。

6.4 动态力学性能测试

6.4.1 单一缓冲器

测试示意图如图 2 所示,测试步骤如下:

a) 将缓冲器一端连接至测试绳,另一端连接至测试架上的制动力测试仪;

b） 将测试绳的另一端与测试重物相连；

c） 将测试重物悬垂，测量 H_s；

d） 提升测试重物，使之高度为（H_s+H_F）；

e） 将测试重物与释放装置相连，W 不超过 300 mm；

f） 释放测试重物，测试并记录制动力值；

g） 测试重物静止后，测量 H_D；

h） 计算 H_s 与 H_D 之差，即缓冲器的永久变形。

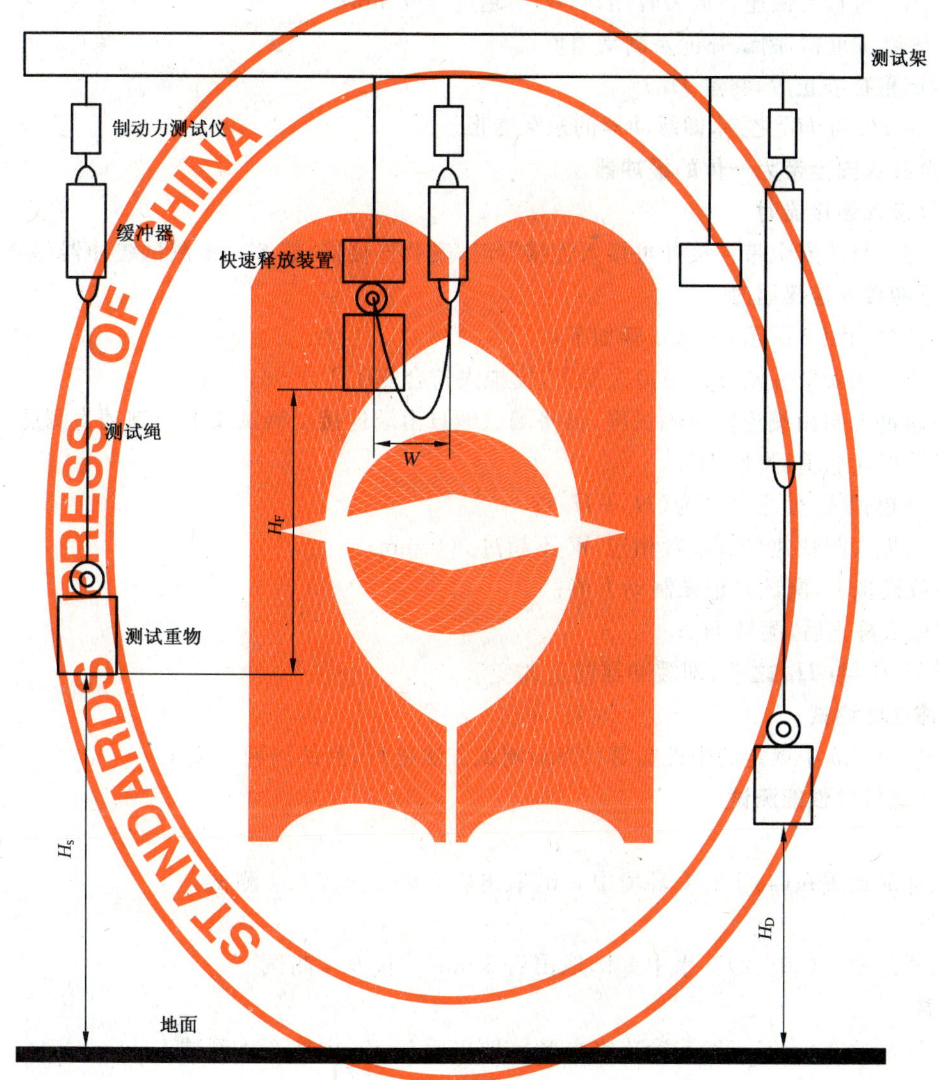

a）悬垂状态　　b）释放前状态　　c）坠落后状态

H_s——悬垂状态测试重物底部与地面之间距离；

H_F——缓冲器的最大自由坠落距离，Ⅰ型缓冲器：H_F＝1.8 m；Ⅱ型缓冲器：H_F＝4.0 m；

H_D——坠落后测试重物底部与地面之间距离；

W——释放前状态悬挂点到释放点的水平距离。

图 2　缓冲器动态力学性能测试示意图

6.4.2 与安全绳为一体的缓冲器

测试示意图如图2所示,测试步骤如下:

a) 将缓冲器自由端连接至测试架上的制动力测试仪;
b) 将安全绳自由端连接至测试重物;
c) 将测试重物悬垂,测量 H_s;
d) 提升测试重物,使之高度为(H_s+H_F),若安全绳长度达不到 H_F,则调整至其能达到的最大高度;
e) 将测试重物与快速释放装置相连,W 不超过 300 mm;
f) 释放测试重物,测试并记录制动力值;
g) 测试重物静止后,测量 H_D;
h) 计算 H_s 与 H_D 之差,即缓冲器的永久变形。

6.4.3 与全身式安全带为一体的缓冲器

6.4.3.1 可接入连接器时

缓冲器与全身式安全带连接处可接入连接器时,安装连接器,按6.4.1测试缓冲器部分。

6.4.3.2 不能接入连接器时

测试示意图如图2所示,测试步骤如下:

a) 将全身式安全带佩戴在模拟人身上,模拟人符合GB/T 6096;
b) 将缓冲器自由端连接至测试绳,再将测试绳自由端连接至测试架上的制动力测试仪;
c) 将模拟人悬垂,测量 H_s;
d) 提升模拟人,使之高度为(H_s+H_F);
e) 将模拟人与快速释放装置相连,W 不超过 300 mm;
f) 释放模拟人,测试并记录制动力值;
j) 模拟人静止后,测量 H_D;
g) 计算 H_s 与 H_D 之差,即缓冲器的永久变形。

6.5 耐腐蚀性能测试

按GB/T 10125中规定的中性盐雾(NSS)测试方法进行,测试周期为2 d。

6.6 特殊环境技术性能测试

6.6.1 高温

将测试样品放置在(45±2)℃环境中8 h,取出后5 min内按6.4测试。

6.6.2 潮湿

将测试样品浸入(20±2)℃水中8 h,取出后5 min内按6.4测试。

6.6.3 低温

将测试样品放在(−35±2)℃冷冻室中8 h,取出后5 min内按6.4测试。

6.6.4 潮湿阴冷

将测试样品浸入(20±2)℃水中8 h,取出后放置15 min,再把样品放在(−35±2)℃冷冻室中8 h,取出后5 min内按6.4测试。

7 检验规则

7.1 检验类别

检验类别分为出厂检验和型式检验。

7.2 出厂检验

生产企业应对所生产的产品批次逐批进行出厂检验,检验项目、单项检验样本大小、不合格分类、判定数组见表3。

表 3 出厂检验要求

<table>
<tr><th rowspan="2">检验项目</th><th rowspan="2">批量范围</th><th rowspan="2">单项检验样本大小</th><th rowspan="2">不合格分类</th><th colspan="2">单项判定数组</th></tr>
<tr><th>合格判定数</th><th>不合格判定数</th></tr>
<tr><td rowspan="3">静态力学性能
动态力学性能
耐腐蚀性能
特殊环境技术性能</td><td><500</td><td>3</td><td rowspan="3">A</td><td rowspan="3">0</td><td rowspan="3">1</td></tr>
<tr><td>501～5 000</td><td>5</td></tr>
<tr><td>≥5 001</td><td>8</td></tr>
<tr><td rowspan="3">一般要求</td><td><500</td><td>3</td><td rowspan="3">B</td><td rowspan="3">1</td><td rowspan="3">2</td></tr>
<tr><td>501～5 000</td><td>5</td></tr>
<tr><td>≥5 001</td><td>8</td></tr>
</table>

7.3 型式检验

7.3.1 有下列情况时需进行型式检验：

a) 新产品鉴定或老产品转厂生产的试制定型鉴定；

b) 正式生产后，当原材料、生产工艺、产品结构型式等发生较大变化，可能影响产品性能时；

c) 停产超过半年后恢复生产时；

d) 周期检查，每年一次；

e) 出厂检验结果与上次型式检验结果有较大差异时；

f) 国家有关主管部门提出型式检验要求时。

7.3.2 样本由提出检验的单位或委托第三方从企业出厂检验合格的产品中随机抽取，样品数量以满足全部测试项目要求为原则。

8 标识

8.1 永久标识

缓冲器上的永久标识应至少包括以下内容：

a) 产品名称；

b) 本标准号；

c) 产品类型（Ⅰ型、Ⅱ型）；

d) 最大展开长度；

e) 制造厂名、厂址；

f) 产品合格标志；

g) 生产日期（年、月）、有效期；

h) 法律法规要求标注的其他内容。

8.2 产品说明

每件缓冲器应带有一份产品说明书，应至少包括以下内容：

a) 缓冲器的适用对象；

b) 制造厂名及联系方式；

c) 产品用途和限制声明，包括Ⅰ型或Ⅱ型缓冲器允许的最大自由坠落距离和最大制动力；

d) 特殊环境技术性能说明；

e) 与其他设备的连接方法；

f) 对可能影响产品性能的使用环境的说明；

g) 贮藏、清洁或洗涤说明；

h) 设备的检查方法、周期及报废条件；

i) 法律法规要求的其他需要说明的内容。

参 考 文 献

[1] ISO 10333-2:2000 Personal fall-arrest systems—Lanyards and energy absorbers

[2] EN 355:2002 Personal protective equipment against falls from a height—Energy absorbers

[3] EN 364:1993 Personal protective equipment against falls from a height—Test methods

ICS 13.340.10
C 73

中华人民共和国国家标准

GB 24539—2009

防护服装　化学防护服通用技术要求

Protective clothing—Performance requirements of chemical protective clothing

(ISO 16602:2002 Protective clothing for protection against chemicals—Classification,labelling and performance requirements,NEQ)

2009-10-30 发布　　2010-09-01 实施

中华人民共和国国家质量监督检验检疫总局
中国国家标准化管理委员会　发布

前　言

本标准全部技术内容为强制性。

本标准对应于ISO 16602:2002《化学防护服　分类、标志及性能要求》(英文版)。

本标准与ISO 16602:2002的一致性程度为非等效,主要差异如下:

——修改原文中的前言和引言部分;

——修改规范性引用文件;

——修改原文中"3　术语和定义"部分;

——修改原文中化学防护服分类;

——修改原文中"5.4　气密性"和"5.5　向内泄露测试方法";

——删除原文中"5.8　粉尘气溶胶向内泄露测试要求";

——增加颗粒物防护服面料耐固体颗粒物穿透性能测试要求;

——删除原文中"5.11～5.18";

——修改原文中"6.5　抗渗透性能","6.6　液体耐压穿透性能"中需要测试化学防护服种类和测试化学品数目的要求;

——修改原文中抗渗透性能标准透过时间测试终点判据为一种;

——增加颗粒物防护服耐静水压要求;

——删除原文中"6.16　阻燃要求";

——增加耐高温、低温性能要求;

——删除原文中"7.6.3～7.6.5";

——修改原文中"8　标识"为"7　标识";

——删除原文中"9　使用指导"及"10　产品技术信息"。

本标准的附录A、附录B、附录C、附录D、附录E、附录F和附录G为规范性附录。

本标准由国家安全生产监督管理总局提出。

本标准由全国个体防护装备标准化技术委员会归口并解释。

本标准起草单位:中国人民解放军防化研究院,中国安全生产科学研究院,杜邦中国集团有限公司,北京市劳动保护科学研究所,北京邦维高科特种纺织品有限责任公司。

本标准主要起草人:刘江歌、金郡潮、丁松涛、赵阳、李护彬、霍晓兵、杨光、李双会、房鹤、罗穆夏。

引　言

从业人员在作业场所及应急救援工作中可能接触有毒有害化学物质，从而对人体造成急性或慢性伤害。为了减少或隔绝此类伤害，相关人员应根据危害程度穿着不同类型和等级的化学防护服，同时佩带其他必需的个体防护装备。化学防护服的生产企业有责任根据本标准的指导对所生产的化学防护服产品进行测试、分类。由于本标准无法涵盖所有化学物质的数据，生产者有义务向使用者提供化学防护服对特定化学物质的防护性能数据。使用者有责任自行评估并选择合适的化学防护服装。

防护服装　化学防护服通用技术要求

1　范围

本标准规定了化学防护服的分类、分级和标识，确立了化学防护服基本技术要求和试验方法。

本标准适用于从业人员在作业场所及应急救援工作中所需要的化学防护服。

本标准不适用于消防等场合使用的化学防护服。

本标准不专门提出手套、防护靴/鞋、防护面具、视窗、安全眼镜以及呼吸装置等个体防护装备的性能指标要求，除非该防护装备属于防护服整体的一部分，并提供相应的化学防护性能。

注：本标准所涉及的防护对象包括气态、液态、固态化学物质。本标准对化学防护服按其应用场合和防护对象进行了分类，并对各个级别防护服防护性能的基本要求及测试方法进行了规范。

2　规范性引用文件

下列文件中的条款通过本标准的引用而成为本标准的条款。凡是注日期的引用文件，其随后所有的修改单(不包括勘误的内容)或修订版均不适用于本标准，然而，鼓励根据本标准达成协议的各方研究是否可使用这些文件的最新版本。凡是不注日期的引用文件，其最新版本适用于本标准。

GB 2626—2006　呼吸防护用品　自吸过滤式防颗粒物呼吸器

GB/T 3820　纺织品和纺织制品厚度的测定(GB/T 3820—1997，eqv ISO 5084:1996)

GB/T 3917.3　纺织品　织物撕破性能　第3部分:梯形试样撕破强力的测定(GB/T 3917.3—1997，eqv ISO 9073-4:1989)

GB/T 3923.1　纺织品　织物拉伸性能　第1部分:断裂强力和断裂伸长率的测定　条样法(GB/T 3923.1—1997，neq ISO/DIS 13934-1:1994)

GB/T 4669　纺织品　机织物　单位长度质量和单位面积质量的测定(GB/T 4669—2008，ISO 3801:1977，MOD)

GB/T 4744　纺织织物　抗渗水性测定　静水压试验(GB/T 4744—1997，eqv ISO 811:1981)

GB/T 12586—2003　橡胶或塑料涂覆织物　耐屈挠破坏性的测定(ISO 7854:1995，IDT)

GB/T 13773.1　纺织品　织物及其制品的接缝拉伸性能　第1部分:条样法接缝强力的测定(GB/T 13773.1—2008，ISO 13935-1:1999，IDT)

GB/T 20655　防护服装　机械性能　抗刺穿性的测定(GB/T 20655—2006，ISO 13996:1999，IDT)

GB/T 21196.2　纺织品　马丁代尔法织物耐磨性的测定　第2部分:试样破损的测定(GB/T 21196.2—2007，ISO 12947-2:1998，MOD)

GB/T 21294—2007　服装理化性能的检验方法

GB/T 23462　防护服装　化学物质渗透试验方法

3　术语和定义

下列术语和定义适用于本标准。

3.1

化学防护服　chemical protective clothing

用于防护化学物质对人体伤害的服装。

注：该服装可覆盖整个或绝大部分人体，至少可提供对躯干、手臂和腿部的防护。化学防护服允许是多件具有防护功能服装的组合，也可和其他的防护装备匹配使用。

3.2

全包覆式化学防护服　fully encapsulated clothing

可完全覆盖穿着者和呼吸装备并且能够提供气密和/或液密防护的服装。

3.3

非全包覆式化学防护服　non-encapsulated clothing

提供对绝大部分人体(至少包括躯干、手臂和腿部)防护的服装。无需覆盖穿着者使用的呼吸装备。包括分为连体式防护服和分体式防护服。

3.4

有限次使用化学防护服　limited use protective clothing

对服装面料强度和耐磨性要求较低,仅一次性使用或者在服装未受污染前有限次数使用的防护服。

3.5

多次性使用化学防护服　reusable protective clothing

对服装面料强度和耐磨性要求较高,在使用后进行必要的洗消处理并经过评估后依然可提供有效防护的防护服。

3.6

应急救援响应队伍　emergency response team

ET

应急救援工作中作业人员所需要的化学防护服类型。

3.7

气密型化学防护服-ET　gas-tight protective ensembles for emergency response team

应急救援工作中作业人员所需的带有头罩、视窗和手足部防护的,为穿着者提供对气态、液态和固态有毒有害化学物质防护的单件化学防护服类型。

注1:气密型化学防护服-ET应配置自给式呼吸器或长管式呼吸器。

注2:气密型化学防护服-ET应满足气密性检测的要求。

3.8

非气密型化学防护服-ET　non-gas-tight protective ensembles for emergency response team

应急救援工作中作业人员所需要的,带有头罩、视窗、手部足部防护的,为穿着者提供对液态和固态有毒有害化学物质防护的单件化学防护服类型。

注:非气密型化学防护服-ET应配置自给式呼吸器或长管式呼吸器。

3.9

液密型化学防护服　liquid tight protective clothing

防护液态化学物质的防护服。

3.10

喷射液密型化学防护服　liquid jet tight protective clothing

防护具有较高压力液态化学物质的防护服。

3.11

泼溅液密型化学防护服　liquid spray tight protective clothing

防护具有较低压力或者无压力液态化学物质的防护服。

3.12

颗粒物防护服　particle tight protective clothing

防护散布在作业场所环境中颗粒物的防护服。

3.13

面料　material

提供防护性能的化学防护服单层材料或多层材料的组合。

3.14

渗透 permeation

化学物质分子透过防护材料的过程，即化学物质分子被材料吸附、在材料内的扩散以及从材料另一面析出过程。

3.15

穿透 penetration

化学物质通过多孔的材料、接缝、针孔或者其他瑕疵透过防护材料的过程。

3.16

标准沾污面积 calibrated stain

将一定量的特定测试溶液滴到测试用指示服表面所形成的最小显色面积。

4 分类和代号

根据防护对象和整体防护性能按表1分类。

表1 分类及代号

化学防护服分类	气密型化学防护服-ET	非气密型化学防护服-ET	液密型化学防护服			颗粒物防护服
			喷射液密型化学防护服	喷射液密型化学防护服-ET	泼溅液密型化学防护服	
类别代号	1-ET	2-ET	3a	3a-ET	3b	4

5 技术要求

5.1 总则

5.1.1 化学防护服所采用的材料和其他组成部分的材料应无皮肤刺激性或其他有害健康的效应。

5.1.2 化学防护服应在保证防护性的前提下充分考虑化学防护服舒适性。应在充分考虑和考核材料透气性、湿热阻等性能的基础上来评价面料的舒适性，在保证材料强度和化学防护服防护性能的前提下，尽量采用单位面积质量小的材料。

5.1.3 化学防护服结构设计应充分考虑与其他必要个体防护装备的兼容性和配套性。

5.2 设计要求

5.2.1 气密型化学防护服-ET

气密型化学防护服设计应：

a) 采用全包覆式化学防护服设计，即能够提供对穿着者躯干、头部、眼面部、手臂、手部、腿部和脚的整体防护；

b) 通过自携式或其他外部供气装置给人员提供呼吸用清洁气源；

c) 安装2个以上单向排气阀，要求从化学防护服内部向环境排气时，能完全阻止外部气体逆向流入；

d) 在眼面部设计具有化学防护功能的透明视窗，以满足穿着人员的观察需求；

e) 允许在化学防护服装外面另行穿着/佩戴防护服、防护手套和/或防护靴/鞋，以满足化学防护服所有性能要求。所有组合的各部分及其各层材料应视为化学防护服整体进行测试。

5.2.2 非气密型化学防护服-ET

非气密型化学防护服-ET设计应：

a) 至少能提供对穿着者躯干、头部、眼面部、手臂和腿部的防护，也可采用全包覆式化学防护服设计；

b) 允许通过另外佩戴化学防护手套和/或化学防护靴/鞋为手部和脚部提供化学防护。化学防护手套提供的防护范围应在手腕部以上 25 mm,化学防护靴/鞋提供的防护范围应大于鞋底以上 200 mm;

c) 通过自给式或其他外部供气装置给人员提供呼吸用清洁气源;

d) 在眼面部设计具有化学防护功能的透明视窗,以满足穿着人员观察的需求;

e) 允许通过在化学防护服外面另行穿着/佩戴防护服、防护手套和/或防护靴/鞋以满足化学防护服所有性能要求。所有组合的各部分及其各层材料应视为化学防护服整体进行测试。

5.2.3 喷射液密型化学防护服和喷射液密型化学防护服-ET

喷射液密型化学防护服和喷射液密型化学防护服-ET 设计应:

a) 应至少提供对穿着者躯干、头部、手臂和腿部的防护;

b) 化学防护服面料应满足化学物质穿透和渗透性能要求;

c) 化学防护服应通过液密喷射试验。

5.2.4 泼溅液密型化学防护服

泼溅液密型化学防护服设计应:

a) 应至少提供对穿着者躯干、头部、手臂和腿部的防护;

b) 化学防护服面料应满足化学物质穿透和渗透性能要求;

c) 化学防护服应通过液密泼溅试验。

5.2.5 颗粒物防护服

颗粒物防护服设计应:

a) 应至少提供对穿着者躯干、头部、手臂和腿部的防护;

b) 防护服面料应满足防止颗粒物穿透的要求。

5.3 性能要求

5.3.1 总则

5.3.1.1 所有化学防护服的服装及其面料应按表 2 中所列项目评估。

5.3.1.2 作为气密型化学防护服-ET 和非气密型化学防护服-ET 整体防护一部分的化学防护手套、化学防护视窗和化学防护靴/鞋,若提供化学防护的材料和防护服面料不同,应按表 3 中所列项目评估。

5.3.1.3 化学防护服接缝性能应按表 4 中所列项目评估。

注:若无特别说明,所有测试项目的性能指标应不低于 1 级。对于某些化学防护服的某些项目的性能要求高于 1 级的,以该项目下性能要求的级别为准。

表 2 整体性能及面料评估项目

性能	测试项目	化学防护服类别					
		气密型化学防护服-ET	非气密型化学防护服-ET	液密型化学防护服			颗粒物防护服
				喷射液密型化学防护服	喷射液密型化学防护服-ET	泼溅液密型化学防护服	
类别代号		1-ET	2-ET	3a	3a-ET	3b	4
化学防护服整体防护性能	气密性	√					
	液体泄漏性能	√	√				
	液密喷射			√	√		
	液密泼溅			√	√	√	

表 2（续）

性能	测试项目	化学防护服类别					
		气密型化学防护服-ET	非气密型化学防护服-ET	液密型化学防护服			颗粒物防护服
				喷射液密型化学防护服	喷射液密型化学防护服-ET	泼溅液密型化学防护服	
面料化学防护性能	渗透性能	√	√	√	√	√	
	液体耐压穿透性能	√	√	√	√		
	拒液性能					√	
	耐静水压性能						√
	耐固体颗粒物穿透性能						√
面料物理防护性能	耐磨损性能	√	√	√	√	√	√
	耐屈挠破坏性能	√	√	√	√	√	√
	撕破强力	√	√	√	√	√	√
	断裂强力	√	√	√	√	√	√
	抗刺穿性能	√	√	√	√	√	√
	耐低温耐高温性能	√	√	√	√	√	√

表 3　防护视窗、化学防护手套和化学防护靴/鞋材料评估项目

性能	性能测试项目	化学防护服类别					
		气密型化学防护服-ET	非气密型化学防护服-ET	液密型化学防护服			颗粒物防护服
				喷射液密型化学防护服	喷射液密型化学防护服-ET	泼溅液密型化学防护服	
类别代号		1-ET	2-ET	3a	3a-ET	3b	4
化学防护视窗	渗透性能	√	√				
	抗刺穿性能	√	√				
化学防护手套	渗透性能	√	√				
	液体耐压穿透性能	√	√				
化学防护靴/鞋	渗透性能	√	√				
	液体耐压穿透性能	√	√				

表 4 接缝性能评估项目

性能	性能测试项目	化学防护服类别					
		气密型化学防护服-ET	非气密型化学防护服-ET	液密型化学防护服			颗粒物防护服
				喷射液密型化学防护服	喷射液密型化学防护服-ET	泼溅液密型化学防护服	
类别代号		1-ET	2-ET	3a	3a-ET	3b	4
接缝性能	渗透性能	√	√	√	√		
	液体耐压穿透性能	√	√	√	√	√	
	接缝强力	√	√	√	√	√	√

5.3.2 整体防护性能

5.3.2.1 整体气密性

按 6.1 的规定，进行气密型化学防护服-ET 整体气密性测试。测试结束时，化学防护服内压力应不低于测试压力的 80%。

5.3.2.2 液体泄漏性能

按 6.2 的规定，进行气密型化学防护服-ET 和非气密型化学防护服-ET 的整体液体泄漏性能测试。气密型化学防护服经测试溶液喷射 1 h 后应无渗漏；非气密型化学防护服-ET 经测试溶液喷射 20 min 后应无渗漏。

5.3.2.3 液密喷射

按 6.3 的规定，进行喷射液密型化学防护服和喷射液密型化学防护服-ET 整体液密喷射性能测试，指示服上穿透液体形成的沾污面积应小于 3 倍的标准沾污面积。

5.3.2.4 液密泼溅

按 6.4 的规定，进行喷射液密型化学防护服、喷射液密型化学防护服-ET 和泼溅液密型化学防护服整体液密泼溅性能测试，指示服上穿透液体形成的沾污面积应小于 3 倍的标准沾污面积。

5.3.3 面料的化学防护性能

5.3.3.1 渗透性能

按 6.5 的规定，选择表 5 所列化学物质进行渗透性能测试。根据化学物质对面料的标准透过时间测试结果的最小值按表 6 分级、标识。具体要求如下：

a) 气密型化学防护服-ET 应至少选择表 5 中 15 种化学物质进行测试，渗透性能应不低于 3 级；
b) 非气密型化学防护服-ET 的面料应至少选择表 5 中 12 种液态化学物质进行测试，渗透性能应不低于 3 级；
c) 喷射液密型化学防护服和喷射液密型化学防护服-ET 的面料应至少选择表 5 中 1 种液态化学物质进行测试，渗透性能应不低于 3 级；
d) 泼溅液密型化学防护服的面料应至少选择表 5 中 1 种液态化学物质进行测试，渗透性能应不低于 1 级；
e) 除要求测试的化学物质外，生产商应提供化学防护服所标明防护的化学物质的渗透性能数据。

表 5 渗透性能测试用化学物质

化学物质			CAS	物理状态
1	丙酮	Acetone	67-64-1	液态
2	乙腈	Acetonitrile	75-05-8	液态
3	二硫化碳	Carbon disulfide	75-15-0	液态
4	二氯甲烷	Dichloromethane	75-09-02	液态
5	二乙胺	Diethylamine	109-89-7	液态
6	乙酸乙酯	Ethyl acetate	141-78-6	液态
7	正己烷	n-Hexane	110-54-3	液态
8	甲醇	Methanol	67-56-1	液态
9	氢氧化钠(质量分数 30%)	Sodium hydroxide,30%	1310-73-2	液态
10	硫酸(质量分数 96%)	Sulfuric acid,96%	7664-93-9	液态
11	四氢呋喃	Tetrahydrofuran	109-99-9	液态
12	甲苯	Toluene	108-88-3	液态
13	氨气(体积分数 99.9%)	Ammonia gas	7664-41-7	气态
14	氯气(体积分数 99.5%)	Chlorine gas	7782-50-5	气态
15	氯化氢	Hydrogen chloride gas	7647-01-0	气态

表 6 渗透性能分级

级别	标准透过时间/min
1	>10
2	>30
3	>60
4	>120
5	>240
6	>480

5.3.3.2 液体耐压穿透性能

按 6.6 的规定,气密型化学防护服-ET、非气密型化学防护服-ET、喷射液密型化学防护服-ET 和喷射液密型化学防护服面料应至少选择表 5 所列的 3 种化学物质进行液体耐压穿透性能测试。根据液体穿透压力测试结果最低值按表 7 分级;面料的耐压穿透性能应不低于 1 级。

表 7 液体耐压穿透性能分级

级别	液体穿透压力值/kPa
1	>3.5
2	>7
3	>14
4	>21
5	>28
6	>35

5.3.3.3 拒液性能

按6.7的规定，进行泼溅液密型化学防护服面料拒液性能测试。应至少选择表8中1种化学物质进行拒液性能测试。根据其拒液指数和穿透指数测试结果最小值，按表9分级、标识；面料拒液性能应不低于1级。

表8 拒液性能测试用化学物质

化学物质	浓度
硫酸	30%(质量分数)
氢氧化钠	10%(质量分数)
正丁醇	分析纯
二甲苯	分析纯

表9 拒液和液体穿透性能分级

级别	拒液指数	穿透指数
1	>80%	<10%
2	>90%	<5%
3	>95%	<1%

5.3.3.4 耐静水压性能

颗粒物防护服的耐静水压性能要求如下：

a) 按6.8的规定，进行颗粒物防护服面料耐静水压性能测试。根据耐静水压测试结果最低值按表10分级、标识，面料耐静水压性能应不低于1级；

b) 按照GB/T 21196.2的规定对颗粒物防护服的面料预处理；磨料采用标准羊毛布，压力为9 kPa，样品经过100次循环摩擦处理后，按6.8的规定进行耐静水压性能测试，耐静水压下降应不大于50%。

表10 耐静水压性能分级

级别	静水压/kPa
1	>1.0
2	>2.0
3	>5.0
4	>10.0
5	>20.0
6	>50.0

5.3.3.5 耐固体颗粒物穿透性能

按6.9的规定，进行颗粒物防护服面料耐固体颗粒物穿透性能测试。面料对非油性颗粒物的过滤效率应不小于70%。

5.3.4 面料的物理防护性能

5.3.4.1 耐磨损性能

按6.10的规定，进行面料耐磨损性能测试。测试压力9 kPa，根据面料损坏所需循环次数测试结果按照表11分级、标识。面料的耐磨损性能要求如下：

a) 气密型化学防护服-ET、非气密型化学防护服-ET、喷射液密型化学防护服和喷射液密型化学防护服-ET，耐磨损性能应不低于3级；

b) 泼溅液密型化学防护服、颗粒物防护服,耐磨损性能应不低于1级。

表 11 耐磨损性能分级

级别	产生损坏所需循环次数
1	＞10
2	＞100
3	＞500
4	＞1 000
5	＞1 500
6	＞2 000

5.3.4.2 耐屈挠破坏性能

按6.11的规定,进行面料耐屈挠破坏性能测试。根据屈挠破坏循环次数测试结果平均值按表12分级、标识。面料的耐屈挠破坏性能要求如下:

a) 多次性使用的气密型和非气密型化学防护服-ET面料耐屈挠破坏性能均应不低于4级;

b) 其他类别化学防护服面料耐屈挠破坏性能应不低于1级。

表 12 耐屈挠破坏性能分级

级别	循环次数
1	＞1 000
2	＞2 500
3	＞5 000
4	＞15 000
5	＞40 000
6	＞100 000

5.3.4.3 撕破强力

按6.12的规定,进行面料撕破强力测试。根据面料撕破强力测试结果最小值按表13分级、标识。面料的撕破强力要求如下:

a) 气密型化学防护服-ET和非气密型化学防护服-ET,面料撕破强力应不低于3级;

b) 喷射液密型化学防护服、喷射液密型化学防护服-ET、泼溅液密型化学防护服、颗粒物防护服,面料撕破强力应不低于1级。

表 13 撕破强力分级

级别	撕破强力/N
1	＞10
2	＞20
3	＞40
4	＞60
5	＞100
6	＞150

5.3.4.4 断裂强力

按6.13的规定,进行面料化学防护服面料的断裂强力测试。根据面料测试结果断裂强力的平均值按表14分级、标识。面料的断裂强力要求如下:

a) 有限次使用的气密型化学防护服-ET 和非气密型化学防护服-ET,面料断裂强力应不低于3级;

b) 多次性使用的气密型化学防护服-ET 和非气密型化学防护服-ET,面料断裂强力应不低于4级;

c) 喷射液密型化学防护服、喷射液密型化学防护服-ET、泼溅液密型化学防护服、颗粒物防护服,面料断裂强力应不低于1级。

表 14 断裂强力分级

级别	断裂强力/N
1	30
2	60
3	100
4	250
5	500
6	1 000

5.3.4.5 抗刺穿性能

按6.14的规定,进行面料抗刺穿性能规定测试。根据面料抗刺穿强力测试结果平均值按表15分级、标识。面料的抗刺穿性能要求如下:

a) 气密型化学防护服-ET,面料抗刺穿强力应不低于3级;

b) 非气密型化学防护服-ET,面料抗刺穿强力应不低于2级;

c) 喷射液密型化学防护服、喷射液密型化学防护服-ET、泼溅液密型化学防护服、颗粒物防护服,面料抗刺穿强力应不低于1级。

表 15 抗刺穿性能分级

级别	抗刺穿强力/N
1	＞5
2	＞10
3	＞50
4	＞100
5	＞150
6	＞250

5.3.4.6 耐高温耐低温性能

按6.15规定,面料经过70 ℃或−40 ℃预处理8 h后,面料断裂强力下降应不大于30%。

5.3.5 防护视窗、化学防护手套和化学防护靴/鞋材料性能要求

5.3.5.1 防护视窗

5.3.5.1.1 渗透性能

视窗材料渗透性能的测试、分级应符合5.3.3.1的要求。

气密型化学防护服-ET 的视窗材料应至少选择表5中15种化学物质进行测试,渗透性能应不低于3级;非气密型化学防护服-ET 的视窗材料应至少选择表5中12种液态化学物质进行测试,渗透性能应不低于3级。

5.3.5.1.2 抗刺穿性能

视窗材料抗刺穿性能的测试、分级应符合5.3.4.5的要求。

气密型化学防护服-ET 的视窗材料的抗刺穿性能应不低于 3 级;非气密型化学防护服-ET 的视窗材料的抗刺穿性能应不低于 2 级。

5.3.5.2 化学防护手套、化学防护靴/鞋

5.3.5.2.1 化学防护手套、化学防护靴/鞋材料的渗透性能

防护手套和防护靴/鞋材料的渗透性能的测试、分级应符合 5.3.3.1 的要求。

气密型化学防护服-ET 的防护手套、防护鞋/靴材料,应选择表 5 中 15 种化学物质进行测试,渗透性能应不低于 3 级;非气密型化学防护服-ET 的防护手套、防护鞋/靴材料,应选择表 5 中 12 种液态化学物质进行测试,渗透性能应不低于 3 级。

5.3.5.2.2 化学防护手套、化学防护靴/鞋材料的液体耐压穿透性能

防护手套、防护靴/鞋材料的液体耐压穿透性能的测试、分级应符合 5.3.3.2 的要求。

气密型化学防护服-ET 和非气密型化学防护服-ET 的化学防护手套材料和化学防护靴/鞋材料,应选择表 5 中 3 种液态化学物质进行测试,液体耐压穿透性能应不低于 1 级。

5.3.6 接缝性能的要求

5.3.6.1 渗透性能

化学防护服接缝渗透性能的测试、分级应符合 5.3.3.1 的要求。

气密型化学防护服-ET 的接缝,应选择表 5 中 15 种化学物质进行测试,渗透性能应不低于 3 级;非气密型化学防护服-ET 的接缝,应选择表 5 中 12 种液态化学物质进行测试,渗透性能应不低于 3 级;喷射液密型化学防护服-ET 的接缝,应至少选择表 5 中 1 种液态化学物质进行测试,渗透性能应不低于 3 级。

5.3.6.2 液体耐压穿透性能

防护接缝液体耐压穿透性能的测试、分级应符合 5.3.3.2 的要求。

气密型化学防护服-ET、非气密型化学防护服-ET 的接缝,应至少选择表 5 中 3 种液态化学物质进行测试,液体耐压穿透性能应不低于 1 级;喷射液密型化学防护服、喷射液密型化学防护服-ET 和泼溅液密型化学防护服应至少选择表 5 中 1 种液态化学物质进行测试,液体耐压穿透性能应不低于 1 级。

5.3.6.3 接缝强力

按 6.16 的规定,进行化学防护服接缝强力测试,并按表 16 进行分级。

气密型化学防护服-ET 和非气密型化学防护服-ET,接缝强力应不低于 5 级。喷射液密型化学防护服、喷射液密型化学防护服-ET、泼溅液密型化学防护服、颗粒物防护服,接缝强力应不低于 1 级。

表 16 接缝强力分级

级别	接缝强力/N
1	>30
2	>50
3	>75
4	>125
5	>300
6	>500

6 试验方法

6.1 整体气密性测试

按附录 A 的规定进行。

6.2 液体泄漏性能测试

按附录 B 的规定进行。

6.3　液密喷射性能测试

按附录C方法1的规定进行。

6.4　液密泼溅性能测试

按附录C方法2的规定进行。

6.5　渗透性能测试

按GB/T 23462的规定进行。

6.6　液体耐压穿透性能测试

按附录D的规定进行。

6.7　拒液性能测试

按附录E的规定进行。

6.8　耐静水压性能测试

按GB/T 4744的规定进行。

6.9　耐固体颗粒物穿透性能测试

对于不透气材料，不进行该项测试；对于透气材料，参照GB 2626—2006的6.3中NaCl颗粒物过滤效率检测方法进行测试，其中检测流量修改为(15±2)L/min。

6.10　耐磨损性能测试

按GB/T 21196.2的规定进行，砂纸要求参见附录F。

6.11　耐屈挠破坏性能的测定

按GB/T 12586—2003的第4章方法B的规定进行。

6.12　撕破强力测试

按GB/T 3917.3的规定进行。

6.13　断裂强力测试

按GB/T 3923.1条样法的规定进行。

6.14　抗刺穿性能测试

按GB/T 20655的规定进行。

6.15　耐低温耐高温性能测试

将试样按附录G的规定处理8 h之后，在5 min之内按GB/T 3923.1的规定完成断裂强力测试，经纬向各取5个试样，以测试结果的平均值作为试样该方向的最终测试结果。

按式(1)计算材料经过低温或高温处理后，断裂强力的下降率，精确到小数点后一位。

$$R = \frac{F_0 - F_1}{F_0} \times 100\% \qquad \cdots\cdots(1)$$

式中：

R——经低温或高温处理后断裂强力的下降率，%；

F_0——未经低温或高温处理的面料经向或纬向断裂强力平均值，单位为牛(N)；

F_1——经低温或高温处理的面料经向或纬向断裂强力平均值，单位为牛(N)。

6.16　接缝强力测试

按GB/T 13773.1的规定进行，取样部位符合GB/T 21294—2007中5.1的要求。

7　标识

7.1　永久标识

化学防护服上应有产品名称、产品类别代号、生产日期、制造厂名、号型规格、表5中的测试物质的级别。

7.2　合格证

合格证内容应至少包括产品名称、生产日期、号型规格、厂名和厂址。

7.3 包装

化学防护服及其独立的外包装上，应有产品名称、商标、产品类别代号、号型规格。

7.4 说明书

化学防护服的独立包装中均应有产品说明书，产品说明书应至少包括：

a) 使用限制；

b) 产品类型和主要性能级别，应包括测试化学物质渗透性能数据；

c) 号型；

d) 有效期；

e) 使用前检查程序；

f) 保养和维护信息；

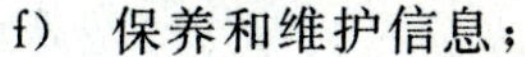

g) 失效和弃置建议。

附 录 A
（规范性附录）
气密型化学防护服气密性测试方法

A.1 范围

本附录规定了气密型化学防护服整体气密性的测试方法。

A.2 原理

对气密性化学防护服充气后，经过一定时间后通过检查服装内压力的下降情况，判定其气密性。

A.3 测试装置

A.3.1 气密性测试装置及连接示意图，如图 A.1 所示，包括：

a) 气泵，最大压力不小于 100 kPa；

b) 压缩空气胶管；

c) 压力表，精度为 10 Pa，分辨率 1 Pa。

A.3.2 排气阀密封塞或密封胶带。

A.3.3 肥皂溶液和软刷。

A.3.4 计时器，精度为 0.1 s。

A.3.5 温度计，精度为 1 ℃。

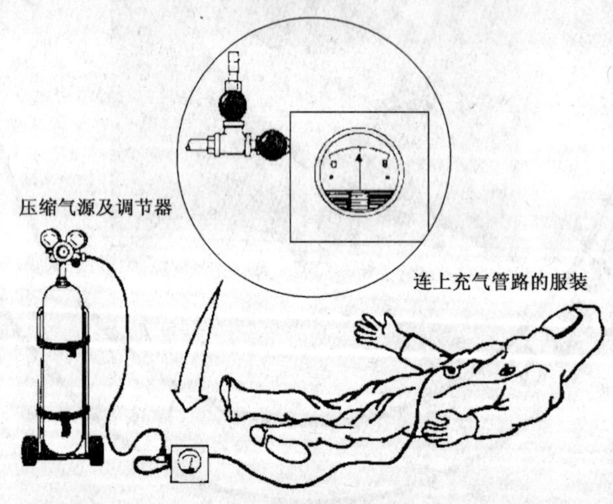

图 A.1 气密性测试设备及连接示意图

A.4 测试程序

A.4.1 测试区域应避开温度、气流影响；测试过程中的温度变化不应超过±3 ℃。

A.4.2 测试前检查化学防护服，确认接缝、通气管道、配件、面屏、拉链和阀门完好。

A.4.3 将排气阀、进气口和排气口密封；密封过程应保证不损坏气密型化学防护服部件。

A.4.4 关闭拉链门襟等所有闭合件。

A.4.5 测试前应核查测试系统的气密性。

A.4.6 按图 A.1 连接压力测试装置和气密型化学防护服。

A.4.7 按图 A.2 所示的方法通过气泵为化学防护服充气至充气压 A，充气压 A 不低于 1.29 kPa。关闭气泵与化学防护服相连的管道。充压状态至少保持 1 min，以使气密型化学防护服充分展开。

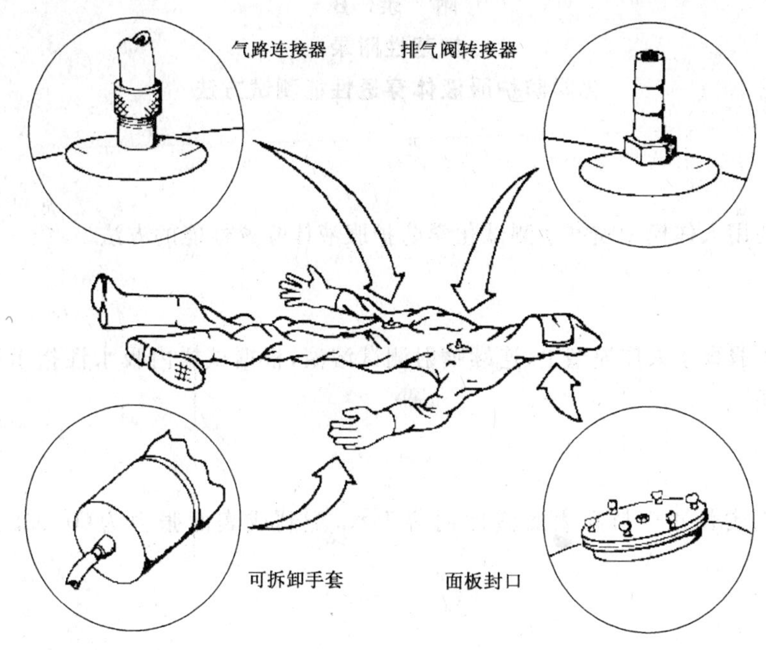

图 A.2 测试服充气示意图

A.4.8 泄压到测试压 B 开始计时，4 min 后，记下最终压力 C。计算测试压 B 和最终压力 C 的差值，即 B－C 作为压力下降值，测试压 B 应不低于 1.02 kPa。

A.4.9 4 min 内压力下降值大于 B 的 20%，即判定此气密型化学防护服不合格，不能正常使用。

A.4.10 泄露部位检查。对检验不合格的化学防护服应检查泄露部位。充压到充气压 A，用肥皂水溶液涂刷整个气密型化学防护服，包括接缝、密封处、视窗、手套袖子连接处等。出现气泡的部位即为泄漏部位。

A.5 测试报告

测试报告应包括以下信息：

a) 声明气密型化学防护服是按照附录 A 进行测试的；
b) 所用测试设备的生产商/型号以及压力表的性能；
c) 测试环境条件；
d) 样品规格型号等；
e) 记录下 A、B 和 C 对应的压力值及观测时间，如果最终压力 C 小于 B 的 80%，则表示气密型化学防护服不合格；
f) 每一个样品给出“合格”或“不合格”的结果；
g) 与本附录不符合的说明，以及测试人员认为应说明的其他问题；
h) 测试人员及测试日期。

附　录　B
（规范性附录）
化学防护服液体穿透性能测试方法

B.1　范围

本附录规定了使用人体模型喷淋法测试化学防护服液体穿透性能的方法。

B.2　原理

将被测化学防护服穿于人体模型上，连续喷射测试溶液，根据试样内吸水性指示服上沾污，判定试样的抗液体穿透性能。

B.3　测试溶液

把水溶性的荧光或普通染料和表面活性剂溶于水，配制成表面张力为(0.032±0.002)N/m 的溶液。

B.4　仪器和设备

B.4.1　人体模型

人体模型应具有防水外层。人体模型的手臂和腿部必须伸直，手臂在身体的两侧。

B.4.2　吸水性指示服

吸水性指示服应覆盖在人体模型上，以观察液体的穿透现象。吸水性指示服应易于辨别沾污。

B.4.3　喷淋系统

喷淋系统由五个低流量喷嘴和一个供水装置组成，五个喷嘴相对人体模型的朝向如图 B.1 所示，喷嘴应符合图 B.2 所示的规格。供水装置应保证每个喷嘴(3.0+0.2)L/min 的流量。

单位为毫米

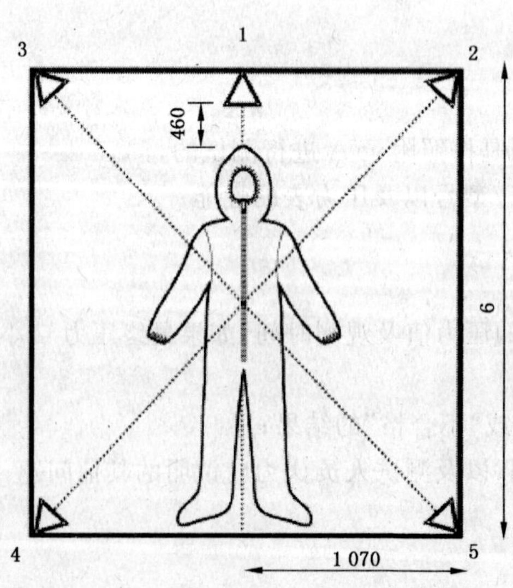

1——喷嘴位置 1 位于套装顶部正上方 460 mm 处；
2——喷嘴位置 2 在顶角处；
3——喷嘴位置 3 在对面顶角处；
4——喷嘴位置 4 在底角处；
5——喷嘴位置 5 在对面底角处；
6——装置总高度为服装高度加 460 mm。

图 B.1　喷嘴位置(前视图)

单位为毫米

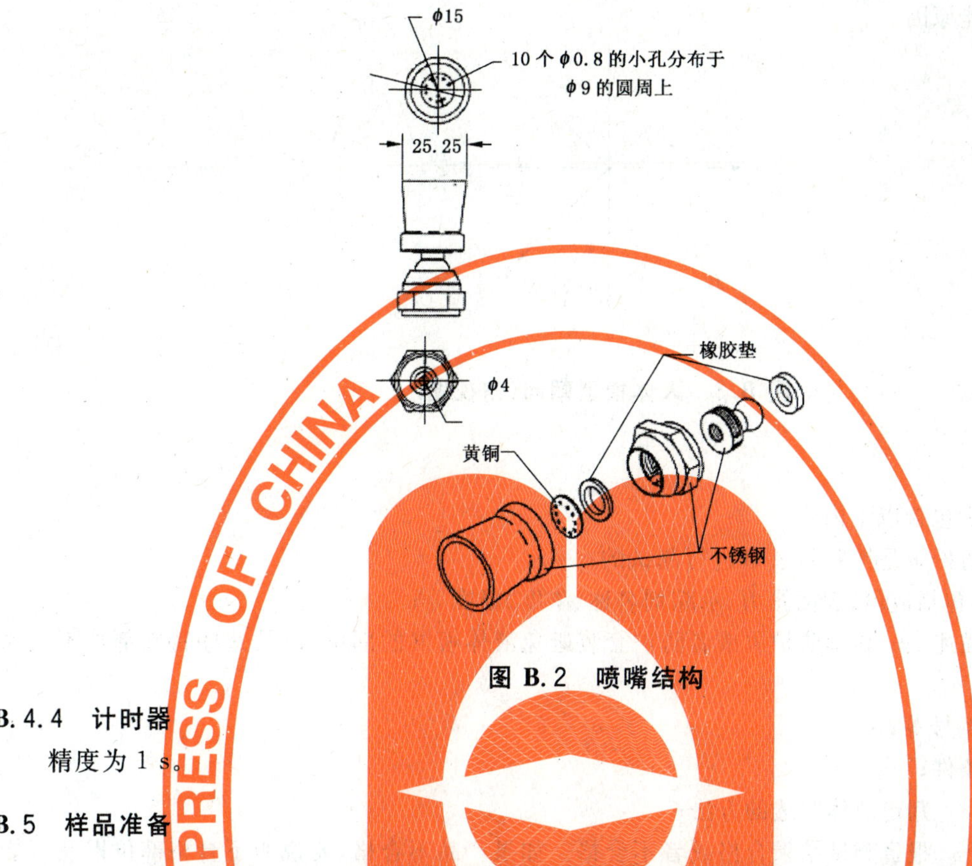

图 B.2 喷嘴结构

B.4.4 计时器

精度为1 s。

B.5 样品准备

将化学防护服不要测试的部位进行封闭，防止液体从这些部位穿透。例如，当防护套装没有手套时，应用拒水胶带或者其他密封剂封紧袖口。

B.6 测试程序

B.6.1 测试前，检查吸水性指示服和化学防护服(及其他要测试的部件)，确保其完全干燥。

B.6.2 把吸水性指示服穿到人体模型上。

B.6.3 把化学防护服穿到已穿上吸水性指示服的人体模型上，并把其他的部件安装到人体模型上。闭合所有闭合件。

B.6.4 防止液体泼溅到人体模型、化学防护服或任何不要测试的部位。例如，在人体模型头部系上塑料袋，绳结不得超过化学防护服边缘2.5 cm。

B.6.5 采用表面活性剂调节测试溶液表面张力为(0.032±0.002)N/m。

B.6.6 把穿好服装的人体模型暴露在喷淋状态下60 min，每个方向(如图B.3所示)各15 min，测试溶液以(3.0±0.2)L/min的速度同时从各个喷嘴中喷射。

B.6.7 液体喷淋结束后，除去测试服表面多余的液体。

B.6.8 在喷淋实验结束10 min之内，选择下列方法中的一种检查化学防护服上的液体穿透情况：

a) 在干燥环境内将化学防护服及其他部件从人体模型上卸下，检查吸水性指示服、测试服缝纫处及内部湿润区域并作记录；

b) 如果测试溶液中加有染料，将化学防护服及其他部件从人体模型上卸下，检查内衣、测试服缝纫处及内部的染色区域并作记录；

c) 如果测试溶液中加有荧光染料，在荧光暗室中检查内衣、测试服缝纫处及内部的荧光发光区域并作记录。

B.6.9 如果没有发现任何润湿区域，测试服合格；如果发现有润湿区域，则测试服不合格。描述不合格的情况并分析可能原因。

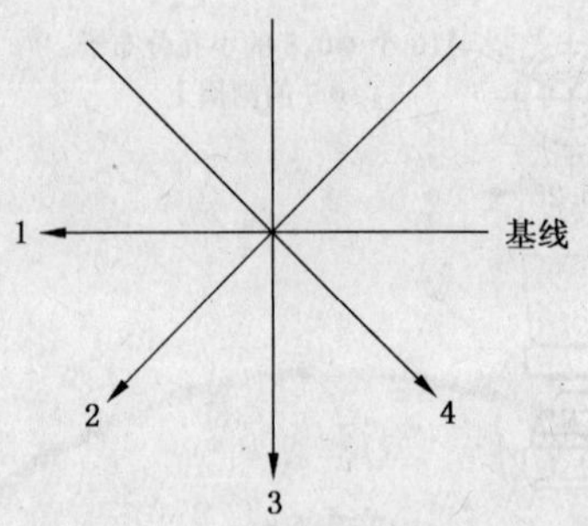

图 B.3 人体模型朝向（俯视图）

B.7 测试报告

检测报告应至少包含以下内容：

a） 声明化学防护服是按照附录B进行测试的；

b） 测试溶液，包括成份、表面张力、示踪剂名称、浓度、温度等；

c） 测试范围描述——化学防护服或者防护套装避免液体喷淋的部位，以及这些特殊部位不被测试的原因；

d） 样品规格型号等；

e） 测试环境条件；

f） 判定方法——判定液体穿透的方法；

g） 测试结果——报告测试结果合格或者不合格。如果产品不合格，要说明不合格部位以及可能的不合格原因；

h） 与本附录不符合的说明，以及测试人员认为应说明的其他问题；

i） 测试人员及测试日期。

附 录 C
（规范性附录）
化学防护服液密性能测试方法

C.1 范围

本附录规定了化学防护服抗液态化学物质穿透性能的两种测试方法。其中，方法1适用于喷射液密型化学防护服穿透性能的检测；方法2适用于泼溅液密型化学防护服穿透性能的检测。

C.2 原理

向穿着在测试模型或人体测试对象上的化学防护服喷射(方法1)或泼溅(方法2)测试溶液，检查化学防护服的内表面和测试模型或人体测试对象穿着的吸水性指示服的外表面，通过与标准沾污面积的比对，判断化学防护服是否符合要求。

C.3 测试溶液

把水溶性的荧光或普通染料和表面活性剂溶于水，配制成表面张力为(0.032±0.002)N/m的溶液；在测试模型或人体测试对象穿着的吸水性指示服的外表面滴一小滴(0.1 mL)测试溶液，应形成直径大于2 cm的标准沾污面积，标准沾污面积应清晰可辨，便于测试中对比判断；必要时，可使用紫外示踪染料。

C.4 方法1——喷射液密型化学防护服防护性能测试

C.4.1 测试对象

可选人体模型或人体测试对象。如果使用人体测试对象，必须特别注意安全防护。

C.4.2 测试装置

C.4.2.1 指示服

用厚度小于5 mm的吸水材料制成，单层、带帽兜，使用的吸水材料应保证能产生C.3中所述的标准沾污面积。

C.4.2.2 喷嘴

如图C.1所示，测试中产生喷射测试溶液，工作压力为150 kPa。

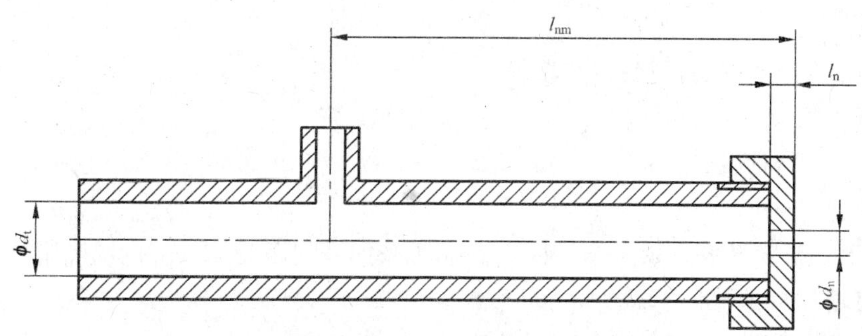

d_n——喷嘴工作直径，(4±0.1)mm；

l_n——喷嘴工作长度，(4±0.1)mm；

d_t——管直径，(12.5±1)mm；

l_{nm}——喷嘴开口和压力计之间的距离，(80±1)mm。

图C.1 喷嘴形状

C.4.2.3 液压泵

自吸循环式，带有压力表、过滤器/管。喷嘴处保持 150 kPa 的压力。

C.4.3 试样准备

C.4.3.1 测试对象应穿上如 C.4.2.1 所述的尺寸合适的指示服，指示服内尽可能减少不必要的服装。

C.4.3.2 按照生产商说明书的要求，给测试对象穿上合适型号的化学防护服及配套的其他个体防护装备。

C.4.3.3 为测试对象佩戴防测试溶液穿透的手套，化学防护服的袖子应覆盖手套外面。如果袖子有内护腕，则可把它穿在手套里面。为测试对象配置防测试溶液穿透的防护靴。化学防护服的裤口应覆盖在靴子的外面。对于不属于测试范围而未覆盖的部位，如围绕头部、面部和颈部可能被测试溶液通过的缝隙，都应予以密封，防止测试溶液流入化学防护服内部，造成其他区域发生内泄漏的假象。

C.4.4 测试程序

C.4.4.1 调整喷嘴与测试点间的距离为 1 m。

C.4.4.2 将喷嘴对准一个测试点喷射测试溶液，压力为 150 kPa，时间为 5 s，然后移向下一个测试点喷射 5 s，直至所有测试点完成测试。

C.4.4.3 除去化学防护服表面残留测试溶液，停留 2 min。

C.4.4.4 取下化学防护服，检查化学防护服内表面和指示服外表面是否有穿透迹象；若有，在化学防护服和指示服上标记穿透的位置和范围，或拍照记录。

C.5 方法 2——泼溅液密型化学防护服防护性能测试

C.5.1 测试对象

人体测试对象，身高介于被测服装尺寸上限的 95%至 100%之间。

C.5.2 测试装置

C.5.2.1 指示服

同 C.4.2.1。

C.5.2.2 转盘

防水材料制成，能支撑一个人的身体，转速为(1±0.1)r/min。

C.5.2.3 刻度容器

盛放液体。

C.5.2.4 液压泵

自吸循环式，带有压力表、含过滤器和软管。

C.5.2.5 计时器

秒表或电子计时器，精度为 1 s。

C.5.2.6 喷淋装置

如图 C.2 所示。高度至少为 2.35 m，垂直安装，配备四个间距为 45 cm 的喷嘴附件。

C.5.2.7 液压喷嘴

空心圆锥形，喷射角为 75°，在 300 kPa 压力下的流量为 1.14 L/min。

C.5.2.8 校准框架

四段外径为(1.29±0.02)cm、长度约为 200 cm 的金属管或棒，见图 C.3 和图 C.4。

C.5.2.9 带刻度的烧杯或量筒

如图 C.4 所示，其直径约 4 cm，高度约 10 cm。每个容器配有盖子或塞子，盖子或塞子几何中心开有一个直径为 2 cm 的圆孔，校准框架的管或棒通过圆孔定位。

单位为毫米

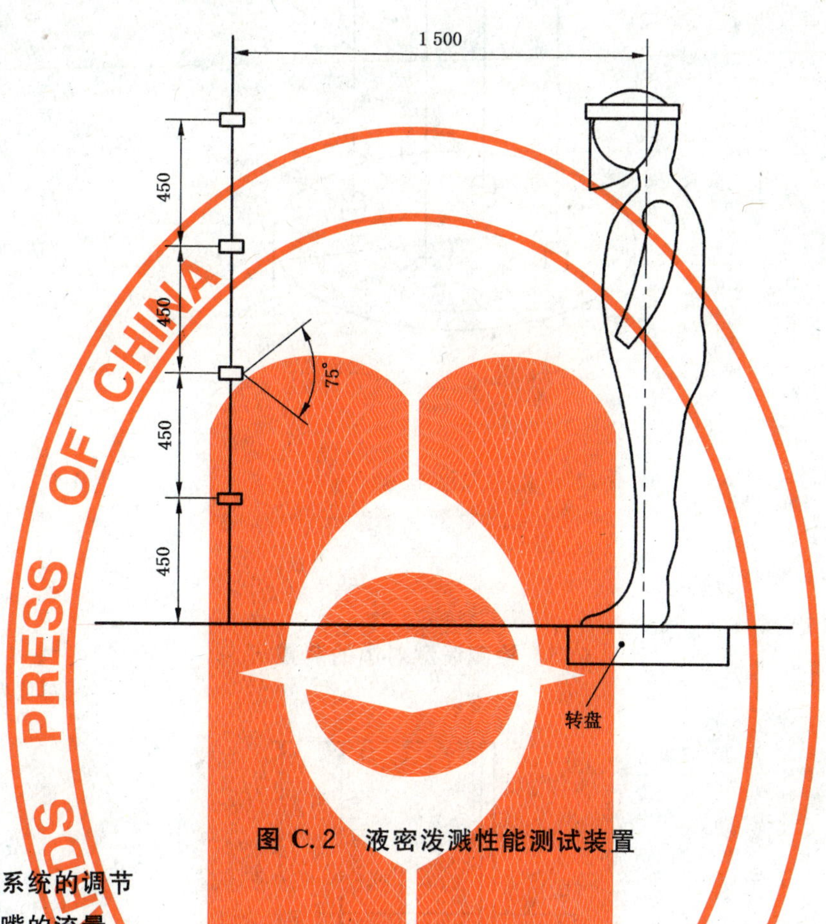

图 C.2 液密泼溅性能测试装置

C.5.3 测试系统的调节

C.5.3.1 喷嘴的流量

打开流向喷嘴的管道，调节液压泵的压力，使每个喷嘴的流量达到(1.14±0.1)L/min。

C.5.3.2 喷嘴的布置

如图 C.2 所示，将由喷嘴射出的测试溶液对准距离约 1.5 m 远处的转盘几何中心线，用校准框架收集泼溅的测试溶液以检查喷嘴的布置和距离。该校准框架由 4 个相距 35 cm、彼此平行(见图 C.3)的金属棒或管(见 C.5.2.8)构成。金属棒距转盘几何中心距离相等(见图 C.3)，底端置于烧杯或量筒中，用带有直径为 2 cm 的中心孔的塑料盖盖住烧杯。金属棒通过中心孔并保持不与孔边缘接触，金属棒露在盖子上方的高度应为(190±1)cm(见图 C.4)。

待设备已正确设置，喷嘴的输出流量在规定范围内，转盘已运转，此时，喷淋 3 min。测量每个烧杯或量筒中收集的测试溶液的量，用事先称重的吸水性材料擦拭每个金属棒的外表面，并再次称重以确定每个金属棒上残留的测试溶液体积。将此体积与烧杯或量筒收集的测试溶液体积相加，即可计算出每个金属棒收集的测试溶液体积。

当该校准框架每个金属棒每分钟收集的测试溶液平均值为(12.5±1.5)mL(即四个金属棒在3 min 内收集的测试溶液体积为(150±18)mL 时，喷嘴的布置及其至目标的距离可用于测试。

单位为毫米

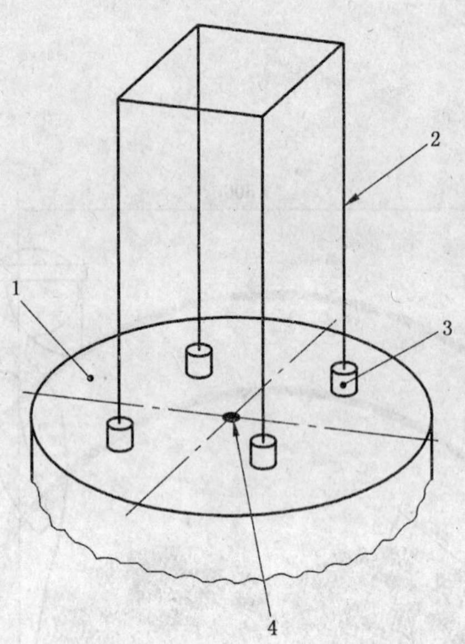

1——转盘顶部；

2——金属管或棒；

3——带刻度的烧杯或量筒，带盖；

4——转盘的几何中心。

图 C.3 检测泼溅对中的装置

单位为毫米

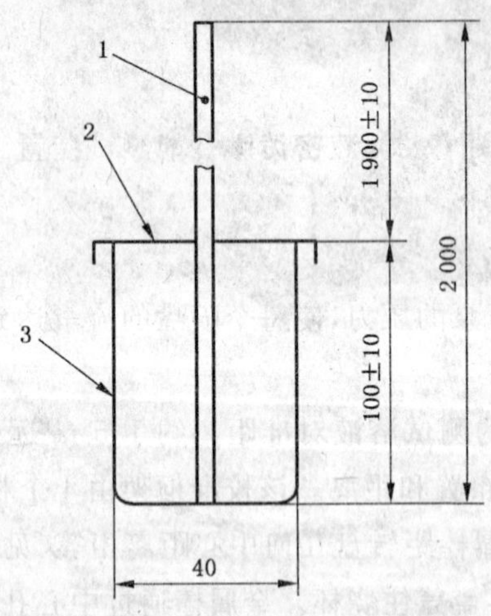

1——校准框架的管或棒；

2——盖子或塞子(带有直径为 2 cm 的孔)；

3——带刻度的烧杯或量筒。

图 C.4 带刻度的收集杯或量筒装置

C.5.4 试样准备

C.5.4.1 测试对象应穿上如 C.5.2.1 所述的尺寸合适的指示服，指示服内尽可能减少不必要的服装。

C.5.4.2 按照生产商说明书的要求，给测试对象穿上合适型号的化学防护服。

C.5.4.3 为测试对象佩戴防测试溶液穿透的手套，化学防护服的袖子应覆盖手套外面。如果袖子有内护腕，则可把它穿在手套里面；为测试对象配置防测试溶液穿透的防护靴，化学防护服的裤口应覆盖在靴子的外面；带有面屏的面罩，防护整个额部，覆盖眼睛和脸部，面罩的深度为 18 cm，宽度为 32 cm；

适当尺寸的过滤式呼吸防护器(保证测试的顺利进行和人员的健康安全),配戴在面罩下面,防止测试对象吸入测试溶液。对于不属于测试范围而未覆盖的部位,如围绕头部、面部和颈部可能被测试溶液通过的缝隙,都应予以密封,防止测试溶液流入化学防护服内部,造成其他区域发生内泄漏的假象。

C.5.5 测试程序

C.5.5.1 把穿着化学防护服的测试对象定位在转盘的几何中心,并标记脚的位置。

C.5.5.2 在转盘转速为 1 r/min 时,释放测试溶液 30 min。

C.5.5.3 在泼溅过程中,测试对象每隔 5 min 做一组动作,在转盘上交替抬起双脚,抬脚高度约为 20 cm。同时,胳膊伸直前后摆动,以与腿的动作协调来保持平衡,脚放下后仍应定位在初始标记的位置上。动作时长 1 min,动作频率为(30±5)次/min。

C.5.5.4 沥去化学防护服表面残留测试溶液 2 min。

C.5.5.5 取下化学防护服,检查化学防护服内表面和指示服外表面是否有穿透迹象;若有,在化学防护服和指示服上标记穿透的位置和范围,或拍照记录。

C.6 测试报告

测试报告应至少包含以下内容:

a) 声明化学防护服是按照附录 C 进行测试的;

b) 测试溶液,包括成份、表面张力、示踪剂名称、浓度、温度等;

c) 样品规格型号等;

d) 测试环境条件;

e) 对于每一个试样,在人体轮廓图上标出测试点位置、测试溶液喷射方向以及化学防护服内表面和指示服外表面的透过区域(前面和背面分开标注),也可用照片显示;任何互不相连、直径小于 2 cm 的孤立穿透点,应用一个单独的十字标记;

f) 穿透点的总数和穿透点覆盖的大致总面积;

g) 测试化学防护服的尺寸范围;

h) 测试结果;

i) 与本附录不符合的说明,以及测试人员认为应说明的其他问题;

j) 测试人员及测试日期。

附 录 D
（规范性附录）
化学防护服面料耐压穿透性能测试方法

D.1 范围

本附录规定了测试化学防护服面料在持续接触有压力的液体条件下的防护性能的实验室测试方法。

本方法适用于化学防护服面料及其接缝的性能评价。

本方法不适用于化学防护服的设计、整体结构、部件、界面及其他影响化学防护服整体防护性能的因素的评价。

注：本方法无需模拟化学防护服面料的实际使用条件，而仅限于对化学防护服面料耐压穿透性能的比较评价。

D.2 原理

按照一定的压力/时间序列将有压力的测试溶液作用于化学防护服面料，通过观察是否有测试溶液穿透化学防护服面料来评价化学防护服面料的耐压穿透性能。

D.3 测试溶液

根据表5选择。

D.4 测试装置

D.4.1 测厚仪

精度为0.02 mm。

D.4.2 液体耐压穿透测试系统

液体耐压穿透测试系统如图D.1所示，图中所标注的各部件的名称、规格及数量见表D.1。

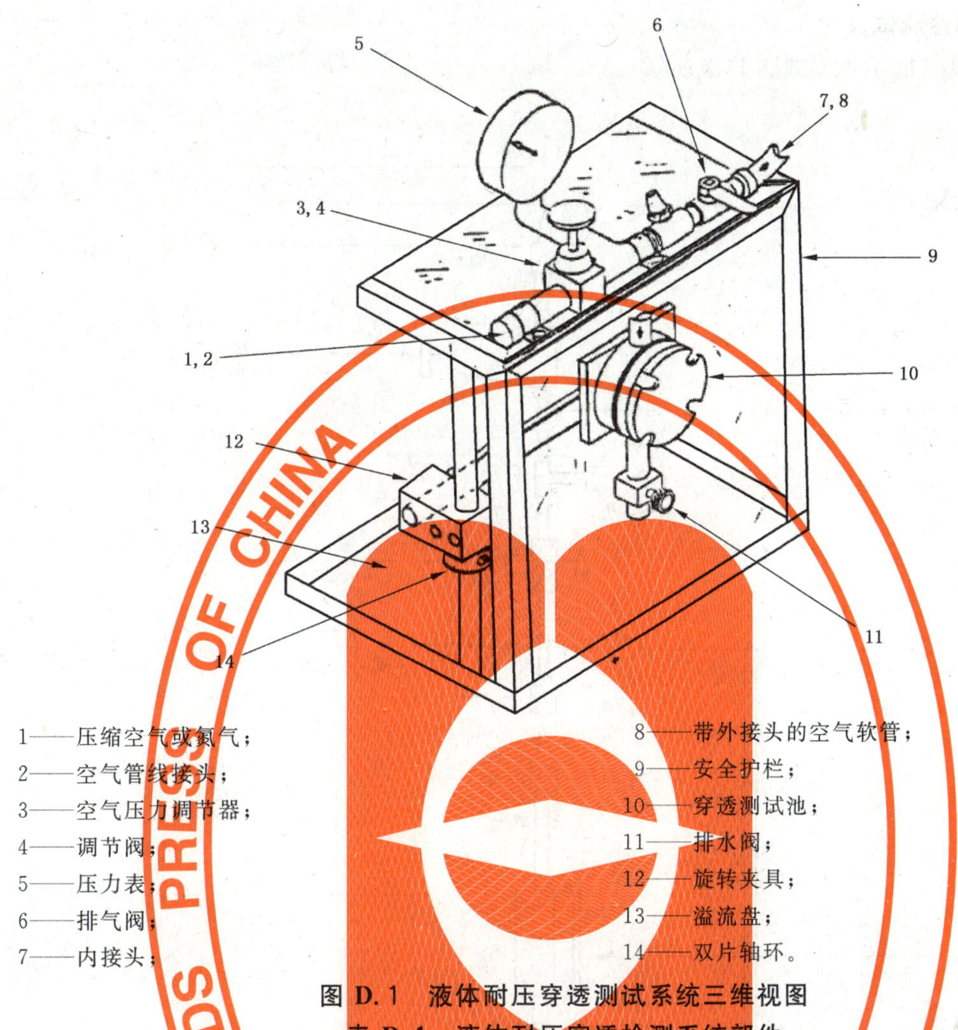

1——压缩空气或氮气；
2——空气管线接头；
3——空气压力调节器；
4——调节阀；
5——压力表；
6——排气阀；
7——内接头；
8——带外接头的空气软管；
9——安全护栏；
10——穿透测试池；
11——排水阀；
12——旋转夹具；
13——溢流盘；
14——双片轴环。

图 D.1 液体耐压穿透测试系统三维视图

表 D.1 液体耐压穿透检测系统部件

图 D.1 中序号	名称	规格	数量
2	空气管线快速接头、堵头、插座	6 mmNPT(密封管螺纹)	1 套
3	空气压力调节器	6 mmNPT,可释放型,可调,量程 0 kPa～70 kPa	1 个
4	调节阀	量程 0 kPa～35 kPa	1 个
5	压力表	0 kPa～35 kPa,直径 115mm,精度 1%,首选磁性表	1 个
6	泄放阀		1 个
7	316 号管接头	6 mm NPT×40 mm	3 个
8	橡胶空气软管	6 mm,带 6 mm NPT 内接头	1 m
9	安全护栏	见图 D.10	1 个
10	穿透测试池	见图 D.3～图 D.7	1 个
11	球阀	316 不锈钢,6 mmNPT	1 个
12	旋转卡具	见图 D.8	1 个
13	溢流盘	见图 D.9	1 个
14	双片轴环	13 mm	2 个
其他	三通道带扳手龙头	6 mmNPT	1 个
	镀锌管配件和管件	6 mmNPT	
	垫圈	6 mm 膨体 PTFE 袋	
	半轴环	13 mm 直径	1 对

D.4.2.1 液体穿透测试仪

液体穿透测试仪的示意图如图 D.2 所示。

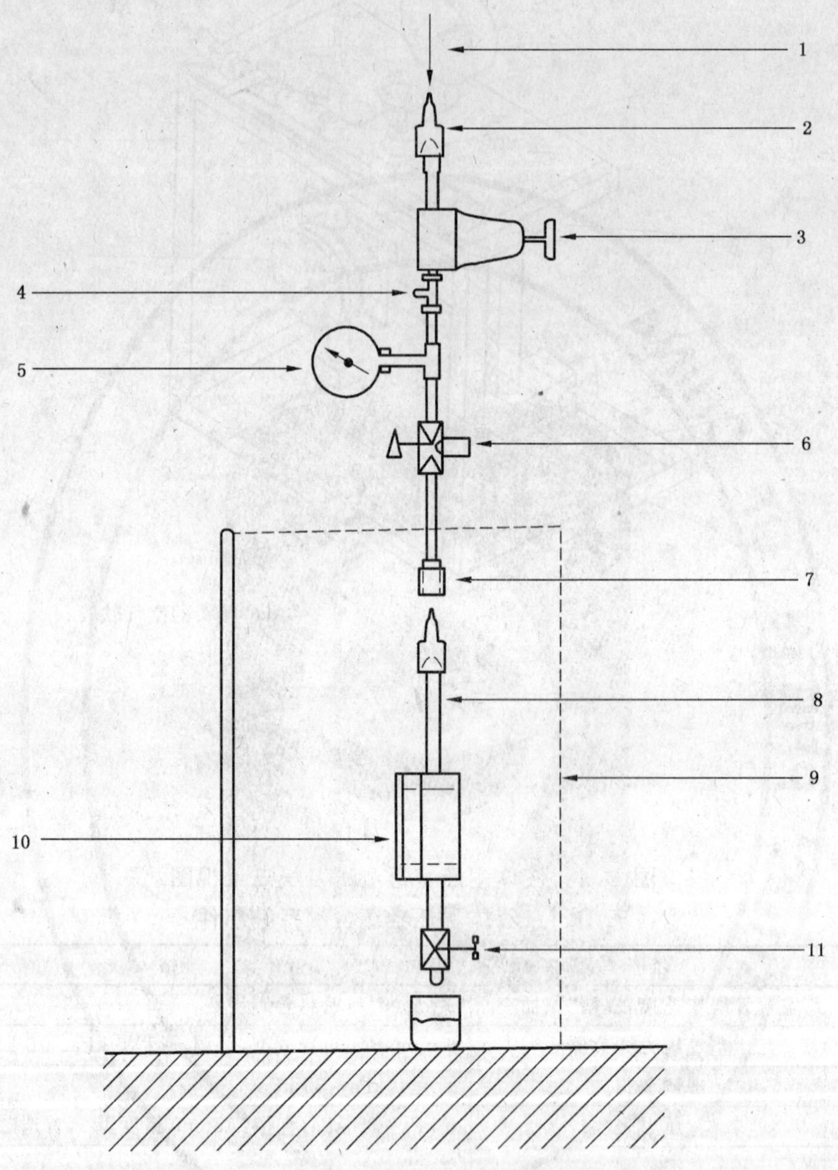

1——压缩空气或氮气；
2——空气管线接头；
3——空气压力调节器；
4——调节阀；
5——压力表；
6——排气阀；
7——内接头；
8——带外接头的空气软管；
9——安全护栏(见图 D.10)；
10——穿透测试池；
11——排水阀。

图 D.2 液体穿透测试仪示意图

D.4.2.2 穿透测试池

穿透测试池在测试时用来夹持试样，试样将测试溶液与观察侧隔开，图 D.3 为一个带滞留筛网的穿透测试池分解图。

穿透测试池包括一个固定在支架上的池体，可容纳约 60 mL 的测试溶液，见图 D.4。穿透测试池安装在测试池支架(见图 D.5)上，观察侧用法兰与透明盖密封(见图 D.6、D.7)。

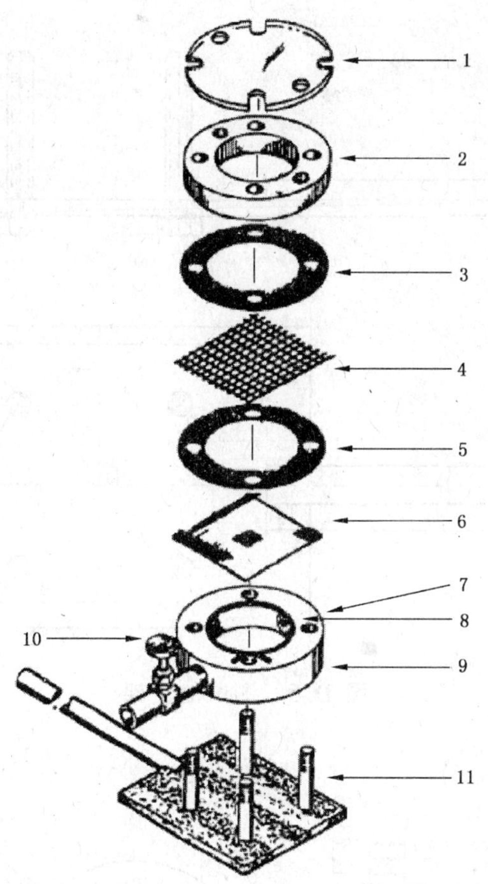

1——透明盖；
2——法兰；
3——垫圈(如采用程序 B,见表 D.2)；
4——筛网(如采用程序 B,见表 D.2)；
5——垫圈；
6——测试样；
7——上部端口；
8——膨体 PTFE 垫圈；
9——池体；
10——排水阀；
11——测试池支架。

图 D.3　穿透测试池

单位为毫米

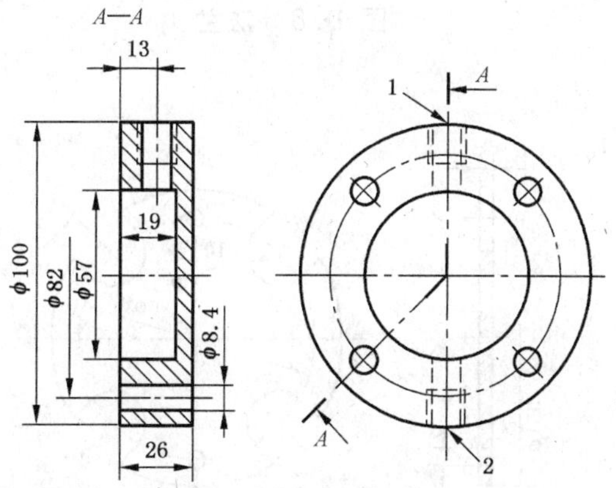

1——软管接头螺纹；
2——排水阀螺纹。

注：材料——铝。

图 D.4　测试池池体

单位为毫米

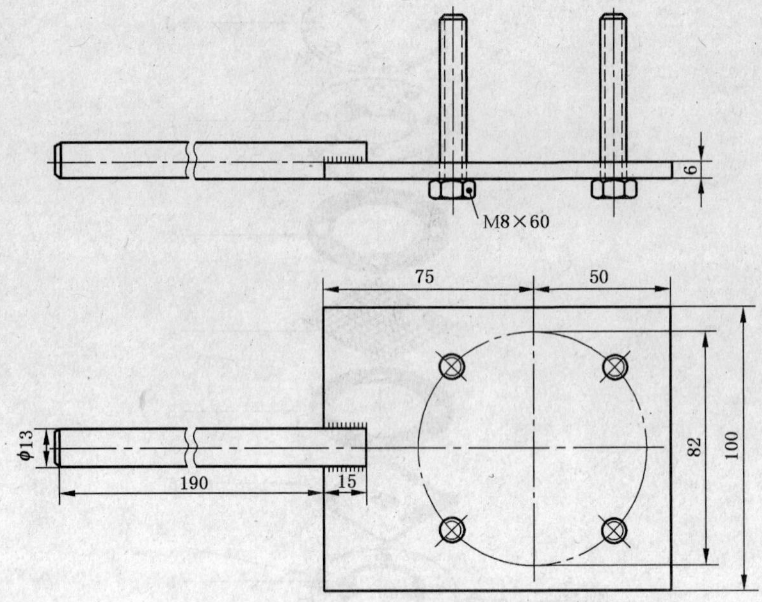

注：材料——钢。

图 D.5 测试池支架

单位为毫米

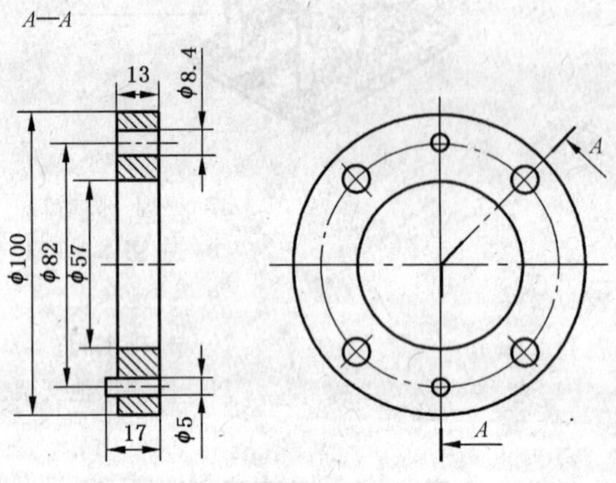

注：材料——铝。

图 D.6 法兰

单位为毫米

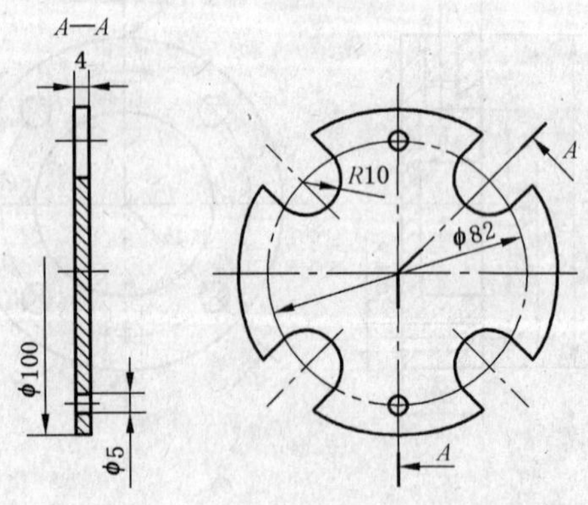

注：材料——树脂玻璃或其他透明材料。

图 D.7 透明盖

D.4.2.3　**滞留筛**

由一个光滑完整的塑料片或金属方孔丝网组成，要求：开孔率>50%，与试样的偏差≤0.5 mm。

D.4.2.4　**旋转卡具**

旋转卡具的示意图如图 D.8 所示。

单位为毫米

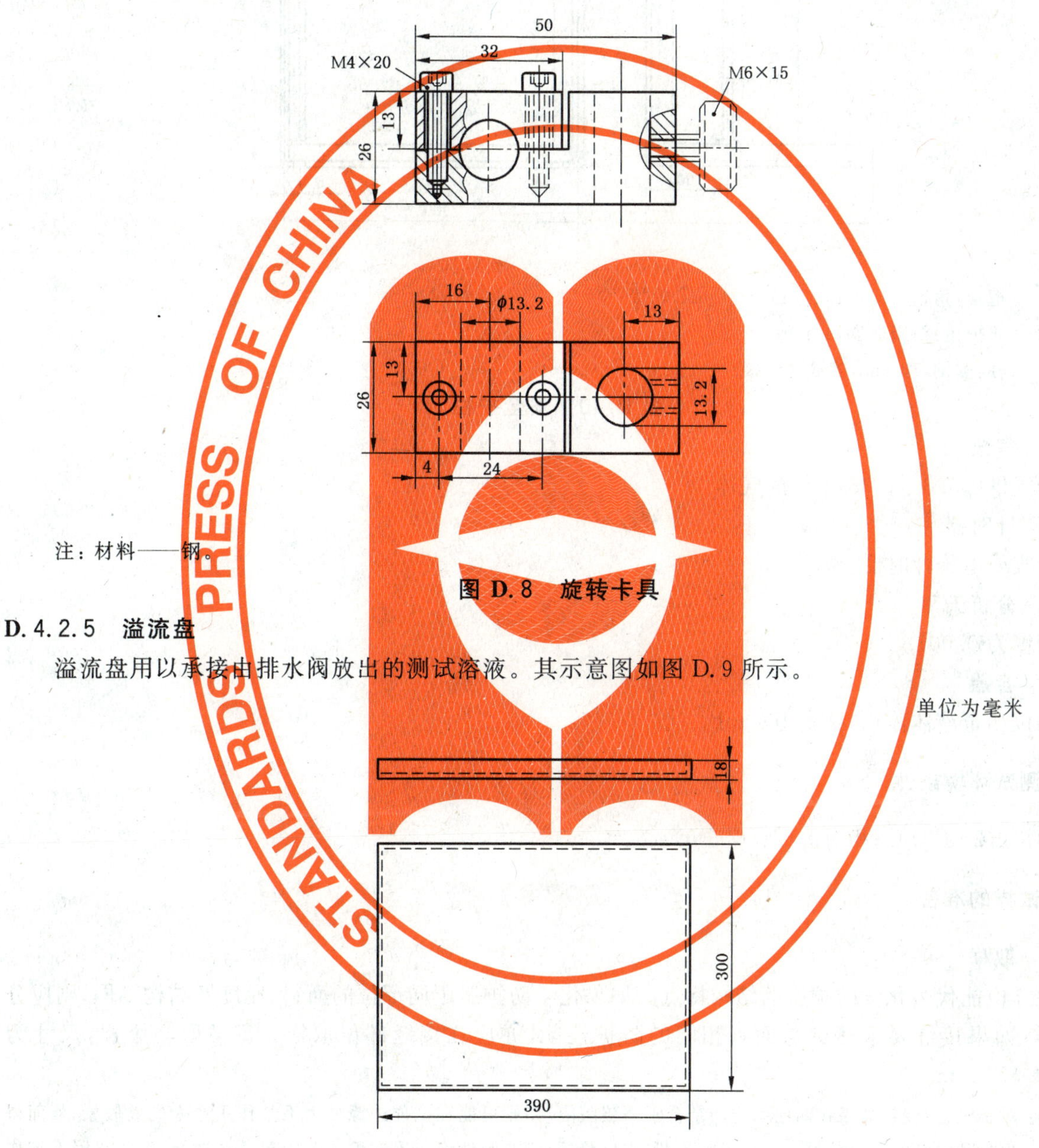

注：材料——钢。

图 D.8　旋转卡具

D.4.2.5　**溢流盘**

溢流盘用以承接由排水阀放出的测试溶液。其示意图如图 D.9 所示。

单位为毫米

注：材料——不锈钢板，1 mm～2 mm 厚，转角处焊接。

图 D.9　溢流盘

D.4.2.6　**安全护栏**

安全护栏的示意图如图 D.10 所示。

单位为毫米

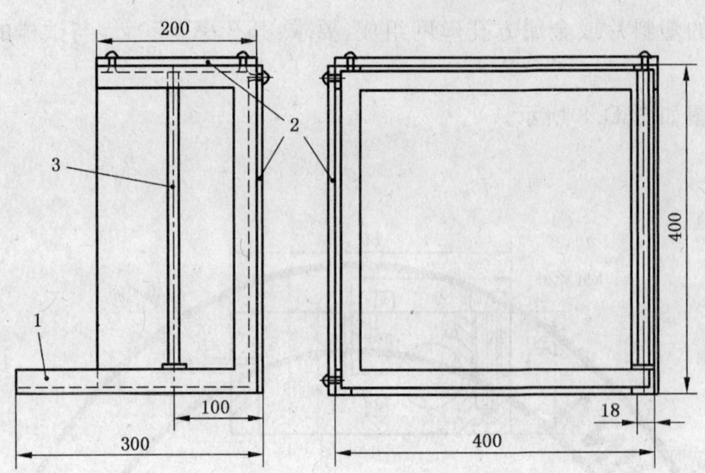

1——框架:角钢,25 mm×25 mm×3 mm,焊接;

2——防护盖:树脂玻璃,4 mm;

3——柱:圆钢,13 mm,安放处焊接。

图 D.10 安全护栏

D.4.3 气泵

能提供(13.8±1.38)kPa 的气体。

D.4.4 计时器

秒表或电子计时器,精度 1 s。

D.4.5 分析天平

精度为 0.001 g。

D.4.6 容器

用以测量液体体积,精度为 1 mL。

D.5 测试环境条件

温度:(20±2)℃;相对湿度:(65±5)%。

D.6 试样的准备

D.6.1 取样

取样应能代表化学防护服的结构特点。如果化学防护服不同部位的面料、厚度及结构不同,则应分别取样;如果接缝要求达到与面料相同的防护性能,亦应在接缝部位取样。每类取 3 个样,尺寸为 75 mm×75 mm。

注:对于复合材料,如果在两层织物间结合了一层阻隔层,则可能在试样边缘处因毛细作用产生失效假象,从而得出"不合格"的错误结果。应使用胶合剂、帕拉胶、石蜡或胶性泡沫等在测试前密封试样边缘,以防止因毛细作用导致的失效。密封时应注意仅密封试样的边缘,保证留出 57 mm×57 mm 的测试区域,防止密封剂阻塞测试区域的试样结构。应根据化学防护服面料选择合适的密封剂与密封方法。

D.6.2 试样预处理

将裁剪好的试样置于测试环境条件下调湿 24 h。

D.7 测试程序

D.7.1 按 GB/T 3820 的规定,测量每一个试样的厚度,精确至 0.02 mm。

D.7.2 按 GB/T 4669 的规定，测量每一个试样的单位面积质量，精确至 1 g/m²。

D.7.3 从待测面料上另取一个样，在其内表面滴一小滴测试溶液，作为确定试样穿透终点的参照。参照液滴应易于观察，如果观察效果不好，可通过以下着色方式增强其可视性：

a) 在试样内表面撒滑石粉以增强液滴的可视性；

b) 改变测试溶液颜色以增强液滴的可视性；对化学物质溶液，可使用食用色素和酸碱指示剂；对大部分有机化学物质，可使用苏丹红；

c) 在试样内表面涂抹食用色素或苏丹红以增强液滴的可视性；

d) 如果上述方法效果都不明显，可在测试溶液中加入荧光染料来增强液滴的可视性。

注：上述方法可能影响测试结果，使用时应注意。

D.7.4 根据待测化学防护服的类别，按表 D.2 选择测试程序。

表 D.2 不同类别化学防护服的测试程序

程序	压力/时间序列	化学防护服类别
A	0 kPa 作用 5 min， 随后 13.8 kPa 作用 10 min	用于选用的化学防护服面料、接缝、锁合处，以限制其暴露在飞溅的液体中(3a、3b)
B	0 kPa 作用 5 min， 随后 6.9 kPa 作用 10 min	用于选用的化学防护服面料(如手套)以限制其暴露在飞溅的液体中(3a、3b、手套、鞋/靴)
C1	0 kPa 作用 5 min， 随后 13.8 kPa 作用 10 min， 0 kPa 作用 54 min， 不使用滞留筛支撑试样	用于选用的化学防护服服料、接缝、锁合处，在突发事件的应急响应中用以限制其消防人员暴露在飞溅的液体中(1-ET、2-ET、3a-ET)
C2	0 kPa 作用 5 min， 随后 13.8 kPa 作用 10 min， 0 kPa 作用 54 min， 使用滞留筛支撑试样	用于选用的化学防护服服料、接缝、锁合处，在突发事件的应急响应中用以限制其消防人员暴露在飞溅的液体中，在试样要加以支撑时，替代 C1 程序(1-ET、2-ET、3a-ET)
D	如果使用的压力/时间序列与 A、B、C 不同，在报告中注明	用于其他特定需求或环境
注：在特别应用中，可能要附加测试如渗透阻力试验充分表征服料的特性。		

注：若怀疑选择的测试程序引起试样变形而导致不合格，则可在法兰和试样间加一个滞留筛，滞留筛与法兰和试样间垫上合适的垫圈，滞留筛适用于延展性或弹性材料。

D.7.5 将测试池水平置于实验台上，放入试样，试样外表面朝向测试池将加入测试溶液的一端。

D.7.6 按图 D.3 装配好测试池各部件，然后，将螺栓拧紧，扭矩为 13.6 N·m。建议在池体与试样间增加一个聚四氟乙烯(PTFE)垫圈，以防泄漏。

注：透明盖为可选部件。

D.7.7 按图 D.2 将穿透测试池垂直安放到液体穿透测试仪上(排水阀向下)，暂不连接空气管线。

D.7.8 关闭排水阀。

D.7.9 通过顶部端口向穿透测试池内注满测试溶液，确保测试溶液与试样间不留任何气泡。如果试样在压力下延伸，那么应在内腔充满测试溶液的条件下重新开始测试。一旦液体穿透试样，终止测试。

D.7.10 将空气管线联接到穿透测试池。

D.7.11 关闭排气阀，将压力调至 0 kPa。

D.7.12 按表 D.2 的程序进行测试，压力调节速度应不超过 3.5 kPa/s。

D.7.13 观察试样。如果在试样的观察侧有液滴出现或有变色现象，则判定试样不合格，终止测试。如果测试期间无上述现象发生，则判定试样合格。

注：在某些情况下，试样的观察侧出现液滴或发生变色是由于渗透造成的，但任何液滴出现的现象应作为材料失效记录下来，并终止试验。

D.7.14 测试结束，卸压并打开排气阀，打开排水阀排尽穿透测试池内的测试溶液，用适当的洗液冲洗穿透测试池中的残留测试溶液，将试样和垫圈从测试池上卸下，清洁测试池的所有外表面。

D.7.15 按上述程序测试剩余试样。

D.8 结果判定

每类面料3个平行样中任何一个试样测试结果为不合格，则该化学防护服面料的测试结果为不合格。

D.9 测试报告

测试报告应至少包含以下内容：

a) 声明测试是按照附录D进行测试的；
b) 测试环境条件；
c) 如果测试时采用的是与表D.2不同的压力/时间序列，应加以说明；
d) 每个试样的厚度和化学防护服面料的平均厚度(mm)；
e) 每个试样的单位面积质量和化学防护服面料的平均单位面积质量(g/m^2)；
f) 使用的测试溶液，包括成分、商品名称、浓度、温度等；
g) 测试环境条件。如果测试池与测试溶液的起始温度不同，分别记录；
h) 描述用来提高测试溶液穿透可视性的方法；
i) 如果使用筛网，报告类型和规格；
j) 对每个试样给出“合格”或“不合格”的结果，结果为“不合格”的，记录不合格现象；
k) 与本附录不符合的说明，以及测试人员认为应说明的其他问题；
l) 测试人员及测试日期。

附 录 E
（规范性附录）
化学防护服面料拒液性能测试方法

E.1 范围

本附录规定了化学防护服面料抗低挥发性液态化学物质穿透性能的测试方法。

E.2 原理

将一定量的测试溶液按照规定的流速连续喷射至固定在倾斜槽上的化学防护服面料表面，通过确定试样的穿透指数、吸收指数和拒液指数来评价化学防护服面料抗液态化学物质穿透性能。

E.3 测试溶液

根据标准要求，选择表8中测试化学物质。测试溶液温度应为(20±2)℃。

E.4 测试装置

测试装置由下面各部分组成，见图E.1。

a) 硬质透明槽，半圆柱形，内径为(125±5)mm，长度为(300±2)mm，倾斜度45°。
b) 硬质盖，质量均匀的半圆柱形，长度为270 mm，外径为(105±5)mm，质量为(140±7)g。
c) 注射器，规格为(10±0.5)mL，针孔直径为(0.8±0.02)mm；长度没有严格要求，但是针尖要是平的。
d) 自动注射系统，可保证注射器在(10±1)s内连续喷射(10±0.5)mL测试溶液，并带有固定注射器的支架。不应使用人工或依靠重力注射。
e) 烧杯，容量约50 mL。
f) 天平，精度为0.01 g。
g) 透明薄膜，不被测试溶液腐蚀，放置在硬质透明槽与滤纸之间，保护硬质透明槽。
h) 滤纸，厚度为(0.15～0.2)mm，放置在试样与透明薄膜之间。
i) 计时器，秒表或电子计时器，精度为0.1 s。

E.5 测试环境条件

温度：(20±2)℃，相对湿度：(65±5)%。

E.6 试样的准备

E.6.1 取样

对于每种测试溶液，从服装或面料样品上裁剪6个(360±2)mm×(235±5)mm的试样，取样要细心，不得有皱褶。

当服装面料是机织物时，沿经向、纬向方向各取3个试样；当服装面料是无纺布时，如果制造方向可辨认，则沿制造方向及与之垂直的方向各取3个试样。

E.6.2 试样预处理

将裁剪好的试样置于测试环境条件下调湿8 h。

单位为毫米

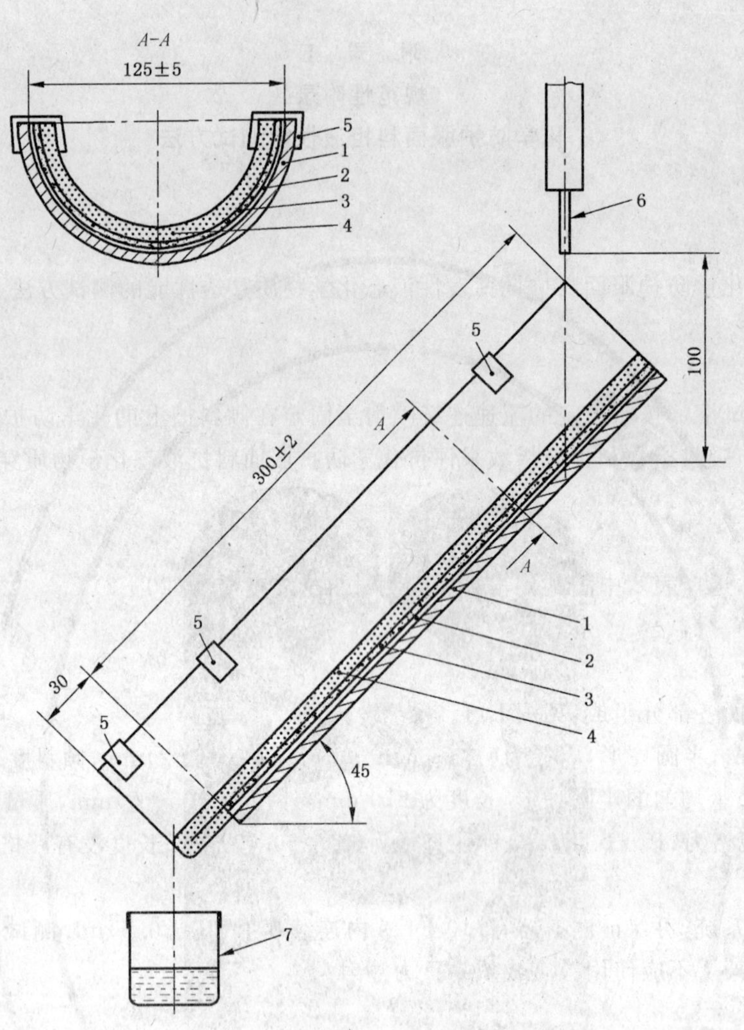

1——硬质透明槽；

2——透明薄膜；

3——滤纸；

4——试样；

5——夹子；

6——注射器；

7——烧杯。

图 E.1 测试装置图

E.7 测试程序

E.7.1 用天平称量试样的质量 m_1，精确到 0.01 g，记录数据。

E.7.2 裁剪大小为(360±2)mm×(235±5)mm 的矩形滤纸和透明薄膜各 1 块，称量滤纸和透明薄膜组合的质量 m_2，精确到 0.01 g，记录数据。

E.7.3 将称量过的透明薄膜放入硬质透明槽内，上面覆盖滤纸，相互间紧密贴合，注意不要留有空隙，也不要出现皱褶，并保证硬质透明槽、透明薄膜、滤纸三者下端面平齐。

E.7.4 将试样放在滤纸上，使试样的长边与槽边平行，外表面向上，试样被折叠的边超出槽的下端 30 mm。仔细检查试样，确保其表面与滤纸紧密贴合后，用夹子将试样固定在硬质透明槽上。

E.7.5　用天平称量小烧杯的质量 m_3，精确到 0.01 g，记录数据。

E.7.6　将小烧杯安放在试样折叠边缘的下面，保证所有从试样表面流下的测试溶液都能被收集到。

E.7.7　注射器针头向下，垂直安装在支架上。针头应通过硬质透明小槽的轴心线，与试样表面的垂直距离为(100±2)mm，试样外表面喷射点与试样下端面间的长度为(330±2)mm，见图 E.1。

E.7.8　启动自动注射系统，同时启动计时器，使 10 mL 测试溶液在(10±1)s 内由针头喷射至试样的外表面。

E.7.9　计时器计时到 60 s，轻敲硬质透明槽的边缘，使悬浮于试样折叠边缘的测试溶液滑落。

E.7.10　小心地取下试样，仔细将接触测试溶液的一面向内折叠好，注意不要让试样上沾附的测试溶液流失或滑落。用天平称量沾有测试溶液的试样质量 m'_1，精确到 0.01 g，记录数据。

E.7.11　小心地取出滤纸与透明薄膜组合，注意不要让沾附的测试溶液流失或滑落。将接触测试溶液的一面向上，用天平称量带有测试溶液的滤纸与透明薄膜质量 m'_2，精确到 0.01 g，记录数据。

E.7.12　称量小烧杯和收集的测试溶液的质量 m'_3，精确到 0.01 g，记录数据。

E.7.13　按 E 7.1～7.12，依次测得 6 个试样的数据。

E.8　结果计算

按式(E.1)和式(E.2)分别计算每个试样对测试溶液的穿透指数和拒液指数。

E.8.1　穿透指数

$$I_P = \frac{m'_2 - m_2}{m_t} \times 100\% \qquad \cdots\cdots(E.1)$$

式中：

I_P——穿透指数，精确到小数点后一位；

m_2——测试前滤纸和透明薄膜组合的质量，单位为克(g)；

m'_2——测试后沾附了测试溶液的滤纸和透明薄膜组合的质量，单位为克(g)；

m_t——测试中喷射向试样的 10 mL 测试溶液的质量，单位为克(g)。

取 6 个试样的最小值作为最终测试结果。

E.8.2　拒液指数

$$I_R = \frac{m'_3 - m_3}{m_t} \times 100\% \qquad \cdots\cdots(E.2)$$

式中：

I_R——拒液指数，精确到小数点后一位；

m_3——测试前小烧杯的质量，单位为克(g)；

m'_3——测试后收集了液体的小烧杯质量，单位为克(g)；

m_t——测试中喷射向试样的 10 mL 测试溶液的质量，单位为克(g)。

取 6 个试样的最小值作为最终测试结果。

能应用可靠的蒸发损耗修正因素的地方，在计算指数 I_P、I_R、和 I_A 前，应分别将技术条件下的质量损耗加到 m_a、m_P 或 m_r 上。

E.8.3　结果判定

取 6 个试样中拒液指数、穿透指数结果的最小值，作为最终测试结果。

E.9　测试报告

测试报告应至少包括以下内容：

a)　声明测试是按照附录 F 进行测试的；

b) 被测试面料的单位面积质量(g/m^2)；

c) 测试环境条件；

d) 被测试面料的预处理情况；

e) 使用的化学物质；

f) 每一个样品的测试结果，穿透指数、拒液指数的最小值以及分级结果；

g) 与本附录不符合的说明，以及测试人员认为应说明的其他问题；

h) 测试人员及测试日期。

附 录 F
（规范性附录）
化学防护服面料耐磨损性能测试砂纸要求

F.1 材料

F.1.1 磨料

所有玻璃磨料颗粒应通过0.090 mm的过筛孔径。

F.1.2 背衬

纸质或平纹织物。

F.2 规格尺寸

F.2.1 砂纸大小(230±2)mm×(280±3)mm。

F.2.2 砂纸的强度要求50 mm宽的砂纸断裂强力不低于表F.1中的规定。

表F.1 断裂强力规定

类型	断裂强力/N	
	经向	纬向
纸质背衬玻璃砂纸	392	215
布料背衬玻璃砂纸	392	166

附　录　G
（规范性附录）
化学防护服面料耐高温耐低温性能试验方法

G.1　范围

本附录规定了化学防护服面料耐低温耐高温性能试验方法。

G.2　原理

将试样经规定时间的高温或低温处理，通过测定化学防护服面料处理前后断裂强力的变化来判定面料的耐高温耐低温性能。

G.3　测试设备

G.3.1　通风烘箱和低温箱：能使温度维持在所要求温度范围内并可长期连续运转的通风烘箱和低温箱。

G.3.2　按 GB/T 3923.1 规定所必需的仪器设备和用品。

G.4　取样

按 GB/T 3923.1 要求的制样方法及试样尺寸，取经向、纬向试样各 5 个。

G.5　测试程序

G.5.1　低温处理

G.5.1.1　将低温箱的温度调至－40 ℃。

G.5.1.2　将试样夹持在低温箱内的试样夹持架上，使之不受任何张力，且两面都能暴露在环境中。试样之间的距离不少于 10 mm。试样和箱壁的距离不少于 50 mm。

G.5.1.3　试样持续处理 8 h。

G.5.2　高温处理

G.5.2.1　将通风烘箱的温度调至 70 ℃。

G.5.2.2　将试样夹持在烘箱内的试样夹持架上，使之不受任何张力，且两面都能暴露在环境中。试样之间的距离不少于 10 mm，试样和箱壁的距离不少于 50 mm。

G.5.2.3　试样持续处理 8 h。

G.5.3　处理后断裂强力测试

依据 GB/T 3923.1 的方法分别对经低温或高温处理后的经向、纬向试样进行测试，分别取经向、纬向试样的平均值作为该方向试样的测试结果。测试应在试样从低温箱或通风烘箱中取出 5 min 内完成。

G.6　结果计算

按式(G.1)计算面料经低温或高温处理后，断裂强力的下降率，精确到小数点后一位。

$$R = \frac{F_0 - F_1}{F_0} \times 100\% \quad \cdots\cdots\cdots\cdots\cdots\cdots\cdots\cdots\cdots\cdots (G.1)$$

式中：

R——经低温或高温处理后断裂强力的下降率，%；

F_0——未经低温或高温处理的面料经向或纬向断裂强力平均值，单位为牛(N)；

F_1——经低温或高温处理的面料经向或纬向断裂强力平均值，单位为牛(N)。

G.7 测试报告

测试报告应至少包括以下内容：

a) 声明测试是按照附录 F 进行测试的；

b) 被测试面料的低温或高温处理情况；

c) 被测试面料处理前后的断裂强力结果，(N)；

d) 断裂强力的下降率；

e) 测试人员及测试日期。

参 考 文 献

［1］ ASTM F 1001-99a Standard Guide for Selection of Chemicals to Evaluate Protective Clothing Materials

［2］ ASTM F 1359:2007 Standard Test Method for Liquid Penetration Resistance of Protective Clothing or Protective Ensembles Under a Shower Spray While on a Mannequin1

［3］ ISO 13994:1998 Clothing for protection against liquid chemicals—Determination of the resistance of protective clothing materials to penetration by liquids under pressure

［4］ ISO 16602:2007 Protective clothing for protection against chemicals—Classification, labelling and performance requirements

［5］ ISO 17491:2002 Protective clothing—Protection against gaseous and liquid chemicals—Determination of resistance of protective clothing to penetration by liquids and gases

ICS 13.340.10
C 73

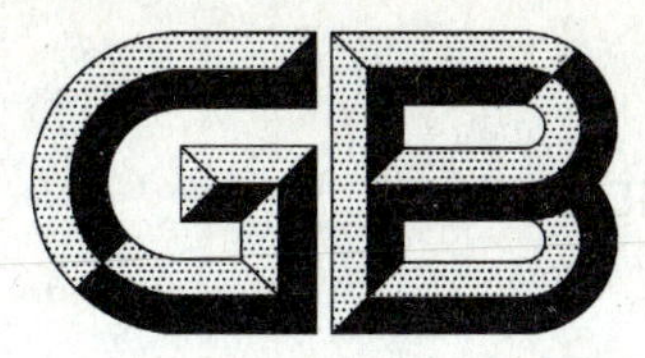

中华人民共和国国家标准

GB 24540—2009

防护服装 酸碱类化学品防护服

Protective clothing—Protective clothing against liquid acids and alkalis

2009-10-30 发布　　　　2010-09-01 实施

中华人民共和国国家质量监督检验检疫总局
中国国家标准化管理委员会 发布

前　言

本标准5.2条款和第8章为强制性，其余条款为推荐性。

本标准参考了ISO 6529:2001、EN 463:1995和EN468:1995。

本标准附录A、附录B、附录C、附录D、附录E、附录F、附录G、附录H、附录K、附录L为规范性附录，附录I和附录J为资料性附录。

本标准由国家安全生产监督管理总局提出。

本标准由全国个体防护装备标准化技术委员会归口。

本标准负责起草单位：北京市劳动保护科学研究所。

本标准参加起草单位：南通友诚工贸有限公司、丹东辽科工业丝绸防护织品有限公司。

本标准主要起草人：杨文芬、罗穆夏、程德亮、孙承科、周芸芸、宋丽芬。

防护服装　酸碱类化学品防护服

1　范围

本标准规定了酸碱类化学品防护服的分级、技术要求、测试方法、检验规则及标识等。

本标准适用于工业作业场所作业人员使用的防护液态酸碱类化学品的防护服。

本标准不适用于消防、应急救援等作业场所使用的酸碱类化学品防护服。

本标准不适用于针对氢氟酸、氨水、有机酸碱的防护服。

注：本标准涉及的产品防护对象为液态酸碱类化学品，但本标准无法涵盖对所有液态酸碱类化学品的防护，使用者应根据作业现场的实际情况，结合生产商提供的防护性能数据、并参考相关选择和配备标准选用合适的防护装备。

2　规范性引用文件

下列文件中的条款通过本标准的引用而成为本标准的条款。凡是注日期的引用文件，其随后所有的修改单(不包括勘误的内容)或修订版均不适用于本标准，然而，鼓励根据本标准达成协议的各方研究是否可使用这些文件的最新版本。凡是不注日期的引用文件，其最新版本适用于本标准。

GB/T 2912.1—1998　纺织品　甲醛的测定　第1部分：游离水解的甲醛(水萃取法)(eqv ISO 14184-1：1997)

GB/T 3917.3—1997　纺织品　织物撕破性能　第3部分：梯形试样撕破强力的测定(eqv ISO 9073-4：1984)

GB/T 3920—2008　纺织品　色牢度试验　耐摩擦色牢度(ISO 105-X12：2001，MOD)

GB/T 3923.1—1997　纺织品　织物拉伸性能　第1部分：断裂强力和断裂伸长率的测定　条样法(neq ISO 13934-1：1994)

GB/T 4288—2008　家用和类似用途电动洗衣机

GB/T 7573—2002　纺织品　水萃取液 pH 值的测定(ISO 3071：1980，MOD)

GB/T 12586—2003　橡胶或塑料涂覆织物　耐屈挠破坏性的测定(ISO 7854：1995，IDT)

GB/T 12903　个体防护装备术语

GB/T 13640　劳动防护服号型

GB/T 20655—2006　防护服装　机械性能　抗刺穿性的测定(ISO 13996：1999，IDT)

AQ 6102—2007　耐酸(碱)手套

HG/T 2580—1994　橡胶或塑料涂覆织物拉伸强度和扯断伸长率的测定(eqv ISO 1421：1977)

3　术语和定义

GB/T 12903 确立的以及下列术语和定义适用于本标准。

3.1

指示服　absorbent coverall

由吸水材料制成，用于显示试剂透过防护服程度的服装。

3.2

标准指示液　standard test liquid

用于标识防护服被穿透部位的液体。

注：由湿润剂和染色剂溶解于水制成。

3.3

标准污渍　calibrated stain

在指示服上滴 0.1 mL 指示液产生的污渍。

3.4

穿透　penetration

化学品从孔隙、接缝、针孔或者瑕疵透过服装材料的过程。

3.5

渗透　permeation

化学品分子透过防护服的过程，包括化学品分子被服装材料吸附、在服装材料内的扩散以及从服装材料另一面的解吸附过程。

4　分级

织物类防护服按穿透时间、耐液体静压性能分一级、二级、三级；非织物类防护服按渗透时间分为一级、二级、三级。其中一级的防护性能最低，三级的防护性能最高，以分级条件中最低者的等级作为防护等级。

5　技术要求

5.1　一般要求

5.1.1　服装结构应有利于穿着者的安全与卫生，与皮肤直接接触的材料应无皮肤刺激性或其他有害健康的影响，不影响人体正常生理要求。

5.1.2　服装应便于穿脱并利于作业时的肢体活动。

5.1.3　分身式防护服上衣应“领口紧、袖口紧和下摆紧”，裤子应为直筒裤（示意见图 1）；连体式防护服应“领口紧、袖口紧、裤脚紧”（示意见图 2），服装应尽可能轻便并易于活动、穿脱。

5.1.4　防护服各部分的结合部位应严密、合理、防止酸碱侵入；防护服的结构应考虑与其他防护装备的搭配使用，如：上衣袖子与防护手套、裤子与防护鞋（靴）之间等的结合部位应严密、合理、防止酸碱侵入。

5.1.5　服装上应无可积存酸碱的明衣袋等结构，但可以有内衣袋。

5.1.6　附件应便于连接和脱开，材质应耐腐蚀。

5.1.7　服装号型规格应参照 GB/T 13640，超出范围按档差自行设置。

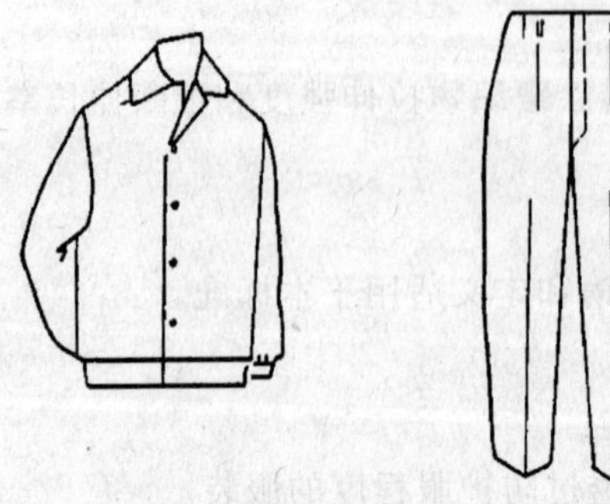

图 1　分身式防护服示意图

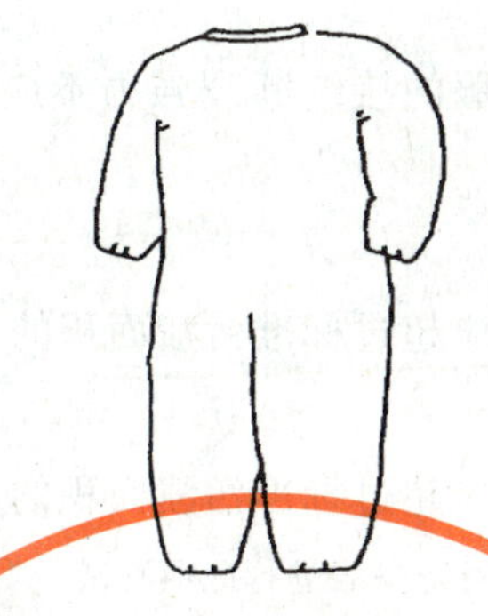

图 2 连体式防护服示意图

5.2 性能要求

5.2.1 穿透时间和渗透时间

5.2.1.1 织物酸碱类化学品防护服

织物酸碱类化学品防护服按 6.1 测试，有接缝部位和无接缝部位的穿透时间均应满足表 1 的要求。

表 1 织物酸碱类化学品防护服穿透时间

	穿透时间 t/min		
洗后	一级	二级	三级
	$3 \leqslant t < 5$	$5 \leqslant t < 10$	$t \geqslant 10$
洗前	$t \geqslant 30$		

5.2.1.2 非织物酸碱类化学品防护服

非织物酸碱类化学品防护服按 6.1 测试，渗透时间应满足表 2 的要求。

表 2 非织物酸碱类化学品防护服渗透时间

渗透时间 t/min		
一级	二级	三级
$90 \leqslant t < 120$	$120 \leqslant t < 240$	$t \geqslant 240$

5.2.2 拒液效率

织物酸碱类化学品防护服按 6.2 测试，洗前和洗后拒液效率不应小于 90%。

5.2.3 耐液体静压力

织物酸碱类化学品防护服按 6.3 测试，洗后耐液体静压力要求见表 3。

表 3 耐液体静压力

等　级	耐液体静压力 p/Pa
一级	$175 \leqslant p < 520$
二级	$520 \leqslant p < 1\,020$
三级	$p \geqslant 1\,020$

5.2.4 强力下降率

按照 6.4 测试，防护服的强力下降率应符合表 4 的要求。

表 4 强力下降率

服　料	织物类	非织物类
强力下降率	≤30%	≤50%

5.2.5 接缝断裂强力

按6.5测试，织物酸碱类化学品防护服的接缝断裂强力不应小于98 N，非织物酸碱类化学品防护服的接缝断裂强力不应小于45 N。

5.2.6 喷溅液密性

按6.6测试，指示服上总污渍面积不应超过标准污渍面积的3倍。

5.2.7 喷射液密性

按6.7测试，指示服上总污渍面积不应超过标准污渍面积的3倍。

注：应用场所存在加压的液态酸碱时，要求对防护服进行此项测试。

5.2.8 耐磨性

非织物酸碱类化学品防护服按照6.8进行测试，经过100圈磨损后应无破洞。

5.2.9 耐屈挠性

非织物酸碱类化学品防护服按照6.9进行测试，屈挠1 000次后应无破坏或断裂。

5.2.10 抗刺穿性

非织物酸碱类化学品防护服按照6.10进行测试，穿透力应大于10 N。

5.2.11 断裂强力和撕破强力

按照6.11测试，织物酸碱类化学品防护服的断裂强力和撕破强力应符合表5要求；非织物酸碱类化学品防护服的断裂强力按照6.11测试，不应小于250 N。

表5 断裂强力和撕破强力

服 料	断裂强力/N	撕破强力/N
经向	≥980	≥147
纬向	≥490	≥49

5.2.12 耐干摩擦色牢度

织物酸碱类化学品防护服按照6.12进行测试，耐干摩擦色牢度应大于或等于3级。

5.2.13 甲醛含量

织物酸碱类化学品防护服按照6.13进行测试，甲醛含量应小于或等于75 mg/kg。

5.2.14 pH值

织物酸碱类化学品防护服按照6.14进行测试，pH值应在4.0至7.5之间。

6 测试方法

6.1 渗透时间和穿透时间

织物酸碱类化学品防护服的穿透时间按照附录A测试，非织物酸碱类化学品防护服的渗透时间按照附录B或附录C测试。

6.2 拒液效率

拒液效率按照附录D测试。

6.3 耐液体静压力

耐液体静压力按照附录E测试。

6.4 强力下降率

织物酸碱类化学品防护服强力下降率按照附录F测试；非织物酸碱类化学品防护服强力下降率按照附录G测试。

6.5 接缝断裂强力

接缝断裂强力按照附录 H 测试。

6.6 喷溅液密性

喷溅液密性按照附录 I 测试。

6.7 喷射液密性

喷射液密性按照附录 J 测试。

6.8 耐磨性

非织物酸碱类化学品防护服按照 AQ 6102—2007 中 4.3.1 进行测试。

6.9 耐屈挠性

非织物酸碱类化学品防护服按照 GB/T 12586—2003 A 法进行测试。

6.10 抗刺穿性

非织物酸碱类化学品防护服按照 GB/T 20655—2006 进行测试。

6.11 断裂强力和撕破强力

织物酸碱类化学品防护服的断裂强力和撕破强力按照 GB/T 3923.1—1997 进行测试;撕破强力按照 GB/T 3917.3—1997 进行测试;非织物酸碱类化学品防护服的断裂强力按照 HG/T 2580—1994 测试。

6.12 耐干摩擦色牢度

织物酸碱类化学品防护服按照 GB/T 3920—2008 进行测试。

6.13 甲醛含量

织物酸碱类化学品防护服按照 GB/T 2912.1—1998 进行测试。

6.14 pH 值

织物酸碱类化学品防护服按照 GB/T 7573—2002 进行测试。

7 检验规则

7.1 样品

7.1.1 检验样品应符合产品标识的描述,功能有效。

7.1.2 样品数量应根据测试要求确定。

7.2 检验类别

检验类别分为型式检验、出厂检验。

7.3 型式检验

7.3.1 有下列情况之一时需进行型式检验:

a) 新产品鉴定或老产品转厂生产的试制定型鉴定;

b) 当材料、工艺、结构设计发生变化时;

c) 停产超过一年后恢复生产时;

d) 正常连续生产满一年时;

e) 出厂检验结果与上次型式检验结果有较大差异时;

f) 国家有关主管部门提出型式检验要求时。

7.3.2 样本由提出检验的单位或委托第三方从企业出厂检验合格的产品中随机抽取,样品数量以满足全部测试项目要求为原则。

7.3.3 产品出厂应逐批进行出厂检验,检验批量以一次生产投料为一批次,各项检验样本大小、不合格分类、判定数组见表 6 中规定的项目。

表 6　出厂检验项目

检查项目	批量范围	单项检验样本大小	不合格分类	单项判定数组	
				合格判定数	不合格判定数
渗透时间 拒液效率 耐液体静压力 断裂强力 撕破强力 接缝断裂强力 标识	<500	3	A	0	1
	501～5 000	5			
	>5 000	8			
一般要求	<500	3	B	1	2
	501～5 000	5			
	>5 000	8			

8　标识

8.1　产品永久性标识

产品应以中文清晰标识以下内容：

a)　本标准编号和年号；

b)　产品名称；

c)　防护对象及其浓度；

d)　产品等级；

e)　号型；

f)　制造商名称；

g)　商标(若有)；

h)　其他国家有关法律法规规定应有的标记和标志。

8.2　产品说明

防护服应在其销售的包装内附加产品说明，可以使用印刷品、图册提供给最终使用者，应包括但不限于以下内容：

a)　产品制造商名称、厂址和联系资料；

b)　生产日期；

c)　适用及不适用条件；

d)　穿着指导说明；

e)　产品判废条件；

f)　防护对象的详细说明；

g)　洗涤、熨烫、晾干说明；

h)　制造商建议的储存条件；

i)　使用期限和保养方法；

j)　为合格品的声明及资料。

附 录 A
（规范性附录）
织物酸碱类化学品防护服穿透时间测试方法

A.1 原理

利用电导法和自动计时装置测试织物酸碱类化学品防护服的穿透时间，试样放置在上下极板之间，导电丝与上极板连通，同时与试样上表面接触，当发生穿透现象时，电路导通，停止计时。

A.2 测试装置

测试装置的基本组成部分包括自动计时装置、电极板等，测试装置示意图见图A.1。

1——电子计时器；
2——下电极；
3——试剂液滴；
4——导电丝；
5——上电极。

图A.1 导电法测试装置示意图

A.3 测试环境：

温度：(17～30)℃，相对湿度：(65±5)%。

A.4 试剂

从附录L的表L.1中选择与产品标明的防护对象对应的酸和/或碱作为测试试剂。无机酸类防护服应取80%硫酸、30%盐酸、40%硝酸分别进行测试；无机碱类防护服应取30%氢氧化钠进行测试；无机酸碱类防护服应取80%硫酸、30%盐酸、40%硝酸、30%氢氧化钠分别进行测试。

A.5 准备试样

A.5.1 从防护服上取6个试样，规格为100 mm×100 mm。其中3个为无接缝试样，3个为有接缝试样。有接缝试样上的接缝应位于试样的中心位置。

A.5.2 需要洗涤的试样洗涤方法见附录K。

A.6 测试步骤

A.6.1 将试样平铺于上下电极之间，从圆孔处顺导电丝向试样表面滴0.1 mL试剂，同时开始计时。对有接缝的试样，应该将试剂滴在接缝处，导电丝放置在接缝处。

A.6.2 发生穿透后，停止计时，分别记录计时停止时的读数。

A.7　结果计算

A.7.1　对无接缝试样：读数分别记为 t_1、t_2、t_3；穿透时间 $t=\frac{t_1+t_2+t_3}{3}$。

A.7.2　对有接缝试样：读数分别记为 t_4、t_5、t_6；穿透时间 $t=\frac{t_4+t_5+t_6}{3}$。

附 录 B
(规范性附录)
非织物酸碱类化学品防护服渗透时间测试方法——浓度法

B.1 原理

测试腔体分为左右两部分，将试样夹持在测试腔中央，一面接触试剂，另一面接触收集介质。将试剂注入测试腔，与试样接触，在试样另一端以收集介质(水)收集透过试样的试剂，采用闭环测试系统(取样分析不减少收集介质的量)，测试收集介质中试剂的浓度，以确定渗透时间。

B.2 测试装置

B.2.1 渗透测试腔

如图B.1所示，测试腔应选择不与所测酸碱发生反应的材料制成，将试样夹持在渗透测试腔中央，一面(防护服的外表面)接触试剂，另一面(防护服的内表面)接触收集介质。

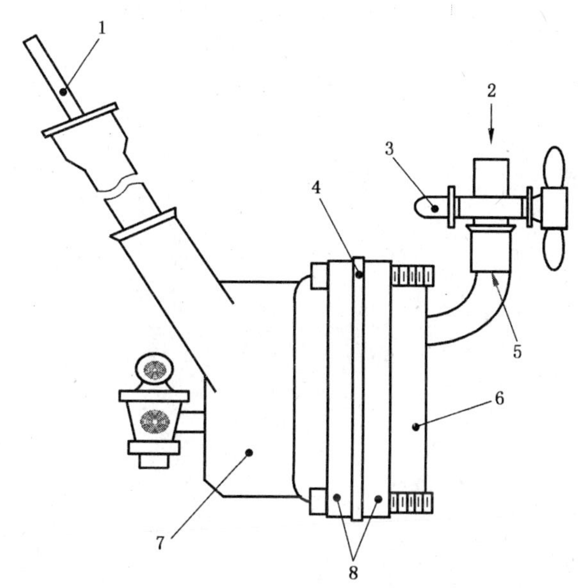

1——搅拌棒；
2——试剂入口；
3——旋塞；
4——试样；
5——标记线；
6——试剂腔；
7——取样端；
8——法兰环。

图B.1 渗透测试腔示意图

B.2.2 分析装置

应根据试剂种类选择相应浓度分析装置，分析装置的精度应能达到0.71 mg/L。

B.2.3 试剂

从附录L的表L.1中选择与产品标明的防护对象对应的酸和/或碱作为测试试剂。无机酸类防护服应取98%硫酸、30%盐酸、60%硝酸分别进行测试；无机碱类防护服应取40%氢氧化钠进行测试；无机酸碱类防护服应取98%硫酸、30%盐酸、60%硝酸、40%氢氧化钠分别进行测试。

B.2.4　收集介质

以水作为收集介质。

B.3　测试准备

从防护服的三个不同部位上各裁取一块不小于60 mm×60 mm的试样。将试样在(20±10)℃，相对湿度(65±5)%环境下放置24 h。

B.4　测试步骤

B.4.1.1　测试应在(17～30)℃环境下进行。

B.4.1.2　将试样固定到测试腔上，穿着时向外的一面接触试剂，在试剂腔中注入试剂，收集腔中注入收集介质，开始计时。

B.4.1.3　测定收集介质中试剂的浓度，当试剂浓度达到0.71 mg/L时，终止测试，记录从开始计时到测试终止的时间，为试样的渗透时间 t。

附 录 C
（规范性附录）
非织物酸碱化学品防护服测试方法——指示剂法

C.1 原理

利用化学指示剂变色现象确定非织物酸碱类化学品防护服的渗透时间。

C.2 测试装置

测试装置采用 AQ 6102—2007 中 4.2.1 规定的测试装置。

C.3 试剂

从附录 L 的表 L.1 中选择与产品标明的防护对象对应的酸和/或碱作为测试试剂。无机酸类防护服应取 98%硫酸、30%盐酸、60%硝酸分别进行测试；无机碱类防护服应取 40%氢氧化钠进行测试；无机酸碱类防护服应取 98%硫酸、30%盐酸、60%硝酸、40%氢氧化钠分别进行测试。

C.4 测试条件

温度：(17～30)℃，相对湿度：(65±5)%。

C.5 测试准备

从防护服前胸、后背、臂部等不同部位随机裁取三块试样，试样尺寸不小于 60 mm×60 mm。

C.6 测试步骤

C.6.1 用橡皮筋或袋子将试样包扎在玻璃管的一端，穿着时向外的一面接触试剂，再将包扎端的玻璃管放在垫有滤纸和 pH 试纸的玻璃板上。

C.6.2 沿玻璃管内壁用吸液管注入液位高 10 mm 的试剂，开始计时。

C.6.3 试纸变色后停止计时，记录经过的时间，即为渗透时间。

附　录　D
（规范性附录）
拒液效率测试方法

D.1　原理

本方法用于测定织物酸碱类化学品防护服服料的拒液效率，使试剂流过试样表面，通过计算试剂的质量变化得出拒液效率。

D.2　测试设备

测试设备示意图见图 D.1。

单位为毫米

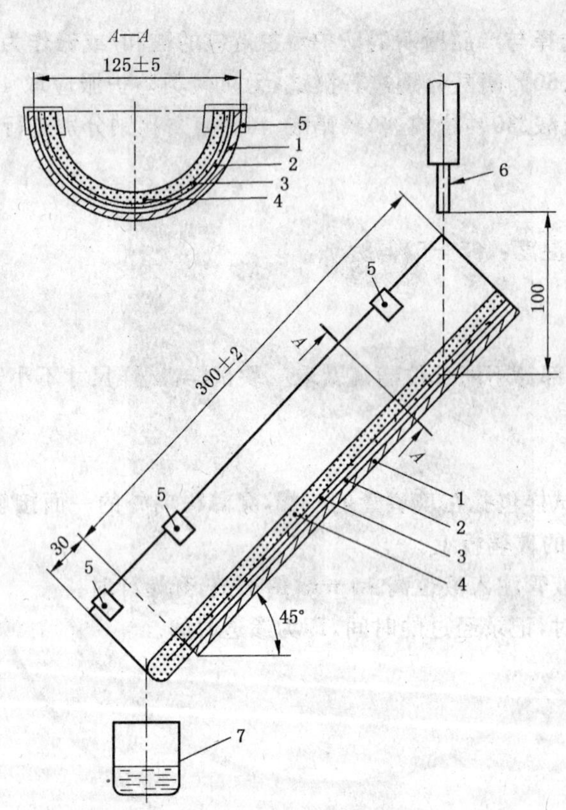

1——硬质透明槽；
2——透明薄膜；
3——滤纸；
4——试样；
5——夹子；
6——注射器；
7——烧杯。

图 D.1　拒液效率测试设备

D.2.1　硬质透明槽

呈半圆柱形，内径为(125±5)mm，长为(300±2)mm，倾角为45°。

D.2.2　注射器

规格为(10±0.5)mL，针孔直径为(0.8±0.02)mm；针尖要求为平头。

D.2.3 自动注射系统

使用液压泵或其他增压系统，可保证注射器在(10±1)s内连续喷射(10±0.5)mL试剂，并带有固定注射器的支架。

注：不应使用人工或依靠重力注射。

D.2.4 烧杯

容量为50 mL。

D.2.5 天平

精度0.01 g。

D.2.6 透明薄膜

使用不受试剂腐蚀的材质制成，放置在硬质透明槽与滤纸之间，保护硬质透明槽。

D.2.7 滤纸

厚度为(0.15～0.2)mm，放置在试样与透明薄膜之间。

D.2.8 秒表

精度为0.1 s。

D.2.9 试剂

从附录L的表L.1中选择与产品标明的防护对象对应的酸和/或碱作为测试试剂。无机酸类防护服应取80%硫酸、30%盐酸、40%硝酸分别进行测试；无机碱类防护服应取30%氢氧化钠进行测试；无机酸碱类防护服应取80%硫酸、30%盐酸、40%硝酸、30%氢氧化钠分别进行测试。

D.3 测试条件

温度：(17～30)℃、相对湿度：(65±5)%。

D.4 准备试样

D.4.1 采用附录K规定的方法对防护服进行洗涤，分别从洗涤前、后的衣服上取经、纬向各3个试样，尺寸为(360±2)mm×(235±2)mm。

D.4.2 将裁剪好的试样置于测试环境条件下8 h。

D.5 测试步骤

D.5.1 裁剪大小为(360±2)mm×(235±5)mm的矩形滤纸和透明薄膜各1块。

D.5.2 将称量过的透明薄膜放入硬质透明槽内，上面覆盖滤纸，相互间紧密贴合。注意不要留有空隙，也不要出现皱褶，并保证硬质透明槽、透明薄膜、滤纸三者下端面平齐。

D.5.3 将试样放在滤纸上，使试样的长边与槽边平行，外表面向上，试样被折叠的边超出槽的下端30 mm。仔细检查试样，确保其表面与滤纸紧密贴合后，用夹子将试样固定在硬质透明槽上。

D.5.4 用天平称量小烧杯的质量m_1并记录，精确到0.01 g。

D.5.5 将小烧杯安放在试样折叠边缘的下面，确保能收集所有从试样表面流下的试剂。

D.5.6 注射器针头向下，垂直安装在支架上，针头应通过硬质透明小槽的轴心线，与试样表面的垂直距离为(100±2)mm，试样外表面喷射点与试样下端面间的长度为(330±2)mm(参见图D.1)。

D.5.7 启动自动注射系统，同时开始计时，使10 mL试剂在(10±1)s内由针头喷射至试样的外表面。

D.5.8 计时到60 s，轻敲硬质透明槽的边缘，使悬浮于试样折叠边缘的试剂滑落。

D.5.9 称量小烧杯和杯中收集的试剂的质量m_1'，精确到0.01 g，记录数据。

D.5.10 依次测得其余试样的数据。

D.6 结果处理

拒液指数根据式(D.1)计算：

$$I = \frac{m_1' - m_1}{m} \times 100\% \quad \cdots\cdots\cdots\cdots (D.1)$$

式中：

I——拒液指数，%；

m_1——小烧杯的质量，单位为克(g)；

m_1'——小烧杯与烧杯中收集的试剂质量，单位为克(g)；

m——滴到试样上的试剂质量，单位为克(g)。

附　录　E
（规范性附录）
耐液体静压力测试方法

E.1　原理

本方法用于测试织物酸碱类化学品防护服耐液体静压的能力，以织物承受的液体静压值来表示试剂透过织物受到的阻力。

E.2　测试装置

测试装置示意图见图 E.1。

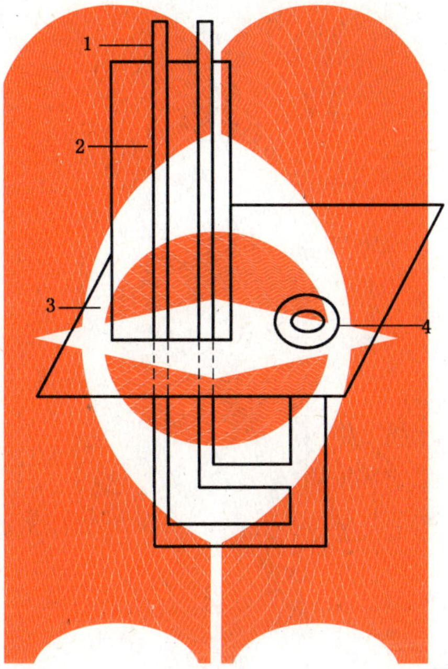

1——玻璃管；
2——压力显示装置；
3——玻璃板；
4——夹具。

图 E.1　耐液体静压测试设备示意图

E.3　试剂

防酸产品取 80％硫酸作为试剂；防碱产品取 30％氢氧化钠作为试剂；防酸碱产品分别对 80％硫酸和 30％氢氧化钠进行测试。

E.4　测试条件

温度：(17～30)℃，相对湿度：(65±5)％。

E.5　测试准备

从成品防护服上取 3 个试样，试样尺寸为 ϕ32 mm。

E.6　测试步骤

E.6.1　将试样在夹具上夹紧，确保试样水平夹持、不鼓起、不滑动、夹具边缘无产生渗透的可能；试剂从垂直下方接触试样。

E.6.2 对试剂进行持续、稳定的加压。

E.6.3 观察试样，记录试样上第 3 处液珠出现时的液体静压。

E.6.4 每种试样应进行 3 次测试，取算术平均值，得到试样耐液体静压值。

附 录 F
（规范性附录）
织物酸碱类化学品防护服强力下降率测试方法

F.1 原理

通过防护服服料未浸试剂和浸过试剂后的平均断裂强力$\overline{F_a}$、$\overline{F_b}$，可计算出服料经试剂浸泡后的强力下降率。

F.2 试剂

从附录L的表L.1中选择与产品标明的防护对象对应的酸和/或碱作为测试试剂。无机酸类防护服应取80%硫酸、30%盐酸、40%硝酸分别进行测试；无机碱类防护服应取30%氢氧化钠进行测试；无机酸碱类防护服应取80%硫酸、30%盐酸、40%硝酸、30%氢氧化钠分别进行测试。

F.3 测试条件

温度：(17～30)℃，相对湿度：(65±5)%。

F.4 准备试样

按GB/T 3923.1—1997规定将防护服服料裁成规定尺寸和数量的试样。

用试剂浸泡试样5 min，清洁后按照制造商说明书要求晾干。

F.5 测试步骤

F.5.1 按GB/T 3923.1—1997的规定分别测出每块试样未浸试剂时的断裂强力，并取算术平均值得到试样浸试剂前的平均断裂强力$\overline{F_a}$。

F.5.2 按GB/T 3923.1—1997的规定分别测出每块试样经过试剂浸泡后的断裂强力，并取算术平均值得到试样浸试剂后的平均断裂强力$\overline{F_b}$。

F.5.3 结果处理

断裂强力下降率根据式(F.1)计算：

$$D=\frac{\overline{F_a}-\overline{F_b}}{\overline{F_a}}\times 100\% \qquad \text{(F.1)}$$

式中：

D——断裂强力下降率，%；

$\overline{F_a}$——试样浸试剂前平均断裂强力，单位为牛(N)；

$\overline{F_b}$——试样浸试剂后平均断裂强力，单位为牛(N)。

附 录 G
（规范性附录）
非织物酸碱类化学品防护服强力下降率测试方法

G.1 原理

分别测出防护服服料未浸试剂和浸过试剂后的平均断裂强力$\overline{F_a}$、$\overline{F_b}$，计算出服料浸试剂后的强力下降率。

G.2 试剂

从附录L的表L.1中选择与产品标明的防护对象对应的酸和/或碱作为测试试剂。无机酸类防护服应取98％硫酸、30％盐酸、60％硝酸分别进行测试；无机碱类防护服应取40％氢氧化钠进行测试；无机酸碱类防护服应取98％硫酸、30％盐酸、60％硝酸、40％氢氧化钠分别进行测试。

G.3 测试条件

温度：(17～30)℃，相对湿度：(65±5)％。

G.4 准备试样

G.4.1 按HG/T 2580—1994的规定将防护服服料裁成规定尺寸和数量的试样。

G.4.2 用试剂浸泡试样5 min，清洁后按照制造商说明书要求晾干。

G.4.3 测试步骤

按HG/T 2580—1994的规定，分别测出试样未浸试剂时的平均断裂强力$\overline{F_a}$、试样浸试剂后的平均断裂强力$\overline{F_b}$。

G.5 结果处理

与F.5.3相同。

附 录 H
（规范性附录）
接缝断裂强力测试方法

H.1 原理

本方法用于测试液态化学品防护服接缝处的牢固程度。

H.2 准备试样

H.2.1 随机从防护服成品的不同部位剪取 4 个试样，接缝在试样中心，接缝方向与受力方向成 90°。如接缝采用缝线，应将试样接缝端的线打结，以防滑脱。

H.2.2 织物酸碱类化学品防护服取样的尺寸和数量按 GB/T 3923.1—1997 规定进行。

H.2.3 非织物酸碱类化学品防护服取样的尺寸和数量按 HG/T 2580—1994 规定进行。

H.3 测试步骤

H.3.1 织物酸碱类化学品防护服按 GB/T 3923.1—1997 进行测试。

H.3.2 非织物酸碱类化学品防护服按 HG/T 2580—1994 进行测试。

H.4 结果处理

所测试样的断裂强力最低值记为接缝的断裂强力。

附 录 I
（资料性附录）
喷溅液密性测试方法

I.1 原理

对穿戴指示服和防护服的假人模型做测试，以指示服上的污渍面积考察防护服液密性。

I.2 测试装置和器材

I.2.1 假人模型

用于测试的全身假人，外穿指示服，指示服外穿着被测防护服。

I.2.2 标准指示液

将湿润剂和染色剂溶解在水中制成，应符合下列要求：

——表面张力为$(30\pm5)\times10^{-3}$ N/m。

——在指示服的外表面滴 0.1 mL 指示液，应形成直径不小于 2 cm 的标准污渍。

I.2.3 指示服

由吸水材料制成，带帽兜，厚度不超过 5 mm。

I.2.4 污渍分辨

0.1 mL 的标准指示液滴在指示服外表面应产生清晰可见的污渍，污渍直径不应小于 2 cm。

I.2.5 转盘

用防水材质制成的转盘，能够带动假人以 1 rad/ min 的速度旋转。

I.2.6 水泵

带压力计和流量调节装置。

I.2.7 喷杆

如图 I.1 所示，垂直安放喷杆，喷杆上垂直排列喷嘴，喷嘴安装间距为 450 mm。

单位为毫米

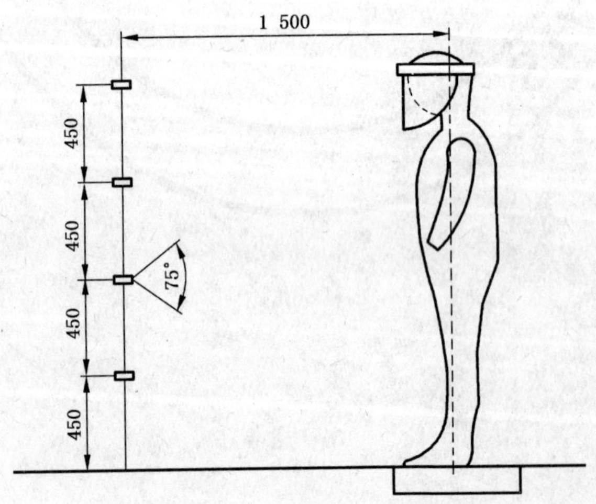

图 I.1 喷溅装置示意图

I.2.8 喷嘴

喷嘴的喷雾角应为75°,在300 kPa的压力下,能以(1.14±0.1) L/min的速度喷水。

I.3 准备试样

I.3.1 选择与假人尺寸相符的防护服,宽度允许误差±10%,高度允许误差±5%。

I.3.2 将指示服穿在假人身上,再穿上待测防护服,并为假人戴上化学品防护手套,穿上化学品防护靴,戴上全面罩,面罩深度为18 cm,宽度为32 cm。

I.3.3 密封假人头、面、颈等部位与防护服之间可能允许液体透过的缝隙。

I.4 测试步骤

I.4.1 调整水泵的压力,使每个喷嘴的流量达到(1.14±0.1)L/min。

I.4.2 将假人模型固定于转盘的几何中心,标记双脚的位置。

I.4.3 喷标准指示液1 min,在此过程中转盘旋转360°。

I.4.4 让防护服晾干2 min。

I.4.5 除去防护服,检查并记录指示服上污渍面积。

附　录　J
（资料性附录）
喷射液密性测试方法

J.1　测试设备

J.1.1　假人模型

用于测试的假人，外穿指示服，指示服外穿着被测防护服。

J.1.2　标准指示液

同 I.2.2。

J.1.3　指示服

同 I.2.3。

J.1.4　污渍分辨

同 I.2.4。

J.1.5　喷嘴

结构见图 J.1，压力计处液体压力为 150 kPa。

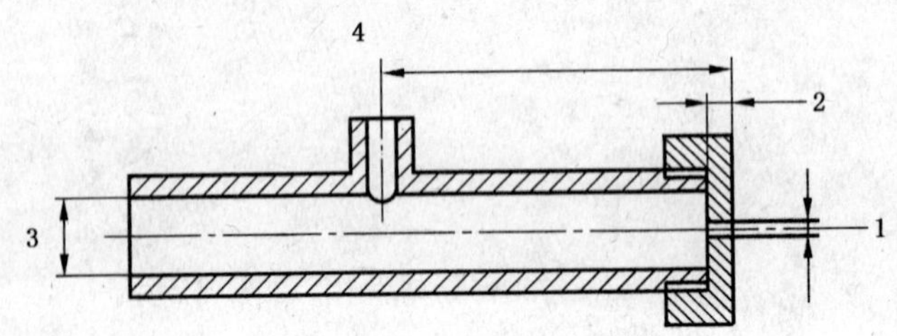

1——喷嘴口直径（4±1）mm；
2——喷嘴口长度（4±1）mm；
3——喷嘴管内径（12.5±1）mm；
4——压力计，压力计与喷嘴口的距离为（80±1）mm。

图 J.1　喷嘴结构图

J.2　准备试样

同 I.3。

J.3　测试步骤

J.3.1　从防护服接缝或关节、防护服不同部位连接处随机选取 5 个测试点，带面罩的一体化防护服还要选取防护服与防护手套、靴子、面罩等连接部位作为测试点。

J.3.2　将喷嘴置于距测试点 1 m 处，对每个测试点进行 5 s 的持续喷射，等待 2 min 让防护服自然晾干；除去防护服，检查指示服上是否有污渍，若出现污渍，测量污渍面积。

附 录 K
（规范性附录）
洗 涤 方 法

K.1 设备

K.1.1 洗衣机：符合 GB/T 4288—2008 中规定的波轮式(B)洗衣机。

K.1.2 精度为 0.1 g 的天平。

K.2 洗涤剂

pH 为 7～7.5 的合成洗涤剂。

K.3 洗涤条件

洗涤条件应符合表 K.1 规定。

表 K.1 洗涤条件

项 目	条 件
洗涤方式	普通洗涤
洗涤水温	(40±3)℃
水容量	30 L 以上
洗涤液浓度	2 g/L
浴比	1∶30(布∶水)

K.4 洗涤程序

K.4.1 将试样放入 K.1.1 规定的洗衣机中，按 A.3 规定的洗涤条件进行洗涤。

K.4.2 洗涤程序按表 K.2 进行。

表 K.2 洗涤程序

序号	1	2	3	4	5	6	7
洗涤程序	洗涤 4.0 h	排水	脱水 2 min	漂洗 6.0 min	排水	脱水 2 min	按序号 4～6 重复 3 次

K.4.3 脱水后应根据制造商说明进行熨烫、晾干。

附 录 L
(规范性附录)
试剂列表

表 L.1 试剂列表

序号	试剂	浓度(质量分数)/%	备注
1	硫酸	80	仅适用于织物
2	硫酸	98	仅适用于非织物
3	盐酸	30	适用于织物和非织物
4	硝酸	40	仅适用于织物
5	硝酸	60	仅适用于非织物
6	氢氧化钠	30	仅适用于织物
7	氢氧化钠	40	仅适用于非织物
8	氢氧化钾	30	仅适用于织物
9	氢氧化钾	40	仅适用于非织物
注:对未加备注的酸/碱,测试时是否针对织物或非织物应参考制造商提供的信息进行判别。			

参 考 文 献

[1] EN 463:1995 Protective clothing—Protection against liquid chemicals—Test method—Determination of resistance to penetration by a jet of liquid (jet test)

[2] EN 468:1995 Protective clothing for use against liquid chemicals—Test method—Determination of resistance to penetration by spray (Spray Test)

[3] EN ISO 6529:2001 Protective clothing—Protection against chemicals—Determination of resistance of protective clothing materials to permeation by liquids and gases

[4] EN ISO 6530:2005 Protective clothing—Protection agaist liquid chemicals—Test method for resistance of materials to penetration by liquids

[5] BS 7184:2001 Selection, use and maintenance of chemical protective clothing. Guidance

[6] ISO 7854:1996 Rubber-or plastics-coated fabrics—Determination of resistance to damage by flexing

[7] ISO 9073-4: 1997 Textiles—Test methods for nonwovens—Part 4: Determination of tear resistance

[8] EN 13034:2005 Protective clothing against liquid chemicals—Performance requirements for chemical protective clothing offering limited protective performance against liquid chemicals(type 6 and type PB [6] equipment)

[9] EN ISO 13934-1:1999 Textiles—Tensile properties of fabrics—Determination of maximum force and elongation at maximum force using the strip method

[10] ISO 13935-2:1999 Textiles—Seam tensile properties of fabrics and made-up textile articles—Part 2:Determination of maximum force to seam rupture using the grab method

[11] EN 14605:2005 Protective clothing against liquid chemicals. Performance requirements for clothing with liquid-tight (type 3) or spray-tight (type 4) connections, including items providing protection to Parts of the body only (types PB [3] and PB [4])

[12] EN 14325:2004 Protective clothing against chemicals—Test methods and performance classification of chemical protective clothing materials, seams, joins and assemblages

ICS 13.340.40
C 73

中华人民共和国国家标准

GB 24541—2009

手部防护 机械危害防护手套

Hand protection—Protective gloves against mechanical risks

2009-10-30 发布 2010-09-01 实施

中华人民共和国国家质量监督检验检疫总局
中国国家标准化管理委员会 发布

前　言

本标准的第 4、5、6 章为强制性，其余为推荐性。

本标准修改采用欧洲标准 EN 388:2003《机械危害防护手套》(英文版)。

本标准根据 EN 388:2003 重新起草。

本标准与 EN 388:2003 相比，主要技术性差异如下：

——将 EN 388:2003 规范性引用文件:EN 420 修改为 GB/T 12624;EN ISO 12947-1 修改为 GB/T 21196.1—2007;

——在规范性引用文件中增加了 ISO 13997 以及 GB/T 21196.2—2007;

——简化了 EN 388:2003 中 6.1“耐磨性能测试”中有关耐摩擦性能测试方法的描述;

——将 EN 388:2003 中第 5 章“取样和环境条件”调整为 5.1“取样和测试环境”;

——在 EN 388:2003 中第 4 章“技术要求”中加入了耐切割性能 5 级以上手套需增加 ISO 13997 测试;

——删除了 EN 388:2003 中脚注 1,2,3 中供应商信息;

——修改了 EN 388:2003 中第 7 章“标识”和第 8 章“生产商信息”为第 6 章“标识”;

——删除了 EN 388:2003 中附录 B 和 ZA;

——将 EN 388:2003 中 6.2.6“测试方法”中有关 ISO 切割性能测试方法转换关系的注释部分以及表 3 调整为资料性附录。

为了便于使用，本标准还做了下列编辑性修改：

——用小数点符号“.”代替小数点符号“,”;

——删除了 EN 388:2003 的前言;

——增加了引言。

本标准的附录 A 和附录 B 为资料性附录。

本标准由国家安全生产监督管理总局提出。

本标准由全国个体防护装备标准化技术委员会归口。

本标准起草单位:北京安源咨询有限公司、上海市安全生产科学研究所、安思尔(上海)商贸有限公司、杜邦中国集团有限公司、帝斯曼(中国)有限公司、北京君安泰防护科技有限公司。

本标准起草人:奈芳、邵宝仁、马罡亮、田蕴墨、戚敏、金郡潮、吴军、高长德、高铁夫。

引　言

在工业加工生产领域以及应急救援工作中的作业人员在其工作中可能接触到摩擦、切割、穿刺等机械危害，为了减少或隔绝此类伤害，以上人员需要配置不同等级机械危害防护手套(以下简称防护手套)。

手部防护 机械危害防护手套

1 范围

本标准规定了机械危害防护手套的技术要求、测试方法和标识。

本标准适用于具有防护摩擦、切割、穿刺中一种机械危害的手套。

本标准中所使用的测试方法也适用于独立于手套和服装的手臂保护装备。

2 规范性引用文件

下列文件中的条款通过本标准的引用而成为本标准的条款。凡是注日期的引用文件，其随后所有的修改单(不包括勘误的内容)或修订版均不适用于本标准，然而，鼓励根据本标准达成协议的各方研究是否可使用这些文件的最新版本。凡是不注日期的引用文件，其最新版本适用于本标准。

GB/T 12624 劳动防护手套通用技术条件

GB/T 21196.1—2007 纺织品 马丁代尔法织物耐磨性的测定 第1部分：马丁代尔耐磨试验仪(ISO 12947-1:1998,MOD)

GB/T 21196.2—2007 纺织品 马丁代尔法织物耐磨性的测定 第2部分：试样破损的测定(ISO 12947-2:1998,MOD)

ISO 13997 防护服 机械特性 抗尖锐物切割特性的测定

3 术语和定义

下列术语和定义适用于本标准。

3.1

机械危害防护手套 protective gloves against mechanical risks

保护手或手臂免受摩擦、切割、穿刺中至少一种机械危害的手套。

注：耐撕裂性能只反映手套的物理机械性能信息，并不用来指导对某种危害的防护。一般认为数值更高性能更好。

3.2

局部增强型防护手套 glove providing a specific protection

在设计中对整个手部或其部分区域提供更高防护性能的手套。

3.3

手套系列 glove series

具有相同设计或从手掌部分到手腕部分使用相同材料，仅尺寸、长度、左右手和颜色不同的手套类型。

3.4

手臂 arm

手腕和肩膀之间的身体部分。

4 技术要求

4.1 一般技术要求

执行本标准时，应首先符合 GB/T 12624 的所有相关要求。

4.2 机械防护性能要求

机械危害防护手套性能应要求至少达到1级。表1列出了针对每种性能等级分级的最低要求。

注：符合防穿刺性能要求的手套并不一定适合防护特别尖锐物体的穿刺，如注射器针头。

表 1 性能等级

性 能	1级	2级	3级	4级	5级
耐摩擦性/周期	100	500	2 000	8 000	—
耐切割性/指数	1.2	2.5	5.0	10.0	20.0
耐撕裂性/N	10	25	50	75	—
耐穿刺性/N	20	60	100	150	—
注:其中磨损耐摩擦性能的周期为其轨迹形成一个完整李莎茹图形的平面摩擦运动,包括 16 次摩擦,即侧驱动轮转动 16 圈,内侧驱动轮转动 15 圈。					

对耐切割性能 5 级以上的手套需按照 ISO 13997 测试方法进行耐切割性能的测试作为补充数据,并将测试的牛顿力反应在测试报告中。

如有需要,应对防护手套的其他部位进行额外测试,例如增强型防护手套的增强部位。

5 测试方法

5.1 取样和测试环境

5.1.1 取样

如无其他要求,所有试样应取自不同手套的掌部。

5.1.2 测试环境

试样调湿时间为 24 h。测试应在以下的环境下进行:

——温度(23±2)℃;

——相对湿度(50±5)%。

如果测试环境与标准大气不同,应在从标准环境条件离开的 5 min 内开始测试。

如果特殊应用要求在不同环境中进行测试,则由生产商或其授权代表负责另行安排测试。在生产商提供的信息中注明测试结果时应包括完整的测试环境描述。

5.2 耐摩擦性能

5.2.1 原理

在规定压强下,圆形试样以李莎茹图形(LISSAJOUS)的运动轨迹进行循环平面运动摩擦,该图形是 2 个振动方向相互垂直、频率成简单整数比的简谐振动的运动轨迹。

耐摩擦性能用试样出现破损时的循环周期来表征。破损指的是测试样品出现穿透的洞。

5.2.2 磨料

5.2.2.1 磨料应符合以下规格

——基布材料:基布材料应是适当质量纸张,最小单位质量为(125±6.25)g/m²。

——粘合剂:粘合剂应是水溶性的,质量好并且适用。

——研磨剂:砂粒应质量好并且适用,应符合表 2 中的粒径分布要求。

表 2 研磨剂粒径分布要求

要 求	通过筛孔径/μm
全部通过	212
过筛率≥75%	180
过筛率≤50%	125
过筛率≤5%	106

5.2.2.2 整张的砂纸须具备以下特性

——破裂强度应不小于：长度方向为 392 N/50 mm；宽度方向为 215 N/50 mm。

——砂纸的单位质量应是(300±30)g/m^2。

5.2.3 仪器

采用 GB/T 21196.1—2007 中所述的马丁代尔耐磨试验仪。加载块和试样夹具组件的总质量应为(595±7)g，从而保证试样在测试过程中承受(9±0.2)kPa 压强。

5.2.4 试样

同一手套系列应提供 4 个取自不同手套的测试试样。如果测试试样由未粘合的多层组成，应对每一层进行单独测试，性能等级为循环周期总和。

5.2.5 测试过程

5.2.5.1 样品安装

样品安装方法参照 GB/T 21196.2—2007 执行。为防止试样在测试过程中产生松动，应使用双面胶带来固定试样。

5.2.5.2 装配磨料

磨料装配方法参照 GB/T 21196.2—2007 执行。为确保磨料没有褶皱和突起地紧贴在机器表面，应使用双面胶带来固定磨料。

5.2.5.3 装配样布架

将样布架装在顶盘，上面加(9±0.2)kPa 压强，开动测试机器。如果需中断测试一段时间(例如晚上或周末)，将测试试样从样布架上拿下来，面朝上存放。用干净的卡片或布片盖住试样以起保护作用。

5.2.5.4 判定方法

每次测试都应用新的磨料。开始测试 100 循环周期后检查试样。如果没有破损，则继续测试，直到 500 循环周期(2 级)。每次对样品进行确定性能等级检查时，都应用清洁的压缩空气清洁测试试样和磨料，并且在将试样放回机器前拧紧固定器。如果没有破损，则继续测试，直到表 1 中所示的下一性能等级所规定的循环周期。达到每一性能等级要求的循环周期时都应检查测试试样。如果试样在设定的性能等级检查时被发现破损了，则记录为前一级的性能等级。

如果破损发生在离测试试样边缘 2 mm 以内或者试样被撕裂，则该试样应丢弃并重复整个测试过程。如果在第二次测试中至少又有一个测试试样发生同样的情况，则记录下两次测试中没有被丢弃的试样中的最低值。

5.3 耐切割性能

此测试不适用于由非常坚硬的材料制成的手套，例如金属链环手套。

5.3.1 原理

试样被指定负荷下往复运动的圆形刀片来回切割。

5.3.2 设备

设备(见图 1，图 2 和图 3)由以下部分组成：

a) 一个连接圆形旋转刀片，能进行往复水平运动的测试工作台。水平移动距离 50 mm，刀片的旋转方向和其移动方向完全相反。由此产生的刀片正弦最大切割速度为 10 cm/s；

b) 一个用来在刀片上施加(5±0.05)N 压力的物体；

c) 一个圆形刀片，直径(45±0.5)mm，厚(3±0.3)mm，切割角在 30°～35°之间(见图 3)。刀片应用钨钢制成，硬度在 740 HV～800 HV 之间；

d) 一个导电橡胶做的支撑垫，用于在上面放置试样；

e) 一个用于夹住试样的夹子框架，如图 1 所示；

f) 一个探测样品割透瞬间的自动系统；

g) 一个精确到十分之一圈的旋转计数器。

单位为毫米

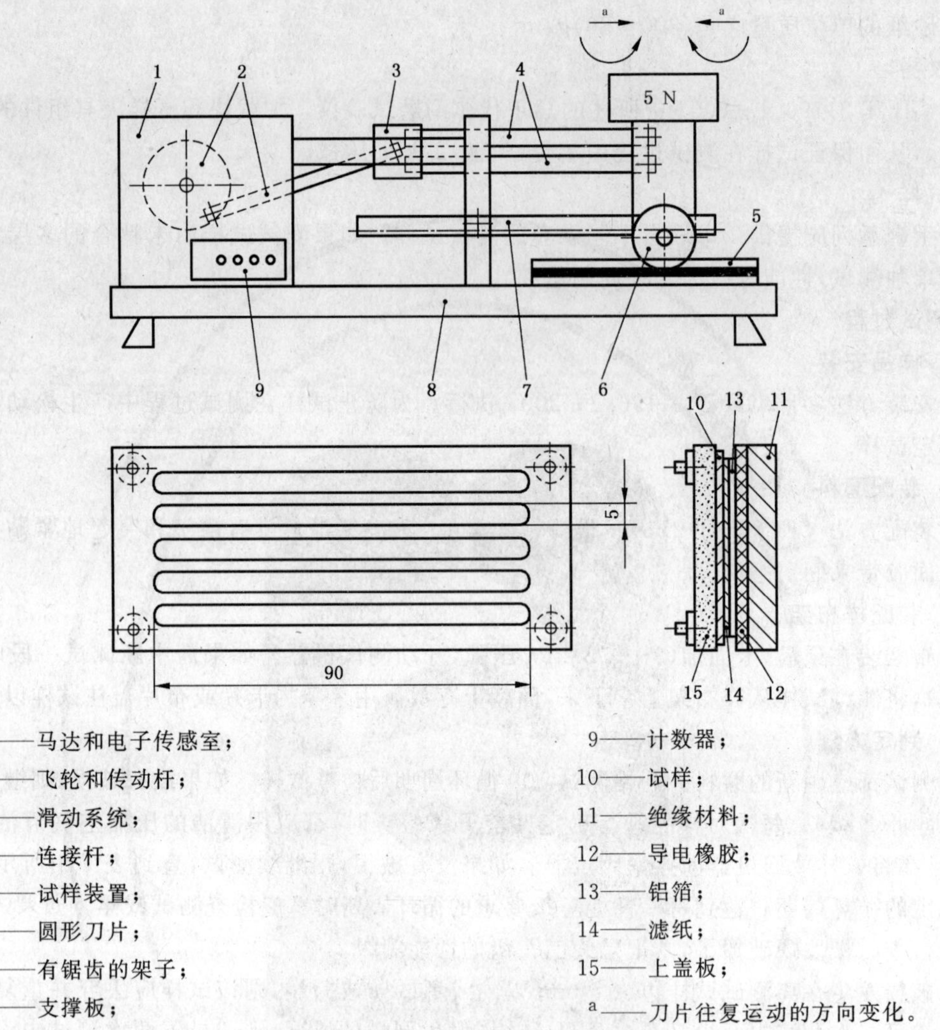

1——马达和电子传感室；
2——飞轮和传动杆；
3——滑动系统；
4——连接杆；
5——试样装置；
6——圆形刀片；
7——有锯齿的架子；
8——支撑板；
9——计数器；
10——试样；
11——绝缘材料；
12——导电橡胶；
13——铝箔；
14——滤纸；
15——上盖板；
a——刀片往复运动的方向变化。

图1 防护手套耐切割性能测试仪

单位为毫米

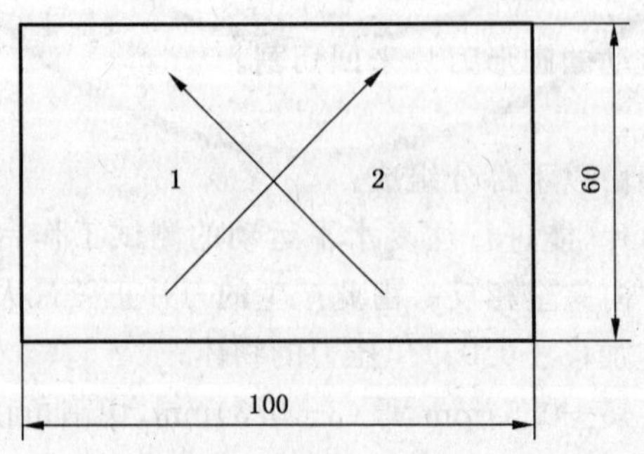

1——经线方向或纵向；
2——纬线方向或横向。

图2 控制试样尺寸

单位为毫米

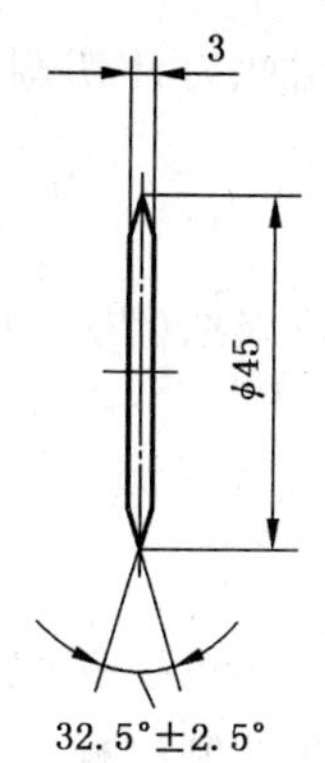

图3 圆形刀片规格

5.3.3 测试试样

每个试样长(100±10)mm,宽(60±6)mm。当试样由未粘合的多层组成时,应将整个试样的所有层放在一起进行测试。

每一个手套系列应测试2个试样。

5.3.4 控制试样

控制试样取自棉帆布,其切割尺寸和测试试样相同。帆布的技术规格见5.3.5。

5.3.5 帆布

经纬织物:由自由端纺纱制棉纱

经纬纱线密度:161 tex

经线捻度:股线S捻向280 t/m

单纱:Z捻向500 t/m

纬纱捻度:同经纱

经纱密度:18根/cm

纬纱密度:11根/cm

经纱织缩率:29%

纬纱织缩率:4%

经向拉伸强力:1 400 N

纬向拉伸强力:1 000 N

单位面积质量:540 g/m^2

厚度:1.2 mm

控制试样沿经纱斜线方向切割取得,详细规格见附录A。

5.3.6 测试过程

5.3.6.1 样品安装

在橡胶支撑垫上,放一张约0.01 mm厚的铝箔,再用一张质量为(65±5)g/m^2,厚度小于0.1 mm的滤纸将其覆盖。放滤纸的目的是限制试样在测试时的移动,同时避免由于某些纤维里的钢丝或者薄针织物结构上的缝隙而导致探测到意外的割透。将控制试样保持在无张力的情况下放在夹子框架里的滤纸上面。夹子框架被固定在设备测试台上。通过缓慢降低连有刀片的杠杆,将刀片轻轻放到控制试样上。

5.3.6.2 刀片锋利度的校正

在测试开始之前,用以下方法测定刀片的锋利度:当控制试样被割透时,记下所用循环周期(C)。

如果测试试样的预计性能等级小于3,则控制试样割破的周期应该在1～4之间。如果测试试样的预计性能等级大于或等于3,则控制试样割破的周期应该在1～2之间。

如果控制试样割破的周期小于1,则应用此刀片切割三层的控制试样织物或其他适合的耐切割材料,以降低它的锋利度。

5.3.6.3 样品的测试步骤

每一个测试试样应做五次测试,记下循环周期(T)。每一次测试应按照以下步骤来做:

a) 控制试样测试;

b) 测试试样测试;

c) 控制试样测试。

如果测试结果在两个性能等级的界限上,则更换新的刀片重新测试。记录最低的平均值。

对于高耐切割性材料,如果第一个步骤在控制试样上所做的循环周期大于3,则应更换刀片。整个测试过程重复两次,每次都用新的刀片,指数 i 的计算根据5.3.7。最后的指数值(I)取两试样测试的最小值。

5.3.7 测试结果的计算

测试结果排列如表3。

表3 切割测试——指数计算

次　序	C 控制试样	T 测试试样	C 控制试样	I 指标
1	C_1	T_1	C_2	i_1
2	C_2	T_2	C_3	i_2
3	C_3	T_3	C_4	i_3
4	C_4	T_4	C_5	i_4
5	C_5	T_5	C_6	i_5

$\overline{C}_n$ 表示在测试试样 T_n 之前和之后所做的控制试样的循环周期平均值,按式(1)计算:

$$\overline{C}_n = \frac{(C_n + C_{n+1})}{2} \qquad \cdots\cdots(1)$$

每一个测试试样的最终指数值(I)按式(2)计算:

$$I = \frac{1}{5}\sum_{n=1}^{5} i_n \qquad \cdots\cdots(2)$$

式中:

$$i_n = \frac{(\overline{C}_n + T_n)}{\overline{C}_n} \qquad \cdots\cdots(3)$$

如果 $T=0$,则 I 的最小值是1。I 是一个没有单位的数字。

报告包含有10个 i_n。耐切割性能等级由两个计算所得指数值中的最低值决定。

本标准耐切割性能测试方法的最高性能等级和ISO 13997等价切割重量的对应关系见附录B。

5.4 耐撕裂性能

耐撕裂性为沿着长度方向一半开口的矩形试样方向将其撕裂所需要的力。

5.4.1 设备

配有低惯性力测量系统的可拉伸测试装置。

5.4.2 测试试样

测试试样的尺寸见图4。被测试样尺寸为:(100±10)mm×(50±5)mm。(50±5)mm的切口应该沿着试样的纵向在离边缘(25±2.5)mm 处切开。最后一厘米的切口应该用未使用过的锋利刀片垂直地在试样表面切开。

单位为毫米

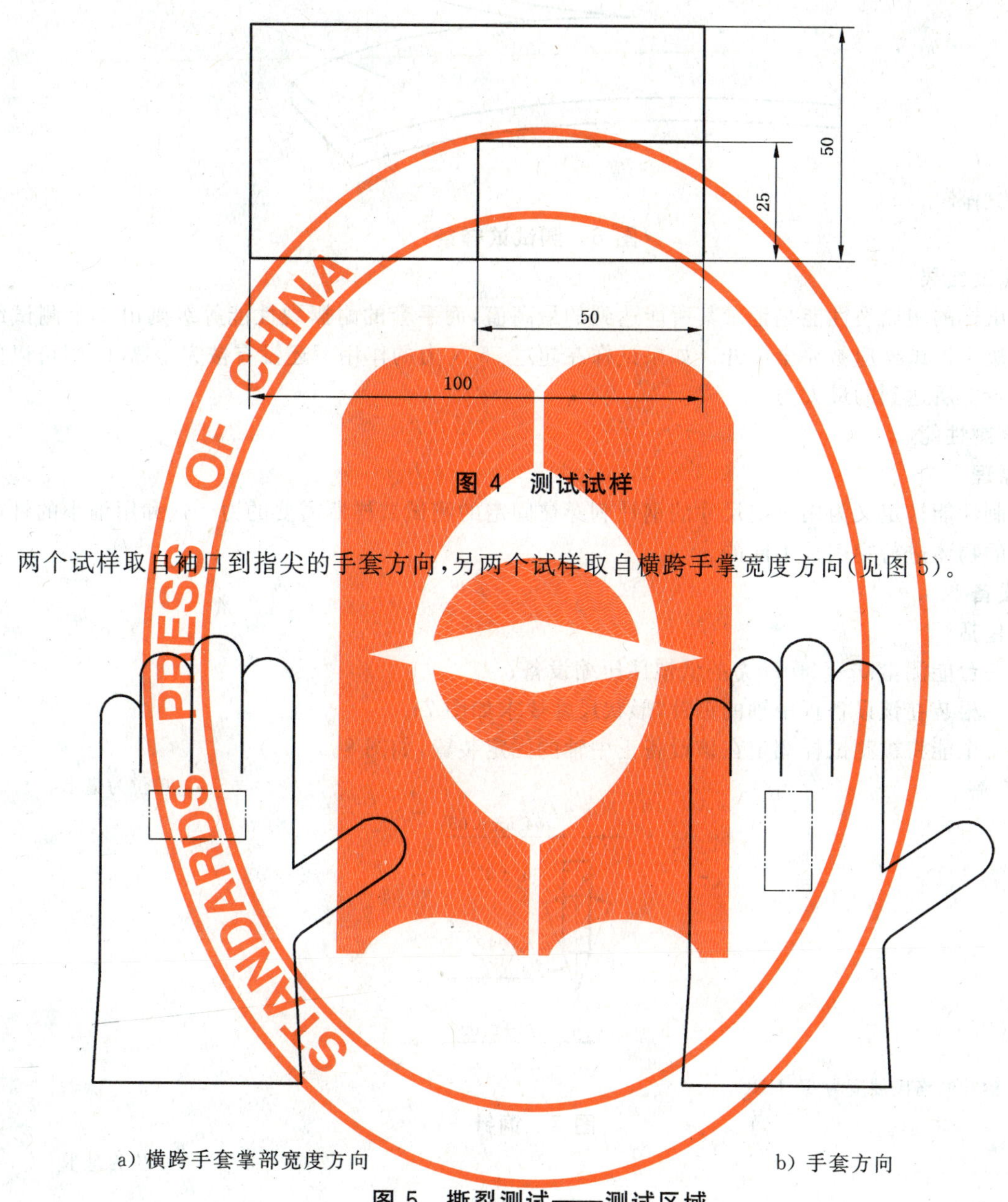

图 4 测试试样

两个试样取自袖口到指尖的手套方向,另两个试样取自横跨手掌宽度方向(见图 5)。

a) 横跨手套掌部宽度方向

b) 手套方向

图 5 撕裂测试——测试区域

5.4.3 测试过程

5.4.3.1 设备测试条件

在(100±10)mm/min 的拉伸速度下,由一台 X-Y 记录器记录撕裂时的力。

5.4.3.2 多层手套的测试方法

取自 4 只不同手套相同部位的测试样品都要做该测试。如果测试试样由未粘合的多层组成,则应对每一层进行测试,性能等级由所得的最高值决定。

5.4.3.3 测试试样的装配

切好的每一个试样条(见图 6)至少应该有 20 mm 被夹具固定在可拉伸的测试装置上,两个夹具间的距离至少有 10 mm 以保证拉伸的方向平行于试样的纵向。

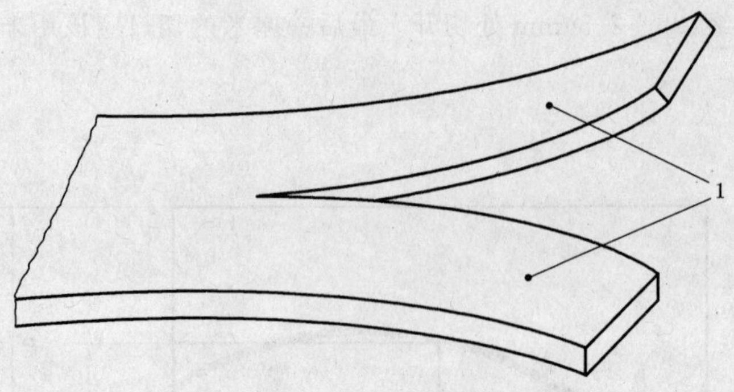

1——试样条。

图 6　测试试样条

5.4.4　测试结果

每个试样的耐撕裂性能是记录其所能达到的最高值，而手套的耐撕裂性能等级则由 4 个测试结果的最低值决定。试样应被完全撕开。如果试样在超过 75 N 力的作用下还没有被完全撕开，则可以停止测试并记录下所达到的最大力。

5.5　耐穿刺性能

5.5.1　原理

耐穿刺性能被定义为用一定尺寸的钢针刺穿被固定的测试试样所需要的力。这和用细小的针或者其他尖锐的物体进行穿刺是不同的。

5.5.2　设备

设备包括：

——一台能测量 0～500 N 力的低惯性压缩设备；

——一根装在该设备正中轴的钢针，形状尺寸要求如图 7；

——一个能将被测试样固定在该设备正中轴的固定装置，如图 8。

单位为毫米

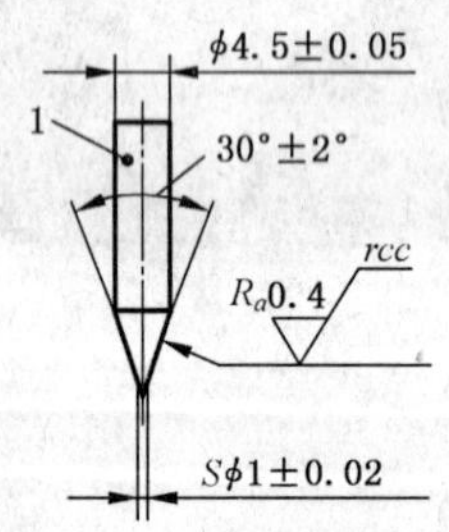

1——钢针的洛氏硬度为 60 HRC。

图 7　钢针

单位为毫米

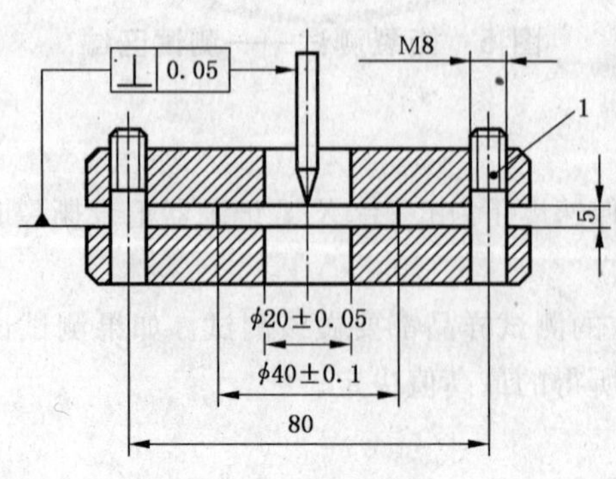

1——固定旋钮。

图 8　固定装置

5.5.3　**测试试样**

直径不少于 40 mm 的圆形试样，接缝、加固及加厚处应在夹具夹住的区域和穿孔的区域以外。在有未粘合层的情况下，分开的各层应一起进行测试。

5.5.4　**测试过程**

5.5.4.1　**试样安装**

将被测试样在固定装置中央夹住，确保外表面正对钢针。

5.5.4.2　**测试条件**

将钢针以 100 mm/min 的速度向下对着测试试样移动，直到相对于试样的位移达到 50 mm。记录下此间力的最大值，即使此时试样还没有被穿透。

5.5.4.3　**取样方法**

应用取自不同手套相同部位的 4 个测试样品进行测试。

5.5.4.4　**设备校正**

每一次测试都应确认钢针的外形和尺寸符合图 7 的要求。对于大多数材料来说，建议至少每使用 500 次检查钢针一次。但对于能损坏钢针的坚硬和研磨性材料，则需要更频繁的检查。

5.5.4.5　**测试结果**

耐穿刺性能等级由所记录的最低值决定。

6　标识

防护手套的标记应遵循 GB/T 12624 的适用条款。

手套的机械性能应该用以下的机械危害图标并配上 4 个性能等级数字来表示，如图 9，其中：

——A 对应耐摩擦性能；

——B 对应耐刀割性能；

——C 对应耐撕裂性能；

——D 对应耐穿刺性能。

图标和性能等级的匹配关系应遵循 GB/T 12624 的要求。

图 9　机械危害图标

附 录 A
（资料性附录）
抗切割性能测试用帆布控制试样的附加技术要求

A.1 概述

表 A.1 表示在 5.3 中定义的耐切割性能测试中作为控制试样的棉帆布的附加特性和规格。

这些数值由全世界所熟知的 KESF(川端织物风格评估系统)测试设备和方法得到。

所使用的棉的聚合度是 2 000±50。

表 A.1 识别说明——控制试样——棉织物

KESF		特征值			测试设置		
测试性能	参数代号	单 位	经 向	纬 向	尺 寸	力	速 度
拉伸性	LT WT RT	— J/m %	0.98～1.04 15～25 49～50	0.98～1.04 7～8 52～53	200 mm× 50 mm	最大拉力= 9.8 N/cm	0.020 00 cm/s
弯曲度	B 2HB	μN·m mN	300～350 40～50	430～530 45～55	10 mm× 50 mm	最大曲率= ±2.5 cm^{-1}	0.5 cm^{-1}/s
剪切性	G 2HG 2HG5	N/[m·(°)] N/m N/m	20～30 45～60 45～55	20～30 45～60 45～55	200 mm× 50 mm	张力=1 000 g 最大角度= ±8.0°	0.478°
压缩性	LC WC RC	— J/m %	0.43～0.49 0.21～0.25 32～35		2 m^2	最大压力= 5.00 kPa	0.020 00 cm/s
表面特性	MIU MMD SMD	— — μm	0.200～0.210 0.035～0.050 160～200	0.200～0.210 0.035～0.050 80～100	5 mm×20 mm 5 mm×20 mm	张力=5.88 N P= 0.49 N/25 mm^2 P= 0.098 N/5 mm^2	1 mm/s
厚度	T_o	mm	1.2～1.35		2 m^2	P=0.05 kPa	0.020 00 cm/s
单位面积质量	W	g/m^2	520～540				

A.2 KESF:川端织物风格评估系统

A.2.1 拉伸性

（拉伸循环，最大拉伸力为 9.8 N/cm）

LT:拉伸线性，表示弹力，1 代表完全线性。

WT:拉伸能量，单位为焦每米(J/m)。

RT:拉伸弹性，也就是回复力的百分比。

A.2.2 弯曲度

（在垂直的试样上进行交替弯曲循环）

B:弯曲硬度。

2HB:在 1 cm^{-1} 曲率下的弯曲滞后。

A.2.3 **剪切性**

(在矩形试样上交替进行平行四边形变形,角度为 8°)

G:剪切刚性。

2HG 和 2HG5:0.5°和 5°的变形下的剪切滞后。

A.2.4 **压缩性**

(在厚度上进行压缩循环,最大值为 5.0 kPa)

LC:压缩线性,表示弹力,1 代表完全弹性。

WC:压缩功,单位为焦每米(J/m)。

RC:压缩弹性,也就是回复力的百分比。

A.2.5 **表面特性**

[用以表征表面特征,测试 25 mm^2 面积(摩擦系数)和 5 mm 宽度(粗糙度)]

MIU:平均摩擦系数。

MMD:摩擦系数平均偏差。

SMD:表面粗糙度平均值,单位为微米(μm)。

附　录　B
（资料性附录）
ISO 抗切割性能测试与本标准切割性能的转换关系

ISO 13997 记述了一种对于耐切割材料的替代测试方法。该测试方法可以提供对于以上所描述的切割方法的交叉认证。表 B.1 显示了本标准测试方法的最高性能等级和 ISO 13997 等价切割力的对应关系，但此数据还未得到最终确认。

表 B.1　此标准与 ISO 13997 性能等级的比较

本标准中切割性能等级	ISO 13997 切割力/N
4	≥13
5	≥22